U0281217

雷达技术丛书

天波超视距雷达技术

卢琨　李雪　著

電子工業出版社
Publishing House of Electronics Industry
北京 · BEIJING

图书在版编目（CIP）数据

天波超视距雷达技术 / 卢琨，李雪著. -- 北京 : 电子工业出版社，2024. 12. --（雷达技术丛书）.
ISBN 978-7-121-48946-4

Ⅰ. TN958.93

中国国家版本馆CIP数据核字第2024QN8850号

责任编辑：刘小琳　　特约编辑：郭伟
印　　刷：河北迅捷佳彩印刷有限公司
装　　订：河北迅捷佳彩印刷有限公司
出版发行：电子工业出版社
　　　　　北京市海淀区万寿路 173 信箱　　邮编 100036
开　　本：720×1 000　1/16　印张：33.5　字数：750 千字
版　　次：2024 年 12 月第 1 版
印　　次：2024 年 12 月第 1 次印刷
定　　价：220.00 元

凡所购买电子工业出版社图书有缺损问题，请向购买书店调换。若书店售缺，请与本社发行部联系，联系及邮购电话：（010）88254888，88258888。

质量投诉请发邮件至 zlts@phei.com.cn，盗版侵权举报请发邮件至 dbqq@phei.com.cn。

本书咨询联系方式：liuxl@phei.com.cn，（010）88254538。

“雷达技术丛书”编辑委员会

总　序

雷达在第二次世界大战中得到迅速发展，为适应战争需要，交战各方研制出从米波到微波的各种雷达装备。战后美国麻省理工学院辐射实验室集合各方面的专家，总结第二次世界大战期间的经验，于1950年前后出版了雷达丛书共28本，大幅度推动了雷达技术的发展。我刚参加工作时，就从这套书中得益不少。随着雷达技术的进步，28本书的内容已趋陈旧。20世纪后期，美国Skolnik编写了《雷达手册》，其版本和内容不断更新，在雷达界有着较大的影响，但它仍不及麻省理工学院辐射实验室众多专家撰写的28本书的内容详尽。

我国的雷达事业，经过几代人70余年的努力，从无到有，从小到大，从弱到强，许多领域的技术已经进入了国际先进行列。总结和回顾这些成果，为我国今后雷达事业的发展做点贡献是我长期以来的一个心愿。在电子工业出版社的鼓励下，我和张光义院士倡导并担任主编，在中国电子科技集团有限公司的领导下，组织编写了这套“雷达技术丛书”（以下简称“丛书”）。它是我国雷达领域专家、学者长期从事雷达科研的经验总结和实践创新成果的展现，反映了我国雷达事业发展的进步，特别是近20年雷达工程和实践创新的成果，以及业界经实践检验过的新技术内容和取得的最新成就，具有较好的系统性、新颖性和实用性。

“丛书”的作者大多来自科研一线，是我国雷达领域的著名专家或学术带头人，“丛书”总结和记录了他们几十年来的工程实践，挖掘、传承了雷达领域专家们的宝贵经验，并融进新技术内容。

“丛书”内容共分3个部分：第一部分主要介绍雷达基本原理、目标特性和环境，第二部分介绍雷达各组成部分的原理和设计技术，第三部分按重要功能和用途对典型雷达系统做深入浅出的介绍。“丛书”编委会负责对各册的结构和总体内容审定，使各册内容之间既具有较好的衔接性，又保持各册内容的独立性和完整性。“丛书”各册作者不同，写作风格各异，但其内容的科学性和完整性是不容置疑的，读者可按需要选择其中的一册或数册读取。希望此次出版的“丛书”能对从事雷达研究、设计和制造的工程技术人员，雷达部队的干部、战士以及高校电子工程专业及相关专业的师生有所帮助。

“丛书”是从事雷达技术领域各项工作专家们集体智慧的结晶，是他们长期工作成果的总结与展示，专家们既要完成繁重的科研任务，又要在百忙中抽出时间保质保量地完成书稿，工作十分辛苦，在此，我代表“丛书”编委会向各分册作者和审稿专家表示深深的敬意！

本次“丛书”的出版意义重大，它是我国雷达界知识传承的系统工程，得到了业界各位专家和领导的大力支持，得到参与作者的鼎力相助，得到中国电子科技集团有限公司和有关单位、中国航天科工集团有限公司有关单位、西安电子科技大学、哈尔滨工业大学等各参与单位领导的大力支持，得到电子工业出版社领导和参与编辑们的积极推动，借此机会，一并表示衷心的感谢！

中国工程院院士
2012 年度国家最高科学技术奖获得者 王小谟
2022 年 11 月 1 日

前 言

在现代雷达系统中，天波超视距雷达可以说得上独具特色。它利用无线电波沿电离层折射传输的机理，能够不受地球曲率的影响，超越视距探测目标。它没有微波雷达的低空盲区，可以有效探测掠海飞行的目标；波长在十米量级，具有良好的隐身目标探测效果；能够同时探测空中和海面目标，还可以对弹道导弹的主动段进行告警。这些特点让天波超视距雷达获得了持续的关注和研究，成为各大国战略预警体系中的重要组成部分。

近年来，国际社会在防务和学术领域对天波超视距雷达的兴趣强势复苏。美国、俄罗斯、澳大利亚和法国作为天波超视距雷达技术领域的优势国家，相继制订了规模宏大的部署和研发计划。加拿大和意大利等国也独立或联合发布了本国的天波雷达技术发展路线。与之相对应，各国研究学者相继推出了具有深远学术影响力的新著作，其中代表为 Skolnik 主编的《雷达手册》（第三版）中的第 20 章《高频超视距雷达》和澳大利亚 Fabrizio 博士所著的《高频超视距雷达：基本原理、信号处理与实际应用》。基于当前国际研究的现状和热点，系统性和整体性地展示过去十余年间天波超视距雷达技术领域的蓬勃发展和创新突破，推出本书显得恰逢其时。

本书聚焦天波超视距雷达领域的研究进展和技术突破，在编写过程中着重关注以下几点：一是加强对天波雷达中所应用新体制和新技术的跟踪和介绍，如近年来得到普遍关注的多输入多输出（MIMO）体制、探测通信一体化、认知雷达、软件无线电等；二是力图兼顾前沿探索研究和工程实用参考的需求，统筹技术描述的广度和深度，一方面扩充参考文献特别是交叉学科的覆盖面，另一方面给出了部分经典算法的详细实现步骤；三是突出展示了国内科研院所、研究团队和学者的一些原创性成果，引用和评述更侧重于创新性和工程参考价值。

本书是“雷达技术丛书”中面向天波超视距雷达领域的一本工程技术专著。全书共分为 11 章。第 1 章为天波超视距雷达概论，综述了天波超视距雷达的定义、类型、技术特点、效能应用及世界各国的发展概况。第 2 章对天波雷达信号传输机理及所依赖的传输介质电离层进行了介绍。第 3 章介绍了天波雷达的基本工作原理，从目标探测机理、雷达方程和定位机理出发，对影响探测性能的因素进行了分析，给出了典型的系统指标和相关定义。第 4 章对天波雷达所在短波段的目标散射截面进行了介绍，包括估计、测量校正和仿真分析，并给出了不同目标类型的仿真结果。第 5 章对天波雷达回波特性进行了分析研讨，包括杂波、噪声及各类型干扰。第 6 章描述了天波雷达系统设计相关要素，包括系统架构、选址建设、阵列、极化及波形等。第 7～10 章分别就天波雷达的关键分系统或技术进行了综述和讨论，包括收发射频通道、信息处理、电波环境诊断和频率管理。第 11 章介绍了基于天波雷达的探测通信一体化技术，对整体架构和关键技术进行了分析和讨论。

本书的编写工作得到了南京电子技术研究所和中国电波传播研究所各级领导的大力支持和帮助。本书各章的分工和主笔为：第 1、3、4 章卢琨，第 2 章李雪、冯静，第 5 章王兆祎、卢琨，第 6 章卢琨、宋培茗，第 7 章蒋威，第 8 章史志远、卢琨，第 9 章李雪、鲁转侠，第 10 章李雪、王岳松，第 11 章郑园园、王闻今，附录史志远。全书由卢琨统稿，韩蕴洁研究员和唐晓东研究员校对，田明宏正高工主审。

本书在策划、编写和出版过程中，得到了王小谟院士和张光义院士的关心和指导，获得了空军预警学院、西北工业大学、电子科技大学、东南大学、西安电子科技大学、上海交通大学、武汉大学、哈尔滨工业大学、南京理工大学、重庆邮电大学及北京航天长征飞行器研究所等单位研究团队，周文瑜、陈绪元、杨广平、吴铁平、董家隆、凡俊梅、李铁成、陈建文、潘泉、何子述、苏洪涛、刘兴钊、赵正予、邓维波、顾红、邬润辉、李宏、韩彦明、周儒勋、刘波、罗忠涛、李大圣、李国成、康蓬等专家的大力支持和帮助。电子工业出版社首席策划刘宪兰同志统筹了本书的编撰和出版计划，余陈钢、周海峰、吴振雄、曹健、王梓辉、娄鹏、蔚娜、苏重阳等同志承担了本书的绘图和勘误工作，在此表示诚挚的感谢。

本书力图瞄准系统工程设计和实施，务求精简实用，主要面向从事雷达技术研究、设计和应用的科技工作者、相关领域专业人员和部队官兵，也可作为大专院校电子信息、雷达工程、电波传播及通信工程等专业高年级本科生和研究生的参考用书。由于作者水平有限，书中难免存在错谬不足之处，恳请读者批评指正。

卢　琨
2024 年 5 月
于江苏南京

目录

第1章

天波超视距雷达概论

1.1 概述

自 20 世纪 20 年代起，通过电离层折射可以传输上千千米距离的天波信号首次进入人们的视野。最初的天波传输应用在通信系统中，取得了巨大的成功。尽管同为高频（High-Frequency，HF）频段的“本土链”（Chain Home，CH）雷达在第二次世界大战期间曾经大放异彩，但是利用电离层传输来实现远距离、超视距的目标探测，直到 20 世纪 50 年代才得以实现。

这种通过电离层双程传输雷达信号的高频雷达被称为天波超视距雷达。超视距雷达，顾名思义，就是可以不受地球曲率的影响，能够探测视距（地平线）以下的目标。

自天波超视距雷达诞生以来，由于独有的低空和海面目标探测性能，其得到各国的广泛重视和积极发展。特别是在冷战期间，美国和苏联两个超级大国将天波超视距雷达视为关键性的战略预警装备，研制部署了多个型号，极大推动了天波超视距雷达的技术发展，也带动了相关领域的研究。

近年来，天波超视距雷达的应用范围从弹道导弹和远程轰炸机预警，逐渐拓展到了海面舰船、巡航导弹等低空目标，同时还在海洋环境遥感、空间物理现象研究等领域发挥了独特作用。

本章主要对天波超视距雷达的定义、原理、基本特性、应用及效能等方面进行综述，特别关注天波超视距雷达与常规微波频段视距雷达的差异。另外，本章对各国天波超视距雷达的发展历史进行了介绍。

1.2 定义与类型

1.2.1 超视距雷达

1.2.1.1 地平线的限制

雷达（RAdio Detection And Ranging，RADAR）的名称来自无线电探测与测距的缩写和中文音译。雷达的基本工作原理是发射电磁波对目标进行照射，并接收目标朝特定方向（通常是后向）散射的回波，处理后提取出目标至雷达站的距离、方位、高度及距离变化率（径向速度）等信息。

1935 年在考文垂（Coventry）完成试验之后，第二次世界大战期间部署于英国东海岸的“本土链”雷达，被认为是首个投入实战的雷达系统。“本土链”雷达提供的实时空情，为英国皇家空军赢得不列颠空战起到了决定性的作用，充分展现了雷达系统对于防空的实战价值。“本土链”雷达的工作频率为 20～30MHz，是最早的高频雷达，但它仅能探测视距之内的目标。尽管“本土链”雷达偶尔也能够接收到超越视距的地球表面后向散射天波信号，但都作为无用的杂波或干扰被剔除掉[1]。

第二次世界大战后，随着技术的迅猛发展，雷达频段从高频频段延伸至微波波段，目前现代雷达已经扩展到了几乎所有的频段内。表 1.1 给出了工业与信息化部规定的我国无线电频段和波段命名表，并与常用的字母代码频段进行了对照[2]。表 1.1 中还给出了各频段常见的雷达应用场景，尽管近年来越来越多的跨频段、多功能雷达打破了这一约定。

表 1.1　无线电频段和波段命名表[2]

<table>
<tr><th>代号</th><th>频段名称</th><th>频率范围</th><th>波长范围</th><th>常用代码</th><th>应用举例</th></tr>
<tr><td>-1</td><td>至低频（TLF）</td><td>0.03～0.3Hz</td><td>1000～10000Mm</td><td></td><td></td></tr>
<tr><td>0</td><td>至低频（TLF）</td><td>0.3～3Hz</td><td>100～1000Mm</td><td></td><td></td></tr>
<tr><td>1</td><td>极低频（ELF）</td><td>3～30Hz</td><td>10～100Mm</td><td></td><td></td></tr>
<tr><td>2</td><td>超低频（SLF）</td><td>30～300Hz</td><td>1～10Mm</td><td></td><td></td></tr>
<tr><td>3</td><td>特低频（ULF）</td><td>300～3000Hz</td><td>100～1000km</td><td></td><td></td></tr>
<tr><td>4</td><td>甚低频（VLF）</td><td>3～30kHz</td><td>10～100km</td><td></td><td></td></tr>
<tr><td>5</td><td>低频（LF）</td><td>30～300kHz</td><td>1～10km</td><td></td><td></td></tr>
<tr><td>6</td><td>中频（MF）</td><td>300～3000kHz</td><td>100～1000m</td><td></td><td></td></tr>
<tr><td>7</td><td>高频（HF）</td><td>3～30MHz</td><td>10～100m</td><td></td><td>超视距雷达、海洋遥感</td></tr>
<tr><td>8</td><td>甚高频（VHF）</td><td>30～300MHz</td><td>1～10m</td><td></td><td>远程预警、探地、风廓线雷达</td></tr>
<tr><td rowspan="2">9</td><td rowspan="2">特高频（UHF）</td><td rowspan="2">300～3000MHz</td><td rowspan="2">1～10dm</td><td>L（1～2GHz）</td><td>远程预警、机载预警雷达</td></tr>
<tr><td>S（2～4GHz）</td><td>多功能、空管、舰载雷达</td></tr>
<tr><td rowspan="5">10</td><td rowspan="5">超高频（SHF）</td><td rowspan="5">3～30GHz</td><td rowspan="5">1～10cm</td><td>C（4～8GHz）</td><td>武器火控、气象雷达</td></tr>
<tr><td>X（8～12GHz）</td><td>机载火控、制导、反导雷达</td></tr>
<tr><td>Ku（12～18GHz）</td><td>近程导引头、船舶导航雷达</td></tr>
<tr><td>K（18～27GHz）</td><td>使用受限（水汽吸收极强）</td></tr>
<tr><td rowspan="2">Ka（27～40GHz）</td><td rowspan="2">超近程导引头、场面监视雷达</td></tr>
<tr><td rowspan="2">11</td><td rowspan="2">极高频（EHF）</td><td rowspan="2">30～300GHz</td><td rowspan="2">1～10mm</td></tr>
<tr><td>V（40～75GHz）</td><td></td></tr>
<tr><td>12</td><td>至高频（THF）</td><td>300～3000GHz</td><td>1～10dmm</td><td></td><td></td></tr>
</table>

对于探测视距目标而言，频率更高的微波频段雷达比高频雷达具有明显的优势，主要包括以下几点[3]：

（1）能够在较小的天线口径条件下获得高增益，具有更好的机动性和部署适应性；

（2）距离和方位维可以获得更高的分辨率和测量精度；

（3）传输路径（视距直线）相对简单和稳定，不受电离层的影响，定位精度更高，跟踪性能更好；

（4）微波频段外部环境噪声水平低，目标探测性能主要由接收机内部热噪声决定；

（5）对空监视地海杂波影响较小。

然而，微波频段雷达也存在着一个难以解决的棘手问题，即受限于雷达波直线传播的机理，仅能够探测位于视距范围内的目标。视距范围内的遮挡会阻断向目标照射的雷达波，从而形成探测盲区。最为典型的遮挡物有两类：一类是山峰之类的地表特征；另一类就是地平线（地球曲率）。视距遮蔽效应示意图如图 1.1 所示，图 1.1（a）展现的是山峰产生的遮蔽效应，图 1.1（b）展现的则是地球曲率产生的遮蔽。

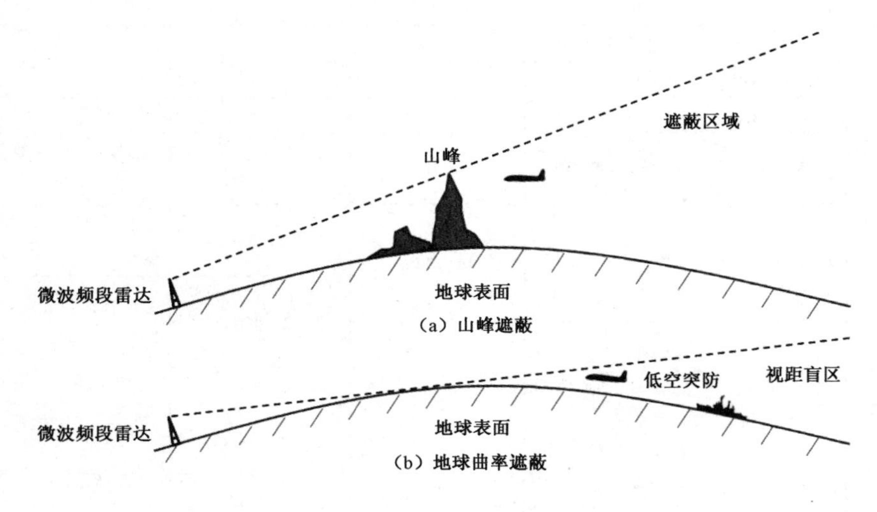

图 1.1　视距遮蔽效应示意图

在标准大气传播条件下，地球曲率对视距雷达探测距离的限制可用式（1.1）近似估算：

$$R \approx 4.12(\sqrt{H_a} + \sqrt{H_t}) \tag{1.1}$$

式中，R 为目标探测距离（km）；H_a 为天线高度（m）；H_t 为目标相对地平面的高度（m）。

从式（1.1）中可看出，目标飞行高度越低，雷达探测到该目标的距离越近。低空或超低空突防因此成为压缩雷达探测距离、缩短预警时间最有效的手段之一，并且在多次局部战争中展示出实战威力。最为著名的战例为英阿马岛战争期间，阿根廷空军的“超军旗”攻击机实施低空掠海飞行，突破英国海军的预警和防御体系，最终以 2 枚“飞鱼”反舰导弹击沉了英国“谢菲尔德”号导弹驱逐舰。

同样根据式（1.1），作为防御方的雷达为削弱地球曲率对探测距离的影响，只能尽量抬高天线的高度。最直接也是应用最多的方法就是将雷达架在无遮挡的高山顶上，尽管这样会更容易受到攻击并且保障难度增大。对于掠海飞行、高度为 10m 的巡航导弹，将雷达架设在 1000m 高的山顶比部署在地面（假定高度为 0m），其探测距离可由 13km 增大至 143km。相应地，执行预警任务的舰载雷达，天线往往也位于舰艇尽可能高的位置（如桅杆顶部），以扩展有限的探测距离。

另一种解决方案是将预警雷达搬到飞机上，即机载预警（Airborne Early Warning，AEW）雷达，其可以将探测距离大幅度增加，从而提供更长的预警时间。飞行高度为 8000m 的预警机，对于 10m 高度飞行的目标，其探测距离可增加至 382km。经过多年的发展，机载预警雷达已经成为一类成熟且十分重要的雷达系统[3-5]。

近年来，随着技术的进步，将预警监视雷达架设到平流层飞艇或卫星这样更高的平台上，也逐渐成为研究热点。这使得地球曲率对探测距离的限制不再重要，取而代之的问题是如何在飞艇和卫星上实现更高的功率和更大的口径[6-9]。

可以看到，在将雷达装载到更高的平台上以克服地球曲率影响的这条路径上，广大的雷达工程师和研究学者取得了巨大的突破，但是也付出了相应的代价。从山顶到飞机，再到平流层飞艇，甚至于卫星，高度越来越高，地球曲率的限制变得越来越小；然而，部署难度变得越来越大，能够接收的发射功率和天线阵列口径越来越小，使用和维修保障条件也越来越苛刻。例如，天基预警平台，存在不得不接受长达数小时乃至数天的重访周期、部署（发射）成本高昂、难以现场维修维护、功率口径较小等限制，极大地影响了其预警监视效能。

那么，国土和海洋面积广大的国家，需要对广阔地理区域及其之上的立体空间进行常态化监视，有效、可靠且相对经济地提供实时的空中和海面综合态势，以满足军事和民用的需求。这一需求使得雷达设计者将目光重新转向了高频频段，因为高频信号具有超视距进行远距离传输的良好特性。

1.2.1.2　超视距

高频信号的超视距传输可通过两种不同的物理机理实现，分别称为天波传输和地波传输。高频信号超视距传输机理示意图如图 1.2 所示。

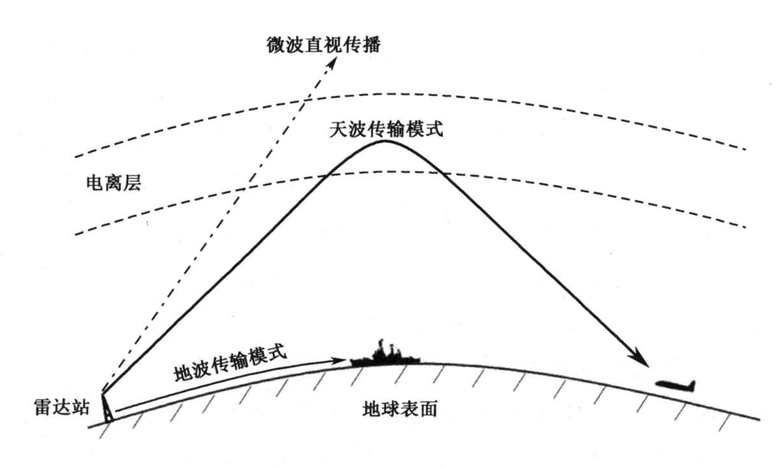

图 1.2　高频信号超视距传输机理示意图（天波和地波模式）

天波传输指高频信号（3～30MHz）被环绕地球上空的电离层所“反射”，照射至距离上千千米远的地球表面。电离层是地球大气部分电离的区域，其高度范围为 60～1000km，其中自然形成的电离气体（等离子体）里含有足够多的自由电子，能够显著影响高频无线电波的传输。

地波传输指垂直极化的高频信号能够在一定高度区域内沿海平面（良导体）绕射传输，有效延展至数百千米的距离。地波传输与地球表面（海面）的导电特性有关，不受大气层的影响。

如图 1.2 所示，更高频率的微波信号通常会直线传输并穿透电离层，并不能以天波模式和地波模式进行传输。

然而，在特定气象条件下产生的大气波导效应能够造成微波信号的超折射传输，从而超视距到达数百千米的距离。这一传输方式称为大气波导传输。大气波导是大气负折射梯度很大的大气层结（Atmospheric Stratification），可以使低仰角进入的电磁波在上下边界之间来回反射向前传输。图 1.3 给出了大气波导传输机理示意图。

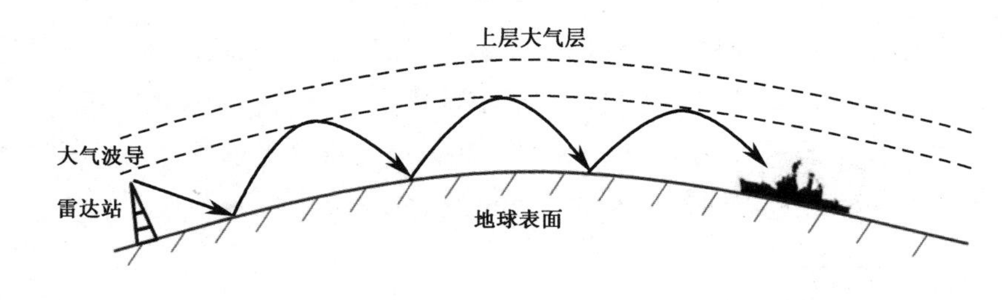

图 1.3　大气波导传输机理示意图

超视距雷达就是利用不同机理实现信号双程超视距传输进而探测目标的雷达

系统。根据传输机理其又分为天波超视距雷达、地波超视距雷达和微波（大气波导）超视距雷达。三类超视距雷达的主要特点对比如表 1.2 所示。

表 1.2　三类超视距雷达的主要特点对比表

特点	天波超视距雷达	地波超视距雷达	微波超视距雷达
工作频段	HF	HF（低端）	SHF（X 波段）
传输机理	天波	地波	大气波导
最远探测距离/km	约 3000	约 400	约 400
环境影响因素	电离层、地表特性、HF 频段噪声、海态等	地表特征、海态、电离层、HF 频段噪声等	大气波导、地表特征等
应用场景	远程战略预警、战术监视、远程打击目指、反隐身、反低空突防、广域监视、海态遥感、电离层监测、通信、侦察、电子战等	专属经济区空海监视、反隐身、反低空突防、海上交通管理、海洋环境监测等	战术监视、超视距打击目指、反低空突防等

本书主要针对天波超视距雷达技术展开论述。国内外学者对地波超视距雷达[10-12]和微波超视距雷达[13-14]也开展了深入研究，可参考相关著作及文献。

1.2.2　天波超视距雷达

根据无线电波照射到目标后散射接收的方向，天波超视距雷达可分为前向散射天波超视距雷达（Forward-scattering Over-the-horizon Radar，OTH-F）和后向散射天波超视距雷达（Back-scattering Over-the-horizon Radar，OTH-B）两类。

1.2.2.1　前向散射天波超视距雷达

前向散射天波超视距雷达是天波超视距雷达发展早期的一种形态，主要用于弹道导弹发射告警。它是一种典型的多基地雷达，接收机和发射机不在同一方向部署。位于探测区一侧的发射机产生连续不断的信号，在电离层和地球表面之间多次反弹，经目标前向散射后到达位于探测区另一侧的接收机。各接收机接收到的信号同时出现扰动，表明电离层正常的电子浓度分布受到弹道导弹发动机尾焰的影响，弹道导弹此时正在穿透电离层。

20 世纪 60 年代，美国空军部署的 440-L 雷达就是典型的前向散射天波超视距雷达，其用于探测从中国或苏联领土发射的导弹。440-L 雷达在亚欧大陆的一侧（西太平洋区域）布设 4 部 AN/FRT-80 发射机，分别位于菲律宾、冲绳、日本琦玉和北海道；在亚欧大陆另一侧的欧洲布设了 5 部 AN/FSQ-76 接收机，分别位于塞浦路斯、意大利（2 部）、德国和英国[15-16]。其传播区域包含苏联多处导弹发射和核试验场。

440-L 雷达在意大利设有一个关联处理中心，接收机检测到弹道导弹穿透电离层所引起的传输扰动或干扰后，将数据传送到关联处理中心统一处理，以提供发射的时间和倾角，处理结果将被送至北美防空司令部。该系统提供了对从苏联和中国发射的导弹（也包括卫星发射和核引爆）的几乎实时（发射后 5～7min）的探测、发射时间，以及对发射地点、导弹类型和数量的粗略估计[17]。

440-L 雷达于 1965 年开始运行。1966—1967 年，它成功地探测和报告了苏联 94%的洲际弹道导弹试验发射（210 次中的 198 次）。440-L 雷达于 1968 年正式投入使用，可在发射后几分钟内探测到单发导弹。1975 年 3 月，440-L 雷达停止运行[15]。其主要原因是前向散射天波超视距雷达对干扰非常敏感，可靠性低，无法有效跟踪定位，而此时后向散射天波超视距雷达及天基反导预警系统日益成熟[18]。

1.2.2.2 后向散射天波超视距雷达

后向散射天波超视距雷达的接收机和发射机相对目标部署在同一方向，其通过接收后向散射的目标回波进行检测和跟踪。20 世纪 70 年代以来的现代天波超视距雷达均采用这种经过两次电离层传输的后向散射机制，其工作原理如图 1.4 所示。从图 1.4 中可看出，发射机通过发射天线阵列向空间辐射大功率的雷达信号，其在垂直面上通常具有较宽的方向图，宽大电波的射线束在进入电离层之前以近似直线的方式传输，而进入电离层之后电波将由于电子浓度的梯度而产生折射。自由电子浓度随高度不断变化，当在电离层中的一个特定高度上时，电子浓度足够高，会使得折射角超过 90°，这时射线将向下折射，直至到达距发射站上千千米的地球表面。

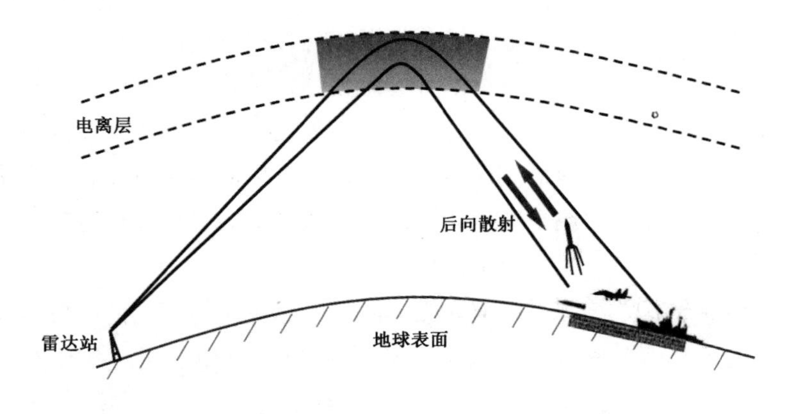

图 1.4　后向散射天波超视距雷达工作原理示意图

在电波照射到的区域空间之内，任意地表面的自然和人造物体均会截获入射信号，并向所有方向散射出其所截获功率的一部分。而这些散射信号功率中只有极小的一部分能够以相似的电离层路径返回到雷达接收天线阵列和接收机。

天波超视距雷达对于电离层反射层（通常为 100～300km 范围）以下的全高度目标，都采用“下视”视角进行探测，最远覆盖距离通常能够超过 3000km。对于低空飞行的空中目标和海面舰船，其实际探测距离比常规视距雷达提高了 2 个数量级。

单部天波超视距雷达的完整覆盖区域可达数百万平方千米（与方位扫描范围有关），能够同时监视的视场面积通常超过 100 万平方千米（与系统资源有关）。尽管单部天波超视距雷达的固定投资成本相对常规视距雷达要高得多，但是以单位面积和体积内海空目标广域监视效能来看，天波超视距雷达的性价比极为突出，特别是在不易部署地面雷达或其他视距传感器无法实现持久覆盖的地区[19]。

1.3　技术特点

1.3.1　电波传播特性

电波在一定高度上通过电离层进行传输并折返至地面，毫无疑问，这是天波超视距雷达与常规视距雷达最为显著的差异。太阳电磁辐射产生并维持着全球的电离层，太阳活动的各类效应会作用在电离层及通过电离层工作的系统（如天波雷达和短波通信设备）上。作为传输信道的电离层通常被看作天波雷达的一个“有机组成部分”，雷达性能也因此呈现出高度的环境依赖性。电离层及高频电波在其中的传播所导致的一系列特性和效应，尤其是复杂性、时变性和非平稳性规律，是天波雷达设计者和使用者都必须理解并遵循的，也是雷达系统设计和运用中必须考虑和应对的问题。

表 1.3 给出了电离层物理现象和效应对天波雷达的影响。本小节对天波雷达相关的电离层及电波传播特性进行简述，详细内容可参见本书第 2 章或相关参考书籍。

表 1.3　电离层物理现象及效应对天波雷达的影响

物理现象	效应与影响
规则日、季、年、太阳周期变化	工作频率变化
大中尺度的空间结构变化	倾斜，方位偏离
分层：Es、E、F_1、F_2	多径、多模模糊；不同多普勒谱展宽
厚层：高低角射线	多径、模式模糊
欠密或过密流星尾迹	流星噪声、瞬态干扰

续表

物理现象	效应与影响
极光	全遮蔽性反射、瞬时干扰
磁场导致的排列不均匀体	瞬时回波
突然电离层骚扰	信号全吸收
电离层暴	工作频段变窄，信号弱
电离层吸收	信号损耗，信号慢衰落
电离层不均匀体散射	相位调制、多普勒谱展宽
电离层垂直运动	信号多普勒频移
法拉第旋转	极化损耗、回波起伏，信号衰减
多径干扰、浓度起伏	短期快衰落
扩展 F 层	色散与漫散射
行波式电离层扰动	路径调制，多普勒谱展宽

1.3.1.1 电离层的分层结构

电离层是离地面 60km 以上伸展至约 1000km 高度部分电离的地球高层大气区域，其中存在一定浓度的自由电子和离子，能够显著影响无线电波的传播。

电离层由太阳高能电磁辐射、宇宙线和高能粒子作用于中性高层大气使之电离而产生，是由电子、正离子和中性分子及原子构成的等离子体区域。在电离作用产生自由电子的同时，电子和正离子之间碰撞复合，以及电子附着在中性分子和原子上，会引起自由电子的消失。其中，大气各风系的运动、极化电场的存在、外来带电粒子的入侵，以及气体自身扩散等因素，又引起自由电子的迁移。电离层内任一点上的电子密度，取决于电离、复合和迁移这三种效应的叠加。而在电离层的不同区域，三者的相对作用和具体作用方式也差异极大。

在 60km 以下高度的区域中，大气相对稠密，碰撞更为频繁，复合效应占优，自由电子消失很快，整体呈现非导电性质。

1924 年，阿普尔顿首次通过实验证实了上层导电大气层的存在[20]。随后，沃特森·瓦特提出了“电离层”（Ionosphere）这一专用术语来描述该导电层[21]。E 层和 F 层首先得到命名，阿普尔顿推测并预留了高度更低的电离层的命名字母。后来，D 层获得证实并相应命名，而 A 层至 C 层空缺至今[22]。

1927 年，查普曼提出了一个经典模型（Chapman 模型）来描述电离层分层结构[23]。太阳辐射、大气中性分子密度及各种物理过程共同作用形成了电离层的分层结构。根据电离层电子密度在不同高度区间内的极值，电离层被划分为 D 层（60～90km）、E 层（90～150km）和 F 层（150～1000km）。图 1.5 给出了电离层分层结构示意图。不同层的特性详见 2.1 节。

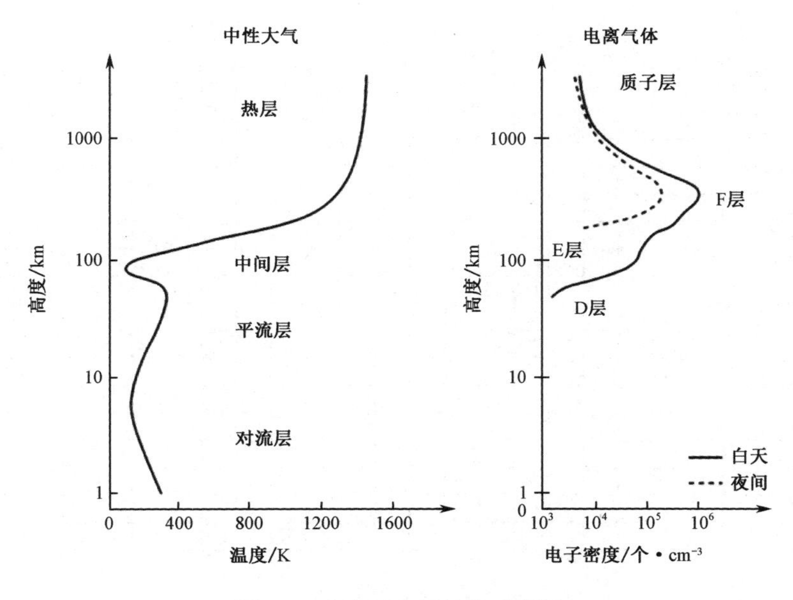

图 1.5　电离层分层结构示意图

1.3.1.2　电离层的时空变化

1. 纬度分布

平静电离层的电子浓度分布结构随（地磁）纬度变化明显。其纬度结构主要由与地磁场交互作用的电动力学过程所决定，因而呈现出极强的地磁纬度相关性。地磁坐标系是一个以地球磁场轴为中心的经/纬度坐标系统，该坐标系中地球磁场轴代替了地球自转轴。在地磁坐标系下，全球电离层被分为三个纬度区域：低纬度（0°～±25°），中纬度（赤道南北 25°～55° 的两个带），高纬度（55°～90°），如图 1.6 所示。

在低纬度赤道区域，磁场近似与地球表面平行，因而存在被称为赤道区电集流（电急流）的片状浓密涌流。它位于大约 100km 的高度（E 层），在纬度上呈现一定宽度的条带状，并沿地磁赤道流动着。这种涌流白天朝东流动，那里是 E 层中电子浓度较高的地方；而夜间向西流动，但几乎无法探测，因为夜间的电子浓度太低。

与这些电离层涌流相关的电场驱动着低纬度 F 层的等离子体对流，这种对流导致在与地磁赤道平行的两个带（约±20° 的区域内）上电子浓度增大，而赤道区的电子浓度较低。这一现象被称为“赤道异常”或“阿普尔顿异常”（Appleton Anomaly）。这使得赤道电离层白天临界频率通常要高于中纬度地区。

地磁赤道附近的 F 层可到达 600km 左右的高度，其非稳态导致电离不规则体的产生。这些电离不规则体使得上半夜电子浓度分布随纬度剧烈变化，严重干扰穿越此区域的信号。

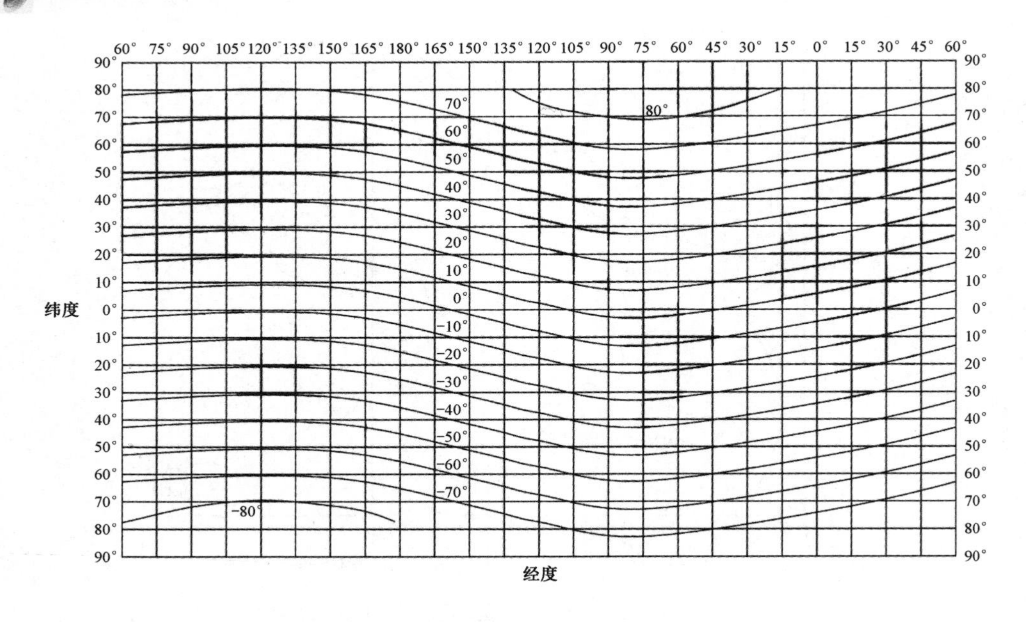

图 1.6 地理坐标系与修正地磁坐标系示意图

中纬度电离层最能代表所谓的“经典”电离层。它既避免了低纬度赤道区水平磁场结构的直接影响，又规避了高纬度区常见的高能粒子沉降作用的影响。中纬度电离层的规律性，使得该区域最适合天波雷达的部署和使用。中纬度 F_2 层白天电子浓度达到最大，而夜间则降低为白天的 1/10，但层的高度有所提升，夜间主要依靠大气风及质子层带电粒子的沉降来维持。

中纬度电子浓度分布存在冬季异常现象。F_2 层最大电子浓度与太阳活动（太阳黑子数）成线性关系，那么预期 F_2 层最大电子浓度应该出现在太阳更加直射的夏季。然而，季节最大值却出现在冬季。这一效应主要与中性大气密度的变化有关。冬季异常现象在太阳活动的极大年尤为显著。

高纬度电离层通常受高能极光粒子沉降以及太阳风与地磁场交互作用所产生的强电场的影响。高能粒子的沉降是一个重要的电离来源，这与低纬度和中纬度电离层有很大不同。

高纬度区被划分为三个区域：极冠区、极光椭圆体以及亚极光区。极冠区冬季大部分处于连续的黑暗中，对流及粒子产生的等离子体均有很强的结构性，它是朝向极区的天波雷达观测到的强扩展极光杂波的主要原因之一[24]。极光杂波的其他产生原因还包括进入极光椭圆体的不规则体，以及沿极光弧的强局部等离子体。

极光椭圆体是以极光形式时刻环绕在磁极的带状区，也是粒子沉降和电涌流的活跃区域。极光椭圆体最显著的特性就是极光现象。极光产生不连续的可见的粒子沉降，大多数在夜间发生，白天较弱，沿纬度的扩散较小。沿极光椭圆体的 E 层电离带被称为极光 E 层，具有很强的结构性，也是极光杂波一种可能的源头。

亚极光区是朝赤道方向的夜间椭圆体，也被称为中纬度 F 层槽。该区域通常认为是强对流导致重组增强，电子浓度很低，特别是在冬季的夜间，因此成为天波雷达工作最困难的区域。甚至在相当平静的日地期，预测高纬度区的天波信号传输特性都是非常困难的[25]。

2. 时变特性

地球电离层的产生和维持主要依赖两种机理，一种是太阳辐射（主要是 X 射线和极紫外线），另一种则是粒子沉降。太阳辐射电离机理在中低纬度地区比较重要，通过它来电离高层大气中的一些成分；而在更高纬度上，稳定的太阳风带电粒子流，其中大多数是电子，沿着近乎垂直的地球磁力线盘旋进入（沉降至）大气层顶部，碰撞而发生电离。

人类观测太阳已经数百年，表征太阳活动活跃度的太阳黑子自 1749 年起就被系统记录。图 1.7 给出了 1953—2021 年的月均太阳黑子数的统计结果。从图 1.7 可以清晰看出 11 年的太阳活动周期。太阳黑子数增多的年份被称为太阳活动极大年（高年），而太阳黑子数较少的年份被称为太阳活动极小年（低年）。

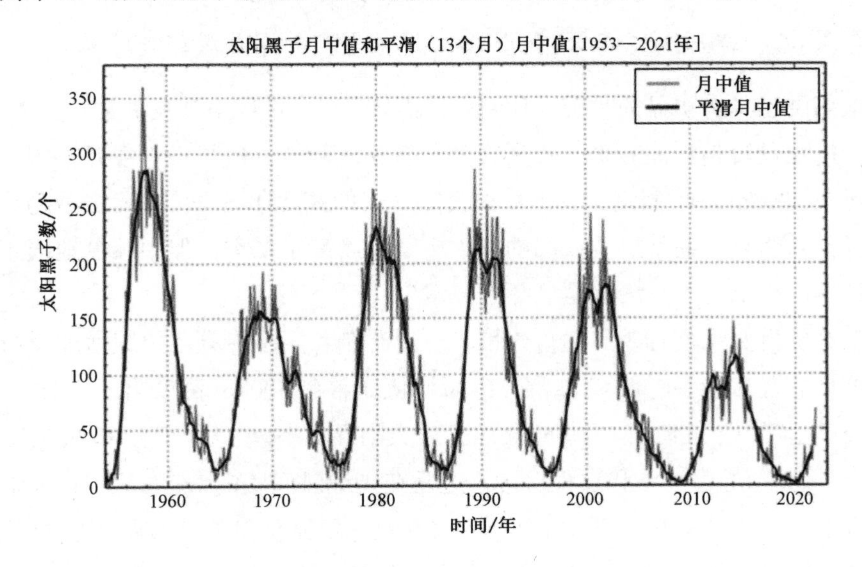

图 1.7　太阳黑子月中值记录图（1953—2021 年）

数据及图片来源：比利时皇家天文台[26]

太阳黑子数对于电离层的意义在于，平滑后的太阳黑子数月平均值与 F_2 层的临界频率 f_0F_2（对应 F_2 层最大电子浓度）的月中值具有高度相关性。如图 1.8 所示，在第 18 个至第 19 个太阳活动周期内，F_2 层的临界频率与太阳黑子数呈近似线性关系，F_1 层和 E 层情况也类似，但变化相对较小。这一现象表明，电离层受太阳活动影响，也呈现出 11 年的周期变化。其中，F_2 层受太阳活动的影响最大，以低纬度地区为例，在太阳活动极大年的 f_0F_2 超过 12MHz，而在太阳活动极小年则下降到 6MHz。F_1 层和 E 层的相对变化较小，但也超过 10%。

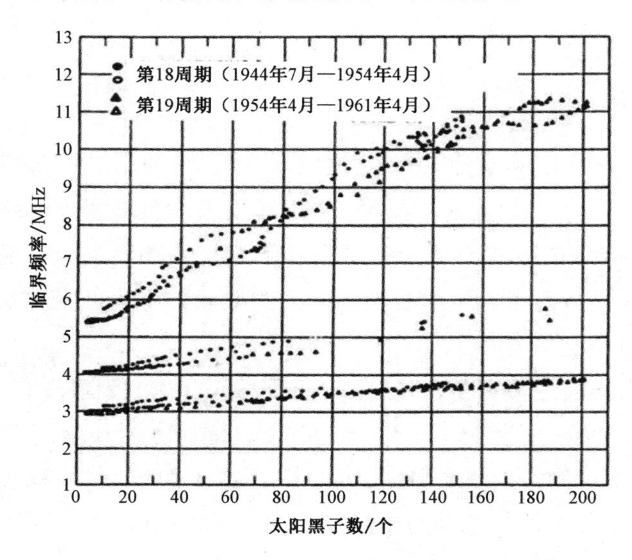

图 1.8　电离层各层（E 层、F_1 层和 F_2 层）临界频率与太阳黑子数的关系图[25]

电离层也具有明显的季节变化特征。夏季中纬度地区电离层 F 层分为 F_1 层和 F_2 层，F_2 层的峰值浓度较低，但所在的位置相对较高。F_1 层并非总是清晰出现，且常常在 200km 高度附近弯曲。夏季夜间 F 层的高度比冬季高，而这种趋势低纬度地区更为明显。通常夏季夜间的最大电子浓度高于冬季；但中纬度地区正好相反，冬季远高于夏季，这就是“冬季异常”。

电离层日变化具有明显的规律性。日出时刻各层临界频率快速增加；白天电离层可见的有 E 层、F_1 层和 F_2 层，F_2 层峰值通常在 300km 高度附近。中午时分，太阳天顶角最高，此时 E 层和 F_1 层达到最大临界频率。午后，E 层和 F_1 层临界频率下降，而 F_2 层由于中和过程缓慢，通常在当地时间 14 点左右达到最大临界频率。日落后，E 层和 F_1 层消失，但整个夜间 F_2 层都会存在，拂晓前 F_2 层临界频率达到最低值。图 1.9 给出了典型的电离层临界频率日变化示意图。

电离层日变化是对天波雷达探测效能影响最为频繁的因素。日出日落时段，临界频率的快速变化要求雷达具备更为迅捷的响应能力；而拂晓前临界频率最低值低于雷达频率范围的下界时，系统将“不可用”。

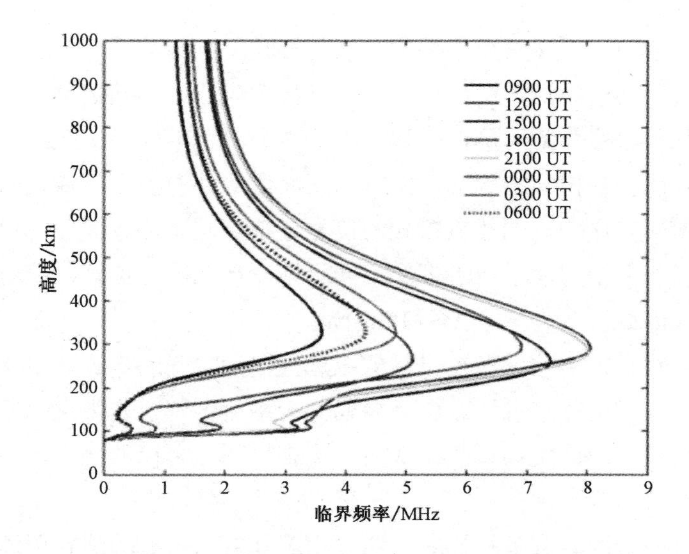

图 1.9　典型的电离层临界频率日变化示意图[27]

1.3.1.3　多径效应

在整个高频电波传输过程中，电离层从宏观上看起“反射”的作用，但从微观上看它是一个随高度（电子浓度）变化连续“折射”的过程。图 1.10 给出了一个基于电离层电子浓度分布的射线追踪结果。尽管可以通过电离层“虚高”这一概念将射线等效为一个直线的镜面反射模型，但实际上这个虚高反射点是“虚拟的”，并不会真实到达。因此，在天波雷达的电波传输建模和计算中，通常应采用如图 1.10 所示射线弯曲的“折射”模型。

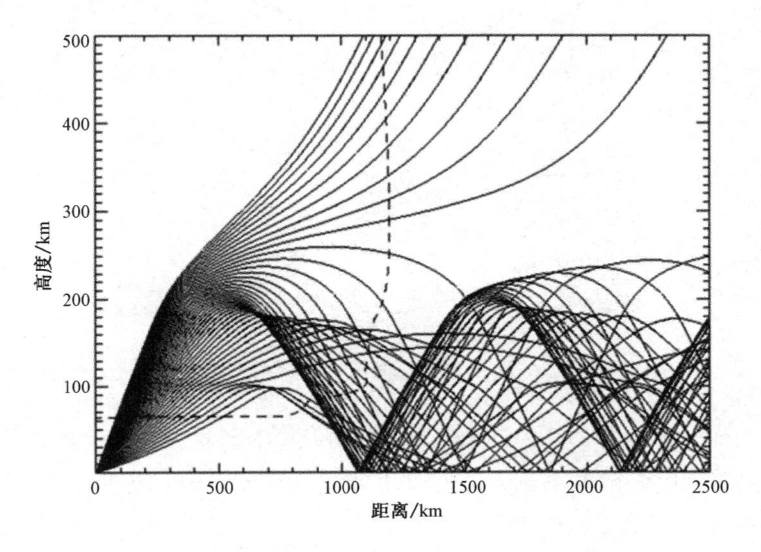

图 1.10　电波在电离层中传输的射线示意图（射线追踪结果）

从图 1.10 中还可看到，电离层的分层特性使得高频信号可能被位于不同高度的多个电离层所反射。沿不同层反射路径（传输模式）传输的信号将被叠加不同的时延、多普勒漂移及到达角。从图 1.10 中可看到，地面某一距离段可能通过不同射线路径（或传输模式）到达，而不同距离段的回波也可能通过具有相同时延的射线路径返回。这些不同传输模式的信号分量相互叠加，会使得单个目标在雷达显示屏上出现多个回波，或者多个不同目标出现在同一位置，这一现象被称为多模（Multi-mode）传输或多径（Multi-path）传输。

尽管可以对多模传输或多径传输效应进行更为精确的描述和定义，但对于天波雷达实际研究和运行来说，这两个名词并无本质区别。它表征为不同射线路径回波在接收端叠加而产生的一系列效应，如来自同一目标的多个回波、地海杂波的展宽、前沿聚焦等。

多径效应的成因具有多种样式，通过不同高度层反射的路径回波只是其中之一。图 1.11 给出了天波雷达通过 E 层和 F 层往返传输探测目标所可能存在的四种传输模式，即 E-E、E-F、F-E、F-F 模式。E-F 模式代表去程通过 E 层反射，而返程通过 F 层反射。显然，E-F 模式和 F-E 模式具有极为相近的回波特征（时延、多普勒漂移等），将它们分辨开来是极为困难的。而 E-E 模式和 F-F 模式之间的区分则容易得多。

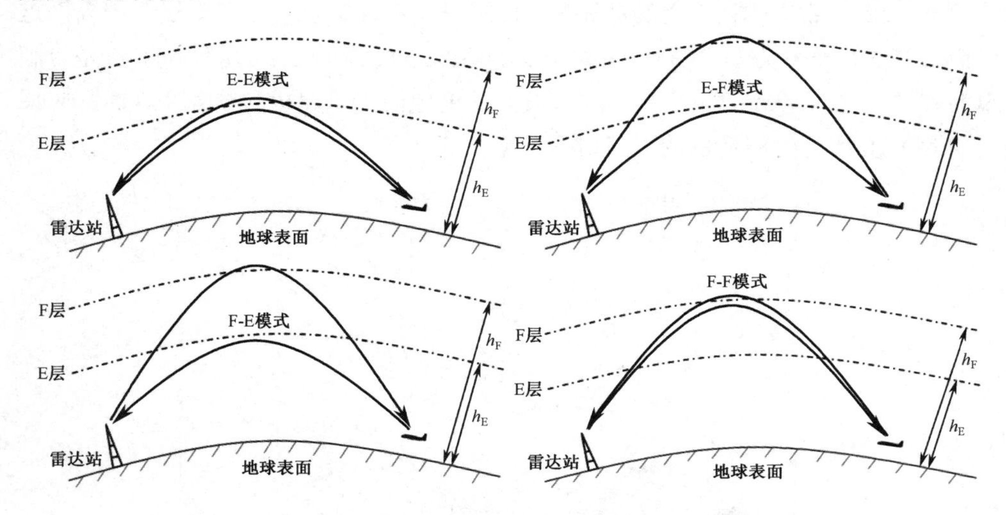

图 1.11　典型双向后向散射传播模式示意图

另一种多径回波来自同一反射层的高角和低角射线。电离层每层电子浓度最高处为层高度，电子浓度沿垂直方向上下递减，具有一定的厚度。对于单一频率，以不同仰角进入电离层的电波，将在层高的上方和下方产生一条或多条满足折射条件的射线。仰角较高的射线被称为高角射线，而仰角较低的射线被称为低角射线。高角射线和低角射线通常在最小覆盖距离（跳距）处合并为一条射线，此时对应的频率为最高可用频率（Maximal Usable Frequency，MUF）。频率距离 MUF 越近，高角射线和低角射线的时延差就越小。

地磁场作用下产生的寻常波（O 波）和异常波（X 波）也是多径回波的来源。如图 1.12 所示，当线极化电波进入地磁场作用下的电离层底部时，将显著分离成寻常波（O 波）和异常波（X 波）。O 波和 X 波在电离层内时，具有反向旋转椭圆极化的特性。沿地磁场的方向，X 波电矢量沿顺时针旋转（右旋波），O 波沿相反的逆时针方向（左旋波）旋转。根据阿普尔顿公式，O 波和 X 波在电离层中传播的折射率不同，传播过程将具有不同的传播时延和反射虚高。在这两种波具有相同衰减的假设条件下，合成波仍为线极化；若衰减的假设条件不同，则合成波为椭圆极化（见图 1.12），该效应称为法拉第旋转。显然，电离层对 O 波和 X 波的路径衰减并不相同，通常 X 波的衰减远大于 O 波，因此离开电离层到达目标表面的合成电磁波均为椭圆极化，且极化旋转角随电离层的状态变化[28-29]。同样，O 波和 X 波都会产生高角射线和低角射线。

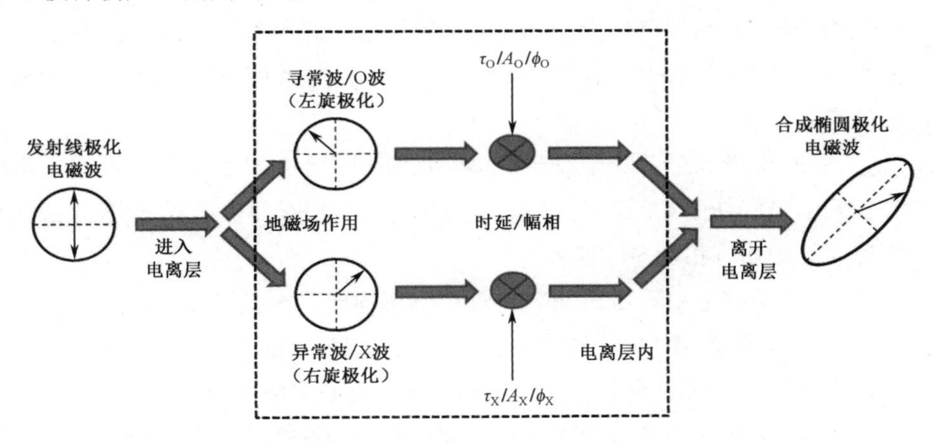

图 1.12　地磁条件下的寻常波（O 波）和异常波（X 波）分裂合成示意图

除上述常规传输模式之外，由于赤道异常而出现的跨赤道传播（Trans-Equatorial Propagation，TEP）模式，经过地面多次反射的多跳传播模式，电离层内部局部波导效应而产生的滑行波模式等，在特定的发生条件下，也会给多径效应产生贡献。

考虑典型的 E 层和 F 层结构、高低角和 O 波/X 波因素，天波雷达工作时可能存在的传输模式就达到 16 种组合。各组合模式在电离层中经历的路径时延、衰减、多普勒漂移及相位调制都不相同。时延间隔小的模式将合并在一个分辨单元中造成信号的衰减，衰减大的模式将无法形成显著回波，而这些电波传输信息并不能准确掌握。在接收到的信号中究竟存在多少个可分辨的传输模式，各回波归属于哪一个传输模式组合，这一问题在天波雷达中被称为传输模式识别。

多径效应对天波雷达带来了多种不利影响，其中包括：单目标形成多条“复刻”航迹，多模式回波叠加导致的信号幅度衰减和相位畸变，模式识别错误带来的定位误差，不同极化方式引入的极化失配损失等。多径效应在天波雷达设计和运行中是希望尽力避免的。但是，近年来也有研究人员开始利用目标与地表面之间的微多径效应来估计目标飞行高度[30-32]。

1.3.1.4　突发 E 层

突发 E 层（Sporadic E，Es）是局部高度电离的块状区域，通常出现于 E 层所在的高度，其尺度、发生时刻、存在时间及出现位置均具有不可预测性，因此被称为突发 E 层，简称 Es 层。

Es 层的临界频率（电子浓度）变化相当剧烈，中值约 5MHz，偶尔也会高达 7MHz。其电子浓度的垂直梯度极大，也就是说相比其他层薄得多，其半厚度为 1～5km，水平结构的典型尺度约为 500km。基于长期统计数据，中纬度 Es 层在夏季白天发生概率较高，持续时间通常为数小时[33-34]。这些特性使得 Es 层足以支持天波雷达的有效覆盖。

Es 层的产生机理目前尚未完全明晰，通常归因于风切变理论和流星电离机制[35-36]。近年来，中性风、流星沉积、地磁活动及行星波等因素对 Es 层形成和动力学特性的影响均有相当多的研究[37-40]。

Es 层对于天波超视距雷达的影响是不可忽视的，尤其是在中纬度夏季的白天。由于 Es 层临界频率（电子浓度）远高于常规 E 层，甚至高于 F 层，因此能够反射以较高频率入射的无线电波。当 Es 层支持的最高频率高于天波雷达的频率范围上界时，雷达发射电波的反射区将被限制在 Es 层所在高度，而无法穿透它到达更高的 F 层。这一现象被称为 Es 层遮蔽效应。

Es 层遮蔽效应使得天波雷达的探测距离大幅缩减，单跳传输通常被限制在 2000km 以内。这对于执行远程预警任务的天波雷达而言，是难以接受的。当目标顶空出现具有极高电子浓度的薄层（Es 层或极光 E 层），下视传播路径上受到该薄层的遮蔽时（图 1.13），经 F 层传输的电波无法到达地球表面或目标，将无法进行目标探测。

然而，由于支持较高的频率和极薄的层厚度，电波在 Es 层的传输过程接近于“镜面反射”，从而获得常规 E 层和 F 层传输所难以实现的更优性能。这其中包括更为单一的传输模式、更为确定的反射高度（定位精度更高）、更低的背景噪声（可用频率高）、更稳定的传输信道甚至更低的传输损耗（在电离层中路径更短）。因此，Es 层的出现对于天波雷达来说是把“双刃剑”，以丧失远区覆盖能力为代价，却获得更优的近区探测能力。

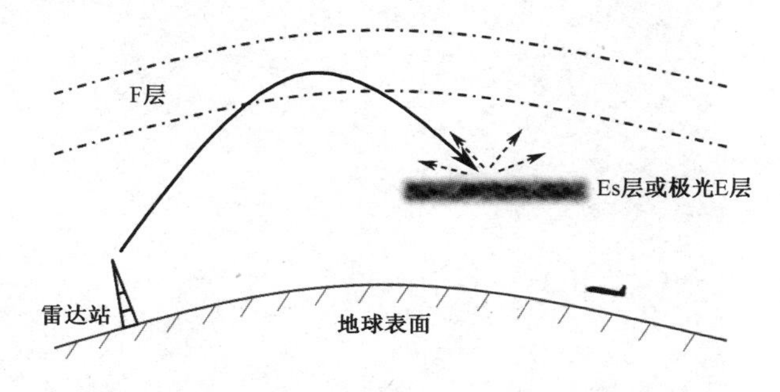

图 1.13　Es 层或极光 E 层对目标的遮蔽效应

尽管产生机理尚不明晰，出现时刻也不可预测，但 Es 层的出现却可以通过各种电离层探测设备（如垂测仪、返回散射仪、非相干散射雷达以及无线电掩星技术等）实时监测到[41-44]。基于无线电掩星技术还可获得全球范围的 Es 层发生概率分布图[45]。

图 1.14 给出了典型的返回散射扫频电离图，图 1.14 中，横坐标为频率（MHz），纵坐标为射线传输距离（km），颜色表征地表回波强度。通过地表回波强度的分布可以看出，特定的距离段当前是否可以覆盖，并采用哪一频段覆盖效果较佳（地表回波强度强）。

图 1.14（a）为正常 E 层和 F 层电离层条件下的扫频电离图，图 1.14（b）为 Es 层出现时的扫频电离图。从图 1.14（b）可以看出，即使用到高频频段的高端也

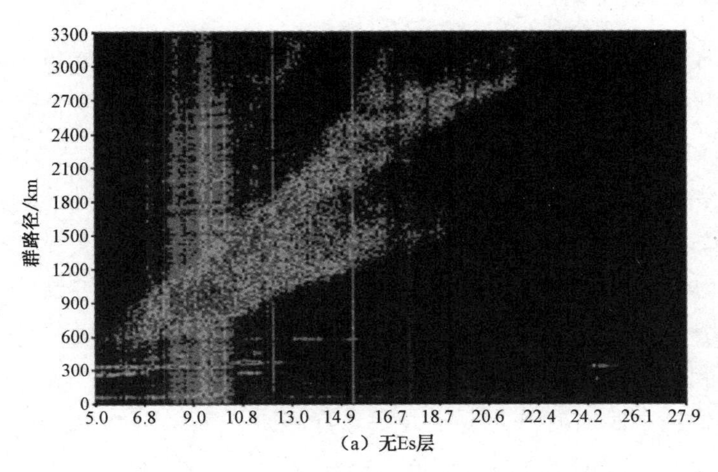

（a）无Es层

图 1.14　典型的返回散射扫频电离图

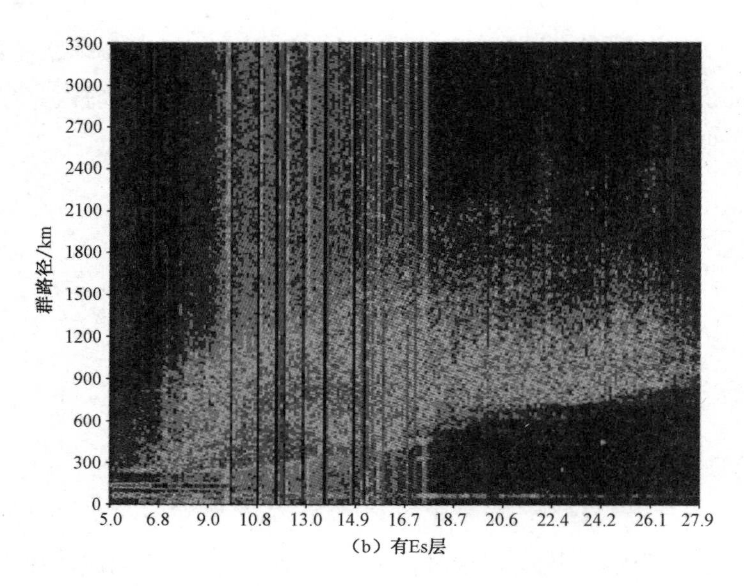

（b）有Es层

图 1.14　典型的返回散射扫频电离图（续）

无法穿透 Es 层的遮蔽，较强地表回波仍然被限制在 2000km 以内。而在图 1.14（a）中，随着频率升高，覆盖距离逐渐变远。

根据 Es 层出现的分布大小，其还可分为全遮蔽 Es 层和半遮蔽 Es 层。图 1.14（b）即全遮蔽 Es 层。Es 层半遮蔽时，特定频率（和角度）的电波还可到达 F 层，并覆盖远区，但受到的衰减通常较大。

1.3.1.5　电离层异常

1. 电离层突发扰动

电离层突发扰动（Sudden Ionospheric Disturbance，SID）是指太阳耀斑爆发使电离层低层（主要是 D 层和 E 层的底部）的电子浓度突然增大，而对高频电波传播造成扰动和衰减的现象。

太阳耀斑是由于太阳色球层里靠近太阳黑子附近的光斑区域 X 射线的强烈爆发所导致的。能够影响电离层状态的太阳耀斑常在太阳活动极大年发生，平均每月 3～4 次，每次可以持续几分钟到几小时；而能量较低的太阳耀斑发生得更为频繁，每天可达 10 余次，但它们对电离层和高频系统的影响可忽略不计[46]。

太阳耀斑发生约 8min 后，喷发的 X 射线到达地球日照面，强烈的 X 射线穿透地球大气层，引起电离层 D 层光化电离过程加剧，电子浓度能够激增 10 倍甚至更高。D 层电子浓度增大使得电波传播过程中电子碰撞激增，电波的非偏移吸收增大，严重时导致高频无线电波几乎损失所有的能量。

图 1.15 给出了一个太阳耀斑导致的 SID 事件全过程示意图。从图 1.15 可以看出，高频受太阳耀斑的影响较小且恢复更快，而低频恢复较慢，可能需要 1～2h。

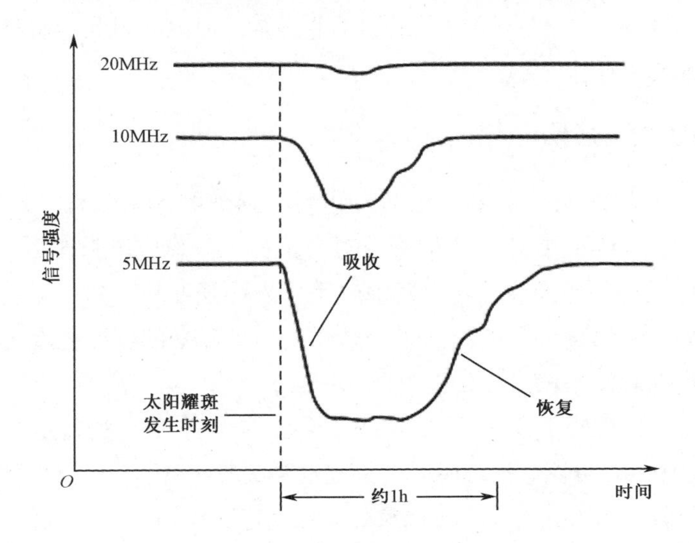

图 1.15　典型的 SID 事件全过程示意图[47]

剧烈的 SID 发生使得天波雷达信号短暂中断，随后逐渐恢复。天波雷达被迫使用更高的频率（所受影响较小），或者不得不等待该效应的完全消散，在这期间天波雷达效能降低甚至不可用。

有趣的是，SID 只影响位于日照面（当地时间的白天）的天波雷达；而对于背日面（当地时间的夜间）的天波雷达，由于 SID 吸收增强，降低甚至阻断了日照面各类高频用户经电离层多跳反射远距离传播的信号（对于天波雷达，这些都是干扰和背景噪声），实际上反而有利于目标探测。

2. 极冠吸收

极冠吸收（Polar Cap Absorption，PCA）是发生于极区电离层的一种扩展较广的吸收现象。与 SID 类似，PCA 由太阳耀斑所引起，但发生机理却完全不同[48]。SID 由增强的太阳辐射所引起，而 PCA 由太阳耀斑产生的高能质子（约大于 5MeV）所产生，这些高能质子在 20min 至数小时内抵达地球，并由地球磁力线引导进入极冠区。在那里，它们在 D 层的高度上通过电离中性粒子释放出所携带的能量，从而导致电子浓度增强并使得极区 D 层的高度降低，有时甚至低至 40km。这对穿越此区域的高频信号产生强吸收，衰减量可能超过 20dB。PCA 最终导致极区天波传输路径上最低可用频率（Lowest Usable Frequency，LUF）的增大。在强烈的太阳耀斑爆发期，LUF 甚至可能超过更高电离层（E、F_1、F_2 层）的最高可用频率（MUF），这使得极区高频传输失效。在太阳活动极大年，每年会发生数次 PCA 事件，通常持续 1～4 天。

PCA 是天波雷达在极区使用受限的主要因素，但除非引起地磁暴，它对中纬度天波雷达的影响不大。

3. 地磁暴/电离层暴

地磁扰动产生的原因众多，包括日冕洞、强烈的太阳耀斑、日冕物质抛射（Coronal Mass Ejection，CME）等，都可对太阳粒子流形成增强作用，进而对地球产生影响。地磁场的持续波动会引发地磁暴，磁场强度和方向可能发生显著的变化，相比平静地磁情况下可能超出 1 个数量级。地磁暴的剧烈程度用地磁指数来衡量，可以借助观测手段进行地磁暴的预警。

地磁暴导致电离层 F_2 层电子浓度的剧烈变化，这种剧烈变化是由 F 层电离的扰动引起的。因此，可以认为地磁暴会引起电离层暴。由于较低高度的电离层电子浓度变化与地磁场相关性不高，地磁暴对 D 层、E 层和 F_1 层的电离结构影响较小。而更高的 F_2 层在地磁暴期间则可能变得不稳定，临界频率更容易发生显著变化。

电离层暴的严重程度取决于其能量以及地球与太阳的相对位置。强烈日冕物质抛射事件引起的电离层暴可从磁极向磁赤道不断扩展，而较弱的电离层暴则不向磁赤道渗透。当电离层暴开始后，全球范围内的总电子浓度先是降至一个极低值，然后再逐渐恢复。恢复周期与太阳活动年份相关，太阳活动极大年可能持续 1 天，而太阳活动极小年则可能持续数天。当缓始型地磁暴发生时，赤道地区会形成 27 天循环性的电离层暴。

还有一类地磁扰动被称为极区亚暴，它是由于粒子沉降进入高纬度电离层而引起的。极区亚暴在路径上导致极强的无线电波吸收现象，伴随浓密的突发 E 层以及极强的不规则体。极区亚暴的发生相对频繁，特别是太阳活动活跃期间，在 24h 内可能发生数次，每次持续 1～2h。

电离层暴发生时刻，天波雷达 F_2 层最高可用频率将降低。而在恢复阶段，F_2 层的 MUF 逐步升高。电离层暴期间，天波雷达整体上体现为目标探测能力下降。

4. 行波电离层扰动

行波电离层扰动（Travelling Ionospheric Disturbance，TID）是与大气重力波相关干扰所产生的短期扰动。大气重力波起源于极光椭圆体或晨昏线，并高速在地球表面传播。中性大气和电离层之间的相互作用，使得随重力波传播的电离层出现起伏波动，因而被称为行波电离层扰动[49-50]。

TID 通常见于 F 层，自高纬地区产生并向赤道方向扩展。TID 导致的电子浓度振荡周期为 8～60min，呈准正弦状态；水平运动波长可达 50～500km，运动速度的范围从 E 层的 50m/s 到 F 层的 1000m/s，尺度也各不相同。

当天波雷达电波穿越 TID 所影响区域时，其传输路径（或者说反射高度）发生波浪状起伏，从而导致接收回波带有 TID 调制。这种调制不仅在传输时延（距离）、方位和幅度上，也可能在多普勒维（目标径向速度）上。该调制会影响天波雷达的信号相干性、跟踪性能（航迹连续性）及定位精度，其产生的规律性调制可以采用相应的估计和补偿算法进行抑制[51]。

5. 小尺度不规则体

不规则体（也称为不均匀体）指电离层中电子浓度显著偏离周围背景（通常是增强）的局部区域。不规则体能够散射在电离层中传输的电波，是天波雷达各类强扩展杂波的主要来源。

不规则体在赤道和极区相当普遍，通常在冬季夜间、日出日落时段及中纬度地磁活动活跃期间发生较为频繁。不规则体在地磁场作用下，沿磁力线排布，这使得其散射的雷达信号几乎垂直于不规则体的长轴（磁力线方向）。

赤道区域常见的扩展 F 层现象就与 F 层中沿地磁场排布的不规则体散射有关[52]。赤道区域等离子体从低高度注入，并越过 F 层峰值处，产生垂直向的运动趋势，其上层边界沿磁力线分布。这一过程在磁赤道南北方向约 1500km 的区域内出现，典型的不规则体尺度为东西向 100～200km，在磁赤道最高能够上升至 1000km 的高度。这些强不规则体是扩展 F 层（Spread F）的主要成因。扩展 F 层也称为赤道扩展杂波，它不仅意味着接收回波存在较大的时延扩展，还伴随有频率展宽（色散）及多普勒漂移（来自多个不规则体之间的相对运动）。

对于朝向赤道或极区方向的天波雷达，不规则体产生的扩展多普勒杂波（Spread Doppler Clutter，SDC）尽管距离极远，也可能通过多跳（2～4 跳）传输模式返回到雷达，而经过多次距离折叠后，其强度仍足以影响对运动目标的正常检测，特别是这些杂波在多普勒上具有一定的扩展。

天波雷达通常采用极低的波形重复频率（Waveform Repeting Frequency，WRF）以获得更大的不模糊距离（超过 10000km），或者设计特定的波形[53-56]来消除这种距离折叠的赤道或极区扩展杂波。

1.3.1.6　电离层的人为扰动

1. 核爆炸

高空核爆炸释放的各类辐射射线和粒子与中性大气分子发生相互作用，导致中性大气电离，形成“附加电离区”，进而对高频无线电传播产生重大影响[57-58]。其产生影响的性质和程度取决于爆炸当量和高度。例如，200km 处的百万吨级当量爆炸将产生一个全球范围传播的行波，可从 f_0F_2 电子浓度波动中被观测到，它将在数万平方千米范围内产生严重的吸收现象并导致信道中断，持续时间约数小时。它将爆炸周围的 E 层和 F 层推动数百至数千千米，还将形成一个延伸数千千米的人工电离层，其电子浓度峰值比周边电离层高，而总电子含量与整个地球电离层总电子含量相当[59]。

在适当位置的高空核爆炸之后，瞬发强辐射引起的信道中断将导致天波雷达无法工作，而缓发辐射引起的破坏和恢复过程将严重削弱雷达性能。

2. 电离层加热

空间物理科学家们一直希望利用大功率无线电照射方式来改变电离层，相比于核爆炸和化学物质释放等手段，电离层加热具有可重复性、可控度高、可快速恢复、安全性高等优点。

无线电波加热改变电离层的基本原理是：采用 F 层临界频率（通常为 5～10MHz）以上的超大功率信号辐射电离层，通过各种非线性过程激发电子，使电离层可能受到影响。

自 20 世纪 70 年代以来，世界各国先后建立了多处电离层加热设施，并配备相关的诊断设备，以开展人工改变电离层的试验研究。其中最著名的包括美国阿拉斯加的高频主动极光研究项目（High Frequency Active Aurora Research Program，HAARP）[60-61]、位于波多黎各的阿雷西博高频设施[62-63]、欧洲非相干散射科学协会（European Incoherent Scatter Scientific Association，EISCAT）位于挪威特罗姆瑟的加热设施[64-65]以及俄罗斯的 SURA 系统[66]等。

图 1.16 给出了电离层加热的工作原理图。通过垂直向上辐射高功率高频信号，并利用各种探测设备对电离层效应进行观测。

美苏两国研究学者都提出过通过加热设备产生“人工电离层镜”（Artificial Ionospheric Mirrors，AIM）来改善天波雷达或短波通信系统的概念。美国方案中提出在约 70km 达到 $30kW/m^2$ 左右的功率密度[67-68]。但遗憾的是，目前最强大的加热设备 HAARP 在电离层高度产生的功率密度仅为 $0.03W/m^2$，小于电离层自身等离子体本身热能密度的 1%。而太阳到达地球表面的功率密度则约为 $1.5kW/m^2$。由此可见，当前人类所掌握的加热能力对电离层的影响仍然是十分微弱的，尽管这种改变已经可以被精密测量设备观测到。而人为引起的影响会很快消失，持续时间通常为 1s～10min[69]。

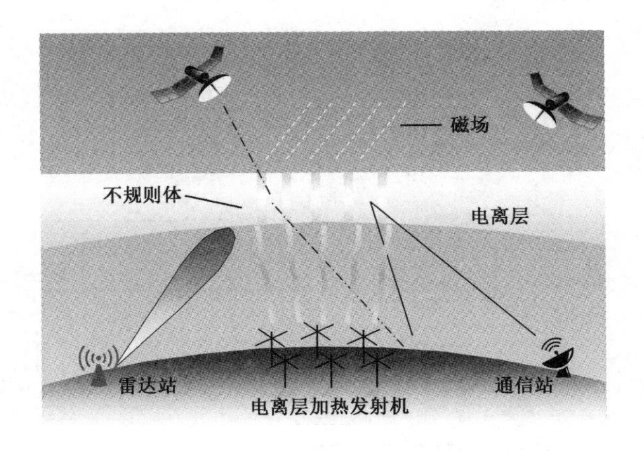

图 1.16　电离层加热工作原理图

1.3.2　电磁环境特性

天波雷达工作在高频段（短波频段），面临着极为复杂的信号环境。雷达接收机接收到的信号中，依据其来源可以首先分为有源信号和无源信号两大类。

无源信号也称为相干信号，其信号形式与发射的雷达信号相干。无源信号可根据其用途分为杂波和有用信号（通常为目标回波）。天波雷达中的杂波是由自然界中各类物体或现象散射雷达信号而产生的，包括地海表面散射生成的地海杂波、进入大气层的流星电离后留下的流星尾迹以及电离层中不规则体散射的扩展杂波等。

有源信号也称为非相干信号，其信号形式与发射的雷达信号不相干。有源信号依据其产生机理分为人工产生的和自然界产生的两类。人工产生的有源信号通常称为干扰信号，根据其目的又可分为非蓄意干扰信号和蓄意干扰信号两类。非蓄意干扰包括工业干扰（如变电站、电机、电气化铁路及电气开关等）、民用广播及电台等，还包含以上应用因为频谱泄漏而产生的各次谐波。蓄意干扰则是针对天波雷达或短波通信系统而专门设置的干扰或电子对抗台站，通常这类台站都具备信号侦收、截获、识别、高功率压制或欺骗等功能。自然界产生的有源信号通常被称为噪声，相对于干扰信号，噪声在相对更为宽广的频率范围内存在。自然界产生的背景噪声可能来自宇宙（如太阳和其他星球），也可能来自大气（如闪电放电）。

图 1.17 给出了天波雷达工作中所面临的复杂电磁和信号环境的分类情况。从图 1.17 可知，天波雷达的根本任务就是从这些种类多样、机理繁杂、形态不一、强度各异的叠加信号中准确、及时地提取出有用目标回波分量，并进行持续的跟踪和定位。而这一过程还受到时变电离层传输条件的影响和限制。

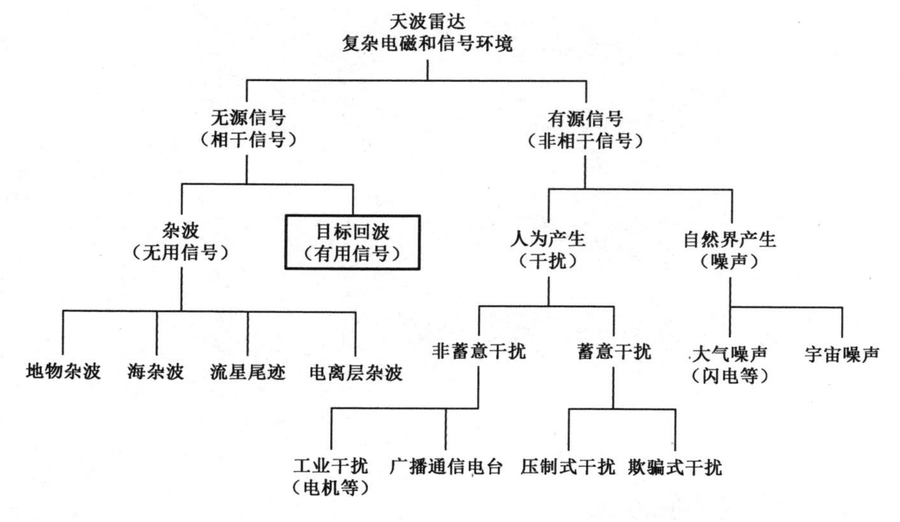

图 1.17　天波雷达电磁和信号环境分类图

对电磁和信号环境中各类分量特征的分析和统计，是分辨其与有用信号的先决条件。本小节将对天波雷达面临的复杂电磁环境特性进行简述，详细内容可参见本书第 5 章或相关参考书籍。

1.3.2.1　背景噪声

天波超视距雷达所使用的短波频段中，因自然和人为因素所产生的外部噪声（从接收天线进入）通常要高于接收机内部产生的热噪声。在高频频段的中部，外部环境噪声功率谱密度的中位值通常超过-175dBW/Hz，而设计良好的高频接收机内噪声则可达到-195dBW/Hz。也就是说，环境噪声功率谱密度的中位值要比接收机内噪声高 20dB 以上[70]。因此，外部环境噪声成为天波雷达检测高速运动目标（例如飞机和导弹）的背景，也是可靠检测目标回波的下限。

外部环境噪声主要成分之一是全球各地闪电所引起的大气噪声。闪电放电会在宽频范围内产生较高的电磁波能量。在全球范围内每天据估计将会产生约 800 万次闪电，大致相当于每秒发生 100 次闪电。高频段闪电辐射的功率谱密度并非最大，但是这些信号分量会通过电离层提供的天波路径传播很远。特别是在夜间，D 层吸收的消失使高频信号传播得更远，衰减也更小。这样来自全部闪电总和的大气噪声，由于气象和电离层条件的变化，其功率谱密度随着频率、日时间、季节和地理位置而变化，构成了天波雷达接收环境噪声，尤其是低端频段噪声的主要成分[71-73]。

宇宙或地外噪声是高频段环境噪声的第二大来源。在 15MHz 以下的频率，来自太阳和银河系其他星球的宇宙噪声无法穿透电离层（低于临界频率，要么被反射，要么被吸收），而在 15MHz 频率以上，宇宙噪声十分显著，并且超过大气噪声成为天波雷达的背景噪声。

图 1.18 给出了环境噪声监测设备测量到的典型背景噪声频谱图。从图 1.18 可以看出，除梳齿状的各类电台和用户外，低频段的背景噪声要高于高频段约 20dB。

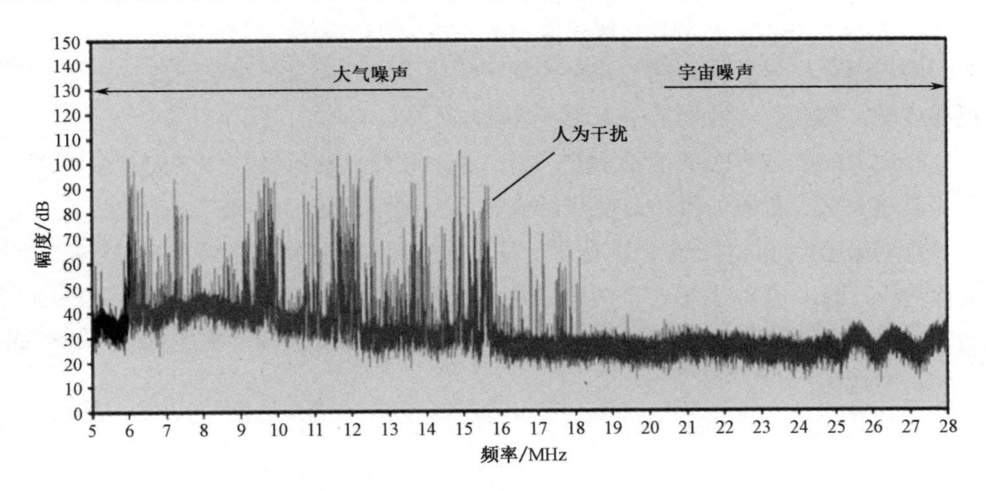

图 1.18　背景噪声频谱图

1.3.2.2　杂波

天波雷达因地球表面、各类物体和效应的后向散射而接收到强杂波回波，单个空间分辨单元（距离-方位，通常大小为数千米至数十千米）内的杂波强度比飞机目标回波强度高 40～80dB。接收信号不经过处理，直接用仪表观测，只能看到占据主导地位的杂波分量，而无法辨识出有用目标信号。当杂波成为检测主体背景时，由于其与雷达信号相干，将无法通过增强发射功率的办法来改善目标探测效果。

根据散射体的来源，天波雷达中的杂波可分为地物杂波、海杂波、流星尾迹及电离层杂波等类型。

1. 地物杂波

地物杂波是由陆地表面不同地形、地貌及其上不同属性的物体（如城市、建筑）所散射的雷达信号分量，其强度与雷达信号频率、空间分辨单元的大小、入射角（擦地角）、极化方式以及地表面归一化后向散射系数等有关[74]。典型天波雷达视角下，地表面归一化后向散射系数一般在 10～40dB 的范围内变化。粗糙且不规则的地貌特征（如山区）的后向散射系数要明显高于平原；城市（具有高层建筑和大型人造物体的区域）也会增大后向散射系数；地表导电率的时空变化（如下雨）也会显著改变地表后向散射系数。这些空间位置固定的地表特征和物体所产生的杂波经过多普勒处理后，在天波雷达回波谱上位于零多普勒频率附近（相对雷达没有运动速度），可与具有一定径向速度（相对雷达非严格切向飞行）的空气动力目标回波分辨开来。虽然目标回波强度远小于地物杂波强度，但它们位于不同的多普勒单元中。目标径向速度越高，多普勒上偏离地物杂波就越远，受到的影响就越小，尽管电离层传输路径的变化也会给地物杂波叠加一定的多普勒漂移和展宽，使其不能准确地落入零多普勒单元内。

相比固定物体产生的地物杂波，另一类地表面低速运动物体（如高速铁路列车、高速公路上行驶的汽车、叶片巨大的风力发电设备等）所产生杂波具有一定的多普勒频谱特性，对于天波雷达目标探测影响更大，特别是影响径向速度较低的目标[75-77]。图 1.19 给出了典型的风力发电机组桨叶散射产生的回波多普勒谱图。图 1.19 中，横坐标为多普勒，纵坐标为回波强度，可以看到桨叶旋转所产生的明显的谐波效应。

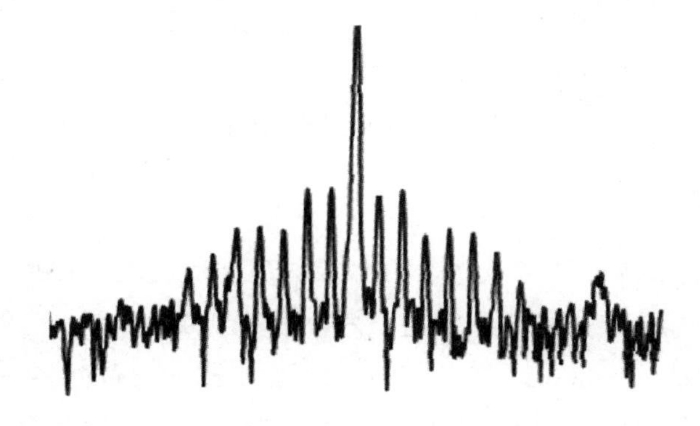

图 1.19　典型的风力发电机组桨叶散射产生的回波多普勒谱图[76]

2. 海杂波

海表面归一化后向散射系数主要取决于海表面的粗糙程度，即海况。海况主要受海面风速和风向影响。海面风越大，海况等级越高，海表面越粗糙，海杂波强度越强。这也是高频雷达（包括天波和地波雷达）能够进行海态遥感的基本原理。基于此原理，由于不同时段海况变化可能较大，而同一海域中的海况一般差异较小，海表面后向散射系数（海杂波强度）呈现出较强的时变特性，而空间差异则较小。这与地表面后向散射系数（地杂波强度）的变化特性正好相反。当海面保持平静时，雷达信号以低倾角入射到海面上，将几乎以镜面反射的方式向前辐射，而极少的能量后向散射返回雷达，此时的后向散射系数可能比日常情况低 20dB 以上。

海杂波的多普勒频谱特性与地物杂波的差异更为显著。电磁波和海面之间的相互作用机理表明：入射电磁波与特定波长的浪高谱分量（前向和后向布拉格波列）谐振，从而在多普勒频谱上产生两个独立的谱分量[78-80]。这两个围绕零多普勒频率左右对称的谐振谱分量（通常称为一阶布拉格峰）的多普勒频率为

$$f_{\mathrm{b}} = \pm\sqrt{\frac{g\cos\psi}{\pi\lambda}} \tag{1.2}$$

式中，g 为地球重力加速度；ψ 为入射电磁波的掠射角（擦地角）；λ 为入射电磁波的波长。浪高谱二阶项和更高阶项形成了海杂波多普勒频谱中的连续谱区域，它通常在一阶布拉格峰左右呈现连续分布。

图 1.20 给出了典型的海杂波多普勒频谱图。在图 1.20 中红色箭头所示最高的两个谱峰就是一阶布拉格峰，围绕一阶布拉格峰连续分布并明显高于背景噪声的是二阶谱和高阶谱；最左侧黑色箭头所示为一个舰船目标回波，很明显，从强度上看舰船目标远低于海杂波一阶布拉格峰，当目标多普勒频谱与布拉格峰多普勒频谱相同或相近时，目标将被海杂波遮蔽；而足够大或者径向速度足够高的目标才能从二阶谱上显露出来。

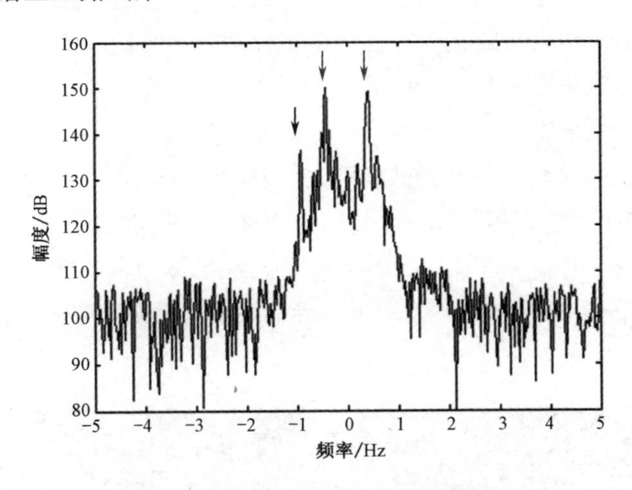

图 1.20　典型的海杂波多普勒频谱图

海杂波强度受海况影响在时间上变化明显，而在空间上较为均匀（大面积海况趋向相近）；而地物杂波则在时间上相对稳定，在空间上由于地形地貌或城市等特征会产生显著差异。总体上看，除了极端海况条件外，海面相对于陆地（特别是城市或山地背景）杂波强度和扩展程度相对较弱，对于天波雷达高速目标（飞机或导弹）探测更为有利。

海杂波对于天波雷达低速舰船目标检测是至关重要的因素。一阶布拉格峰会遮蔽目标回波（哪怕是最大吨位的船舶），而二阶谱和高阶谱会抬高检测背景电平，

信杂比（Signal-to-Clutter Ratio，SCR）进而成为目标检测的关键参量。

当海杂波清晰可分辨时，通过地海杂波的不同多普勒特征可建立地海杂波图，与实际地海分界线的匹配比对之后，可作为一种已知参考点（Known Reference Point，KRP）来修正天波雷达的定位精度[81-82]。

3. 流星尾迹

来自流星散射的杂波可分为头回波和尾迹回波两部分。头回波被认为是流星体附近的局部电离区域（热离子）产生的，当星体下降至较低高度时持续产生，持续时间较短。尾迹回波则是沿流星运动轨迹形成的电离尾迹（冷离子云）散射而来的，持续时间相对较长，可能超过 1s[83]。

流星尾迹产生高度通常在 90～120km，长度为 10～15km，离子柱半径则可能为 5～15m。流星尾迹特性取决于初始质量、速度和运动路径的天顶角。从电磁散射的角度，可依据其最大电离线密度，将流星尾迹划分为欠密尾迹和过密尾迹。欠密尾迹中，每个电子都可看作一个单独的散射源；而过密尾迹散射则更像一个导电曲面[84]。从天波雷达观测的角度，欠密尾迹回波数量远大于过密尾迹。

流星尾迹的出现具有随机性，在年中可预期的流星雨期间流星尾迹将大幅增多，如狮子座和宝瓶座流星雨可持续数天至数十天。流星尾迹在早晨时段出现相对频繁，而在傍晚发生概率较低。

单个流星尾迹回波在距离上扩展不大，但由于其瞬态特性，在多普勒维上会扩展至 10～30Hz 宽度，其强度一般高出噪声基底 10～40dB。图 1.21 给出了典型的流星尾迹回波多普勒频谱图。在图 1.21 中，横坐标为多普勒频率，纵坐标为射线距离，颜色代表回波强度。频谱图正中为地海杂波，负多普勒上的扩展杂波（圈中标识）即流星尾迹回波。

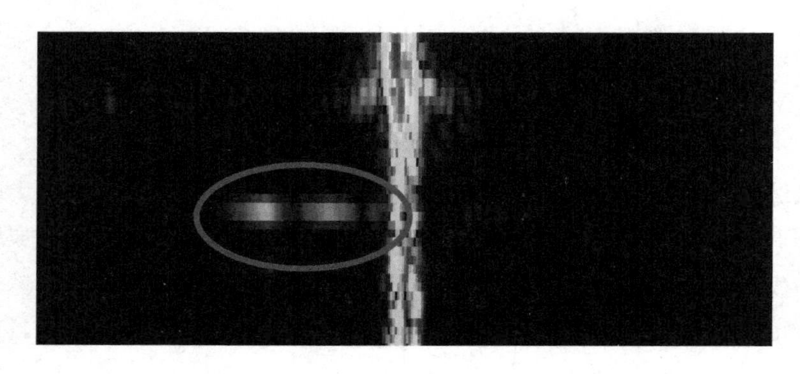

图 1.21　流星尾迹回波多普勒频谱图

流星尾迹回波对天波雷达的影响主要来自其对发生区域真实目标回波的遮

蔽，但由于其出现的频次和位置，总体影响相比其他杂波要小得多。基于流星尾迹的瞬态特性，可以应用相关的处理算法对其加以抑制[85-86]。

4. 电离层杂波

根据 1.3.1 节中所描述的电波传播特性，当天波雷达的射线路径朝向或经过赤道和极区时，将会遇到电离层中不规则体散射所引起的杂波。这类杂波通常在多普勒维上具有较宽范围，因而也被称为扩展多普勒杂波（Spread Doppler Clutter，SDC）。SDC 的强度通常弱于地物杂波和海杂波，但当它们处于相同或相邻距离-方位-多普勒单元时仍足以遮蔽高速飞机目标回波。

SDC 进入雷达接收机的方式有直接散射、距离折叠和方位旁瓣进入等。SDC 在距离维上比流星尾迹回波扩展要广，这与电离层不规则体的尺寸有关，通常可以达到上百千米；从旁瓣进入的 SDC 将在几乎所有方位波束上存在，只是强弱有差别；而多普勒扩展范围通常小于 10Hz。SDC 的存在时间比流星尾迹要长得多，通常在数十分钟至数小时不等。SDC 对频率不敏感，切换工作频率对其强度和大小影响轻微。

图 1.22 给出了典型的电离层杂波 SDC 多普勒频谱图，图中，横坐标为多普勒频率，纵坐标为射线距离，颜色代表回波强度。

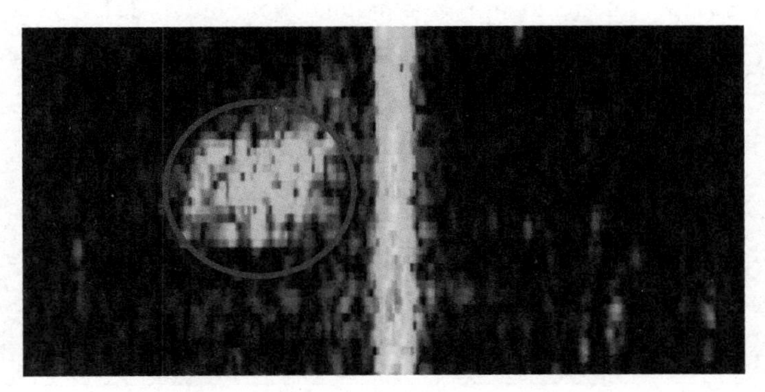

图 1.22 电离层杂波 SDC 多普勒频谱图

极区 F 层不规则体散射生成的 SDC 受极区等离子体环流模式的影响。朝向极区的天波雷达午夜前将会观测到正多普勒的 SDC（由向西流动的 F 层不规则体产生），而午夜之后则会观测到负多普勒的 SDC（因为等离子体环流在午夜反向）。而相同的多普勒反向现象将在正午再次出现[25]。

应对 SDC 可通过波形设计解决距离折叠进入问题，将 SDC 搬移至非关注区域[54]；或者利用空时处理算法来进行抑制[87-88]。

需要注意的是，由于电离层传输过程中相位污染而导致的地海杂波多普勒展宽，其机理和现象都与 SDC 存在显著差异。前者的本质是地海杂波被相位污染而展宽，而后者则是电离层不规则体散射的回波。因此，各类解相位污染的算法对于电离层杂波 SDC 是无效的。

1.3.2.3　干扰

1. 工业干扰

工业干扰主要来自人造电气设备，其中包括电气化铁路、变电站、高压输电线路、工农业电机、电焊机、霓虹灯以及带启辉器的日光灯等。近年来，利用电力线进行上网的宽带电力线通信（Broad-band over Power Line，BPL）技术信号泄漏也可能对高频系统产生影响[89-90]。原则上，越靠近工业区和居民区，工业干扰导致的人为噪声电平就越高，进而可能超过大气噪声和宇宙噪声成为高频段的背景噪声。显然，这种背景噪声电平的抬高将导致天波雷达探测目标，尤其是小型目标的性能下降。

将天波雷达的接收站布设在远离人口密集的区域可以有效减小工业干扰（人为噪声）的影响，通常 100km 以上的干燥地面就足以隔离干扰，获得 10dB 以上的信噪比增益。

国际电信联盟（International Telecommunication Union，ITU）报告中给出了不同类型区域工业干扰的功率谱密度模型[91]，即

$$F_{\mathrm{am}} = c - d\log_2 f \tag{1.3}$$

式中，f 为频率（MHz）；c 和 d 的取值见表 1.4。

表 1.4　常数 c 和 d 的取值表[91]

环境分类	c	d
工商业区级（Bussiness）	76.8	27.7
居民区级（Residential）	72.5	27.7
乡村级（Rural）	67.2	27.7
宁静乡村级（Quiet Rural）	53.6	28.6
宇宙噪声（Galactic Noise）	52.0	23.0

根据该模型得出的工业干扰功率谱密度如图 1.23 所示。图中，横坐标为频率，纵坐标为功率谱密度，曲线 A～E 分别代表工商业区级、居民区级、乡村级、宁静乡村级和宇宙噪声五个类别。图 1.23 反映了不同等级人为影响对高频段噪声的贡献，但实际测量到的噪声功率谱都是工业干扰、大气噪声和宇宙噪声等各类噪声的叠加，并随时间、地点和方向等因素变化显著。

除选择偏远少人的站址外，还必须对接收站周边的电磁环境进行监测和管控，

以减小人类活动产生的工业干扰对雷达性能的影响。

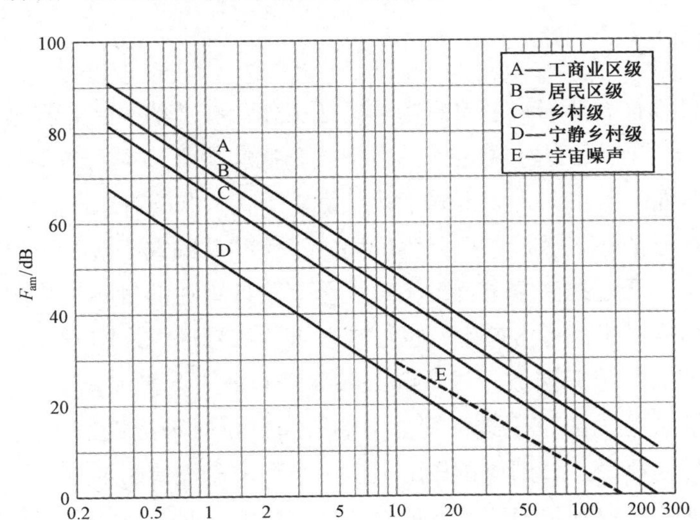

图 1.23　高频段工业干扰（人为噪声）功率谱密度图[91]

2. 通信广播电台

尽管各种现代通信手段（如微波、光纤和卫星）已经成为当前通信的主要方式，但通过电离层传输的短波广播和通信仍是一种有效的应急通信方式。

现代短波广播站的发射机功率高达 200～500kW，天线增益达 10～20dB。从这些发射源经天波传播到雷达接收站的信号功率谱密度通常比背景噪声高 60～80dBW/Hz。而未经良好带外抑制设计的发射机还会将其能量以二次或高次谐波的形式泄漏到其他频点上。

高频频段中拥有大量注册和未经注册的用户，包括广播和通信。除了少数宽带扩频信号，大多数广播通信信号占据的高频带宽较窄，通常为 3～15kHz。因此，高频频谱图上表现为多个窄带频率上的强“信号”叠加在较低强度的背景噪声之上，如图 1.18 所示。

天波雷达接收机所具有的高带外抑制能力，使得雷达可以在这样强且密集的频谱占用情况下工作，只要雷达信号带宽与其他用户不交叠“冲突”。天波雷达通常配备专门的频率管理系统，对雷达工作频率进行规划管理，一方面须避开国际电信联盟和国家无线电管理部门给重要应用（如国际遇险和安全通信呼叫）分配的频率[2]，另一方面须避开民用高频用户所占用的频点[92-93]。广播电台通常工作在一个或多个固定频率上，而通信电台的频率使用则灵活得多，常常具有频率捷变或跳频功能。在这种场景下，选择一个“干净信道”（未被其他用户占用的频率）

来进行工作，始终是频率管理系统所面临的难题[94-96]。

3. 蓄意干扰

蓄意干扰指怀有敌对目的有意影响雷达工作而释放的干扰。根据干扰源的位置，其可分为通常从雷达主瓣进入的自卫式干扰和从旁瓣进入的支援式干扰。按能量带宽的分布，其可分为阻塞式干扰（宽带干扰）和瞄准式干扰（窄带干扰）。按照与雷达信号的相干性，其可分为噪声式干扰和欺骗式干扰。噪声式干扰与雷达信号不相干，通过抬高整个背景噪声电平来降低雷达的目标检测能力；欺骗式干扰与雷达信号相干，可自产生，也可转发雷达信号形成，即通过添加与真实目标特征相似的大量虚假回波，导致跟踪系统饱和或引起操作员误判。

位于探测波位内的自卫式干扰会影响天波雷达对干扰机/干扰船自身及同波位内其他目标的检测，起到掩护作用。由于电离层传输信道的互异性，对于雷达信号覆盖该波位（双程传输）而言最佳的工作频率，对于自卫式干扰信号返回雷达接收站（单程传输）也是最佳的，因此自卫式干扰可用较小的功率口径获得较好的干扰效果[46]。

由于电离层的各向异性，位于雷达探测波位之外的支援式干扰，其干扰信号到雷达接收站的传输条件（相比自卫式干扰）常常是次优的，甚至是“不可用”的。另外，其信号通常从雷达波束的旁瓣进入，较容易被自适应处理算法进行抑制[97]。因此，支援式干扰要求更高的功率口径增益，也具有较大的占地面积和部署代价。

1.3.3 目标散射特性

天波雷达所关注的各类目标（包括飞机、导弹和海面舰船等）主要尺寸与雷达信号的波长（10～100m）相当，目标散射截面（Radar Cross Section，RCS）特性落入瑞利-谐振散射区。相比之下，常规微波雷达信号波长在分米或厘米量级，RCS 特性主要位于光学区。天波雷达可以看作“十米波”（Decameter）雷达，这种信号波长（频率）上的巨大差异从根本上决定了目标 RCS 的独特性。

当天波雷达工作在高频段的低端附近时，探测 10m 长度的巡航导弹，其目标 RCS 将落入瑞利区，随频率的降低而急剧下降（近似为频率的四次方）；而当雷达在高频段的高端附近工作时，探测同样长度的巡航导弹，目标 RCS 则表现出谐振区特性，随频率的变化在一个有限区间内起伏振荡，同时呈现出比瑞利区更大的视角敏感度，但平均目标 RCS 相对较大。这一示例表明，同样的一个目标（如巡航导弹），采用不同的频率（由当时的电离层传输条件所决定）进行探测，其 RCS 及探测效果将呈现极为明显的差异。

在典型的天波雷达频率范围内，大型飞机（如轰炸机、运输机、加油机、预警机和大型民航客机）的平均 RCS 范围在 100～1000m^2（20～30dBsm）；小型飞机（如战斗机、大型直升机和大型无人机等）的平均 RCS 范围在 10～100m^2（10～20dBsm）；超小型飞行器（如巡航导弹、小型直升机和无人机等）的平均 RCS 范围则依据频率在 0.01～10m^2（−20～10dBsm）内变化；大型远洋船舶（如航空母舰、登陆舰、邮轮、集装箱货船等）的平均 RCS 范围可达到 10000m^2（40dBsm），甚至更高[46]。通常情况下，谐振区内的目标 RCS 通常要大于微波频率光学区的目标 RCS[3]。

采用十米量级波长带来的另一个优势就是对隐身目标的优良探测效果。当 RCS 位于瑞利−谐振散射区时，目标尺寸是影响 RCS 的最主要因素，而外部局部隐身修型设计对 RCS 的影响几乎可忽略。吸波涂料的厚度对于十米量级的波长也无效。这样，不依赖任何具体的系统设计，所有的天波雷达天然具有良好的反隐身效果。

以上仅就天波雷达相关的目标特性进行了简述，详细内容可参见本书第 4 章或相关参考书籍。

1.4 效能与应用

天波雷达的主要任务是各类运动目标的探测与跟踪，其输出情报可用于国防用途，服务于战略预警、对海监视、反隐身预警、反低空突防、反导早期预警和广域空海监视等各类具体的任务场景[98]。在天波雷达探测功能基础上，基于其强大的收发通道平台，还可以扩展集成短波侦察、通信和电子对抗等应用，构建一个短波段的综合电子信息系统。在民用领域，天波雷达可以作为性能优良的高频段观测设备，提供电离层监测和海态遥感等服务，或开展相关研究。在这两类研究中，目标对象将不再是人造的目标（点目标），而是来自自然界散射体的回波。

1.4.1 战略预警

天波雷达具有对空中飞机目标的大范围、长时间、连续跟踪能力，能够提供长达小时量级的预警时间，因而在冷战期间被美苏两国用于战略预警。

美国空军的 OTH-B（AN/FPS-118）天波雷达在美国东西海岸各部署三个阵面，形成 180° 的覆盖范围，应对大西洋和太平洋两个主要战略方向。其主要任务为尽早发现逼近美国本土的潜在威胁（如苏联的战略轰炸机），确保威胁到达海岸或特定攻击位置前得到识别和压制。该雷达情报直接接入位于夏延山的北美防空司令部，并能够引导战斗机进行拦截和伴飞。

执行战略预警任务时，OTH-B 天波雷达通常设置一排“屏障区”波位（预警警戒区），覆盖所有方位段，而距离段则根据电离层条件尽量向远延伸。接近或离开美国海岸线的飞行器都不得不穿越该“屏障区”，在穿越时间内，OTH-B 天波雷达必须将该目标检测、跟踪出来并进行威胁评估。所有民用和军用飞机的飞行计划、动态及航线定期或实时地通过空中和海洋控制中心报送至 OTH-B 天波雷达，以用于目标关联和识别。未能与飞行计划或航线相关上的航迹将被认为是不明目标，须迅速上报情报[99]。

苏联的弧线雷达和俄罗斯最新型的“集装箱”雷达也主要担负战略预警任务，除战略轰炸机之外，探测对象还包括突然调动的大批机群、密集发射的巡航导弹群等。

从美俄两国情况来看，为避免探测资源冲突，执行战略预警任务的天波雷达一般不赋予其他战术任务（如对海监视等），但可以兼顾反导早期预警。

1.4.2 对海监视

天波雷达对水面舰船目标大范围、远距离、超视距的探测和监视，使其能够成为海洋监视体系中的重要一环，执行相应的战术任务。

尽管受限于较粗略的分辨率和探测精度，但与其他高精度传感器进行协同，可以获得较好的整体监视效果。天波雷达探测到监视区内的舰船或飞机目标后，通过数据链或指控网络，可引导更高精度的侦察监视平台（如侦察机、预警机、驱护舰或巡逻艇等）到达该区域，进行重点搜索、侦察和查证。这种体系运用方式能够显著提升装备使用效率，快速响应潜在威胁，并进一步降低装备采购维护费用[46]。

美国海军的可搬迁式天波雷达（Relocatable Over-The-Horizon Radar，ROTHR）主要担负战术警戒任务，充分利用远程空海态势获取能力，发现从各方面逼近和威胁美国海军舰队的军舰和飞机，支援海军战斗机群的拦截行动，特别是应对苏联携带远程反舰导弹的长航程陆基轰炸机群。

澳大利亚金达莱实战型雷达网（Jindalee Operational Radar Network，JORN）也承担对海监视任务，对澳大利亚北部海域的空海目标进行探测。

执行对海监视任务的天波雷达通常为多功能、多任务系统，除海面目标外，也具有飞机或导弹等目标探测能力。图 1.24 给出了典型的多任务天波雷达规划的示意图。图中，每个梯形框为一个探测波位，天波雷达实时监视区域可划分为一个或多个任务，每个任务又可分为一个或多个探测波位，每个波位的工作参数则根据任务和传输条件而各不相同。

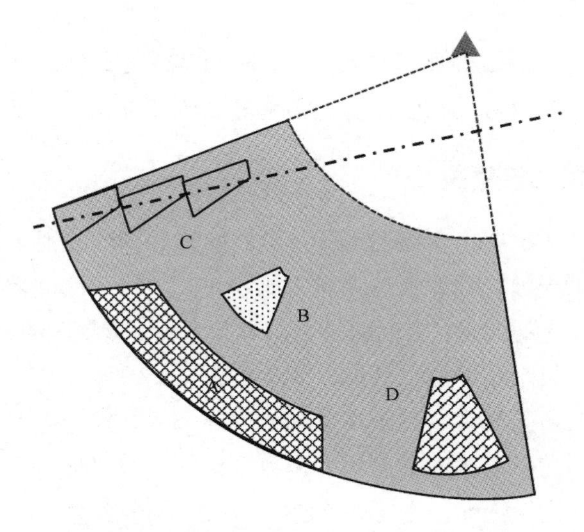

图 1.24 多任务天波雷达规划想定示意图

图 1.24 中给出了想定的四种不同典型任务场景。任务 A 为 1.4.1 节战略预警中的预警警戒任务，在宽阔的方位扇区上探测穿越“屏障区”的空中运动目标；任务 B 为对海监视中的关键水道监视任务，单个波位连续不间断地覆盖某一关键水道；任务 C 为对海监视中的护航任务，用于监视空中航路或向指定路径上的海军舰队提供保护，须兼顾空中和海面目标探测；任务 D 为后续章节提到的海态遥感任务，主要用于绘制海态和表面风场，或者跟踪飓风。各任务对雷达资源的需求不同，常常存在冲突，任务规划必须在传统条件与任务适配性的基础上考虑资源配置。

1.4.3 反隐身

反隐身确切来说不是天波雷达的一种任务场景，而是依托于其他各项任务的一项功能需求。在战略预警任务场景中的隐身战略轰炸机和“踹门突袭”的隐身战斗机，在对海监视任务场景中的隐身舰艇、隐身舰载战斗机及各类隐身侦察机，都是天波雷达需要面对的探测对象。

如 1.3.3 节所述，由于发射高频频段信号，波长为 10m 量级，使得天波雷达天然具备良好的反隐身能力。具体的目标特性仿真分析结果详见第 4 章。

1.4.4 反低空突防

与反隐身场景类似，反低空突防也是一项功能需求，而非任务场景。在各类任务场景中低空突防的轰炸机、战斗机、无人机和巡航导弹，都是天波雷达需要面对的探测对象。

经过电离层反射下视探测的基本原理，使得天波雷达不存在低空盲区，天然具备良好的低空、超低空目标探测能力，甚至可以探测海平面上零高度的舰船目标。

1.4.5 反导早期预警

早期的天波雷达主要用于监视远程及洲际弹道导弹的发射。1.2.2.1 节中提到的 440-L 前向散射天波超视距雷达通过多站收发配置，不间断监视弹道导弹主动段穿透电离层所产生的扰动，来判断是否有导弹发射。该探测机理对干扰较敏感，可靠性低，无法有效跟踪定位，只能提供告警信息。

现代的后向散射天波雷达远距离监视弹道导弹的发射，主要机理是探测导弹发射时主动段喷焰在一定条件下产生的等离子体。这一“体目标”在空间上扩展可达到上百千米，比导弹弹体本身的 RCS 要大 2～3 个数量级。

天波雷达与天基红外预警卫星共同构成反导早期预警的主要探测手段，二者具有良好的互补性。红外预警卫星，如美国的国防支援计划卫星（Defense Support Program，DSP）和天基红外系统（Space-Based Infrared System，SBIRS），依靠弹道导弹尾焰的红外特征进行探测，覆盖范围接近全球[100]；而天波雷达主要依靠弹道导弹尾焰产生等离子体的电磁特征进行探测，可给出弹道导弹主动段的射向和轨迹，但仅对雷达覆盖区内发射的或以一定高度穿越覆盖区的弹道导弹具有探测能力。

天波雷达探测弹道导弹主动段的基本原理和具体的目标特性仿真分析结果详见第 4 章。

1.4.6 广域空海监视

广域空海监视是天波雷达在低威胁或低烈度冲突区域的一种任务场景，也可用于民用用途。

天波雷达输出的空海联合态势具有多种使用样式，例如，通过一段时间的累积以提供探测区域内目标的基本活动规律，或者在演习或军事活动期间，提供探测区域内动态的空海态势，辅助指挥员完成任务筹划、指挥决策和战术部署。天波雷达不仅可对关键事件提供及时告警，也能进行远程监视，这种能力被看作防止冲突规模扩大的有效威慑和遏制手段[101]。

在民用场景下，天波雷达主要用于视距雷达覆盖范围之外的海面和空中管控。例如，通过监视毒贩常用的空中和海面通道，能够在缉毒行动中帮助执法部门。ROTHR 雷达曾在加勒比海地区用于检测并跟踪跨国贩毒的小型私人飞机，引导美国海岸警卫队和其他政府部门掌握拦截和抓捕的主动权[102]。1992 年以来，ROTHR 雷达获得的信息帮助缉获了 5 万多千克毒品以及数千万美元现金[103]。

天波雷达发现不明海面目标后可发出查证警报，用于监视远海非法捕捞活动，并保护诸如石油钻井平台这样的离岸装备；还可用于监视偷渡的船舶，帮助移民和海关部门进行边界保护；还可用于对空中和海面目标进行实时监视，并在紧急搜救行动中提供辅助信息。

1.4.7 短波侦察

利用天波雷达高增益的巨型接收天线阵列，对短波通信和高频雷达等信号进行侦察、测向和交会定位（多部雷达组网时），可以测定辐射源的属性和位置[104-105]。

1.4.8 短波通信

利用天波雷达极高的功率和收发天线阵列口径增益，以及对传输信道电离层状态良好的监测和诊断，可实现与远方终端之间的短波通信[47]。相比传统短波通信系统，其可获得更高的信噪比和传输速率。

天波雷达与短波通信一体化技术的具体内容见第 11 章。

1.4.9 短波电子对抗

利用天波雷达极高的发射功率和收发天线阵列口径增益，结合侦察测向结果，可以对敌方的高频系统（如通信电台和雷达）实施干扰。

1.4.10 电离层监测

1924 年，阿普尔顿及其合作者研发出电离层探测仪，在地面发射高频信号开展探测，最终验证了电离层的存在[20]。随后，Breit 和 Tuve 利用脉冲波形的高频探测设备分辨并研究了从不同电离层中反射回来的回波特性[106]。时至今日，基于雷达原理的电离层探测手段，如利用现代垂直入射、倾斜入射和斜向返回探测仪，仍是在大尺度时空范围内分析上部大气层高度结构和电离形态的常规方法。运行已经超过 10 年的超级双极光雷达网络（Super Dual Auroral Radar Network，SuperDARN）项目通过广泛的国际合作，部署了 18 部高频雷达，视场覆盖南北半球极电离层的大部分区域，用于观测和解决磁层、电离层、热层和中层过程的广泛问题，取得了令人瞩目的科学突破[107]。

而作为功率口径最为强大的高频探测设备，天波雷达在电离层监测和研究中也可以发挥出重要作用。法国国家航空航天实验室（Office National D'Etudes et de Recherches Aerospatiales，ONERA）的研究学者利用 Nostradamus 天波雷达开展了电离层探测试验，其独有的二维阵列提供了俯仰维扫描下的电离图[108-109]。部署于极区的加拿大极区超视距雷达（Polar Over-The-Horizon Radar，POTHR），研究学者也对极区电离层效应开展了相关研究[110]。

天波雷达配套的电离层监测设备所记录的数据，也为长期或局部电离层效应研究提供了有力支持。

1.4.11 海态遥感

高频雷达海态遥感的基本原理在于海杂波回波多普勒频谱的细微结构中包含了与洋流及表面风场相关的信息。基于海面散射场物理模型，雷达能够从某一空间分辨单元内的多普勒频谱反演出海流、浪高及海面风场信息，这为广域长时海洋环境监测提供了一种新的测量方法[80, 111]。

天波雷达易受到电离层相位污染现象的影响，通常地波雷达被认为更适合用于提取海洋学参数，却受限于相对近的覆盖距离。而对于天波雷达，数据质量在很大程度上取决于电离层多径传输和频谱污染的严重程度，这是信号经电离层传输后所叠加的影响。由于电离层传输所引起的多普勒漂移，天波雷达还必须获得零赫兹多普勒参考源（如地杂波）才能准确估计出表面洋流。

1980 年，美国利用 WARF 天波雷达对 ANITA 飓风进行了长达 5 天的试验和跟踪。数据分析结果表明，天波雷达在飓风早期形成阶段，特别是观测到多个中心或者卷云遮蔽卫星云图时具有良好效能。天波雷达所独有的高分辨率、大覆盖范围、实时转向和连续监控能力，对卫星、飞机和浮标等观测手段是一个极佳的补充[112]。法国的 Nostradamus 天波雷达[108]、美国的 OTH-B 雷达[113]和 ROTHR 雷达[114]和澳大利亚的 Jindalee 雷达[115]也相继开展过大量天波雷达海态遥感试验研究，取得了令人振奋的进展。

1.5 天波雷达发展史

1946 年，美国陆军航空兵剑桥场站的科学家提出了一种新型雷达的概念，即雷达波束从电离层反射到地球表面，照射到目标后再反射回电离层，回到接收站进行接收。这是天波超视距雷达的雏形。随后，陆军航空兵沃森实验室利用这种电离层“传播路径”在波士顿、马萨诸塞州和波多黎各之间，以及波士顿和北美洲白沙试验场之间发射信号以开展试验。标志着天波雷达原理验证成功的一项关键性试验是 V-2 火箭在白沙靶场发射期间，试验雷达从经电离层传播的回波中观测到了明显的多普勒频移[15]。

自此，世界各国基于各自国情在天波雷达领域开展了历时数十年的发展和研究，本节中将依次简述各国天波雷达的发展历程。

1.5.1　美国

1.5.1.1　MUSIC 雷达

1955 年，美国海军研究实验室（Navy Research Laboratory，NRL）研发出一部名为 MUSIC（MUltiple Storage, Integration, and Correlation）的低功率高频雷达系统。1957—1958 年，利用电离层和目标反射的信号，MUSIC 雷达探测到 600 海里处的导弹发射和 1700 海里处的核爆炸[116]。利用 MUSIC 雷达和其他研究设备，NRL 完成了一系列试验，验证了高频雷达回波可以进行相干处理，并且电离层通常足够稳定能够支持超视距探测，消除了当时对高频雷达超视距探测目标的巨大疑虑[117]。

图 1.25（a）为 MUSIC 雷达架设在楼顶的一副堆叠八木天线（26.6MHz）。图 1.25（b）为 MUSIC 雷达的接收、信号处理及显示设备。MUSIC 雷达发射机峰值功率为 50kW，平均功率为 2kW[116]。

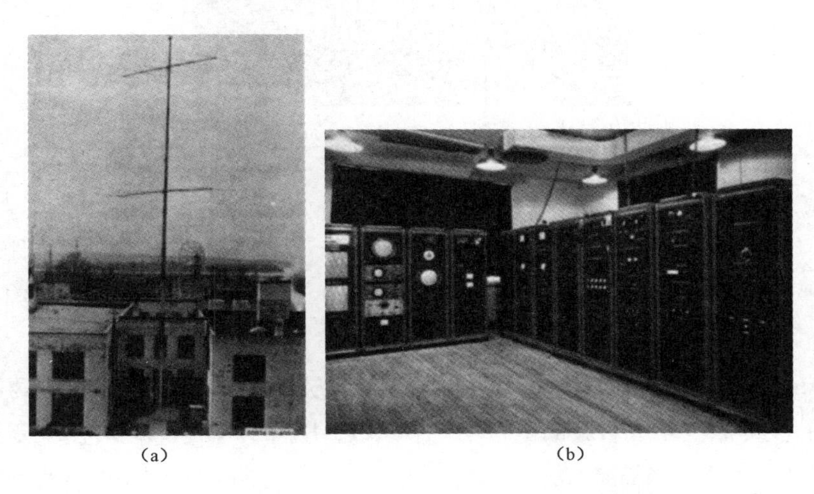

（a）　　（b）

图 1.25　MUSIC 雷达的天线和接收处理设备[116]

1.5.1.2　MADRE 雷达

1961 年，NRL 研发成功一部改进版高频雷达，命名为 MADRE 雷达。MADRE 雷达是磁鼓雷达设备（MAgnetic-Drum Radar Equipment，MADRE）的缩写，以纪念该雷达首次采用磁鼓存储器。

MADRE 雷达安装在 NRL 的切萨皮克湾分部。图 1.26 为 MADRE 雷达阵地鸟瞰图。MADRE 雷达首次发现并验证了天波超视距雷达几乎所有的能力，包括核爆炸探测、洲际弹道导弹发射探测、飞机探测和跟踪、船舶探测和跟踪以及海洋回波的利用。MADRE 雷达观测了从肯尼迪角、沃洛普斯岛、白沙和范登堡基地发射的各种导弹，描述了发射特征，并解释了它们与事件的关联。MADRE 雷达被认为是美国各型号天波雷达的鼻祖[118]。

MADRE 雷达是典型的单站系统，收发共用一个水平极化天线阵列，波束扫描范围为±30°。主天线阵列宽 98m、高 43m，由 20 个角反射器所构成的水平偶极子单元排布成两排，每排 10 个单元。在固定的主天线阵列后方架高布设一个 27m 口径的可旋转天线，用于接收其他方向的回波。MADRE 雷达频率范围为 10～30MHz，峰值发射功率为 5MW，平均功率为 100kW，但通常工作平均功率为 5～50kW。发射波形采用持续 100ms 的单一调幅脉冲相干序列[118]。

图 1.26　MADRE 雷达阵地鸟瞰图[118]

图 1.27 给出了 MADRE 雷达探测的距离-径向速度（多普勒）谱图。图 1.27（a）为 1964 年 10 月 27 日探测跨大西洋航班的结果，横坐标为相对雷达站的距离，单位为海里，纵坐标为目标相对雷达站的径向速度（多普勒），单位为节。图中，速度在 400 节以上的若干亮点为经美国联邦航空管理局（Federal Aviation Administration，FAA）信息比对过的民航回波，其航班号已标识出来；速度较低的团状回波为流星尾迹引起的多普勒扩展杂波。图 1.27（b）为同时出现多目标的距离-多普勒谱图，横纵坐标定义同上，同一距离单元的多个目标可以通过细微的速度差进行分辨[118]。

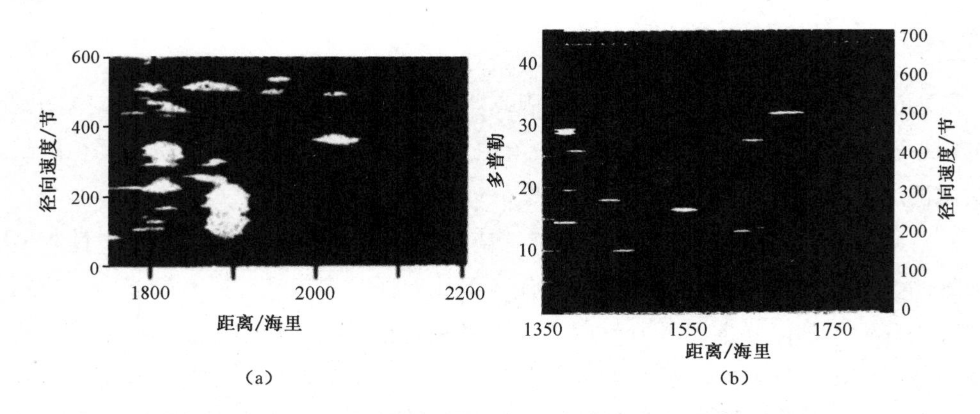

图 1.27　MADRE 雷达探测的距离-径向速度（多普勒）谱图[118]

1.5.1.3 20 世纪 60 年代的研发进展

美国中央情报局（Central Intelligence Agency，CIA）是超视距雷达研发的重要推动力量。最早 CIA 建设了一个单站的 Chapel Bell 雷达，位于马里兰州的 Muirkirk 附近。后来，CIA 又在弗吉尼亚州的 Whitehouse 附近建设了一个接收站，接收阵列的口径为 1100m[119]。1966 年 2 月，美国在肯尼迪航天中心用土星运载火箭发射阿波罗飞船，Chapel Bell 雷达探测到火箭第二级的尾焰，并进行了散射截面测量，给出了其与高度的关系[120]。

1961 年年初，CIA 研究与开发办公室（Office of Research and Development，ORD）在巴基斯坦白沙瓦空军基地建立了 EARTHLING 超视距雷达，以探测跟踪苏联拜科努尔发射场的导弹和航天器发射。该雷达共检测到 65 次导弹发射，占苏联总发射次数的 82%[121]。

1965 年 5 月，CIA 开始在我国台湾地区部署 CHECKROTE 超视距雷达，主要用于监视我国西北试验场的导弹发射。CHECKROTE 雷达功率为 3.2MW，接收天线阵列为宽约 180m、高约 45m[122]。相比 EARTHLING 雷达，CHECKROTE 雷达的灵敏度提升 3 倍，距离分辨率改善 20 倍。1966—1968 年，该雷达共探测到 38 次我国导弹的发射[121]。

除 CIA 之外，20 世纪 60 年代美国空军还部署了 440-L 前向散射天波超视距雷达系统（OTH-F），1.2.2.1 节中已有详细介绍。

1.5.1.4 AN/FPS-95 雷达

1967 年起，美英合作在英格兰东海岸建立了一个军用后向散射天波超视距雷达系统，该雷达被称为 COBRA MIST（代号 AN/FPS-95，或 441A）。AN/FPS-95 雷达的主要目的是探测东欧和苏联西部地区的导弹和卫星发射，以及探测和跟踪飞机目标。

图 1.28 给出了 COBRA MIST 雷达覆盖区示意图。方位覆盖从相对正北的 19.5° 至 110.5°，共 91° 的扇区；单跳距离覆盖从 925km（575 英里）至 3700km（2300 英里），当电离层传输条件满足时也支持多跳传输[123]。为位置先验已知的高优先级目标设计了一种探照灯（Searchlight，即驻留）模式，该模式下连续照射一个较小的范围以获得最大数据率[124]。

AN/FPS-95 雷达于 1971 年 7 月正式建成，原计划 1972 年 7 月投入使用，但在测试过程中发现受到强噪声的严重影响。1973 年，SRI 国际牵头的一个专家组给出了最终评估报告，噪声来源无法确定。同年 6 月，美国空军终止该项目，系统最终未投入使用，项目耗资 1.5 亿美元。

AN/FPS-95 雷达位于英国诺福克郡的奥福德角（Orford Ness）。天线阵列由 18 副对数周期天线单元组成，每个单元长 670m（2200 英尺），同时具有水平和垂直辐射偶极子，下方和前方铺设有金属地网。18 个单元角度等间隔 8°40′ 排布成扇形。天线波束的指向通过接通 18 个单元中适当选定的 6 个相邻单元来实现，天线增益约为 25dB。图 1.29 给出了 AN/FPS-95 雷达天线阵列和单元图。

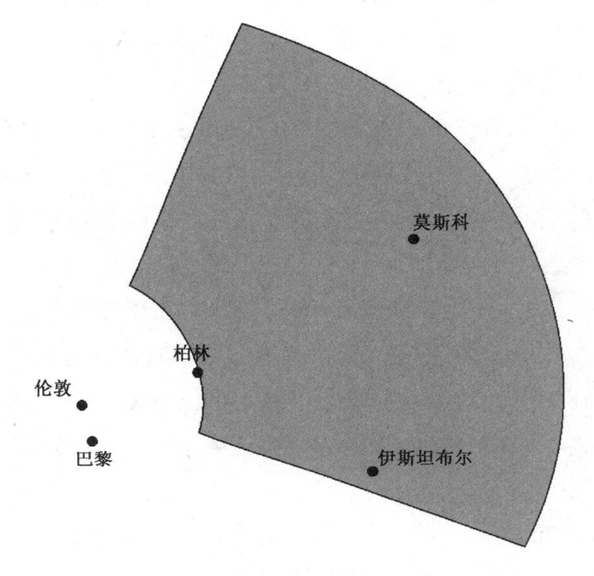

图 1.28　COBRA MIST 雷达覆盖区示意图[123]

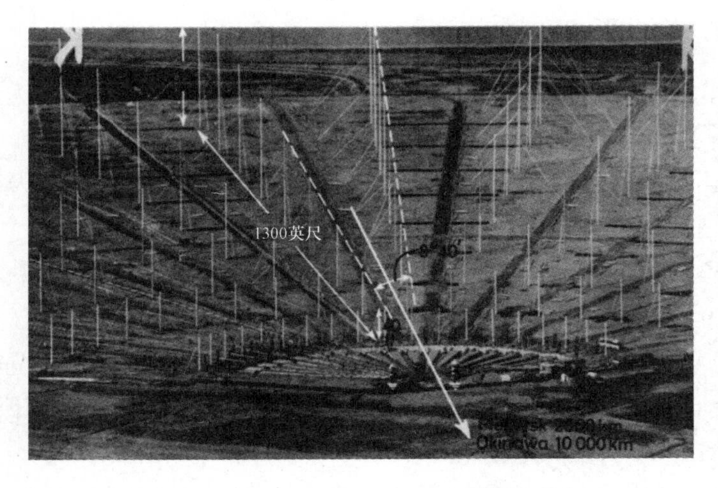

图 1.29　AN/FPS-95 雷达天线阵列和单元图[17]

雷达工作频率范围为 6～40MHz，采用脉冲多普勒体制。脉冲宽度从 250μs 至 3000μs 可变，重复频率为每秒 60～160 个脉冲（共 4 挡）。设计的峰值功率高达 10MW，平均功率达到 600kW，但实际峰值功率约为 3.5MW，平均功率不到

300kW。雷达系统共有 6 部发射机，激励器可产生 3 种调幅脉冲波形。高动态接收机具有和差通道，以与天线的波束形成网络相匹配。接收信号混频和采样后进行数字加权和滤波，然后再变换回模拟信号进行后处理。雷达具有电离层返回散射探测模式，以获得传输时延与频率之间的关系[125]。

图 1.30 给出了 AN/FPS-95 雷达 1972 年 10 月 31 日一次导弹发射的探测结果。图 1.30（a）为时间-多普勒图，横轴为时间，纵轴为多普勒。探测距离为 1285～1386 海里，时长为 16.5min，结束时间为 7:47:44（GMT）。图中，箭头处标识出了导弹发射的回波特征。图 1.30（b）为图 1.30（a）的放大，只显示了 4min 的时长，导弹回波出现在 7:40:37 至 7:42:06，共持续 89s[126]。

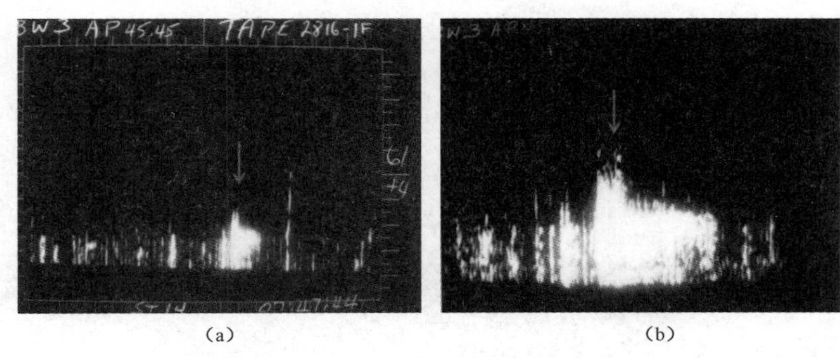

（a）　　（b）

图 1.30　AN/FPS-95 雷达探测弹道导弹回波图[126]

1.5.1.5　WARF 雷达

宽口径研究设备（Wide Aperture Rescarch Facility，WARF）是由美国海军研究实验室和斯坦福研究所联合研制的一部后向散射天波超视距雷达，用来开展探测飞机、导弹和海上舰船以及海洋状况等方面研究。该名字来源于它首先采用了长达 2.55km 的宽口径接收阵列。WARF 的这种收发分置宽接收口径阵列的设计被后来美国和澳大利亚各型号天波雷达相继沿用。

WARF 雷达建成于 1970 年，发射站位于美国加利福尼亚州 Lost Hills 附近，接收站位于加利福尼亚州 Los Banos 附近，收发两站相距 185km。图 1.31 给出了 WARF 雷达覆盖区域示意图，还给出了可用度的评估结果。其中，距雷达 900～2000km 的区域为最佳探测区，可用度达到 95%以上；距雷达 750～900km 和 2000～3000km 这两个区域的可用度仅为 50%以上。由图 1.31 还可看出，WARF 雷达有两个天线阵面，也可以转向向东探测。

向西的发射天线阵列由 18 个垂直极化对数周期天线单元组成，天线口径 194m，15MHz 的方向增益是 20dB（3dB 波束宽度为 6°）。单部发射机功率为 10kW，发射总平均功率为 180kW。WARF 雷达朝西的接收天线阵列长达 2.55km，它由 256 对间距 10m、高 5.5m 的垂直极化鞭状天线组成。每对鞭状天线形成一个心形方向图，零增益位于天线后瓣，15MHz 的方向增益是 30dB[127]。天线阵列图如图 1.32 所示。

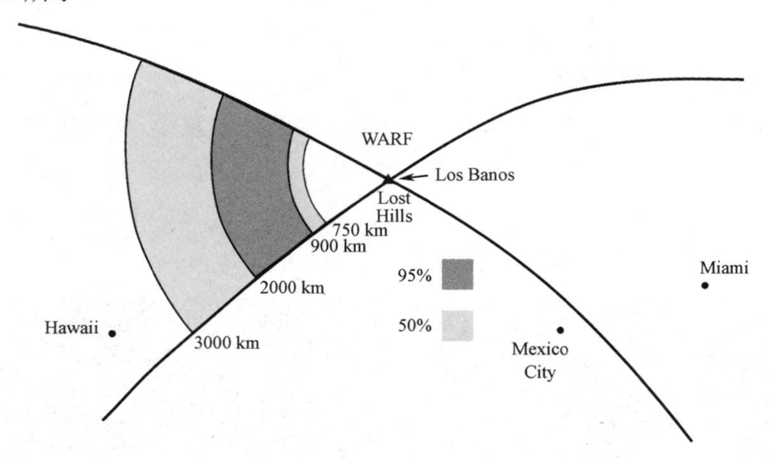

图 1.31　WARF 雷达覆盖区域示意图[127]

(a)　　(b)

图 1.32　WARF 雷达发射和接收天线阵列[127-128]

WARF 雷达开展了大量舰船探测和海态遥感试验，极大推动了天波雷达舰船目标探测技术的发展。这其中包括：大带宽、长相干积累时间和宽口径接收阵列以改善分辨率；舰船垂直极化散射截面明显大于水平极化；舰船目标 RCS 的取值大小；海杂波对舰船目标的遮蔽效应以及长基线组网的解决措施；海态等级对探测的影响等[112, 127, 129]。

1975 年 9 月，WARF 雷达参加 Church Opal 演习的最终试验报告认为：雷达对海监视的船只密度分布结果与同时采用的 P3 反潜巡逻机探测结果一致。但是单条航迹相关性对比效果极差，也就是说二者的航迹基本对不上，除非将相关范围扩大为 50～100 海里。每天的海域监视范围可达到 25 万 km^2，每天可扫描 8 次，灵敏度足以检测 120m（400 英尺）大小、径向航速 10 节以上的船只[130-131]。

1.5.1.6　20 世纪 70 年代的研发进展

在 EARTHLING 和 CHECKROTE 两型雷达的基础上，美国海军在电物理实验室（Electro-Physics Laboratories，EPL）的协助下研发部署了 AN/FPS-112 超视距雷达。该雷达具有飞机、舰船和导弹目标探测能力，通过 1 年的测试，以评估其在海军舰队防空中的作用[132]。20 世纪 70 年代中期，AN/FPS-112 雷达为单站配置，部署于美国弗吉尼亚威廉斯堡附近。该雷达首先实现多频率间的快速跳频，并采用相位编码脉冲获得良好的距离分辨率和高占空比[133]。

1971 年，美国空军罗马航空研发中心（Rome Air Development Center，RADC）在缅因州的 Caribou 部署了“极狐 2”（Polar Fox Ⅱ）超视距雷达。该雷达的目的是研究超视距雷达在极区的性能。“极狐 2”雷达收发分置采用线性调频波形，工作频段为 6～30MHz，距离覆盖 1000～4000km。收发天线均为垂直极化对数周期形式。发射阵列为 4 单元，单元间距 7.01m，塔高 61m；接收阵列为 28 个，单元间距 8.54m，塔高 30.5m。天线下方铺设菱形网格地网，延伸长度 152m[18]。

1.5.1.7　AN/FPS-118 雷达

1970 年，罗马航空发展中心 RADC 研制了能够检测和跟踪超视距目标的调频连续波雷达，被称为试验雷达系统（Experimental Radar System，ERS）。ERS 位于缅因州，采用了 Beverage 天线阵列，于 1970 年 10 月完成系统集成。在 1980—1981 年，工作人员对 ERS 进行了初始测试，覆盖范围达到 60°，探测距离达到 3300km[134]。

在 ERS 基础上，美国空军正式启动后向散射天波超视距雷达系统（Over-The-Horizon Back-scatted Radar，OTH-B）的研制工作，型号为 AN/FPS-118。经过近 25 年的研发、试验和部署，至 1990 年年底完成了东海岸和西海岸共 6 部雷达的建设交付美国空军，整个项目耗资超过 15 亿美元[134]。合同总承包商为通用电气航天航空公司（现今洛克希德 • 马丁公司的海洋、雷达和传感器系统部）。

AN/FPS-118 雷达的东西海岸系统各有三个探测扇区，每个扇区方位覆盖 60°，作用距离范围为 800～2880km。图 1.33 为 AN/FPS-118 雷达部署示意图。该雷达主要承担美国东西海岸战略预警任务，主要作战对象为苏联的超声速/亚声速远程战略轰炸机，探测情报接入位于夏延山的北美防空司令部（North American Aerospace Defense Command，NORAD）。

美国国防部最初还计划部署一个四扇区面向南方的中央系统和一个双扇区面

向北方的阿拉斯加系统，与东西海岸系统互为补充。最终整个 OTH-B 雷达的扇区将达到 12 个，总概算 26 亿美元，周期为 16 年[135]。

就在东西海岸系统完成部署后的几个月后，冷战结束。西海岸系统被封存，尚未完成的阿拉斯加系统和中央系统被取消，缅因州的东海岸系统被用于缉毒监视。1994 年，美国国会指示美国空军继续以每周不少于 40h 的时间运行东海岸系统，并将数据直接发送给国防部和缉毒执法机构。美国空军将东西海岸系统维持在“热储存”状态，即保持系统的物理和电气完整性，在需要时可恢复。2002 年起，系统进入“冷储存”状态，主要设备被拆卸并异地保存，由美国空军空战司令部负责该任务[134]。2005 年，相关雷达站正式关闭。

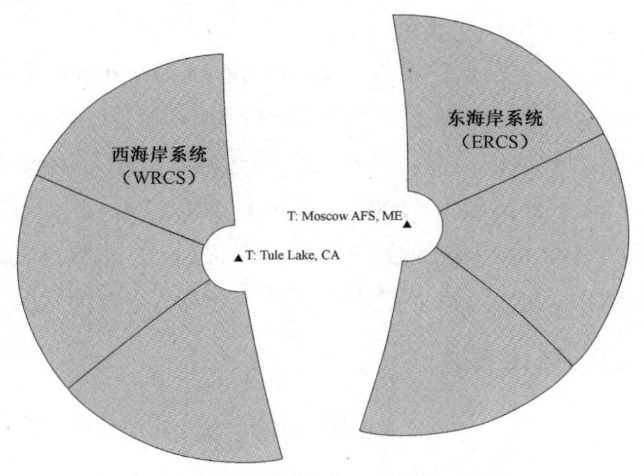

图 1.33　AN/FPS-118 雷达部署示意图[134]

东海岸系统（ERCS）位于缅因州，发射站位于莫斯科空军站（Moscow AFS）。有朝向不同方向的三个阵面，单阵面的阵地长约 1.6km，宽约 670m，占地约 1600 亩，三个阵面共 4800 亩。ERCS 的接收站位于哥伦比亚空军站（Columblia AFS）。同样是朝向不同方向的三个阵面布局，单阵面的阵地底边长约 1.5km，外边长约 2km，宽约 280m，占地约 735 亩，三个阵面共 2205 亩。ERCS 的控制站位于缅因州的班戈空军国民警卫队基地（Bangor ANGB），距发射站 89km，距接收站 81.3km，收发两站相距 170km。

西海岸系统（WRCS）的发射站位于加利福尼亚州的图勒湖（Tule Lake）。WRCS 同样具有朝向不同的三个阵面，与 ERCS 系统不同，其单阵面呈梯形，底边长 1.28km，外边长约 1.5km，宽仅 260m，占地约 540 亩。每个阵面前方还有约 2760 亩的保护区。整个阵地面积超过 10000 亩。WRCS 的接收站位于俄勒冈州的圣诞谷（Christmas Valley），也有朝向不同方向的三个阵面。单阵面的阵地底边长 2.4km，外边长 2.85km，宽约 260m，占地约 1020 亩，三个阵面共 3060 亩。WRCS

的控制站位于爱达荷州的 Mountain Home 空军基地，距发射站 486km，距接收站 366km，收发两站相距 187km。

AN/FPS-118 雷达采用双站调频连续波多普勒体制。频率范围为 5～28MHz，波形重复频率为 10～60Hz，波形带宽为 5～40kHz，相干积累时间为 0.7～20.5s[134]。采用罗兰 C 导航系统进行收发同步，同步精度小于 1μs。

AN/FPS-118 雷达发射天线共分为 6 个子波段，每个子波段一个阵列，各有 12 个天线单元，口径分别为 304m（5～6.74MHz）、224m（6.74～9.09MHz）、167m（9.09～12.25MHz）、123m（12.25～16.50MHz）、92m（16.50～22.25MHz）和 68m（22.25～28.00MHz）。两个频率最高的子阵列采用垂直偶极子天线单元，其他四个子阵列则采用倾斜偶极子天线单元。这种倾斜偶极子天线单元能够在冰雪覆盖下提供鲁棒的低仰角性能。共用的背屏高 10～41m、长 1106m，地网延伸至前方 230m 处[134]。图 1.34 分别给出发射天线阵列和倾斜偶极子天线单元的实景图。

（a）　　（b）

图 1.34　发射天线阵列和倾斜偶极子天线单元[134, 136]

雷达共有 12 部 1MW 水冷四极管发射机[137]，总功率为 12MW，有效辐射功率达到 80dBW（100MW）。图 1.35 为发射机房和发射机组实景图。

AN/FPS-118 雷达接收天线共分为 3 个子波段，每个子波段一个阵列，各有 82 个天线单元，口径分别为 1519m、1013m 和 506m。天线单元为 5.4m 高垂直极化天线，共用背屏高 20m，长 1517m，地网与发射阵列一样延伸至前方 230m 处[134]。图 1.36 为接收天线阵列（背屏）和单元实景图。

接收机前端有 16 个预选滤波器，在波束形成前进行放大、滤波和数字化采样。波束形成器同时形成 3 个接收波束，并与发射波束同步。信号处理器同时处理 5 个接收波束，功能包括动目标指示、干扰抑制、距离和多普勒处理、非相干积累、峰值检测和参数估计。配置高速计算机的数据处理和显示系统用于控制雷达、处理返回信号、监视高频传播环境，并以多种形式向操作员显示信息[134]。

图 1.35　发射机房和发射机组[136]

(a)　(b)

图 1.36　接收天线阵列和单元实景图[138]

1.5.1.8　AN/TPS-71 雷达

AN/TPS-71 可搬迁式天波超视距雷达 ROTHR 是美国在天波超视距雷达技术方面的一次战略转移。与 AN/FPS-118 雷达承担战略预警任务不同，它是一部典型的战术型雷达，紧密围绕着海军的战术需求以及后来美国政府的缉毒要求，展示出可搬迁、组网、多功能、高可靠、易维护、低成本等特点。

1984 年，雷神电子系统公司从美国海军获得了 AN/TPS-71 雷达的全尺寸工程样机研发合同。1987 年，该雷达开始开展系统测试，1989 年在弗吉尼亚州诺福克附近的美国海军雷达测试场完成了作战试验。

1991 年 1 月，AN/TPS-71 雷达的原型系统从弗吉尼亚迁移到阿拉斯加州的阿姆奇特卡岛（Amchitka Island）并开始运行，至 1993 年关闭。1991 年 12 月，雷神电子系统公司从美国海军空间与海战系统司令部获得了生产最初 3 套 AN/TPS-

71 雷达的合同，价值 2.7 亿美元。首部雷达 1993 年 4 月在弗吉尼亚运行，得克萨斯系统于 1995 年 7 月投入使用，1999 年第三部波多黎各系统投入使用[140]。

图 1.37 给出了 AN/TPS-71 雷达的部署地点和覆盖区域示意图。单个阵面的距离覆盖为 926km（500 海里）至 2963km（1600 海里），方位覆盖为 60°，覆盖面积为 422 万 km^2。

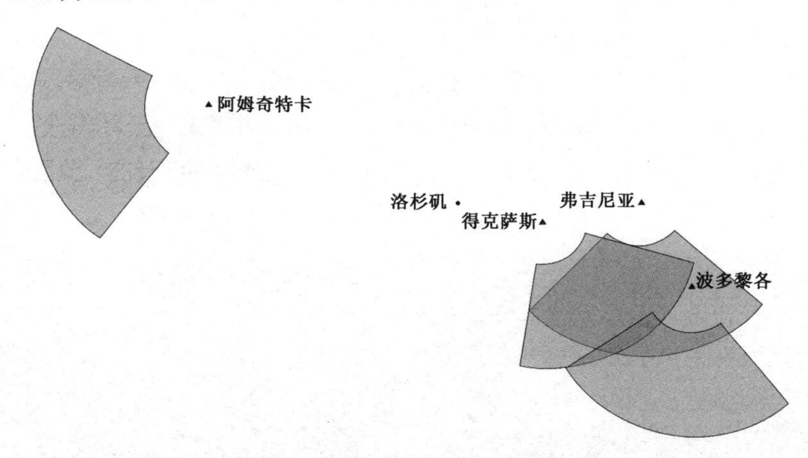

图 1.37　AN/TPS-71 雷达的部署地点及覆盖区域示意图[139]

AN/TPS-71 雷达与执行战略预警任务的 AN/FPS-118 雷达系统不同。它主要执行战术任务，用于探测地平线以外的船只和飞机，与 E-2C 鹰眼和 E-3 预警机机载侦察互为补充。AN/TPS-71 雷达使海军能够在 2400km（1400 海里）的范围内探测到苏联海军轰炸机和水面舰艇[141]。

鉴于 AN/TPS-71 雷达的良好表现，美国海军曾计划在世界范围内再部署至少 6 部该型雷达，部署地包括关岛（3 部）、夏威夷、弗吉尼亚和欧洲[141]。美国海军还基于覆盖西太平洋地区的作战需求，将 AN/TPS-71 雷达与天基预警卫星和机载监视系统进行了对比，其结果为：相比天基预警雷达卫星，其技术成熟度更高；相比机载监视系统，其建设部署使用效费比更高[142]。

苏联解体后，AN/TPS-71 雷达的部署计划取消，几乎同时国会指派国防部负责反毒品的侦查和监控。因此，美国五角大楼决定将 AN/TPS-71 雷达留在弗吉尼亚的站点用于监视加勒比海地区的毒品交易。AN/TPS-71 雷达一直运行超过 25 年，每天探测跟踪超过 8000 批目标，每年接近 300 万批。美国政府与雷神电子系统公司自其最初安装以来一直在持续升级硬件，并结合运行经验和先进处理技术，提升雷达性能和先进性[139]。

AN/TPS-71 雷达弗吉尼亚系统的发射站位于新肯特郡，阵地长约 730m，宽约 320m，占地约 350 亩；接收站位于 Chesapeake，阵地长约 2650m，宽约 230m，占地约 920 亩；收发两站相距 130km。得克萨斯系统的发射阵地呈梯形，底边长 400m，宽边长约 910m，宽约 480m，占地约 470 亩；接收站阵地长 2600m，宽约 350m，占地约 1360 亩；收发两站相距 85km。波多黎各系统的发射站位于 Vieques 岛，阵地呈梯形，底边长 400m，宽边长约 900m，宽约 500m，占地约 490 亩；接收站位于波多黎各本岛 Juana Diaz 附近，阵地长约 1800m，宽约 200m，占地约 540 亩；收发两站相距 105km。

AN/TPS-71 雷达的工作频率范围为 5～28MHz。发射天线分为低频（5～12MHz）和高频（10～28MHz）两个阵列，各由 16 个垂直极化对数周期天线单元组成，长度为 365.8m（1200 英尺）[141]。图 1.38 给出了 AN/TPS-71 雷达发射天线阵列实景图。

（a）　（b）

图 1.38　AN/TPS-71 雷达发射天线阵列实景图[141]

发射机组由 10 个方舱组成，每个方舱部署 1 部 20kW 发射机，包括 4 个 5kW 功放组件。功率非均匀地馈送至各天线单元，中央的天线单位为满功率 20kW，而边缘天线单元的功率依次下降，通过幅度加权来获得低旁瓣。最大平均发射功率为 200kW，典型工作带宽为 25kHz[141]。

接收阵列长 2560m（8400 英尺），由 372 对垂直极化双柱形单元组成，单元振子高 5.79m，间距为 4.27m[141]。图 1.39 给出了 AN/TPS-71 雷达接收天线阵列实景图。每对天线下接一部接收机和模数转换器，随后同时形成 18 个接收波束，并进行多普勒处理。雷达工作频率可根据电离层监测结果实时调整[140]。

雷达可根据操作员指令设置波位，同时最多可扫描 176 个波位中的 12 个，每个波位最长驻留时间为 49s。操作控制中心是系统中枢，对返回的目标信息进行处理。操作员通过数据处理子系统与系统交互，数据处理子系统通常自动运行，必要时可人工干预。操作控制中心可以与接收站共站或通过卫星链路远程遥控，远程遥控配置可明显降低操作和维护成本[140]。

图 1.39　AN/TPS-71 雷达接收天线阵列实景图

AN/TPS-71 雷达采用可搬迁式（但并非机动式）设计。如果需要，所有天线单元、操控设备、发射机和电力设备均可搬迁至其他站址[141]。

图 1.40 给出了 2010 年 AN/TPS-71 雷达探测到的空中可疑活动的航迹累积图。由图 1.40 可以看出天波雷达航迹由于电离层变化所特有的扭曲现象。

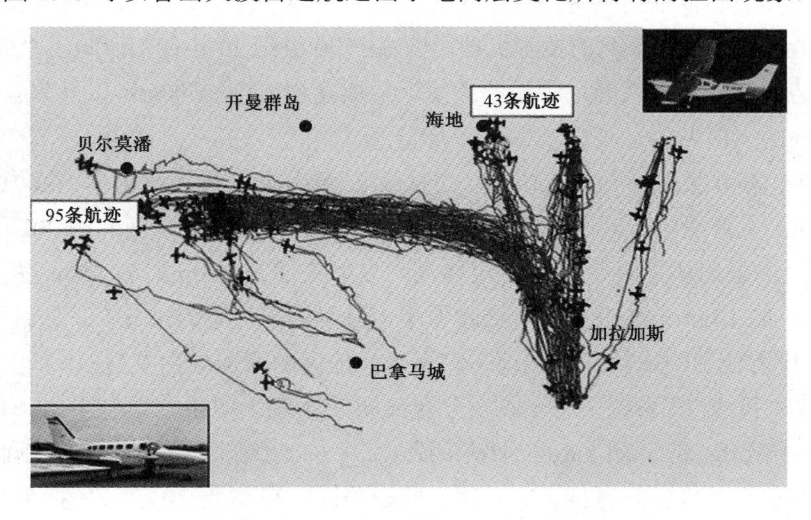

图 1.40　AN/TPS-71 雷达 2010 年空中可疑活动航迹累积图[143]

1.5.1.9　1990 年以来的研发进展

1993 年 2 月，DARPA 提出了先进超视距雷达（Advanced Over-The-Horizon Radar，AOTHR）计划。该计划面向巡航导弹类小目标探测难题，试图在持续电离层研究、扩展多普勒杂波抑制以及先进处理算法等技术方向上取得突破。AOTHR 计划提出了建设试验样机（Experimental Test-Bed，ETB）的构想，并建议 ETB 结合现有雷达装备联合采集试验数据。AOTHR 计划还准备建立一个有力的专家组，不仅有雷达领域的专家，还要包含电离层和磁层物理学家，以及随机介质中的波传播和电离层加热方面的专家[144]。

进入21世纪以来，美国又重启多项天波超视距雷达研发和部署计划，其中包括：即将部署至太平洋岛国帕劳的塔隆战术可移动超视距雷达（Talon TACtical Moblie Over-the-horizon Radar，TACMOR）[145-146]，DARPA主持的面向多站分布式体制的Shosty项目[147]，以及在ROTHR得克萨斯系统基础上改进的海洋中心天波超视距雷达（Maritime Centric Skywave Over-the-horizon Radar，MASOR）[148]等。

1.5.2 苏联/俄罗斯

1.5.2.1 “弧线”雷达

1946—1947年，苏联首先发现了短波段远距离地面的后向返回散射现象，开启了利用返回斜测法监测电离层的新时代。之后，苏联一直独立自主地进行电离层探测及研究，利用短波雷达对地球大气层中的自然现象和人为现象进行观测，记录主要参数和特征。

为验证天波雷达探测的技术机理，苏联于20世纪70年代初研制了“弧线-1”试验雷达，位于乌克兰的尼古拉耶夫附近，成功探测到2500km以外来自拜科努尔发射场的火箭发射。

随后，苏联又在此基础上研制了“弧线-2”雷达，由莫斯科远程无线电研究所（NIIDAR）主持研制。该试验雷达位于乌克兰尼古拉耶夫城区西北约20km，包括26个巨大的发射机，每个都有2层楼高。发射天线宽210m，高85m。接收天线宽300m，高135m，共有330个接收振子，每个振子尺寸为15m。该雷达于1971年11月投入使用，成功探测到远东和太平洋地区的弹道导弹发射。

新的“弧线-3”系统采用了收发分置体制，因其巨大的天线阵列，北约将其命名为Steel Works或Steel Yard（钢铁后院）。其中一部在乌克兰切尔诺贝利，另一部在西伯利亚阿穆尔共青城，主要用于监视美国。20世纪70年代后期至80年代初，苏联又在乌克兰尼古拉耶夫建造了一部向东的天波雷达，主要用于监视中国的导弹发射和核爆炸。

1985年，切尔诺贝利系统建成，巨大的能耗使其依赖附近的核电站进行供电。1986年4月，因核泄漏事故导致切尔诺贝利站停止工作。1987年，其被迫关闭。该站点接收天线阵列保存较好，近年来多次在影视作品中出现，乌克兰当地已将该站址作为旅游景点开放[149]。

与美国等其他国家不同的是，苏联及俄罗斯的天波雷达采用水平极化天线。“弧线”雷达收发天线为多层偶极子天线阵列。接收天线阵列分为两波段，低波段（5～14MHz）塔高146m，阵长600m；高波段（12～28MHz）塔高90m，阵长300m。切尔诺贝利系统接收天线阵列如图1.41所示。

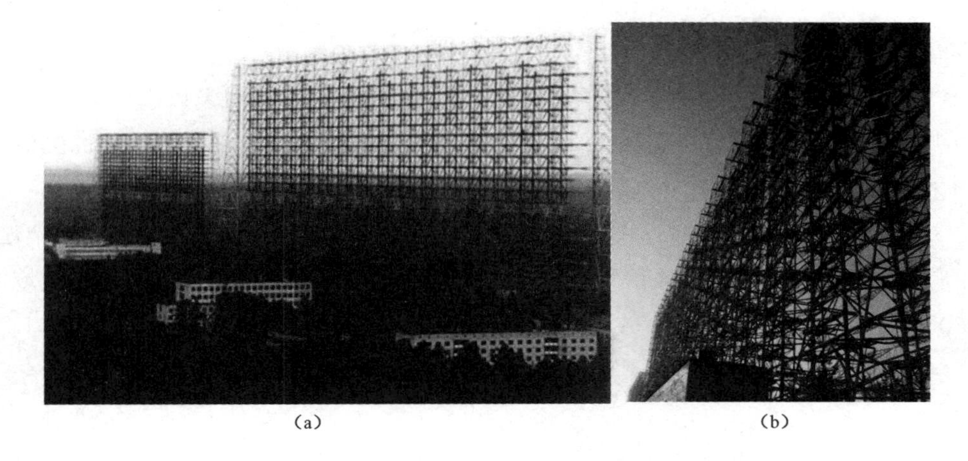

（a）　（b）

图 1.41　切尔诺贝利系统接收天线阵列图[149]

图 1.42 给出了接收天线振子图。每个阵列由 15 组铁架单元构成，共有 19 层振子，奇偶层振子错落布置，共 285 个。从图 1.42 中可以看出，垂直排列的笼型振子对安装在支撑臂上，在垂直维可以形成固定指向的波束。

（a）　（b）

图 1.42　接收天线振子图[149]

阿穆尔共青城系统于 1982 年 6 月进入战斗值班，1989 年 11 月退出现役。1990 年，阿穆尔共青城系统因失火导致关闭[150]。1991 年苏联解体后，尼古拉耶夫系统划归乌克兰，1998 年停止工作，2002 年其在一场大火后被彻底废弃[149]。

“弧线”雷达采用脉冲体制，脉冲功率高达 7MW。由于其固定脉冲周期和严重的频谱泄漏情况，业余无线电爱好者给该雷达取了个“俄罗斯啄木鸟”的外号，并开发出了多种应对该雷达干扰的措施[149]。

1.5.2.2　纳霍德卡雷达

1982 年起，苏联建造了第四部天波雷达，用来监视日本海及以远地区的飞机和舰船。该系统位于海参崴附近的纳霍德卡地区，方位覆盖 60°，探测距离 900～3000km。

图 1.43 为纳霍德卡雷达覆盖区域示意图。从图 1.43 中可以看出，该雷达架设在海边，可利用天波和地波两种传输模式进行探测，400km 以内为地波覆盖区域，900～3000km 为天波覆盖区域。

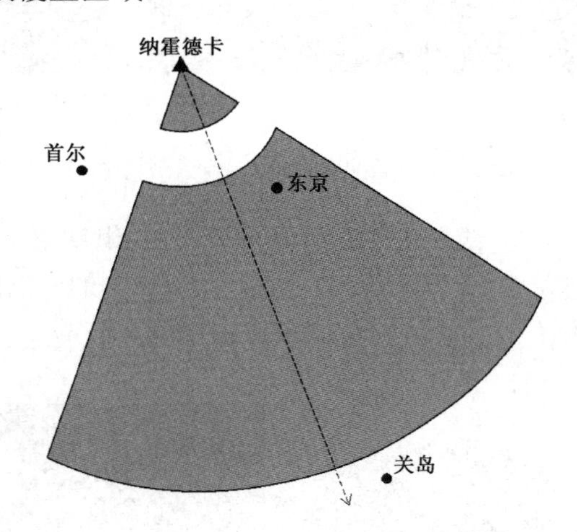

图 1.43　纳霍德卡雷达覆盖区域示意图[151]

纳霍德卡雷达技术体制与“弧线”雷达差异极大，通常被认为是俄罗斯最新一代地波超视距雷达“向日葵”（Podsolnukh-E）的先驱[150]。

1.5.2.3　“集装箱”雷达网

1995 年起，俄罗斯从本国的战略需求出发制订了天波超视距雷达网的发展计划。由于该雷达电子设备全部采用方舱式设计，具有一定的可搬迁能力，俄罗斯将该雷达形象地命名为“集装箱”，型号为“29Б6”。“集装箱”雷达网可使得俄军实时监测俄边境外可能发起的攻击。该雷达站将不间断实施侦察，发现欧洲方向来袭的飞机和导弹[152]。

根据该计划，俄罗斯将研制单个阵面（60° 扇区）的新一代天波超视距雷达，并在此基础上建设 4 个阵面（240° 扇形责任区）的西部枢纽；后续将建设完成东部枢纽，同样 4 个扇形责任区以覆盖东北亚地区。图 1.44 为“集装箱”雷达网西部枢纽的覆盖图。

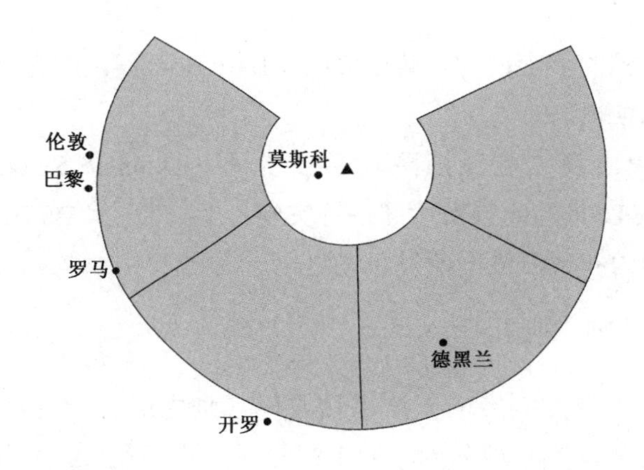

图 1.44 “集装箱”雷达网西部枢纽覆盖图[152]

1.5.2.4 多功能天波超视距雷达

俄罗斯 RTI 公司（NIIDAR 的母公司）在“集装箱”雷达网的基础上推出了最新一代多功能天波超视距雷达（Multi-functional Over-The-Horizon Radar，MOTHR）[153]。

MOTHR 可以同时完成检测、跟踪、分类、通信、分析及更多功能。其主要特点包括：检测、跟踪和分类空中目标（包括隐身目标）；监控军用和商用飞机的日常运行；确定潜在危险目标；检测起飞的大小编队飞机目标；检测军机在基地之间的转场；上报指挥中心检测和正在跟踪的目标信息。

MOTHR 覆盖范围广，可确定各种空中目标（包括隐身飞机）的坐标和速度参数，可提供态势感知及高可靠、高质量的情报输出。在复杂电磁环境下，雷达能够通过频率捷变避免致盲。

MOTHR 距离覆盖为 1000～2700km，方位覆盖 60°。连续跟踪波位 4 个，波位距离深度 450km，方位宽度为 15°。对单一飞机的检测概率不小于 0.8，目标自动起批时间不大于 350s。12～14 架规模的编队起飞后 6～15min 的发现概率不小于 0.9。目标容量不小于 350 批，距离精度 18km，方位精度 2.0°，径向速度精度 6～8m/s[153]。

1.5.3 澳大利亚

澳大利亚有关高频电波传播的研究始于 1970 年的 Geebung 项目。该项目包括一个斜向探测仪、路径损耗测量系统和一个频率固定的返回散射仪，试图通过斜向探测来研究电离层传播的稳定性[154]。Geebung 项目也被称为澳大利亚金达莱计划的第一阶段（Phase 1）。

澳大利亚通过与美国的合作建议，准备用一个旧雷达检验 OTHR 在澳大利亚环境下的可用性。该建议直接导致了金达莱（Jindalee）工程的诞生。Jindalee 是来自澳大利亚原住民的一个词汇，其原义为“Bare Bones”，即光秃秃的骨头，引申为粗略的框架和梗概。

金达莱工程由澳大利亚国防科学技术局（Defence Science & Technology Organisation，DSTO）的高频雷达部主持实施。迄今为止，DSTO 仍然是天波雷达领域最具有影响力和代表性的研发机构之一[155]。

1.5.3.1 金达莱一期工程

作为由美国主导并制定的天波雷达发展规划中的一项工程，金达莱工程于 1974 年 4 月正式启动。它被分为三期工程开展，即 Stage A（一期工程）、Stage B（二期工程）和 Stage C（三期工程）。

一期工程位于澳大利亚中部的爱丽丝泉（Alice Springs）附近，研制一部收发分置的双基地天波超视距雷达。接收站位于 Mount Everard，发射站位于 160km 外的 Harts Range，它有 3 个可切换的波束，但方向固定无法扫描，用来探测 Derby（布设有信标）上空沿国际航线飞行的民航客机。

一期工程的系统设计基于斯坦福研究所（SRI）的宽孔径研究设备（WARF），接收采用 640m 口径的 128 单元双极天线，发射天线阵则仿制美国 POLAR FOX H 项目中 16 单元对数周期天线阵。设备由 PDP-11 小型计算机控制。接收机输出在 A/D 转换后用可编程信号处理器进行快速傅里叶变换（Fast Fourier Transform，FFT）处理，该处理器是 DSTO 为澳大利亚一个声呐项目所研发的。目标在显示的多普勒数据中用人工进行检测。同时，系统配备了一个频率管理系统（Frequency Management System，FMS），能够给出“干净”的无干扰信道。此外，它还包括一个存储示波器，其显示的电离层后向散射图用于选频。

1976 年 10 月，金达莱一期工程经过两年零两个月的运行和数据采集，证明具有可靠的飞机目标探测能力。1977 年 12 月，该工程还开展了舰船探测试验，并证明了探测目标的可行性。1978 年 12 月，一期工程雷达关闭。1979 年 2 月，一期工程正式结束[156]。

1.5.3.2 金达莱二期工程

1978 年 5 月，澳大利亚政府批准了金达莱二期工程（阶段 B）。在二期工程中，原发射天线得以保留，采用了功率更大、数目更多的发射机；接收阵列替换为 462 单元的等间距天线，长度增加至 2.8km。接收采用“模拟+数字”两级波束形成，共划分为 32 个相互交叠的子阵以减少接收机数目。

二期工程中的一个关键点是采用了双波束设计。发射和接收天线阵被分成左、右两个半阵，可以工作在相同或不同频率上，从而提供了硬件冗余以及系统纠错能力。采用双波束设计的主要原因是，当白天电离层吸收使得距离覆盖深度（单个波位的距离范围）不足时，能够用两个不同的频率探测，从而保证重访数据率；而在夜间采用全阵工作，能够获得 9dB 的灵敏度增益。

二期工程得益于民用元器件的技术进步，主要体现在高频谱纯度（130dB）的信号产生器[157]、大动态高速 A/D 采样器、内存芯片、显示器及处理器等。

1982 年 4 月，二期工程接收到数据；6 月，首次检测到飞机目标。1983 年 1 月，探测到舰船目标；6 月，具备双频率工作能力。1984 年 2 月，引入概率数据关联滤波器（Probabilistic Data Association Filter，PDAF）进行自动跟踪初始化和实时跟踪。1984 年 10 月到 1985 年 3 月，开展了 6 次金达莱服役性能评估试验。每次试验持续约 1 个星期，分别在机动飞行、多目标、慢速目标、远距离目标、小目标和利用超视距雷达数据引导拦截等场景下测试了检测和跟踪性能。1986 年 6 月，引入了基于非均匀杂波的低信噪比改进 PDAF 跟踪器。该算法降低了虚警率，提升了机动目标跟踪性能，并且缩短了航迹起始时间。

金达莱二期工程被移交至金达莱工程办公室，为澳大利亚皇家空军提供业务和人员配备。之后，二期工程系统被称为金达莱爱丽丝泉站（Jindalee Facility Alice Springs，JFAS）。1993 年 1 月，JFAS 正式由澳大利亚空军的雷达监视第一联队（1RSU）接管。

金达莱二期工程的工作频率范围为 5～28MHz，波束扫描范围为±45°。发射天线阵列由 8 部低频段和 16 部高频段垂直极化对数周期天线组成，口径为 137m，最大发射功率为 160kW。接收天线阵列为 462 对 5m 高的扇形单极子天线构成 32 个相互交叠的子阵，后面接 32 通道接收机。图 1.45 给出了金达莱二期工程发射和接收阵列图。

（a）　　　　　　　　　　　　（b）

图 1.45　金达莱二期工程发射和接收阵列图[46]

雷达采用线性调频连续波，波形重复频率为 4～80Hz，信号带宽为 4～40kHz，对空模式下相干积累时间为 1.5～5s，对海模式下相干积累时间为 15～40s。

1.5.3.3 金达莱爱丽丝泉站

1986 年，澳大利亚决定建设金达莱超视距作战雷达网络 JORN，其中包括在 JFAS 研究基础上研发新的天波作战型超视距雷达。三期工程的主要目标是整修 JFAS 使其成为可用于作战的超视距雷达系统，主要有两方面的考虑：一是增加澳大利亚空军运用超视距雷达作战的经验；二是将 JFAS 作为促进作战和科研能力提升的研发试验平台，以支持 JORN 系统的建设。

为了降低 JORN 系统研制风险，必须解决频率捷变问题。发射机原来使用伺服调谐放大器，在雷达扫描时频率无法快速变化。1989 年升级中，JORN 采用了马可尼公司的短波固态功率放大器，增加了一个低频段天线阵，原有发射天线阵被用于高频段。频率管理系统的升级包括建立一组标准模块，包括频谱监视、背景噪声、返回散射探测、迷你雷达和被动信道评估。每个模块都有独立的接收机。后 3 个模块用阵列形成 8 个波束，共 24 路接收机。

1.5.3.4 金达莱实战型雷达网

经过对金达莱雷达效能的评估，澳大利亚认为天波雷达网是实现大范围实时监视最具性价比的工具，启动了名为“金达莱作战雷达网”（JORN）的建设。

1991 年 6 月，澳大利亚与总承包商 Telstra 公司签订了 JORN 研制合同。经历了一番波折之后，1997 年 2 月，Tenex 集团和洛克希德・马丁公司的合资公司 RLM 代替 Telstra 公司成为总承包商，其中洛克希德・马丁公司成为最主要的技术提供者。2000 年，雷达首次探测到目标。2003 年 4 月，JORN 进入澳大利亚皇家空军服役，项目总支出达到 11.17 亿美元（1996 年 12 月价格）[158]。2006 年 2 月，JORN 在服役后，随即开展了设备的升级改造，使 3 部雷达都应用了近年来的最新研究成果。2014 年 5 月，澳大利亚国防部部长宣布 JORN 实现了最终的作战能力[159]。2018 年 3 月，澳大利亚 BAE 系统公司宣称承接 JORN 新的升级任务（Phase 6），项目周期长达 10 年，总价高达 12 亿美元。其改造主要目标是确保 2040 年前澳大利亚具有超视距雷达探测能力的世界领先地位[160]。

JORN 对澳大利亚北部广大空海域的运动目标进行监视，以空中飞机目标探测为主，兼顾舰船探测。它由 3 部雷达组成，位于昆士兰州长滩和西澳大利亚州拉文顿的两部为新建，另一部 JFAS 为改造。联合控制中心位于南澳大利亚州爱丁堡空军基地，该处也包含训练和保障设施。图 1.46 给出了 JORN 覆盖示意图[155]。

JORN 拉文顿系统方位覆盖为 180°，发射和接收阵列具有两个相互垂直的阵面。如图 1.47（a）所示，发射阵列采用 L 形阵列，每个阵列均分为高低频段，天线单元为垂直极化对数周期天线。低频段有 14 个天线单元，间距为 12.5m，阵列口径 162.5m；高频段有 28 个天线单元，间距为 5.75m，阵列口径为 155m。每个发射阵列由 20 部 20kW 发射机驱动，总功率达到 560kW。

接收天线为 480 个阵元垂直极化双柱型天线阵，阵长 2970m，每个阵元下接一路数字接收机，如图 1.47（b）所示。每 24 路天线单元接入一个接收机房（舱），每个阵列有 20 个这样的接收机房（舱）。图 1.48 为接收阵列图。

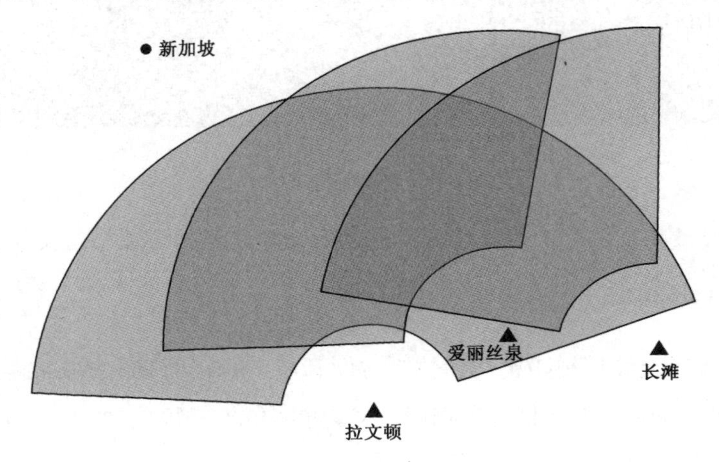

图 1.46　澳大利亚 JORN 覆盖示意图[19]

图 1.47　JORN 拉文顿系统发射和接收阵列图[163]

JORN 采用 KEL 航空公司的 KPR35 系列接收机，可测量距离、方位和信号幅度，结合相应的多普勒处理技术能够将运动目标与杂波分离开来。KPR35 系列接收机频段覆盖 5～30MHz，信号带宽为 3.4～50kHz[161]。2019 年 3 月，澳大利亚国防部报道称已经研发完成“共享孔径”宽带接收机，可以接收整个高频频段信号，同时实现雷达探测和电离层监测任务[162]。

图 1.48　接收阵列图[163]

JORN 长滩系统只有 1 个阵面，覆盖区为 90°，阵面配置与拉文顿系统一致。

1.5.3.5　2000 年以来的研发进展

澳大利亚在天波超视距雷达新体制方面开展了积极而富有成效的研究，主要集中在前置接收站[164]和多输入多输出（Multiple-Input Multiple-Output，MIMO）雷达[165-168]两个方向上。

前置接收站探测机理示意图如图 1.49 所示。在雷达覆盖区内布设多个小型前置接收站（Forward-based Receivers）。主发射站发射信号经电离层折射传输后到达目标，再经视距传输进入前置接收站中。

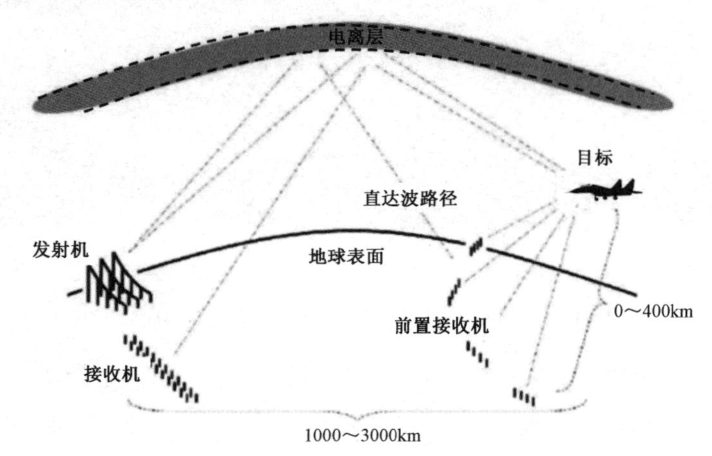

图 1.49　前置接收站探测机理示意图[164]

前置接收站的优势在于造价低廉，只有大型天波雷达的 1%。由于多个不同“视角”探测目标将改善目标跟踪效果，当前置接收站数目大于 3 时，可能获得不受电离层影响的目标位置估计结果，从而解决影响天波雷达定位精度的坐标配准问题[164]。但是很明显，前置接收站的主要问题在于需要接收主站发射的信号，其作用距离相对前置接收站在 400km 以内，这对天波雷达而言缺乏足够的吸引力。

澳大利亚建设了试验系统用于验证 MIMO 体制。图 1.50 给出了 MIMO 系统框图。从图 1.50 中可以看出，发射端发射若干相互正交的波形集，发射波束在接收端形成，这种架构也被称为空间波形分集雷达（Spatially Waveform Diverse Radar）[168]。这样能够应用对发射波束应用自适应处理算法，能够有效抑制多普勒扩展杂波[167]。

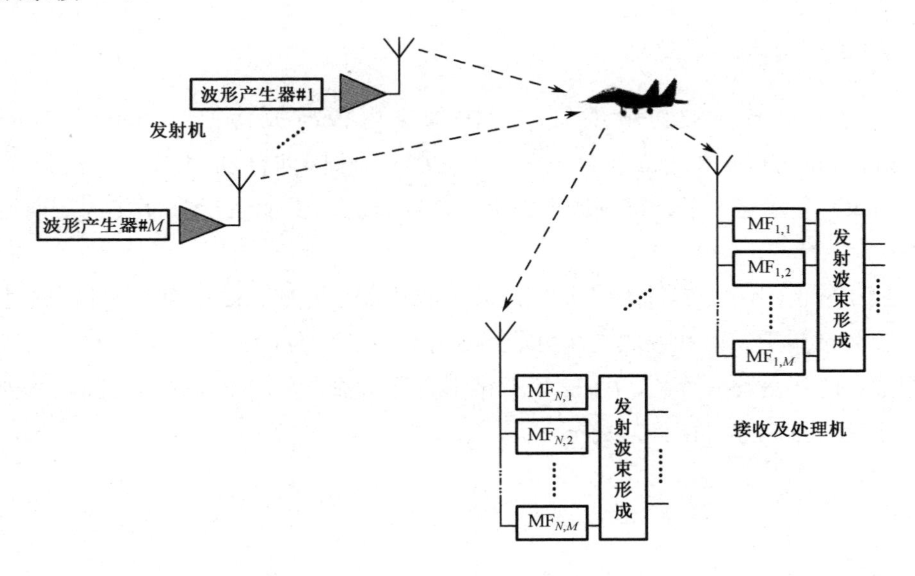

图 1.50　MIMO 系统框图[168]

1.5.4　法国

1.5.4.1　瓦伦索尔雷达

自 20 世纪 60 年代开始，法国皮埃尔和玛丽居里大学研制了瓦伦索尔（Valensole）高频天波雷达，并开展电离层和海态遥感研究。

瓦伦索尔雷达位于法国东南方的瓦伦索尔附近，是一个单站相干雷达，发射峰值功率为 100kW，最大占空比为 2%。发射天线为 16 单元双锥形宽带天线，在 15MHz 时 3dB 波束宽度为 7.5°。波束可在±54° 范围内以 7.5° 的步进进行扫描。18m 高的垂直背屏提供 15～20dB 的前后抑制比[169]。两个分离的线性阵列用于接收。主阵列与宽口径研究设备 WARF 相同，有 1100m 口径，由 96 对垂直双柱型端射接收天线组成，如图 1.51 所示，在 15MHz 时方位分辨力约为 1°。辅阵列 550m 口径，由 48 对垂直单元组成。两个阵列下方均铺有大面积地网[170]。

1995 年，瓦伦索尔雷达完成了多接收机架构改造，能够同时形成多个接收波束。接收机共 23 个通道，对应 23 个子阵列，中频为 35.4MHz，带宽为 12kHz，采样速率为 25kHz（40μs），采样位数为 14 位。

图 1.51 瓦伦索尔雷达接收阵列图[171]

1.5.4.2 洛斯奎特雷达

为研究高频天波传输现象，法国国家电信研究中心（French National Telecommunication Research Center，CNET）在法国西部布里塔尼的洛斯奎特（Losquet）岛上建设了一部高频天波后向散射雷达，于 20 世纪 90 年代前期投入运行[172]。

图 1.52 给出了洛斯奎特雷达天线阵列布局图。从图 1.52 中可以看到，同心的圆形阵列被用于发射和接收。外圈是接收阵列，半径为 68m，由 64 个有源天线单元组成；内圈是发射阵列，由 32 个双锥形单元组成，参差布局成两个圆以减少互耦，半径分别为 44.5m 和 49.5m[173]。

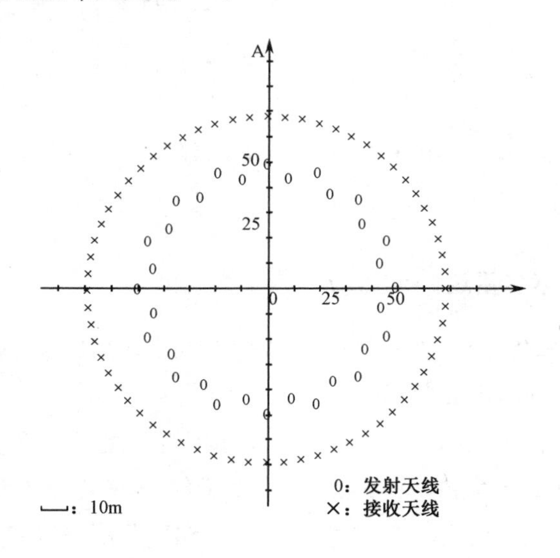

图 1.52 洛斯奎特雷达天线阵列布局图[173]

洛斯奎特雷达的工作频率范围为 6～30MHz，收发波束形成后通过数字移相器实现 360° 全向覆盖。在 10MHz 工作频率上，方位向的 3dB 波束宽度约为 12°；

在 30MHz 工作频率上，约为 5°。发射波形为伪随机霍夫曼相位编码信号[172]。

1.5.4.3　诺查丹玛斯雷达

法国国家航空空间研究局（ONERA）最早在 20 世纪 70 年代就已经开始低频雷达等离子体物理研究。后来在法国国防部的资助下，ONERA 开展高频天波雷达的研制和试验工作[174]。该雷达以古代预言者 Nostradamus（诺查丹玛斯）命名，寓意为雷达可以像预言者手中的水晶球一样看到遥远距离上的目标。

诺查丹玛斯雷达位于巴黎以西约 80km 的 Derux 空军基地，作用距离为 700～2000km，主要对逼近法国本土的威胁目标进行探测和监视，兼顾周边海域的舰船探测、海态遥感、电离层监测等研究。图 1.53 给出了诺查丹玛斯雷达的覆盖示意图。

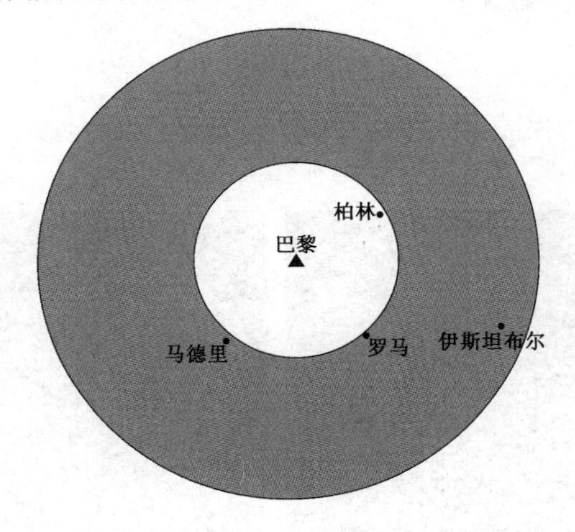

图 1.53　诺查丹玛斯雷达覆盖示意图

诺查丹玛斯雷达是典型的单站系统，采用线性调频或相位编码脉冲波形。接收天线由 3 个组成 Y 形面阵构成，如图 1.54 所示。每个分支长 384m、宽 80m，其中随机分布有 96 个天线单元，共 288 个单元。发射天线与接收天线的中心部分复用，也为 Y 形布置，长 128m，宽 80m。这种设计为诺查丹玛斯雷达提供了 360°的覆盖，并且波束可在方位和俯仰两维扫描。天线单元为双锥形全向天线，高 7m，直径 6m，天线下方铺设有金属地网以降低驻波比。图 1.55 为该天线阵列和单元实景图[174]。

诺查丹玛斯雷达每个发射天线下接一部发射机，共 100 部发射机。发射机安装在地下坑道中。全阵列用于接收，为降低计算量，接收单元分为 3×16 个子阵列，每个子阵列对应一部数字接收机，共 48 个接收通道[46]。数字化采样并同时形成多个接收波束以覆盖发射波位。

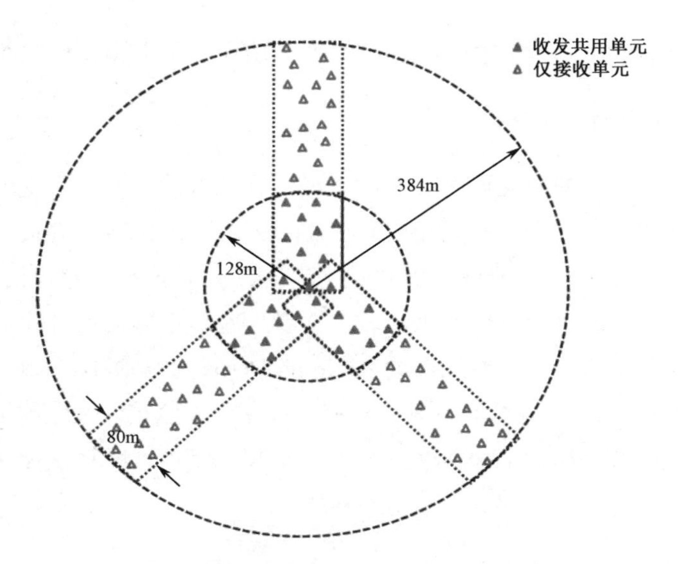

图 1.54　诺查丹玛斯雷达天线阵列布置图[174]

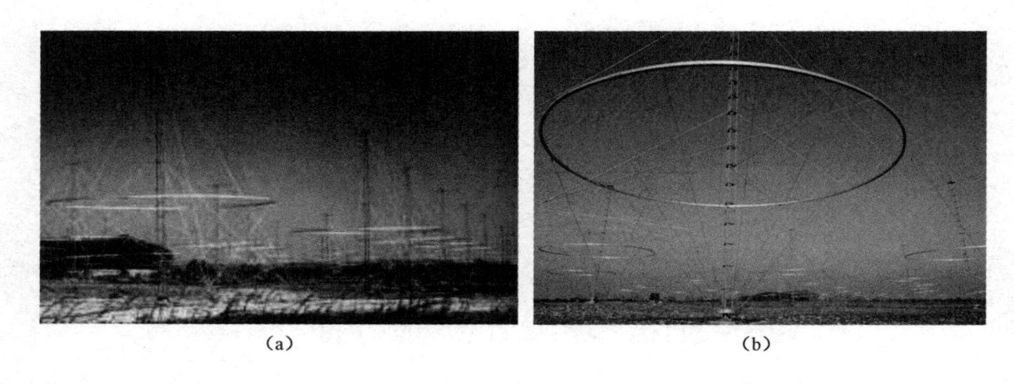

（a）　　（b）

图 1.55　诺查丹玛斯雷达天线阵列和单元实景图[174]

1.5.5 其他国家

1.5.5.1 441-B 雷达（英国）

在天波雷达领域，英国和美国保持着密切的合作。除部署在英国本土的 AN/FPS-95 雷达之外，1964 年英国还将美国无线电公司（Radio Corporation of America，RCA）生产的一部天波超视距雷达部署在塞浦路斯的 Akrotiri 皇家空军基地，以监视苏联的弹道导弹发射。这部雷达被称为 441-B 后向散射超视距雷达，代号为“眼镜蛇鞋”（Cobra Shoe）[175]。

1.5.5.2 “冥王星”雷达（英国）

“冥王星”雷达位于塞浦路斯的英国基地，用于探测远至阿富汗、哈萨克斯坦和俄罗斯部分地区的飞机和导弹目标。发射站位于 Akrotiri 皇家空军基地的盐湖边上，接收站位于 Ayios Nikolaos 基地，有 3 个朝向不同的接收阵列，阵列长度分别为 750m（上）、750m（下）和 850m（中），宽均为 90m。收发站相距 101km。发射天线高约 100m、宽约 200m，发射功率达到 1MW[175]。

1.5.5.3 “极冠”3 雷达（加拿大）

自 1972 年起，美国空军与加拿大国防研究委员会（Canadian Defence Research Board）在加拿大西北领地的 Hall Beach 部署了“极冠 3”（Polar Cap III）超视距雷达，并在剑桥湾（Cambridge Bay）设置了第二个接收站，其目的是确定超视距雷达在极光区域的性能。

“极冠 3”雷达采用脉冲多普勒体制，工作频段为 2～30MHz，方位覆盖 60°，峰值功率 3MW。天线阵列长 397m、宽 61m，共 32 个垂直对数周期单元，单元间距为 12.2m。每个天线单元长 61m，支撑塔高 46m，低端高 15m[18]。

1.5.5.4 极区超视距雷达（加拿大）

加拿大国防部提出了极区超视距雷达（Polar Over-The-Horizon Radar，POTHR）计划，其目的：一是评估除了现有的北方预警系统和北美防空司令部之外采用超视距雷达来监视北方空域的可行性；二是研发技术和信号处理算法以解决极光所带来的挑战[110, 176]。

2018 年，加拿大公共服务和采购部代表国防部授予雷神电子系统公司在加拿大极地地区设计、建造和安装两个超视距雷达站的合同，总额达到 3000 万美元。该合同将使加拿大国防研究与发展部能够在北极地区开展天波超视距雷达技术的可行性研究，以确定极光对超视距目标探测的影响。TA 系统公司被授予 3 个超视距雷达项目合同，价值超过 1400 万美元。项目包括直接与国防部下属机构加拿大国防研究与发展部合作，交付一套 256 通道的超视距雷达接收机，安装在加拿大首都地区内。另外两个合同是交付一套 1024 通道的雷达接收机和一套 256 通道的雷达发射机，安装在加拿大极区。它们是监测加拿大北部的极地超视距雷达（POTHR）系统的核心[177]。

POTHR 频率范围为 3～30MHz。发射站产生 256 通道的同相或正交信号，馈送至 256 单元的天线阵列。发射天线阵列为纵横各 16 单元的面阵，由加拿大研究机构提供[178-180]。每个天线单元高 9m，间距 8m。接收站天线阵列为纵横各 32 单元的面阵，总共 1024 个单元。每个天线单元高 5m，间距 12m。图 1.56 为 ROTHR 接收天线阵列图。

图 1.56　POTHR 接收天线阵列图[180]

收发系统按要求配置在一个方舱内，可用 C-130 运输机运载。发射机平均发射功率为 1kW，系统总功率达到 256kW。在 1kW 正向输出功率时，最大反向功率为 250W；在 500W 正向输出功率时，最大反向功率为 500W。谐波抑制为-60dB。发射信号相位噪声要求为偏离载频 1Hz 处低于-90dB，无干扰动态范围为在载频 100kHz 通带内大于 90dB，通带外大于 70dB。天线下接 1024 路接收机，经过模拟滤波和低噪放大器再进行 A/D 转换。采样频率为 100MHz，采样位数大于 16 位。接收机无干扰动态范围不小于 100dB，通道间抖动小于 1ns[181]。

1.5.5.5　洛萨雷达（意大利）

2008 年以来，意大利全国大学间电信联盟（National Inter-universitary Consortium for the Telecommunications，CNIT）的雷达与监视系统（Radar and Surveillance Systems，RaSS）实验室和比萨大学的微波与辐射实验室（Microwave & Radiation Laboratory，MRL）参与了意大利国防部的 LOTHAR（洛萨）计划。该计划的主要目的是开展监视地中海的天波雷达可行性研究。洛萨雷达计划分两个阶段实施，分别称为“LOTHAR”[182]和“LOTHAR-FATT”[183]。

洛萨雷达的工作频率范围为 7～28MHz，发射波形为调频连续波信号，最大带宽为 100kHz，距离覆盖 600～3000km，俯仰覆盖 5°～55°，方位覆盖-90°～90°，方位分辨率为 1°[183]。图 1.57 给出了洛萨雷达覆盖区域假想示意图。

洛萨雷达天线阵列为收发分置的各向同性布局，发射天线阵列包括 50 个天线单元，位于 4 个同心圆上，最大半径为 130m；接收阵列采用二维圆阵，由 300 个单元组成[183]。

洛萨雷达采用了软件定义无线电（Soft-Defined Radio，SDR）概念，具有高度的灵活性和可重构性；每个发射单元独立发射波形，可支持 MIMO 体制；采用数字阵列方向图形成和雷达信号处理等最新技术；具有跟踪、预警和遥感等多功能。

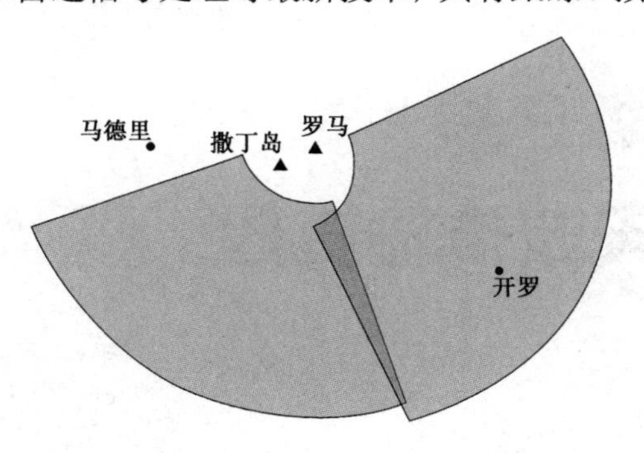

图 1.57 洛萨雷达覆盖区域假想示意图[183]

第2章
天波传输机理

2.1　概述

天波超视距雷达利用电离层双程返回散射传播机理实现超视距和超远程探测。电离层作为天波雷达电波的传输媒介，在雷达系统设计和运行中起着十分重要的作用。

电离层是地球高层大气中电离的部分。它是由于太阳高能电磁散射，宇宙射线和沉降粒子作用于地球高层大气，使大气分子发生电离，而产生大量的自由电子、离子和中性分子，从而构成的能量很低的准中性等离子体区域。电离层处于 60 至几千千米高度之间，也有人认为其下边界离地面约 50km；而上边界为等离子体层顶，温度为 180～3000K，其中的带电粒子（电子和离子）运动受到地磁场的约束。因此，该区域的电离介质又称磁离子介质。在这种介质中，有足够多的自由电子显著地影响通过此区域的无线电波的传播方向、速度、相位、振幅及偏振状态等。

国际电气与电子工程师协会（Institute of Electrical and Electronics Engineers，IEEE）据此给出了电离层的定义：电离层是地球大气的一个部分电离的区域，高度范围在 60～1000km，其中含有足够多的自由电子，能够显著地影响无线电波的传播。

电离层按电子浓度的高度的变化又分为 D、E、F 层，电离层各层的物理和化学变化与太阳散射、粒子散射、磁层扰动、磁场变化及高层大气的运动密切相关。

电离层位于大气的上部，大致的区域与位置如表 2.1 所示。

表 2.1　电离层大致的区域与位置

区域	近似高度/km	层	最大电离高度/km	电子浓度个/cm^3	备注
D 层	60～90	D 层	75～80	10^3～10^4	夜间消失
E 层	90～140	E 层	100～120	2×10^5	
		Es 层		不稳定	浓度，出现时间均不稳定
F 层	＞140	F_1 层	160～200	3×10^5	夏季白天多出现
		F_2 层	250～450	10^6～2×10^6	

一般按电离的极值区高度把电离层分为多层，不同层的基本特性如下。

D 层是电离层中最低的层，离地高度范围为 60～90km，该层电子浓度不大，中性分子比例极大，在夜间消失。电离层对电磁波的吸收主要发生在 D 层，频率越低，吸收越严重。

E 层的高度在 90～140km，电子浓度大于 D 层，中性分子比例较大。电离过程主要是受光化学反应和发电机效应控制。电子浓度随太阳天顶角而变化，大体上服从余弦定律，存在昼夜和季节性的周期变化。E 层高度常常出现突发 E 层（Es 层），它由较大的电离不均匀体构成，电子浓度一般比 E 层的高。

F 层是电离层经常存在的层，且是电子浓度最大的层，其高度在 140km 以上。在夏季白天，F 层分为两层，下层为 F_1 层，上层为 F_2 层。F_1 层高度在 140～200km。F_1 层电离过程主要受光化学反应驱动，而 F_2 层是电子浓度最大值所在层，夏季高度在 300～450km，冬季高度在 250～350km，F_2 层主要受电离扩散和地球磁场控制。冬季电子浓度会异常增加，比夏季大 20%。磁赤道区的电子浓度呈现“双驼峰现象”，称为“赤道异常”。夜间中纬度区有电子浓度凹槽区。F_2 层高度常由突发的电子不均匀体构成扩展 F 层（Spread F）。F_2 层是高频电波反射的重要区域。

通常把 F_2 层电子浓度最大值高度以上至数千千米高度的区域统称为上电离层，而该高度以下称为下电离层。从 F_2 层峰值高度向上，电子浓度缓慢递减，在 1000km 高度上每立方厘米中约有 10^4 个电子，而在 2000～3000km 处每立方厘米则有 10^2～10^3 个电子。该区域电子浓度随季节和昼夜的变化尤为明显。

电离层是由太阳辐射和地球大气相互作用而形成的一种随机、色散、不均匀和各向异性的媒质。因此，电离层的状态随昼夜、季节以及太阳活动性等产生周期性规则变化，同时也存在由于太阳非周期性活动而产生的随机变化。周期性规则变化主要包括：F 层和 E 层的昼夜、季节、太阳黑子周期的变化，日出日落效应，中纬度槽，等等。随机变化则包括突然电离层骚扰（SID）、行波式扰动（TID）、电离层暴、极光、流星尾迹、偶发 E 层、扩展 F 层等。这些现象对天波雷达工作有着直接影响，但不同的电离层现象对天波雷达的影响也各不相同。

本章首先对电离层基本结构及参数、电波传播机理和信道特性等进行介绍。全面了解电离层传播特性还可参考本丛书的《雷达电波环境特性》一书。

2.2 电离层参数与模型

本节主要依据国际电信联盟（ITU）相关的报告书、推荐书及使用标准给出了电离层各层参数的估算方法及相关模型。

2.2.1 E 层参数

电离层临界频率是描述电离层形态最为重要的参量之一。D 层的临界频率很难测出，其他层的临界频率均随太阳黑子 11 年活动周期同步且有增减变化。

对于特定的时间和地点，E层的临界频率为[184]

$$f_o E = (ABCD)^{0.25} \tag{2.1}$$

式中，A为太阳活动因子，即

$$A = 1 + 0.0094(\phi_{12} - 66) \tag{2.2}$$

式中，ϕ_{12}为10.7cm波段太阳射电噪声通量12个月的滑动平均值，即

$$\phi_{12} = 63.7 + 0.728R_{12} + 0.00089R_{12}^2 \tag{2.3}$$

式中，R_{12}为12个月太阳黑子数的滑动平均值。

式（2.1）中的B为季节因子，有

$$B = \cos^m N \tag{2.4}$$

式中

$$N = \begin{cases} \lambda - \delta, & |\lambda - \delta| < 80^\circ \\ 80^\circ, & |\lambda - \delta| \geqslant 80^\circ \end{cases} \tag{2.5}$$

$$m = \begin{cases} -1.93 + 1.92\cos\lambda, & |\lambda| < 32^\circ \\ 0.11 - 0.49\cos\lambda, & |\lambda| \geqslant 32^\circ \end{cases} \tag{2.6}$$

式中，λ为地球纬度，北半球为正；δ为太阳视赤纬，以北视赤纬为正，可由天文年历查得。

式（2.1）中的C为主纬度因子，有

$$m = \begin{cases} 23 + 116\cos\lambda, & |\lambda| < 32^\circ \\ 92 + 35\cos\lambda, & |\lambda| \geqslant 32^\circ \end{cases} \tag{2.7}$$

式（2.1）中的D为时变因子，有

$$D = \begin{cases} \cos^p x, & x \leqslant 73^\circ \\ \cos^p(x - \delta x), & 73^\circ < x < 90^\circ \\ \max\left[0.072^p \exp(-1.4h), 0.072^p \exp(25.2 - 0.28x)\right], & x \geqslant 90^\circ(\text{夜间}) \\ 0.072^p \exp(25.2 - 0.28x), & \text{极区冬季极夜时} \end{cases} \tag{2.8}$$

式中，h为日落（$x \geqslant 90^\circ$）后的小时数；

$$p = \begin{cases} 1.31, & |\lambda| \leqslant 12^\circ \\ 1.2, & |\lambda| > 12^\circ \end{cases} \tag{2.9}$$

$$\delta x = 6.27 \times 10^{-13} \cdot (\chi - 50)^3 \tag{2.10}$$

式中，χ为太阳天顶角，可根据月份、地球纬度与地方时计算得到，即

$$\cos\chi = \sin X_n \sin S_x + \cos X_n \cos S_x \cos(S_y - Y_n) \tag{2.11}$$

式中，X_n为观测点的地理纬度；Y_n为观测点的地理经度；S_x为太阳视赤纬月中值；S_y为太阳直射点的经度，有

$$S_y = 15 \cdot T_y - 180 \tag{2.12}$$

式中，T_y 为世界时（Universal Time，UT）。

E 层临界频率的最小值为

$$(f_o E)^4_{\min} = 0.004(1 + 0.021R_{12})^2 \tag{2.13}$$

在夜间时，若用式（2.1）估算得到的 $f_o E$ 小于用式（2.13）估算得到的 $f_o E$，则取式（2.13）的估算结果。

E 层的临界频率也可用一级近似计算，单位为 MHz，即

$$f_o E = 0.9\left[(180 + 1.44R_{12})\cos\chi\right]^{0.25} \tag{2.14}$$

式中，R_{12} 为 12 个月太阳黑子数的滑动平均值；χ 为太阳天顶角。图 2.1 给出了典型月份（3 月和 7 月）时，E 层临界频率随时间和纬度的变化情况图。

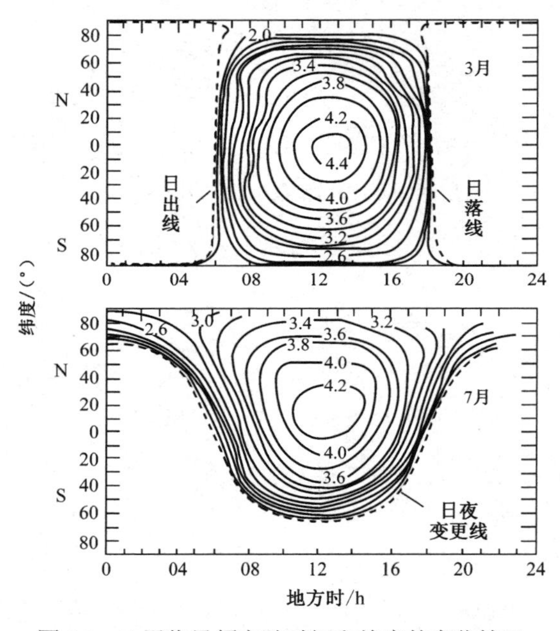

图 2.1　E 层临界频率随时间和纬度的变化情况

2.2.2　F 层参数

F_1 层和 E 层临界频率的季节变化与太阳天顶角变化同步；而 F_2 层临界频率的变化则较为复杂，存在冬季异常、赤道异常和中纬度槽等现象。

F_1 层临界频率的一级近似可表示为（单位为 MHz）

$$f_o F_1 = (4.3 + 0.01R)\cos^{0.2}\chi \tag{2.15}$$

图 2.2 给出了某地 1954 年 F_1 层临界频率随地方时和季节的变化情况图。

对于特定的时间和地点，F_2 层的临界频率为

$$f_o F_2 = \sum_{k=0}^{9} B_k \sin^k \mu \tag{2.16}$$

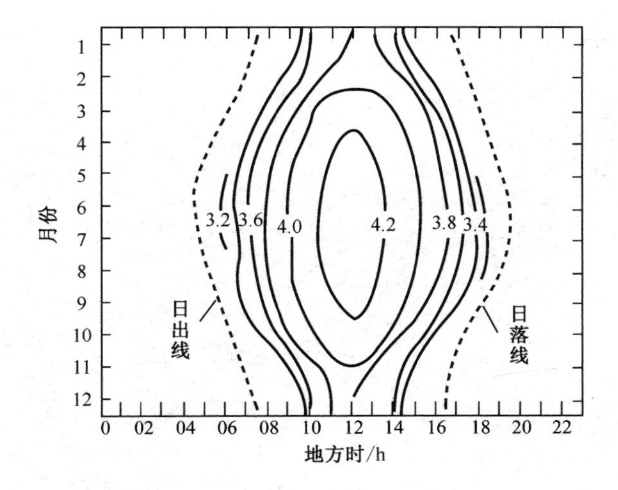

图 2.2　F_1层临界频率随时间和季节的变化情况（某地 1954 年）

而 F_2层在 3000km 的传输因子为

$$M(3000)F_2 = \sum_{k=0}^{9} D_k \sin^k \mu \tag{2.17}$$

式中

$$B_k = G_1 a_{k,t,m} + G_2 b_{k,t,m} + G_3 c_{k,t,m},\quad t = 0,1,\cdots,23;\ m = 0,1,\cdots,12 \tag{2.18}$$

$$D_k = G_4 d_{k,t,m} + G_5 e_{k,t,m},\quad t = 0,1,\cdots,23;\ m = 0,1,\cdots,12 \tag{2.19}$$

$$G_1 = \frac{(I_c - 9)(I_c - 12)}{18} \tag{2.20}$$

$$G_2 = \frac{(I_c - 6)(I_c - 12)}{9} \tag{2.21}$$

$$G_3 = \frac{(I_c - 6)(I_c - 9)}{18} \tag{2.22}$$

$$G_4 = \frac{I_c - 6}{6} \tag{2.23}$$

$$G_5 = \frac{12 - I_c}{6} \tag{2.24}$$

$$\mu = \arctan\left(\frac{\pi I}{180\sqrt{\cos\lambda}}\right) \tag{2.25}$$

式中，I_c为相应于太阳活动性的电离层预测指数；$a_{k,t,m}$、$b_{k,t,m}$、$c_{k,t,m}$、$d_{k,t,m}$、$e_{k,t,m}$为由资料统计得到的经验系数[185]；k为地球变化的回归方程幂指数；t为地方时；m为月份；μ为修正磁倾角，在北半球为正；I为磁倾角，在赤道以北为正，根据经纬度可由图 1.7 查得。图 2.3 给出了 1979 年 3 月 0600UT 时全球 F_2层临界频率的分布图。

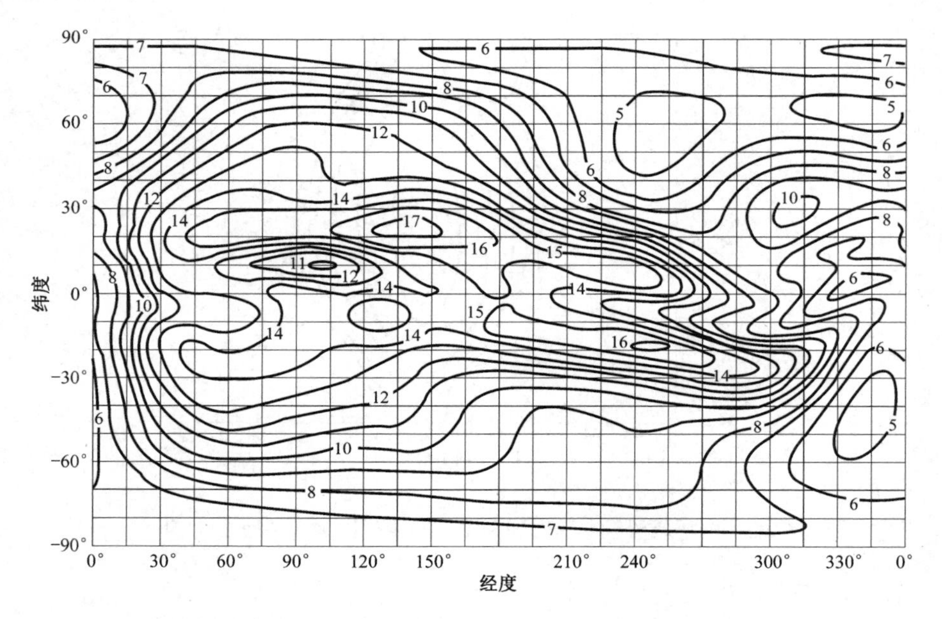

图 2.3　全球 F_2 层临界频率分布图（1979 年 3 月 0600UT）

2.2.3　电离层模型

电离层模型通常指电离层电子浓度剖面的数学表达式。依据数学表达式，电离层模型可分为线性层、指数层、抛物层、准抛物层等类型。此外，还有一类具有统计意义的经验模型，包括卡普曼（Chapman）[23]、Bent[186]、国际参考电离层（International Reference Ionosphere，IRI）[187]、中国参考电离层（Reference Ionosphere of China，CRI）[188]等模型。

这里介绍一种在工程中较为常用的电离层剖面模型。该模型由 4 部分构成（如图 2.4 所示）。在 E 层最大电子浓度 h_mE 以下为抛物型 E 层，用最大电子浓度 N_mE、

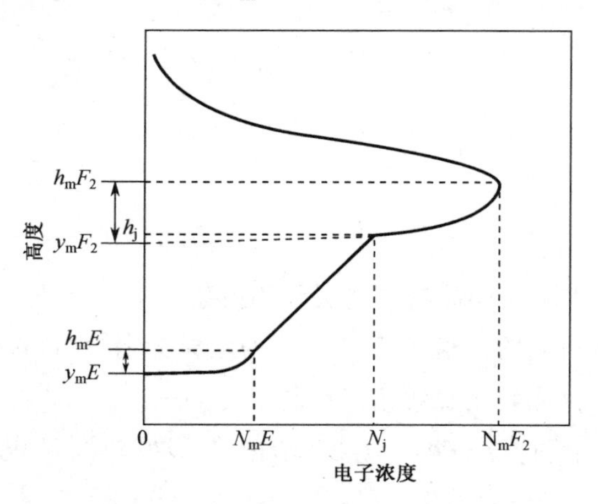

图 2.4　工程中常用的电离层剖面模型

最大电子浓度高度 h_mE 和半厚度 y_mE 描述；在 F_2 层最大电子浓度 h_mF_2 以下为抛物型 F_2 层，用最大电子浓度 N_mF_2、最大电子浓度高度 h_mF_2 和半厚度 y_mF_2 描述；F_1 层电离层状态完全由 E 层和 F_2 层电离层参数确定，在 h_mE 和 h_j 间电子浓度随高度线性增加。这 3 部分所组成的下电离层区实际上是 Bradly 模型[189]，而在 F_2 层最大电子浓度高度 h_mF_2 以上是指数型的上电离层区。

该模型相应剖面模型的数学表达式为

$$N_e(h)=\begin{cases} N_mE\left[1-\left(\dfrac{h_mE-h}{y_mE}\right)^2\right], & h_mE-y_mE\leqslant h\leqslant h_mE \\ \dfrac{N_j-N_mE}{h_j-h_mE}h+\dfrac{(N_mE)h_j-N_j(h_mE)}{h_j-h_mE}, & h_mE<h\leqslant h_j \\ N_mF_2\left[1-\left(\dfrac{h_mF_2-h}{y_mF_2}\right)^2\right], & h_j<h\leqslant h_mF_2 \\ N_mF_2\exp\left[\dfrac{1}{2}\left(1-\dfrac{h-h_mF_2}{H}-\mathrm{e}^{\frac{h-h_mF_2}{H}}\right)\right], & h_mF_2<h\leqslant 1000\mathrm{km} \end{cases} \tag{2.26}$$

式中，h_mE 通常取值为 115km；半厚度 y_mE 通常取值为 20km；E 层最大电子浓度的估算公式为

$$N_mE=1.24\times10^{10}\cdot(f_oE)^2 \tag{2.27}$$

F_2 层最大电子浓度的估算公式为

$$N_mF_2=1.24\times10^{10}\cdot(f_oF_2)^2 \tag{2.28}$$

F_2 层最大电子浓度高度则为

$$h_mF_2=\frac{1490}{M(3000)F_2+\Delta M}-176 \tag{2.29}$$

式中

$$\Delta M=\frac{0.18}{X-1.4}+\frac{0.096(R_{12}-25)}{150} \tag{2.30}$$

$$X=\frac{f_oF_2}{f_oE} \tag{2.31}$$

2.3 电离层中的电波传播机理

2.3.1 折射与反射

电离层的相对介电常数为

$$\varepsilon_r=1-\frac{80.6N}{f^2} \tag{2.32}$$

式中，N 为电子密度（m^{-3}）；f 为工作频率（Hz）。于是，电离层的折射率可表示为

$$n=\sqrt{1-\frac{80.6N}{f^2}}<1 \tag{2.33}$$

根据 2.2.3 节的电离层模型，出于分析考虑可将电离层看作许多薄层，如图 2.5 所示。由于各薄层的电子密度逐渐减小，电波入射到电离层后将连续地以比入射角大的折射角向前传播。这一过程遵循斯涅耳（Snell）折射定律[190]，即

$$n_0\sin\phi_0=n_1\sin\phi_1=n_2\sin\phi_2=\cdots=n_n\sin\phi_n \tag{2.34}$$

式中，ϕ_0 为入射角；ϕ_i 分别为第 i 次（$i=1,\cdots,n$）的折射角；n_0 为入射介质的折射率；n_i 分别为 i 层（$i=1,\cdots,n$）折射介质的折射率。

当电波到达电离层的某一高度时，折射角大于 90°，电波射线的轨迹达到最高点，并产生全反射。此后，电波继续弯折，直至出电离层，返回地面。因此，电波在电离层中的传输实际上是一个逐步折射的过程，但从外部宏观上看，可等效地看作电波是从某一点反射回地面的。

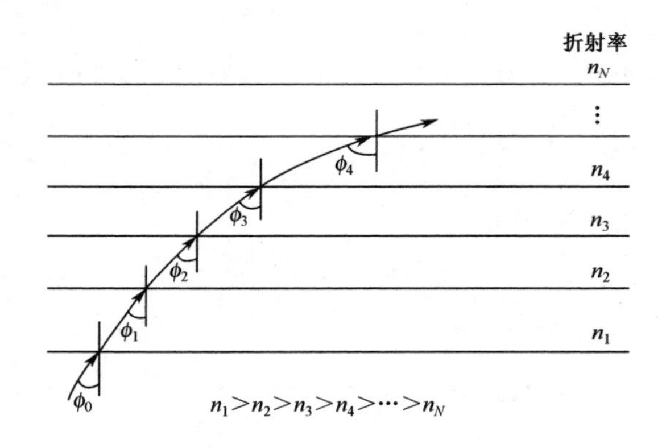

图 2.5　电波在电离层中连续折射过程示意图

假设第 n 层的电子密度正好使电波能够产生全反射，此时 $\phi_n=\pi/2$，则有 $\sin\phi_n=1$。于是，从式（2.33）和式（2.34）可得出电波在电离层中产生全反射的条件为

$$\sin\phi_0=n_N=\sqrt{1-\frac{80.6N_n}{f^2}} \tag{2.35}$$

式中，N_n 为反射点的电子浓度。

式（2.35）表征了从电离层“反射”回地面的电波频率、入射角及反射点电子浓度之间的关系。

从式（2.35）可知，电离层反射电波的特性和电波频率有关，并不是所有频率

电波都能被电离层反射回来。根据式（2.33），无线电波的频率越高，其对应的折射率越接近 1，返回地面所需的电子浓度就越大。而当所需的电子浓度超出当前电离层的最大电子浓度时，电波将穿透电离层，而不再返回地球表面。

对应某一最大电子浓度的电离层，其能够支持返回地面的电波存在一个最高频率，该频率被称为最高可用频率（MUF）。凡是低于最高可用频率的电波，都可能从电离层“反射”回地面。其示意图如图 2.6 所示。

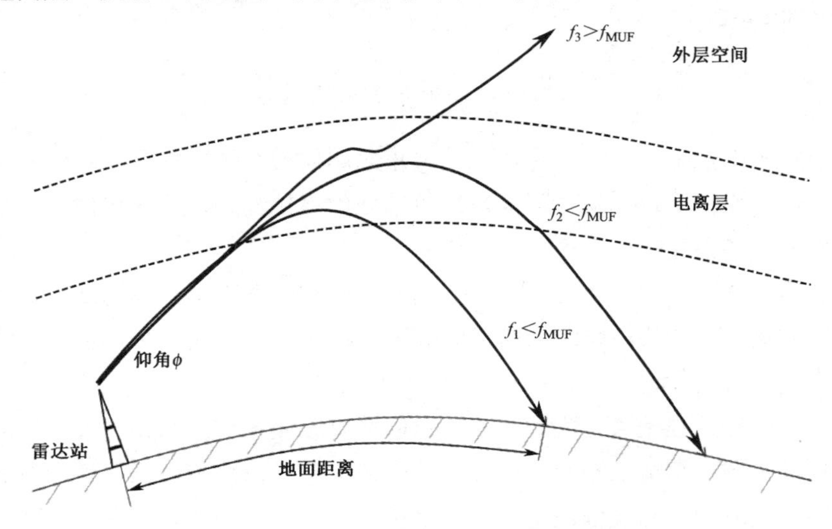

图 2.6　最高可用频率及射线轨迹示意图

从式（2.35）还可看出，无线电波能否返回地球表面还与入射角有关。入射角越大，进入电离层后，折射角也越大，经过连续折射后，射线很容易弯折超过 90°。所以，入射角越大，电波越容易反射回地面。

当电波入射角等于零（垂直向上入射到电离层）时，能反射回来的最高可用频率（MUF）最低，该频率被称为电离层的临界频率（或截止频率），用 f_0 表示。它只与电离层的最大电子浓度有关。

2.3.2　返回散射

2.3.2.1　基本原理

天波返回散射传播指无线电波斜向投射到电离层，被“反射”到远方地面，地面的起伏不平及电特性不均匀性使电波向四面八方散射，而其中一部分电波能量将沿着原来的（或其他可能的）路径再次经电离层“反射”回到发射点，被同址的接收机所接收。这一过程也可能出现两次或两次以上的地面散射和电离层的多跳传播。图 2.7 给出了返回散射探测原理示意图。

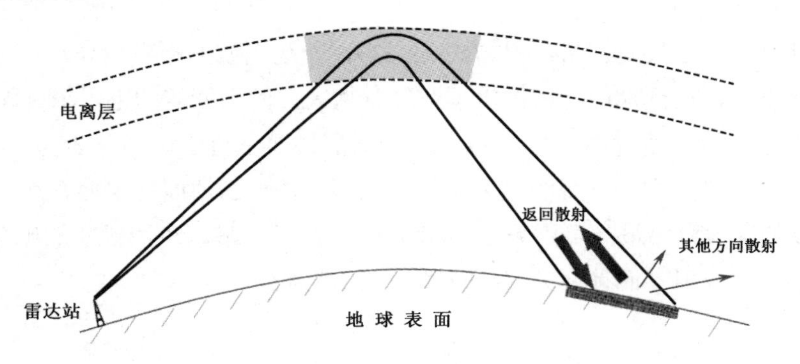

图 2.7　返回散射探测原理示意图

天波经地面散射时，电波也可能偏离来时的大圆路径发生非后向散射的“侧向”传播，经电离层反射到达偏离发射点的地面被接收到，这一传播过程被称为地侧后向散射传播。

1947 年，苏联与美国几乎同时独立进行了试验，发现了天波返回散射传播模式后向回波发生，主要是地面不均匀性散射引起的。1951 年以后，科学家的研究主要集中于如何进行这种传播机制的应用[191]。

由于天波雷达也是采用相同的双程返回散射原理工作，因此与雷达共址的返回散射探测设备能够提供相应监视区域的传播信息。通过获取的不同类型返回散射电离图，提取回波强度以确定高频传播跳距，以及不同地球物理因素影响下跳距随时间变化的过程；监视和预报高频无线电链路上的工作条件，如覆盖区域、最高可用频率等。而由于返回散射电离图中提取的前沿线尚不能提供足够信息以反演电离层结构，因此这方面的应用仍有待进一步研究[109, 192-193]。

2.3.2.2　返回散射电离图

早期天波返回散射电离图的类型较多，包括扫频和定频（A 型、P 型、Φ 型和 T 型）等[194]。

1. 扫频返回散射电离图

实时测量的扫频返回散射电离图是电波环境诊断和管理系统最重要的测量数据。典型的三维（频率-时延-幅度）电离层扫频返回散射电离图如图 2.8 所示。图中，纵坐标为群路径，横坐标为频率，而幅度则用伪彩色标示。扫频返回散射电离图随方位、年份、季节、昼夜时间而变化，其形态复杂，尤其是当存在 Es 层时。

2. 固定频率返回散射电离图（A 型）

典型的固定频率返回散射 A 型电离图如图 2.9 所示，图中，横坐标为群路径，纵坐标为幅度。它表示在观测时刻，一个固定频率无线电波的返回散射能量的幅度与群路径的关系，可以反映在照射区内的能量分布。

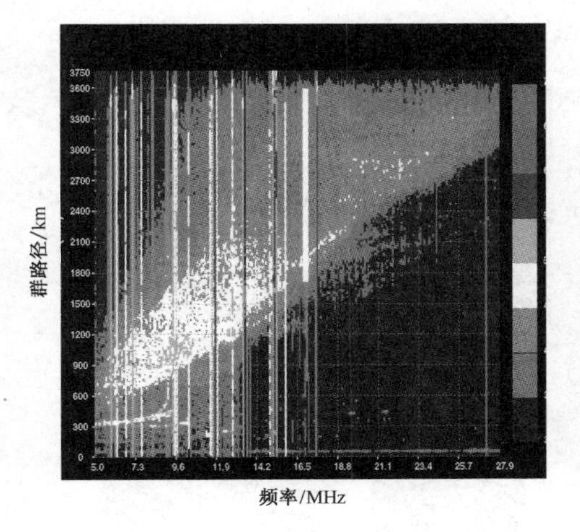

图 2.8　典型的扫频返回散射电离图

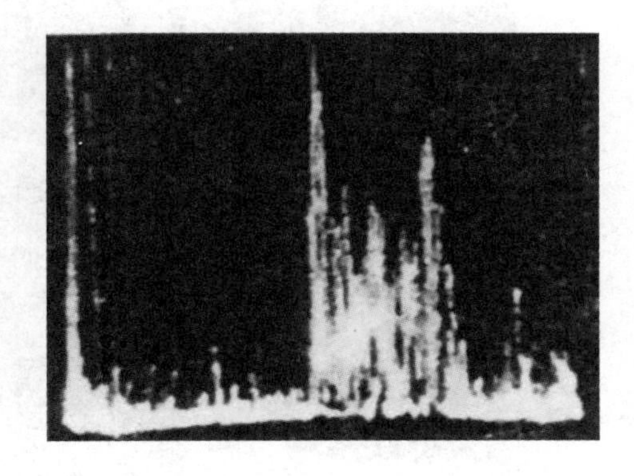

图 2.9　典型的固定频率返回散射 *A* 型电离图

3. 固定频率返回散射电离图（*P* 型）

典型的固定频率返回散射 *P* 型电离图如图 2.10 所示。它沿中心发散的轴线为群时延，环形表征方位，而幅度则用伪彩色标示，展现群时延（距离）与方位二维的空间分布特性。它反映了在观测时刻，该固定频率无线电波对以发射站为中心的 360° 方位上的覆盖情况。

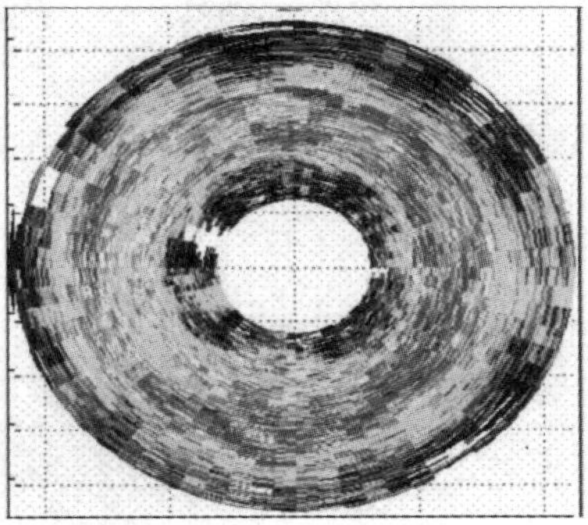

图 2.10　典型的固定频率返回散射 *P* 型电离图

4. 固定频率返回散射电离图（*Φ* 型）

典型的固定频率返回散射 *Φ* 型电离图如图 2.11 所示。该图为 *P* 型电离图的一个非圆周式的直角显示图，其纵坐标为群时延 R_p，单位为 ms，横坐标为方位 *Φ*，单位为度。每类图题后括号里的数字表示该类型出现的百分数。这里展现的 8 张图给出了 8 类常见的返回散射回波类型，其中第一种回波是假定电离层无扰动的层状结构时预期出现的电离图，在考察的所有电离图（本例中为 1.8 万张）中只占 6.5%，而其他回波被称为“补片”“斑点”“斜条”“带状”等类型，它们可能是 Es 层或行波扰动引起的。

5. 固定频率返回散射电离图（*T* 型）

典型的固定频率 *T* 型电离图如图 2.12 所示。图中的纵坐标表示群时延，横坐标表示时间。这是用一个固定在一定方位上的八木天线，观察 13.7MHz 频率的无线电波在黄昏 4 个小时连续变化的电离图。它反映了固定频率无线电波的覆盖区随时间 T 的变化。

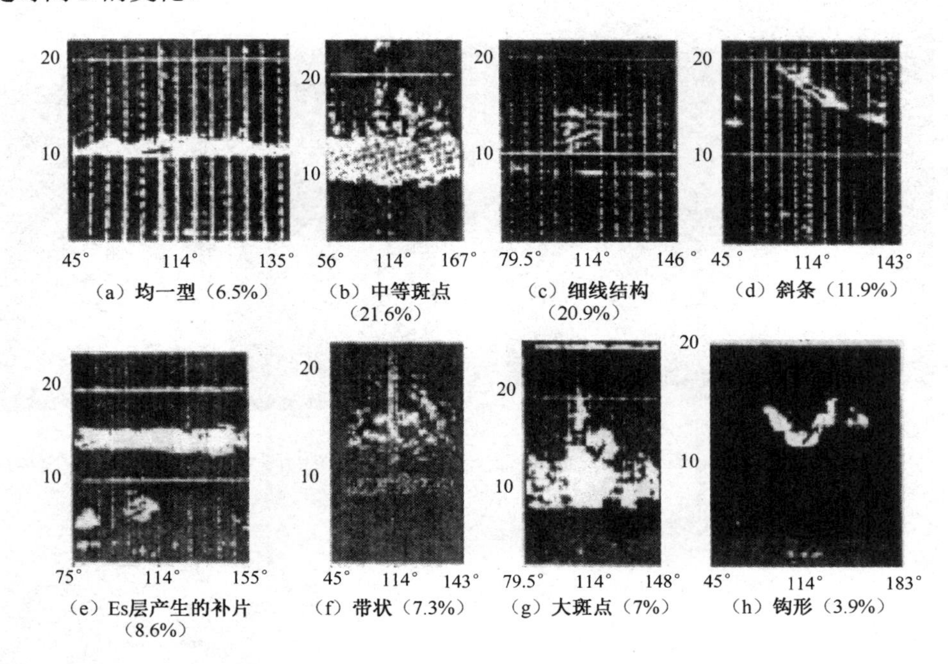

（a）均一型（6.5%） （b）中等斑点（21.6%） （c）细线结构（20.9%） （d）斜条（11.9%）

（e）Es层产生的补片（8.6%） （f）带状（7.3%） （g）大斑点（7%） （h）钩形（3.9%）

图 2.11 典型的固定频率返回散射 Φ 型电离图

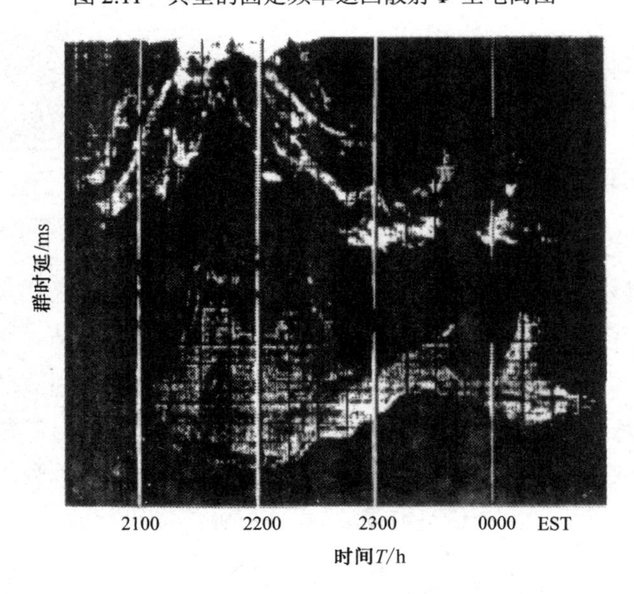

图 2.12 典型的固定频率返回散射 T 型电离图

2.3.2.3　返回散射回波多普勒谱图

使用固定频率进行返回散射探测，对广延的地球表面散射信号（地海杂波）进行群时延和多普勒二维谱分析，可得到返回散射回波多普勒谱图。多普勒谱图包含地海表面特征、电离层传输路径特性（例如相位污染、多普勒漂移等）以及海态等丰富信息。

典型的固定频率返回散射回波多普勒谱图如图 2.13 所示。图中，横坐标为多普勒频率，单位为 Hz；纵坐标为群路径，单位为 km；而幅度则用伪彩色标示。

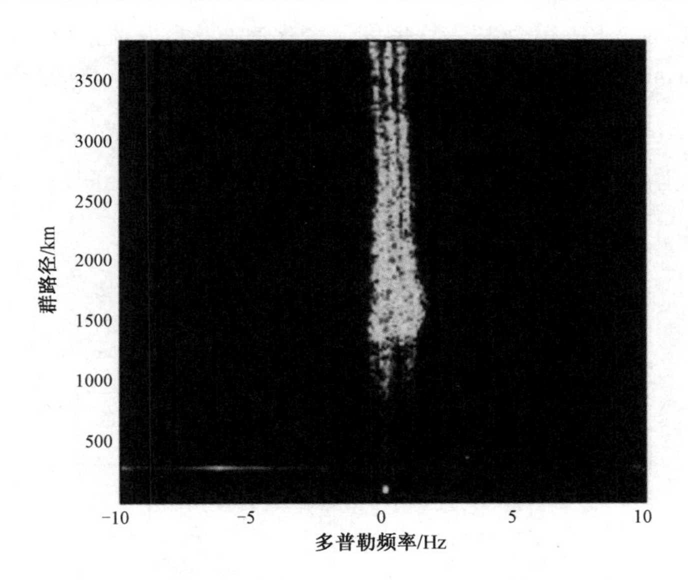

图 2.13　典型的固定频率返回散射回波多普勒谱图

2.3.3　电离层信道特性

电离层信道是一种衰落色散信道，本节将给出它的一般数学描述。其中，返回散射传播信道特性可用散射函数描述，并给出它的理论计算结果和实测数据。

2.3.3.1　数学描述

假定发射信号为一个偏离载频 f_0 的频率为 Δf 的正弦波，其数学表达式为

$$x(t) = A\cos 2\pi(f_0 + \Delta f)t \tag{2.36}$$

该信号经电离层传播后，受到衰落和色散效应的影响，将在接收端呈现为一个具有一定带宽，且幅相随机变化的窄带随机过程。接收到的窄带波形为

$$y(t) = \mathrm{Re}\left\{H(f,t)\mathrm{e}^{\mathrm{j}2\pi(f_0+\Delta f)t}\right\} \tag{2.37}$$

式中，$H(f,t)$ 为接收信号的复包络或介质的时变传输函数。

将$H(f,t)$的相关函数记为$R_{f,t}(\tau,\Omega)$，而$\sigma(t,f)$为$R_{f,t}(\tau,\Omega)$的傅里叶变换，即二维的功率谱密度函数（散射函数），则有

$$R_{f,t}(\tau,\Omega)=\overline{H^{*}(f,t)\cdot H(f+\Omega,t+\tau)} \tag{2.38}$$

或

$$R_{f,t}(\tau,\Omega)=\iint\sigma(t,f)\mathrm{e}^{\mathrm{i}2\pi\tau f}\mathrm{e}^{\mathrm{i}2\pi\Omega}\mathrm{d}t\mathrm{d}f \tag{2.39}$$

式中，*代表复共轭；横线代表系综平均。

在满足准广义平稳不相干散射信道的条件下，当空间分集的天线间距远小于空间相关距离时，该信道可以看作空间慢变化信道，则三维的衰落色散信道可以简化为二维的时间-频率选择性衰落信道或二维的频率-时间色散信道，可用二维的散射函数$\sigma(t,f)$、相关函数$R_{f,t}(\tau,\Omega)$、频率相关函数$R(\Omega)$、功率脉冲响应$\sigma(t)$、自相关函数$R(\tau)$和复包络功率谱$\sigma(f)$来描述。它们之间是二维或一维的傅里叶变换关系，其变换关系见图 2.14。

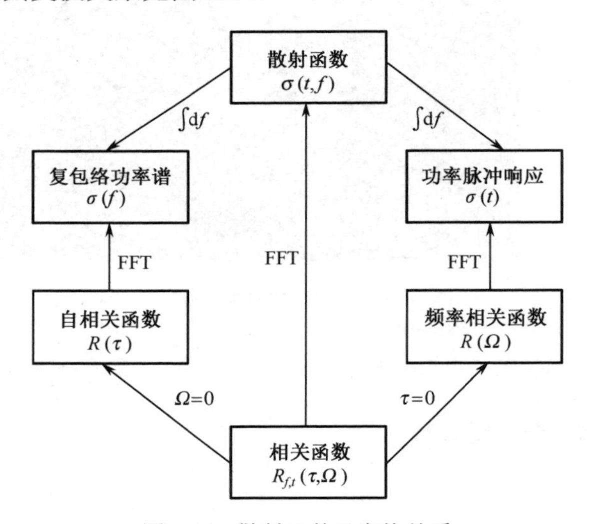

图 2.14　散射函数及变换关系

散射函数$\sigma(t,f)$作为二维的功率谱密度函数，表征信号能量在频率轴和时间轴上的散布；功率脉冲响应$\sigma(t)$是散射函数的一个剖面，其均方根宽度被称为多径展宽（Multipath Spread），它是反映信道频率选择性衰落特性的色散参量；复包络功率谱$\sigma(f)$是散射函数的另一个剖面，其均方根宽度被称为多普勒展宽（Doppler Spread），它是反映信道时间选择性衰落特性的色散参量。这些都是描述信道质量的重要参数。

由图 2.14 可知，频率选择性衰落特性可用频率相关曲线来描述。频率相关曲线的宽度为相关带宽。相关带宽越窄，表示选择性衰落越严重，信道允许无失真

通过的频带越窄。相关带宽与多径展宽的倒数成正比；时间选择性衰落特性除了可以用衰落的幅度分布曲线表示外，还可用衰落幅度的自相关曲线表示。自相关曲线的宽度为“衰落相关函数”。自相关函数经傅里叶变换后为衰落功率谱，衰落功率谱的宽度常用来表示多普勒展宽。衰落越快，自相关曲线越窄，衰落相关时间越短。衰落功率谱的宽度越宽，多普勒展宽越大。

2.3.3.2　信道散射函数

电离层信道是一个典型的时变系统。对于低功率情况，则可视为线性时变系统。系统特性可由它的脉冲响应函数 $h(t,\tau)$ 来描述，其中，变量 t 用以描述系统随时间的变化，而变量 τ 用以描述相对脉冲时延 τ 的响应，在电离层探测时即群传播时间 t_{p}。因此，电离层返回散射信道的脉冲响应可记为 $h(t,t_{\mathrm{p}})$，称为“双时响应”（Bi-Time Response）函数。该函数对变量 t 进行傅里叶变换，即可得到电离层返回散射信道的散射函数，即

$$R_{\mathrm{D}}(f_{\mathrm{d}},t_{\mathrm{p}})=\int_R h(t,t_{\mathrm{p}})\mathrm{e}^{-\mathrm{j}2\pi f_{\mathrm{d}}t}\mathrm{d}t \tag{2.40}$$

假设发射波是振幅调制的，可以表示为

$$e(t)=u(t)\mathrm{e}^{\mathrm{j}2\pi f_0 t} \tag{2.41}$$

式中，$u(t)$ 为调制信号；f_0 为载波频率。由于它是一个窄带信号，经同步解调和低通滤波后，该信号可表示为

$$\tilde{r}(t)=\int_R h(t,\tau)u(t-\tau)\mathrm{d}t \tag{2.42}$$

如果把发射信号 $u(t)$ 作时间 t_{p} 的时延，并用它与接收信号作相关运算，相关计算的时间为 T_0，则在 t_{c} 时刻二者的相关为

$$\begin{aligned}C_{\tilde{r},u}(t_{\mathrm{c}},t_{\mathrm{p}})&=\frac{1}{T_0}\int_{t_{\mathrm{c}}-T_0}^{t_{\mathrm{c}}}\tilde{r}(t)u(t-t_{\mathrm{p}})\mathrm{d}t\\&=\frac{1}{T_0}\int_{t_{\mathrm{c}}-T_0}^{t_{\mathrm{c}}}\int_R h(t,\tau)u(t-\tau)u(t-t_{\mathrm{p}})\mathrm{d}\tau\mathrm{d}t\end{aligned} \tag{2.43}$$

要获得散射函数的估计，需要假定电离层返回散射信道在一定的时间内是平稳的，相关计算时间 T_0 应小于这个时间长度。在这个假设下，可以认为在 T_0 时间内，$h(t,\tau)\approx h(t_{\mathrm{c}},\tau)$，于是交换积分顺序后，有

$$\begin{aligned}C_{\tilde{r},u}(t_{\mathrm{c}},t_{\mathrm{p}})&\approx\int_R h(t_{\mathrm{c}},\tau)\left[\frac{1}{T_0}\int_{t_{\mathrm{c}}-T_0}^{t_{\mathrm{c}}}u(t-\tau)u(t-t_{\mathrm{p}})\mathrm{d}t\right]\mathrm{d}\tau\\&=\int_R h(t_{\mathrm{c}},\tau)C_{u,u}(t_{\mathrm{c}},t_{\mathrm{p}}-\tau)\mathrm{d}\tau\\&=\int_R h(t_{\mathrm{c}},\tau)C_{u,u}(t_{\mathrm{p}}-\tau)\mathrm{d}\tau\\&=h(t_{\mathrm{c}},t_{\mathrm{p}})*C_{u,u}(t_{\mathrm{p}})\end{aligned} \tag{2.44}$$

若 $C_{u,u}(t_p)=\delta(t_p)$，则 $C_{\tilde{r},u}(t_c,t_p)=h(t_c,t_p)$。用变量 t 来代换 t_c，即有 $h(t,t_p)=C_{\tilde{r},u}(t,t_p)$。因此，当采用相关性良好的调制信号对发射载波进行调制时，采用此方法可直接得到电离层返回散射信道的双时响应函数，进而由式（2.40）得到电离层返回散射信道的散射函数[195]。

根据以上过程，测量双时响应函数的系统原理示意图如图 2.15 所示。

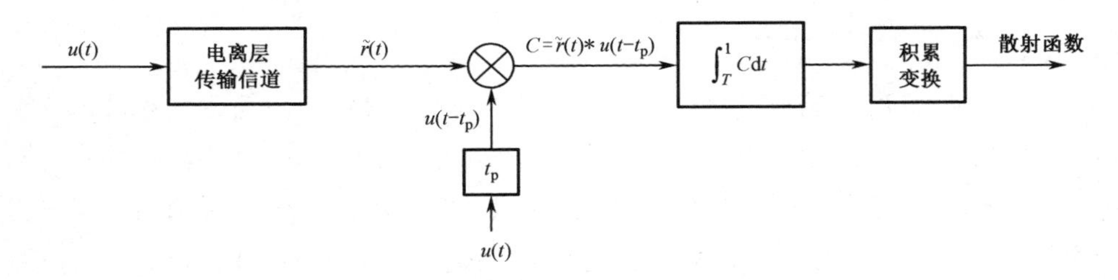

图 2.15　测量双时响应函数的系统原理示意图

2.3.3.3　信道测量试验

我国早期在南北向的返回散射电路利用脉冲信号开展了电离层返回散射信道的散射函数测量试验[196]。图 2.16 和图 2.17 分别给出了实际测量结果。

图 2.16（a）和图 2.16（b）分别给出了宁静电离层和扰动电离层的实测电离层返回散射信道的散射函数。图 2.16（a）意味着此时电离层中不均匀体运动平均速度很慢，电离层没有明显的垂直运动，呈现相当稳定，其散射函数是尖劈状，多普勒频移和展宽都很小。返回散射信号相干积累时间可达 10s 以上。图 2.16（b）则呈现出较大的多普勒频移，频移范围为–2.0～3.2Hz。多普勒展宽为 0.3～0.5Hz。

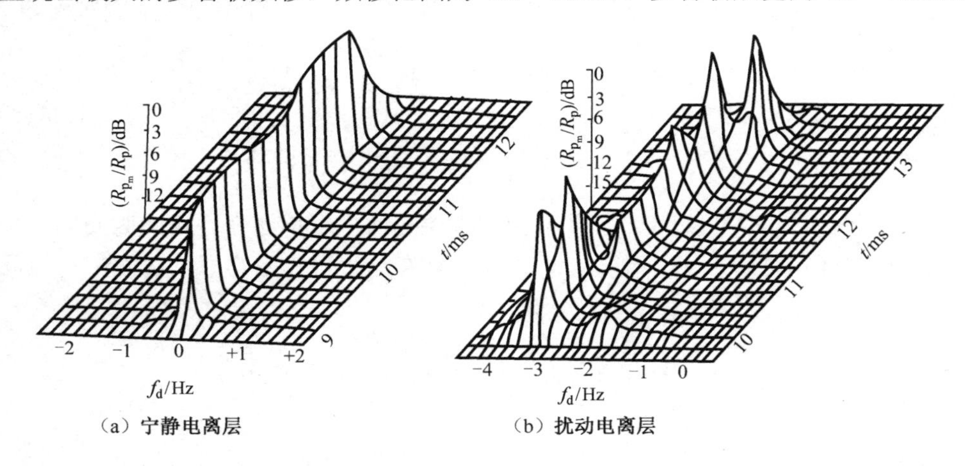

（a）宁静电离层　　（b）扰动电离层

图 2.16　实测电离层（宁静和扰动）返回散射信道的散射函数

整个谱图随时延而扩展，多普勒频移有减小趋势。谱图形状及结构显得十分复杂。这样的谱图意味着电离层的等效反射面有一个很快的向上（多普勒频移为负）运动，且电离层的不均匀体随机运动相当剧烈，这些运动在不同反射区域是不同的。由多普勒公式可推导出反射区等效反射高度的垂直运动速度为 31.9～35.5m/s。

图 2.17（a）和图 2.17（b）分别为日出电离层和日落电离层的实测电离层返回散射信道的散射函数。图 2.17（a）中的多普勒频移为 0.6～0.9Hz，多普勒展宽为 0.6～0.8Hz。多普勒频移为正，意味着此时在太阳照射下电离层中的电子浓度增加，反射区的等效反射高度在垂直向下运动，由多普勒公式可知，从多普勒频移可推出反射区的等效反射高度的垂直运动速度为 6.9～12.7m/s。由图 2.17（b）可知，多普勒频移为–0.8～0.6Hz，多普勒展宽为 0.2～0.5Hz。负的多普勒频移意味着等效反射高度在垂直向上运动。据多普勒公式，由多普勒频移推出等效反射高度的垂直运动速度为 10.2～12.3m/s，各时延的运动大致相同。多普勒频率散布与日出电离层的情况大体相同。

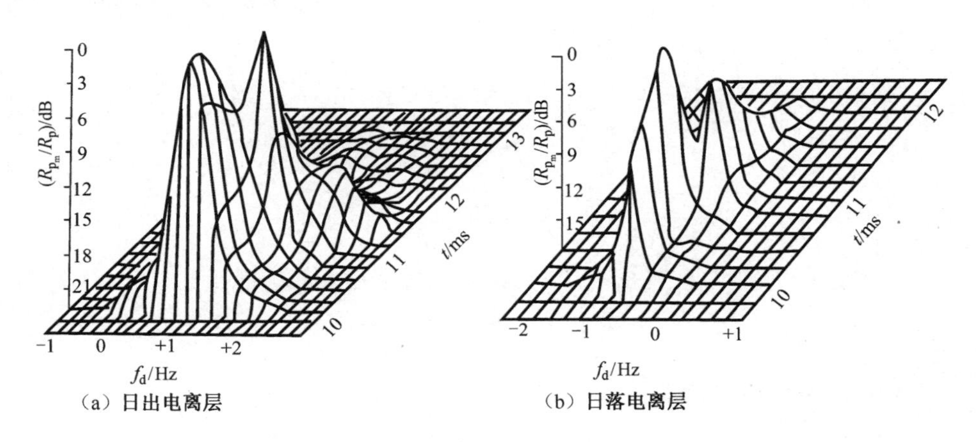

图 2.17　实测电离层（日出和日落）返回散射信道的散射函数

由于信道链路是南北向的，因此日出时间对全链路而言大致相同，不同时延回波的多普勒频移差别主要是由于南端纬度较低，电离层相对变化较大。多普勒频率散布较大则意味着电离层层状结构比宁静时更不稳定。此时信道稳定性差，相应回波相干积累时间减小。

表 2.2 给出了典型年份 6 月自新乡向南探测的 F 层平均多普勒频移和多普勒展宽的小时月中值。从表 2.2 中数据可以看出，白天电离层返回散射信道是较稳定的，相干积累时间的小时月中值为 4s 左右，而日出电离层和日落电离层的时间稳定性就较差，其相干积累时间的小时月中值小于 1s。平均多普勒频移小时月中值为 0.07～1.7Hz，多普勒展宽小时月中值为 0.2～1.7Hz。在白天，相干积累时间

可能达到10s以上，而日出、日落时电离层的相干积累时间只有不到半秒。因此，对需要知道 F 层实时相干积累时间的系统来说，短期相干积累时间也是十分有用的。

表2.2 6月F层平均多普勒频移和多普勒展宽的小时月中值

时间	夜间		日出		白天					日落		夜间	
	01h	03h	05h	06h	08h	10h	12h	14h	16h	19h	20h	21h	23h
频移/Hz	0.83	0.63	1.19	1.03	0.22	0.12	0.09	0.07	0.11	0.90	1.43	1.70	0.78
展宽/Hz	1.19	1.00	1.41	1.03	0.46	0.39	0.26	0.21	0.28	1.18	1.14	1.40	1.73

2.3.4 传播衰减

2.3.4.1 信号传播路径

天波雷达电波射线传播路径包括自由空间传播部分和在电离层内传播部分。传播路径的自由空间衰减 A_R 不能用从雷达天线到目标的直线距离（或地面大圆距离 R_D）来计算，而要用从雷达天线到目标的射线群时延来计算。

一般对单跳电离层传播，天波雷达天线与目标间的传播路径长度为

$$R_p = \frac{2a\sin\dfrac{R_D}{2a}}{\cos\left(\beta + \dfrac{R_D}{2a}\right)} \tag{2.45}$$

式中，a 为地球平均半径（km）；R_D 为雷达天线至目标的地面距离（km），β 为射线初始仰角（rad）。

2.3.4.2 路径传播衰减

无线电波在电离层中传播路径上所经历的衰减，通常包括自由空间衰减 A_R、电离层吸收 A_{ie}、E 层传播的电离层吸收修正项 A_{ec}、Es 层存在时的部分遮蔽衰减 A_q 与反射衰减 A_{er}、当传播路径中点的地磁纬度 $G_n \geqslant 42.5°$ 时的极区衰减 A_h 和附加衰减 A_z [197]。

一般在中纬度地区，F 层传播的天波电波路径的传播衰减为

$$L = A_R + 2A_{ie} + A_z \tag{2.46}$$

这其中包括自由空间扩散衰减、电离层吸收及附加衰减。下面将分别讨论各衰减项。

1. 自由空间扩散衰减

无线电波的自由空间扩散衰减计算公式为

$$A_R = \frac{1}{(4\pi)^2 R_p^4} \tag{2.47}$$

式中，R_p 为雷达天线至目标的射线路径距离。

2. 电离层吸收

高频电波通过电离层将受到吸收而衰减。一般电离层折射指数 $n \approx 1$ 处的吸收称为非偏移吸收，其他情况的吸收则称为偏移吸收。实际上，非偏移吸收和偏移吸收均基于垂直入射测量数据得到的经验公式进行计算。

$$A_{ie} = \frac{677.2 I \sec(i_{100})}{(f + f_H)^{1.98} + 10.2} \tag{2.48}$$

式中：f 为电波频率；f_H 为磁旋频率（MHz）；I 为吸收指数，有

$$I = (1 + 0.0037 R_{12})\left[\cos(0.881\chi)\right]^{1.3} \tag{2.49}$$

式中：I 的最小值取 0.1；R_{12} 为太阳黑子数的 12 个月滑动平均值；χ 为太阳天顶角，它是所在位置对地球考察点的天顶（0°）的角度，可根据式（2.11）和式（2.12）计算得到。

式（2.48）中的 i_{100} 为射线入射角，当垂直入射时为 0°。对于 F_2 层传播，通常取高度为 100km 处的值，则有

$$i_{100} = \arcsin(0.985\cos\beta) \tag{2.50}$$

式中：β 为射线初始角。

3. E 层传播的电离层吸收修正项

对于 E 层传播模式，则要对上述电离层吸收增加修正项。当 $f <$ MUFE(d) 时，电离层吸收修正项为

$$A_{ec} = 1.359 + 8.617\ln\frac{f}{\text{MUFE}(d)}(\text{dB}) \tag{2.51}$$

式中：f 为电波频率；MUFE(d) 为路径长度为 d 的 E 层传播模式的基本最高可用频率，即

$$\text{MUFE}(d) = (f_0E)\sec(i_{110}) \tag{2.52}$$

式中：f_0E 为 E 层的临界频率；i_{110} 为高度在 110km 处的射线入射角，可近似按式（2.50）计算。

依据式（2.51）计算，若 $A_{ec} > 0\text{dB}$，则 A_{ec} 取值为 0dB；若 $A_{ec} < -9\text{dB}$，则 A_{ec} 取值为 -9dB。当 $f \geqslant \text{MUFE}(d)$ 或为 F_2 层传播模式时，A_{ec} 取值为 0dB。

4. Es 层部分遮蔽衰减

对于 Es 层存在时的 F 层传播模式，电波将在穿越较低的 Es 层时受到遮蔽衰

减，一次穿越 Es 层的部分遮蔽衰减为

$$A_q = -10\lg(1-R^2) \tag{2.53}$$

式中

$$R = \frac{1}{1+10\left[\dfrac{f}{f_0 E_s \sec(i_{110})}\right]^2} \tag{2.54}$$

式中：f_0E_s 为 Es 层的临界频率。

若雷达站或目标区仅一方受 Es 层的影响，则 Es 层部分遮蔽衰减为依据式（2.53）计算得到的 A_q；若两方均受 Es 层的影响，则 Es 层总的遮蔽衰减为两处分别计算得到的 A_q 之和。而当处于 E 层或 Es 层传播模式（全遮蔽）时，无须计入本衰减项。

5. Es 层反射衰减

Es 层反射衰减计算分为单跳传播和两跳传播两种情况。单跳传播信号（地面距离小于 2600km 时）的 Es 层反射衰减可近似为

$$A_{er-1h} \approx \left[\frac{40}{1+\dfrac{R_D}{130}+\left(\dfrac{R_D}{250}\right)^2}+0.2\cdot\left(\frac{R_D}{2600}\right)^2\right]\cdot\left(\frac{f}{f_0E_s}\right)^2+\exp\left(\frac{R_D-1660}{280}\right) \tag{2.55}$$

两跳传播信号（地面距离为 2600～4000km）的 Es 层反射衰减近似为

$$A_{er-2h} \approx 2.6\cdot A_{er-1h}\cdot\left(\frac{R_D}{2}\right) \tag{2.56}$$

式中：R_D 为雷达天线至目标的地面距离（km）；f 为电波频率（MHz）；f_0E_s 为传播路径中 Es 层的临界频率。当用 E 层或 F 层传播模式时，不需要计入此项。

图 2.18 给出了根据式（2.55）和式（2.56）计算得到的 Es 层反射衰减和测量得到的衰减。可以看出，式（2.55）的计算误差一般小于 5dB，而式（2.56）的计算误差一般小于 10dB。

6. 极区衰减

当传播路径中点地磁纬度 $G_n \geqslant 42.5°$ 时，则还要考虑极区对天波传播的极区衰减 A_h。根据传播路径中点地磁纬度 G_n（不分磁赤道南北）、地方时、季节与传播距离，可通过查表获得极区衰减[197]。

7. 附加衰减

除以上所述的各种衰减外，实际上电离层天波传播衰减要受到沿途传播条件

（如极化耦合衰减、电离层不均匀性、聚焦与散焦等）的影响，因此还需要考虑附加衰减 A_z，一般取值为 9.9dB。

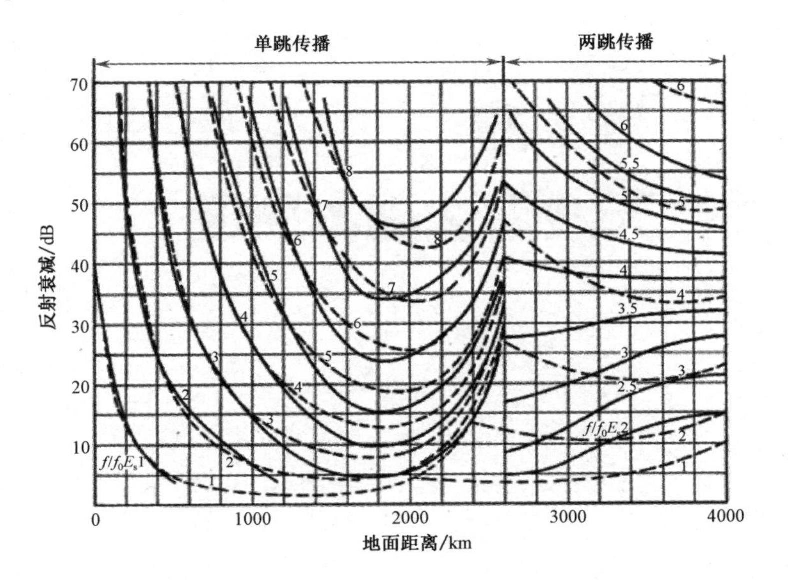

图 2.18　Es 层反射衰减

第3章 天波雷达基本原理

3.1 概述

本章就天波超视距雷达目标探测和定位的基本原理进行了介绍。由于目标特征的差异，空气动力、水面和弹道导弹主动段几类目标在天波雷达中具有不同的探测机理，尽管可以采用统一的收发射频通道和硬件平台，但其对应雷达方程、工作方式、参数、处理流程及算法差别极大。因此，本章将按照不同目标类别分别进行阐述。受电离层折射传输的影响，天波雷达的定位原理与常规微波雷达不同，本章中就其误差来源、影响因素和修正方法进行了讨论。另外，本章最后给出了天波雷达系统典型的指标及定义。

3.2 目标探测原理

3.2.1 空气动力目标

空气动力目标主要指固定翼飞机、旋翼类飞行器及巡航导弹等飞行高度在大气层内的运动目标。

空气动力目标散射体为刚体，相对天波雷达空间分辨单元（十几千米至数十千米量级）的尺寸，可看作点目标。其运动速度较高，除近切向飞行情况外，其回波通常在多普勒谱上远离地海杂波（零多普勒附近），在噪声背景下进行目标检测。因此，决定空气动力目标探测能力的参量是信噪比（Signal-to-Noise Ratio，SNR）。

由于目标回波（有用信号）与背景噪声不相关，系统增益、探测能量和积累时间等方面的增大能够有效地改善探测能力。雷达方程和详细分析参见 3.3.1 节。

3.2.2 水面目标

水面目标主要指可于水面（海面）航行的军用和民用各型船舶。

水面目标散射体为刚体，相对天波雷达空间分辨单元（十几千米至数十千米量级）的尺寸，可看作点目标。与空气动力目标不同的是，其回波散射特性不仅是本体散射，还需要考虑与海平面的相互影响[3]。水面目标运动速度较低，其回波通常在多普勒谱上与海杂波相邻，在海杂波背景下进行目标检测。因此，决定水面目标探测能力的主要参量是信杂比（SCR）。

由于目标回波（有用信号）与海杂波（海面对雷达信号的散射）相关，增大系统增益和探测能量对水面目标探测能力帮助不大。雷达方程和详细分析参见 3.3.2 节。

3.2.3　弹道导弹主动段

对于天波雷达，弹道导弹主动段回波存在三种不同的探测机理，即弹体、尾焰产生的等离子体（羽流）和电离层扰动（电离层洞）。

弹道导弹的弹体可被看作空气动力目标中的一种，其散射截面与尺寸、形状、飞行姿态、雷达工作波长及极化方式有关。但弹道导弹的弹体是一个高（变）加速目标，且到达一定高度以后，第一级火箭将脱落，这样导弹的弹体尺寸将急剧减小，目标散射截面也随之减小。

当弹道导弹飞行到一定高度（通常大于 80～100km）后，空气稀薄，电子与中性气体分子的中和作用减弱，尾焰电离中性大气产生的电子浓度可达到一定水平，此时在尾焰后方将产生一个局部的等离子体（羽流）[198-199]。

图 3.1 给出了一个典型三级火箭发射过程中尾焰羽流整体密度随高度急剧变化的情况。在助推段（Booster），火箭发动机具有最大推力和相对较密的羽流，燃料与大气中的氧气充分燃烧对羽流产生了增强作用。主发动机推进段推进气体的扩散导致羽流体增大。在该高度大气中连续流（Continuum Flow）占优，中性分子运动的自由路径相对小，碰撞频繁。当到达更高高度时，自由分子流（Molecular Flow）成为主导，单位体积内分子更少，分子碰撞的自由路径远大于火箭的长度。因此，

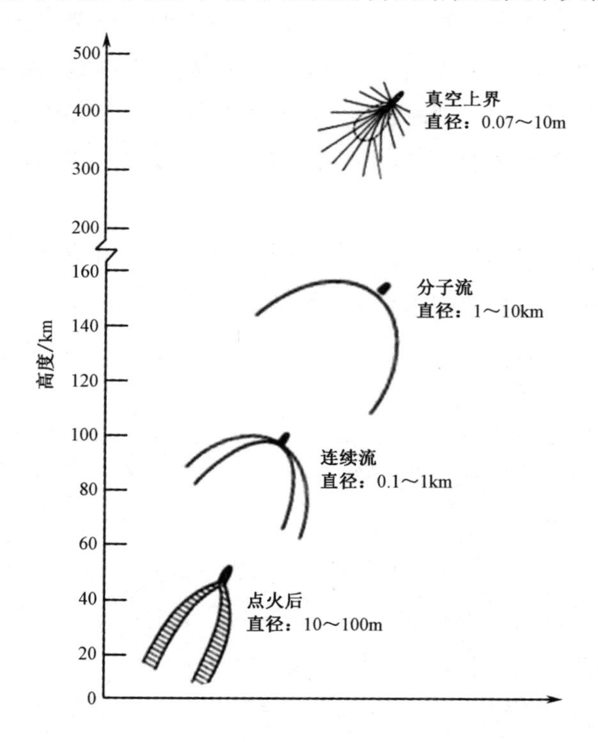

图 3.1　弹道导弹尾焰羽流整体密度随高度变化情况[198]

羽流扩散更广，直径甚至可达到 10km。火箭的第三级或上面级位于更高的高度，仅位于发动机喷口附近的高温才足以辐射能量，这导致极低的羽流密度[198]。

当入射的无线电波频率小于该等离子体的临界频率（也称为截止频率，与电子浓度相关）时，会产生强散射现象，从而被雷达探测到[200]。弹道导弹主动段尾焰等离子体的散射回波强度随高度变化明显，一定高度以下甚至不存在等离子体。回波也具有一定的存在时间，主动段关机后回波会立即消失。回波在距离和方位维上通常存在扩展，最大可达数百千米，超出天波雷达空间分辨单元的尺寸，属于典型的“体目标”。回波在多普勒谱上呈现较差的相参性，几乎横跨所有的多普勒单元。其特征与空海目标的“点目标”回波完全不同，可依此进行辨识和分类。

当弹道导弹飞行高度到达电离层之后，在沿导弹飞行轨迹上会产生一个因导弹尾焰引起的电离层扰动效应，原本相对均匀和稳定的电离层电子浓度分布因导弹的穿越（人工扰动）而产生了局部的不均衡（异常），因此这种效应通常也被称为“电离层洞”。“电离层洞”的持续时间可达十几至几十分钟。原本由均匀、稳定的介质电离层所传输的无线电信号经过这样的扰动之后，其信号（如电台信号）或回波（如地海杂波）也将产生明显的异常[201]。

最初的前向散射天波雷达 OTH-F（如美国的 440-L 雷达）就是利用“电离层洞”这一扰动效应来实现弹道导弹发射告警的。其由西太平洋地区的发射站（位于日本和菲律宾）持续发射大功率信号，通过苏联和中国上空的电离层多跳反射到达欧洲的接收站（德国、意大利和塞浦路斯）。当苏联和中国的弹道导弹发射，导弹主动段穿越电离层时产生扰动，使得欧洲各站接收的信号同时出现异常，据此发出导弹发射告警。但是，由于“电离层洞”的扰动范围极大，因此目标难以跟踪和定位[15]。

而现代的后向散射天波雷达 OTH-B 主要探测尾焰等离子体，从而实现弹道导弹主动段的跟踪和定位。相关的雷达方程和详细分析参见 3.3.3 节。

3.3 雷达方程

3.3.1 对空雷达方程

天波雷达对空探测雷达方程为

$$\frac{S}{N}=\frac{P_{\mathrm{av}}\cdot G_{\mathrm{t}}\cdot G_{\mathrm{r}}\cdot T\cdot\lambda^{2}\cdot\sigma_{\mathrm{t}}\cdot F_{\mathrm{p}}}{N_{0}\cdot L_{\mathrm{s}}\cdot L_{\mathrm{p}}\cdot(4\pi)^{3}\cdot R^{4}} \tag{3.1}$$

式中，S 为目标回波能量；N 为噪声能量；N_0 为噪声功率密度；P_{av} 为平均发射功率；G_{t} 为发射天线增益；G_{r} 为接收天线增益；T 为相干积累时间；λ 为工作波长；σ_t 为目标的雷达散射截面（RCS）；F_p 为传输因子；N_0 为噪声功率密度；L_s 为系统损耗；L_p 为路径损耗；R 为射线坐标系下的作用距离。

在计算探测威力时，也可将式（3.1）写成射线距离相关的表达式：

$$R=\sqrt[4]{\frac{P_{av}\cdot G_t\cdot G_r\cdot T\cdot\lambda^2\cdot\sigma_t\cdot F_p}{N_0\cdot L_s\cdot L_p\cdot(4\pi)^3\cdot(S/N)_{min}}} \tag{3.2}$$

式中，$(S/N)_{min}$ 为满足一定检测性能（发现概率和虚警率）条件下的最小检测信噪比门限。

根据式（3.1）和式（3.2）中各参数特性，参数可分为两类。一类是与雷达系统相关的系统参数，即可由雷达设计者掌握和调整的参数，包括平均发射功率 P_{av}、发射天线增益 G_t、接收天线增益 G_r、相干积累时间 T 和系统损耗 L_s；另一类则是与目标（或者任务）及环境有关的时变参数，是雷达设计者只能部分掌握甚至完全无法掌握的参数，包括工作波长 λ、目标的雷达散射截面 σ_t、极化及其他失配损耗 F_p、路径损耗 L_p、噪声功率密度 N_0 及射线坐标系下的作用距离 R。上述分类充分体现出天波雷达的特点，雷达方程中能够设计和掌握的参数只占少数，而大多数参数受环境影响，具有时变性和非平稳性。

这些时变参数不仅数量较多，对系统探测能力的影响也较大，有时甚至是决定性的。这也就意味着，基于这些时变参数的统计值或典型值设计出来的系统，在实际运用中其性能是剧烈变化的，还存在不可用的情况。天波雷达这种高度的环境依赖性，是其与常规微波雷达系统最本质的区别之一。

下面将从雷达方程的每个参数入手，具体分析各参数的定义、影响因素、典型取值及波动范围等。

3.3.1.1　发射功率

在快速运动的空气动力目标探测中，检测背景为噪声，与雷达信号不相干，提高发射功率可以明显改善信噪比，获得更好的检测性能。特别是对具有小散射截面的目标（如巡航导弹），高发射功率是至关重要的。而对于杂波背景下的低速目标探测，提升发射功率对改善检测效果无明显作用。关于杂波背景下的检测效能，详见 3.3.2 节。

式（3.1）和式（3.2）中计算所用的参数是雷达总的平均发射功率 P_{av}，其计算公式为

$$P_{av}=N\cdot P_{pk}\cdot D_r \tag{3.3}$$

式中，N 为发射机的数量；P_{pk} 为单部发射机的峰值功率；D_r 为发射信号的占空比（Duty Ratio）。

从式（3.3）中可看出，获得高平均发射功率的三种方法为：提高信号的占空比、提升单机的峰值发射功率以及增加发射机的数量。

天波雷达中提高信号占空比的方法是采用连续波信号，其占空比为 1。连续波体制下发射机和接收机同时工作，直接进入接收机的强发射信号能量将导致接收机饱和，这就要求发射和接收系统必须在物理空间上进行隔离（收发双站分置）。一般来说，100km 左右的站间距离（跟地形地貌有关）就可提供足够的隔离度（衰减量）。但收发双站的距离也不能过远，否则收发路径所经过的电离层反射区相干性将变弱，难以保证同一频率下的传输效果。通常收发双站角不大于 5° 时，可认为是准单站配置，此时收发站至目标区的双程路径能够近似看作相同[46]。

与脉冲波（占空比小于 1）相比，连续波可获得 2 倍甚至数倍的平均功率提升，付出的代价则是建设并运行两个相隔上百千米的独立收发站点，阵地规模和设备量大幅增加，以及传输路径的非对称性等。从世界各国实战型天波超视距雷达的建设来看，其普遍采用的是双站（准单站）连续波体制[3]。

早期天波雷达大多数采用传统的真空管技术，可以获得上百千瓦甚至兆瓦级的峰值发射功率，也有较高的效率。但真空管发射机面临的主要问题是频率切换时间较长，切换频率间隔较大时需要数分钟，难以适应电离层的快速变化场景（如日出日落）。此外，真空管发射机工作需要调谐才能适应较宽带宽[202]。

现代天波雷达已经普遍采用了更先进的全固态有源相控阵体制，即每个发射天线单元后接一部独立的固态发射机。单部固态发射机在连续波状态下的平均发射功率通常只能达到数十千瓦，天波雷达系统通常通过集成十几至几十部这样的发射机，以获得数百千瓦甚至兆瓦级的平均发射功率。固态发射机在保持高线性度、频谱纯度、宽带特性和捷变频能力的同时，也具有更高的可靠性。

在系统设计中，单部发射机平均发射功率和发射机数量之间可根据实际需要进行组合。最新的极区超视距雷达 POTHR 甚至采用了 256 部 1kW 发射机来达到 256kW 总发射功率的方案[181]。

3.3.1.2　发射天线增益

天线增益由天线单元增益和阵列增益的乘积所确定。为保证天线阵列的扫描范围（通常线性天线阵列为 60°～90°，二维天线阵列可达到 360°），单个天线单元一般不采用方向性设计，单元增益较低。为保证工作频率范围内发射能量的辐射效率，发射天线单元通常需要采用宽带天线，其形式和结构与接收天线差异极大。

当采用线性天线阵列时，发射天线俯仰维通常不能扫描，除非将天线架高在垂直向上布置多个阵元（如俄罗斯的“集装箱”雷达[152]）。这就要求发射天线垂直方向图在接近 0° 至约 40° 俯仰角范围内保证一定增益，以确保射线能够以不同仰角入射电离层。

通过多个天线单元组成发射阵列获得阵列增益，其数量一般与发射机的数量匹配。

天波雷达发射天线增益的典型值为15～25dB，主瓣宽度为10°～20°，与天线阵列口径、工作频率（波长）及扫描角度相关。发射天线相比接收天线增益较低，波束也较宽，发射宽波束可采用单一频率（一定相干积累时间内）同时照射更宽广的区域（波位），从而获得更大的视场面积。

3.3.1.3　接收天线增益

与发射天线单元类似，为保证阵列扫描范围，接收天线单元水平方位上增益较低，但往往有对背部方向信号（背瓣）的抑制要求。

由于天波雷达的检测背景为外部噪声或杂波，因此对接收天线的效率要求较低。低效率接收天线在某些频段使得外部进入的有用信号、杂波和噪声同时受到较大衰减，但信噪比和信杂比仍然可以保持不变，检测能力不受影响。

接收天线垂直方向图的要求与发射天线相同，需要在接近0°至约40°俯仰角范围内保证一定增益。

为获得较高的接收天线增益和方位分辨率，天波雷达通常要求长达数千米的接收天线口径。接收天线增益的典型值为25～35dB，方位波束宽度为0.2°～2°，与天线阵列口径和工作频率（波长）相关。显然，需要同时形成十几个至数十个这样的窄接收波束才能覆盖一个宽发射波束。

3.3.1.4　相干积累时间

相干积累时间（Coherent Integration Time，CIT）通常也被称为驻留时间，是指多普勒体制雷达发射多个脉冲串进行一个多普勒相干处理的时间。它由下式计算得到：

$$\mathrm{CIT} = K \cdot T_{\mathrm{p}} \tag{3.4}$$

式中：CIT为相干积累时间；K为相干积累点数（脉冲数）；T_{p}为脉冲重复周期。

得益于天波雷达较粗的空间分辨单元（通常为几千米至数十千米），采用相对较长的CIT不会产生目标距离或方位单元徙动。

对于空气动力目标，CIT一般为1～10s，信噪比上能够获得0～10dB的积累增益。对于海面慢速目标，CIT一般为10～60s，甚至可能超过100s。采用更长的CIT需要目标运动状态和电离层传输条件的稳定性来保证，否则难以获得相应积累增益。

长CIT提供了相当精细的多普勒频率（径向速度）分辨率。在对空探测中，径向速度分辨率可达到数米/秒，通常用于分辨同一空间（距离–方位）单元内的多个目标；在对海探测中，多普勒分辨率可达到10^{-2} Hz 量级，这是将慢速运动目标与地海杂波分辨开的必要条件。

尽管通过先进信号处理算法（如加速度补偿[203-204]及电离层相位污染补偿[205-207]等，详见第 8 章），可以部分消除目标机动和电离层非平稳性的影响，恢复超长 CIT 带来的增益，但是 CIT 的适当选择仍然是影响雷达空海探测性能的一个重要因素。

3.3.1.5　系统损耗

系统损耗指雷达系统内部信号传输损耗，包括发射通道硬件损耗和接收处理算法损耗两部分。这里需要说明的是，尽管接收射频通道也存在硬件损耗，但其同低效接收天线的原理一样，对系统探测效能的影响基本可忽略。

系统损耗的计算方法如下：

$$L_{\mathrm{s}} = L_{\mathrm{TA}} \cdot L_{\mathrm{G}} \cdot L_{\mathrm{L}} \cdot L_{\mathrm{rw}} \cdot L_{\mathrm{Azw}} \cdot L_{\mathrm{dw}} \tag{3.5}$$

式中：L_{TA} 为发射天线阵面损耗；L_{G} 为地面损耗；L_{L} 为高功率馈线损耗（这前三项为发射通道硬件损耗的主要因素）；L_{rw} 为距离维（脉冲压缩）加窗损耗，L_{Azw} 为方位维（波束形成）加窗损耗；L_{dw} 为多普勒维（相干积累）加窗损耗（这后三项为接收处理算法损耗的主要因素）。

发射天线阵面损耗主要来自阵面各天线单元之间的互耦，导致从天线辐射出的净输出功率低于正向发射功率，进而形成损耗[208]。该损耗可以通过电磁仿真计算结果结合实际测量值进行估计，与工作频率（波长）和发射波束扫描角度密切相关，典型取值在 1dB 以内。需要说明的是，相控阵天线加窗和扫描至边缘而导致的增益损失均计入发射天线增益一项中，不在本参数中体现。天线阵列各单元若发射相互正交的波形，即 MIMO 波形或空间分集波形，有助于降低因互耦而产生的阵面损耗，但这样将损失天线增益[168]。

地面损耗主要来自低仰角发射的电波能量受到阵列前方地面影响而产生的损耗，与射线仰角和地面电导率有关，典型取值在 1dB 以内。通过控制阵地前方遮蔽角（地形无遮挡）以及铺设金属地网（仅垂直极化有效）可以减小该损耗。

高功率馈线损耗主要来自发射机至天线之间传输高功率信号的馈线。该损耗与馈线长度和工作频率（波长）有关，典型取值在 1dB 以内。

接收处理的加窗损耗是在处理过程中，采用加窗方法抑制旁瓣电平而使得主瓣展宽所产生的损耗。常用窗函数产生对应的旁瓣抑制水平及相应的损耗如表 3.1 所示。

表 3.1　常用窗函数特性和损耗表

窗函数	峰值副瓣	主瓣展宽比	加窗损耗
均匀（矩形窗）	−13.3	0.89	0
汉宁窗（Hanning 窗）	−32	1.44	1.76
汉明窗（Hamming 窗）	−43	1.3	1.34
切比雪夫窗（Chebyshev 窗）	−50	1.33	1.43
	−70	1.55	2.1
	−90	1.9	3

需要特别说明的是，在式（3.1）的雷达方程中系统损耗项位于分母，其取值为正值；也可将该项放到分子中，但此时取值须为负值。

3.3.1.6　工作波长（频率）

天波雷达工作频率或波长随覆盖距离段和电离层传输条件而调整变化。在常规 24 小时的日夜更替过程中，随着电离层的变化，工作频率或波长的变化可能遍历雷达工作频率范围的低端和高端，跨度高达 5～6 个倍频程。该参数是天波雷达时变特性的最佳代表，也是雷达方程中其他多个项的因变量。

出于雷达系统设计目的，工作波长（频率）可以采用极大值和极小值来进行边界计算，如低端 3MHz（波长 100m）和高端 30MHz（波长 10m）；也可以取其中的典型值进行计算，如近区 10MHz（波长 30m）和远区 20MHz（波长 15m）等。

若要考虑电离层变化，则需要基于国际参考电离层（International Refenrece Ionosphere，IRI）或特定区域的电离层模型[209]，以时间和空间路径为输入量，才能较为准确地估计得到可用工作频段。

3.3.1.7　雷达散射截面

不同目标的雷达散射截面（RCS）可以通过三维建模和电磁仿真计算获得。它通常是工作频率（波长）、入射方位角、俯仰角和极化形式的函数。详细过程参见第 4 章。

出于雷达系统设计目的，可以采用粗略的 RCS 估计值（如均值）来进行计算。例如，大型飞机（如轰炸机、运输机和大型民航客机）的平均 RCS 范围为 20～30dBsm；小型飞机（如战斗机、大型直升机和大型无人机等）的平均 RCS 范围为 10～20dBsm；超小型飞行器（如巡航导弹、小型直升机和无人机等）的平均 RCS 范围为−20～10dBsm[46]。

3.3.1.8　传输因子

传输因子是一系列因电离层传输效应而产生影响的合集，其表达式为

$$F_{\mathrm{p}} = L_{\mathrm{F}} \cdot L_{\mathrm{MP}} \cdot L_{\mathrm{IF}} \tag{3.6}$$

式中：L_{F} 为由于地磁场法拉第旋转效应而产生的极化失配损耗；L_{MP} 为电离层传输过程中的多径效应影响，包含低角和高角射线、多模多径（甚至多跳）传输等；L_{IF} 为电离层聚焦和散焦效应带来的影响。

由于缺乏足够的监测手段和统计数值，传输因子中的各项损耗取值具有较大的不确定性。

线极化的雷达信号进入电离层后，在地磁场的作用下分裂为不同极化旋转的 O 波和 X 波，在电离层中经历不同的传输路径和调制，出电离层时再合成一个椭圆极化的电磁波。经过往返双程两次这样的过程，回到雷达接收阵列的椭圆极化电磁波被线极化接收天线所接收，产生的损耗被称为极化失配损耗。还有一种可能发生的情况是，O 波和 X 波由于传输路径时延差超出雷达距离分辨单元，而无法合成，呈现为两个距离上可分辨的独立回波。极化失配损耗与电离层电子浓度分布、射线路径与地磁场的夹角以及工作频率等因素有关，在计算中通常典型值取-3dB 以内。

各类多模多径效应导致信号能量的分裂和重组。高角和低角射线在接近最高可用频率 MUF 时传输路径的时延差较小，而在偏离 MUF 时时延差变大，可能超出距离分辨单元，成为两个独立可分辨的回波。当存在多模传输时，各模式传输时延通常相差较大，超出距离分辨单元而成为独立回波。多模多径效应使各传输路径的衰减差异较大，对于主模式而言，其能量损失不大，计算中通常典型取值在-1dB 以内。

当电离层存在明显的“凹面镜”效应时，即电子浓度存在一个垂直向分布上的凹槽，射线将产生“聚焦”现象，此时会获得一定的能量增强；而当电离层出现“凸面镜”效应时，即电子浓度存在一个垂直向分布上的凸起，射线将出现“散焦”现象，此时传输能量将遭到一定的损耗。电离层局部电子浓度的分布存在时变性和一定的不可预测性，因此计算中此项典型取值为-1～1dB。也有的计算模型认为聚焦效应产生的信号增强能够达到 3～6dB[46]。

需要注意的是，由于这里传输因子位于雷达方程的分子，其损耗取值应为负值；若放到分母，则取值为正值。

3.3.1.9　路径损耗

当仅考虑电离层单跳传输（不存在地面二次反射）时，雷达信号传输的路径损耗分为两类产生机理，分别称为偏移吸收和非偏移吸收。

非偏移吸收主要发生于 D 层，高度为 60～90km。D 层中入射高频信号能量没有被反射或明显的偏转，吸收部分来自自由电子与中性大气分子的碰撞。吸收

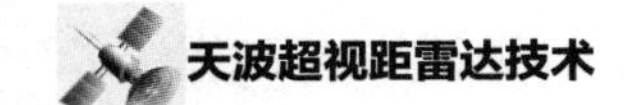

量取决于 D 层的电离水平，在中纬度通常在白天正午时分吸收最强，在夏季吸收最大通常发生在赤道附近。偏移吸收通常发生于无线电波在各层最大电离高度附近经历反射或传播方向重大改变时。在典型的中纬度 D 层条件（白天/单跳）下，双程路径损耗典型值为 3～6dB[46]。详细的量化计算方法可参见 2.3.4.2 节。

3.3.1.10 噪声功率

在天波雷达方程中噪声功率谱密度主要来自外部辐射源的贡献，而不是接收系统内部产生的热噪声，这与常规微波雷达不同。在人烟稀少的偏远地区，高频段的低端主要是大气噪声（闪电等产生）占优，而高端则是宇宙噪声占优。而当接收站接近人口较密地区（乡村）时，来自电气设备的工业干扰和其他用户的带外泄漏将使背景噪声电平提升 10dB 以上，而居民区和工业区将提升更高。这就要求天波雷达接收站选址必须远离城市和工业区。

噪声功率谱密度 N_0 的值具有显著的非平稳性，随季节、每日时段、接收位置、工作频率、波束指向方位角和俯仰角而变化。根据国际电信联盟报告中给出的不同类型区域工业干扰的功率谱密度模型，可以计算得到噪声随频率变化的曲线（参见 1.3.2.3 节第 1 部分）[91]。在实际计算中，站址电磁环境水平为宁静乡村级时一般取均值每赫兹-185dBW，乡村级取每赫兹-175dBW，居民区级取每赫兹-165dBW，工业区商业区级取每赫兹-155dBW。

3.3.1.11 射线距离

天波雷达方程式（3.1）中的距离 R 是指目标到雷达之间无线电波实际传输路径（又称为群路径）的长度，被称为射线距离或斜距（Slant Range）。雷达原始测量的时延（距离）、方位和多普勒值都基于射线距离的坐标系，即射线坐标系。经过天波雷达独有的坐标配准过程后，将射线坐标系内的参量变换至大圆坐标系（或地面坐标系），才能获得目标的地面距离。

地面距离总是小于射线距离。出于战术考虑，系统中的距离（威力）指标指的是地面距离，而雷达方程计算使用的是射线距离，二者之间需要进行折算。一般来说，折算系数为 1.05～1.3。

3.3.1.12 计算示例

通过上述分析，可以得到天波雷达对空雷达方程的参数取值表，如表 3.2 所示。

表 3.2　天波雷达对空雷达方程参数取值表

类别	参数名称		典型取值范围		备注
			初始量纲	dB 形式	
系统参数	发射功率		10kW～1MW	40～60	
	发射天线增益		—	15～25	
	接收天线增益		—	25～35	
	相干积累时间		1～10s	0～10	对空
	系统损耗	发射阵列损耗	—	0～1	
		地面损耗	—	0～1	
		高功率馈线损耗	—	0～1	
		距离加窗损耗	—	0～3	
		方位加窗损耗	—	0～3	
		多普勒加窗损耗	—	0～6	
时变参数	工作波长		10～100m	20～40	取平方项
	雷达散射截面		$0.01 \sim 10\text{m}^2$	(−20)～10	超小型
			$10 \sim 100\text{m}^2$	10～20	中小型
			$100 \sim 1000\text{m}^2$	20～30	大型
	传输因子	极化失配损耗	—	(−3)～0	
		多径影响	—	(−1)～0	
		聚散焦效应影响	—	(−3)～1	
	路径损耗		—	3～6	
	噪声功率		(−185)～(−155)dBW/Hz	(−185)～(−155)	
	射线距离		1000～4000km	240～264	取四次方
常量			$(4\pi)^3$	33	

下面给出一个典型的计算实例来展现各参数取值及最终获得的信噪比。该天波雷达的参数如下：平均发射功率 P_{av} 为 200kW（53dBW），发射天线增益为 20dB，接收天线增益为 30dB，相干积累时间取 5s（7dB），系统损耗取 7dB，工作频率取 15MHz（波长 20m，取平方为 26dB），目标 RCS（中大型飞机）取 20dBm^2，传输因子取−6dB，路径损耗取 6dB，噪声功率密度取−175dBW/Hz（乡村级），地面距离取 3000km，折算系数取 1.2，则对应的射线距离为 3600km（262dB）。

将参数代入式（3.1），可得

$$\begin{aligned}\text{SNR} &= (53+20+30+7+26+20-6)-(-175+7+6+33+262) \\ &= 150-133 = 17\text{dB}\end{aligned} \tag{3.7}$$

式（3.7）的计算结果表明：该型天波雷达在地面距离 3000km 处对中大型飞机具有 17dB 的信噪比估计，采用恒虚警检测技术能够在给定虚警率的条件下保证足够的发现概率。

从上述分析可以看出，由于天波雷达方程中各项参数的时变性和不确定性，利用式（3.1）计算得到的信噪比不能作为系统对空探测能力的精确估计。详细的信噪比性能分析要求建立复杂的时变模型，包括雷达系统、实际站址、传输信道、目标散射特性及噪声环境等[210-211]。但是，雷达方程中各参数的影响分析对系统设计是有指导意义的，即尽量增强可掌控的系统参数，采用更灵活和智能的技术手段去适应环境参数的变化，实时向用户反馈评估结果并提供决策选项，以确保雷达探测潜能得到充分的发挥。

3.3.2 对海雷达方程

天波雷达对海探测雷达方程如下式所示：

$$\frac{S}{C/N} \to \begin{cases} \dfrac{S}{N} = \dfrac{P_{\mathrm{av}} \cdot G_{\mathrm{t}} \cdot G_{\mathrm{r}} \cdot T \cdot \lambda^2 \cdot \sigma_{\mathrm{t}} \cdot F_{\mathrm{p}}}{N_0 \cdot L_{\mathrm{s}} \cdot L_{\mathrm{p}} \cdot (4\pi)^3 \cdot R^4}, & N > C \\ \dfrac{S}{C} = \dfrac{\sigma_{\mathrm{t}}}{\sigma_{\mathrm{c}}}, & N \leqslant C \end{cases} \tag{3.8}$$

式中：S 为目标回波能量；N 为噪声能量；C 为杂波能量；σ_{c} 为目标所在分辨单元（距离-方位-多普勒）的有效海杂波 RCS；其他参数与式（3.1）中的定义相同。

如式（3.8）所示，对海雷达方程有两个不同分支。当背景噪声基底强于海杂波时，信噪比成为决定探测效果的主要因素，方程形式与式（3.1）完全相同。而当背景噪声基底弱于海杂波时，信杂比成为决定性因素，方程形式与式（3.1）完全不同。

海杂波相对背景噪声的强度与多普勒偏移量有关。在偏离零多普勒（径向速度较高）的单元，噪声基底往往高于海杂波的旁瓣（在通过加窗抑制旁瓣之后），此时检测背景为噪声；而在接近零多普勒或者海杂波一阶布拉格峰频率的单元，噪声基底远低于杂波强度，此时检测背景为海杂波。

判定噪声与杂波背景的多普勒（径向速度）边界是动态变化的。一个粗略的门限是径向速度小于 15～20 节（kn）时，可认为处于海杂波背景下[46]。而实际上海杂波受到电离层各种传输效应的影响，会有不同程度的展宽，如多模传输、高低角射线前沿聚焦、电离层相位污染调制、多普勒漂移等。在这些展宽场景下，海杂波的多普勒边界将大幅扩展，甚至超出舰船目标的运动速度范围。图 3.2 给出了典型的规则和展宽状态的海杂波距离-多普勒谱图。左图为规则海杂波，右图为电离层传输效应导致的展宽海杂波，横轴为多普勒（径向速度），纵轴为距离，颜色表征杂波强度。

当目标径向速度位于海杂波背景下时，式（3.8）的雷达方程可重写为

$$\frac{S}{C} = \frac{\sigma_{\mathrm{t}}}{\sigma_{\mathrm{c}}} \tag{3.9}$$

图 3.2　规则和展宽海杂波距离-多普勒谱图

其中，有效海杂波散射截面σ_{c}由下式确定

$$\sigma_{\mathrm{c}} = \sigma_0(\omega_{\mathrm{d}}) \cdot \Delta R \cdot R\Delta\theta \cdot \Delta\omega_{\mathrm{d}} \tag{3.10}$$

式中：ΔR为距离分辨率（距离分辨单元的大小）；$\Delta\theta$为方位分辨率（方位分辨单元的大小）；R为目标所在分辨单元对应的射线距离；$\sigma_0(\omega_{\mathrm{d}})$为归一化的海表面散射系数，是多普勒频率$\omega_{\mathrm{d}}$的函数。

距离分辨率由下式给出：

$$\Delta R = \frac{c}{2B} \cdot W_R \tag{3.11}$$

式中：c为真空中的光速，取3×10^8 m/s；B为雷达发射信号的带宽；W_R为距离处理（脉冲压缩）窗函数导致的展宽系数。

方位分辨率由下式给出：

$$\Delta\theta = 0.886 \cdot \frac{\lambda}{D} \cdot W_\theta \cdot W_\varphi \tag{3.12}$$

式中：λ为工作波长；D为雷达接收天线口径；W_θ为方位处理（波束形成）窗函数导致的展宽系数；W_φ为目标方位偏离阵列法线方向导致的展宽系数。

多普勒分辨率由下式给出：

$$\Delta\omega_{\mathrm{d}} = \frac{1}{T} \cdot W_\omega \tag{3.13}$$

式中：T为相干积累时间；W_ω为多普勒处理（相干积累）窗函数导致的展宽系数。

对于高频段无线电波，海表面可视为一种轻度粗糙的表面。海表面散射回波可被分解为一阶、二阶和高阶分量之和，其中，高阶回波能量占比较少，可以忽略不计，只需要重点描述一阶和二阶分量。海洋的一阶归一化散射截面$\sigma_0^1(\omega_{\mathrm{d}})$如下式所示[78-80]：

$$\sigma_0^1(\omega_{\mathrm{d}}) = 2^6\pi \cdot k_0^4 \sum_{m=\pm1} S(-m[\boldsymbol{k}_{\mathrm{s}} - \boldsymbol{k}_{\mathrm{i}}])\delta(\omega_{\mathrm{d}} - m\omega_{\mathrm{B}}) \tag{3.14}$$

式中：$\boldsymbol{k}_{\mathrm{s}}$和$\boldsymbol{k}_{\mathrm{i}}$分别代表散射波和入射波矢量；$k_0 = |\boldsymbol{k}_{\mathrm{i}}| = 2\pi/\lambda$为波数；$\delta(\cdot)$为冲激函数；$m = \pm1$；$\omega_{\mathrm{B}} = \sqrt{g|\boldsymbol{k}_{\mathrm{s}} - \boldsymbol{k}_{\mathrm{i}}|}$为一阶布拉格峰的多普勒角频率；$S(k)$为单个空间分辨单元内的方向波高谱或功率谱密度。

二阶归一化散射截面$\sigma_0^2(\omega_{\mathrm{d}})$如下式所示：

$$\sigma_0^2(\omega_d) = 2^6 \pi \cdot k_0^4 \sum_{m_1, m_2 = \pm 1} \iint \left| \Gamma(m_1 \boldsymbol{k}_1, m_2 \boldsymbol{k}_2) \right|^2 S(m_1 \boldsymbol{k}_1) S(m_2 \boldsymbol{k}_2) \times \delta(\omega_d - m_1 \sqrt{g \boldsymbol{k}_1} - m_2 \sqrt{g \boldsymbol{k}_2}) \mathrm{d}\boldsymbol{k}_1 \mathrm{d}\boldsymbol{k}_2 \tag{3.15}$$

式中：$\Gamma(m_1 \boldsymbol{k}_1, m_2 \boldsymbol{k}_2)$ 为二阶散射波耦合系数。

将各参数代入，式（3.9）可重写为

$$\frac{S}{C} = \frac{\sigma_t}{\sigma_0^1(\omega_d) + \sigma_0^2(\omega_d)} \times \frac{2B}{c} \times \frac{D}{0.886\lambda \cdot R} \times \frac{T}{W_R \cdot W_\theta \cdot W_\omega \cdot W_\varphi} \tag{3.16}$$

从式（3.16）中可看出，与杂波背景下目标检测性能相关的参量包括信号带宽、接收天线阵列口径、工作波长（频率）、相干积累时间（多普勒分辨率）、系统（加窗处理）损耗、雷达散射截面、目标相对雷达站的射线距离和方位角，以及与海况有关的海表面归一化散射截面等。

下面将从雷达方程的每个参数入手，具体分析各参数的定义、影响因素、典型取值及波动范围等。

3.3.2.1 信号带宽

高信号带宽可提升距离分辨率，从而缩小距离单元尺寸，降低海杂波强度。天波雷达对海探测通常采用比对空探测宽得多的信号带宽，一般取值为 50kHz 甚至更高。

采用更高的带宽主要面临电离层传输过程中的色散效应影响，宽带信号内部不同分量的频率传输时延和相位受到电离层的不同调制，导致距离维处理后不能获得预想的增益。

此外，当目标尺寸大于距离分辨单元或者二者相当时，回波会跨多个距离单元，此时继续提升距离分辨率将不会对信杂比产生积极影响。

3.3.2.2 接收天线阵列口径

为获得较为理想的接收窄波束及对应的方位分辨率，执行对海探测任务的天波雷达通常具有千米量级的接收天线阵列口径，更大的甚至长达 3km。这样可以在整个高频频段获得小于 2° 的波束宽度。

接收天线单元基础通常需要厘米量级的施工精度，以确保各通道之间的幅相一致性[212]。超过 3km 的超长阵列口径会带来工程上的巨大难度，同时地球曲率产生的影响也需要消除，费效比方面不具备吸引力。

3.3.2.3 工作波长（频率）

工作波长（频率）与 3.3.1.6 节对空雷达方程的定义和取值均相同。

3.3.2.4　相干积累时间

相干积累时间与 3.3.1.4 节对空雷达方程的定义相同。在对海探测中，CIT 取值比对空探测要长得多，一般在 10～60s，甚至可能超过 100s，因而可获得 0.01～0.1Hz 的多普勒分辨率。

与减小距离和方位分辨单元尺寸的原理相同，在海表面散射系数沿多普勒维均匀分布的假设下，更小的多普勒分辨单元意味着更弱的杂波强度，从而获得信杂比改善。但是，当目标回波在多普勒维上展宽（可能由目标机动或各种电离层传输效应导致），明显跨多个多普勒单元时，进一步增大 CIT 将难以获得收益。

当目标与海杂波一阶布拉格峰多普勒重合，回波被其湮没时，由于一阶布拉格峰的强相干性，一阶布拉格峰积累效果与目标相当，因此增加 CIT 并不能获得信杂比改善。而海杂波二阶谱和高阶谱由于其多次散射特性，相干性远弱于一阶布拉格峰，增加 CIT 还能够获得一定的信杂比收益。因此，增加相干积累时间主要针对二阶谱和高阶谱所在多普勒区域的目标。

3.3.2.5　系统损耗

从式（3.15）中可知，系统损耗主要来自距离处理（脉冲压缩）、方位处理（波束形成）和多普勒处理（相干积累）过程中加窗导致的展宽，各类窗函数的展宽系数参见表 3.1。

3.3.2.6　雷达散射截面

出于雷达系统设计目的，可以采用粗略的 RCS 估计值（如均值）来进行计算。例如，大型远洋船舶（如航空母舰、集装箱货船等）的平均 RCS 范围可达到 40dBsm，甚至更高；中型舰船（如巡洋舰、驱逐舰、大型护卫舰等）的平均 RCS 范围为 30～40dBsm[46]。

3.3.2.7　射线距离和方位角

射线距离定义及取值与 3.3.1.11 节中的描述相同。方位角同样定义为射线坐标系下目标散射回波路径到达雷达接收阵列的视向角。当目标方位偏离阵列法线方向（扫描角较大）时，方位扫描展宽系数由下式给出[3]：

$$W_{\varphi}=\frac{1+\cos\varphi}{2} \tag{3.17}$$

式中：φ 为方位扫描的视向角。需要注意的是，对于线性接收阵列，这一方位视向角（来波方向）是真实方位和射线俯仰角联合作用的函数，存在“锥角”或波束倾斜效应[213-214]。

3.3.2.8 海况

根据高频雷达海洋学原理，海面的风速、风向和浪高等参数能够通过高频雷达测量得到的多普勒谱进行反演，使得天波（地波）雷达可应用于远海大范围的海态遥感。

在某一工作频率上，海面风速增大将使得一阶布拉格峰回波强度达到饱和，不再随风速进一步增强。然而，海杂波二阶连续谱里包括波长大于谐振波的海浪分量，会被强风激发出额外的功率谱密度。从对海目标探测的角度，虽然二阶谱能量通常弱于一阶海杂波 20～30dB，但它会限制低速水面目标回波所处多普勒频率范围内的检测性能[215]。二阶谱能量随着工作频率和海况等级而增强，高海况下比平静海面可高出 10～20dB[46]。

海面结构通常由几个独立的运动过程构成，分别产生风浪、涌浪、涟漪或其他细微结构（如浪花和泡沫）。只有足够长的时间（通常为 4～36h）内在足够大（通常为 80～1600km）的风浪区才能激起充分发展的海面，浪高和海表面状态才能联系起来。

海况是利用海浪高度或者风速确定的海洋状态或浪的汹涌程度。海况等级表征海表面活动性的强弱。表 3.3 给出了由显著平均浪高所定义的海况等级表。

表 3.3 海况等级表

等级	名称		浪高范围/m
0 级	无浪	CALM-GLASSY	0
1 级	微浪	CALM-RIPPLED	0～0.1
2 级	小浪	SMOOTH-WAVELET	0.1～0.5
3 级	轻浪	SLIGHT	0.5～1.25
4 级	中浪	MODERATE	1.25～2.5
5 级	大浪	ROUGH	2.5～4
6 级	巨浪	VERY ROUGH	4～6
7 级	狂浪	HIGH	6～9
8 级	狂涛	VERY HIGH	9～14
9 级	怒涛	PHONOMENAL	＞14

图 3.3 分别给出 1 级和 5 级海况条件下的海杂波谱图[127]，横轴为径向速度，单位为节，纵轴为归一化的 RCS，单位为 dBsm。图 3.3（a）在 1 级海况下可以看到清晰的一阶布拉格峰和较低的二阶谱；图 3.3（b）在 5 级海况下可以看到一阶布拉格峰由于饱和，强度未见增加，而二阶连续谱明显抬高。图 3.3（b）中两条虚线分别对应大型舰船（47dBsm）和中型舰船（30dBsm），显然在高海况场景下中型舰船的目标探测能力将受到极大影响。

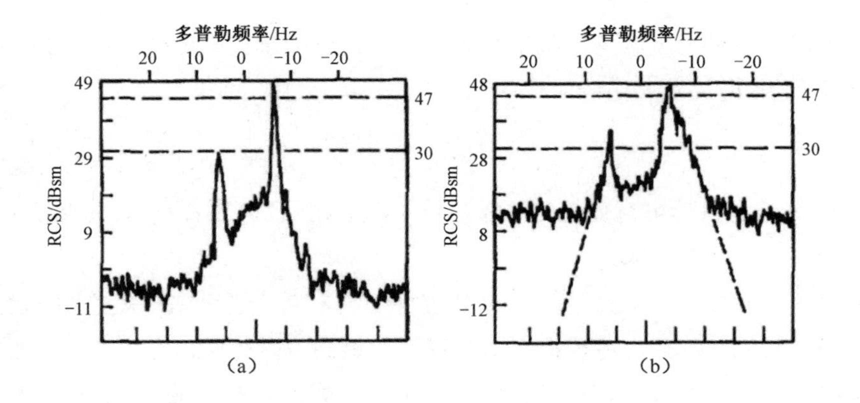

图 3.3　不同海况条件下的海杂波谱图[127]

3.3.2.9　计算示例

根据式（3.16），下面给出一个典型的计算示例来展现各参数取值及最终获得的信杂比。该天波雷达的参数如下：信号带宽 B 为 50kHz（47dB），接收天线阵列口径为 3km（34.8dB），工作频率取 15MHz（波长 20m，13dB），相干积累时间取 50s（17dB），系统损耗取 7dB，目标 RCS（大型舰船）取 40dBsm，方位角取 0°（法线方向），地面距离取 3000km，折算系数取 1.2，则对应的射线距离为 3600km（262dB），一阶海杂波归一化散射系数 σ_0^1 取−20dB。海况取两挡，海况 5 级时对应的二阶海杂波归一化散射系数 σ_0^2 取−40dB，海况 1 级时对应系数 σ_0^2 取−60dB。

将参数代入式（3.16），当目标位于一阶布拉格频率附近时，有

$$\begin{aligned}\text{SCR}&=(40+50+34.8+17)-(-20+84.6+17.7+65.6+7)\\&=141.8-154.9=-13.1\text{dB}\end{aligned}\tag{3.18}$$

当目标位于二阶海杂波多普勒区间时，海况 5 级情况下，有

$$\begin{aligned}\text{SCR}&=(40+50+34.8+17)-(-40+84.6+17.7+65.6+7)\\&=141.8-134.9=6.9\text{dB}\end{aligned}\tag{3.19}$$

海况 1 级情况下，有

$$\begin{aligned}\text{SCR}&=(40+50+34.8+17)-(-60+84.6+17.7+65.6+7)\\&=141.8-114.9=26.9\text{dB}\end{aligned}\tag{3.20}$$

式（3.18）～式（3.20）的计算结果表明：对于该型天波雷达，当目标多普勒落入一阶布拉格峰中时无法有效发现；当目标多普勒落入二阶海杂波区域时，海态较低时能够在 3000km 的距离内检测到，海态较高时也难以保证发现。

从雷达方程计算过程可知，天波雷达对海探测效能与目标的多普勒频率密切相关。不同大小类型的目标在多普勒域上被海杂波遮蔽的区间不同。当落入一阶布拉格峰区间时，最大类型的舰船目标都无法检测，而当落入二阶谱区间时，大目标比中小目标、高径向速度目标比低速目标有更好的探测效果。

这里用多普勒可见度这一参量来表征天波雷达受杂波影响的探测能力。多普勒可见度 D_V 的定义见下式：

$$D_V = \frac{\omega_V}{\omega_T} \times 100\% \tag{3.21}$$

式中：ω_V 为某类目标可有效检测（可见）的多普勒区间范围；ω_T 为某类目标可观测多普勒的完整区间范围。

图 3.4 直观展示了舰船目标多普勒可见度的定义。这里完整多普勒（径向速度）区间通常为±36 节，覆盖绝大多数舰船的最高速度范围。左图中阴影面积区域为不同目标在海杂波一阶布拉格峰和二阶峰遮蔽下的不可见区。可以看出航空母舰由于其巨大的尺寸和散射截面，具有最小的不可见区，也即具有最高的多普勒可见度；而小型巡逻艇的多普勒可见度显然最低。阴影面积对应多普勒区域与完整区间的比值即各型目标的多普勒可见度数值。

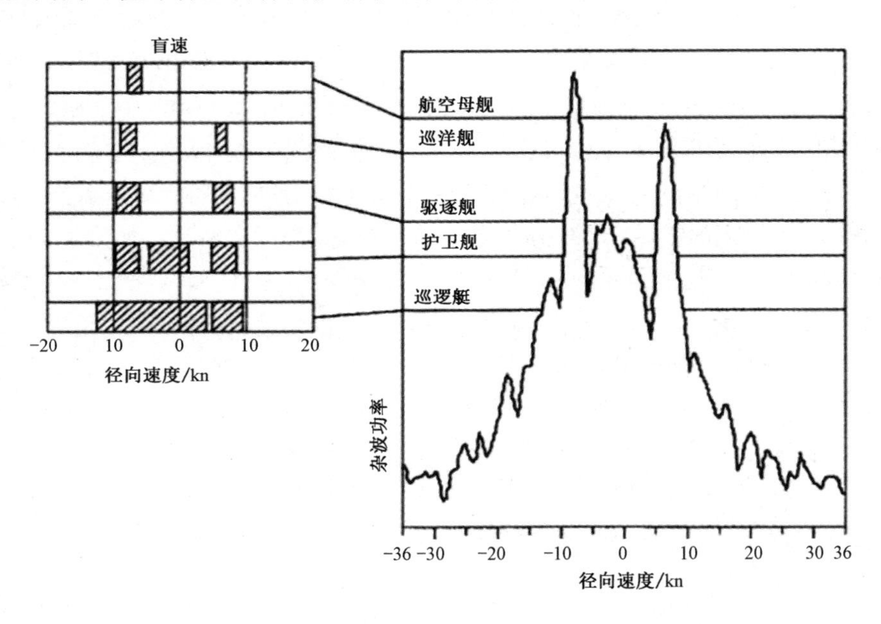

图 3.4　海杂波背景下不同类型舰船目标多普勒可见度示意图[3]

显然，空气动力目标的不可见区主要为地海杂波所占据的零多普勒附近区域，相比其较宽的完整多普勒速度范围（通常为数百米/秒），多普勒可见度通常大于舰船目标。

从图 3.4 中可以看到，多普勒可见度除与目标类型有关之外，还与海杂波的谱特性密切相关。因此，多普勒可见度也具有极高的环境依赖性和时变性。不同时段，不同电离层传输条件下的多普勒可见度差异极大。

3.3.3　对弹雷达方程

天波雷达对弹道导弹主动段的探测雷达方程如下式所示：

$$\frac{S}{N}=\begin{cases}\dfrac{P_{\mathrm{av}}\cdot G_{\mathrm{t}}\cdot G_{\mathrm{r}}\cdot T\cdot\lambda^{2}\cdot\sigma_{\mathrm{t}}\cdot F_{\mathrm{p}}}{N_{0}\cdot L_{\mathrm{s}}\cdot L_{\mathrm{p}}\cdot(4\pi)^{3}\cdot R^{4}}, & H\leqslant H_{\mathrm{p}}\\ \dfrac{P_{\mathrm{av}}\cdot G_{\mathrm{t}}\cdot G_{\mathrm{r}}\cdot\lambda^{2}\cdot\sigma_{\mathrm{p}}\cdot F_{\mathrm{p}}}{N_{0}\cdot L_{\mathrm{s}}\cdot L_{\mathrm{p}}\cdot(4\pi)^{3}\cdot R^{4}}, & H>H_{\mathrm{p}}\end{cases}\tag{3.22}$$

式中：H 为弹道导弹飞行高度；H_{p} 为尾焰等离子体的增强高度；σ_{t} 为弹体的散射截面；σ_{p} 为尾焰等离子体的散射截面；其他各项参数定义与式（3.1）对空雷达方程均相同。

当弹道导弹飞行高度低于尾焰等离子体的增强高度（通常为 60～100km）时，等离子体影响较小，弹体散射回波在 RCS 中为主要贡献量，雷达方程与典型的空气动力目标相同，如式（3.22）第 1 式所示。当弹道导弹飞行高度高于尾焰等离子体的增强高度时，尾焰等离子体在 RCS 中占据统治地位，雷达方程如式（3.22）第 2 式所示。第 2 式和第 1 式的主要差异为缺少了相干积累时间 T 一项，这是因为尾焰等离子体回波相干性差，增加相干积累时间并不能带来明显得益。

图 3.5 给出了弹道导弹飞行高度超过增强高度后，尾焰等离子体的示意图。等离子体的扩展范围可达数百千米，弹体通常位于等离子体的中心。弹道导弹主动段尾焰等离子体回波特性和仿真结果详见第 4 章。

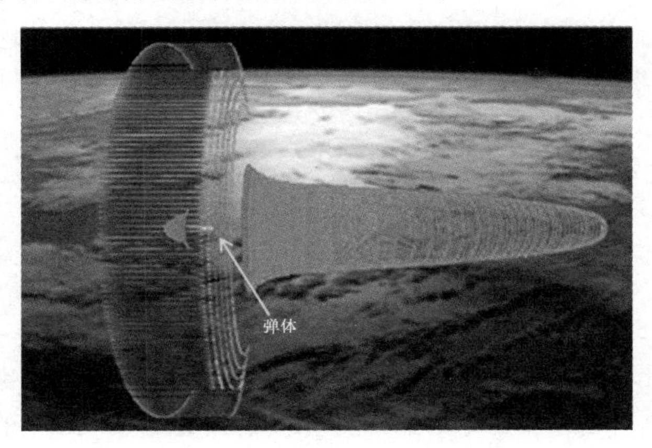

图 3.5　弹道导弹尾焰等离子体示意图

3.4　目标定位原理

电离层反射斜向双程传播使得天波雷达测量参数位于射线坐标系（斜距坐标系）下，而将其变换定位至地球表面的大圆坐标系，需要依赖与传输路径相关的精确信息。这一过程是天波雷达与常规视距雷达所不同的，也是定位误差的主要来源。

3.4.1 传播路径模型

天波雷达信号的射线经历电离层的斜向双程传输，宏观上是一个“反射”过程，但在微观上它是一个随高度（电子浓度）变化连续“折射”的过程。电波传播的原理和过程详见第 2 章。

图 3.6 描述了天波雷达斜向传输信号在一个理想的均匀电离层反射时的示意图。图中双程信号展开成为两段，起点（T 点）的发射站和终点（R 点）的接收站尽管位置不同（相距数十至上百千米），但对于两段上千千米的传输路径而言，可认为是近似对称的（具有互易性），即经历的电离层影响相同。

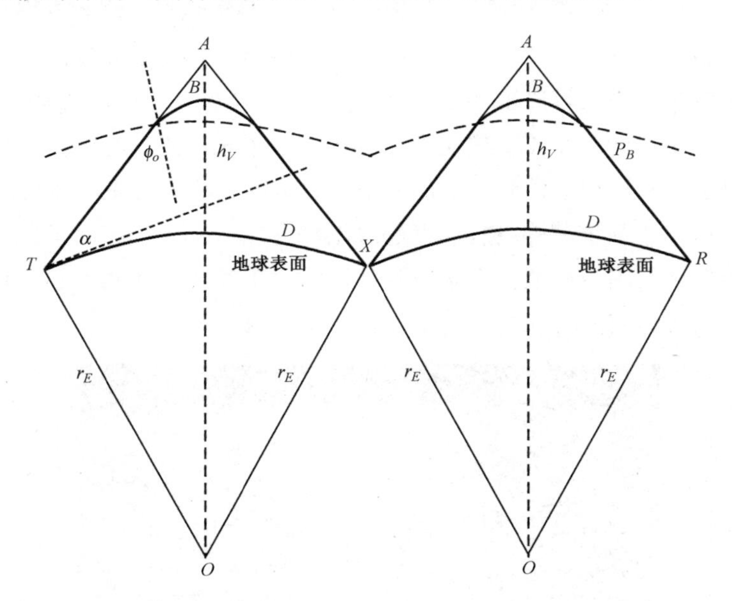

图 3.6　双程天波斜向传输信号反射示意图

如图 3.6 所示，从 T 点发射频率为 f_0 的一条射线，直线到达电离层底部时的入射角为 ϕ_o。当射线进入电离层后，电子浓度最大值高度 h_{m} 以下的电子浓度随高度单调递增。根据 Snell 定律，射线在不同介质的表面会产生折射。而折射指数随高度的变化，导致射线不断向传播方向倾斜，信号历经一个弯曲的路径在电离层中传播，直到到达 B 点并发生反射。然后，射线继续沿着向下弯曲的路径传播，直到穿出电离层并直线传播到达地面上 X 点（目标所在位置）。经目标后向散射之后，射线能量再以相同的传输路径返回接收站所在 R 点。

图 3.6 中弯曲的路径 TBX 和 XBR 为射线的真实传输路径，可以看到它是由不断的折射过程实现的。图中也给出了一个镜面反射的三角关系路径 TAX，这并非信号真实传输的路径，而是为了展现反射效果给出的虚拟路径。其反射点 A 的高度被称为“虚高”（Virtual Height）。

根据 Snell 定律，无论射线以任意的入射角 ϕ_o 入射，其反射点高度都与 B 点相同；同时也说明，对于给定电离层电子浓度分布，电离层能够支持斜向传输的频率更高，并满足以下公式：

$$f_0 = f_V \cdot \sec\phi_o \tag{3.23}$$

式中：f_V 为垂直等效频率，即垂直入射所反射的频率。

根据 Breit-Tuve 定理，图 3.6 中弯曲路径 TBX 和 XBR 的群时延与直线路径 TAX 和 XAR 的相同。也就是说，通过虚高 A 点的三角几何关系，可以在一些精度要求不高的场景下用来替代真实路径模型。

根据图 3.6 中的模型，电离层反射虚高 h_V 可由下式给出：

$$h_V = \frac{P_B}{2\sec\phi_o} - r_E \cdot \left[1 - \cos\left(\frac{D}{2r_E}\right)\right] \tag{3.24}$$

式中：r_E 为地球半径；D 为 TX 两点之间的大圆距离（弧长）；P_B 为沿 B 点传输的射线距离。

显然，当雷达测量得到射线距离 P_B 和获知电离层反射虚高 h_V 后，就可以计算得到目标的大圆距离 D。计算方法可从式（3.24）中推导得到

$$D = 2r_E \cdot \arccos\left[1 - \frac{1}{r_E} \cdot \left(\frac{P_B}{2\sec\phi_o} - h_V\right)\right] \tag{3.25}$$

式（3.25）是天波雷达坐标配准过程的一个简化版本，这一过程实现从路径（Path）至大圆距离（Distance）的变换，因此有时也被称作 P-D 变换。

式（3.25）坐标配准公式的成立需要假定电离层入射点和出射点之间为平面，这一假设在实际电离层中是难以实现的。此外，电离层电子浓度在垂直和方位两个维度上的非均匀性及地磁场的影响，使得实际射线路径具有更为复杂的形式。为满足天波雷达的定位精度需求，坐标配准需要引入更为精细的模型和方法。

3.4.2　射线追踪

从 3.4.1 节分析可知，天波雷达坐标配准可表述为这样一个问题求解：已知目标射线距离 P_B，在电离层反射虚高 h_V、入射角 ϕ_o 或俯仰角 α 等信息的支撑下，解算出目标的大圆距离 D。而这其中的困难主要在于电离层反射虚高、入射角和俯仰角信息都不能直接测量得到。

首先，天波雷达的收发天线在俯仰维都是宽波束，也就是意味着很宽仰角范围的射线都能同时发射或接收。尽管二维阵列构型（如 Y 形[174]、矩形[179]或圆形[183]）的天波雷达具有一定的俯仰维扫描能力，但俯仰角的精确获知仍然是极其困难的。

由前述的传输原理可知，在图 3.6 所示的模型中，发射站 T 发射某一工作频率 f_0 的射线束（俯仰角不同），以不同的入射角进入电离层，再传输到达目标位置 X，可能有一条或多条传输路径，或者也可能没有射线能到达 X 点。这主要取决于射线斜向传输所经过电离层的电子浓度高度剖面。也就是说，在给定电离层电子浓度高度剖面和信号频率 f_0 的情况下，电离层反射虚高 h_V 、入射角 ϕ_o 、俯仰角 α 和射线距离 P_B 具有确定的相互关系。

此问题通常借鉴光学中的射线追踪（Ray Tracing，RT）方法来求解。近年来，复杂数值射线追踪（Numerical Ray Tracing，NRT）方法克服了传统解析射线追踪对电离层模型的依赖性，得到了广泛应用，能够适应任意电离层电子浓度分布结构和地磁场的影响，尽管需要付出高计算复杂度和运算量的代价[216-219]。

图 3.7 给出了典型的射线追踪结果图，给定了用临界等离子体频率表征的电离层电子浓度高度分布。图 3.7（a）是工作频率为 20MHz 时，不同俯仰角的射线以不同入射角进入电离层，根据电子浓度的梯度进行连续折射，在各自反射高度弯折并返回地面，到达不同的地面距离上。低仰角射线通常覆盖更远，因此天波雷达的探测威力（最远距离覆盖），通常受收发天线的低仰角增益影响。在单跳模式传输情况下，受电离层高度制约，即使射线以接近零度的极低俯仰角发射，也存在一个传输极限距离，一般不超过 4000km。而极低俯仰角的射线经受的地面损耗通常较大，性能并不可靠。部分高俯仰角的射线将穿透电离层，逃逸至外层空间。

图 3.7（b）是工作频率为 30MHz 时的射线追踪结果。可以看到，在正常电离层条件下，频率越高，覆盖距离越远。

需要说明的是，图 3.7 给出的仅是距离和高度二维的射线追踪结果，而实际应用中，通常需要进行距离-方位-高度三维的射线追踪，模型或电子浓度剖面应充分考虑电离层在方位维的分布结构[220]。

图 3.8 给出了一个三维射线追踪结果的示意图。从图中可以看出，无地磁场影响和在地磁场影响下分裂成 O 波和 X 波的射线以及它们在方位上的偏转。

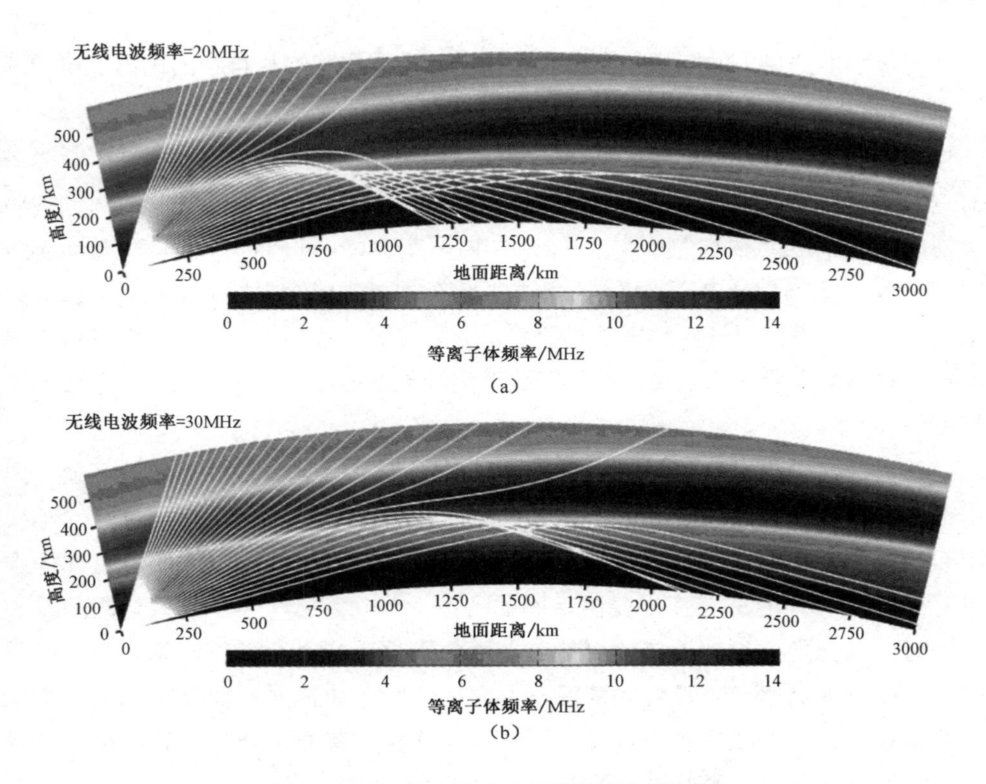

图 3.7 不同频率的典型射线追踪结果图[46]

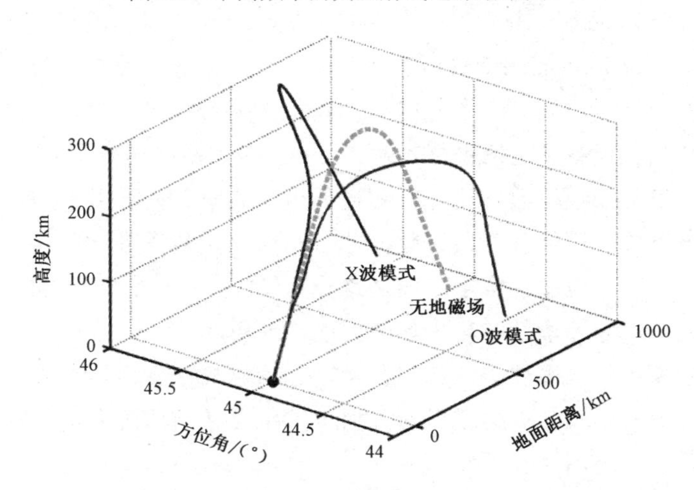

图 3.8 典型的三维射线追踪结果图[46]

3.4.3 坐标配准

3.4.3.1 实时电离层模型

在引入三维数值射线追踪技术解决传输路径求解问题之后，获得理想定位精度（坐标配准结果）的瓶颈就在于获得与实际电离层状态相符合的电离层电子浓度三维分布。这实际上是坐标配准最为关键和困难的一个环节。

自 20 世纪 50 年代以来，遍布全球的电离层监测站所组成的网络获取了大量监测数据。通过对数十年记录数据的统计分析，人们建立了基于历史数据的经验模型，即“电离层气候学”模型。国际参考电离层（International Reference Ionosphere，IRI）就是一个典型的电离层气候学模型。该模型可生成给定地理位置和时间点的电离层剖面。电离层气候学模型对天波雷达系统的选址、规划、设计、性能评估及预测具有重要价值和意义，也是在缺乏实测数据情况下坐标配准所依赖的基本模型。

然而，由于电离层的时变性和非平稳性，基于历史数据得到的统计值（如中值）无法准确反映电离层局部和实时的“天气”变化。这种电离层气候学模型和天气状况之间的差异在气象学上也有体现。某地统计的年平均气温或降水量并不能对明天的天气预报提供足够的支撑。当电离层气候学模型与实际状态失配时，坐标配准得到的定位误差可能高达上百千米甚至数百千米。更为严重的是，在缺乏足够观测设备的情况下，雷达使用者通常并不能直接确定电离层气候学模型是否与实际情况匹配。而在气象学中，普通民众抬头看到晴空烈日就能判断发布的大雨预报并不准确。

在现代天波雷达中，更为广泛应用的是基于电离层监测数据重构的实时电离层模型（Real-Time Ionospheric Model，RTIM）。RTIM 是一种典型的“天气”模型，或者更准确地说，是一套基于监测数据同化得到的数据集。针对性地布设一系列电离层监测站点和设备（包括垂直入射、倾斜入射、斜向返回探测、高频信标机、应答器或卫星信号接收机等），可以一定周期近乎实时（通常为数分钟至数十分钟）地采集指定电离层区域的各类监测数据[101]。基于采集数据进行反演、重构和同化，进而得到所关注区域电离层电子浓度三维分布图。该分布图用于 3.4.2 节所述的三维数值射线追踪，并随最新时刻采集数据而快速更新。

对于有较高定位精度要求的天波雷达，配备这样一套专用的电离层监测网络通常是必不可少的。图 3.9 给出了澳大利亚 JORN 雷达网配备的电离层监测网络站点示意图[155]。从图中可看到，沿澳大利亚北部海岸线（距雷达主站数百千米至上千千米）布设了一系列探测仪。

显然，RTIM 的精确性受包括站点布设位置、类型、密度、监测和数据更新速率、数据质量、反演和重构效率等因素影响。以垂直入射探测仪为例，它布设在传输路径的中点（反射点）下方获得的效果最佳，而这一条件往往难以满足。在监测站点无法达到的区域，则只能依赖初始的基本模型（如 IRI 等）进行保障。这也是天波雷达定位精度随时空变化的原因之一。

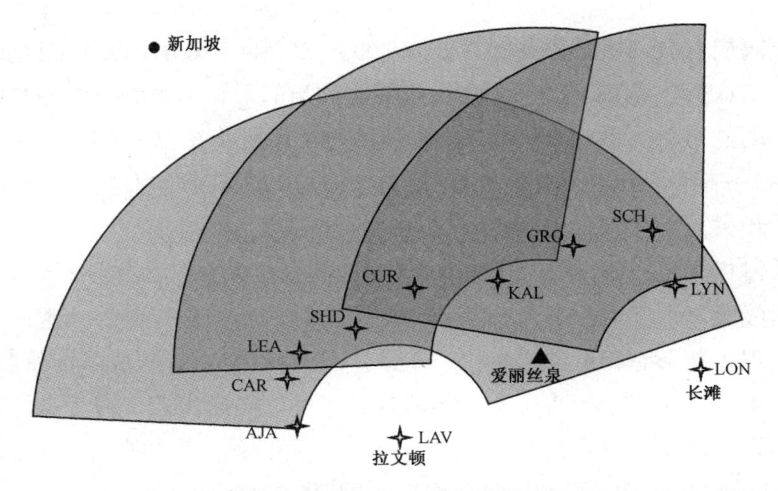

图 3.9　澳大利亚 JORN 雷达网配备的电离层监测网络站点布置示意图[155]

电离层随机扰动、倾斜、TID、互异性及地磁场效应均会对坐标配准带来不利影响[221]。近年来，除传统的垂测、斜测、斜返、信标和应答等高频观测手段之外，基于卫星信号的电离层监测和重构方法得到了广泛研究。遍布的导航卫星信号从不同角度穿透电离层，可获得传统手段无法到达区域的监测数据[44-45]。

电离层各类监测设备、参数反演及重构过程的相关技术被称为电波环境诊断技术，在第 9 章将有详细描述。

3.4.3.2　坐标配准表

基于前述章节的分析，坐标配准的整体流程如图 3.10 所示。

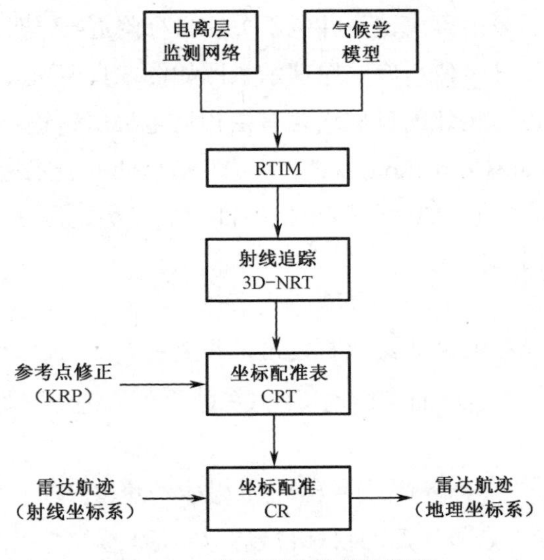

图 3.10　坐标配准的整体流程

在电离层监测网络采集到的数据与气候学模型同化之后，获得 RTIM。三维射线追踪在 RTIM 的基础上进行，遍历不同俯仰角的射线，得到射线路径距离与大圆距离之间的对应关系。这一对应关系被称为坐标配准表（Coordinate Registration Table，CRT）。显然，CRT 与目标位置（距离和方位）、工作频率及电离层状态（RTIM 及数据）相关。

当传输模式单一时，CR 过程是一一对应的变换关系。而当存在多模传输，也即一个射线距离可能对应多个不同的地面距离时，如不进行融合处理，地理坐标系上将出现多条形态相似的“孪生”航迹，引起操作员的误判。针对这一问题，需要在 CR 过程中引入一个附加的传输模式识别与匹配步骤，或者是进行一体化的融合处理，这使得整个过程变得十分复杂。近年来，国内外相关学者对此问题进行了充分研究[222-224]，取得的进展将在 8.6.1 节中详细介绍。

图 3.10 中还给出了另一种完全不同的机理来进行坐标配准的方法，即参考点修正法，将在 3.4.3.3 节详述。

3.4.3.3 参考点修正

受电离层状态影响的坐标配准表尽管随时间呈现明显变化趋势，但也具有较好的短时稳定性，即在一定时间内（通常为十几至数十分钟）其变换差值可看作一个固定偏差项。这就为利用已知参考点进行修正提供了可能。

参考点修正方法指利用地球表面位置已知的信息源、散射源、地貌特征或人造物体特征，从雷达回波中辨识其特征进而作为参考点（Known Reference Point，KRP），对附近的关注目标进行修正定位。该方法的实施前提包括参考点位置已知，其回波必须在雷达回波中可辨识，并位于关注目标附近[225-226]。

参考点修正法提升定位精度的原理示意图如图 3.11 所示。图 3.11（a）显示未修正状态下，参考点与相邻的目标均含有由相近电离层传输路径引起的坐标配准差（Ground Coordinate Correction，GCC）。图 3.11（b）表示通过位置已知的参考点可以获得 GCC 修正值，然后作用在相邻目标上，从而提升定位精度。

GCC 修正量如下式所示：

$$D_{\text{GCC}} = \left|D(x,y) - D(x_0,y_0)\right| \tag{3.26}$$

式中：$D(x,y)$ 为参考点目标未经坐标配准的位置；$D(x_0,y_0)$ 为参考点目标已知的真实位置。位于参考点附近的目标均可用 GCC 修正量进行坐标配准（位置修正），如下式所示：

$$D(x',y') = P(x,y) - D_{\text{GCC}} \cdot W(d,\Delta t) \tag{3.27}$$

式中：$D(x',y')$ 为参考点修正后的目标位置；$P(x,y)$ 为参考点修正前的目标位置；$W(d,\Delta t)$ 为 GCC 修正因子；d 为参考点距目标的直线距离；Δt 为标定 GCC 修正量时刻与目标修正时刻的间隔。

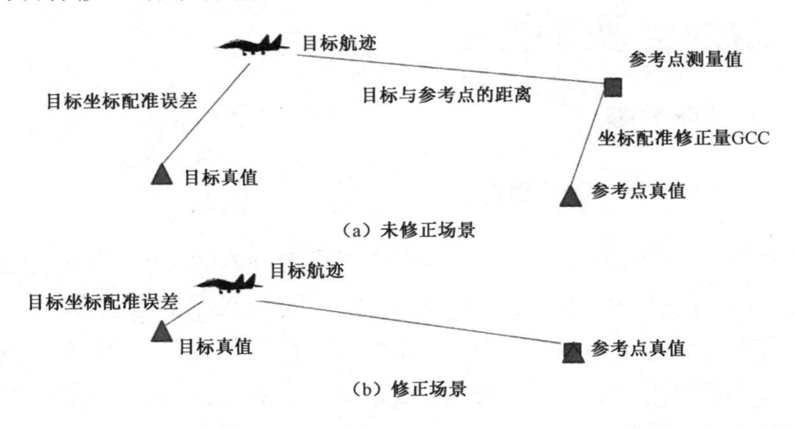

图 3.11　参考点修正法提升定位精度原理示意图

从式（3.27）中可知，KRP 修正仅对参考点附近的目标有效，距离参考点越近修正精度越高，越及时修正精度越高。这本质上是由传输路径反射点附近电离层的均匀性决定的。

天波雷达常用的 KRP 可分为三类。一是外部（相对天波雷达的）高精度情报源，如常规微波雷达航迹[227-228]、广播式自动相关监视系统（Automatic Dependent Surveillance-Broadcast，ADS-B）航迹、船舶自动识别系统（Automatic Identification System，AIS）航迹[229]等；二是主动布设的有源参考点，包括应答器、信标[230]、位置已知的广播台站[231]和电离层监测站等；三是特征可分辨的无源参考点，包括地海分界线[82, 232-233]、岛屿、钻井平台、风力发电场、城市[81, 234]等。图 3.12 给出了典型的地海杂波分界频谱图。从图中可看出地杂波（零多普勒）和海杂波一阶布拉格峰的明显特征。

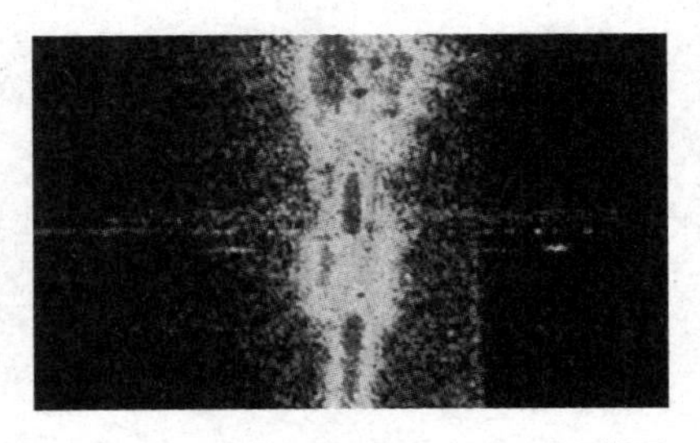

图 3.12　典型的地海杂波分界频谱图

参考点修正定位方法可用源类型较多，但不同类型参考点具有各自特点，如外部情报源通常具有精度高、速率高、实时性好等特点；人工布设的有源参考点具有识别特征明显、定点精度高、修正窗口可控等优势；而无源参考点具有不受气候和电离层影响、随时可用的优点。理论上，当 KRP 以一定密度布满整个覆盖区后，可以独立形成一张 CR 表，完全取代 RTIM 结合三维射线追踪的方法。但在实际运用中，受部署条件的限制，往往需要两种方法相结合[46]。

3.5 系统典型指标及定义

3.5.1 距离范围

3.5.1.1 近距盲区（最小距离）

射线所能到达的地面距离主要与信号频率和射线入射至电离层的角度有关。图 3.13 给出了射线频率、到达距离和入射角之间相互关系的示意图。图 3.13（a）展示了给定频率信号以不同俯仰角发射的三条射线。以较高仰角发射的射线反射到较近的地面距离上，其反射点较高，该处具有相对较高的电子浓度。入射角大于某个临界角度（与频率有关）的信号射线将无法返回地面，而是沿偏转路径穿透电离层，这类射线被称为逃逸射线。

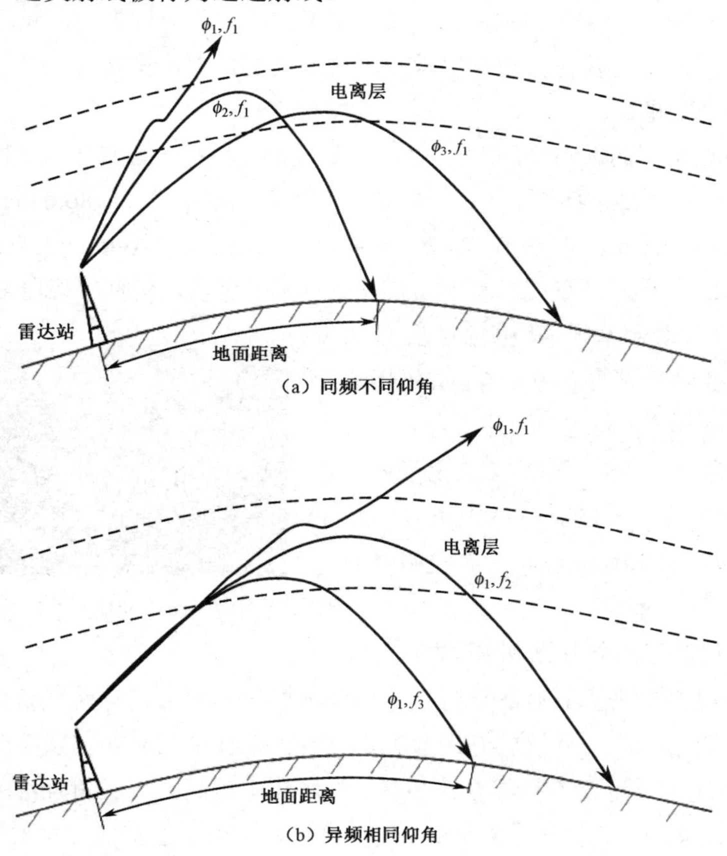

图 3.13　射线频率、到达距离和入射角相互关系示意图

对于给定的信号频率，从发射机发射的不同仰角射线所到达的地面距离存在

一个最小值，这个最小值被称为跳距（Skip-distance）。该频率发射的信号能量将无法通过有效的电离层反射过程覆盖跳距以内的距离段。在相同的电离层条件下，通常可通过降低信号频率来减小跳距，直至到达天波雷达工作频率范围的下界 f_{BL}。当采用频率 f_{BL}，从发射机沿各方向至跳距的轨迹所围成的地面区域就是该部天波雷达的近距盲区（Skip Zone）。在近距盲区内，通过天波传输的信号功率密度过低而不能进行有效探测。但是，近距盲区内的部分区域可能被地波传输模式所覆盖，尽管距离有限。

采用更低的 f_{BL} 可以减小跳距，但会付出相当的代价。例如，更低的频率意味着更长的波长，要求更大的天线尺寸和阵地规模；在频率低端具有更高的背景噪声，使得探测性能下降等。

对应近距盲区的各条射线被称为跳距射线。返回地球表面的信号功率密度通常在接近跳距的距离（跳距射线）最大，这被称为前沿聚焦效应。选择适当的频率使得射线在接近跳距的距离上覆盖，对于改善目标信噪比是有利的。

基于电离层的时变性，天波雷达的近距盲区也是动态变化的一个边界值。现代天波雷达的 f_{BL} 通常为 5～7MHz，在中纬度地区对应的近距盲区为 800～1000km。这样，为避开近距盲区，保证对国境线或海岸线的覆盖，天波雷达的收发站址需要后退至少数百千米，这使得国土纵深较小的国家存在着部署难度。

3.5.1.2　最大距离覆盖

图 3.13（b）展示了在给定射线仰角的情况下，提高信号频率可在电离层更高的高度（通常具有更高的电子浓度）上反射，并到达相对更远的地面距离。对于给定仰角，存在一个最高频率，高于该频率的射线将成为逃逸射线穿透电离层。因此，单跳天波传输所能覆盖的最远距离，由天线（具有足够增益）的最低仰角和电离层反射虚高所决定。

当发射和接收天线在约 5° 的低仰角具有足够的增益时，天波雷达单跳传输最大距离覆盖的典型值约为 3000km。而实际上由于电离层传输条件的时变性，单跳天波路径最大距离覆盖的变化范围可达 1000km，甚至更大。

无线电波在地球表面的前向散射支持电离层的多跳传输（Multi-hop Propagation）。通过多次地面散射和电离层的反射，高频电波能够传输到超远距离，甚至环球绕射。然而，每次地面散射和经过电离层的传输（特别是 D 层的吸收）都会使信号受到严重衰减，因此双程多跳传输模式并不能支持天波雷达获得足够的信噪比，有效探测超远程目标[235]。但是，多跳传输模式返回的地海杂波通过距离折叠效应可能会对单跳距离范围内的目标产生遮蔽，这是需要特别注意的。

出于上述原因，天波雷达通常在单跳电离层路径上具有较为满意的性能，典型的地面覆盖距离为 1000～3000km。

3.5.2 照射子区

根据 3.5.1 节描述配置，假定某典型天波雷达的距离范围为 1000～3000km，方位覆盖为 60°，这样覆盖区为一个扇形，总面积超过 4000000km²。从图 3.13 的射线示意图可知，在给定的电离层传输条件下，单个频率的射线不可能完成整个区域的覆盖。因此，天波雷达的覆盖区被划分为若干个照射子区（Dwell Illumination Region，DIR），每个 DIR 需要用不同的频率去照射覆盖。图 3.14 给出了天波雷达覆盖区 DIR 的示意图。

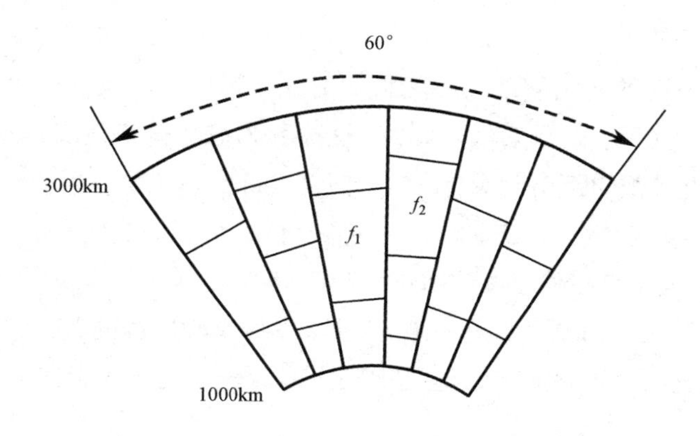

图 3.14 天波雷达覆盖区 DIR 示意图

每个 DIR 的大小主要由单一频率照射能量分布特性所决定。如 3.5.1 节所述，当接近跳距射线时由于前沿聚焦效应能量达到最大，之后随距离的增大而单调递减，到达一定距离后能量衰减较大而不能有效完成探测任务，DIR 单一频率所能覆盖的距离段通常称为距离深度。DIR 的典型距离深度从 300km 至 1000km 不等，由电离层反射层距离向（纵向）电子浓度分布的均匀性所决定。单一频率在方位向的照射能量则受电离层方位向（横向）电子浓度分布的影响，典型方位分布范围为 6°～12°。

基于电离层的分布特性，天波雷达覆盖区通常划分为 30 个甚至上百个 DIR，每个 DIR 的面积在数万至数十万平方千米不等。受电离层的时变影响，DIR 的大小和位置（划分方式）通常也会变化，但这样会给目标检测和连续跟踪带来极大的麻烦。固定位置和大小划分的 DIR 也是一种选择，但这可能会导致某些 DIR 中存在一些能量“空洞”，即该频率在距离和/或方位上无法有效覆盖“空洞”区。在日出日落时段，当晨昏线（Terminator）划过雷达覆盖区时，电离层电子浓度呈现急剧变化态势，“空洞”区问题显得更为严重。

在某一时刻，覆盖不同 DIR 的工作频率差异极大，射线所经历的电离层影响也各不相同。这使得不同 DIR 能够获得的探测效能各异。当电离层传输条件不能满足目标探测的最低要求时，对应区域的 DIR 将“不可用”。显然，尽可能准确评估或预测 DIR 的探测效能对雷达运行至关重要。对于不可用或覆盖效能不佳的 DIR，规划发射能量进行照射并不是一个适当的选择。相关的天波雷达模型被提出，以用于评估探测性能[236-238]。

受跟踪算法相关性的约束，只能从覆盖区内选取部分 DIR 进行轮询覆盖。这些被选中进行探测的 DIR 被称为波位。对每个波位一次驻留照射的时间通常等于相干积累时间，假定共有 N 个波位在轮询扫描探测，则每个 DIR 的重访时间（Revisit Time）为

$$T_{\mathrm{RV}} = \sum_{k=1}^{N} T(k) \tag{3.28}$$

式中：$T(k)$ 为第 k 个 DIR 的相干积累时间。这里，每个波位的相干积累时间并不完全相同。

从系统覆盖的角度，希望能够轮询探测的波位越多越好，这样能够同时照射的视场面积就越大。但是，在雷达探测资源有限的情况下，视场面积的增大往往是以探测性能的损失为代价的。相干积累时间的减小将影响目标检测性能（发现能力），而重访时间的增大将影响目标跟踪性能（航迹关联能力）。一般来说，对空探测重访时间为十几秒至数十秒，对海探测重访时间为数分钟至十几分钟[46]。

3.5.3 分辨率

照射子区 DIR 可划分为许多由分辨单元组成的栅格。分辨单元包括距离、方位和多普勒三个维度，是进行目标检测和辨识的基本单元。不考虑重采样的影响，分辨率通常等同于分辨单元的大小。

距离分辨率如式（3.11）所示，与雷达信号带宽有关。受电离层传输色散效应和高频段频谱占用度高的限制，天波雷达带宽通常为 5～50kHz。考虑加窗展宽，根据式（3.11）计算可得，距离分辨率通常为 5～50km[46]。如 3.3.2.1 节所述，为抑制杂波，对海探测的距离分辨率要求远高于对空探测。

方位分辨率如式（3.12）所示，与工作波长和接收天线阵列口径有关。受接收天线阵列物理尺寸限制（通常为数千米），天波雷达方位分辨率通常为 0.4°～2°，随波长不同而变化[46]。在距雷达 2000km 处，0.4°方位分辨率对应的方位横向距离约为 13.6km，2°方位分辨率对应的横向距离为 68km。

根据上述分析，天波雷达的空间分辨单元为一个扇形，其方位横向宽度与距离有关。图 3.15 给出了典型 DIR 中分辨单元的示意图。DIR 由一个发射宽波束和

若干个接收窄波束所覆盖，其中接收波束的 3dB 宽度通常与方位分辨率等同。一个 3km 长的接收阵列，在 15MHz 时方位分辨率为 0.56°（加窗展宽系数取 1.5）。若信号带宽为 15kHz，加窗展宽系数取 1.5，则距离分辨率为 15km。对于典型距离深度为 900km，方位宽度为 10° 的一个 DIR，距离单元有 60 个，并同时形成 18 个接收波束才能完全覆盖。

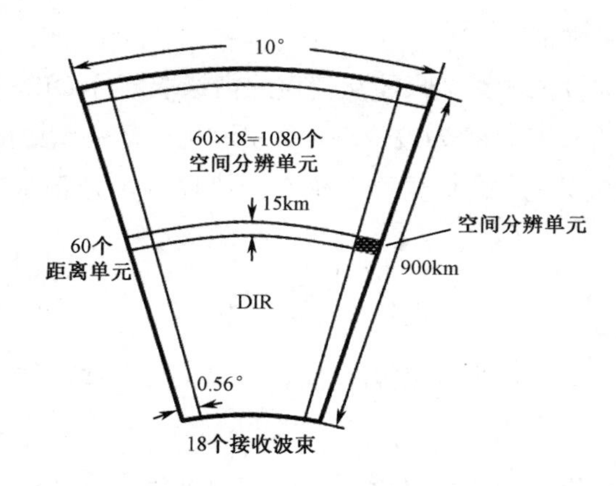

图 3.15 典型 DIR 中分辨单元示意图

由图 3.15 可看出，天波雷达的空间分辨单元较大，通常为数百至上千平方千米，通过距离和方位难以将两个目标分辨开来。同时，这样大的地海表面积使得所散射杂波具有极高的强度。

多普勒分辨率如式（3.13）所示，与相干积累时间 CIT 有关。受电离层传输相位稳定性限制，对于空气动力目标，CIT 一般为 1～10s，考虑加窗展宽后对应的多普勒分辨率为 0.2～2Hz；对于海面慢速目标，CIT 一般为 10～60s，对应加窗后的多普勒分辨率为 0.03～0.2Hz。多普勒频率 f_d 与目标径向速度 v_r 的关系如下式所示：

$$f_{\mathrm{d}} = \frac{2\pi f_0}{c} \cdot v_{\mathrm{r}} \tag{3.29}$$

式中：f_0 为雷达工作频率；c 为真空中的光速。当工作频率为 15MHz 时，0.2Hz 对应的径向速度分辨率为 0.64m/s。这也就意味着，两个径向速度差在 1m/s（3.6km/h）的运动目标都可以在多普勒谱上被分辨为两个独立的回波谱峰。多普勒谱因而成为天波雷达多目标分辨主要依赖的参量。

3.5.4 探测精度

天波雷达测量精度是被检测目标或散射点所定位的位置与其在地理坐标系下的真实位置之间的接近程度。在噪声、杂波和不均匀传播媒质的环境中，测量精度建立在统计分布参数估计（概率测量）的基础上，通常用均方根值（Root Mean Square，RMS）来度量。

天波雷达测量精度分为距离和方位两个维度，分别用距离精度和方位精度来表征。除确定的舰船目标之外，天波雷达不具备可靠的高度测量能力。另一个常用的指标是定位精度，指目标定位位置（地理坐标系下的经纬度）与真实位置之间的直线距离，通常可由距离和方位精度计算得到。

天波雷达里有两种精度指标。一种被称为绝对精度（Absolute Accuracy），指依靠电离层监测、诊断和重构等方法来进行坐标配准后获得的精度，通常用 RMS 方式表示；另一种被称为相对精度（Relative Accuracy），是通过参考点（KRP）修正方法获得的精度，与参考点的获得和识别有关，通常用定位精度的方式表示。下面分别就绝对精度和相对精度的定义、误差来源、提升方法和典型指标进行介绍。

3.5.4.1　绝对精度

距离和方位精度的统计公式由下式给出：

$$\sigma_R = \sqrt{\sum_{i=1}^{N} \left| \hat{r}(i) - r_0(i) \right|^2} \tag{3.30}$$

$$\sigma_\theta = \sqrt{\sum_{i=1}^{N} \left| \hat{\theta}(i) - \theta_0(i) \right|^2} \tag{3.31}$$

式中：σ_R 为距离精度均方根值；σ_θ 为方位精度均方根值；$\hat{r}(i)$ 为第 i 个精度样本的距离估计值；$\hat{\theta}(i)$ 为第 i 个精度样本的方位估计值；$r_0(i)$ 为对应第 i 个样本时刻的目标距离真值；$\theta_0(i)$ 为对应第 i 个样本时刻的目标方位真值；N 为精度样本总数。需要注意的是，用于统计距离和方位精度的应当为同一样本集。

天波雷达的探测精度误差来源可分为三类，距离和方位维相同。下面以距离精度误差为例进行分析：

$$\sigma_R = \sqrt{\sigma_S^2 + \sigma_{CR}^2 + \sigma_M^2} \tag{3.32}$$

式中：σ_S 为系统测量误差；σ_{CR} 为经电离层传输后坐标配准所引入的误差；σ_M 是电离层传输模式失配导致的误差。从三类误差的量级和影响来看，模式失配误差影响最大，而系统测量误差影响最小。

系统测量误差是天波雷达在射线（斜距）坐标系下测量过程中产生的误差，主要包括时延测量误差、双站误差、地球模型引入的坐标变换误差等。

时延测量误差指雷达测量目标回波时延中产生的估计误差，主要受回波信噪比影响较大。可以通过位置已知的校准信号（如近场的校准源或远场的信标机）对该误差进行标定。该误差不包含电离层影响，为随机误差。

双站误差是双站（准单站）配置天波雷达所独有的误差项，是由于发射站和接收站异址（通常相距 100km 左右）使得传输路径不对称而引入的误差。图 3.6 中给出的是传输路径对称场景下的示意图，而实际上收发双站的路径并不完全对称，特别是当波束方位扫描角较大时。收发站位置确定后，可以通过位置已知的校准信号（如远场的信标机）对该误差进行标定和修正。但该误差受电离层传输路径时变性的影响，即便进行修正后仍然会留有残差。

坐标变换误差来自将目标距离和方位地理坐标转换为经纬度坐标这一过程。需要说明的是，坐标变换在坐标配准之后，坐标配准是将目标距离和方位从射线坐标系变换至大圆（地理）坐标系，此时仍然以距离和方位的形式呈现，而坐标变换将距离和方位坐标转换成经纬度坐标。坐标变换误差主要来自变换所采用的地球椭球模型与雷达至目标这一大圆路径上地球实际曲率的差异。采用不同的地球椭球模型（常用的包括 CGCS2000 和 WGS-84 椭球），在 3000km 处的坐标变换误差偏移量可能超过 30km。这一误差只能通过精细大地测绘所建立的误差表来修正，但残差难以消除。

电离层传输相关的 CR 误差主要包括电离层监测设备的测量误差、电离层重构误差、监测站稀布引入的外推误差及目标高度误差等。电离层监测设备的测量误差来自各类电离层监测仪自身的测量过程，具有随机性，通过平滑滤波可以减小，但这部分影响占比较小；电离层重构误差主要来自背景模型与监测数据的同化过程；外推误差则是由于监测站布站限制，无法到达的区域主要依赖有限数据外推而产生的误差；目标高度误差主要来自对空探测，空气动力目标具有一定高度，而射线追踪时通常以追踪到地表面为准，该误差可通过预设目标高度来削减，但残差仍将体现在 CR 表中。

减小 CR 误差的方法包括引入更多的电离层监测手段，布设更多的电离层监测站并提升测量精度，采用更为精细的电离层模型和反演追踪算法等。详细的电离层诊断技术参见第 9 章。

模式失配误差主要存在于多径传输场景下，当射线追踪获得多条可能的传输路径后，需要对目标回波进行模式识别和匹配。这是一个单对多或多对多的匹配问题。一旦模式识别或匹配错误，将产生数十千米甚至上百千米的误差，这是难以接受的。近年来，众多的新处理算法被提出用于解决模式识别和匹配这一难题[239-241]。

在获得高质量且实时的电离层传输路径信息条件下，绝对定位精度据称可达到 10～20km。角度误差一般小于 0.5°，但在恶劣条件下会超过 1°，特别是由于电离层倾斜和经过电离层中行波扰动区域时。这一精度足以引导其他视距传感器至所关注的目标上。综合监视系统中各类传感器的体系化运用能够比单一传感器装备获得更好的探测效能及更高的资源利用率[46]。

3.5.4.2　相对精度

相对精度基于参考点修正方法获得，该方法在 3.4.3.3 节中已有介绍。位于同时返回并具有可识别回波的已知参考点附近的目标，经过参考点修正后的相对定位精度据称可小于 5km[46]。

需要说明的是，由于受到反射区域电离层均匀性的影响，相对定位精度也是一个统计值。其修正效果将随参考点类型、空间、太阳活动年份、季节、时段等参量变化。

3.5.5　系统可用度

系统可用度又称为系统时间可用度，是天波超视距雷达独有的指标。系统可用度是指在设计威力范围内，对于指定目标达到给定信噪比或信杂比门限的时间与总工作时间之比。它是一个时间百分数，与部署位置、目标类型和探测距离有关，且时间跨度为一个太阳黑子活动周期（通常为 11 年）[13]。

系统可用度表征的是在极长时间尺度（10 余年）上在特定位置（覆盖区）部署一部给定规模的天波雷达，探测特定类型目标（不同尺寸的飞机/舰船/导弹等）所能达到的效能。雷达的探测性能指标，如发现概率和探测精度，必须在系统可用前提下才具有实际意义。系统可用度是一个统计数值，体现了电离层传输特性对该部雷达的综合影响。

广义的雷达系统可用度（Radar System Availability，RSA）定义如下式所示：

$$\text{RSA}\,(\%)=\text{RUA}\,(\%)\times\text{RCA}\,(\%)\times\text{REF}\,(\%) \tag{3.33}$$

式中：RUA 为雷达使用可用度（Radar Usage Availability，RUA）；RCA 为雷达信道可用度（Radar Channel Availability，RCA）；REF 为雷达能量因子（Radar Energy Factor，REF）。各项均为百分比样式。

使用可用度主要与雷达保障性能有关，即无故障运行时间与总工作时间的比值，与系统可用度的表征意义关系不大。因此，天波雷达常用的系统可用度中假定使用可用度为 100%，这样可得到狭义的系统可用度定义为

$$\text{RSA}\,(\%)=\text{RCA}\,(\%)\times\text{REF}\,(\%) \tag{3.34}$$

下面分别就信道可用度和雷达能量因子进行介绍。

3.5.5.1　信道可用度

信道可用度 RCA 的定义如下式所示[242]：

$$\text{RCA}\,(\%)=\frac{(T_A-T_E)}{T_A}\times 100\% \tag{3.35}$$

式中：T_A 为雷达的总工作时间；T_E 为由于信道中断导致雷达失效的总时间。

对天波雷达信道可用度影响最大的是电离层异常形态，包括电离层突发扰动（SID）、极冠吸收（PCA）、地磁暴/电离层暴、突发 E 层（Es 层）、行波电离层扰动（TID）及不规则体杂波等[242-243]。电离层异常形态也具有明显的地域（经纬度）差异。由于磁场对电离层 F 层具有重要控制作用，而地磁极与地理极不重合又使得东西半球同一地理纬度的地磁纬度存在差异，东半球远东地区北向受极光影响较小，但东向或东南向 Es 层高发，南向则面临赤道电离层异常现象影响。整体上看，东半球的信道可用度较优于西半球，中纬度信道可用度优于低纬度和高纬度。相关电离层异常形态在 1.3.1.5 节和第 2 章中已介绍，这里不再展开。

从各类电离层异常形态对天波雷达探测性能的影响来看，电离层突发扰动（SID）最为重要，可导致信道完全中断；而其他类型的电离层异常，通常只会导致探测距离受限或探测效能下降。因此，对于信道可用度的估计，常常可采用预估法和统计法两类方法。

预估法主要基于信道的不可用度，即

$$\text{RCA}（\%）=\left(1-\frac{T_E}{T_A}\right)\times 100\% \tag{3.36}$$

式中：T_E 采用雷达覆盖区 SID 的发生概率进行计算。预估法适用于雷达覆盖区空间和时间上缺乏足够监测数据的情况，仅对最恶劣的不可用情况进行粗略估计，而对性能下降情况不做具体分析。预估法只能给出一个数值，不能体现空间和时间上的差异性。

统计法则在获得足够的电离层监测数据后，依据不同距离段（通常按 500km 分段）和方位（通常 20°～30°）进行统计。统计法获得的信道可用度通常是一个数组，与距离和方位有关。而雷达能量因子通常也具有这样的数组样式，便于直接相乘，因此一般不再将其归束为一个单一的数值。

由于估计方法和取值的不同，预估法得到的信道可用度数值通常较为乐观；而统计法得到的数组更能反映各类电离层异常的特性和影响，数值较预估法小得多，通常为 70%～90%，特殊场景下甚至可能低于 50%。

表 3.4 给出了基于中纬度地区一个太阳活动周期（11 年）电离层观测数据得到的异常形态出现概率统计值。而表 3.5 给出了各类电离层异常形态对天波雷达作用距离的影响[242]。

表 3.4　中纬度地区电离层异常形态的出现概率

事件	效应	时间	全周期出现概率/%
突然电离层骚扰	信道中断	白天	0.2
f_oF ＜2.5MHz	R_D＞1300km	凌晨	1.5

续表

事件	效应	时间	全周期出现概率/%
f_oF >10MHz	R_D<3200km	中午	7.5
Es 层遮蔽	R_D<2000km	白天	3.0
极光	限制检测能力	夜间	0.1
扩展 F 层	限制检测能力	夜间	1.3
总计	13.6%		

表 3.5　中纬度地区电离层异常形态对天波雷达作用距离的影响

事件	800～1300km	1300～2000km	2000～3200km	>3200km
突然电离层骚扰	0.2%	0.2%	0.2%	0.2%
f_oF <2.5MHz	1.5%	—	—	—
f_oF >10MHz	—	—	—	7.5%
Es 层遮蔽	—	—	3.0%	3.0%
极光	0.1%	0.1%	0.1%	0.1%
扩展 F 层	1.3%	1.3%	1.3%	1.3%
总计	3.1%	1.6%	4.6%	12.1%

3.5.5.2　雷达能量因子

雷达能量因子定义为满足雷达探测该类型目标所需达到的信噪比/信杂比在雷达工作全时间段中所占的比例。雷达能量因子与目标类型、大小、飞行状态（径向速度）、电离层传输损耗、环境噪声等因素有关。

雷达能量因子的估计也可以采用预估法和统计法两种方法。

预估法主要以雷达方程为计算基础，在缺乏大范围实时电离层监测数据和雷达探测数据的场景下采用。以对空探测为例，将式（3.1）的对空雷达方程重写如下：

$$\frac{S}{N}=\frac{P_{\mathrm{av}}\cdot G_{\mathrm{t}}\cdot G_{\mathrm{r}}\cdot T\cdot\lambda^{2}\cdot\sigma_{\mathrm{t}}\cdot F_{\mathrm{p}}}{N_{0}\cdot L_{\mathrm{s}}\cdot L_{\mathrm{p}}\cdot(4\pi)^{3}\cdot R^{4}} \tag{3.37}$$

雷达能量因子的计算以电离层基本模型和参数为输入，结合雷达系统参数，给出不同目标类型、距离段和时段下的信噪比估计。当信噪比估计超出检测门限（通常为 10～15dB）时，则认为该距离段和时段对该目标雷达可用。这样，雷达能量因子定义如下：

$$\mathrm{REF}\ (\%)=\frac{(T_A-T_D)}{T_A}\times 100\% \tag{3.38}$$

式中：T_A 为雷达的总工作时间；T_D 为由于信噪比或信杂比不足导致该目标无法探测的总时间。

预估法中几个重要的时变参量取值如下：距离 R 通常为 1000～4000km，每

500km 一组；时间按反映太阳黑子数取 20（极小年）、70（中年）、120（极大年），季节按春（4 月）、夏（7 月）、秋（10 月）、冬（1 月），时段取 0 点至 23 点，每小时一组；工作波长 λ 则在时间和距离 R 的各种组合情况下，参考亚太频率预测方法得到[13]；背景噪声和传输路径损耗可根据时间和站点位置，参考国际电信联盟的建议书[91, 244]。

统计法则依据电离层监测数据或雷达杂波数据，将指定 RCS 大小的目标与相对应强度的杂波进行匹配，通过统计过门限杂波在时段和空间的比率（杂波覆盖率）来得到雷达能量因子。

以大型空中飞机目标（RCS 大于 $1000m^2$）为例，通过统计可知其对应的杂波覆盖率门限为 50dB，即当某距离单元杂波回波杂噪比大于 50dB 时，可认为此时能量可以覆盖该距离单元。而当某一距离段杂波覆盖率大于设定门限值（通常为 50%）时，即可认为该距离段可用。与信道可用度的统计方法类似，可分为不同时段、距离段和方位，且划分准则尽量保持一致，以利于计算总的系统可用度。

预估法获得的系统可用度主要用于部署选址和雷达覆盖区效能估计；而统计法获得的系统可用度主要用于运行规划建议。

第4章 短波段目标特性

4.1 概述

目标散射截面（Radar Cross Section，RCS）是表征特定目标在雷达波照射下所散射回波强度的一个参量。RCS 是雷达设计中非常重要的参量，直接影响雷达的探测效能。近年来，新型飞行器和舰船设计中所广泛应用的隐身技术就通过极力缩减特定频段或波长下的目标 RCS，以达到压制雷达探测威力的目的。

天波超视距雷达工作于高频段（High Frequency，HF），也被称为短波段，波长在十米至百米量级。该波长与各类目标（如飞机、导弹、海面舰船和地面车辆）的主要尺寸相当。常规微波雷达信号波长通常在厘米量级，这种信号波长上的差距在根本上决定了二者目标 RCS 特性的巨大差异。这也是天波雷达天然具有良好反隐身特性的原因之一。

本章主要介绍了短波段目标的 RCS 特性，包括其定义、仿真计算及测试方法，并给出典型的空气动力目标、水面目标和弹道导弹主动段目标的 RCS 仿真结果。结合 RCS 特性，本章还对特定物理效应（如尾焰等离子体、核爆炸、旋翼谐波等）的回波特性进行了简要介绍。

4.2 目标散射能量特性

4.2.1 RCS 的定义

雷达辐射的无线电波照射到目标体后，其入射能量将向空间各个方向散开，这种能量的空间分布被称为散射，物体通常也被称为散射体。后向散射返回雷达的能量经接收后形成该目标体的回波。

雷达回波强度用目标散射截面 RCS 这一参量来描述。RCS 定义为单位立体角内目标向接收方向散射功率与从给定方向入射到该目标的平面波功率密度之比的 4π 倍。

依据电磁散射理论，RCS 定义为

$$\sigma = \lim_{R \to \infty} 4\pi R^2 \frac{|E_{\mathrm{s}}|^2}{|E_0|^2} \tag{4.1}$$

式中：E_0 为照射到目标的入射波电场强度；E_{s} 为雷达所在方向散射波的电场强度。

式（4.1）推导的前提假设是电磁散射为各向同性的，即假设目标截获入射功率后将功率向各个方向均匀地辐射出去。通过这一假设，可计算出以目标为中心、半径为 R 的大球表面上的散射功率密度，这里 R 为雷达到目标的距离。而在实际情况中，除最简单的球体外，其他形状的散射体都会呈现出各向异性，其 RCS 随散射方向有很大的起伏。因此，在最终计算或测量结果中，RCS 是随目标散射方向变化的一组数值或曲线。实际工程中用到的 RCS 一般取的是这组 RCS 数值的统计值或典型值。

在分析或测量中，雷达与目标之间的距离 R 通常足够大（趋近于无限大），满足远场条件，照射到目标的入射波近似为平面波。因此，式（4.1）中 RCS 与 R 的关系，以及求极限的操作可以不出现。

从 RCS 测量的角度，RCS 可由雷达方程导出。自由空间不考虑各种损耗的情况，由雷达方程推导出的接收功率可简化为

$$P_{\mathrm{r}}=\frac{P_{\mathrm{t}}G_{\mathrm{t}}}{4\pi R^2}\times\frac{\sigma}{4\pi}\times\frac{A_{\mathrm{r}}}{R^2} \tag{4.2}$$

式中：P_{r} 为接收机输入功率（W）；P_{t} 为发射机功率（W）；$A_{\mathrm{r}}=G_{\mathrm{r}}\lambda_0^2/4\pi$ 为接收天线有效面积（m²）；G_{r} 和 G_{t} 分别为接收天线和发射天线增益。

式（4.2）的物理意义在于右边第一分式为目标处的入射功率密度（W/m²），它与第二分式之积为目标各向同性散射功率密度（W/rad）；第三分式为接收天线有效口径所张的立体角。

于是，式（4.2）可改写为

$$\sigma=4\pi\times\frac{P_{\mathrm{r}}}{A_{\mathrm{r}}/R^2}\times\frac{1}{P_{\mathrm{t}}G_{\mathrm{t}}/4\pi R^2}=4\pi\times\frac{\text{接收天线所张的立体角内散射功率（W）}}{\text{目标照射功率密度（W/m}^2\text{）}} \tag{4.3}$$

由此可见，不管从电磁散射理论还是从雷达测量的角度，RCS 的定义和概念都是统一的。式（4.1）适用于理论计算，而式（4.2）适用于测量和标定。

目标 RCS 通常用符号 σ 表示，其量纲是平方米。尽管其量纲是面积单位，但 RCS 与实际目标的物理面积几乎没有关系，特别是在谐振和涂敷吸波材料的情况下。因此严格来说，不宜将 RCS 称为雷达目标截面积。

在式（4.1）中，当用入射和散射的磁场强度来代替电场强度时，可得到一个同样有效的 RCS 定义。这在测量或计算某些其他方向而不是后向散射功率的情况（如双基地雷达）时常常是必要的。双基地 RCS 的定义与后向散射类似，只是将 R 取为目标到接收机的距离。

前向散射是双基地散射的特殊情形，其双基地角为 180°，对应的散射方向为目标后面的“阴影区”。阴影本身可看作强度几乎相等而相位相差 180° 的两个场之和，即入射场与散射场之和。“阴影区”的形成意味着前向散射强度是很大的。在天波雷达发展早期，前向散射体制曾经有过实际的运用，详情可参见 1.2.2.1 节。

4.2.2 RCS 与波长的关系

目标 RCS 与波长关系密切，通过引入 ka 值来表征由波长归一化的目标特征尺寸大小。ka 值定义为

$$ka = \frac{2\pi a}{\lambda} \tag{4.4}$$

式中：a 为目标特征尺寸，通常取垂直于雷达视向的目标横截面中最大尺寸的一半；k 被称为波数，定义为

$$k = \frac{2\pi}{\lambda} = \frac{2\pi f}{c} \tag{4.5}$$

式中：λ 为波长；f 为信号频率；c 为光速。

依据不同的 ka 值，可将目标电磁散射特性分为 3 个不同区域，即瑞利区、谐振区和光学区。图 4.1 给出了归一化 RCS 随 ka 值的变化曲线，其中横纵坐标均以对数形式表示。图 4.1 中清晰给出了 3 个不同区域归一化 RCS 的变化特征[3]。

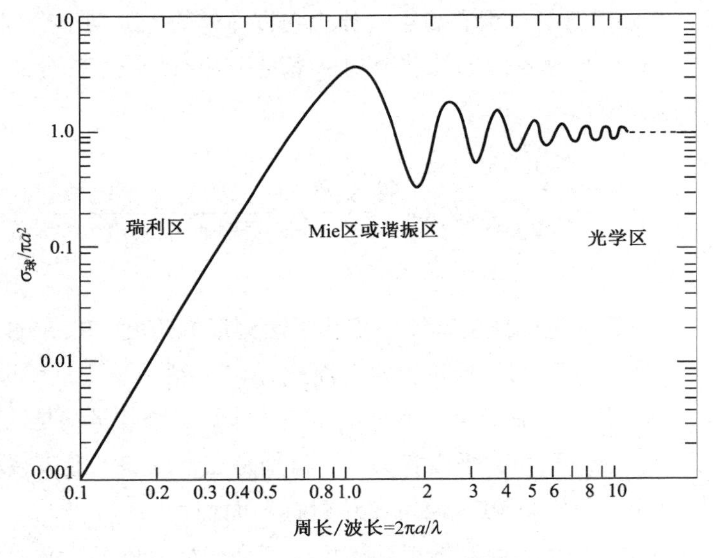

图 4.1　归一化 RCS 随 ka 值的变化曲线[3]

1. 瑞利区

当 $ka < 0.5$ 时，工作波长大于目标特征尺寸，此时位于瑞利区。如图 4.1 所示，瑞利区的特点是 RCS 与波长的 4 次方成反比，也就是说，随着目标电尺寸的减小，RCS 急剧减小。

2. 谐振区

谐振区的 ka 值一般为 $0.5 \leqslant ka \leqslant 20$。在谐振区内，由于各散射分量之间的干

涉，RCS 随频率变化产生振荡性的起伏，如图 4.1 所示。

RCS 起伏是由回波两种截然不同效应的叠加造成的，一种是球体前面的镜面反射波，另一种是绕过阴影区的爬行波。ka 值的增大使得电路径长度差不断增大，导致两种波同相或反相。而爬行波绕过阴影区的电路径越长，能量损失就越大，所以随着 ka 值的持续增大，起伏逐渐减弱，直至光学区趋于稳定。谐振区就是表征镜面波和爬行波干涉特征的中间区域。

在谐振区，当垂直于传播方向的物体尺寸近似为半波长整数倍时，RCS 呈现出极小值。谐振区的上边界为光学区，但两者之间的界限并不明显。对球体而言，$ka = 20$；而对于飞机类目标，通常 $ka \leqslant 20$，但有时也可达到 30 以上。

3. 光学区

光学区的 ka 值一般取 $ka > 20$。此时，目标 RCS 主要取决于其形状和表面的粗糙度。在此区域，球体前部的镜面反射起主导作用，对于这些尺寸的球体常常将几何光学近似值 a^2 作为它们的 RCS。

在光学区中，目标外形的不连续将导致 RCS 增大。对于光滑凸形导电目标，其 RCS 常近似为雷达视向的轮廓截面积。但当目标含有棱边、拐角、凹腔或介质等时，轮廓截面积的概念将不再适用。

4.2.3　雷达隐身技术及影响

隐身技术严格来说是对目标特征信号进行有效控制或抑制的技术，即目标特征信号控制（Signature Control or Suppression，SCS）技术，也被称为低可探测技术（Low Observable Technology，LOT）。隐身技术的根本目的是降低目标的可探测性，以提高目标的生存能力，从而提高目标的综合作战效能[245]。

隐身技术最初的发展就是雷达隐身技术，尽管后来又发展出红外、射频、声音等隐身技术，但至今为止雷达隐身技术仍然是最重要的。雷达特征控制的核心就是减小目标的 RCS。实现雷达隐身的主要技术途径包括外形隐身、材料隐身、阻抗加载和最新提出的等离子体隐身等。

1. 外形隐身技术

外形隐身技术通过改变目标外形，从而在特定频段和特定的入射角范围内减小目标的 RCS。它是最有效的措施，也是隐身飞行器设计中首要考虑的因素。常见的外形隐身设计包括：采用飞翼布局减少强散射源，局部（机翼前缘、边条外廓等）修型以抑制镜面散射，采用翼身融合和倾斜垂尾以消除角反射体，外形斜置以改变散射方向减小后向回波，遮挡强散射源（如进气道、喷口等），平行和缝隙锯齿设计以减少棱边散射，尽量消除凸起物，低 RCS 机身剖面设计，等等[245]。

世界各大国公布的下一代隐身战斗机概念方案，都明确提到了“全频谱宽带隐身”的特点，即从传统的“以 X 波段为主，兼顾 L、S、C、Ku 波段”，转变为“以 X 波段为主，兼顾 L、S、C、Ku 波段，并关注 VHF 和 UHF 频段”的发展方向。在重点考虑前向扇区 RCS 特性缩减的同时，也要兼顾侧向和后向扇区的 RCS 特性[245]。

天波雷达工作在 HF 频段，波长为十米至百米量级，超出上述外形隐身设计所覆盖的频段。当雷达工作在 HF 频段低端时，对于小型目标（如 10m 长的无人机和巡航导弹），其 RCS 将落入瑞利区，此时 RCS 随频率降低（波长增大）而急剧下降；而当雷达工作在 HF 频段高端时，目标 RCS 将呈现出谐振区特性，随频率变化在一个有限区间内起伏，视向敏感度通常比瑞利区的要大（但 RCS 均值还是要高过瑞利区）[46]。其他尺寸更大的目标（如战斗机、轰炸机、水面舰艇等），均处于谐振区。对于处于瑞利区和谐振区的目标，RCS 主要由目标特征尺寸决定，不受局部细微设计的影响，这也是 HF 频段雷达反隐身的基本原理。因此，除非缩减目标的物理尺寸，否则各类外形隐身设计措施均对天波雷达无效。

2. 吸波材料隐身技术

雷达吸波材料通过吸收入射雷达波的能量来减小后向散射回雷达的回波能量。荷兰首先将吸波材料用于飞机隐身，随后德、美等国也将吸波材料用于飞机和舰艇。20 世纪 60 年代，美国 U2 高空侦察机就涂敷了吸波材料。后续又在 F-14、F-16 等战斗机，以及 F-22A、B-2 等隐身飞机上广泛使用。

吸波材料按其对电磁的损耗机理通常可分为电吸波材料和磁吸波材料。电吸波材料大多采用导电炭黑或石墨；磁吸波材料则通常为铁的化合物，如铁氧体或羰基铁等。从使用方式看，吸波材料分为表面涂敷型和结构型。表面涂敷型吸波材料覆盖在目标的金属表面部分，不参与结构受力；而结构型吸波材料既有吸波性能，又具有一定的力学性能。

为将雷达波引入吸波材料内部并耗散其能量，吸波材料一般应具备两个特性，即阻抗匹配特性和衰减特性。阻抗匹配特性就是创造一定的边界条件使得入射电磁波在材料介质中的反射率尽量小，使之尽可能进入吸波材料内部；衰减特性是指吸波材料对在其内部传播电磁波的耗散能力。要提高吸波材料性能，基本途径是提高介质电导率，增加极化和磁化“摩擦”，同时还要满足极化匹配条件。单一组元的吸收体，无法同时满足这两种特性，需要进行材料多元复合，以调节电磁参数，兼顾两种特性。

对于非磁性的电吸波材料，最佳吸波特性发生在材料电厚度接近于 $\lambda/4$ 处；而对于磁吸收型涂层，最佳材料电厚度接近半波长；各类复合吸收体、干涉型和非镜面反射吸波材料，均无法突破这一电厚度量级的限制[245]。

显然，对于天波雷达十米至百米量级的波长，现有吸波材料涂层的电厚度无法获得预期的吸波效果，而 $\lambda/4$ 量级的涂敷厚度在实际工程中是难以实现的。

3. 阻抗加载技术

阻抗加载通常分为有源阻抗加载和无源阻抗加载两类。有源阻抗加载指在目标上加装转发器，接收雷达波之后自适应叠加一个特定频率、幅度、相位、极化和波形的有源信号，抵消掉目标本体的散射场；无源阻抗加载指在目标表面进行特定修型（如开槽、接谐振腔或周期结构阵列等），以改变电流分布，缩减特定方向的后向散射回波能量。

无源阻抗加载的一种手段是在平板上设置一条单谐振缝隙，当其电长度约为半波长时形成缝隙谐振，RCS 可获得相当的缩减[247]。

无论是有源阻抗加载还是无源阻抗加载，都需要先验地确定给定方向上散射场的幅度和相位，通常该幅相会随入射场的频率、极化和入射角而快速变化。这一前提条件，在实际应用中是难以满足的。同样，对于天波雷达的波长而言，设置半波长尺度的缝隙以实现阻抗加载，在工程上是难以实现的。

20 世纪 60 年代，美国学者通过球加载实验得到明确结论：由于随频率变化的振荡特性，有源阻抗加载或者无源阻抗加载都不能在大宽频带内平坦地缩减目标 RCS 值[246]。这一结论意味着：阻抗加载只能缩减特定频段和方向上的 RCS，而在其他频段和方向上存在 RCS 增大的可能。

4. 等离子体隐身技术

等离子体隐身技术是近年来新提出的一种全新隐身技术，它主要利用产生的磁化或非磁化等离子体对雷达波的折射和吸收特性，来达到缩减 RCS 的目的。与常规隐身技术相比，等离子体隐身技术具有吸波频带宽、吸收率高、使用简便、使用时间长、可通过开关控制、不影响气动特性等优点[248-249]。

美国和俄罗斯均对等离子体隐身技术开展了持续和深入的研究。1992 年，美国休斯实验室的报告展现了等离子体对 RCS 的缩减效果，在 4～14GHz 的频率范围内，通过一个 13cm 长的陶瓷罩内的等离子体将 RCS 减小了 20～25dB[250]。1994 年，美国对磁化等离子体在飞机和卫星上的隐身效果进行了进一步的研究[251]。1998 年，美国田纳西大学等成功开发出等离子体隐身天线[252-253]。

产生等离子体的方法主要包括高压气体放电法、热致电离法、放射性同位素照射法等。高压气体放电法是指在常温下，通过电源以高压形式产生气体放电，将气体电离形成等离子体；热致电离法是产生等离子体最简单的一种方法，可将碱金属（如铯）放至密闭的容器中加热而得到等离子体；放射性同位素照射法是在特定部位涂敷一层放射性同位素，其在衰变过程中放射出的射线（如α、β和γ射线）具有很高的能量，穿透空气时轰击空气分子使之电离，从而形成等离子体[254]。

等离子体隐身的主要机理包括折射隐身和吸收隐身两类。折射隐身指非均匀等离子体对入射电磁波折射后传播轨迹发生弯曲，回波偏离预期的接收方向，从而达到隐身目的；吸收隐身则指电磁波入射到等离子体内部时，碰撞效应吸收掉入射波的能量，从而减弱其后向散射回波[248]。

等离子体具有高通滤波器的性质，当入射电磁波频率大于等离子体截止频率（或临界频率）时，电磁波将进入等离子体，产生折射和衰减等效应；若入射电磁波频率小于等离子体截止频率，等离子体将对信号产生强散射。因此，隐身等离子体的电子浓度选择与雷达波频率直接相关。

图 4.2 给出了等离子体对高频段电磁波的双层衰减与碰撞频率的关系[248]。仿真计算中等离子体厚度为 30cm，自由电子浓度最大值为$4.98\times10^{6}\text{cm}^{-3}$，其对应的等离子体截止频率为 20MHz。图 4.2 中雷达工作频率分别为 20MHz、80MHz、140MHz、200MHz 和 260MHz，覆盖 HF 频段和 VHF 频段，等离子体碰撞频率取值范围为 0～100GHz。

从图 4.2 中可看出，即使是为了匹配 HF 频段信号（不使其强散射）而降低等离子体的电子浓度，隐身等离子体的效果仍不理想。30cm 厚的等离子体吸收衰减仅为零点几分贝，而同样厚度的等离子体在 X 波段最高衰减可达 200dB[248]。

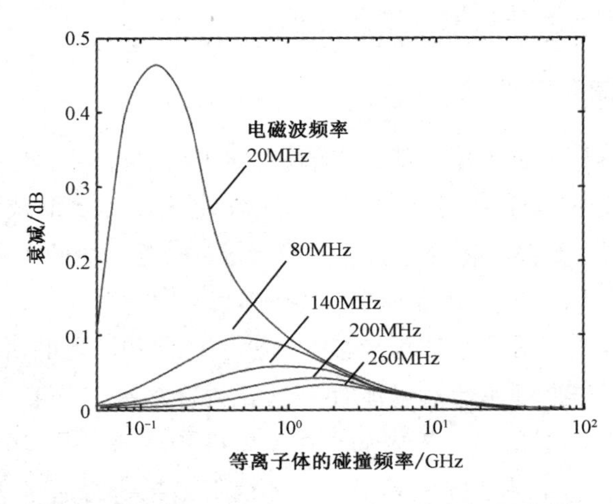

图 4.2　等离子体对高频段电磁波的双层衰减与碰撞频率的关系[248]

而针对更高频段的隐身等离子体具有更高的电子浓度和截止频率，对于天波雷达的 HF 频段信号而言，这是一个强散射体。这与弹道导弹主动段尾焰、流星尾迹等形成的等离子体原理一样，会在天波雷达接收信号中产生明显回波。

综上所述，各种雷达隐身技术主要针对微波频段雷达，而对于天波雷达低频段、长波长的特性，不能产生预期的隐身效果。也就是说，天波雷达天然具有良好的反隐身性能。

4.3　目标特性预估方法

目标 RCS 预估和计算方法类别众多，这些方法各自具有其优缺点和应用场景[247]。

当目标处于瑞利区时，工作波长远大于目标尺寸，其特点是入射波沿散射体基本上无相位变化，在每个给定的时刻散射体都被相同的入射场照射，除入射场随时间变化外，可以把这个问题看成一个静场问题，所以可以借助静场计算方法，如积分方程法、多极子展开法等。此区域的突出特点是 RCS 正比于频率的 4 次方。对低频散射来讲，整个物体都参加了散射过程，物体的形状细节并不重要，散射体的体积才是重要的。

当目标处于谐振区时，波长与目标尺寸（或主要物理特征尺寸）相当。在这种情况下，沿目标长度上场的相位变化很显著，散射体上每一点的场值都是入射场和该物体上其余点引起的散射场的叠加。对这种散射，必须解 Strattonchu 积分方程求解感应电流。对于一般形状的物体，此积分方程只有靠数值方法才能求解，比较常用的方法有矩量法、有限元法、有限差分法等。

当目标处于光学区时，波长远小于目标的任何特征尺寸，这是大多数微波雷达最常见的场景。在光学区需要与瑞利区和谐振区完全不同的计算方法，在光学区累积的相互影响是很小的，以至于一个散射体可以作为独立的散射中心的集合来处理。在光学区的常用方法有几何光学法（Geometrical Optics，GO）、物理光学法（Physical Optics，PO）、几何绕射理论（Geometrical Theory of Diffraction，GTD）、物理绕射理论（Physical Theory of Diffraction，PTD）等[247]。

近年来，随着电磁仿真计算领域和相关软件的飞速发展，RCS 预估的精度和效率得到极大提升。短波段 RCS 预估和计算主要处于瑞利区和谐振区，下面就常用的几类方法进行介绍。

4.3.1　矩量法

电场和磁场积分方程中的任意一个方程，都可以确定入射到光滑导体表面上的电场 E 、磁场 H 和感应表面电流 J 。矩量法的实质是将积分方程转化为一组代数方程，即用标准的矩阵求逆算法来求解矩阵方程[255]。

由于矩阵求逆要求极高的运算复杂度，矩量法可处理的目标尺寸大小常常受计算机运算速度的限制。一般来说，单纯的矩量法可提供具有数个至数十个波长尺寸的目标散射解。这对于短波目标 RCS 预估是可用的。

由于各类飞行器和舰船目标的主尺寸与短波段波长（10～100m）相当，其尺寸明显小于波长的小部件（如挂载、座舱等），对电磁波的散射场无实质性贡献。在计算上它们可以被忽略。

一般情况下，目标雷达散射能量特性可用极化散射矩阵描述，即

$$\boldsymbol{A}=\begin{vmatrix}\sqrt{\sigma_{\mathrm{HH}}}\cdot \mathrm{e}^{\mathrm{j}\varphi_{\mathrm{HH}}} & \sqrt{\sigma_{\mathrm{HV}}}\cdot \mathrm{e}^{\mathrm{j}\varphi_{\mathrm{HV}}}\\ \sqrt{\sigma_{\mathrm{VH}}}\cdot \mathrm{e}^{\mathrm{j}\varphi_{\mathrm{VH}}} & \sqrt{\sigma_{\mathrm{VV}}}\cdot \mathrm{e}^{\mathrm{j}\varphi_{\mathrm{VV}}}\end{vmatrix} \tag{4.6}$$

式中：下标“H”和“V”分别表示水平和垂直线性极化波，例如，σ_{HV} 表示在水平极化辐射时，散射电磁场的垂直极化分量。需要注意的是，散射矩阵 $\boldsymbol{A}$ 中的每一项都是频率、入射角和俯仰角的函数。

4.3.2　时域有限差分法

传统电磁场数值方法中一直是频域方法占据主导，但点频和窄频带方法常常不能满足需要，计算机硬件水平的迅速提高使得直接在时域对具有宽频带特性的瞬变电磁场进行计算分析成为可能。时域数值方法能够给出丰富的时域信息，并且可以根据需要截取计算时间，经过简单的时频变换，即可得到宽带范围内的频域信息，相对频域方法显著地节约了计算量。同时，多数时域数值法还具有理论简单、操作容易、适用广泛等优点。

1966 年提出的时域有限差分（Finite-Difference Time-Domain，FDTD）法是最受关注、发展最为迅速和应用范围最广的一种典型的全波分析时域方法[256]。经典 FDTD 法的迭代公式是在包括时间在内的四维空间变量中，对麦克斯韦旋度方程对应的微分方程进行二阶中心差分近似所得到的。该方法的基本支撑技术包括数值稳定性条件（空间步长与时间步长的关系 C-F-L 条件）、吸收边界条件、激励源设置、连接边界应用、近远场变换、色散媒质模拟、数值误差分析、细线薄片等结构的共形技术，以及非正交坐标系下的网格划分等。

FDTD 法已在多个领域得到广泛应用，目前的主要发展方向是提高计算精度，增强模拟复杂媒质和结构的能力（特别是对不同媒质分界面处的模拟），减少对计算机存储空间等硬件水平的需求，解决电大尺寸的计算，以及拓展应用范围等。近年来，业界相继提出了 FDTD 法的多种变形，包括特定角度优化时域有限差分法（Angle-Optimized FDTD，AO-FDTD）[257]、交替方向隐式时域有限差分法

（Alternating Direction Implicit FDTD，ADI-FDTD）[258-259]、部分场量降维存储时域有限差分法（Reduced FDTD，R-FDTD）[260]、时域有限体积法（Finite-Volume Time-Domain，FVTD）[261]等。

为克服更加复杂化的算法理论给使用者带来的困难，利用电磁场时域方法编制的商业软件也不断涌现。对于一些常见问题和场景，软件能够快速给出高精度解。

在 FDTD 法中，基于电位移 D–磁场强度 H 的麦克斯韦方程如下：

$$\frac{\partial D}{\partial t}=\nabla\times H \tag{4.7}$$

$$D(\omega)=\varepsilon_0\cdot\varepsilon_{\mathrm{r}}^{*}(\omega)\cdot E(\omega) \tag{4.8}$$

$$\frac{\partial H}{\partial t}=-\frac{1}{\mu_0}\nabla\times E \tag{4.9}$$

一般情况下，在时域计算电磁场要在四维空间中进行。采样时域有限差分法首先要对变量空间进行离散化，即建立合适的网格剖分体系。从麦克斯韦方程出发建立差分方程，不仅要在四维空间中进行，还要同时计算电磁场的 6 个分量，关键在于建立高精度的差分格式。

图 4.3 给出了 Yee 所建立的网格体系[256]。3 个方向的电场分量和 3 个方向的磁场分量均在直角坐标系的网格中，位置符合法拉第电磁感应定律和安培环流定律。

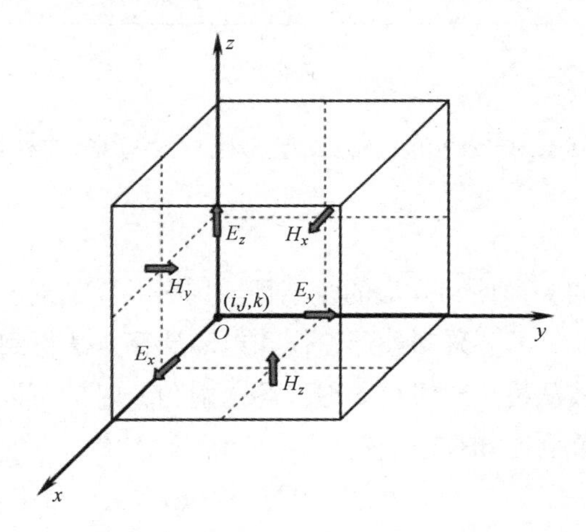

图 4.3　三维空间单元网格的定义

4.3.3　经验近似法

1. 规则形状物体

对于短波段电波，大多数飞机和舰船的尺寸处于谐振区；而在高频段低端，小型无人机和巡航导弹处于瑞利区。这两个区域的特点是 RCS 更依赖目标的总尺寸。对于飞机而言，其翼展、机身长度、尾翼和升降舵长度、垂直稳定翼和舵高等主体架构，以及它们的相对位置，是其短波段 RCS 的主要贡献者，尺寸远小于一个波长（典型为 10m 以下）的精细结构（如挂载、座舱等）将不起作用。可以用数值方法来计算具有高电导率表面物体的散射截面[262]。

利用一些规则形状物体的散射特性能够对短波段 RCS 进行粗略然而有用的估计。图 4.4 给出良导体上的半球和单极子的垂直极化 RCS 与雷达工作频率的关系曲线。运用这些典型的形状可以对飞机、舰船表面的 RCS 进行估计。对小船而言，桅杆高度是最重要的[263]。

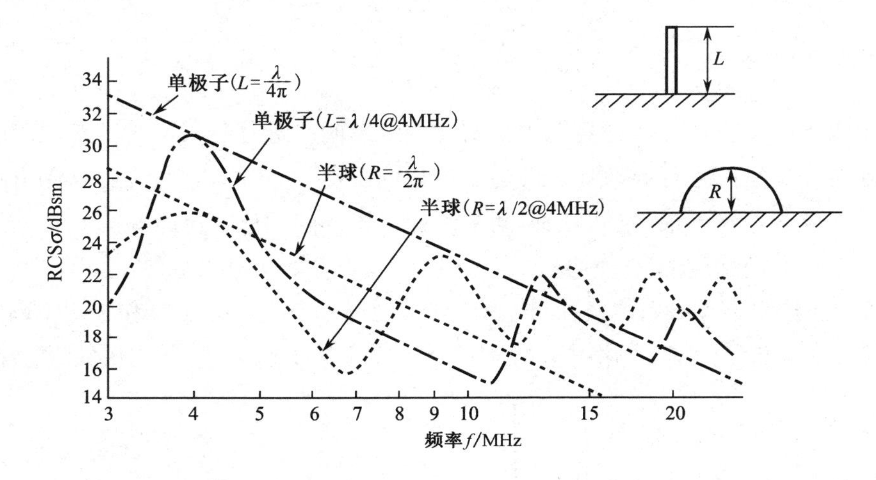

图 4.4　良导体上的半球和单极子的垂直极化 RCS 与雷达工作频率的关系[3]

2. 飞机目标

鉴于飞机类型的多样性和外形的复杂性，用公式仅能对其 RCS 进行粗略估计，较为精细的估计仍需要采用外形建模和电磁计算方法得到。

当以水平极化波从机头对飞机照射（零入射角）时，可以利用半波振子的谐振散射公式估计，单位为 dBsm，有

$$\sigma_{\max} = 0.86 \cdot (2L_K)^2 \tag{4.10}$$

式中：L_K 为飞机的翼展（m）。

3. 舰船目标

在短波频段，特别是波长较长的低端，作为良导体的海面与舰船本体产生的耦合效应，对于目标实际 RCS 的影响是不能忽略的。除了平静的海面对舰船目标产生近似的镜像，海洋表面的粗糙度（与海况相关），以及舰船的运动对舰船目标 RCS 也具有不小的影响。

大中型舰船（大于 1000t）的 RCS 通常十分复杂，但可以用以下经验公式粗略估计[46]：

$$\sigma = 52 f D^{3/2} \tag{4.11}$$

式中：σ 为舰船散射截面（m^2）；f 为雷达工作频率（MHz）；D 为舰船排水量（kt）。舰船 RCS 对于目标离水面的高度特别敏感。小型舰船（小于 1kt）的 RCS 主要由它们金属的垂直上层结构所决定。高耸的金属桅杆或框架能有效增大舰船 RCS，离水面高度较低的小船的 RCS 则很小。

美国利用 WARF 雷达对数百艘舰船（60～350m 长度不等的各类目标）数据进行统计分析，认为垂直极化 RCS 中值为 30～60dBsm。该估计值与美国俄亥俄州立大学、海军海洋系统中心、海洋实验室以及斯坦福研究所等单位的测量结果相符合[127]。

可以采用两种模型来粗略估计舰船目标垂直极化 RCS 的上下界。第一种模型主要用于船只上层结构的谐振散射，它们被看成良导体之上 1/4 波长的垂直振子，其 RCS（单位为 dBsm）可按下式评估[127]：

$$\sigma_{1/4} = 31.5 + 20\log_2\left(\frac{\lambda}{20}\right) \tag{4.12}$$

式中：λ 为入射无线电波的波长（m）。对于 15MHz 频率，按式（4.12）估计得到的 RCS 为 31.5dBsm。

应当注意的是，舰船可能还有其他一些结构部件（如通道舱、桅杆、烟筒等），它们对于 1/4 或 1/2 波长来说，几乎都是谐振尺寸。当垂直极化无线电波入射角为零（地波传输）时，位于良导体（海水表面）上半波（$\lambda/2$）垂直振子的谐振 RCS，比式（4.12）评估的 RCS 要大 6dB。

第二种模型主要应用于船本体（可看作一个四面体）的散射，其 RCS（单位为 dBsm）可以按下式评估[127]：

$$\sigma_{正面} \approx 10\log_2\left(\frac{4\pi A^2}{\lambda^2}\right) \tag{4.13}$$

式中：A 为舰船（四面体）一个照射面的面积；λ 为入射无线电波的波长（m）。举例说明，对于长 200m、宽 30m、高 20m 的一艘船，以 15MHz（波长 20m）的频率照射其宽面时，A 为 4000m^2，按式（4.13）计算得到的 RCS 估计值为 57dBsm；而照射其窄面时，A 为 600m^2，按式（4.13）计算得到的 RCS 估计值为 40dBsm。

极化是影响舰船目标 RCS 的另一个重要因素。由于海面与舰船目标之间的耦合作用，垂直极化电磁波具有最大的 RCS，镜像场会对 RCS 产生 12dB 的得益[3]。在天波雷达中，由于法拉第旋转效应，进入电离层的线性极化高频电磁波在磁场的作用下会分裂为两个椭圆极化分量。这样照射到目标上的信号极化是时变非平稳的。各类目标及目标的各种结构部件，如机翼或船身，随着极化旋转或多或少地与入射电波相匹配，从而在不同时刻成为目标整体 RCS 中的主要分量。尽管极化旋转在一定程度上会削弱垂直极化照射海面舰船所带来的 RCS 增益，但执行舰船探测任务的各国天波雷达仍然都选择了垂直极化。

4.3.4 尾焰等离子体仿真法

对火箭或弹道导弹目标尾焰等离子体进行仿真，其难点在于对随目标飞行高度和发动机工作状态急剧变化的尾焰形态的建模。

首先，需要根据目标一级发动机数量、发动机推力、比冲、推进剂类型、发动机燃烧室压强、喷管面积比、工作时间等参数，计算发动机喷管喉部面积、喉部直径及喷管出口面积、出口直径，由此给出推进器喷管结构尺寸；通过对推进剂的热力计算，给出燃烧产物组分的热力学参数。

发动机推进剂燃烧组分及其能量特性的计算方法主要有平衡常数法、最小自由能法等。最小自由能法是目前广泛应用的方法，其基本原理是：根据系统达到化学平衡时其自由能函数总和为最小的原理，通过建立自由能函数方程、质量平衡方程和线性代数方程组求得化学平衡的组分组成。其基本过程如下。

1. 自由能函数方程

设燃烧产物中有 l 种化学元素、m 种气相产物、P 种凝聚相产物，x_i 为某一组产物的摩尔数，则该体系的自由能函数总和为

$$F(x)=\sum_{i=1}^{m} f_i^g \sum_{h=1}^{P} f_h^c \tag{4.14}$$

式中：f_i^g 为气相产物的自由能；f_h^c 为凝聚相产物的自由能；x 为总燃烧产物，包括气相和凝聚相产物，即 $x_1^g, x_2^g, x_3^g, \cdots, x_m^g, x_1^c, x_2^c, x_3^c, \cdots, x_P^c$。

2. 质量平衡方程

根据质量守恒定律，含凝聚相复杂系统的元素质量守恒方程为

$$\sum_{i=1}^{m} a_{ij} x_i^g + \sum_{h=1}^{P} d_{hj} x_h^c = b_j \tag{4.15}$$

式中：x_h^c 为 1kg 物质中某凝聚相产物的摩尔数；d_{hj} 为 1kg 物质中第 h 种凝聚相产物含 j 种元素的摩尔原子数。假设一组产物的组成为

$$y^g(y_1^g, y_2^g, \cdots, y_m^g); \quad y_i^g > 0 \tag{4.16}$$

$$y^c(y_1^c, y_2^c, \cdots, y_P^c); \quad y_h^c > 0 \tag{4.17}$$

则满足质量平衡方程，即

$$\sum_{i=1}^{m} a_{ij} y_i^g + \sum_{h=1}^{P} d_{hj} y_h^c = b_j \tag{4.18}$$

系统自由能函数总和为

$$F(y) = \sum_{i=1}^{m} y_i^g (C_i^g + \ln y_i^g - \ln \overline{y}^g) + \sum_{h=1}^{P} C_h^c y_h \tag{4.19}$$

式中：C_h^c 为凝聚相产物的化学位。

3. 线性代数方程组

通过采用拉格朗日变换式，将自由能函数和质量守恒方程式联合，使整个计算满足质量守恒方程，变换后的计算表达式如下：

$$G(x) = Q(x) + \sum_{j=1}^{l} \pi_j \left(b_j - \sum_{i=1}^{m} a_{ij} x_i^g - \sum_{h=1}^{P} d_{hj} x_h^c \right) \tag{4.20}$$

式中：π_j 为未知数，$j = 1, 2, \cdots, j$。

当达到平衡时自由能函数具有极小值，并满足质量守恒方程：

$$\frac{\partial G(x)}{\partial x_i^g} = \frac{\partial G(x)}{\partial x_h^c} = 0 \tag{4.21}$$

式（4.21）中，有

$$\frac{\partial G}{\partial x_i^g} = (C_i + \ln y_i^g - \ln \overline{y}^g) + \left(\frac{x_i}{y_i^g} - \frac{\overline{x}^g}{\overline{y}^g} \right) - \sum_{j=1}^{l} \pi_i a_{ij} = 0 \tag{4.22}$$

$$\frac{\partial G}{\partial x_h^c} = C_h^c - \sum_{j=1}^{l} \pi_j d_{hj} = 0 \tag{4.23}$$

式（4.23）可以写成

$$\sum_{j=1}^{l} \pi_j d_{hj} = C_h^c \tag{4.24}$$

由式（4.22）得

$$x_i^g = -f_i(y^g) + y_i^g \left(\frac{\overline{x}^g}{\overline{y}^g} \right) + \sum_{j=1}^{l} (\pi_j a_{ij}) y_i^g \tag{4.25}$$

式（4.25）中

$$f_i(y^g) = y_i^g (C_i^g + \ln y_i^g - \ln \overline{y}^g) \tag{4.26}$$

令

$$r_{jk} = r_{kj} = \sum_{i=1}^{m} (a_{ij} a_{jk}) y_i^g \tag{4.27}$$

$$a_j = \sum_{i=1}^{m} a_{ij} y_i^g \tag{4.28}$$

$$\beta = \frac{\overline{x}}{\overline{y}} \tag{4.29}$$

将式（4.25）～式（4.29）代入质量守恒方程式（4.15）得

$$a_j\beta+\sum_{i=1}^{P}d_{hj}x_h^c+\sum_{\substack{j=1,\\k=1}}^{i}\pi_j r_{jk}=b_j+\sum_{i=1}^{m}a_{ij}f_i(y^g) \tag{4.30}$$

或写成

$$\sum_{j=1,k=1}^{l}\pi_j r_{jk}+\sum_{h=1}^{n}a_{hj}x_h^c+a_j\beta=b_j+\sum_{i=1}^{m}a_{ij}f_i(y^g) \tag{4.31}$$

式中：$P=n-m$ 为凝聚相产物组分；m 为气相产物组分；n 为总燃烧产物组分；l 为推进剂组成元素；x^c 为凝聚相产物的摩尔数。

将式（4.31）展开，并与式（4.23）构成含有 $(l+n-m+1)$ 个线性代数方程的矩阵表达式，即可解出未知数 $\pi_1,\pi_2,\cdots,\pi_l,x_1^c,x_2^c,\cdots,x_P^c$ 及 β。

$$\begin{bmatrix} r_{11} & r_{12} & \cdots & r_{1l} & a_1 & d_{11} & d_{21} & \cdots & d_{P1} \\ r_{21} & r_{22} & \cdots & r_{2l} & a_2 & d_{12} & d_{22} & \cdots & d_{P1} \\ \vdots & \vdots & \vdots & \vdots & \vdots & \vdots & \vdots & \vdots & \vdots \\ r_{l1} & r_{l2} & \cdots & r_{ll} & a_l & d_{1l} & d_{2l} & \cdots & d_{Pl} \\ a_1 & a_2 & \cdots & a_l & 0 & 0 & 0 & \cdots & 0 \\ d_{11} & d_{12} & \cdots & d_{1l} & 0 & 0 & 0 & \cdots & 0 \\ d_{21} & d_{22} & \cdots & d_{2l} & 0 & 0 & 0 & \cdots & 0 \\ \vdots & \vdots & \vdots & \vdots & \vdots & \vdots & \vdots & \vdots & \vdots \\ d_{P1} & d_{P2} & \cdots & d_{Pl} & 0 & 0 & 0 & \cdots & 0 \end{bmatrix}\begin{bmatrix}\pi_1\\ \pi_2\\ \vdots\\ \pi_l\\ \beta\\ x_1^c\\ x_2^c\\ \vdots\\ x_P^c\end{bmatrix}=\begin{bmatrix} b_1+\sum_{i=1}^{m}a_{i1}f_i^g(y)\\ b_2+\sum_{i=1}^{m}a_{i2}f_i^g(y)\\ \vdots\\ b_l+\sum_{i=1}^{m}a_{il}f_i^g(y)\\ \sum_{i=1}^{m}f_i^g(y)\\ C_1^c\\ C_2^c\\ \vdots\\ C_P^c\end{bmatrix} \tag{4.32}$$

将 π 值和 β 值代入式（4.25）即可得到 $x_1^g,x_2^g,\cdots,x_l^g$。

推进剂燃烧过程极为复杂，涉及物理化学反应和组分众多[200-201]，需要筛选出主要组分。筛选基本原则是以对喷焰电子密度的提升起重要作用为出发点，一是选择摩尔浓度较高的燃气组分，二是选择电离能较低的组分，或者二者兼得的组分。采用上述计算模型，获取了固体推进剂发动机燃气组分的计算和筛选结果，如表 4.1 所示。

表 4.1　固体推进剂燃气主要组分

燃气组分	电离能/eV	燃气组分	电离能/eV
Al	5.99	Cl_2	11.48
AlCl	9.40	*H	13.60
$AlCl_2$	7.74	HCl	12.75
$AlCl_3$	12.01	H_2	15.43
AlH	8.37	H_2O	12.61

续表

燃气组分	电离能/eV	燃气组分	电离能/eV
$AlHCl_2$	11.23	N_2	15.58
AlO	6.48	NO	9.26
AlOCl	11.15	O	13.62
AlOH	8.92	OH	13.00
AlOHCl	13.08	O_2	12.07
$AlOHCl_2$	11.09	NH_2	11.14
$Al(OH)_2$	8.89	NH_3	10.19
$Al(OH)_2Cl$	11.17	HCO	7.00
$Al(OH)_3$	10.92	HNO	10.10
Al_2O	8.22	HOCl	11.12
CH_3	9.84	HCHO	10.87
CH_4	12.51	Al_2O_3（L）	1.0×10^{10}
CO	14.01	Al_2O_3（a）	1.0×10^{10}
CO_2	13.77	C（gr）	1.0×10^{10}
Cl	12.97	NH_4Cl（II）	1.0×10^{10}

接下来再进行尾焰等离子体电子浓度的计算。根据一级发动机参数及喷管尺度，以喷焰电子密度 10^8cm^{-3} 为边界，获得计算区域范围，具体如图 4.5 所示。在高空，推进器喷管流场膨胀很大，可能达到喷管出口平面以前，因此，计算区域在喷管出口面向前延伸。

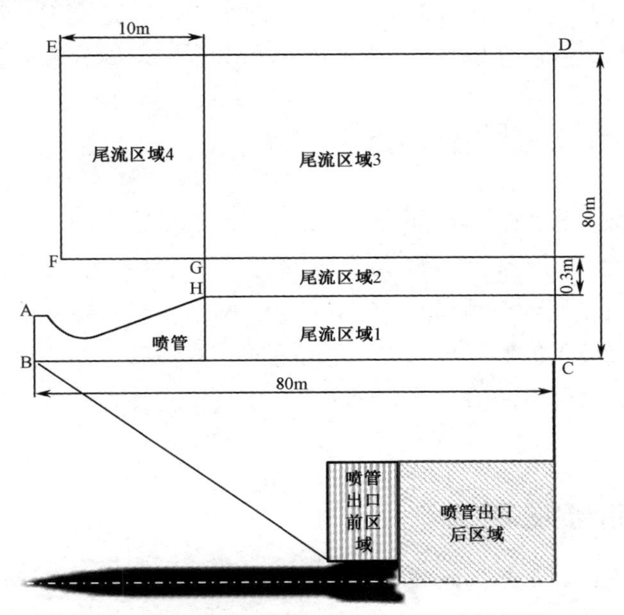

图 4.5　尾焰等离子体电子浓度计算区域示意图

在确定计算区域后，需要对区域进行计算网格划分，再利用尾焰等离子体计算模型进行计算。图 4.6 给出了典型火箭发动机尾焰质量密度计算结果。其中，横坐标为沿着发动机喷口的轴向，纵坐标为垂直于喷口的轴向。

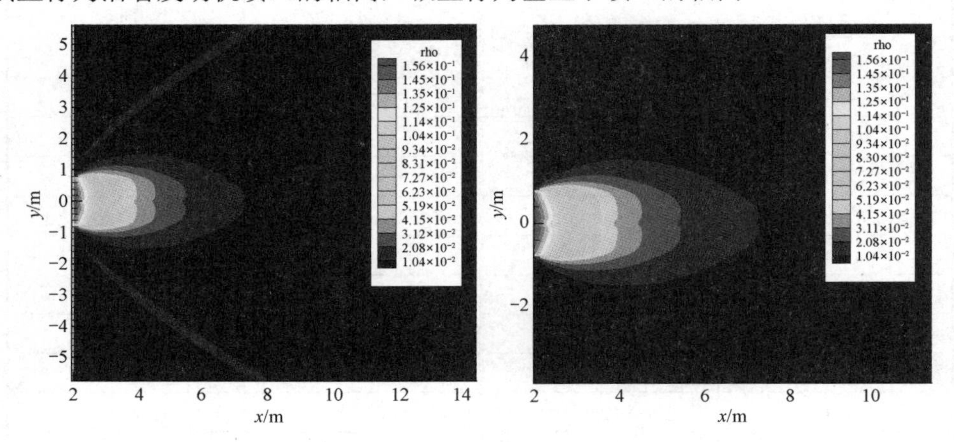

图 4.6　典型火箭发动机尾焰质量密度计算结果

从计算结果来看，由于固体推进剂中含金属铝成分，其电离能比液体推进剂的成分低得多。因此，固体发动机出口电子密度和碰撞频率均比液体发动机出口电子密度和碰撞频率大 2～3 个数量级。无论是固体推进剂尾焰等离子体，还是液体推进剂尾焰等离子体，其粒子数密度空间分布均随着距离发动机喷口距离的增大而减小。

如需计算尾焰与目标本体的联合体电磁散射特性，还要将三维尾焰进行电磁建模，并与目标本体在三维空间中准确拼接，才能再利用数值方法进行计算。

4.4　目标特性测量校正方法

尽管大多数目标（如飞机和舰船）光学区 RCS 的测量和校正方法已得到广泛研究，但在短波波段这一工作仍十分有限。经验公式所导出的光学区自由空间 RCS 无法准确转化短波波段观测到的 RCS，例如，基于船舶总吨位和雷达频率的 RCS 估计公式完全没有考虑舰船高度或导电海面对短波波段 RCS 的影响[46]。

通常的目标特性测量方法分为两类：一类是缩比静态测试，另一类则是外场动态测试。

4.4.1　缩比静态测试

缩比静态测试通常是指微波暗室内利用缩比仿真模型来进行 RCS 测量。该方法是目前 RCS 测量最常用的手段之一，其优点在于远场条件容易满足，且环境影响小、测试效率高。

缩比静态测试需要注意缩比模型的比例和测试雷达的下限频率。若下限频率较低，要求模型尺寸可放大，制作相对简单；若下限频率较高，要求模型尺寸小，制作比较困难。国外文献中曾介绍了利用缩比 1:472 的模型对简单形体目标进行短波段 RCS 的测量。巡航导弹在这样的缩比下仅一根大头针大小，其测试结果存在疑问。

室内缩比测试的另一个问题就是无法反映真实场景下环境的影响，如舰船船体与海面的相互作用。

4.4.2　外场动态测试

外场动态测试是指在实际环境中发射短波波段信号对运动状态下的实际目标进行 RCS 测量和标定。外场动态测试也可分为两类方法，一类是利用与目标位于相同区域（经标定后）的应答机转发信号进行；另一类则是利用自然界 RCS 已知的参考散射体进行，典型如海杂波一阶布拉格峰。需要说明的是，这一外场动态测试过程可以利用天波、地波或直达波中的任意一种传输模式进行，差别仅在于对获得结果的校正。

1. 标定后的应答机测试

利用应答机进行目标 RCS 测试首先需要对应答机进行标定。应答机转发信号作为目标 RCS 参考值，其精度主要受应答机天线和收发通道增益的标定误差影响。收发通道总增益的误差主要是数控衰减器及放大器工作点的随机误差，该误差通过测试及造表方式可控制在±0.3dB 以内。而短波波段天线增益受周边不同地面环境和电磁环境的影响，会产生变化，且不易精确测量。

图 4.7 给出了一种应答机试验标定方法的框图[264]。其中，标定试验设备由发射源、RCS 模拟应答机和校准测量系统组成。试验需要选择平坦开阔的场地开展，发射源与 RCS 模拟应答机和测量系统的距离相等，三者之间的距离应大于 3～5 个工作波长。发射源发射常载频连续波信号，校准测量系统主要包括接收天线和高精度频谱分析仪。

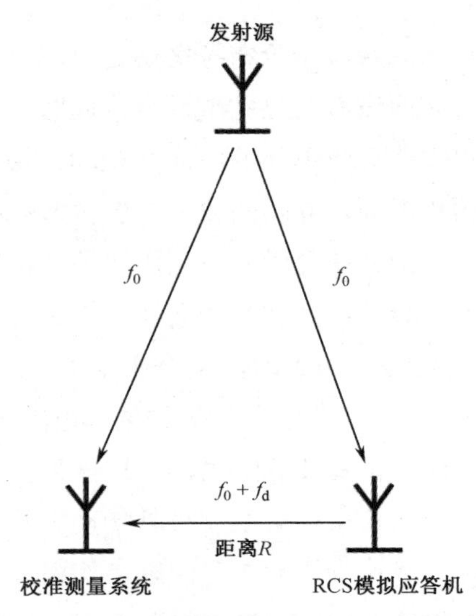

图 4.7　一种应答机试验标定方法框图

设校准测量系统和 RCS 模拟应答机天线端的功率密度分别为S_1和S_2，且$S_1 = S_2$，校准测量天线的有效面积为A_1，则校准测量系统接收到发射源的直达波功率P_1为

$$P_1 = S_1 \cdot A_1 \tag{4.33}$$

RCS 为σ的目标产生的回波功率P_2为

$$P_2 = S_1 \cdot \sigma \tag{4.34}$$

校准测量系统接收到的目标回波信号功率P_3为

$$P_3 = A_1 \cdot \frac{S_1 \cdot \sigma}{4\pi R^2} \tag{4.35}$$

由式（4.33）与式（4.35）可得应答机模拟目标 RCS 的校正公式为

$$K_s = \frac{P_3}{P_1} = \frac{\sigma}{4\pi R^2} \tag{4.36}$$

当校准测量系统与应答机之间的距离R和应答机模拟的散射截面σ确定后，校准测量系统所测得的K_s应满足式（4.36）的关系，否则就表明应答机模拟的反射截面与设定值（理论值）存在误差，需要通过逐步调整应答机的收发增益来消除或缩小该误差[264]。

标定后的应答机配置在待测目标附近，当目标运动经过时，设置应答机转发功率，使其转发信号在雷达回波谱上与目标回波相当，此时应答机转发功率所对应的散射截面σ即为目标在该频率和视线角上的实测值。

2. 自然界参考散射体测试

海杂波一阶布拉格峰是自然界中可用于 RCS 测试和标定的典型参考散射体。首先假设海况已完全发育，此时一阶海杂波的散射系数（回波的单位散射截面）和雷达分辨单元的海面面积均已知。由于待测试的舰船目标和布拉格峰的多普勒频移不同，舰船回波可与布拉格峰在多普勒上分辨开来，并比较其强度。

国外研究学者对利用海杂波标定短波波段舰船目标 RCS 开展了相关试验，尽管试验利用地波（表面波）雷达开展，但其方法移植到天波雷达上同样有效。在 3.1MHz 和 4.1MHz 两个频率上，对 36000t 的一艘货轮进行了 RCS 测试，试验结果如图 4.8 所示[265]。该结果与电磁仿真计算获得的 RCS 结果进行了比较，图 4.8 中实线为仿真计算结果，点线段为实测结果，可以看出二者一致性较好。

无论采用上述哪种外场动态测试方法，都会面临试验代价过高、样本数量不足、环境变化较大等问题，如图 4.8 所示，试验仅能获得部分频率和视线角上的测量值。因此，利用局部 RCS 实测值来校正电磁仿真计算的模型、方法和结果，再用校正后的模型和方法计算得到完整的 RCS 曲线，更具有实际意义。

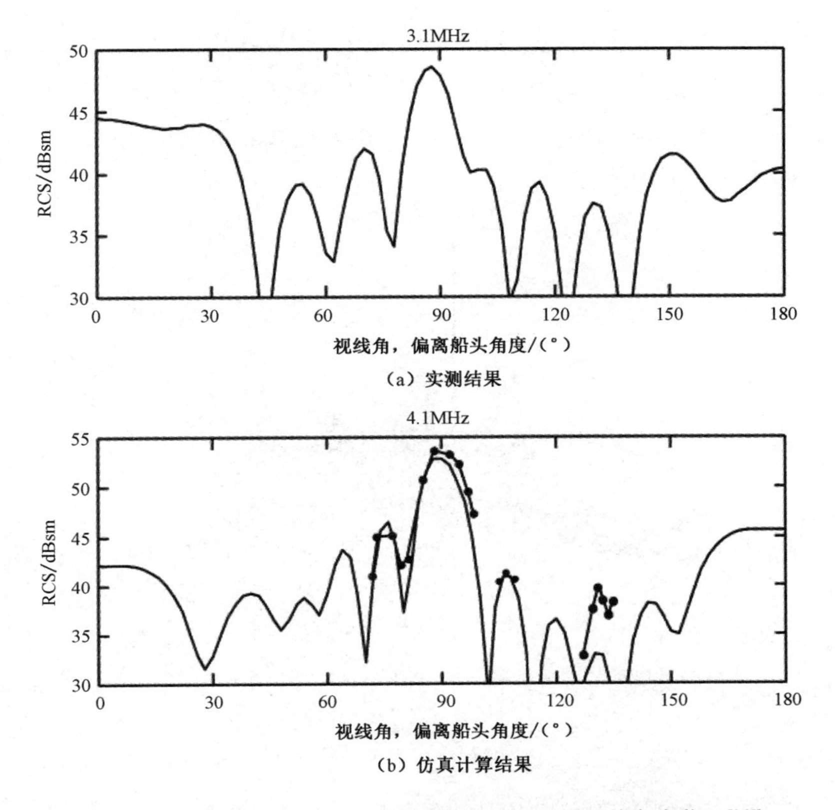

(a) 实测结果

(b) 仿真计算结果

图 4.8　36000t 级货轮 RCS 测量与仿真结果（随视线角变化）[265]

4.5　典型目标特性仿真结果

4.5.1　仿真数据格式定义

仿真中定义 3 个相互正交的坐标轴 x 轴、y 轴和 z 轴。坐标原点位于目标体上，x 轴指向目标迎头正前方，y 轴指向目标左翼或左舷方向，z 轴指向目标天顶方向。

用球坐标系中的俯仰角 θ 和方位角 φ 描述入射雷达波照射目标的空间姿态角。其中，θ 为入射方向与 z 轴正方向之间的夹角，即入射天顶角；φ 为入射方向在由 x 轴和 y 轴组成的水平面内投影方向与 x 轴正方向之间的夹角，即入射方位角。角度定义如图 4.9 所示。

4.5.2　空气动力目标

1. 型号 1

图 4.10 给出了某型隐身战斗机的三维模型和 RCS 仿真结果图，机身长 18.9m，

高 5m，翼展 13.5m。图 4.10（b）为该目标在方位角φ为 0°、俯仰角θ为 75°（天波模式，径向朝向雷达）时的 RCS 仿真结果图，横坐标为频率，单位为 MHz，纵坐标为 RCS，单位为 dBsm。图 4.10 中，“HH”曲线表示水平极化，“VV”曲线表示垂直极化，以下均同。

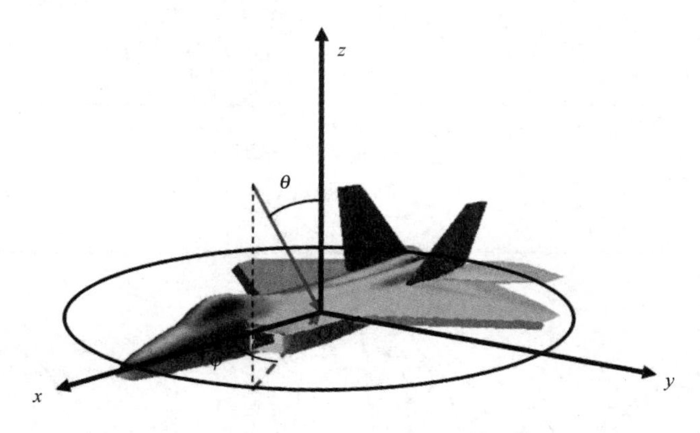

图 4.9　RCS 仿真角度定义示意图

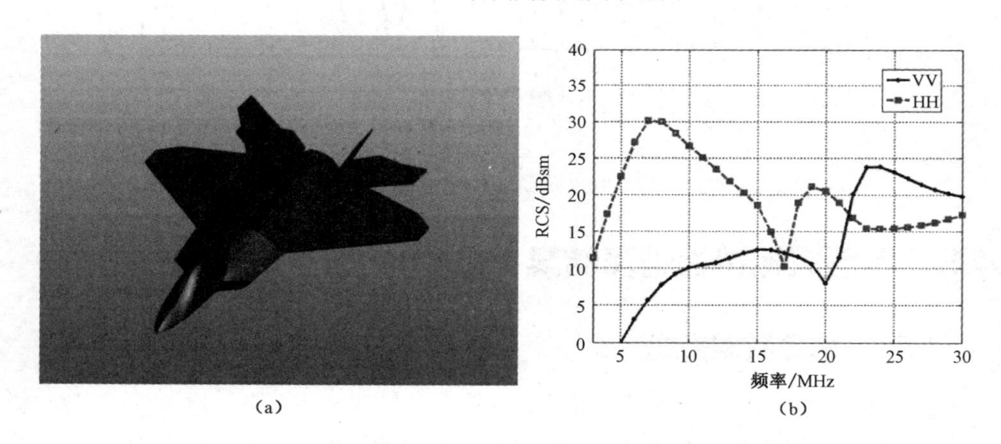

图 4.10　某型隐身战斗机的三维模型和 RCS 仿真结果图

图 4.11 给出了某型非隐身战斗机的三维模型和 RCS 仿真结果图，机身长 19.5m，高 5.6m，翼展 13m。RCS 仿真方位角φ为 0°、俯仰角θ为 75°。

从 RCS 仿真结果上可以看出，在短波波段两型战斗机 RCS 特性相当，隐身设计未体现出效果。

2. 型号 2

图 4.12 给出了某型隐身轰炸机的三维模型和 RCS 仿真结果图，机身长 21m，高 5.2m，翼展 52.4m。图 4.12（b）为该目标在方位角φ为 0°、俯仰角θ为 75°（天波模式，径向朝向雷达）时的 RCS 仿真结果图。

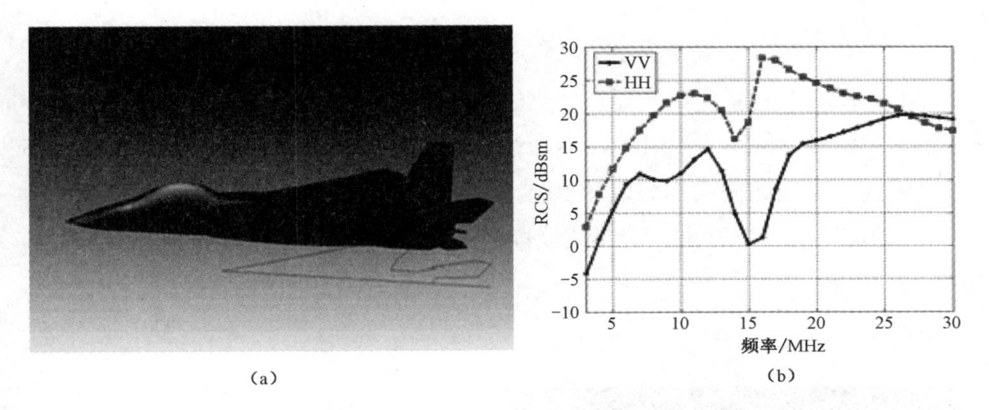

图 4.11 某型非隐身战斗机的三维模型和 RCS 仿真结果图

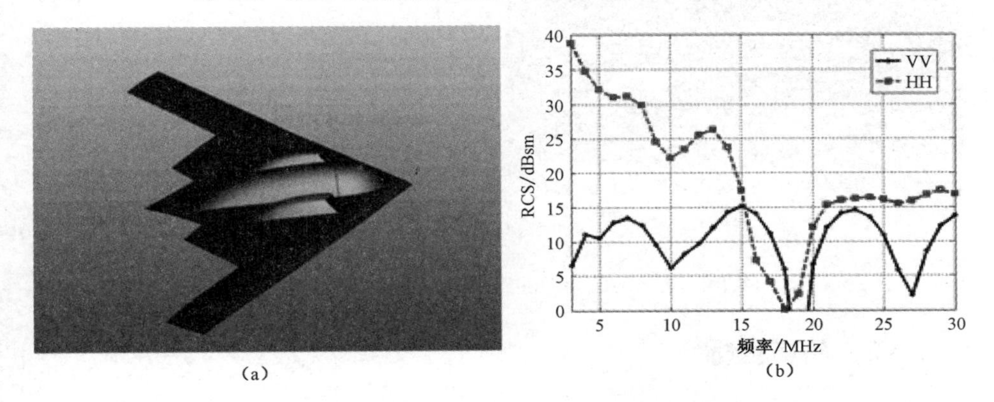

图 4.12 某型隐身轰炸机的三维模型和 RCS 仿真结果图

图 4.13 给出了频率为 10MHz、俯仰角 75° 时不同方位角的 RCS 仿真结果图。其中，横坐标为方位角，单位为°；纵坐标为 RCS，单位为 dBsm。

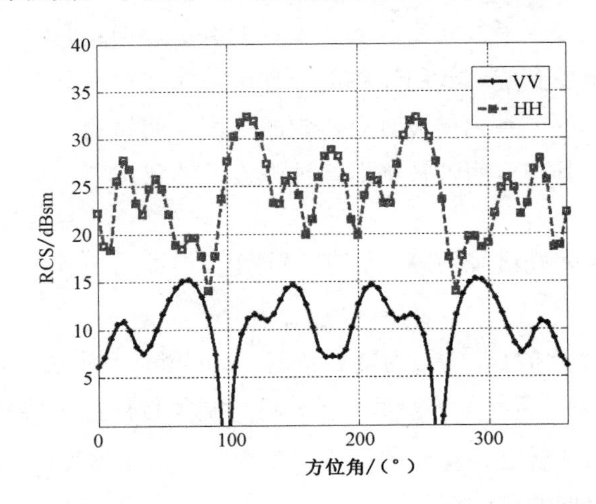

图 4.13 某型隐身轰炸机的 RCS 仿真结果图（频率 10MHz/俯仰 75°）

3. 型号 3

图 4.14 给出了某型巡航导弹的三维模型和 RCS 仿真结果图，弹长 5.6m，直径 0.5m，翼展 2.6m。图 4.14（b）为该目标在方位角φ为 45°、俯仰角θ为 75°（天波模式，斜向朝向雷达）时的 RCS 仿真结果图。

从仿真结果可以看出，在短波波段低端，巡航导弹由于尺寸小落入瑞利区，RCS 急剧下降。

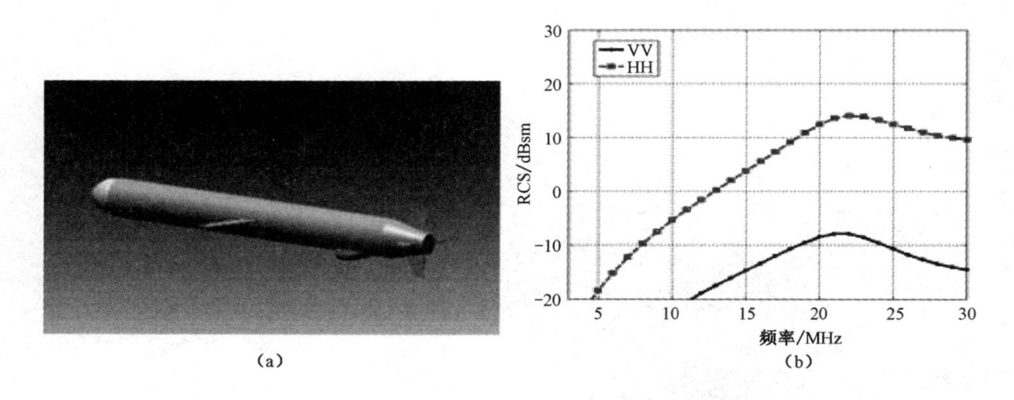

图 4.14　某型巡航导弹的三维模型和 RCS 仿真结果图

4.5.3　旋翼目标

4.5.3.1　旋翼回波特性

与固定翼目标不同，旋翼目标除机身能够散射雷达回波外，其旋翼（包括主旋翼和尾旋翼）能够产生特征不同的回波。主旋翼的尺寸通常与机身相当，其回波为旋翼直接反射及与机身间多次反射的叠加。当观测时间足够长时，雷达接收机将收到一串受到旋转作用调制的脉冲串，在多普勒谱上将呈现一排间距相等的梳齿状谐波。这一系列谐波具有一定的强度、明显的多普勒特征，甚至能够在旋翼目标悬停（其机身回波被地海杂波淹没）的状态下，作为其检测和识别的依据[266-267]。

旋翼回波的多普勒谱峰间隔 f_w 由下式给出：

$$f_w = M \cdot f_{rot}/60 \tag{4.37}$$

式中：M 为旋翼叶片数目；f_{rot} 为旋翼转速（rad/min）。从式（4.37）可以看出，f_w 与雷达工作频率、照射角等参数无关，只与旋翼目标自身特性有关。而通常旋翼目标的叶片数目和转速是恒定的，这也就意味着，多普勒间隔这一特征量可用于可靠识别旋翼目标的具体型号。

表 4.2 给出了几种典型旋翼目标相关参数，包括主旋翼线速度、叶片数目和旋翼直径[268]。依此可以计算得到其主旋翼的多普勒谱峰间隔。

表 4.2　典型旋翼目标的特征参量表

型号	主旋翼转速/（rad/min）	主旋翼叶片数/个	主旋翼直径/m	多普勒谱峰间隔/Hz
AH-1（“休伊眼镜蛇”）	294	2	14.63	9.8
AH-64（“阿帕奇”）	288	4	14.63	19.2
UH-60（“黑鹰”）	258	4	16.36	17.2
CH-53（“海上种马”）	225	7	24.08	20.3
MD 500（“防御者”）	492	5	8.05	41
A-109（“奥古斯塔”）	384	4	11	25.6
AS-332（“超级美洲豹”）	348	4	15.6	17.6
SH-3D（“海王”）	203	5	19	16.9

1972 年，美国海军实验室 NRL 开展了天波雷达探测识别直升机的试验研究。利用 SH-3D“海王”直升机开展的探测试验结果表明：SH-3D 直升机旋翼叶片独特的雷达特征回波能够在视距和超视距的范围内进行检测和有效识别。该结果有力支撑了利用舰载直升机来辅助识别和定位舰船位置的方法[269]。SH-3D“海王”直升机主旋翼叶片数为 5 个，主旋翼转速为 203rad/min，其多普勒谱峰间隔按式(4.37）计算得到为 16.9Hz。

图 4.15 给出了试验中直升机飞行的多普勒-距离频谱图[269]。图中，横坐标为射线距离，单位为 n mile，纵坐标为多普勒频率，单位为 Hz。如图 4.15 所示，位于零多普勒横贯所有距离段的是强地海杂波。正多普勒（约+3Hz 处）的为机身回

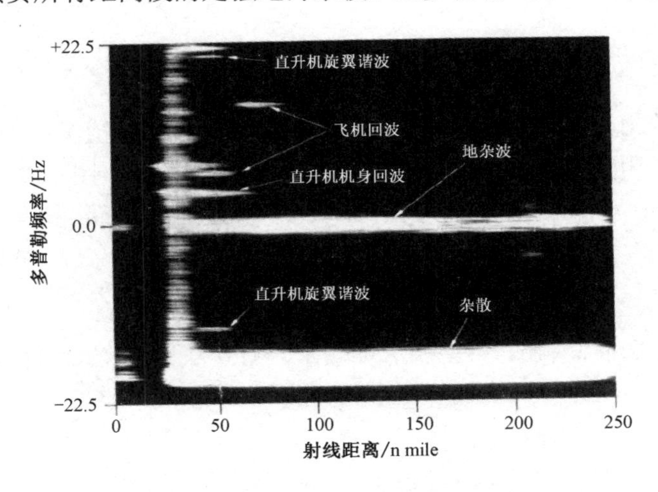

图 4.15　典型旋翼回波特征谱图[269]

波，表明此时直升机正朝向雷达飞行。两个一阶谐波分别出现在多普勒+20Hz 和 −14Hz 附近，其与机身回波的多普勒频率间隔均为 16.9Hz。图 4.15 中还可看到两个明显非旋翼飞机目标回波。

4.5.3.2 典型目标仿真计算结果

由于主旋翼回波特征的复杂性，这里只给出了典型旋翼目标机身的仿真结果，其建模和仿真方法与空气动力目标相同。

图 4.16 给出了某型旋翼飞行器的三维模型和 RCS 仿真结果图，机身长 17.3m，高 5.3m，旋翼直径 11.6m。图 4.15（b）为该目标在方位角 φ 为 0°、俯仰角 θ 为 75°（天波模式，径向朝向雷达）时的 RCS 仿真结果图。

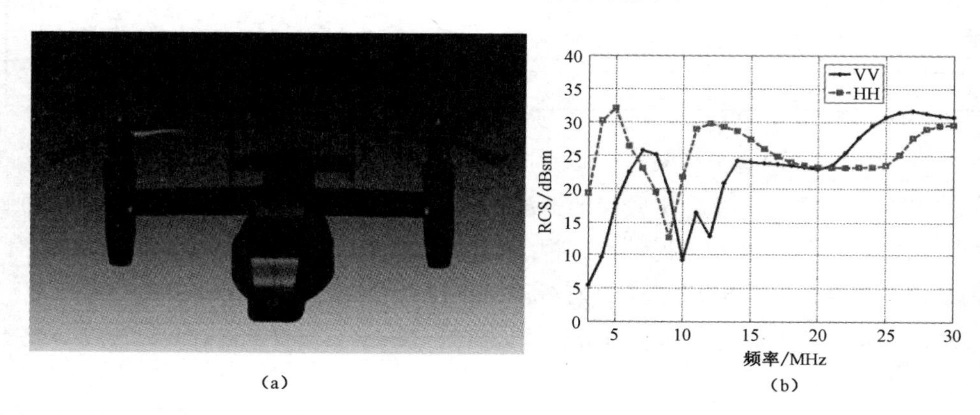

图 4.16 某型旋翼飞行器的三维模型和 RCS 仿真结果图

4.5.4 水面目标

1. 型号 1

图 4.17 给出了某型航空母舰的三维模型和 RCS 仿真结果图，船体长 332.8m、宽 40.8m，飞行甲板长 335.6m、宽 77.4m，吃水深度 11.9m。图 4.17（b）给出了该目标在方位角 φ 为 0°、俯仰角 θ 为 75°（天波模式，径向朝向雷达）时的 RCS 仿真结果图。

图 4.18 给出了频率为 10MHz、俯仰角为 75° 时不同方位角的 RCS 仿真结果图。从仿真结果可以看出，某型航空母舰在正侧方有两个 RCS 极值，最大可达到 50dBsm。

2. 型号 2

图 4.19 给出了某型驱逐舰的三维模型和 RCS 仿真结果图，舰长 153.7m，舷

宽 20.4m，吃水深度 6.3m。图 4.19（b）给出了该目标在方位角φ为 0°、俯仰角θ为 75°（天波模式，径向朝向雷达）时的 RCS 仿真结果图。

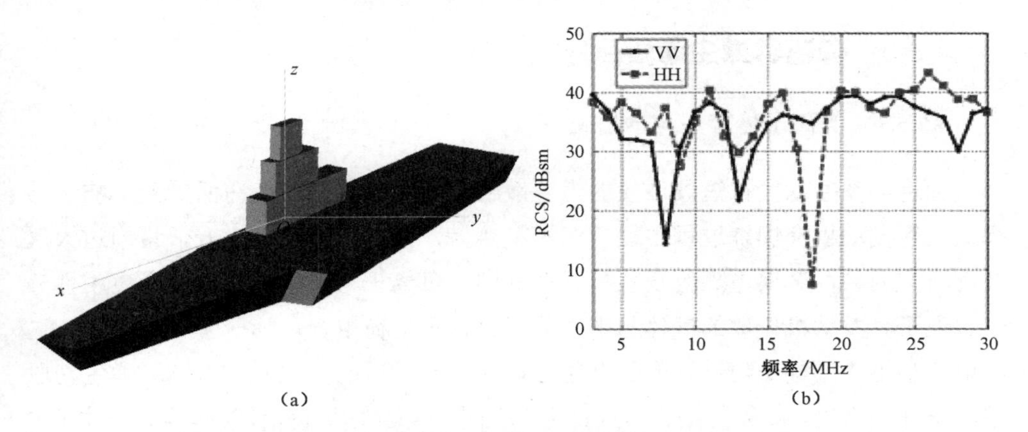

图 4.17　某型航空母舰的三维模型和 RCS 仿真结果图

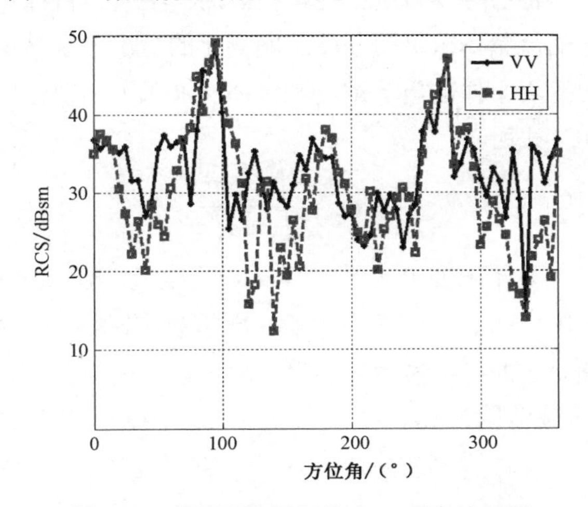

图 4.18　某型航空母舰的 RCS 仿真结果图

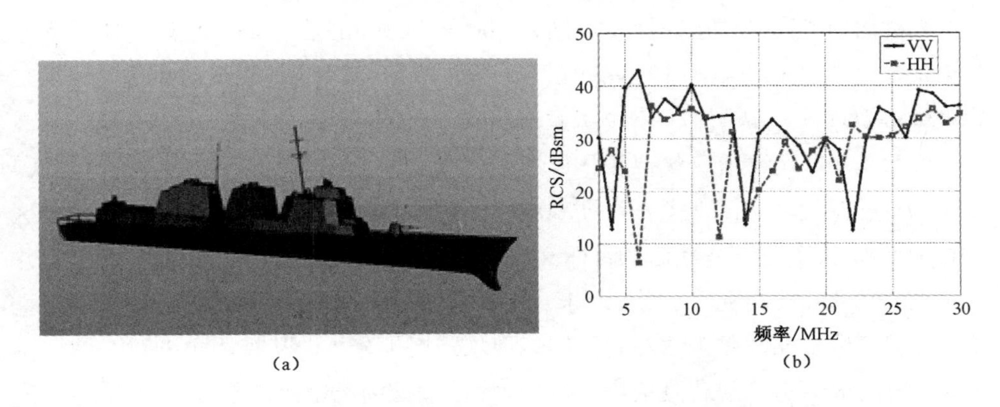

图 4.19　某型驱逐舰的三维模型和 RCS 仿真结果图

从仿真结果可以看出，在短波波段，由于频率和方位角不同而产生的 RCS 起伏，航空母舰并不能确保总是编队中 RCS 最大的目标。

4.5.5 弹道导弹主动段目标

4.5.5.1 等离子体产生与散射机理

弹道导弹主动段在短波波段的雷达散射截面由于尾焰的存在而受到影响。导弹或火箭发动机在燃烧过程中释放的大量热量，使得温度急剧上升，将周边大气及燃料中的碱性金属电离为正负离子。其中，负离子与氢原子结合，产生中性分子和电子。发动机排放的气体与中性分子、正负电荷组合，形成了等离子体。这一电离和组合过程是随着导弹的高速运动而动态发展的。因此，弹道导弹主动段回波特性与飞机、舰船等刚体“点目标”不同，它是刚体（弹体）和等离子体（尾焰产生）相互叠加、特性随发射过程变化极大的一类“体目标”。

火箭发射尾焰羽流整体密度随高度急剧变化的情况可参见 3.2.3 节。电波在等离子体中的传播由等离子体的电子浓度和频率（波长）所决定。等离子体频率与电子浓度的关系如下式所示：

$$\omega_{\mathrm{p}}=\sqrt{\frac{N_{\mathrm{e}}\cdot e^{2}}{m\varepsilon_{0}}} \tag{4.38}$$

式中：N_{e} 为等离子体电子浓度（cm^{-3}）；e 为电子电量，即 $1.602\times10^{-19}\,\mathrm{C}$；$m$ 为电子质量，即 $9.109\times10^{-31}\,\mathrm{kg}$；$\varepsilon_0$ 为真空中的介电常数，即 $8.854\times10^{-12}\,\mathrm{F/m}$。等离子体中最大电子浓度对应的频率被称为临界频率或截止频率。导弹或火箭伴生等离子体电子浓度 N_{e} 大致范围为 $10^{10}\sim10^{13}$，代入式（4.38），得到截止频率大致范围为 5.6～1800GHz。显然，该截止频率远远大于短波波段工作频率，会出现强散射现象。

假设均匀等离子体层的厚度分别为 10mm 和 3mm，在不同电子浓度情况下分析计算典型雷达波段（0～12GHz）的平面波作用于等离子体的反射系数。计算结果如图 4.20 所示，其中，ν 为电子碰撞频率，N_{e} 为等离子体电子浓度。

从图 4.20 中可看出，等离子体层厚度越厚，电子浓度越高，雷达波频率越低，其反射能量越大。这一现象在早期高频雷达探测弹道导弹的试验中经过验证。这种由发动机尾焰等离子体引起的目标 RCS 增大是明显可见的，但只有在导弹发射并到达大约 100km 的高度后才明显起来，而且必须在发动机持续燃烧的条件下[16]。

美国利用早期高频雷达对导弹尾焰现象开展了分析，从视距角度对卡纳维拉尔角发射的火箭进行的观测证实了这一理论。试验中观测到的尾焰等离子体，只在 100～200km 高度范围内明显。因为只有在这一高度范围的环境大气压力下，电子平均自由路径长度才能满足对入射信号频率进行反射的条件。后者表现出发散的多普勒特征，测得的短波波段 RCS 为 30～60dBsm。其强度无须经过多普勒积累就能够被早期高频雷达观测到，也易于进行识别[270]。通过计算洲际和中程导弹在激波边界获得过稠密电子浓度的速度和高度门限，可以推断当雷达频率超过 45MHz 时，就没有任何导弹能够达到满足产生尾焰振荡边界回波的速度。因此 45MHz 以上频段只会产生对雷达信号的吸收。这一结论也被大量视距观测试验所证实[16]。

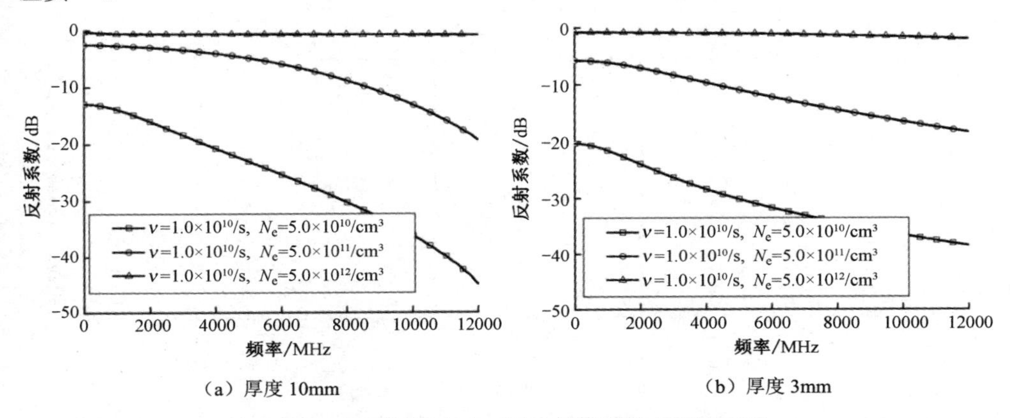

（a）厚度 10mm　　（b）厚度 3mm

图 4.20　不同厚度和电子浓度等离子体的反射系数

4.5.5.2　典型目标仿真计算结果

火箭或弹道导弹主动段目标的仿真计算方法详见 4.3.4 节，这里采用的是本体和尾焰等离子体联合建模。

1. 型号 1

根据某型弹道导弹自身的结构尺寸对其进行建模，并以尾焰等离子体空间分布特性数据为基础，形成尾焰等离子体三维模型，在同一坐标系下目标与尾焰等离子体形成联合目标的仿真模型。模型如图 4.21 所示。图 4.21（a）为弹体本体（刚体）建模结果，弹体总长为 13.4m，最大直径为 2.11m；图 4.21（b）为弹体与尾焰在 55km 高度的联合模型；图 4.21（c）为弹体和尾焰在 120km 高度的联合模型。可以看到，随着高度提升，尾焰形成的等离子体急剧扩展。

图 4.22 给出了某型弹道导弹本体及尾焰等离子体联合的 RCS 仿真结果。其入射方位角为 180°（侧面朝向雷达），横坐标为入射电磁波频率，单位为 MHz，纵坐标为雷达散射截面 RCS，单位为 dBsm。图 4.22（a）为 0～35km 高度的 HH 极化和 VV 极化结果；图 4.22（b）为 40～75km 高度的 HH 极化和 VV 极化结果；图 4.22（c）为 80～200km 高度的 HH 极化和 VV 极化结果。

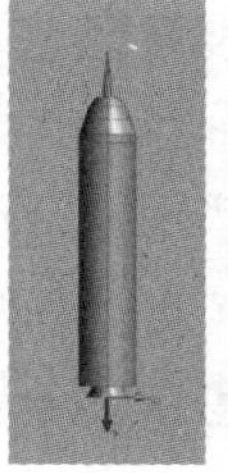

（a）本体　　（b）55km 联合模型　　（c）120km 联合模型

图 4.21　某型弹道导弹本体及与尾焰等离子体联合仿真模型

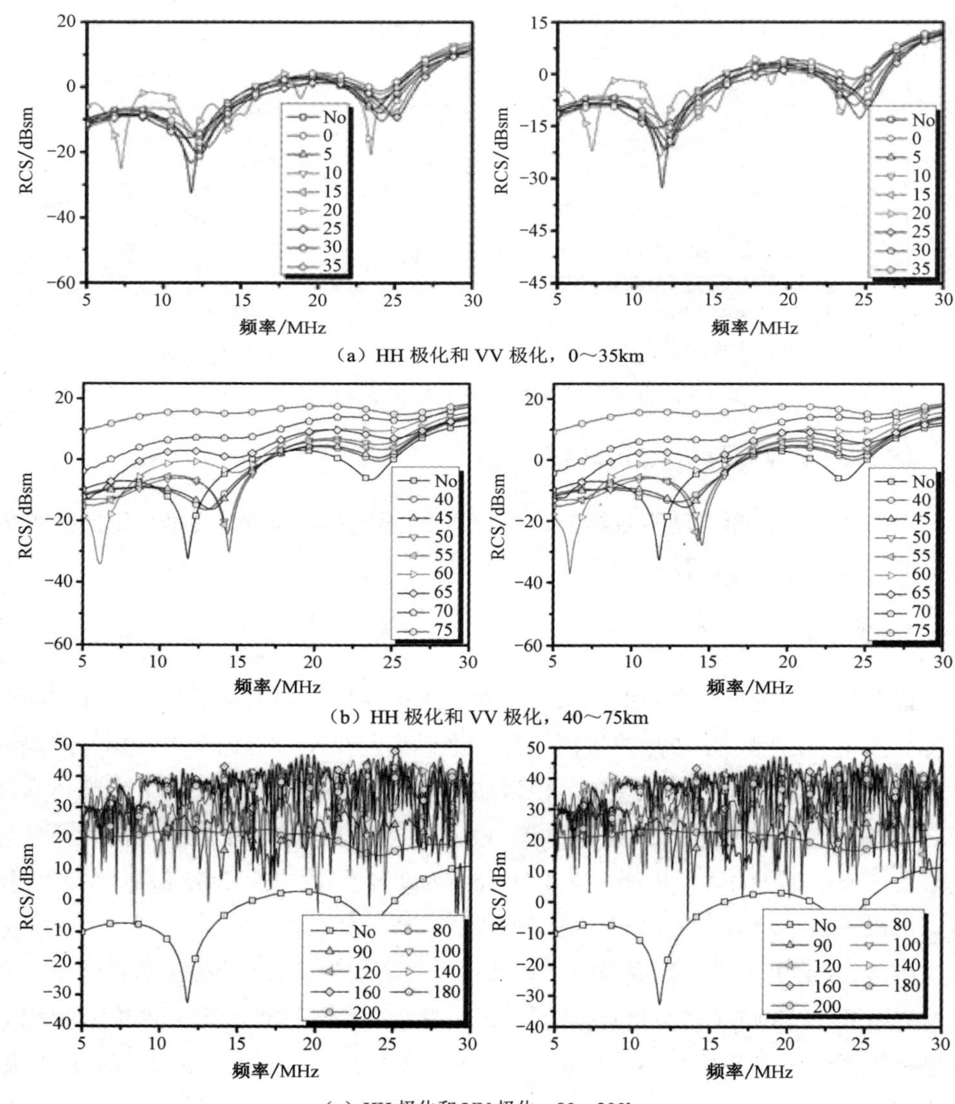

（a）HH 极化和 VV 极化，0～35km

（b）HH 极化和 VV 极化，40～75km

（c）HH 极化和 VV 极化，80～200km

图 4.22　某型弹道导弹本体及与尾焰等离子体 RCS 仿真结果图

从仿真结果来看，当导弹飞行高度高于 80km 时，RCS 有一个急剧的增大，此时尾焰等离子体在其中占据主导，弹体作用基本可以忽略。

2. 型号 2

根据某型运载火箭自身的结构尺寸进行联合建模得到的模型如图 4.23 所示。图 4.23（a）为弹体本体（刚体）建模结果，弹体总长为 53m，最大直径为 4m，弹体附带两个固体助推器；图 4.23（b）为弹体与尾焰在 55km 高度的联合模型；图 4.23（c）为弹体和尾焰在 65km 高度的联合模型。

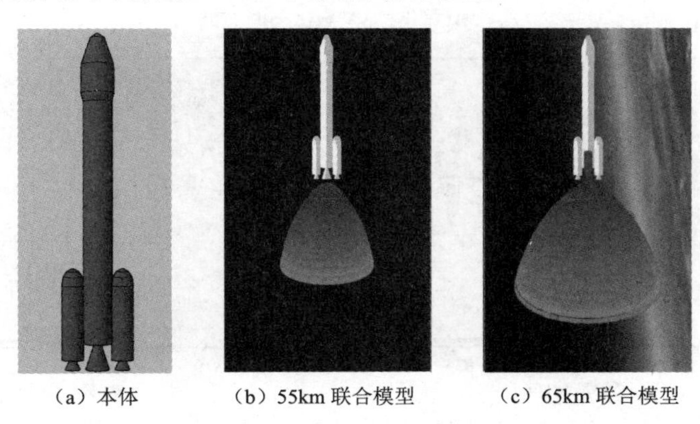

（a）本体　（b）55km 联合模型　（c）65km 联合模型

图 4.23　某型运载火箭本体及与尾焰等离子体联合仿真模型

图 4.24 给出了某型运载火箭本体及尾焰等离子体联合的 RCS 仿真结果。其入射方位角为 180°（侧面朝向雷达），横坐标为入射电磁波频率，单位为 MHz，纵坐标为雷达散射截面 RCS，单位为 dBsm。图 4.24（a）为 0～35km 高度的 HH 极化和 VV 极化结果；图 4.24（b）为 40～75km 高度的 HH 极化和 VV 极化结果；图 4.24（c）为 80～200km 高度的 HH 极化和 VV 极化结果。

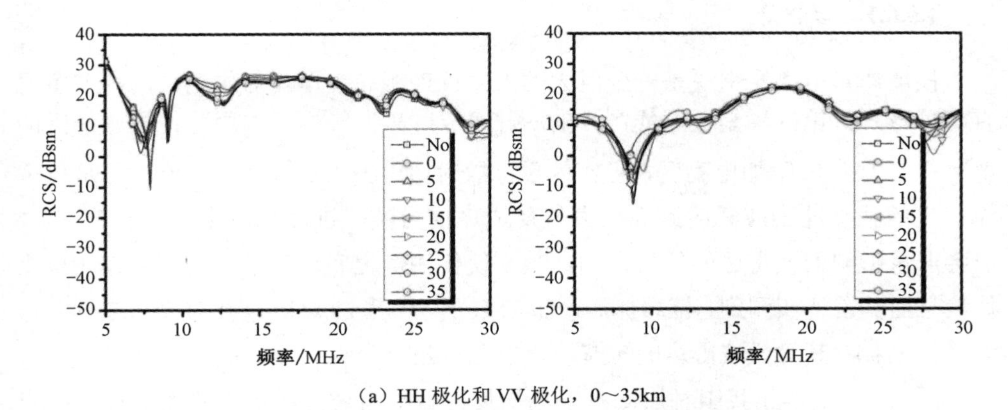

（a）HH 极化和 VV 极化，0～35km

图 4.24　某型运载火箭本体及与尾焰等离子体 RCS 仿真结果图

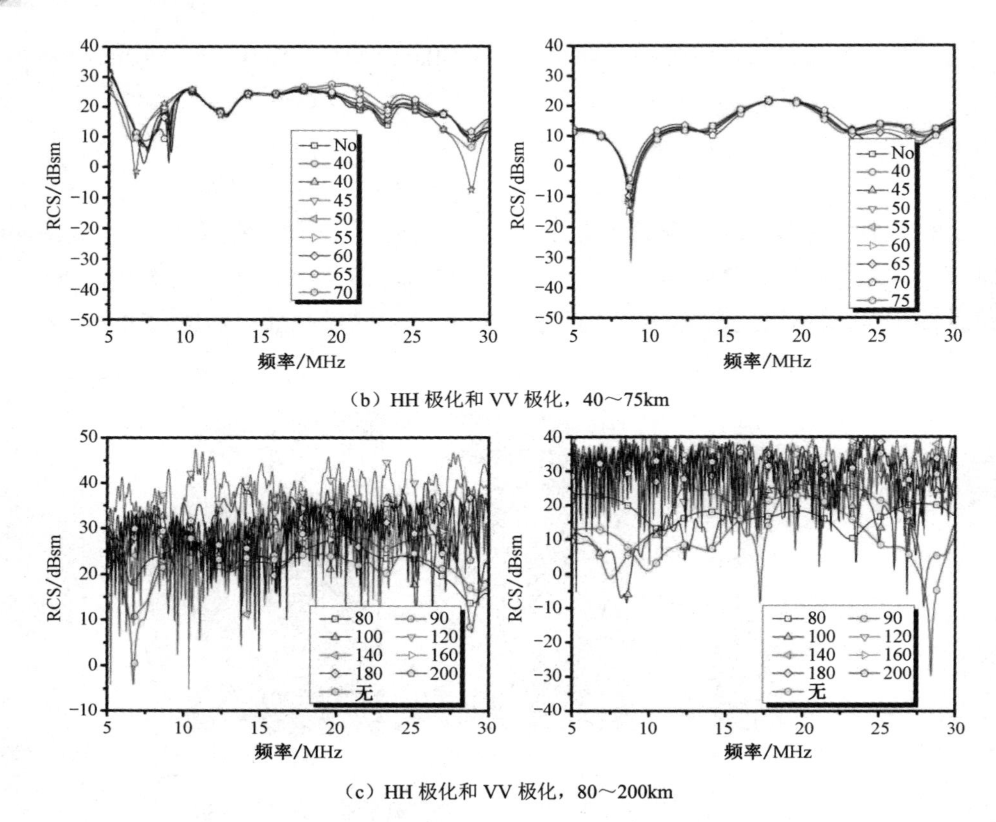

（b）HH 极化和 VV 极化，40～75km

（c）HH 极化和 VV 极化，80～200km

图 4.24　某型运载火箭本体及与尾焰等离子体 RCS 仿真结果图（续）

从仿真结果来看，无论是配备液体发动机的运载火箭，还是配备固体发动机的弹道导弹，其主动段尾焰等离子体的特性基本相同。

4.5.6　其他类型目标

4.5.6.1　核爆炸

核爆炸对电离层来说是一个巨大的人工扰动源。核爆炸对电离层的影响主要有两种形式：第一种是核爆炸产生的γ射线辐射与大气相互作用，使核爆炸区的电离层 D 层形成附加电离区，它作为目标散射体可被雷达探测到；第二种是核爆炸产生的强烈冲击波感应到高层大气形成声重力波，进而扰动电离层[271]。该效应会严重影响天波雷达的信号传输，甚至使传输信道完全失效，它也可作为核爆炸信息而被雷达侦测到。核爆炸后产生的 D 层（高度约 90km）附加电离层区，作为目标来看，其对天波雷达的短波波段电磁波是一个吸收体，而非反射体。

图 4.25 是早年我国利用高频电离层返回散射雷达开展的氢弹爆炸探测结果图。雷达位置距核爆炸区约 2200km，工作频率为 18.1MHz。图 4.25 中给出的是

幅度-距离图，横坐标为射线距离，回波距离最大为 4000km；纵坐标为回波相对幅度，最大为 40dB。如图 4.25（b）中箭头处所示，核爆炸约 10min 后形成了一个径向宽度约为 700km 的 D 层附加电离层区。它对于高频电波是一个强吸收体，平均电子浓度大于 $5.4\times10^4/cm^3$，高频电波通过它的吸收损耗大于 12.5dB[272]。

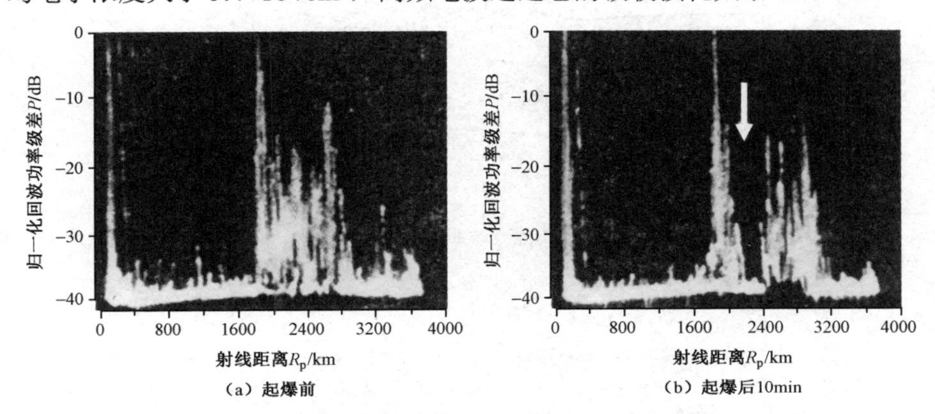

图 4.25 核爆炸附加电离层区的 A 型电离图

以 18.1MHz 频率观测到的一系列幅度-距离（A 型）数据经计算分析后，核爆炸附加电离层区尺度随时间的变化如图 4.26 所示。从图 4.26 中可看出核爆炸附加电离层区的最大尺度可达 700km，这与另一部离核爆炸区约 500km 的电离层返回散射雷达观测结果（图 4.26 中实线所示）非常一致。

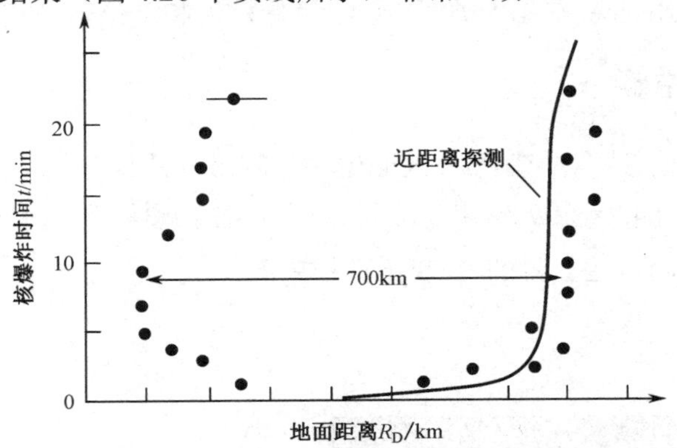

图 4.26 核爆炸附加电离层区尺度随时间变化图

一般来说，天波雷达探测通道的中点电离层被扰动时影响最大。而核爆炸产生的强烈冲击波感应到高层大气所形成的声重力波扰动电离层的波动现象，是以一定速度在电离层中传播的。图 4.27 给出了核爆炸所引起的电离层扰动效应随时间的变化，可看出在核爆炸后 50min 内电离层仍然处在平静状态，而在第 51min 才开始被扰动。由观测数据分析可知，核爆炸产生的声重力波对电离层扰动的传播速度为424m/s。因此，天波雷达受到核爆炸影响的发生时间可以用雷达与核爆炸区的距离和扰动传播速度来联合估计。

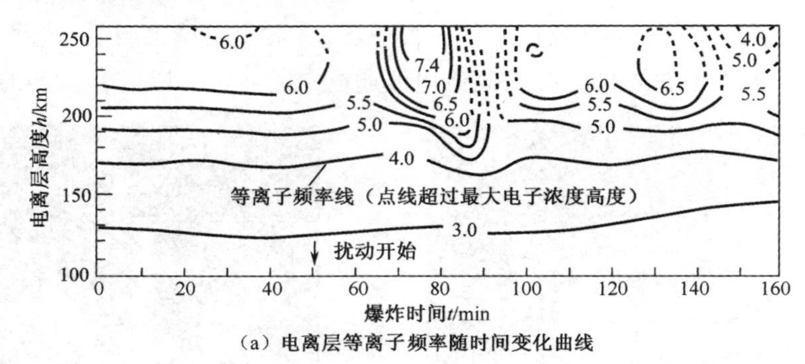

（a）电离层等离子频率随时间变化曲线

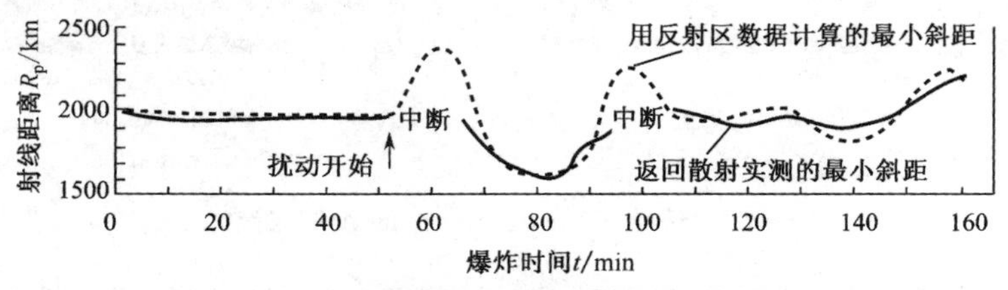

（b）返回散射雷达射线距离随时间变化曲线

图4.27　核爆炸引起的电离层扰动效应随时间变化图

核爆炸所扰动的电离层是一种波动现象，与电离层行波扰动（Travelling Ionospheric Disturbance，TID）类似，会给目标检测和定位带来较大影响[57, 273-274]。

4.5.6.2　浮空器

图4.28给出了某型浮空器的三维模型和RCS仿真结果图，艇长为152.4m，直径为48.7m。图4.28（b）给出了该目标在方位角φ为0°、俯仰角θ为75°（天波模式，径向朝向雷达）时的RCS仿真结果图。

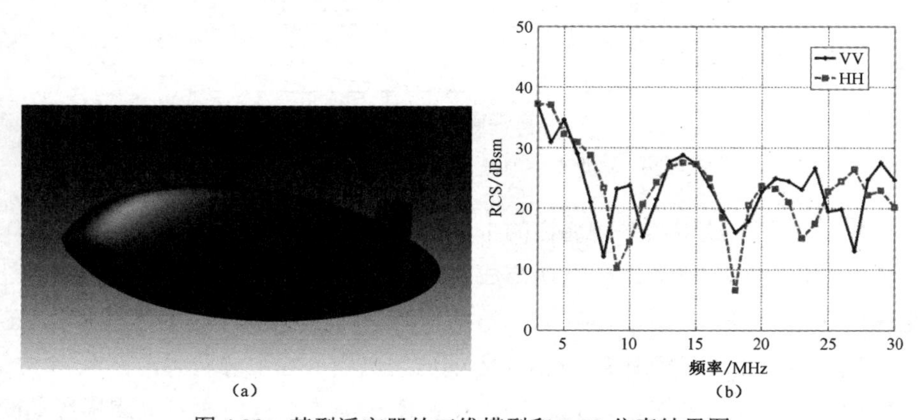

图4.28　某型浮空器的三维模型和RCS仿真结果图

第 5 章
天波雷达回波特性

5.1 概述

天波雷达工作中所面临的电磁和信号环境复杂，图 1.18 中给出了信号分类情况。信号主要分为两类。一类是无源信号，它本身并不主动发射无线电波，却在被雷达发射的探测电磁波照射后产生散射信号。对于天波雷达，典型的无源信号主要包括地面、海洋、流星电离尾迹、电离层的直接反射或返回散射的回波。另一类是有源信号，对目标信号检测产生影响的有源信号主要有大气与宇宙无线电噪声、人为无线电噪声（工业与电器干扰）、短波电台干扰及蓄意干扰等。

本章中重点介绍这些无源信号和有源信号的特性，以及其对雷达探测性能的影响，为后续章节介绍雷达反干扰、杂波抑制等技术及系统设计奠定基础。

5.2 地物杂波

5.2.1 散射系数

当雷达信号照射到地面、海面或物体时，信号会向各个方向散射，其中，后向散射返回到雷达接收机的这部分信号，被称为雷达回波。地海表面或其他物体所散射的无用强信号回波，通常会对雷达所关注的目标信号（往往较微弱）检测产生不利影响，甚至掩盖目标信号，因此被称为杂波（Clutter）。陆地及其表面物体所产生的杂波被称作地物杂波或地杂波，而海洋表面产生的杂波被称为海杂波。

对于离散的点目标，通常采用 RCS 来度量雷达目标回波的散射强度。而杂波散射强度则通常用后向散射系数 σ_0 来描述。它定义为单位地表面积的单站雷达散射截面，无量纲，一般用 dB 表示。

被照射的地球表面，可以看成许多散射单元的集合。接收到的散射场是所有散射单元散射场的总和。假定照射区域内所包含的散射单元个数为 n，那么雷达接收到的散射功率 P_{r} 可表示为

$$P_{\mathrm{r}}=\sum_{i}^{n}\frac{\lambda^{2}P_{\mathrm{t}i}G_{\mathrm{t}i}G_{\mathrm{r}i}\sigma_{0}(A_{i})\Delta A_{i}}{4\pi(4\pi R_{i}^{2})^{2}} \tag{5.1}$$

式中：ΔA_i 为第 i 个散射单元的面积；$\sigma_0(A_i)$ 为该散射单元的散射系数；$P_{\mathrm{t}i}$、$G_{\mathrm{t}i}$ 和 $G_{\mathrm{r}i}$ 分别为该单元对应的发射功率 P_{t}、发射天线增益 G_{t} 和接收天线增益 G_{r} 的值；R_i 为该散射单元回波的射线传播距离。取极限，有限和就变成积分表达式

$$P_{\mathrm{r}}=\frac{\lambda^{2}}{(4\pi)^{3}}\int_{\text{照射区}}\frac{P_{\mathrm{t}}G_{\mathrm{t}}G_{\mathrm{r}}\sigma_{0}(A)\mathrm{d}A}{R^{4}} \tag{5.2}$$

这个积分的描述并不精确，但在照射区域足够大，包含许多独立散射中心的

场景下可以使用，且是测量试验的主要设计依据。

散射系数也可用γ表示。与σ_0的定义略有不同，γ定义为每个单位投影面积的单站雷达散射截面。令A为地面面积，A'是投影面积，θ是入射角，如图 5.1 所示。

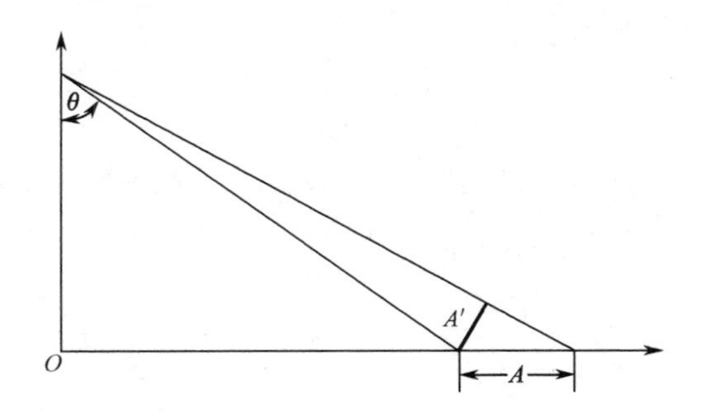

图 5.1　地面面积和投影面积关系示意图

由于两者的横向长度基本一致，故有

$$A' \approx A\cos\theta \tag{5.3}$$

无论何种定义，雷达截面积应保持不变（散射能量相同），那么

$$\sigma_0 = \gamma A' \approx \gamma A\cos\theta \tag{5.4}$$

由此可得

$$\sigma_0 \approx \gamma\cos\theta \tag{5.5}$$

5.2.2　地面粗糙度

5.2.2.1　瑞利（Rayleigh）准则

自然地球表面一般都是起伏不平的，可以用表面高度h的标准偏差σ_h和表面相关系数ρ_h来描述地表面的起伏变化。标准偏差σ_h和相关系数ρ_h分别定义为

$$\sigma_h = (\langle h^2\rangle - \langle h\rangle^2)^{1/2} \tag{5.6}$$

$$\rho_h(x) = \frac{\sum_{i=1}^{N} h(i)h(x+i)}{\sum_{i=1}^{N} h^2(i)} \tag{5.7}$$

式中：符号$\langle\cdot\rangle$表示统计平均；x为离开i点的距离。表面相关长度l_h定义为相关系数等于$1/\mathrm{e}$时x的长度，即

$$\rho_h(l_h) = 1/\mathrm{e} \tag{5.8}$$

在电磁散射理论中，衡量表面是否“光滑”的准则包括瑞利（Rayleigh）准则：假若两条反射线之间的相位差小于$\pi/2$，则可以认为表面是光滑的。

如图 5.2 所示，入射波分别从高度相差Δh的点A和点B（A、B两点的切线互相平行）反射。从几何关系可以看出，两条反射线的相位差$\Delta\varphi = 4\pi\Delta h\sin\theta/\lambda$，令$\Delta\varphi < \pi/2$，那么由上式可得$\Delta h < \lambda/(8\sin\theta)$。对于随机起伏表面，在式中用$\sigma_h$代替$\Delta h$，就可以得到瑞利准则为

$$\sigma_h < \frac{\lambda}{8\sin\theta} \tag{5.9}$$

在某些情况下，为了提高测量精度，要采用更加严格的标准，即

$$\sigma_h < \frac{\lambda}{32\sin\theta} \tag{5.10}$$

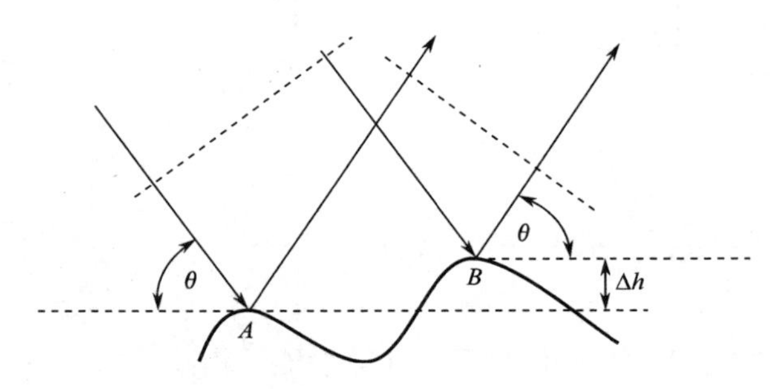

图 5.2　瑞利准则反射示意图

5.2.2.2　表面粗糙度对镜面反射系数的影响

电磁波从光滑平坦的表面反射时，反射能量全部集中在镜反射方向，称为镜反射。当电磁波入射到粗糙表面时，反射能量的空间角分布与表面粗糙程度相关。对于稍微粗糙的表面，散射能量的角分布由反射分量和散射分量两部分组成，如图 5.3 所示。反射分量还是在镜反射方向，它的功率比平滑表面的反射功率小。镜反射常常又被称作相干散射，而散射常被称作漫散射或非相干散射。散射分量的能量散布在各个方向，它的振幅小于镜反射分量的振幅。表面越粗糙，散射分量越强，镜反射分量越弱。当表面十分粗糙时，镜反射分量可以忽略，视作仅存在散射分量，如图 5.3（b）所示。

许多研究学者计算了高斯分布表面的修正镜反射系数。在忽略尖锐边缘和遮挡影响情况下，镜反射系数的幅度$R_{\rm s}$为

$$R_{\rm s} = \rho\rho_{\rm s}D \tag{5.11}$$

式中：ρ为平滑表面反射系数的幅度；D为扩散因子；$\rho_{\rm s}$为粗糙表面反射因子。对于高度呈高斯分布的表面，$\rho_{\rm s}$的平均值为

$$\begin{cases}\langle\rho_{\rm s}^2\rangle = \exp[-(\Delta\Phi)]^2 \\ \Delta\phi = 4\pi\sigma_h\sin\theta/\lambda\end{cases} \tag{5.12}$$

式中：$\langle\cdot\rangle$ 表示统计平均；θ 为掠射角；σ_h 为表面高度的标准偏差。

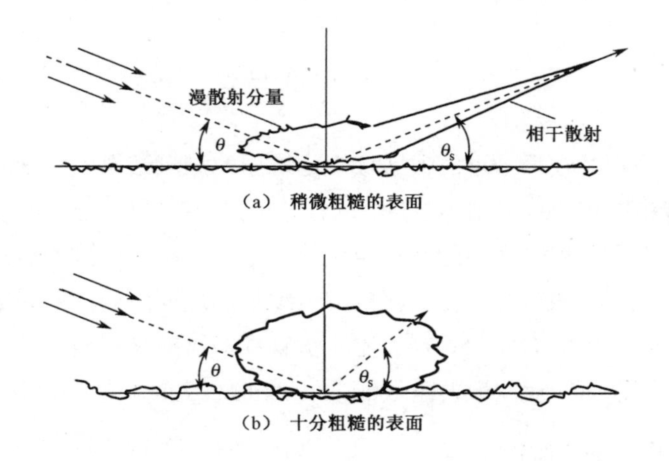

图 5.3　粗糙度反射影响示意图

5.2.2.3　植被对反射系数的影响

陆地表面常有植被覆盖，植被会吸收电磁波能量，也会散射部分能量，总的效果是使得反射系数减小。系数 ρ_{v} 被称为植被因子，它可以用下面简单的模型进行估计：

$$\rho_{\mathrm{v}}=\exp\left(-\frac{K}{\lambda}\sin\theta\right) \tag{5.13}$$

式中：K 为与植物类型有关的常数，其值如表 5.1 所示。

表 5.1　与植被类型有关的常数K的取值

植被类型	无植被	小草	浓密野草或灌木	茂密树林
K 值	0	1	3	10

在这种情况下，镜反射方向的反射系数可修正为 R_{sv}，即

$$R_{\mathrm{sv}}=\rho\rho_{\mathrm{s}}\rho_{\mathrm{v}}D \tag{5.14}$$

5.2.3　地物杂波特性

5.2.3.1　地面后向散射系数

在研究返回散射传播的场强与地面散射过程时，最感兴趣的量是地面后向散射系数 σ_0。但对于返回散射传播的目的来说，地面后向散射系数 σ_0 的测量仍是难题，下面给出的仅是初步试验结果。

利用一个小功率高频返回散射雷达，通过雷达方程进行了平均地面后向散射

系数的测量，取得其关于入射角β的测试数据$\sigma_0(\beta)$，通过统计分析可得到地面后向散射系数模型公式[275-276]：

$$\sigma_0(\beta)=A\sin^n\alpha \tag{5.15}$$

式中：$A=0.134$，$n=4.31$。

这些实际是相对较为平坦的大区域广延地面的测量结果，包括陆地、海洋、沙漠，以及有粗糙冰块或光滑冰块的海面等。此模型结果与前人测量结果吻合度较高，却是基于大面积较平坦的地形得到的。通常，高山地区的后向散射系数要比平坦地形高 12～16dB；被山区占据的混合地形的地面后向散射系数比平坦地形的地面后向散射系数增加 6～8dB；而整个被森林覆盖的平坦地面的后向散射系数则比通常的平坦地面的后向散射系数低 10～20dB。

5.2.3.2 地物杂波强度

实际工程设计中采用一种近似计算，即利用广延地面后向散射雷达方程来计算返回散射能量，它与通常熟知的雷达方程定义一样，即

$$P_{\mathrm{r}}(a)=\frac{P_{\mathrm{t}}G_{\mathrm{t}}}{4\pi R_{\mathrm{p}}^2}\times\frac{\sigma}{4\pi R_{\mathrm{p}}^2}\times\frac{G_{\mathrm{r}}c^2}{4\pi f^2}\times\frac{2}{L_{\mathrm{s}}}\times\frac{1}{L_{\mathrm{p}}} \tag{5.16}$$

式中：作为广延目标的地面 RCS 为

$$\sigma=A\sigma_0\sin\beta=\frac{1}{2}c\tau R_{\mathrm{D}}\varphi\sigma_0(\beta)\tan\beta \tag{5.17}$$

式中：$\sigma_0(\beta)$为地面后向散射系数，它与入射角β有关；τ为脉冲宽度；R_{D}为地面距离；φ为天线水平波束宽度；c为光速；f为工作频率；L_{p}为往返两次的电离层吸收损耗，与β、f有关；L_{s}为系统总损耗；R_{p}为天波传输的射线距离，与电离层反射高度h有关；G/G为天线增益，与β、f有关。

利用式（5.16），对不同天波射线距离R_{p}、地面距离R_{D}、入射角β逐点计算，可以求得幅度-时延（距离）A 型电离图。需要注意的是，这个方程不适用于计算回波前沿的强度，因为这时要考虑电离层聚焦和跳距聚焦效应的贡献。

陆地的归一化后向散射系数与几个因素有关。在相同电特性条件下，诸如粗糙地面或山区地形等不规则地貌特征将具有比平地更高的后向散射系数。在居民区或工业区，建筑物或其他大型人造物体也会增大后向散射系数。另外，地表导电率的空时变化，如下雨等，也会显著改变相同地形地面的后向散射系数。陆地表面的导电率主要取决于地面土壤中盐分的集中程度及潮湿程度。水汽分离电解质，使水溶液中的离子更易移动，增加了导电性，因为在外加电场影响下电荷可通过离子的运动传导。因此，干燥的沙地和冰雪覆盖的平地表现出较低的导电率，而大城市和山区（尤其在热带）的导电率较高。

在典型天波雷达视角下，地表面的归一化后向散射系数会在 10～40dB 或更高范围内变化，由此目标回波信杂比的估计可能为-60～-40dB，这比多普勒处理前（单个脉冲）稳定检测所需的门限要低 60～80dB。此外，由于不同电离层模式下同一分辨单元非独立杂波分量的叠加，多径传播还会增加杂波的平均功率。因此，对天波雷达来说，仅通过增加距离和方位分辨率，而不进行多普勒处理来抑制杂波，以实现目标检测是不现实的。

5.2.3.3　地物杂波多普勒频谱

如前所述，天波雷达回波的信杂比（SCR）往往非常低，在脉冲压缩后杂波能量仍远超目标回波能量，目标检测需要在相干积累和杂波抑制后基于距离-多普勒二维进行。因此，在天波雷达系统中，地海杂波的多普勒频谱特性更受关注。

在电离层较稳定的情况下，由于地面不运动，大部分地物杂波功率通常集中在零频附近相对较小的多普勒频带内[196]。地物杂波频谱并不一定在零频最强，这是因为经电离层传播后会产生或正或负的频移。多普勒频移的大小通常与方位、距离和传播模式有关。经电离层某一特定模式传播的地物杂波多普勒频谱中心会偏离零频，通常小于 1～2Hz。另外，相干累积时间内信号相位路径的随机变化引起地物杂波能量在多普勒频域内展宽。这可解释为使杂波多普勒谱展宽的乘性噪声，展宽量通常与距离、方位和传播模式有关。

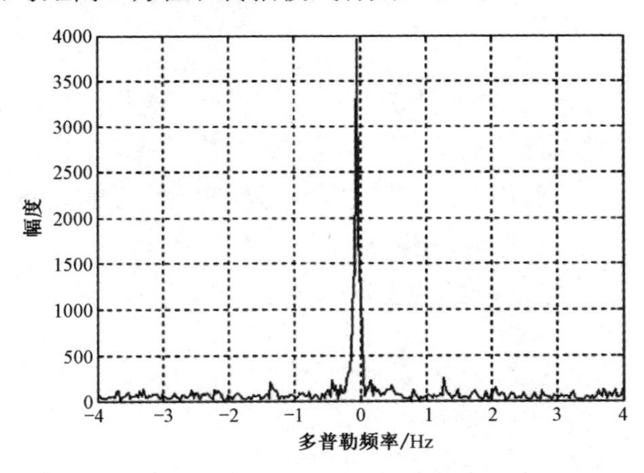

图 5.4　典型地物杂波多普勒频谱

考虑一单层传播模式，在某一特定分辨单元和时间上接收到的杂波多普勒频率频移和展宽特性，可用功率谱密度函数 $s(f)$ 表示，其中 f 为多普勒频率。地杂波 $s(f)$ 的简单参数模型可近似用下式表示：

$$s(f)=\frac{\alpha_{\mathrm{c}}}{1+[(f-f_{\mathrm{m}})/f_{\mathrm{w}}]^{n}} \tag{5.18}$$

式中：频率偏移参量 f_{m} 为平均多普勒偏移或分布的中心频率；频率展宽参数 f_{w} 表征分布的谱宽；幅度 α_{c} 为 $f=f_{\mathrm{m}}$ 处的谱密度最大值，决定了杂波功率；参数 n 为 $s(f)$ 峰值随频率的衰落特征（n 越大，衰落越快）。在靠近高频段中部（15MHz 附近），由扩展 F 层在静态日间中纬度电离层路径上（远离晨昏圈）传播的天波信号，其平均多普勒频移小于 2Hz。

对空模式的累积时间通常为 1～4s，而飞机速度所对应的不模糊多普勒频移通常为 5～50Hz，这与目标速度和相对雷达波束的航向有关。此时，在频率稳定电离层条件下的地杂波功率谱在±5Hz 的多普勒范围内会从其峰值衰落 60～80dB。这意味着，当飞机目标多普勒偏离地杂波峰值数赫兹时，多普勒处理相对单脉冲的信杂比能够提高 60～80dB。实际上，对于快速运动的目标（如飞机），由于回波通常落入噪声占优环境中，信噪比而不是信杂比将成为限制检测性能的主要因素。

地杂波脉冲间的相关特性可用随机过程来近似。该随机过程的实现可通过相对低阶的自回归（AR）模型产生。最简单的（一阶）AR 模型由式（5.19）所示，通常用来表示地杂波信号 $c(t)$ 的基带复包络。其中，T 为脉冲重复间隔；$\rho(t)\in[0,1]$ 为脉冲间复相关系数，对脉冲重复周期小于 10ms 的情况下其取值通常大于 0.99；$\xi(t)$ 为零均值白高斯激励噪声（循环对称），其方差等于杂波功率。这样，采样一阶 AR 过程的功率谱密度期望具有（周期）洛伦兹形式，与式（5.18）中 $n=2$ 的功率函数相关[277]。

$$c(t)=\rho(T)c(t-T)+\sqrt{1-|\rho(T)|^2}\xi(t) \tag{5.19}$$

电离层不同层及不同传输模式（以及法拉第旋转效应）的存在导致多径现象的出现。由于不同的反射虚高，在特定空间分辨单元的杂波，可能是多个不同地表区域散射贡献之和。该场景如图 5.5 所示，尽管传输路径不同，杂波区 1 和杂波区 2 所散射杂波出现在相同的雷达分辨单元（相同的斜距和方位）内，但这两个

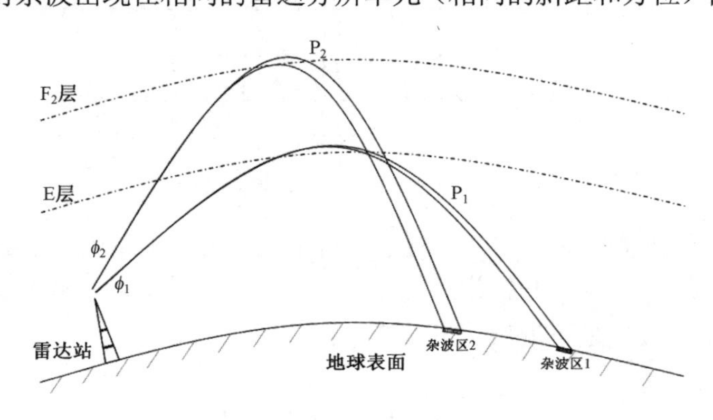

图 5.5　不同电离层传输杂波信号叠加示意图

区域的类型可能完全不同（如分别为陆地和海洋）。另外，由于传播路径的差异，不同区域的散射杂波可能具有不同的多普勒频移和展宽。这些不同传播模式杂波的叠加会使分辨单元内杂波的多普勒频谱比单一模式传播要展宽得多。

5.3　海杂波

5.3.1　海浪散射理论

5.3.1.1　海浪模型和方向浪高谱

为定量解释高频段海面散射杂波的基本特性，首先建立海洋表面模型，并分析其物理特性。设标量 $z(\boldsymbol{r},t)$ 为随机过程，代表位置 $\boldsymbol{r}$ 和时刻 t 相对 $x-y$ 水平面的实际海面高度，它是所关注海面有限区域 S 内的平均海面高度，有

$$\{z(\boldsymbol{r},t),\boldsymbol{r}=[x,y];\boldsymbol{r}\in S\} \tag{5.20}$$

不妨假定上述随机过程的二阶统计在短观测时间内是平稳的，并在表面面积 S 内是均匀分布的。若雷达接收天线为窄波束，则表面面积 S 可定义为雷达的空间分辨单元。标准模型采用方向浪高谱或功率谱密度 $S(\boldsymbol{\kappa})$ 来表示海面的统计特性，如下式所示[78]：

$$S(\boldsymbol{\kappa})=\iint\mathrm{d}S\int\langle z(\boldsymbol{r},t)z(\boldsymbol{r}+\boldsymbol{s},t+\tau)\rangle\mathrm{e}^{\mathrm{j}(\boldsymbol{\kappa}\boldsymbol{s}-\omega t)}\mathrm{d}\tau \tag{5.21}$$

式中：$\langle\cdot\rangle$ 为统计平均；$\boldsymbol{\kappa}$ 为方向海波矢量；ω 为相关海波的角频率。

海浪产生的机理主要包括波长较长的海浪表面重力波，其来自被搅动水体（海面）的回复力（重力），以及波长较短的海浪表面张力波。此外，海浪还有其他的产生机理，如地震或行星引力。但这里重点关注的是表面重力波，它是高频段海杂波的成因[278]。

对于波长为 L 和（相邻波峰间）周期为 T 的海浪，角频率 $\omega=2\pi/T$ 不是自由变量，而取决于波数 $\kappa=|\boldsymbol{\kappa}|=2\pi/L$ 。该关系由下式给出：

$$\omega^2(\kappa)=g\kappa\tanh(\kappa d) \tag{5.22}$$

式中：g 为重力加速度；d 是水的深度，在 $d>L/2$ 的深水区，最后一项趋近于 1。这样可简化得到下式：

$$\omega^2=g\kappa \tag{5.23}$$

式中：κ 与 ω 的关系十分简单，适用于远离海岸在开阔海面传播的小波浪。

对高频海杂波贡献最大的是波长 $L=\lambda/2$ ，即波长范围在 5～50m 内的海浪，其原因将在 5.3.1.2 节中给出。当水深 $d>25\text{m}$ 时，对这些最长的波长，式（5.23）的深水色散条件是适用的，海底的影响可以忽略不计。此时，波长为 L

的海浪相速为

$$v=\frac{\omega}{\kappa}=\sqrt{\frac{gL}{2\pi}} \tag{5.24}$$

简单地说，海浪的相速度与其波长的平方根成正比，且对于一定波长的波，其相速度是唯一的。这一物理特性直接决定了海杂波的多普勒频谱特征。

5.3.1.2　一阶散射谱

海浪是一种随机过程，它由不同频率、高度及传播方向的波浪分量叠加而成，且每个分量都可以近似认为呈正弦波动。

设某一正弦波海浪分量的波长为L，雷达信号的波长为λ，当雷达信号源到不同反射点的距离差为半波长$\lambda/2$时，反射回波信号同相叠加；相反，其他距离差的回波信号为非同相叠加。这种同相叠加回波信号称为一阶散射回波，形成布拉格峰（Bragg Lines），其强度远远大于非同相叠加回波信号。这一现象被称为布拉格谐振，其机理示意图如图 5.6 所示。

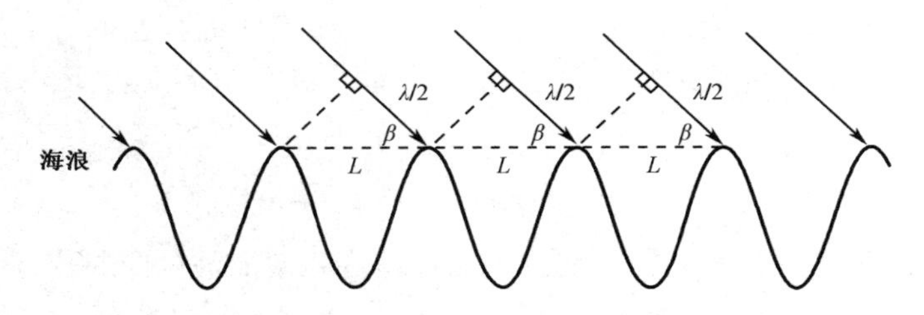

图 5.6　布拉格（Bragg）谐振机理图

发生一阶散射的条件为[80]

$$L\cos\beta=\lambda/2 \tag{5.25}$$

式中：β为入射角。根据水动力学原理，深水重力波的流速为

$$v=\sqrt{\frac{gL}{2\pi}} \tag{5.26}$$

式中：L为海浪的波长；g为重力加速度。则水流相对于雷达的径向速度为

$$v_{\mathrm{r}}=v\cos\beta \tag{5.27}$$

考虑到水流速度为$-v$的海浪也会形成一阶散射，则布拉格峰的多普勒频率为

$$f_{\mathrm{B}}=\pm\frac{2v_{\mathrm{r}}}{\lambda}=\pm\sqrt{\frac{g\cos\beta}{\pi\lambda}} \tag{5.28}$$

天波雷达的擦地角较小，通常$\beta\leqslant 20^{\circ}$，所以有$\cos\beta\approx 1$，则布拉格峰的多普勒频率可近似为

$$f_{\mathrm{B}}=\pm\frac{2v_{\mathrm{r}}}{\lambda}=\pm\sqrt{\frac{g}{\pi\lambda}} \tag{5.29}$$

在无表面流的情况下，深水中窄波束雷达一阶海面回波的多普勒雷达截面方程（单位面积海面的一阶散射强度），其表达式见式（3.14）。为方便起见，该式重写如下[78-80]：

$$\sigma_0^1(\omega_d) = 2^6\pi \cdot k_0^4 \sum_{m=\pm1} S(-m[\boldsymbol{k}_s - \boldsymbol{k}_i])\delta(\omega_d - m\omega_B) \tag{5.30}$$

式中：$\boldsymbol{k}_s$ 和 $\boldsymbol{k}_i$ 分别代表散射波和入射波矢量；$k_0 = |\boldsymbol{k}_i| = 2\pi/\lambda$ 为波数；$\delta(\cdot)$ 为冲激函数，且 $m = \pm1$；$S(k)$ 为单个空间分辨单元内的方向浪高谱或功率谱密度；ω_B 为一阶布拉格峰的多普勒角频率。当发生一阶谐振散射时，谐振海浪的波矢量 $\boldsymbol{k} = -2m\boldsymbol{k_0}(m = \pm1)$，$\omega_B$ 为布拉格角频率，有

$$\omega_B = 2\pi f_B \approx 2\pi\sqrt{\frac{g}{\pi\lambda}} = \sqrt{2gk_0} \tag{5.31}$$

实际上式（5.25）并非严格成立，所以回波不能完全同相叠加。因此在实际海杂波回波信号中，一阶布拉格峰并不是严格的冲激函数，而是存在一定的展宽。

式（5.30）中海浪的方向浪高谱 $S(k)$ 描述了海浪波高（波峰到波谷的距离）随海浪频率和传播方向的分布情况，可表示为一个无向浪高谱（标量）和一个方向因子（矢量）的乘积，即

$$S(\boldsymbol{k}) = s(k)d(\theta - \varphi_w) \tag{5.32}$$

式中：$\boldsymbol{k}$ 为海浪波矢量；$s(k)$ 为无向浪高谱。对于充分发展的海态，其无向浪高谱通常可用 Pierson-Moskowitz（PM）谱来表示：

$$s(k) = \frac{8.1\times10^{-3}}{\sqrt{gk^5}}\exp\left[-0.74\left(\frac{g}{kU_{19.5}}\right)^4\right] \tag{5.33}$$

式中：$U_{19.5}$ 为海面上 19.5m 处的风速。式（5.32）中的方向因子可以表示为

$$d(\theta - \varphi_w) = A\cos^x\left(\frac{\theta - \varphi_w}{2}\right) \tag{5.34}$$

式中：A 为常数；x 的取值通常为 2～16；θ 为雷达波与海浪前进方向的夹角；φ_w 为雷达波入射方向与海面风向之间的夹角。

5.3.1.3　二阶散射谱

高频无线电波不仅与海浪发生一阶谐振，还与海浪存在二阶和高阶作用。因而，高频海杂波的多普勒频谱不仅包含两个幅度占优的一阶布拉格峰，在一阶谱周围还存在一片连续谱。其主要能量来自海杂波的二阶散射作用，通常被称为二阶散射谱。

在深水中无表面流的情况下，窄波束雷达二阶回波的多普勒截面方程（单位面积上的）如式（3.15）所示。方便起见，该式重写如下：

$$\sigma_0^2(\omega_{\mathrm{d}})=2^6\pi\cdot k_0^4\sum_{m_1,m_2=\pm1}\iint|\Gamma(m_1\boldsymbol{k}_1,m_2\boldsymbol{k}_2)|^2S(m_1\boldsymbol{k}_1)S(m_2\boldsymbol{k}_2)\times \delta\left(\omega_{\mathrm{d}}-m_1\sqrt{g\boldsymbol{k}_1}-m_2\sqrt{g\boldsymbol{k}_2}\right)\mathrm{d}\boldsymbol{k}_1\mathrm{d}\boldsymbol{k}_2 \tag{5.35}$$

式中：$\Gamma(m_1\boldsymbol{k}_1,m_2\boldsymbol{k}_2)$为二阶散射核或者耦合系数，包含水动力学耦合系数$\Gamma_{\mathrm{H}}$和电磁学耦合系数$\Gamma_{\mathrm{EM}}$两部分，即

$$\Gamma=\Gamma_{\mathrm{H}}+\Gamma_{\mathrm{EM}} \tag{5.36}$$

$$\Gamma_{\mathrm{H}}=-\frac{\mathrm{i}}{2}\left[k+k'-\frac{(kk'-\boldsymbol{k}\cdot\boldsymbol{k}')(\omega^2+\omega_{\mathrm{B}}^2)}{mm'\sqrt{kk'}(\omega^2-\omega_{\mathrm{B}}^2)}\right] \tag{5.37}$$

$$\Gamma_{\mathrm{EM}}=\frac{1}{2}\left[\frac{(\boldsymbol{k}\cdot\boldsymbol{k_0})(\boldsymbol{k}'\cdot\boldsymbol{k_0})/k_0^2-2\boldsymbol{k}\cdot\boldsymbol{k}'}{\sqrt{\boldsymbol{k}\cdot\boldsymbol{k}'}-k_0^3\varDelta}\right] \tag{5.38}$$

式中：$\varDelta$为垂直极化电磁波入射粗糙海面时的归一化波阻抗，高频情况下可近似为$\varDelta=0.11-0.012\mathrm{i}$；$\boldsymbol{k_0}$为雷达波矢量（方向指向散射单元，其幅度$k_0=2\pi/\lambda$）；$\boldsymbol{k}$为第一列正弦波的波矢量，$\boldsymbol{k}'$为第二列正弦波的波矢量，幅度分别为$k$和$k'$，两列波的角频率分别为$\sqrt{gk}$和$\sqrt{gk'}$。$p$和$q$是在海洋表面建立的直角坐标系的横轴和纵轴，取$p$轴为雷达波束方向，亦为参考方向。产生二阶散射的两列波矢量$\boldsymbol{k}$和$\boldsymbol{k}'$满足

$$\boldsymbol{k}+\boldsymbol{k}'=-2\boldsymbol{k_0} \tag{5.39}$$

对电磁耦合项，$\boldsymbol{k}$和$\boldsymbol{k}'$还需要满足：

$$\boldsymbol{k}\cdot\boldsymbol{k}'=0 \tag{5.40}$$

即两列波矢量相互正交，否则$\Gamma_{\mathrm{EM}}=0$。由于δ函数的存在，所以必须满足：

$$\omega-m\sqrt{gk}-m'\sqrt{gk'}=0 \tag{5.41}$$

式中，当$\omega>\omega_{\mathrm{B}}$时，$m=m'=1$；当$\omega<-\omega_{\mathrm{B}}$时，$m=m'=-1$；当$0<\omega<\omega_{\mathrm{B}}$时，若$k<k'$，则$m=-1$，$m'=1$，此时对应于图5.7中的（b）和（c）。若$k>k'$，则$m=1$，$m'=-1$，此时对应于图5.7中的（a）和（d）；当$-\omega_{\mathrm{B}}<\omega<0$时，若$k<k'$，则$m=1$，$m'=-1$，此时对应于图 5.7 中的（b）和（c）。若$k>k'$，则$m=-1$，$m'=1$，此时对应于图5.7中的（a）和（d）。

二阶回波的多普勒截面方程在极坐标系下可重写如下：

$$\sigma^{(2)}(\omega)=2^6\pi k_0^4\sum_{m,m'=\pm1}\int_{-\infty}^{\infty}\int_{-\infty}^{\infty}|\Gamma|^2S(m\boldsymbol{k})S(m'\boldsymbol{k}')\delta\left(\omega-m\sqrt{gk}-m'\sqrt{gk'}\right)k\mathrm{d}k\mathrm{d}\beta \tag{5.42}$$

将变量k离散化，$k=k_n=n\Delta k$，则式（5.42）可变化为

$$\begin{aligned}\sigma^{(2)}(\omega)&=2^6\pi k_0^4\sum_{m,m'=\pm1}\sum_{n=1}^{\infty}n(\Delta k)^2\int_{-\pi}^{\pi}|\Gamma|^2S(m\boldsymbol{k_n})S(m'\boldsymbol{k}')\delta\left(\omega-m\sqrt{gk_n}-m'\sqrt{gk'}\right)\mathrm{d}\beta\\&=\sum_{n=1}^{\infty}2^6\pi k_0^4n(\Delta k)^2\sum_{m,m'=\pm1}\int_{-\pi}^{\pi}|\Gamma|^2S(m\boldsymbol{k_n})S(m'\boldsymbol{k}')\delta\left(\omega-m\sqrt{gk_n}-m'\sqrt{gk'}\right)\mathrm{d}\beta\\&=\sum_{n=0}^{\infty}\sigma_n^{(2)}(\omega)\end{aligned} \tag{5.43}$$

$$\sigma_n^{(2)}(\omega)=2^6\pi k_0^4 n(\Delta k)^2\sum_{m,m'=\pm1}\int_{-\pi}^{\pi}|\Gamma|^2 S(m\boldsymbol{k_n})S(m'\boldsymbol{k'})\delta\left(\omega-m\sqrt{gk_n}-m'\sqrt{gk'}\right)\mathrm{d}\beta \tag{5.44}$$

这样整个回波信号的二阶谱 $\sigma^{(2)}(\omega)$ 的计算转化为 $k=k_n$ 时的子谱 $\sigma_n^{(2)}(\omega)$ 的计算。

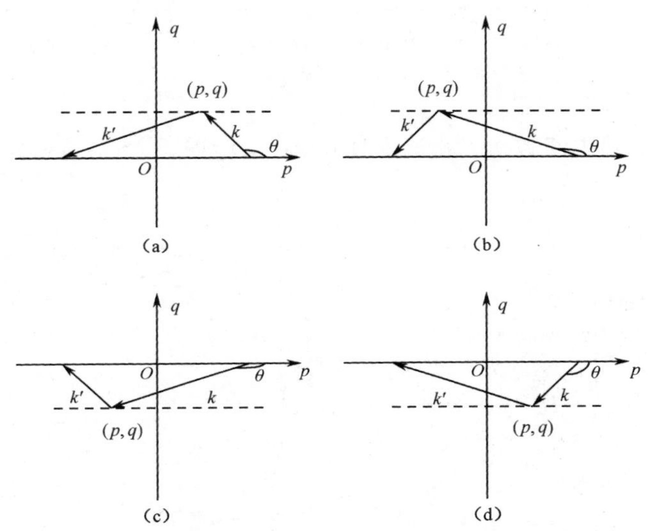

图 5.7　产生二阶散射的波矢量示意图

5.3.2　海杂波特性

5.3.2.1　海杂波单元的划分

海杂波单元的划分依据的是天波雷达距离和方位分辨单元。

1. 方位分辨单元

雷达方位分辨单元的大小取决于阵列口径。天波雷达发射阵列和接收阵列同时形成的联合波束方向图函数可以表示如下：

$$\begin{aligned}G(\varphi_{\mathrm{T}},\varphi_{\mathrm{R}})&=G_{\mathrm{T}}(\varphi_{\mathrm{T}},\varphi_{\mathrm{T0}},\phi_{\mathrm{T}},\phi_{\mathrm{T0}})\cdot G_{\mathrm{R}}(\varphi_{\mathrm{R}},\varphi_{\mathrm{R0}},\phi_{\mathrm{R}},\phi_{\mathrm{R0}})\\&=\sum_{n=1}^{M_{\mathrm{R}}}\left\{\left[\sum_{m=1}^{M_{\mathrm{T}}}\mathrm{e}^{\mathrm{j}\frac{M_{\mathrm{T}}\pi}{\lambda}d_{\mathrm{T}}(\varphi_{\mathrm{T}}-\varphi_{\mathrm{T0}})}\right]\mathrm{e}^{\mathrm{j}\frac{M_{\mathrm{R}}\pi}{\lambda}d_{\mathrm{R}}(\phi_{\mathrm{R}}-\phi_{\mathrm{R0}})}\right\}\end{aligned} \tag{5.45}$$

式中，方向图函数的幅度绝对值函数可以表示为

$$|G(\varphi_{\mathrm{T}},\varphi_{\mathrm{R}})|=\frac{\sin\left[\frac{M_{\mathrm{T}}\pi}{\lambda}d_{\mathrm{T}}(\sin\varphi_{\mathrm{T}}-\sin\varphi_{\mathrm{T0}})\right]}{\sin\left[\frac{\pi}{\lambda}d_{\mathrm{T}}(\sin\varphi_{\mathrm{T}}-\sin\varphi_{\mathrm{T0}})\right]}\frac{\sin\left[\frac{M_{\mathrm{R}}\pi}{\lambda}d_{\mathrm{R}}(\sin\varphi_{\mathrm{R}}-\sin\varphi_{\mathrm{R0}})\right]}{\sin\left[\frac{\pi}{\lambda}d_{\mathrm{R}}(\sin\varphi_{\mathrm{R}}-\sin\varphi_{\mathrm{R0}})\right]} \tag{5.46}$$

式中：M_T 和 M_R 分别为发射和接收天线阵列的单元数目；d_T 和 d_R 分别为发射和接收天线单元的间距。天波雷达的收发天线阵列单元数均较大，故 $\pi d\left(\sin\varphi-\sin\varphi_0\right)/\lambda$ 相对较小，$|G(\theta)|$ 可近似表示为两个 sinc 函数乘积的形式：

$$|G(\varphi_\mathrm{T},\varphi_\mathrm{R})|=M_\mathrm{T}M_\mathrm{R}\frac{\sin\left[\dfrac{M_\mathrm{T}\pi}{\lambda}d_\mathrm{T}(\sin\varphi_\mathrm{T}-\sin\varphi_\mathrm{T0})\right]}{\dfrac{M_\mathrm{T}\pi}{\lambda}d_\mathrm{T}(\sin\varphi_\mathrm{T}-\sin\varphi_\mathrm{T0})}\frac{\sin\left[\dfrac{M_\mathrm{R}\pi}{\lambda}d_\mathrm{R}(\sin\varphi_\mathrm{R}-\sin\varphi_\mathrm{R0})\right]}{\dfrac{M_\mathrm{R}\pi}{\lambda}d_\mathrm{R}(\sin\varphi_\mathrm{R}-\sin\varphi_\mathrm{R0})}\tag{5.47}$$

取天波雷达典型参数值，波长 λ 为 10m，工作频率 f_c 为 30MHz，此时发射和接收方向图如图 5.8 所示。

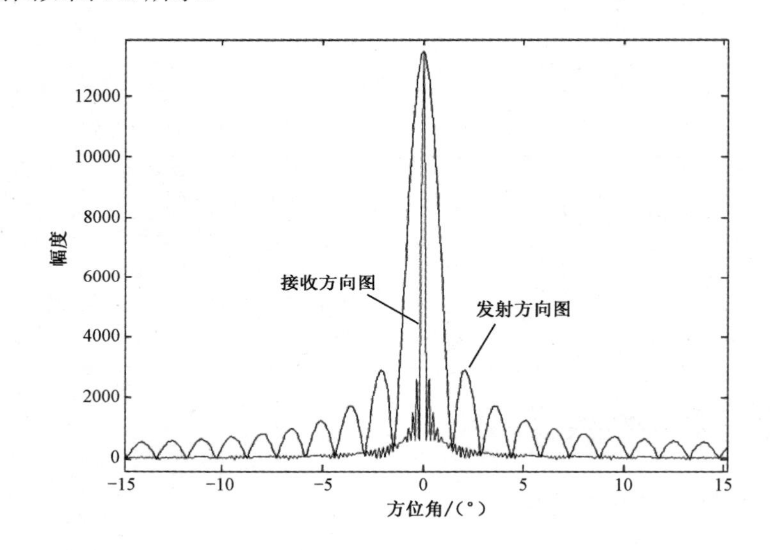

图 5.8　典型参数下接收和发射方向图

天波雷达中接收阵列口径通常为数千米，远大于发射阵列的长度（通常为数十至数百米），这里收发阵列口径比取典型值，即 $M_\mathrm{R}d_\mathrm{R}/M_\mathrm{T}d_\mathrm{T}\approx 7.65$。根据式（5.45）分别对收发主瓣宽度进行分析，首先考虑发射主瓣宽度，使 $|G(\varphi_\mathrm{T},0)|=0$ 的最小 $|\varphi_\mathrm{T}|$ 为

$$|\varphi_\mathrm{T}|_O=\arcsin\left(\frac{\lambda}{M_\mathrm{T}d_\mathrm{T}}+\sin\varphi_\mathrm{T0}\right)\tag{5.48}$$

继而考虑接收方向图，其半功率宽度 φ_3dB 满足

$$\left[\frac{\sin\left[\dfrac{M_\mathrm{R}\pi}{\lambda}d_\mathrm{R}(\sin\varphi_\mathrm{3dB}-\sin\varphi_\mathrm{R0})\right]}{\dfrac{M_\mathrm{R}\pi}{\lambda}d_\mathrm{R}(\sin\varphi_\mathrm{3dB}-\sin\varphi_\mathrm{R0})}\right]^2=\frac{1}{2}\tag{5.49}$$

进一步化简可得到

$$\frac{M_{\mathrm{R}}\pi}{\lambda}d_{\mathrm{R}}(\sin\varphi_{3\mathrm{dB}}-\sin\varphi_{\mathrm{R}0})=1.3915 \tag{5.50}$$

因此有

$$\varphi_{3\mathrm{dB}}=\arcsin\left(\frac{1.3915\lambda}{\pi M_{\mathrm{R}}d_{\mathrm{R}}}+\sin\varphi_{\mathrm{R}0}\right) \tag{5.51}$$

海杂波方位单元可以按 $\varphi_{3\mathrm{dB}}$ 进行划分。此外，从式（5.51）中还可看出，天波雷达方位分辨单元的大小仅与接收天线阵列口径有关，而发射天线阵列的影响可忽略。因此，在计算方位分辨率时，可依据接收阵列口径直接用式（3.12）进行。

2. 距离分辨单元

天波雷达电波的传输射线以一个俯仰角（或称为擦地角）照射到地表面，距离分辨单元的划分与带宽和俯仰角均有关系。在射线距离（电磁波的路径）上，雷达分辨率受到带宽的制约，最小分辨距离为 $c/(2B)$。该距离在地平面对应的长度，可以作为海杂波单元的依据。截取某一特定方位角射线路径（距离）平面，如图 5.9 所示。

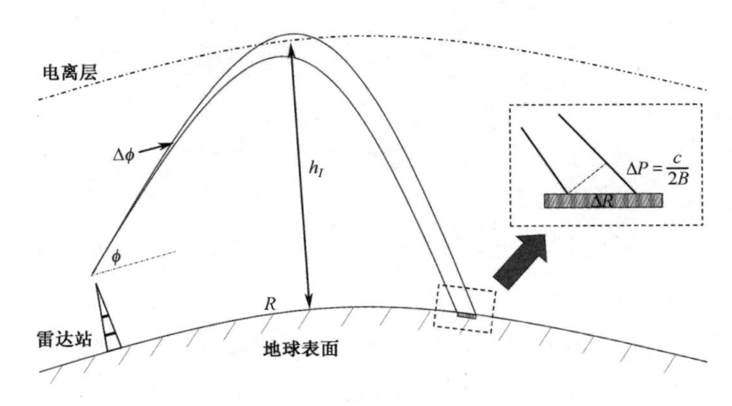

图 5.9　距离分辨单元划分示意图

图 5.9 中，俯仰角为 ϕ，俯仰波束宽度为 $\Delta\phi$，在高度为 h_I 的电离层反射后到达地平面，形成距离在区间 $(R,R+\Delta R)$。从图 5.9 中可知，两点之间的射线距离之差，总是小于地面距离之差。这就存在两种距离分辨单元划分方法：一种是基于射线坐标系的俯仰角等间距划分法；另一种则是基于地理坐标系的海面等间距划分法。

俯仰角等间距划分法会随着照射距离的增大，单元间隔距离呈非线性增长，这对于海杂波特性评估和计算不利。因此，绝大多数应用场景均采用基于地理坐标系的海平面等间距划分法，尽管此方法中单元间隔小于距离分辨单元。

基于地理坐标系的海平面等间距划分法把海平面的距离维划分为等间距的子块，对每个子块计算对应的雷达信号收发俯仰角和传播路径以判断传输模式。此方法的优点在于：距离分辨单元等长，总数较少且数量易计算，单元面积相同，海杂波特性易于比较，多模多径能够直观呈现等。

5.3.2.2 海杂波强度

海面后向散射杂波的功率和多普勒频谱特征在很大程度上取决于电离层条件和海况，而后者是盛行的海面风速和风向的函数。与地物杂波相同，雷达接收到的海杂波散射功率也可用式（5.1）和式（5.2）来描述。同样，海杂波返回散射能量也可用与地物杂波相同的雷达方程表示，如式（5.16）所示。简便起见，将式（5.16）重写如下：

$$P_{\mathrm{C}}=\frac{P_{\mathrm{t}}G_{\mathrm{t}}}{4\pi R_{\mathrm{p}}^{2}}\times\frac{\sigma}{4\pi R_{\mathrm{p}}^{2}}\times\frac{G_{\mathrm{r}}c^{2}}{4\pi f^{2}}\times\frac{1}{L_{\mathrm{s}}}\times\frac{1}{L_{\mathrm{p}}} \tag{5.52}$$

其中，作为海面 RCS 的 σ 为

$$\begin{aligned}\sigma&=A\sigma_{0}\sin\beta\\&=\frac{1}{2}\varphi_{3\mathrm{dB}}\left[(R_{\mathrm{D}}+\Delta R)^{2}-R_{\mathrm{D}}^{2}\right]\sigma_{0}(\beta)\sin\beta\end{aligned} \tag{5.53}$$

式中：$\sigma_0(\beta)$ 为海面后向散射系数，它与入射角 β 有关；A 为杂波单元面积，可表示为两个扇形区域面积之差；R_{D} 为地面距离；ΔR 为海杂波距离分辨单元间隔；$\varphi_{3\mathrm{dB}}$ 为方位角波束宽度，可参见式（5.51）；c 为光速；f 为雷达工作频率；R_{p} 为天波射线距离；G_{t} 和 G_{r} 分别为发射和接收天线增益；L_{p} 为射线往返两次的电离层吸收损耗；L_{s} 为系统损耗。

当海面格外平静（接近镜面）时，归一化后向散射系数可能低于 40dB。这时天波雷达信号若以小擦地角入射到平静海面上，将几乎以镜反射的方式向前辐射，只有极少的能量后向散射返回至雷达。当海面风向垂直于雷达波束时，散射系数将比平行场景低数分贝。充分激发海面的归一化后向散射系数会比干燥平地高出 10dB，但相比丘陵和山区地形，仍会低 10dB 甚至更多。由于海水导电率和海况在空间上的变化相对缓和，因此开阔海面的后向散射系数通常在一个大的空间尺度中保持稳定。地面散射系数则由于地形和城市的存在等因素，在空间上变化较大。

5.3.2.3 海杂波谱建模方法

天波雷达典型海杂波多普勒频谱如图 3.2 所示。出于仿真验证需求，往往需

要建模生成具有指定特性的海杂波谱。下面给出了一种简单的海杂波谱建模产生方法。

这里仅考虑回波谱 $S(\omega)$ 中的一阶谱和二阶谱[279]，即

$$S(\omega)=a\left[\sigma^{(1)}(\omega)+\sigma^{(2)}(\omega)\right] \tag{5.54}$$

式中：a 为常数，表征海杂波的照射面积，在仿真中通常根据设定的信杂比进行计算。

对于一阶谱而言，由于其强度很大，谱宽较窄，且多普勒频率约为 $\pm0.102\sqrt{f_0}$（Hz），f_0 为雷达载频（单位为 MHz），因此可用频率为 $\pm0.102\sqrt{f_0}$ 的两个正弦信号来模拟。考虑到实际中一阶谱不可能是两个理想的冲激函数，而是具有一定带宽的窄带信号，可直接对式（5.30）中所描述的两个冲激谱进行高斯平滑。

二阶谱的模拟较为复杂。由于在式（5.42）的约束条件中，针对频率 ω 的不同取值范围，m 和 m' 取不同的值，因此模拟时需要依据 ω 的不同范围分别考虑。由于式（5.35）是在直角坐标系内对 p 和 q 积分，而方向浪高谱需要用到两列海洋波矢量的方向。为求解方便，将式（5.35）重写如下：

$$\sigma^{(2)}(\omega)=2^6\pi k_0^4\sum_{m,m'=\pm1}\int_{-\infty}^{\infty}\int_{-\infty}^{\infty}|\Gamma|^2 S(m\boldsymbol{k})S(m'\boldsymbol{k}')\delta\left(\omega-m\sqrt{gk}-m'\sqrt{gk'}\right)k\mathrm{d}k\mathrm{d}\theta \tag{5.55}$$

将变量 k 离散化，$k=k_n=n\Delta k$，式（5.55）可写为

$$\begin{aligned}\sigma^{(2)}(\omega)&=2^6\pi k_0^4\\&\quad\sum_{m,m'=\pm1}\sum_{n=1}^{\infty}n(\Delta k)^2\int_{-\pi}^{\pi}|\Gamma|^2 S(m\boldsymbol{k_n})S(m'\boldsymbol{k}')\delta\left(\omega-m\sqrt{gk_n}-m'\sqrt{gk'}\right)\mathrm{d}\theta\\&=\sum_{n=1}^{\infty}2^6\pi k_0^4 n(\Delta k)^2\\&\quad\sum_{m,m'=\pm1}\int_{-\pi}^{\pi}|\Gamma|^2 S(m\boldsymbol{k_n})S(m'\boldsymbol{k}')\delta\left(\omega-m\sqrt{gk_n}-m'\sqrt{gk'}\right)\mathrm{d}\theta\\&=\sum_{n=0}^{\infty}\sigma_n^{(2)}(\omega)\end{aligned} \tag{5.56}$$

式中

$$\begin{aligned}\sigma_n^{(2)}(\omega)&=2^6\pi k_0^4 n(\Delta k)^2\\&\quad\sum_{m,m'=\pm1}\int_{-\pi}^{\pi}|\Gamma|^2 S(m\boldsymbol{k_n})S(m'\boldsymbol{k}')\delta\left(\omega-m\sqrt{gk_n}-m'\sqrt{gk'}\right)\mathrm{d}\theta\end{aligned} \tag{5.57}$$

这样整个回波信号的二阶谱 $\sigma^{(2)}(\omega)$ 的计算可转化为 $k=k_n$ 时的子谱 $\sigma_n^{(2)}(\omega)$ 的计算。给定一个 ω，对某一个 n，则可确定 k_n，进而在图 5.7 中的 4 种情况中遍历，并由式（5.41）的约束条件，得到满足条件的一系列 k' 值。

图 5.10 给出了仿真得到的海杂波距离-多普勒频谱和某一距离单元内的多普

勒频谱。仿真采用的参数包括：雷达工作频率为20MHz，海面风向与波束水平方向夹角为120°，海况为3级，海面风速为13节。

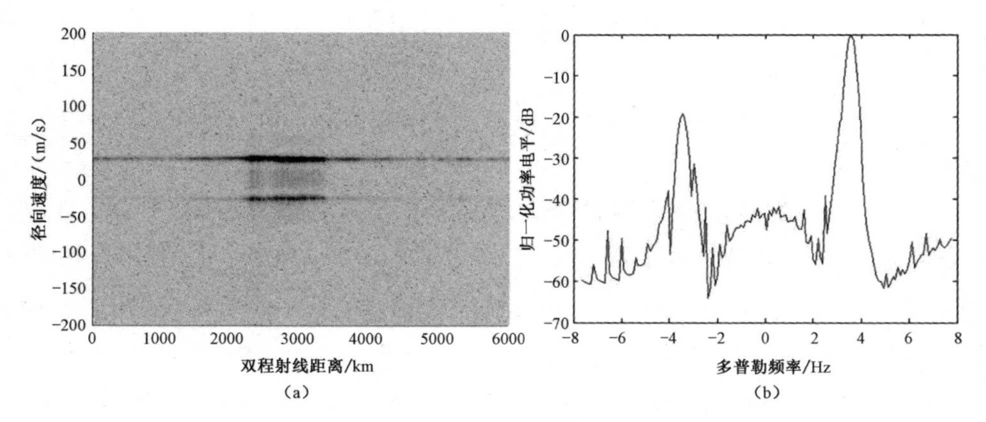

图5.10 海杂波距离-多普勒谱仿真结果图

5.4 流星尾迹与电离层杂波

天波雷达会接收到流星电离尾迹和动态电子浓度异常的散射体经直接或间接路径后向散射的体杂波，可能涉及一次或多次斜向电离层反射，还可能有斜向地面的反射。流星尾迹和电离层杂波可能会对天波雷达性能造成显著影响，因为这些杂波可能会在距离多普勒谱上形成条带状、团雾状等多种回波形式，当杂波能量高于背景噪声基底时，慢速和高速目标回波的检测性能都可能降低。

5.4.1 流星尾迹

流星体物质（常称陨石）以非常高的速度进入并穿过大气层，与大气摩擦发热、气化电离，在高空留下一个电离柱，这个电离柱被称为流星电离尾迹。流星电离尾迹会对天波雷达形成瞬态干扰、虚假目标或强杂波。

流星出现率随昼夜、季节和观测点纬度的不同有明显的统计规律性。由于地球自转和绕太阳公转的关系，在中纬度地区流星电离尾迹出现概率的日变化粗略地呈正弦规律。每天6:00出现最多，18:00出现最少，两者之比平均约为4∶1；季节变化也有类似特征，北半球每年7月流星尾迹出现概率达到最大值，2月为最小值，两者之比平均约为4∶1。赤道地区流星电离尾迹出现概率的日变化最大，往两极地区的变化呈变小趋势，但两极地区的季节变化大于赤道地区。

流星体可绕着太阳轨道单独而行（偶发流星），也可能是具有相同轨道的流星群中的一个。后者在地球穿过流星群时就会形成流星雨。在进入地球大气之前流星体的初始质量从10^{-10} g到数十克，其速度则在10～70km/s。速度低于10km/s的流星体进入以地球为中心的轨道（空间残留），而速度高于 70km/s 的流星则逃离太阳的引力（星际物质）。除了非常小的流星，星体在大气层中解体时几乎不减速。在质量谱的低端，偶发流星远远超过群流星。

进入地球大气层的流星被加热，原子开始从星体表面逸散，这一过程被称为烧蚀。通过与中性成分的碰撞，能量原子被电离而离子在约 10 次碰撞后加热。这一过程通常在 90～120km 的高度产生一个明显电离增强的尾迹。单个流星尾迹通常长 10～15km，离子柱半径则可能在流星附近 1～15m 内变化。

流星尾迹可由其最大电离线密度 q_{M} 表征，单位是电子数/米，表示为

$$q_{\mathrm{M}} = q_{\mathrm{Z}}(\cos\chi)^b, \quad q_{\mathrm{Z}} \propto (m_\infty)^a \tag{5.58}$$

式中：q_{Z} 为最大天顶线密度，即当流星体垂直进入时产生的电子线密度最大值，$a = 0.965(V/40)^{-0.028}$，$b = 0.84 + 0.02(V/40)^{-3.5}$ 是由经验确定的常数，取决于星体速度[83]。

基于电磁波散射过程可将尾迹人为划分为欠密尾迹（$q_{\mathrm{M}} \leqslant 10^{-14}\ \mathrm{m}^{-1}$）和过密尾迹（$q_{\mathrm{M}} > 10^{-14}\ \mathrm{m}^{-1}$）。从欠密尾迹到过密尾迹的转换实际上是一个线密度在 10^{13}～10^{15} 范围内渐变的过程。在欠密尾迹中，每个电子可认为是一个单独的散射源，而过密尾迹的散射更像宏观的导电曲面（和电离层类似）。对天波雷达而言，从欠密尾迹返回的回波数量要远远超过过密尾迹[280]。

5.4.2 流星尾迹回波特性

流星回波有两个主要成分，即头回波和尾回波。头回波被认为是流星附近的局部电离区域（热离子）产生的，它将在星体下降至较低高度时持续产生。这一回波对超视距雷达的 CPI 来说是暂态的，因为流星路径穿过雷达观测场的时间十分短暂。后者是沿流星轨迹形成的电离尾迹（冷离子云）散射而来的。流星尾迹可以产生持续时间相对较长的回波，从零点几秒到超过 1s，取决于尾迹特性和雷达频率。电离尾迹经两极扩散、湍流和化学过程消散[84]。

单独一个流星回波通常只局限在较少几个距离单元（对于典型天波雷达带宽常少于 3 个），但在全部直接和间接路径上许多流星尾迹都可能被雷达波束照到，污染会在大范围距离段上发生。由于它们相对天波雷达长积累时间而言可看作是暂态的，流星回波最可能在多普勒域上扩展。回波也可能出现多普勒偏移，因为尾迹电离可能在上大气层中性风的影响下漂移。

在尾迹形成以后，扩散使回波功率随时间衰减。这一衰减可由如式（5.59）所示的指数规律建模，其中，时间常数 τ_{c} 取决于尾迹特性和辐射频率，而初始化回波功率 P_0 还和雷达系统参数如辐射功率及天线增益有关。傅里叶变换后，回波的等效多普勒带宽约为 $1/\tau_{\mathrm{c}}$。τ_{c} 的值随频率增大而减小。

$$P(t)=P_0\exp\left(-\frac{t}{\tau_c}\right) \tag{5.59}$$

过密的流星电离尾迹是流星体物质以非常高的速度穿过大气层，与大气摩擦发热、气化电离，而留在高空中的电离柱，在电离柱中有着复杂的结构，存在大量不同速度、复杂的不均匀结构。因此，回波频谱所显示的特征是，在不多的某几个距离门上有很宽的弥散型谱，经常观察到的流星回波多普勒宽度为 10～30Hz，强度高出噪声基底 10～40dB。尽管地杂波要比电离层杂波强得多，但前者的多普勒带宽却窄得多。典型流星尾迹回波的多普勒谱参见图 1.21。

天波雷达中流星尾迹回波的影响主要取决于足以遮蔽有用信号的强尾迹回波出现的频次和空间分布。其出现频次随时段、季节、传播模式、工作频率、斜距、波束指向的变化规律尤其重要[280]。

偶发流星回波的出现具有随机性。在特定的天波雷达监测区域内，偶发流星回波的出现概率通常为每秒 0.1～5 次。然而，流星通量及由此产生的过检测门限回波的比率，会在每年流星雨期间大幅上升，如可能持续数天至数十天的狮子座和宝瓶座流星雨。此时，主要流星通量所产生的回波率会较平时的偶发流星背景高出一个数量级。

流星回波出现频次还呈现出显著的日变化规律。偶发流星回波和流星雨回波都在早晨的时段出现更为频繁。与天波雷达波束指向（方位和俯仰方向）有关，流星雨回波的峰值速率通常在当地时间 6 时出现，而最小速率则在当地时间 18 时的相反方向出现。

当天波雷达监测区域和工作频率受到任务需求限制时，雷达接收到的流星回波通常通过信号处理方法加以抑制。从副瓣进入的回波可通过接收空域处理进行削弱。如果天线阵列通过良好校准，常规波束形成的低副瓣方向图效果就非常明显，特别是当波束可在方位和俯仰上独立控制时（如法国的诺查丹玛斯雷达）。

波束主瓣进入的流星回波，无法用空域处理加以抑制，可利用其暂态特性从时域进行消除。随着对天波雷达更高灵敏度的需求，越来越小的流星回波将出现在噪声基底之上。尽管这些流星尾迹的回波能量相对较低，但问题是流星数量会越来越多，所产生的杂波将对更多距离、方位和多普勒单元内的目标检测产生影响。

5.4.3 电离层杂波

电离层的非均匀和不规则性使其在实际工程中通常不能被看作稳定的“镜面”反射，电离层中不规则散射的回波有可能进入天波雷达接收通道形成电离层杂波，当天波雷达的射线路径朝向或经过赤道和极区时，电离层杂波形成的概率和强度均显著提高。这类杂波通常在多普勒维上具有较宽范围，因而也被称为扩展多普勒杂波（Spread-Doppler Clutter，SDC）。电离层杂波的强度通常弱于地物杂波和海杂波，但仍足以遮蔽高速飞机目标回波。

加拿大的天波雷达对极区电离层杂波进行了观测，并从距离、方位、俯仰、多普勒维处理和分析了电离层杂波分布特点[281]。图 5.11 为两组观测数据对应的距离-多普勒谱。从图 5.11 可见，第一组数据电离层杂波多普勒扩展范围较大，与地杂波有重合；而第二组数据电离层杂波多普勒扩展范围较小，能量相对集中在高速区（噪声区）。

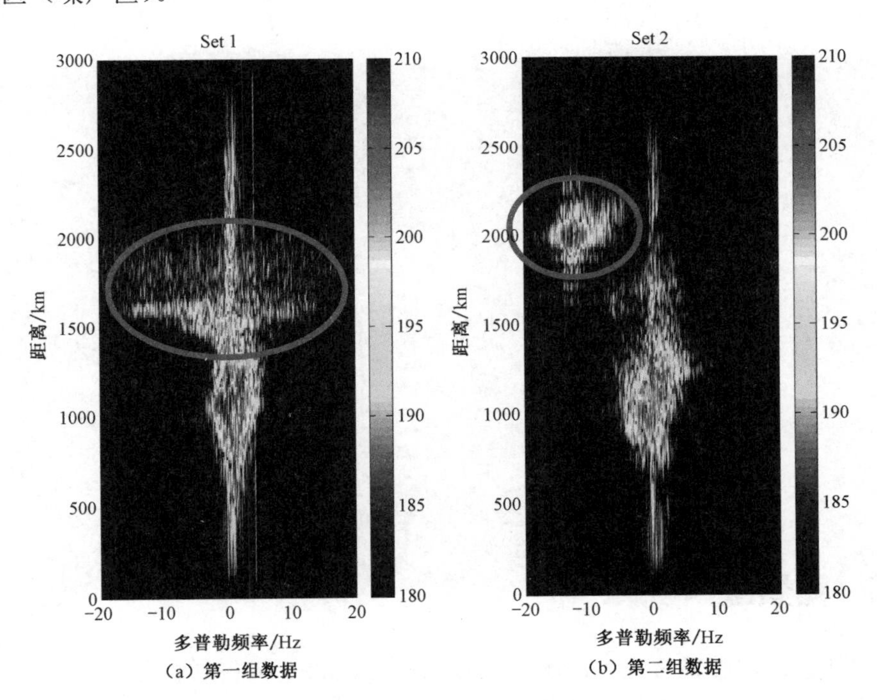

（a）第一组数据　（b）第二组数据

图 5.11　极区电离层杂波距离-多普勒谱[281]

图 5.12 给出了两组观测数据电离层杂波与地杂波在不同俯仰角上的能量分布。观测表明，电离层杂波和地杂波的回波能量随俯仰角变化趋势不同，即二者波达俯仰角存在差异。同时，电离层杂波与地杂波的波达方向角也可能存在差异。尽管在俯仰或方向维上，地杂波和电离层杂波的空域差异并不是稳定存在的，空域滤波仍是抑制电离层杂波的可用手段。当天波雷达具备二维阵列俯仰分辨能力时，可通过二维空域波束设计实现对电离层杂波的分离和抑制。

通过对电离层杂波的观测和归纳可知，电离层杂波在距离、角度、多普勒上的分布不均匀，其能量集中的区域可对目标检测造成不利影响。当电离层杂波所在区域与目标观测区域不重合时，并无对其开展针对性分离和抑制的必要。同时，天波雷达还可通过频率优选来避免或减弱电离层杂波对目标探测的影响。

若电离层杂波与目标处于同一区域，可从空域对其进行抑制。由于电离层杂波与目标回波的射线传播路径往往不同，利用俯仰维差异对其分离是可行和值得尝试的手段。可以预见，具备二维波束形成能力的阵列可获得更好的电离层杂波抑制效果。此外，考虑到杂波回波通常存在多普勒-方位角耦合，STAP 可能是抑制极光杂波分量的有用手段。

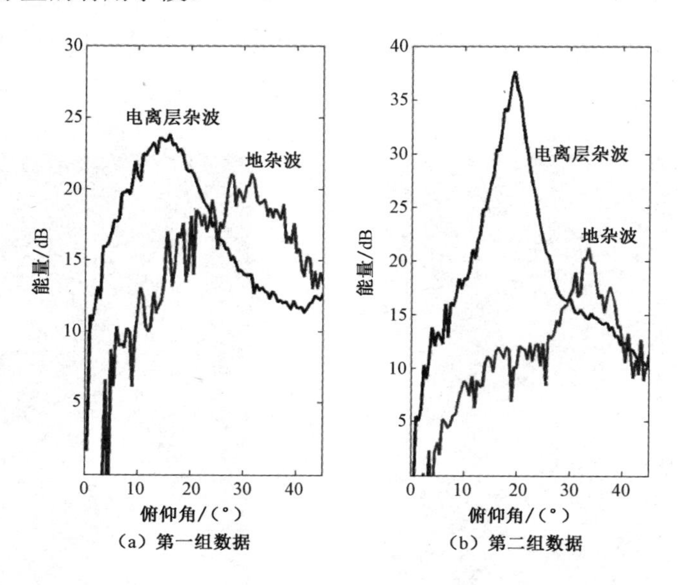

图 5.12　极区电离层杂波及地杂波能量随俯仰角变化[281]

5.5　背景噪声

高频无线电噪声包含雷达接收分系统的内部噪声和外部背景噪声。内部噪声主要来源于从天馈线到接收机等硬件设备电子的随机热运动产生的噪声（又称为白噪声或高斯噪声）。接收通道内部噪声功率电平主要取决于接收机的设计、所采用的器件及制造工艺。外部背景噪声（又称为环境噪声或外部噪声）是指雷达接收机外部各种背景无线电噪声的集合，一般表现为非高斯型，并具有准脉冲特性，其噪声电平随频率、时间和空间位置而变化。

微波雷达目标探测能力主要受接收机固有内部噪声的限制，而对于高频雷达，外部背景噪声往往远高于系统内部噪声。也就是说，外部背景噪声是限制高频雷达目标探测的主要因素，内部噪声相较而言可以忽略。因此本节将重点介绍高频雷达背景噪声。

5.5.1 大气噪声

自然界的无线电噪声主要由大气中闪电放电等自然现象及由宇宙深空各种射电源引起，即分为大气噪声和宇宙噪声。

大气噪声是由雷电、暴雨、风雪、沙暴和冰雹等自然现象引起的静电放电而产生的。其干扰频谱较宽，噪声功率也较高，噪声电平还随频率、地理位置、季节和昼夜而改变。根据中纬度地区的实测数据，在高频频段（3～30MHz）大气噪声平均功率电平为每赫兹-180～-140dBW。大气噪声又以雷电中闪电辐射噪声为主，它也是地面上最主要的高频背景噪声。

5.5.1.1 大气噪声的特点

大气噪声的基本特点是宽频带和非平稳性，其幅度和时间是随机分布的。大气噪声通常具有两个分量：一个相对弱（远区雷电）的部分，接近高斯分布；另一个是比较强的（本地雷电）的准脉冲分量。本地雷电的平均功率谱密度反比于频率的三次方；而远区雷电并不遵循这一关系，这是因为通过电离层传播不同频率的损耗特性不同（色散信道）。

长期统计测量的高频频段大气噪声功率电平具有以下规律。

（1）随纬度升高而降低，南北半球高纬度地区（≥60°），地球表面噪声场强最大值为 28～51dB；而赤道附近纬度±20° 之内为 44～100dB。

（2）随季节和时间变化，一年中夏季高、冬季低，夏天静电放电要频繁得多；一天中，夜间比白天强，因为静电放电的辐射频率主要发生在高频频段的低端，而夜间的传播条件对低端频率有利。

（3）随各地区的气象条件变化，本地雷雨季节时功率高，而同纬度上宽阔大陆上的噪声水平比海洋要高一些，因为大陆上雷电暴雨活动比海上要频繁得多，世界大陆上三大雷暴中心地区的噪声场强最高。

（4）大气噪声强弱具有方向性，且强弱方向也在随昼夜和季节变动，一天之内强干扰方向变化范围可达 20°～30°。

（5）大气噪声电平总的趋势是随工作频率的升高而下降，频率大于 15～20MHz 后急剧下降。但噪声电平与所在接收地点及当时的电波传播条件有关。

（6）当天波雷达用窄接收波束（如 1°～3°）测试大气噪声时，受电离层不稳定性的影响，其噪声电平会产生±5dB 的波动。对于窄带接收系统，大气噪声具有白噪声频谱特性。

图 5.13 显示出了我国某地区大气噪声场强测量值，在白天，干扰场强的实际测量值和理论值有明显的差别。在高频频段的低端（3～15MHz），出现了大气噪

声电平随频率上升而提高的一段。这是由于大气噪声场强，并不完全取决于噪声源产生的频谱密度，也和大气噪声的传播条件有关。白天由于电离层的吸收随频率上升而减弱，当吸收减弱程度超过频谱密度减小程度时，就出现了如图 5.13 所示的情况。

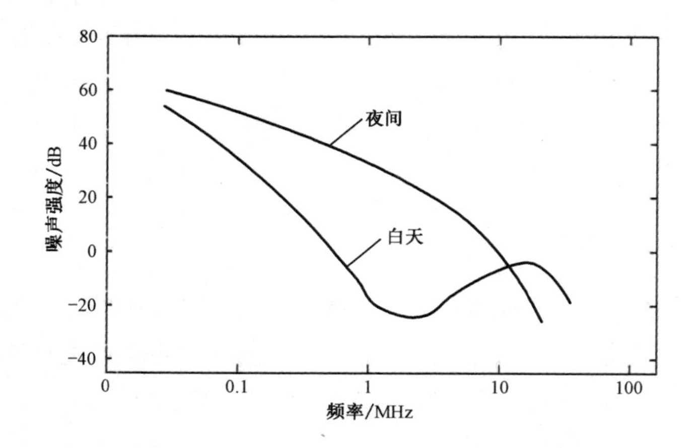

图 5.13　某地区大气噪声场强和频率的关系曲线

5.5.1.2　大气噪声分布

许多年来，分布在世界各地的专门研究机构，对大气噪声进行了大量的研究和测量。各个机构按小时收集到的噪声测量数据表明，大气噪声的长期变化不大，但小时尺度的噪声水平具有显著的日变化和季变化。

国际无线电咨询委员会（CCIR）与国际电信联盟（ITU）详尽地总结了大气噪声的全球分布情况，并按其长期特性绘制出一组以 F_a 小时值统计分布的季中值 F_{am} 等值线表示的大气噪声世界分布图。这组资料可供高频通信与雷达设计时参考使用。

F_{am} 为一个季度 6 个时段（每个时段长 4 小时）内共 540 个 F_a 小时值统计分布的中值，称为小时段季中值。在全球 27 个点站测量的基础上，1986 年的 CCIR Report 322-3 与 1994 年的 ITU-R P1.372-6 报告先后绘出了各季节时段 F_{am} 的预测数据图（修正版），其季节与昼夜时段划分如表 5.2 所示。

这样，每季度给出 6 张噪声分布图，4 个季度共计 24 张图。为了便于在天波雷达中规划和设计使用，这里摘引了夏、冬两季各 1 张噪声分布图，分别如图 5.14 和图 5.15 所示。其他时段及其他季节噪声数据，可参阅 ITU-R P1.372-6 建议书或文献。

表 5.2　季节和昼夜时段的划分

<table>
<tr><th rowspan="2">月份</th><th colspan="2">季节</th><th rowspan="2" colspan="2">6 个 4h 时段本地时间</th></tr>
<tr><th>北半球</th><th>南半球</th></tr>
<tr><td>12、1、2</td><td>冬</td><td>夏</td><td rowspan="4">00:00—04:00
04:00—08:00
08:00—12:00</td><td rowspan="4">12:00—16:00
16:00—20:00
20:00—24:00</td></tr>
<tr><td>3、4、5</td><td>春</td><td>秋</td></tr>
<tr><td>6、7、8</td><td>夏</td><td>冬</td></tr>
<tr><td>9、10、11</td><td>秋</td><td>春</td></tr>
</table>

图 5.14（a）和图 5.15（a）是在世界地图上以 F_{am} 等值线所示不同地理位置的大气噪声电平。F_{am} 的数值是根据分布在世界各地的一些测量点以不同频率测得的数据推导出来的，其有效频率为 1MHz。图 5.14（b）与图 5.15（b）表示噪声电平随频率的变化，利用图 5.14（b）的曲线可以把由图 5.14（a）求出的频率为 1MHz 的 F_{am} 换算成给定频率的 F_{am}。为了便于各种噪声源电平的比较，在图 5.14（b）与图 5.15（b）上还示出了宇宙噪声和宁静接收点的任务噪声数据（虚线表示）。

噪声电平 F_{am} 表示每个时段中的小时中值。一个时段中的小时值的变化，用超过 10%和 90%小时的数值来表示，即分别以相对于时段中值的偏差 D_u 和 D_l 来表示。D_u 是 F_a 在中值 F_{am} 以上的数值的统计分布，称为上分比（上十分值），设 F_{au}

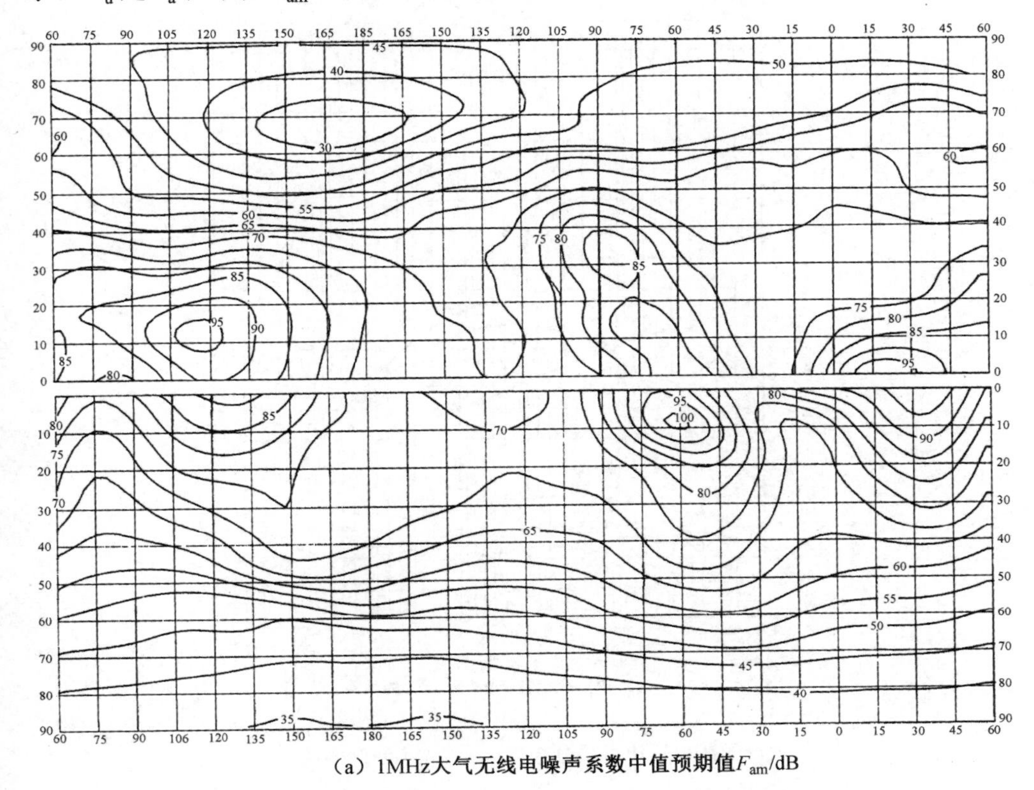

（a）1MHz大气无线电噪声系数中值预期值F_{am}/dB

图 5.14　大气无线电噪声世界分布图（夏季，00:00—04:00LT）

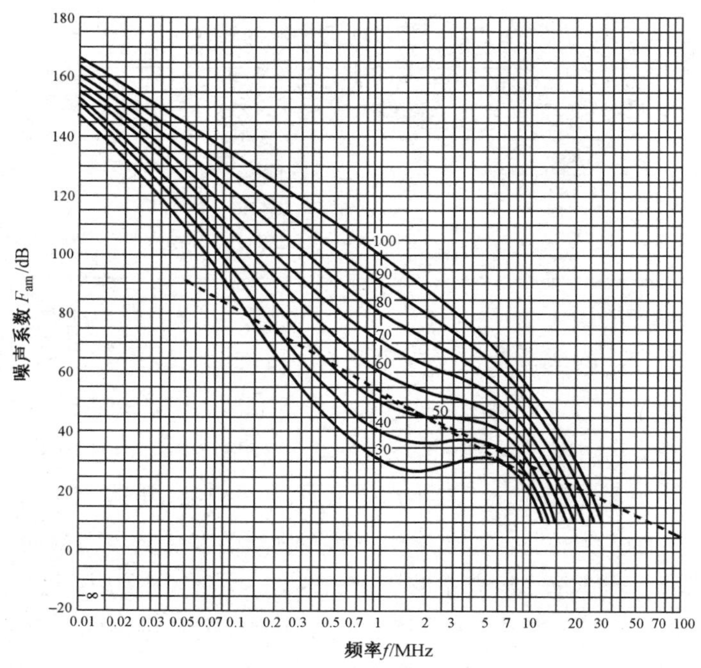

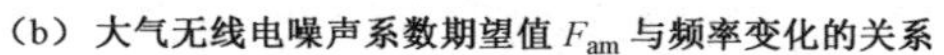

（b）大气无线电噪声系数期望值 F_{am} 与频率变化的关系

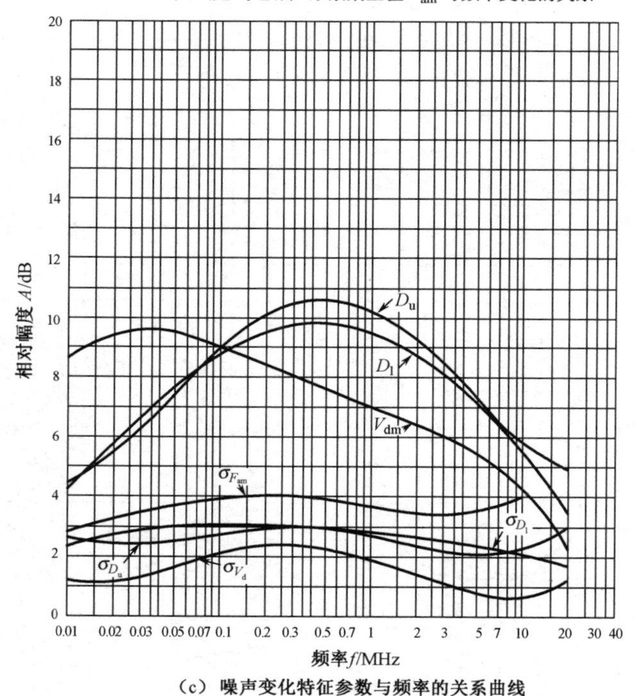

（c）噪声变化特征参数与频率的关系曲线

图 5.14　大气无线电噪声世界分布图（夏季，00:00—04:00LT）（续）

为 F_a 在超过 10%时间时的数值，则 $D_u = F_{au} - F_{am}$。当画在以分贝表示的正态概率分布图 5.14（c）和图 5.15（c）上时，偏差值 D 在中值以上的振幅分布，可以相当准确地用通过中值和上十分值的一条直线来表示。

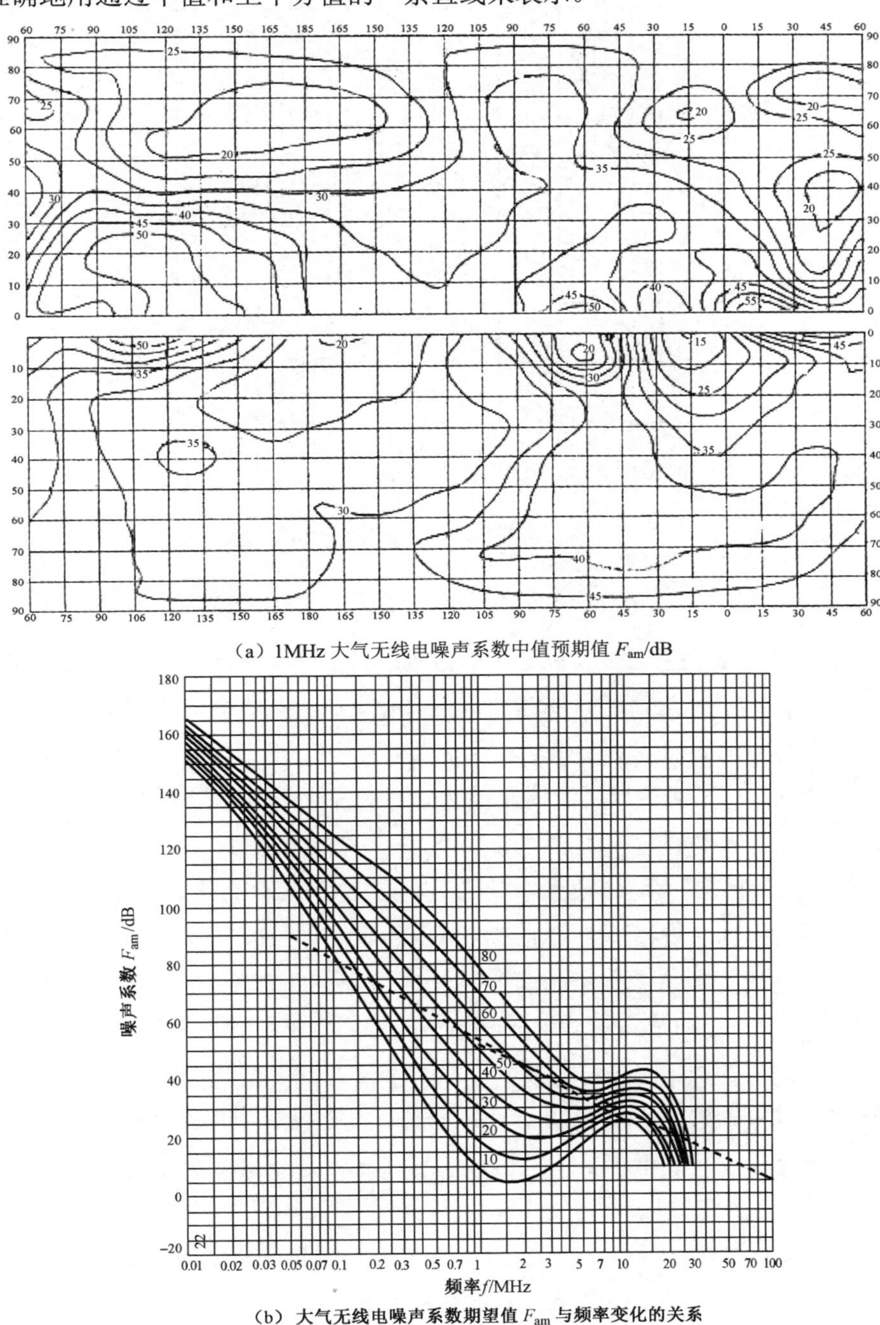

（a）1MHz 大气无线电噪声系数中值预期值 F_{am}/dB

（b）大气无线电噪声系数期望值 F_{am} 与频率变化的关系

图 5.15　大气无线电噪声世界分布图（冬季，08:00—12:00LT）

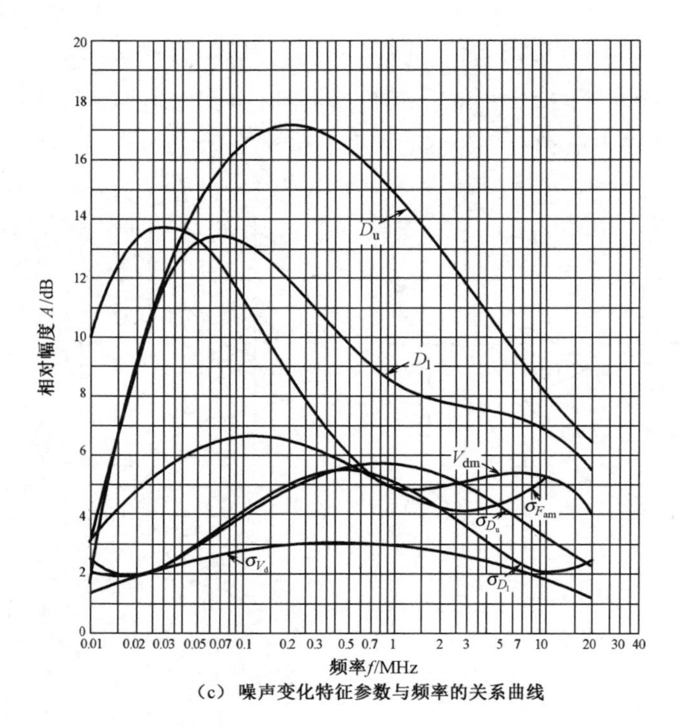

（c） 噪声变化特征参数与频率的关系曲线

图 5.15 大气无线电噪声世界分布图（冬季，08:00—12:00LT）（续）

同样，D_l 是 F_a 在中值 F_{am} 以下的数值的统计分布，称为下分比（下十分值）$D_l = F_{am} - F_{al}$，F_{al} 是 F_a 在超过 90%时间的数值，在正态概率分布图上可以用通过中值和下十分值的直线来表示中值以下的偏差值。

通常用 $F_{am} + D_u$ 来估算所需要的雷达最小信号强度，而 $F_{am} - D_l$ 则用来决定在外界噪声比较宁静情况下接收分系统可以忽略的内部噪声电平。图 5.14（c）和图5.15（c）中给出了 D_u 和 D_l 随频率变化的数据。大气噪声分布图中的 F_{am} 预期值，是经过平整后得到的数据，因此由图中查出的某一具体地点、某一给定频率的数值与实际测量所得数值总是不相同的。由于平整过程而消去的偏差，可用标准偏差 $\sigma_{F_{am}}$ 来表示。$\sigma_{F_{am}}$ 的数值是通过同一地点的实际测量值和期望值的差值导出的，这个数值也包括了逐年间不可预测的变化以及需要把大量数据概括成同一形式时所导致的误差等不定因素。$\sigma_{F_{am}}$ 曲线只推导到 10MHz，在更高的频率上，许多观测站的实测噪声可能来源于宇宙噪声或人为噪声，因此很难单独估计大气噪声的变化。

同理，对于 D_u 和 D_l 由曲线上查出的数值与实际数值的偏差，分别用标准偏差 σ_{D_u} 和 σ_{D_l} 来表示。$\sigma_{F_{am}}$、σ_{D_u} 和 σ_{D_l} 随频率变化的曲线也在图 5.14（c）和图 5.15（c）中示出。此外，图 5.14（c）和图 5.15（c）还示出了大气噪声包络电压的中值

V_{dm}和它的标准差σ_{V_d}随频率的变化。

我国也对华南、华中、华北等地区的大气噪声进行了长期的观测。采用的设备是符合 CCIR 和 ITU 要求的标准噪声测试设备和测量天线，观测站的环境是“乡村区”级。在各个季节，实测大气噪声系数随纬度的变化是明显的，它们的实测值与 CCIR 和 ITU 的“乡村区”级预测估计值大致相符。

测量数据与 ITU 报告的大气噪声预测值的分析比较表明，中国地区实测数据F_{am}比 ITU 报告中的大气噪声预期值平均高 4～8dB，随频率升高而基本上单调下降；在 10MHz 以下频率，大气噪声占主要成分，在 10MHz 以上，人为噪声占主要成分；在频率 15～30MHz 时的环境组合噪声与季节、昼夜时间变化相关性甚小。

5.5.1.3　雷电脉冲特性

雷电辐射噪声是大气噪声的主要组成部分，也是地面上最主要的高频背景噪声。任一地点的雷电噪声都是全球性的雷电与当地的雷电辐射的叠加。远区雷电噪声主要通过电离层路径（天波）传播到接收站址，而近区雷电则可通过空中视距（直达波）与地面绕射（地波）传导。闪电辐射谱在 3～10kHz 频段最强，随着频率的提高，基本趋势是逐渐减小。全球性的雷电有较确定的地理分布，热带较多，南北极很少。印度尼西亚、中南美和赤道非洲为世界三大雷电活动中心。即使没有局部的本地雷暴，在赤道区域内发生的闪电辐射噪声经电离层信道传播也会影响天波雷达接收设备。

雷电是自然界一种常见的现象，据统计无论在哪一个时刻，世界上都有约 2000 个雷暴区在活动。这些雷暴区平均每秒产生 100 次左右的云地闪和云间闪准脉冲噪声，研究闪电产生的电磁脉冲辐射波形、频谱特性以及它们的传播特性是设计天波雷达抗雷电干扰的理论基础。

当云中电荷大量积聚，电场足以导致空气击穿时，则产生闪电放电。闪电放电的电离信道可以看作一个大的天线，沿着该天线流过大功率的电流脉冲产生便导致了电磁脉冲的辐射。一次闪电脉冲持续时间为 200～400ms，一块云的雷电活动有几个闪电过程，有时可以持续几分钟到十几分钟。

闪电按其发生位置可分为云间闪和云地闪两大类，其中云地闪对天波雷达的影响更大。云地闪开始于先导放电，先导放电是一串尖脉冲，其宽度在微秒量级，放电流约几百安培。当分级先导逐步前进至地面时，在云与地之间即形成一个电离通道，立即产生返回击穿，回击电流强度很大，为 20～50kA，从幅度上构成雷电脉冲的最主要部分。在近区闪电电流波形中，一次闪电通常有 3～4 次这样的回击，后续的击穿幅度为首次回击幅度的 1/10～1/3。典型的雷电电流波形如图 5.16 所示。

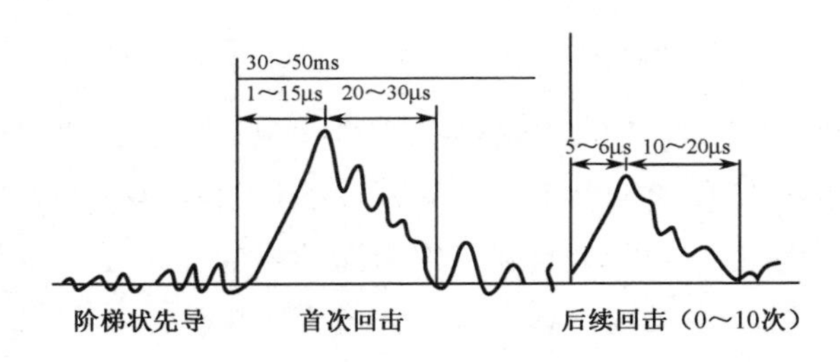

图 5.16　典型的雷电电流波形

回击电流随时间的变化可近似地以双指数函数来描述。其表达式为

$$I(t)=I_0\left(\mathrm{e}^{-at}-\mathrm{e}^{-bt}\right) \tag{5.60}$$

式中：I_0 为闪电电流的幅值；a 和 b 分别为闪电电流波形常数，其取值如表 5.3 所示。

表 5.3　雷电流波形常数（a、b）取值

a	0.1×10^4	0.2×10^4	0.5×10^4	1×10^4	1.3×10^4	2×10^4	5×10^4	10×10^4
b	5×10^5	5×10^5	5×10^5	5×10^5	5×10^5	5×10^5	5×10^5	5×10^5
T_h/μs	700	350	150	80	65	42	20	12

对式（5.60）进行傅里叶变换，则可得到放电电流的频谱为

$$I(\omega)=I_0\left(\frac{1}{\mathrm{j}\omega+a}-\frac{1}{\mathrm{j}\omega+b}\right) \tag{5.61}$$

闪电放电电流的频谱很宽，但其主频谱在甚低频段（3～30kHz）。

闪电脉冲的传播路径主要有空中视距传播、地表面波绕射传播与电离层折射传播三种模式。闪电脉冲在地面-电离层波导中传播的分析方法，一般是首先根据闪电电流的波形，求出辐射源频谱；再根据各个频率段分量在地面-电离层波导中的传输损耗和相位延迟，求出接收点信号的频谱；最后用快速傅里叶变换求出接收点信号的波形。由于闪电脉冲的频谱较宽，而接收设备通常带宽有限，不同的接收设备测量得到的闪电脉冲形状会有所差别。

大量的实验研究表明，闪电脉冲的波形变化具有以下特点。

（1）在近区（300～500km 以内），以地波传播为主，此时天波传播损耗相对较大，且一跳天波时延大于地波第一准半周宽度，两跳天波在传播条件好时也可独立观察到，故闪电脉冲的第一准半周的幅度与能量都超过第二、第三准半周的幅度。

（2）在远区（300～500km 以外），以天波传播为主，地波传播的衰减很大，闪电脉冲的形状变得很复杂。例如，在 500km 附近，一跳天波与地波分量部分重合，合成的波形明显展宽；在 800km 附近，一跳天波的幅度超过地波，二跳天波的幅度随着距离的增大也逐渐接近地波的幅度，这样合成的波形具有多个准半周，

且往往第二、第三准半周的幅度会超过第一准半周。

（3）当距离更远时，比如白天 4000km，夜间 5000km 左右，则只有天波传播，此时地波信号已淹没在背景噪声之中。

（4）在数百千米的距离 R 范围内，云地闪的峰值幅度以接近 $1/R$ 的速度衰减，云间闪的峰值幅度则以接近于 $1/R^2$ 的速度衰减。

（5）云地闪的闪道接近垂直于地面，而云间闪则接近于水平方向。靠近地面的水平放电电流比垂直放电电流的激励效率低得多。因此云间闪产生的雷电脉冲强度小且衰减快，在远处通常仅能收测到云地闪产生的脉冲噪声干扰。

（6）雷电脉冲是瞬态干扰，也是加性干扰，每一个雷暴区产生的闪电脉冲相对雷达具有较明显的方向性。

上述分析的闪电脉冲电流波形与远区传播特性，构成了前面分析的大气噪声源。当雷暴出现在天波雷达站址附近数十千米范围内时（本地雷电），由闪电放电所引起的平均噪声电平比大气噪声基础电平通常高出 10～20dB。

对于中纬度地区的天波雷达，在本地雷暴期间，典型的闪电脉冲速率是每秒 0.2～1 次，而闪电的物理特性表明闪电脉冲持续时间为 200～400ms。对于天波雷达对空探测任务（相干积累时间通常为数秒）而言，接收到的强闪电噪声将产生严重的影响。它的脉冲特性会在多普勒频谱上呈现出强幅度、大带宽的噪声能量，从而限制了空中目标检测性能。针对小型飞机目标探测任务，在长达一年的有效工作时间内统计，闪电脉冲噪声使天波雷达的可用时间缩短 25%，平均预期灵敏度下降约 10dB。

5.5.2　宇宙噪声

宇宙无线电噪声包括太阳、月球、行星等天体和星际物质的无线电辐射及银河系无线电的辐射。它在幅度上是连续的、类似宽带噪声背景的电磁辐射的集合。在高频频段，宇宙噪声主要来自银河系电磁辐射所引起的噪声，因此也被称为银河系噪声。大约在 20MHz 以上频段，宇宙噪声的功率电平将超过大气噪声的功率电平。而来自太阳的强辐射噪声谱频段为 30～200MHz，不在高频频段范围内。

银河系中较强的辐射源位于天鹅座、仙后座、金牛座、人马座及半人马座等星座。测量结果表明，银河系中央部位的噪声强度，比其他方向的强度高 2～4dB。由于强辐射源的分布和地球自转的关系，以及电离层内的吸收和反射的衰减特性，银河系噪声呈现一定的日变化，但起伏较小，可以忽略。

银河系噪声的频率范围很宽，通常从无线电频谱的低端一直延伸到 1GHz 以上。银河系噪声频率低端分量，由于电离层的反射和散射效应以及较强的大气噪声背景掩盖，测量较为困难。与大气噪声相比，高频频段银河系等效噪声系数 F_{am}

在低端较低，且随着频率的增大而缓慢减小，10MHz 时与大气噪声值接近，20MHz 以上将超过大气噪声成为天波雷达的主要背景噪声源。由于它的随机起伏特性，银河系噪声接近于白噪声，幅度为高斯分布。图 5.17 绘制了银河系噪声系数随频率的变化情况。其中，曲线 A 为超过 0.5%时间的大气噪声；曲线 B 为超过 99.5%时间的大气噪声；曲线 C 为宁静乡村接收点的人为噪声；曲线 D 为银河系噪声。

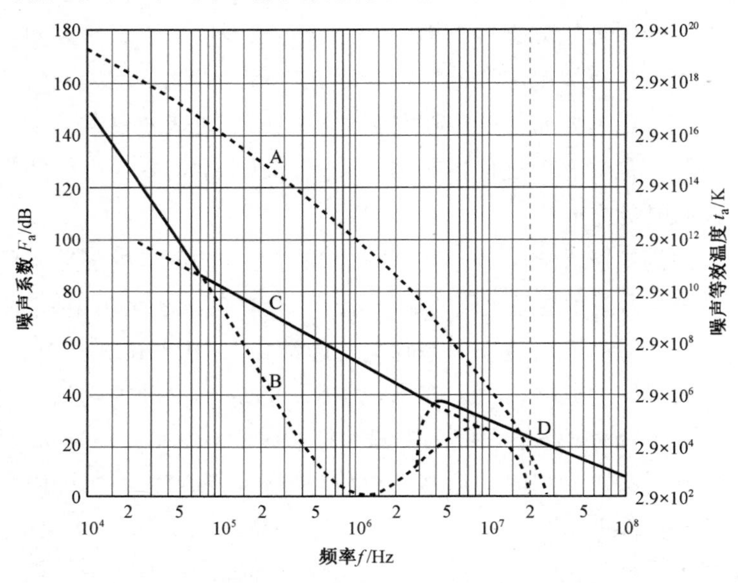

图 5.17　银河系噪声系数随频率的变化曲线

受电离层吸收和反射效应的影响，银河系噪声呈现随季节和昼夜时间的变化，并与接收机的地理位置有关。从 20 世纪 60 年代开始，各国许多研究机构相继使用地面设备、探空火箭和卫星进行一系列固定频率和频谱的测量。图 5.18 给出了 0.2～30MHz 的银河系噪声等效温度的平滑曲线，它依据探测火箭和卫星上搭载仪器的测量结果绘制。

为与图 5.17 所示的数值进行比较，令 $f_a = t_a / t_0$，$t_a = 288 f_a$（K），可列表计算出相应的等效天线噪声系数 F_a，详细数据如表 5.4 所示。可以看出，在高频频段，二者相差在 2dB 以内。图 5.18 中的曲线与 20 世纪 80 年代初用 ISS-6 卫星测量得到的银河系噪声（25MHz 以下）强度相比也很接近。

表 5.4　卫星搭载仪器测量的银河系噪声数据

f_R/MHz	1	2	3	5	7	10	15	20	25	30
t_a/10^6K	19	9	5	1.8	0.95	0.42	0.1	0.07	0.037	0.02
F_a/dB	48	45	42	38	35	31	25	24	21	18

注：f_a 为噪声因子；f_r 为频率。

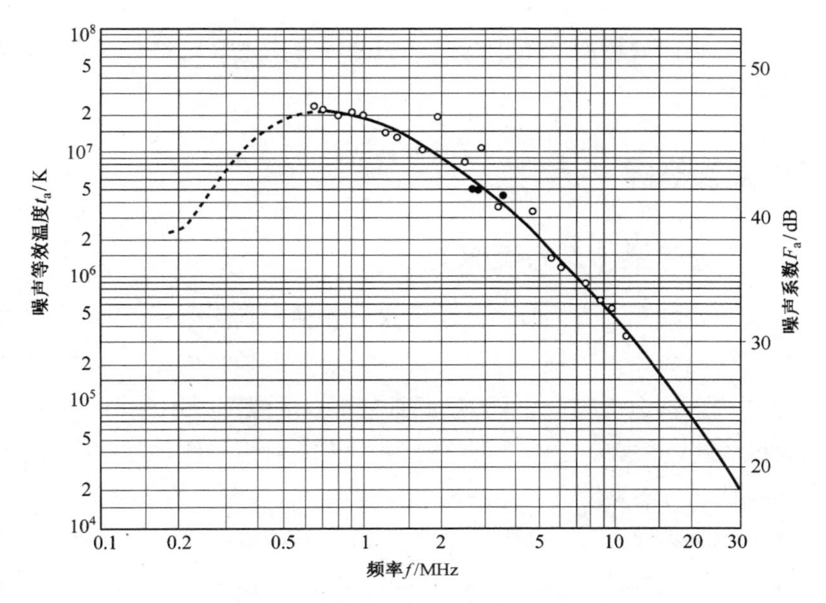

图 5.18　银河系噪声等效温度的平滑曲线

5.5.3　时变特性

天波雷达接收到的背景噪声主要包括前述的大气噪声和宇宙噪声，以及 5.6 节将要讨论的人为噪声等。它是大量随机源辐射综合作用的结果，与噪声源的时空分布特性和辐射特性有关，也与高频电波传播特性以及接收分系统的工作频率、带宽有关，并随地区、季节和昼夜时间具有复杂的随机变化。

背景噪声的时变特性，通常可按快变化和慢变化两类分别进行统计和分析。

快变化特性指特定小时内，噪声包络电压瞬时幅度的统计特性。它较为全面地描述背景噪声的统计特性，通常用于估计对各类无线电系统的影响。一般需要考虑 4 种概率分布，即包络幅度电平的概率分布、包络电平出现时间间隔的分布、包络电平脉冲宽度的分布及包络电平切割速率的分布。通常，这些分布特性可在不同的时间区间内进行统计，而后 3 类分布要针对不同门限电平确定。

外部噪声还可分为连续性噪声和间断性噪声两类。对于连续性噪声，常注重包络幅度电平概率分布；而对于间断性噪声（如雷电脉冲），则更注重由后 3 类分布给出的瞬时时间结构，特别是脉冲峰值分布、间隔时间与重复速率。

慢变化特性主要指昼夜变化和季节变化。特别是大气噪声存在显著的昼夜和季节变化，可将昼夜时间分成 6 个 4h 区段，以小时中值为基础，分季节进行统计处理，如 5.5.1 节所述。

天波雷达系统设计中通常采用较大时空尺度和频域内的背景噪声统计参数。例如，小出现概率（上十分值）的强噪声电平是评估雷达时间可用度所需信噪比的重要参数；而大出现概率（下十分值）的基底噪声电平则是合理设计接收分系统噪声系数的依据。

5.6 无线电干扰

5.6.1 工业干扰（人为噪声）

工业干扰（也被称为人为噪声）主要来自各种人类活动和设备，因此其功率电平随不同地区而异。人为噪声可能通过直接辐射、导线传导和沿导线传输后再辐射 3 种方式进入雷达接收机。从噪声源直接辐射的噪声，由于辐射条件较差（如无天线），且地波传播衰减很大，因此传播距离不远；沿导线传导指噪声源经由电源线传导到接收机，如果没有加装滤波抑制装置，这一方式的传播距离可以很远；沿导线传输后再辐射是指噪声源产生的噪声经传导或感应进入各种架空线路（含各种电力线路和通信线路）或设有接地的金属结构，然后由架空线路或金属结构传输并作为辐射体辐射到空间，此途径是最为常见且影响最为严重的一种传导方式。

工业干扰一般来自多种人为产生的噪声源，在不同地点和时间，其强度变化极大。常见的工业干扰（人为噪声）源包括以下几种。

（1）电力线辐射干扰。高压输电线所产生的辐射干扰有两种类型：间隙击穿和电晕放电。间隙击穿发生在高压输电线上两个互相靠近、不等电位的尖端之间。输电线路在其开关和断路器断开时，或绝缘子绝缘不良出现漏电或跳火时，都将产生强烈的无线电脉冲噪声及很宽的低频频谱。架空输电线路是良好的辐射体，对典型的 110kV 高压架空输电线路的噪声影响范围达 3～4km。另外，在高压电力线附近，高压导线经常出现电晕噪声，电晕放电是由高达几万伏到几十万伏的电压产生的很强电场，引起周围粒子激烈的惯性碰撞过程，具有随机干扰特性。天气晴朗时，电晕噪声强度不高，影响范围仅几十米；但在天气潮湿时，噪声强度及影响范围将显著提高至千米级。近几年来，对于电力线辐射干扰的测试分析表明，电力线路所产生和传输的噪声频谱主要在10MHz 以下。

（2）内燃机点火装置干扰。各种车辆、船舶等采用的内燃机驱动设备内，均装有火花点火装置。当所储存的电荷通过火花塞进行火花放电时，放电电流的峰值约 200A，放电时间在微秒以内，峰值电压高达 10kV 以上。因此，点火装置能产生前沿很陡的噪声脉冲，其周期随电机的转数而定。点火系统的火花放电，能以电磁波的形式辐射到空间形成干扰，干扰的频谱分布在从中频到甚高频很宽的频段内，在 20MHz 以上常大于宇宙噪声。测试结果表明：未加噪声抑制措施的汽车发动机点火系统的噪声，影响范围一般约为 150m；拖拉机和摩托快艇所产生的噪声较为强烈，未加噪声抑制措施其影响范围可达 300m；某些飞机发动机产生的噪声影响范围远达 2km。

（3）电气化铁路干扰。电气化铁路的噪声主要是由电气机车导电弓架跳离架空线时电火花所引起，导电弓架剧烈跳动产生较强的脉冲噪声；如果导电弓架沿架空线滑动时只有连续的短暂跳动，则出现较弱的连续噪声。这种干扰和电力线路上的噪声一样，一方面直接辐射，另一方面以电流形式通过架空线传输到远方再辐射。电气化铁路噪声分布由超长波到超高频范围，在长波波段，噪声电平最高。在线路两侧高频频段影响范围可达 1.5km。

（4）高频工业设备和医疗设备泄漏的干扰。高频工业设备，主要指各种高频金属熔接机、塑料接合机、加热设备等；高频医疗设备主要指各种透热医疗设备、诊断设备及理疗设备等。这些设备的高频发生器除了在基频上辐射也能在它的谐波上辐射，特别是非常多的高次谐波，其频率随电源电压和负载的改变而变化。这些设备一般功率较大，因此泄漏电场可以构成较强的噪声，噪声的频率范围视设备的基频而定。X-光机本身不需要高频振荡，但某些采用倍压整流器以取得直流高压在其整流电路中往往会出现张弛振荡，从而产生很多谐波。整流器的工作电压非常高，因此，谐波的峰值也相当高。这类噪声的特征是以连续波为主，通过市电电源线传导，大功率工业设备影响范围可达 2～3km。需要注意的是，有些测量仪器的本机振荡器以及交流声亦可经过电源线传导直接进入接收机的中频或视频部分。

（5）家用电器和照明设备辐射干扰。各种电动机、电焊、电锯、直流发电机、开关、电铃、继电器、电传打字机以及电话机拨号盘等，在使用中或启闭时，常常因为电压或电流瞬变而伴生电磁波辐射，也可能形成无线电脉冲噪声并通过滤波性能较差的市电传导到雷达接收机。这类噪声对长波和中波影响较大，对高频频段影响相对较小，直接辐射时影响仅几十米。

一些照明器材，如日光灯、高压水银灯、霓虹灯等气体电离造成高频干扰；或萤光灯的阴极和板极间产生的高频振荡干扰，均会影响雷达接收机正常工作。天波雷达周围一般禁用这类照明设备。

不像大气噪声，目前还无法获得工业干扰（人为噪声）电平与时间和地理位置的函数关系。随着工业、交通与居民生活水平的发展，人为噪声也将不断发生变化。同时，不同的区域性质（如工业区和居民区），噪声水平也有较大差别。因此，测量与预测工作必须针对特定地区开展。工业干扰（人为噪声）系数中值测试结果可参见图 1.24。它是 CCIR 利用全向短垂直极化低损耗单极天线采集的实验数据。

工业干扰的场强随着干扰源距离的增加而减小。来自距离R（单位为m）上的工业高频设备的干扰场强E（单位为V/m），可由经验公式（5.62）计算，即

$$E = 2l(h_a / R^2)\sqrt{P_j} \tag{5.62}$$

式中：h_a为接收天线高度（m）；P_j为干扰功率（W）。

工业干扰取决于工业与电器干扰源分布的情况，它主要通过传输线和地波传播，因此很少依赖电离层的日变化和季变化，噪声电平在白天很自然地要高于夜间。工业干扰的极化形式视传播方式而定。空间直接辐射传播时，两种极化的噪声接收电平大致相同；以地波方式传播时，水平极化分量被地面很快衰减而传播不远，因此垂直极化分量占据主导。由于工业干扰传播以地波方式为主，故工业干扰多为垂直极化波。

5.6.2 电台干扰

高频频段（3～30MHz）范围较窄，但由于能利用电离层进行远距离通信及广播，因此高频业务非常繁忙，包括：固定电台通信，移动电台通信，海上、航空无线电业务，广播业务，大量的业余无线电通信等。尽管国际电信联盟（ITU）和世界各国均对高频频段频率进行了分配和管控，但是高频信道还是相当拥挤，特别是10MHz以下的频段占用率非常高。图5.19为每1MHz带宽内的频率占用百分比。短波频率资源的详细描述可参见10.2节。

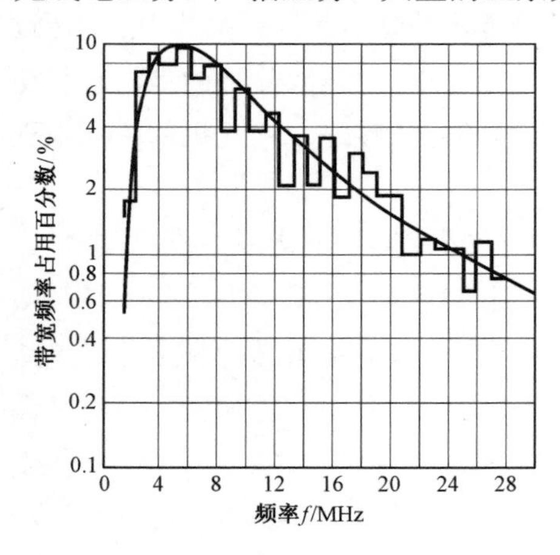

图5.19　高频频段频率平均占用百分比（每1MHz内）

频率占用程度在夜间和黄昏最为严重，而在白天和黎明时则较轻。绝大多数短波电台的信号带宽为100Hz～12kHz，信号波形则有连续波、脉冲、调幅、调频及单边带等多种形式。大多数短波电台设备的频率稳定度优于10^{-6}，发射机频率容限约50Hz。大型全球广播电台的发射功率常常高达500kW，天线增益不低于20dB。短波电台发射多为水平极化，但经过电离层传播后，受地磁场的影响，会存在极化旋转（法拉第旋转）效应。电台干扰信号通常具有明显的方向性，但通过电离层传播后，经常会产生方位偏移，但偏移多在±5°之内。

高频电台干扰是一个窄带谱，能量集中在一个窄的频带内发射，这种形式的干扰是由发射机的载波和它们的边带共同作用产生的。雷达接收机所接收的电台

干扰是由附近和远距离的电台辐射能量的叠加，如果雷达能进行选频工作，决定的因素可能来自远距离的电台，因为它们的数量特别大，且这些信号电平随着电离层状态的变化而变化。由于电离层白天能够将能量反射回地面的最高频率是夜间的 2 倍，因此天波雷达夜间频率的使用比白天更拥挤。

5.7　蓄意干扰

根据干扰产生的方式，蓄意干扰可分为有源干扰和无源干扰两类。有源干扰需要采用专门的干扰机，载体为地面固定居多，也可以是移动式，如车载或舰载。受短波天线的尺寸限制，目前的机载干扰吊舱均未覆盖高频频段。无源干扰则是依靠天波雷达辐射的电磁波，通过各种不同的无源反射（散射）器所形成的干扰。由于高频频段无源干扰的实现代价和难度较大，因此本节主要介绍有源干扰。

针对天波雷达的蓄意有源干扰通常具有以下特点[282]。

（1）天波雷达收发站一般部署在国土纵深区域，敌方干扰机无法在雷达附近进行近场（通过地波或直视传输）干扰，干扰信号只能通过电离层（天波传输）进入雷达接收机，与接收站的距离通常为数百千米至上千千米。

（2）天波雷达波长较长（典型为数十米），要形成窄波束定向干扰需要口径较大的天线阵面。因此，蓄意干扰通常为宽波束或全向干扰，会恶化干扰机附近的高频段频谱，对正常用户（如通信）产生影响。干扰方自身也要承受一定的频谱恶化代价。

（3）天波雷达覆盖不同区域采用不同工作频率，工作时近似于一个窄带的快速跳频系统。干扰信号通常可采用窄带和宽带两种形式，窄带干扰需要配备专用快捷的信号侦察和截获系统，而宽带干扰效率较低，对干扰方自身影响也更大。

天波雷达的干扰与反干扰实质上是电磁频谱战在高频频段的一种展现形式，围绕着共同利用的传输介质电离层，通过设备、软件和算法的整体博弈和快速迭代，双方均需要在可接受的代价范围内，尽可能削弱或抑制对方系统的效能。

按照干扰的作用性质，蓄意干扰主要分为压制性干扰与欺骗性干扰两类。

5.7.1　压制式干扰

压制性干扰是使用干扰设备发射大功率信号，使天波雷达接收端信噪比（或信干比）严重降低，即有用信号被干扰遮盖，甚至使得接收处理通道的设备过载饱和，难以获取目标信息。常用的压制式干扰有噪声干扰、连续波干扰和脉冲干扰等。

依据对目标探测的影响程度，压制式干扰可分为 3 个等级。

（1）弱干扰：干扰电平明显高于背景噪声，干扰影响能够被辨别出来，造成最多 15%的目标信噪比（或信干比）损失，但基本不影响任务完成。

（2）中等干扰：干扰电平显著，目标信噪比（或信干比）损失超过 50%，部分任务无法完成。

（3）强干扰：干扰电平明显淹没目标回波，目标信噪比损失超过 75%，任务无法完成。

根据干扰频率谱宽度 Δf_{i} 和雷达探测信号频谱宽度 Δf_{s} 的相对大小，压制式干扰又可分为阻塞式干扰和瞄准式干扰两类。

当 $\Delta f_{\mathrm{i}} \gg \Delta f_{\mathrm{s}}$ 时，为宽带阻塞式干扰，能够干扰天波雷达可用工作频段，而不仅是单个频率。但经电离层传输的阻塞式干扰受色散效应的影响，到达雷达接收机的效果不可控；短波波段要实现宽频段的高功率辐射，实现技术难度也较大；此外，宽带阻塞式干扰还会严重影响干扰机附近（干扰方自身）的高频电子设备（包括雷达和通信系统）的使用。

当 $\Delta f_{\mathrm{i}} \approx (1.5-2)\Delta f_{\mathrm{s}}$ 时，为窄带瞄准式干扰。实施瞄准式干扰需要截获雷达工作频率和方向。此外，由于电离层传输信道的各向异性，瞄准式干扰通常仅对能够覆盖干扰机所在位置的部分频段有效。

5.7.2 欺骗式干扰

欺骗式干扰是模拟发射或转发虚假目标，破坏对方雷达对目标的探测和跟踪，或导致虚警概率大幅度提高。欺骗式干扰的主要方式包括距离、方位、速度欺骗以及密集假目标干扰等。对于干扰方来说，实施欺骗式干扰的前提是成功侦测和获悉雷达探测区域、工作频率及发射波形等关键信息，基于此转发或设计欺骗信号，诱导雷达误判。

需要指出的是，欺骗式干扰除考虑与被干扰雷达系统的匹配性外，电离层也是不可忽略的因素。由于天波雷达双程依靠电离层反射传播信号，干扰源需要统筹考虑电离层反射强度，电离层传播路径和衰减通常是时变的，若与之匹配不佳，则干扰信号与真实回波会出现显著的幅度、相位等差异，影响欺骗效果。

第6章 天波雷达系统设计

6.1 概述

本章首先就天波超视距雷达系统设计、建设和部署相关的影响因素进行了讨论，包括系统的整体架构、站点布局、近距盲区、环境影响、站址选择及建设要求等；然后就天波超视距雷达系统发射和接收处理通道的配置样式、波形选择、阵列形式以及极化方式等基本要素进行了介绍。

6.2 系统架构

天波雷达系统架构通常有单站、双站（准单站）、多站、多雷达组网四种配置方式。单站配置指雷达的发射机和接收机部署于同一站点，可以采用同一天线或阵列，也可以采用不同天线或阵列。双站配置指雷达发射和接收系统布置于两个分离站点，而当雷达覆盖区内任一点至收发站连线所形成的双站夹角较小时，可认为是准单站配置。多站配置指部署工作在相同频率的多个发射站和接收站。多站配置常见的有两种样式，一种是早期的前向散射天波雷达，另一种则是利用天发-地收或天发-直达波收传输模式的前置接收站架构。多雷达组网则指多部可独立工作的天波雷达组成网络覆盖同一区域，以获得更好的探测性能。本节将就各种系统架构进行详细介绍。

6.2.1 单站系统

单站系统在天波超视距雷达中并不多见。与大多采用的准单站系统相比，单站配置方式具有一些优势，同时也具有相应的不足。

单站配置的双程信号传输路径具有严格的对称性。即便采用分离的不同收发天线，单站配置中收发天线的距离一般也不超过数千米，这一距离（不超过一个空间分辨单元）产生的影响对于长达数千千米的电离层传输路径而言可以忽略不计。可参见图 3.6 中从发射站至目标的去程路径和从目标至接收站的返程路径，路径的严格对称使得双程传输所经历的电离层反射控制点和影响几乎完全相同，可以使得最佳工作频率选择更为简化，并且消除了定位精度中的双站误差（参见 3.5.4.1 节）。

另一个明显优势则来自选址、部署和站间通信。同等规模的功率口径，单站系统比双站（准单站）系统少一个站，占地规模缩减近一半，规避了相对“苛刻”的站点选择难题。单站集中布置降低了设备保障和人员编制需求，这将削减雷达部署和建设成本。此外，单站系统避免了站间通信和收发高精度同步的要求，这对于早期天波雷达系统而言是个巨大的技术挑战。

单站系统遇到的主要问题是需要避免极强的发射功率直接进入接收机引起饱和或“过激”。这使得单站系统只能采用脉冲波形，发射机与接收机分时工作，通过切换开关（收发共用天线）或定时时序（收发独立天线）进行控制。相比准单站系统常用的连续波形，脉冲波形受信号占空比（Duty Ratio）限制，平均功率要低得多。为获得与准单站系统相当的探测能力，单站系统需要大得多的单机峰值功率（通常是兆瓦量级）或者更多的发射机数目，这加剧了系统的研制难度，极大提高了成本。另外，以降低探测能力（通常是覆盖距离）为代价接收单站系统较小的平均发射功率。脉冲波形和连续波形的对比分析详见 6.4.3.1 节。

典型单站天波超视距雷达的实例包括美国海军研究实验室早期的麦德雷（MADRE）雷达和法国最新型的诺查丹马斯（Norstradamus）雷达。二者分别在 1.5.1.2 节和 1.5.4.3 节进行了简述。MADRE 雷达在典型对空探测模式下，采用 100μs 脉宽的幅度调制脉冲，脉冲重复频率（Pulse Repetition Frequency，PRF）为 10～50Hz，此时占空比为 0.1%～0.5%。也就是说，MADRE 雷达以 5MW 的峰值发射功率最终只能获得 5～25kW 的平均功率[46, 118]。

6.2.2　双站（准单站）系统

图 6.1 给出了单站和双站（准单站）系统的布局示意图。图 6.1（a）为单站系统，图 6.1（b）为双站（准单站）系统。从图 6.1 中可看出，单站系统收发站间距较小，通常小于 10km，甚至为零（收发共天线），双程路径具有严格对称性，不存在收发双站角；双站系统间隔较远，双程路径不完全对称，存在收发双站角 β 。当 β 小于 5° 时，可认为双程路径近似对称，被称为准单站配置。

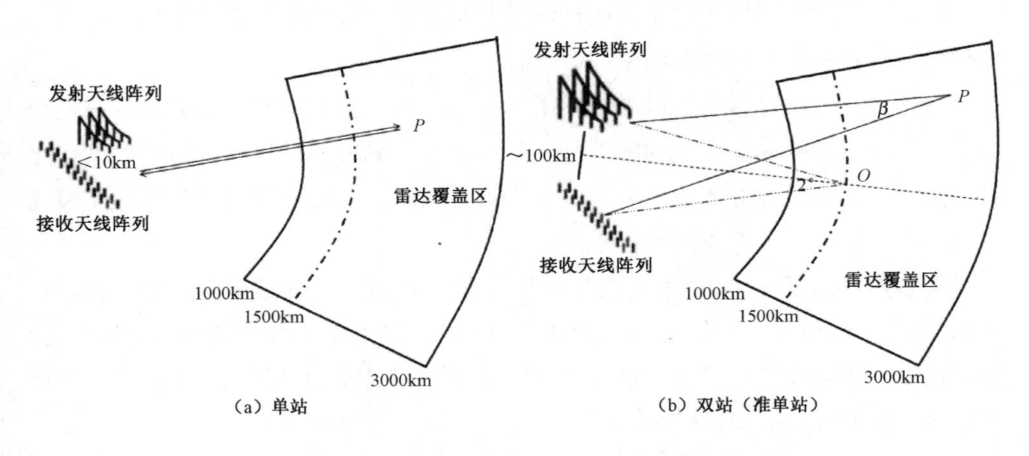

图 6.1　单站和双站（准单站）系统布局示意图

准单站系统收发站之间间隔通常为数十千米至数百千米。在干燥地面环境下，100km 左右的站间距就足以隔离发射站至接收站的垂直极化直达波（通过地波传输模式到达）。在法线方向（收发站连线的垂直延长线）1500km 距离上，该配置（100km 站间距）所对应的双站夹角约为 2°，如图 6.1（b）所示。而对于水平极化电磁波，地面衰减更强，收发站隔离距离可缩减至十几至数十千米。

准单站配置下，典型天波传输去程和返程路径信号反射点相距约数十千米。例如，100km 的站间距将导致法线方向上反射点距离约 50km。对于平静的中纬度电离层（除日出日落时刻外），规则 E 层和 F 层的整体结构在数十千米尺度上呈现出较高的空间相关性。这样对于准单站配置，去程和返程路径信号可认为具有相似的传输特性。但当 Es 层出现时，由于其小尺度分布特性，空间相关性相对较弱[46]。

收发站址相隔更远能够保证直达波信号的充分衰减，进而可以有效使用连续波形，获得更高的平均功率。然而，随着站间距离的进一步增大，信号去程和返程路径的电离层反射点将相隔更远，其电离层传输特性的差异将更大，很难甚至不可能选择一个适当的频率同时满足去程和返程的最佳传输。这种情况下，雷达探测性能将严重下降。站间距离进一步增大带来的另一个问题则是坐标配准，即使应用了双站误差补偿措施，双站传输路径的差异仍将影响定位精度[283]。

相比单站系统，准单站配置的最大优势是可以采用连续波波形，即占空比接近或达到 100%。连续波波形容易获得更大的平均发射功率，从而改善对空和对弹（均为噪声背景下检测）的目标探测性能。另一个优势在于保持接收站宁静的电磁环境。发射机通电开机但处于无功率输出状态时，设备产生的噪声也会对同址的接收机形成干扰[46]。

电离层监测和频率管理系统的探测设备也面临同样的配置选择难题。准单站带来的优势和不足与雷达系统是类似的。

此外，收发站分离还可以独立地采用半阵工作方式，即发射阵列划分成两个半阵发射指向和频率都不相同的信号，接收阵列也划分成两个半阵接收。两个半阵可执行不同探测任务或覆盖不同区域。这种半阵划分方式可以灵活地调整覆盖区内的探测任务、能力和覆盖效率[46]。

大多数的现代天波雷达系统都采用准单站配置，包括美国的 AN/FPS-118（OTH-B）雷达和 AN/TPS-71（ROTHR）雷达、俄罗斯的弧线雷达和集装箱雷达、澳大利亚的 JORN 雷达等。上述雷达均在第 1 章进行了简述。表 6.1 给出了各国准单站天波雷达的收发站间距。

表 6.1　各国准单站天波雷达的收发站间距

国别	型号	系统	站间距/km	备注
美国	OTH-B（AN/FPS-118）	东海岸系统	170	斜极化
		西海岸系统	187	斜极化
	ROTHR（AN/TPS-71）	阿姆奇特卡站	40	阿留申群岛
		弗吉尼亚站	130	
		得克萨斯站	85	
		波多黎各站	105	
俄罗斯	弧线	切尔诺贝利站	57	水平极化
		共青城站	66	
	集装箱	西部枢纽	15	水平极化
澳大利亚	JORN	爱丽丝泉站	100	
		拉文顿站	82	
		长滩站	120	

从表 6.1 中可看到，俄罗斯的两型雷达采用水平极化方式，其收发站间距为 15～66km，明显小于采用其他极化样式的雷达。这是由于水平极化电磁波通过地波传输时的地面衰减远大于水平极化电磁波，收发站隔离度更易实现[284]。地波传输对水平极化电磁波的选择性衰减也是地波雷达必须采用垂直极化的原因。

在采用垂直极化和斜极化样式的天波雷达中，站间距离为 82～187km。唯一的例外来自 ROTHR 雷达的阿姆奇特卡站，该站点位于阿留申群岛的阿姆奇特卡岛上，受岛屿面积影响其不支持更长的收发站间隔。

6.2.3　多站系统

如 6.2.2 节所述，当收发站间距进一步增大时，将面临电离层反射点不相关的现实困难，后向散射体制的天波雷达难以应用。只有前向散射体制的天波系统是多站体制的，最为典型的是 440-L 前向散射天波超视距（OTH-L）雷达。该雷达的介绍参见 1.2.2.1 节。440-L 系统的发射机部署于西太平洋地区（日本、关岛、菲律宾和冲绳）而对应的接收机部署在欧洲（意大利、塞浦路斯、德国和英国），通过识别目标多普勒-时间特征并对不同视角多条路径进行解算的方法来探测导弹的发射过程[15-16]。

另一种多站形式的天波雷达采用混合传输体制，即天发-地收或者天波-直达波收。采用天波雷达的发射机提供发射能量，通过电离层的天波传输模式到达距发射站上千千米的覆盖区，目标后向散射的回波则通过地波或直达波到达前置的多个接收站，通过信号处理和检测后的多站点迹送至一个跟踪器进行融合处理，以改善目标航迹性能。这种样式通常部署单个或多个前置接收站（Forword-Based

Receivers，FBR)，其探测原理图如图 1.50 所示[164]。前置接收站的优势在于造价低廉且静默接收，而缺点则是需要接收主站发射的信号，作用距离相对前置站在视距以内，对于天波雷达缺乏足够的吸引力。

当前置接收站不仅接收天波雷达信号，而且可以利用其他高频辐射源进行探测和定位时，它将转换为另一种多站样式，即高频无源相干定位（Passive Coherent Location，PCL）系统或者说高频外辐射源雷达（High-Frequency Passive Radar，HFPR）[285]。PCL 系统（或 HFPR）的原理示意图如图 6.2 所示。

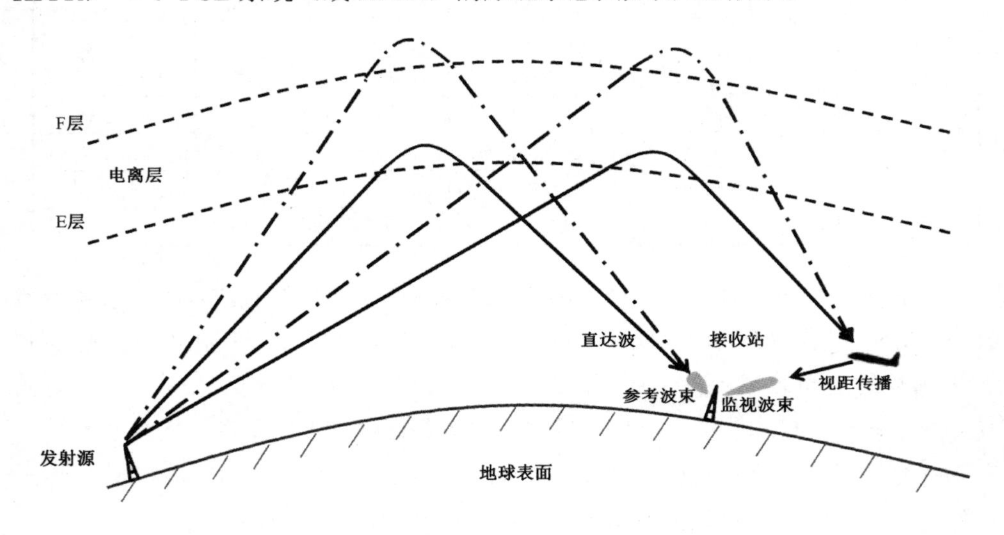

图 6.2　高频无源相干定位系统原理示意图

如图 6.2 所示，外部发射源辐射大功率高频信号（广播、通信或雷达）通过天波传输模式照射到监视区域，而散射目标回波则通过视距传输（Line Of Sight，LOS）到一个或多个接收天线阵列。由于目标回波与发射源直达波的到达角差异较大，因此可以利用空域处理算法将有用信号和杂波区分开来。

PCL 系统中直达波被提取出来用作参考信号，与目标探测通道中的信号进行相参处理，包括时延和多普勒两个维度。理想的参考信号应当与发射源所辐射的信号尽可能一致，即受到传输信道（电离层）和其他信号（如目标或干扰）的影响尽量小。显然，这种假设预期并不总是成立。图 6.2 中展现了直达波信号和目标回波经电离层多层传输的多径效应。直达波的多径叠加将使参考信号受到污染，进而导致相参处理性能的严重下降。

PCL 系统的另一个忧虑是在指向目标的波束中需尽量剔除直达波。为保证目标散射回波的强度，直达波强度通常极高（一般也不会选用能量覆盖较弱的发射源），杂波抑制（通常在空域进行）是目标有效检测的前提条件。

近年来，高频段宽频数字广播（Digital Radio Mondiale，DRM）的出现使得 PCL 呈现出新的探测潜力。关于高频外辐射源雷达的详细讨论在 11.4.2.5 节进行。

6.2.4　MIMO 系统

多输入多输出（Multiple-Input Multiple-Output，MIMO）体制是近年来通信和雷达领域的研究热点[286-288]。在字面意义上，MIMO 雷达意味着有多个发射站和接收站，将采集到的信息进行集中处理。MIMO 雷达广义上是双/多基地（多站）系统概念的外延。

从阵列口径布置的角度，MIMO 雷达可分为两类。

第一类被称为统计 MIMO（Statistical MIMO）雷达，各发射单元和接收单元之间相距较远，多个发射站和多个接收站同时从不同角度观测同一目标[289-291]。当目标 RCS 在不同“视角”上的差异足够大时，在统计意义上，相比单发单收系统具有检测能力上的提升。这与双/多基地雷达的基本原理相同[292-294]。

第二类被称为相干 MIMO（Coherent MIMO）雷达，各发射单元和接收单元共址，目标满足远场条件，即各接收单元的目标散射函数可认为相同。显然，相干 MIMO 雷达各单元间距逐渐变大后，接收到同一目标信号回波的相干性将变差，逐渐接近于统计 MIMO。

尽管能够带来目标定位精度[295]和方位分辨率[296]上的有限提升，但正交波形分集发射使得目标信噪比上产生难以补偿的损失，MIMO 雷达的应用一直面临着困难和质疑[297-299]。但是，由于对海探测等场景的杂波抑制需求，MIMO 体制在天波雷达领域得到了广泛关注和研究，并取得了明显的突破[167, 300-302]。

对于视距雷达，MIMO 各接收单元的信号相干性主要取决于接收波束宽度与目标特性在方向上变化的相对关系。而对于天波雷达，各接收单元的信号相干性主要受传输信道电离层的影响。良好的相关性是雷达进行时间（距离）、空间（阵列口径）和多普勒（脉冲间）三维相参处理，提升目标信杂噪比，从强地海杂波背景中检测微弱目标回波的物理基础。20 世纪 70 年代开展的空间相干性试验结果表明：在约 1km 的水平空间表面内，可认为经电离层传输的天波信号是各向同性的。该试验是后续天波雷达型号采用长达数千米接收天线阵列的基础[303]。

当 MIMO 天波雷达接收子阵列间距拉大，形成稀布阵后，各单元间相干性减弱，导致部分接收单元接收到信号经历不同的电离层变化影响，引起诸如色散、多模多径、相位畸变、幅度衰落及多普勒漂移等现象，使得相参处理效果恶化，不能获得预期增益。当收发子阵间距进一步增大（典型为十几千米至几十千米），收发多条路径间的相干性进一步削弱，部分路径甚至可能无法收到有效回波。在这一场景下进行相参处理，难度急剧增大，可获得的增益也进一步减小。当发射站拉远至数百千米外，则收发站和目标之间是否存在有效传输路径都成为疑问，若不存在则相干性为 0，即便存在其相干性也极弱。

由于电离层传输信道的相干性受空间（收发站位置和阵列朝向）和时间（年份、季节和时段等）变化的影响，站间距相距较大的统计 MIMO 体制在天波雷达中缺乏应用意义，绝大多数研究都聚焦于收发单元共址的相干 MIMO 体制。

相干 MIMO 体制示意图与图 1.51 相同，方便起见再在图 6.3 中重绘。N 个发射阵元（或子阵）发射相互正交的信号 $S_1(t),S_2(t),\cdots,S_N(t)$。

假定不同发射信号在具有一定相对时延 $\Delta\tau$ 和频移 Δf 时仍然保持正交性，即

$$\int_T S_n(t)S_{n'}^*(t-\Delta\tau)\mathrm{e}^{\mathrm{j}2\pi\Delta ft}\mathrm{d}t=\begin{cases}E_\mathrm{p}, & n=n'\\0, & n\neq n'\end{cases}\tag{6.1}$$

式中：$S_n(t)$ 为发射的第 n 个正交信号；E_p 为发射信号能量；T 为发射信号周期。由于各子信号间的正交性，发射端不能形成空域窄波束，而是以低增益宽波束的形式发射信号。

在接收端，MIMO 雷达通过匹配滤波将各正交子信号从混合回波中分离，并采用收发联合波束形成技术获得多个高增益接收窄波束。由于匹配滤波、发射及接收波束形成都为线性处理，所以理论上它们的处理顺序可以互换，并不影响处理结果，但是不同的处理顺序带来的计算量不同。图 6.4 给出了一种计算量较优的 MIMO 雷达信号处理流程。

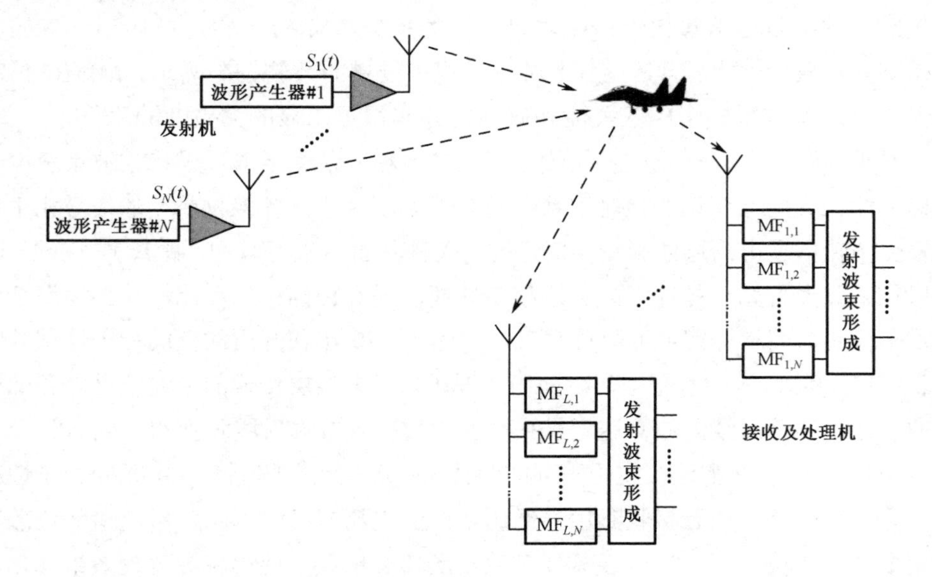

图 6.3　相干 MIMO 体制示意图

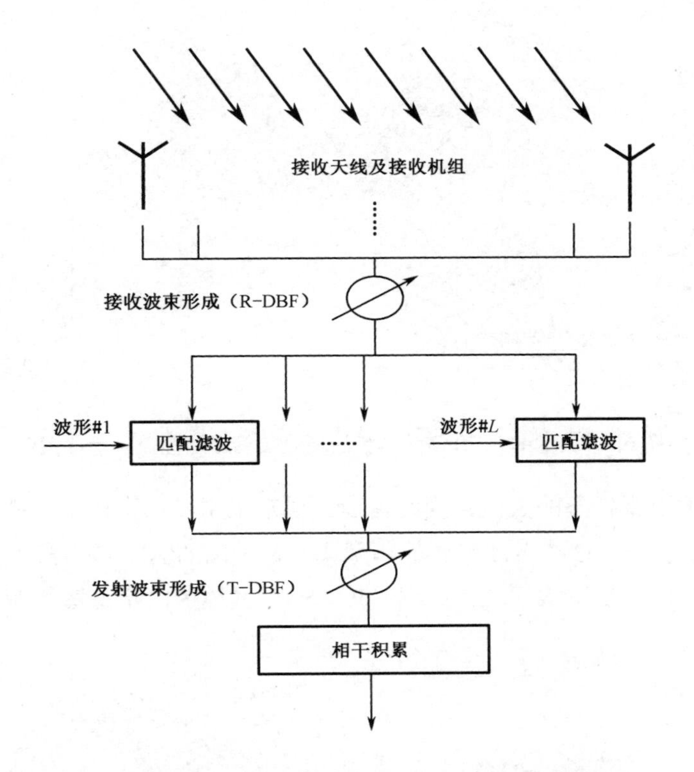

图 6.4　相干 MIMO 雷达信号处理流程示意图

相干 MIMO 体制中发射波束形成是在发射-传播-散射-再传播-接收这一过程之后完成的，通常被称为非因果自适应发射波束形成（Non-Casual Adaptive Digital Beam Forming，NTADBF）[304-305]。相对目前经典的相控阵体制，相干 MIMO 体制应用于天波雷达可预期的优势在于通过自适应处理抑制多径杂波（Multipath Clutter）[306]、极光杂波（Auroral Clutter）[307]或扩展多普勒杂波（Spread Doppler Clutter，SDC）[308]，这将有利于低速舰船目标的探测。另外，将空间方向性纳入雷达资源管理，灵活平衡雷达灵敏度与覆盖区域之间的关系，这被看作下一代天波雷达的关键特征之一[168]。

正交波形集的设计和处理是实现 MIMO 体制的关键点，将在 6.4.3.3 节第 3 部分详细介绍。

6.2.5　天波雷达网

以战略预警任务为主的天波超视距雷达，其覆盖区通常并不交叠，而是在其方向上形成完整的屏障，检测跟踪穿过覆盖区的威胁目标并发出预警信息。这类天波雷达的典型代表是美国的 AN/FPS-118（OTH-B）雷达和俄罗斯的集装箱雷达，其覆盖区示意图如图 6.5 所示。

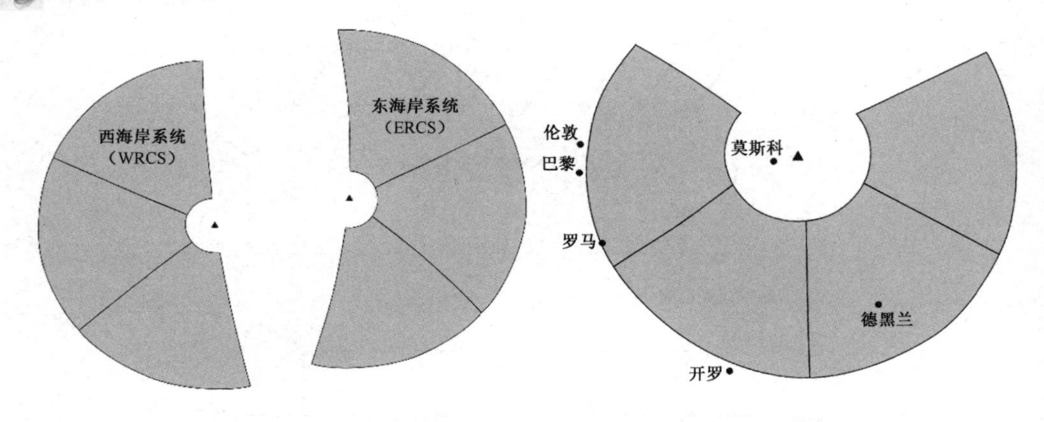

图 6.5　美国 OTH-B 雷达和俄罗斯集装箱雷达覆盖区示意图

兼顾战术监视任务的天波超视距雷达，通常采用多部雷达组网样式，对重点区域实施交叠覆盖。这类天波雷达的典型代表是美国的 AN/TPS-71（ROTHR）雷达和澳大利亚的金达莱实战型雷达网（JORN），其覆盖区示意图如图 6.6 所示。

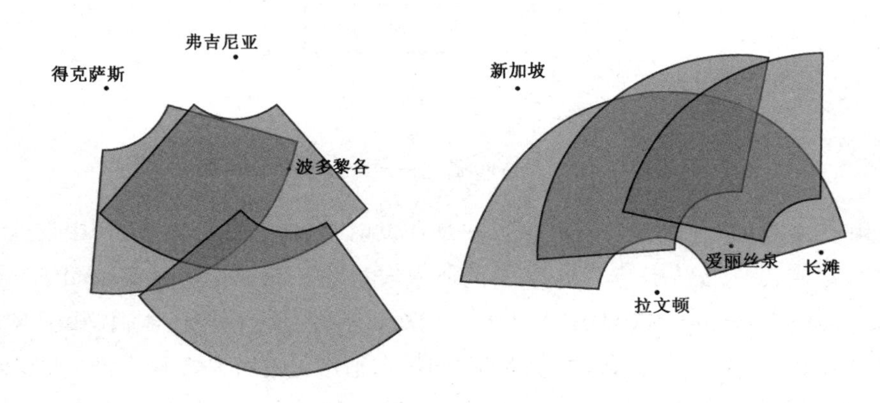

图 6.6　美国 ROTHR 雷达和澳大利亚 JORN 雷达网覆盖区示意图

对于同一目标，多部天波雷达从不同视角用不同频率进行探测，会带来显而易见的得益。

首先，探测同一目标的不同视角能够有效缩减由于地海杂波遮蔽所产生的多普勒盲区。参见 3.3.2.9 节中所描述的多普勒可见度指标。空海目标的多普勒（径向速度）盲区示意图如图 6.7 所示。如图 6.7（a）所示，在对空探测中，假定一个作匀速圆周飞行的目标，当其航向与雷达波束方向相切时，其径向速度接近零多普勒，目标回波将被附近的强地物杂波所遮蔽，无法探测。如图 6.7（b）所示，在对海探测中，假定一个匀速圆周航行的目标，当其航速和航向夹角满足一定关系，使其多普勒正好落在海杂波一阶布拉格峰附近时，将被强海杂波所遮蔽，而无法探测。

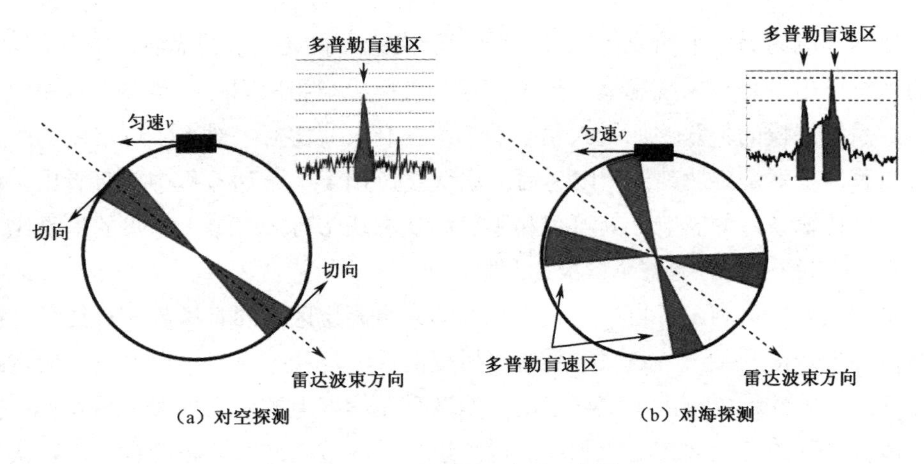

图 6.7　多普勒盲速区示意图

当两部视向不同（最理想状态为视向互相垂直）的天波雷达同时对一个目标进行探测时，通过航迹融合可以有效规避这种多普勒盲区，从而提升目标探测的完整性和连续性。组网探测规避多普勒盲速区的示意图如图 6.8 所示。这里假定两部雷达视向相互垂直。如图 6.8（a）所示，当目标位于 A 雷达的多普勒盲速区时，对于 B 雷达是可检测（可见）的；而位于 B 雷达的多普勒盲速区时，对于 A 雷达是可见的。图 6.8（b）中对海探测规避机理也相同，尽管海杂波的遮蔽范围远大于对空探测。因此，在两部雷达都满足探测条件的情况下，合理布站（视向夹角尽量大）的组网探测能够对一个任意运动状态的目标进行连续跟踪，这对完成战术监视任务至关重要。

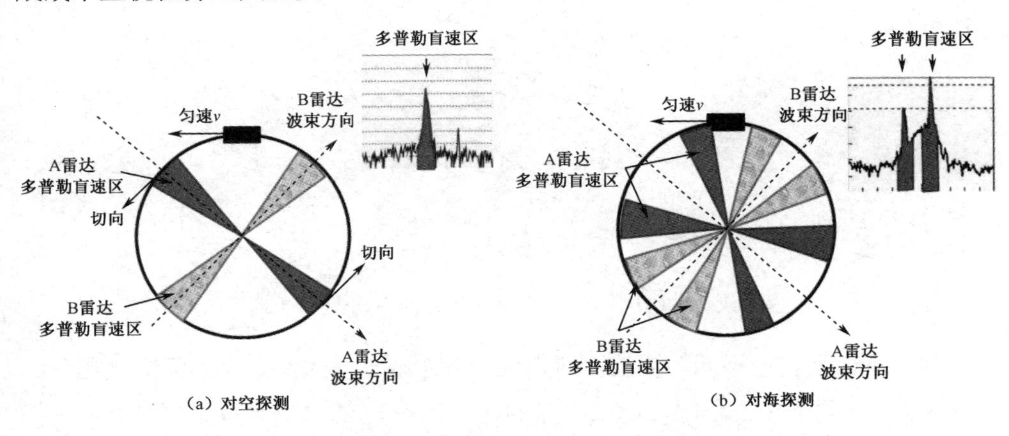

图 6.8　组网探测规避多普勒盲速区示意图

对于通过控制航向和航速而令回波落入多普勒盲速区，从而试图“隐身”于海杂波之中的舰船目标[3]，用两部或多部雷达对其组网探测是一种有效的破解手段。

组网探测的另一个明显得益来自系统可用度。由3.5.5节的描述可知，单部雷达的系统可用度是与系统规模、部署位置、目标类型和探测距离等参量有关的统计值。系统规模的扩张，如增大发射功率或提升天线增益，对系统可用度的改善并不显著，特别是到达某一门限之后。这从式（3.1）的雷达方程中就可看出，相比电离层传输条件的影响（其可用和不可用状态通常可产生数十分贝的信噪比落差），功率口径上的可调整裕量极为有限。

多部天波雷达利用各自（相关性较弱的）电离层区域同时探测，对结果进行融合，几乎是提升某一特定区域系统可用度的唯一途径。显然，电离层反射点距离越远，相关性越弱。由于电离层电子浓度分布纬度上的差异远大于经度上的差异，那么组网的各天波雷达所利用的电离层反射区域在纬度上距离越远，则认为对系统可用度的提升越大。

针对同一监视区域，采用两部天波雷达进行交叠覆盖，图6.9给出了几种不同的组网布局方式对比图。图6.9中布局仅从发挥组网效能的角度进行分析，而未考虑实际部署难度。图中的绿色区域为电离层主要反射区，虚线为阵列指向。左图方案两部雷达夹角接近垂直，可获得较好的多普勒盲速区抑制效果，但两部雷达的电离层反射区域纬度相同，对系统可用度的贡献不大。中图方案两部雷达电离层反射区域的纬度差异明显，系统可用度互补性强，但雷达法向夹角过小，不利于消除多普勒盲区影响。右图方案中两部雷达法向基本垂直，电离层反射区也有一定的纬度差，兼顾了多普勒盲速区和系统可用度两方面的能力提升。

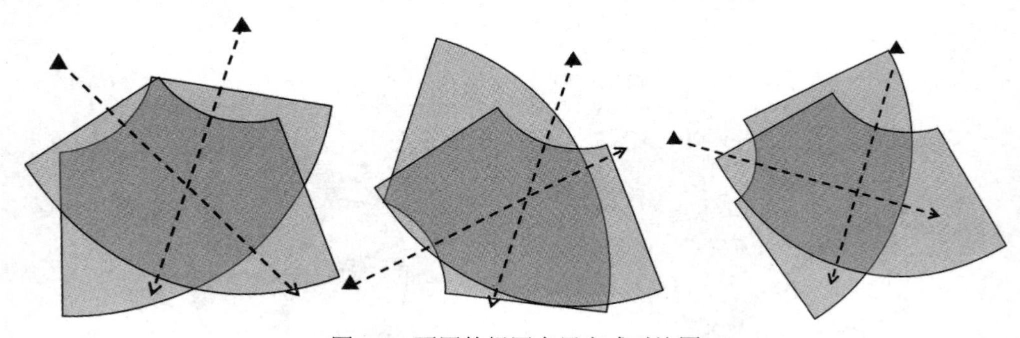

图6.9　不同的组网布局方式对比图

与常规微波雷达不同，天波雷达定位精度主要误差来源是坐标配准过程引起的固定偏差（而非由于信噪比起伏引起的随机误差），通过融合多站探测结果来提升探测精度这一路径并不可行。通过融合（哪怕是有多条）F层传输精度较低的组网雷达航迹，也不能对E层传输具有相对较高精度的航迹起到改善定位精度的作用。相反，正确的传输模式识别以确保融合后航迹依据较高精度模式进行输出（保证精度不降低），是十分重要且有难度的。

分布式天波超视距雷达（Distributed Skywave Over-The-Horizon Radar，DSOTHR）就是一种根据电离层传输信号相干性进行灵活部署的新体制天波雷达网[309]。图 6.10 中给出了 DSOTHR 架构示意图，其中包括若干个子发射站和若干个子接收站，每个子发射站由 L_T 个发射单元和发射机组成，子接收站由 L_R 个接收单元和 1 个宽带射频采样数字接收机组成。各站根据需求配置不同的信息处理和显示单元。子发射站和子接收站均为可搬迁式设计，配备载车和方舱，并具有卫星、短波和光纤等多种通信接口。

DSOTHR 根据信道相干性，具有分布式和集中式两种配置方式。分布式配置方式下，单个子发射站和子接收站通过一定配置可作为一部高频雷达完成特定任务，如地波模式下的近海海域监视、海态遥感或 6.2.3 节中的前置接收站。集中式配置方式下，多个子发射站和子接收站机动到预置阵地，组成大型收发阵列，通过系统配置和软件更新，可形成完整的天波超视距探测能力。

需要说明的是，组网效能的充分发挥（包括消除多普勒盲速区和提升系统可用度）仅是天波雷达或天波雷达网选址、部署和建设中需要考虑的诸多因素之一[310]。

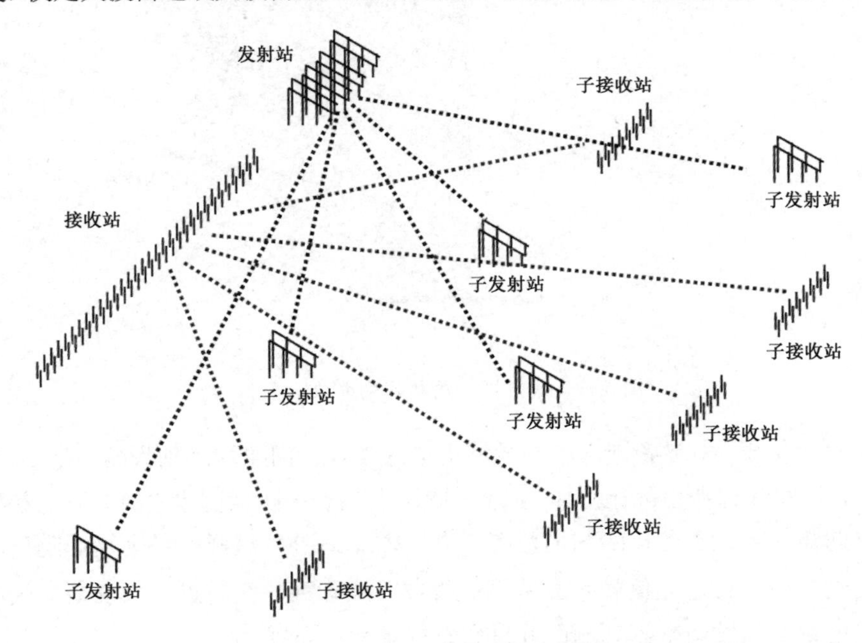

图 6.10　分布式天波雷达架构示意图[309]

6.3　站址选择与建设

本节以天波雷达前述最典型的准单站（垂直极化线性阵列）配置为例，在覆盖区（收发站基本位置和朝向）已确定的前提下，分析研讨各站点的选择和建设需要考虑的要素。不同阵列和极化样式的选择将在下一节讨论。准单站配置下，分置的一个发射站和一个接收站是完成探测任务必不可少的，而控制中心和配套的电离层监测站则是根据需求选配的。

6.3.1 发射站

根据前述准单站配置的定义和实际系统的选择，收发站间距通常为 80～200km，典型间距为 100km。站间距确定之后，另一个需要关注的问题是收发阵列（假定均为均匀线性阵列）的相对位置和朝向。将收发视向角 ϑ 定义为以接收天线阵列法线方向为 0°，按顺时针方向发射站位置相对接收阵列的角度。阵列夹角 φ 定义为收发阵列延长线的夹角。收发视向角和阵列夹角的示意图如图 6.11 所示。

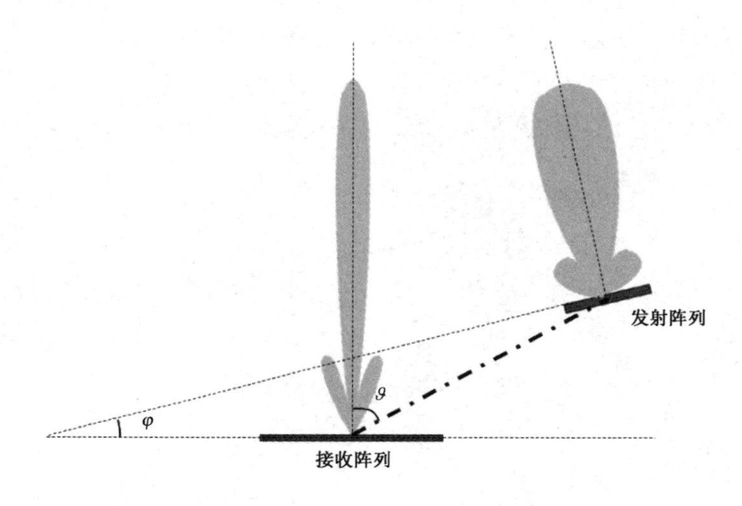

图 6.11　收发视向角和阵列夹角示意图

表 6.2 给出了世界各国准单站天波雷达的收发视向角和阵列夹角。从表 6.2 中可看出，收发阵列夹角都在±10° 以内。除因布站和多阵面因素之外，发射和接收阵列视向角大多位于各自的扫描范围（$\vartheta > \theta_B$）之外，这样除了因物理隔离所产生的传输衰减，直达波信号强度还将被收发天线阵列的旁瓣进一步衰减。因此，准单站配置下收发两个阵列侧面并排布置优于前后布置。

准单站系统面临的另一个技术难题则是收发两站的相参同步问题。早期天波雷达收发双站通常采用准相参体制，即收发双站各自安放一套高精度的频率源（铷原子钟或铯原子钟）作为基准，利用导航卫星信号，如早期的罗兰 C 和当前的全球定位系统（Global Positioning System，GPS），进行时间同步。收发两站基准源的差异（如频率漂移）必须利用可搬移的第三套原子钟进行定期校正。这一解决方案被称为外同步方案。其优点是站间通信要求低，与体系和外站时空基准一致，易于协同。但缺点是独立性差，双站同步依赖导航卫星信号，一旦 GPS 信号故障雷达性能将大受影响，甚至无法工作。此外，准相参系统的相干积累得益要明显低于全相参系统。

另一种双站相参同步的解决方案是内同步方案，即在收发两站间铺设专用光缆，采用长距离高稳定光纤传输技术传输基准和定时信号，确保系统工作在全相参状态。内同步方案的优点在于雷达工作不依赖 GPS 等外部手段，全相参工作积累得益可控，保密性、稳定性、抗干扰性与抗摧毁能力强；缺点则是光缆铺设成本较高，如要与外站协同工作仍需要授时同步。

表 6.2　各国准单站天波雷达的收发视向角和阵列夹角

<table>
<tr><th>国别</th><th>型号</th><th>系统</th><th>收发视向角/（°）</th><th>阵列夹角/（°）</th><th>备注</th></tr>
<tr><td rowspan="10">美国</td><td rowspan="6">OTH-B
（AN/FPS-118）</td><td rowspan="3">东海岸系统</td><td>140</td><td>4.2</td><td>扇区 1（北）</td></tr>
<tr><td>175</td><td>6.7</td><td>扇区 2（中）</td></tr>
<tr><td>−115</td><td>−7.3</td><td>扇区 3（南）</td></tr>
<tr><td rowspan="3">西海岸系统</td><td>−121</td><td>−0.7</td><td>扇区 1（北）</td></tr>
<tr><td>164</td><td>7</td><td>扇区 2（中）</td></tr>
<tr><td>116</td><td>6</td><td>扇区 3（南）</td></tr>
<tr><td rowspan="4">ROTHR
（AN/TPS-71）</td><td>阿姆奇特卡站</td><td>32</td><td>−7.9</td><td></td></tr>
<tr><td>弗吉尼亚站</td><td>154</td><td>−8.2</td><td></td></tr>
<tr><td>得克萨斯站</td><td>−9</td><td>−0.7</td><td></td></tr>
<tr><td>波多黎各站</td><td>−100.3</td><td>9.8</td><td></td></tr>
<tr><td rowspan="6">俄罗斯</td><td rowspan="2">弧线</td><td>切尔诺贝利站</td><td>86.7</td><td>1.6</td><td rowspan="2"></td></tr>
<tr><td>共青城站</td><td>108</td><td>0.7</td></tr>
<tr><td rowspan="4">集装箱</td><td rowspan="4">西部枢纽</td><td>43.5</td><td rowspan="4">0</td><td></td></tr>
<tr><td>−136.5</td><td></td></tr>
<tr><td>−77.5</td><td></td></tr>
<tr><td>3.5</td><td></td></tr>
<tr><td rowspan="4">澳大利亚</td><td rowspan="4">JORN</td><td>爱丽丝泉站</td><td>86.9</td><td>−0.8</td><td></td></tr>
<tr><td rowspan="2">拉文顿站</td><td>143.2</td><td>−1.2</td><td>左阵列</td></tr>
<tr><td>54.3</td><td>−1.2</td><td>右阵列</td></tr>
<tr><td>长滩站</td><td>88.8</td><td>−2.8</td><td></td></tr>
</table>

常规微波雷达通常需要部署在山顶或架高以增大覆盖距离。而天波雷达与之不同，站址通常需要宽广平坦的开放空间，阵地前方不能有超出遮蔽角（通常为 1°～5°）的山峰和大型建筑物。发射站站址要求地形相对平坦，必须适合安装大型天线结构，并且拥有电气特性（电导率和相对介电常数）相对均匀的地表面。电气特性对高频天线的增益和辐射方向图具有重要影响。对于垂直极化的天线阵

列，通常还需要铺设大面积的金属地网来保证天线的方向图特性，这对发射阵地的平整度提出了专门的要求。因此，发射站选址应尽量避开复杂的地表特征，如山峰、丘陵、沟壑和沼泽等[154]。

发射站由于强大的辐射功率会对周边环境、人员和电子设备产生影响，站址应远离人烟稠密地区，但也要综合考虑到交通、供电、通信和后勤保障等因素。

发射站周边需要依据其功率密度和电场强度的层级进行管控。各类设施和设备（包括油库、飞机、广播、电台及铁路等）可按照下列计算方法获得对应的安全保护距离。

发射功率密度的计算方法如下式所示：

$$P_R = \frac{P_t \cdot G_t \cdot F_\theta}{4\pi R^2} \tag{6.2}$$

式中：R 为距发射天线阵列的距离；P_R 为距离发射天线 R 处与辐射方向垂直的平面上的功率密度；P_t 为雷达发射功率；G_t 为发射天线阵列的增益；F_θ 为发射天线功率归一化的方向性函数，通常接近地面处取值为 0.01～0.05，在自由空间取值为 0.1～1。

电场强度公式按下式计算：

$$E_R = \sqrt{P_R Z_0} \tag{6.3}$$

式中：E_R 为距离发射天线 R 处与辐射方向垂直的平面上的电场强度；P_R 为距离发射天线 R 处与辐射方向垂直的平面上的功率密度；Z_0 为自由空间波阻抗，通常取 120π 欧姆。

依据电磁环境控制限值的国家标准[311]，在高频段（3～30MHz），人员暴露在电磁场内的电场强度和等效平面波功率密度的均方根值应满足下式：

$$E_R \leqslant \begin{cases} \dfrac{150}{\sqrt{f}}, & \text{工作区} \\ \dfrac{67}{\sqrt{f}}, & \text{生活区} \end{cases} \tag{6.4}$$

$$P_R \leqslant \begin{cases} \dfrac{60}{f}, & \text{工作区} \\ \dfrac{12}{f}, & \text{生活区} \end{cases} \tag{6.5}$$

式中：f 为频率。

6.3.2 接收站

天波雷达接收站站址的地表特征要求与发射站相同，也需要宽广平坦、无遮蔽的开放空间，以及铺设金属地网的平整度要求。

与发射站选址不同的是，接收站需要选择电磁环境宁静的地点。在偏远地区，人为的工业干扰和噪声通常在整个高频谱段上低于外部噪声（大气和宇宙噪声）。国际电信联盟报告中给出了不同类型区域工业干扰的功率谱密度计算模型和趋势图（见图 1.24），共分为工商业区级、居民区级、乡村级、宁静乡村级和宇宙噪声四级五类。表 6.3 给出了不同电磁环境等级下的定义和基本描述，这对于接收站址选择具有现实的参考意义。接收站站址通常需要达到宁静乡村级或乡村级的电磁环境水平。

接收站也需要对周边设施和设备的电磁辐射功率进行管控，但与发射站辐射功率对周边环境、人员和电子设备的影响相反，接收站管控的目的是保持良好的电磁环境水平。下面以高压输电线路距接收站的保护距离为例，来说明计算过程及方法。

表 6.3　不同电磁环境等级定义和描述

等级	定义和描述
宁静乡村级	没有明显的建筑和交通设施，没有明显的人类活动迹象，5km 内没有电力设施
乡村级	具有大片农作物的开阔地区，建筑物密度＜1 栋/公顷，周边没有公路和电气化铁路的地区
居民区级	村庄和没有工商业的纯粹居住区。1km 内没有电气化铁路、高速公路、城市主干道路，架空高压输电线路和变电设施
工商业区级	重工业和工厂密集区；小型商业、轻工业和商店的密集住宅区；具有高密度工商业建筑或办公室的地区，出现主要道路和铁路

假定 100m 以内的每倍程传输衰减值为 10dB，超过 100m 为 6dB，防护间距 D_p 可用下式计算：

$$D_\mathrm{p}=10^{\frac{E-N_0}{20}+0.85} \tag{6.6}$$

式中：N_0 为接收站址的环境背景噪声电平；E 为距架空高压输电线边相导线投影 20m 处的干扰场强，计算式为

$$E=E_{0.5}+\Delta E_\mathrm{f}+\Delta E_\mathrm{d}+\Delta E_\mathrm{w}+9 \tag{6.7}$$

式中：$E_{0.5}$ 为频率为 0.5MHz 时，距离架空高压输电线边相导线地面投影 20m 处的无线电干扰限值；ΔE_w 为降水修正量，通常取 15dB；ΔE_f 为频率修正量，定义为

$$\Delta E_\mathrm{f}=20\lg\frac{1.5}{0.5+\left(\dfrac{f}{10}\right)^{1.75}}-5 \tag{6.8}$$

而 ΔE_{d} 为距离修正量，定义如下：

$$\Delta E_{\mathrm{d}} = -23 - 20\lg\left(\frac{D_{\mathrm{p}}}{100}\right) \tag{6.9}$$

根据高压交流架空输电线路无线电干扰限值的国家标准[312]，0.5MHz 时高压架空输电线路无线电干扰限值见表 6.4。

表 6.4　高压交流架空输电线路无线电干扰限值

电压/kV	无线电干扰限值 E/[dB(μV/m)]
110	46
220～330	53
500	55

6.3.3　控制中心

大多数现代实战型天波雷达都设置有一个联合控制中心（Joint Control Center，JCC）对雷达进行统一管理。JCC 是雷达系统的中枢，设有多个指控台位，操作员通过操作界面与系统进行交互。目标信息的处理、提取和融合通常自动运行，必要时可以人工干预。JCC 通常还具备与上级或外部指挥单位的协同和通信等功能。

JCC 有两种配置方式：一种是独立配置，通过光纤或卫星链路远程遥控收发站；另一种则是与接收站共站，这样可明显降低运行和维护成本[140]。表 6.5 给出了各国准单站天波雷达控制中心的情况。从表 6.5 中可看出，通过卫星或光纤通信保障，控制中心与收发站的距离没有严格的约束关系，更多的是考虑指挥、情报和后勤等方面因素。

表 6.5　各国准单站天波雷达控制中心

<table>
<tr><th>国别</th><th>型号</th><th>系统</th><th>控制中心</th><th>距收发站距离/km</th><th>备注</th></tr>
<tr><td rowspan="6">美国</td><td rowspan="2">OTH-B
（AN/FPS-118）</td><td>东海岸系统</td><td>Bangor 基地</td><td>89/82</td><td></td></tr>
<tr><td>西海岸系统</td><td>Mountain Home 基地</td><td>486/366</td><td></td></tr>
<tr><td rowspan="4">ROTHR
（AN/TPS-71）</td><td>阿姆奇特卡站</td><td>—</td><td>—</td><td></td></tr>
<tr><td>弗吉尼亚站</td><td>Chesapeake</td><td>130/—</td><td rowspan="3">与接收站共址</td></tr>
<tr><td>得克萨斯站</td><td>得克萨斯</td><td>85/—</td></tr>
<tr><td>波多黎各站</td><td>Juana Diaz</td><td>105/—</td></tr>
<tr><td rowspan="3">俄罗斯</td><td rowspan="2">弧线</td><td>切尔诺贝利站</td><td>—</td><td>—</td><td rowspan="2"></td></tr>
<tr><td>共青城站</td><td>—</td><td>—</td></tr>
<tr><td>集装箱</td><td>西部枢纽</td><td>科维尔基诺</td><td>15/—</td><td>与接收站共址</td></tr>
</table>

续表

国别	型号	系统	控制中心	距收发站距离/km	备注
澳大利亚	JORN	爱丽丝泉站	爱丁堡 空军基地	1302/1364	
		拉文顿站		1730/1658	
		长滩站		1227/1333	

6.3.4　电离层监测站

天波雷达探测性能严重依赖电离层传输条件和外部环境噪声。现代天波雷达通常都配备一套专用的环境监测系统，以对工作时段的电离层传输条件和环境噪声进行实时监测和评估。该系统主要向天波雷达提供合适的频率和坐标配准表等参数，通常被称为频率管理系统（Frequency Management System，FMS）。

FMS 主要包括垂直探测仪、斜向探测仪、返回散射仪和环境噪声监测仪等设备，以及自动采集、分析、反演、重构和参量生成的程序及运行平台。FMS 的组成和功能详见第 9 章和第 10 章。

返回散射仪通常为收发分置的准单站配置，与雷达收发站共址。环境噪声监测仪和斜向探测仪的接收机位于接收站。而垂直探测仪通常部署在电离层反射区域的正下方，距雷达收发站数百千米至上千千米不等。为保证方位向上的覆盖，需要布设间隔大致相当的多个监测站。斜向探测仪的发射机可与垂直探测仪共站，也可单独部署。

JORN 雷达电离层监测站环绕澳大利亚北部布设了 11 个站点，主要设备为 Lowell 公司定制的标准便携式垂直探测仪（型号为 DPS-1 和 DPS-4），能够实时（周期约 225s）提供电离图，参见图 3.9。2014 年，澳大利亚启动了便携式远程电离层监测设备（Portable Remote Ionospheric Monitoring Equipment，PRIME）的替换计划[313]。

6.4　收发通道配置

在系统架构和站址确定之后，收发射频通道的设计和配置就决定了一部天波雷达的整体技术形态。从不同的需求出发，可以选择不同的配置方案，也形成了现代天波雷达多样化的技术形态。本节主要从收发天线阵列形式、极化方式及信号波形等方面展开论述。

6.4.1　阵列形式

6.4.1.1　均匀线性阵列

均匀线性阵列（Uniform Linear Array，ULA）是现代天波雷达最为常用的阵

图 6.12　JORN 雷达 ULA 发射阵列图[46]

列形式，发射和接收阵列均有广泛应用。均匀线性阵列是由完全相同的天线单元沿某一方向排列成等间距的线性天线阵列。图 6.12 给出了澳大利亚 JORN 雷达长滩站 ULA 发射阵列的实景图。该阵列由垂直极化对数周期偶极天线单元所组成，共 14 个单元，间距为 12.5m。

ULA 最具吸引力的特性是能够以较低的成本代价形成超大型的阵列口径，进而获得较高的天线增益和方位分辨率。从 3.3 节的雷达方程分析可知，对空探测要求较高的发射和接收阵列增益，对海探测则要求较高的（接收）方位分辨率，因此采用 ULA 形式的发射阵列通常为数十米至数百米，而接收阵列口径则为数百米至 3km 不等。

由于天波雷达工作频率范围通常覆盖 5～6 个倍频程，尽管发射天线可以采用对数周期偶极单元（Log Periodic Dipole Antennas，LPDA）形式来覆盖这一宽频范围，并保证一定的辐射效率。但这样的 LPDA 单元需要增加更多的偶极子，从而使得 LPDA 单元可能长达上百米。这给整个发射天线的布置和建设带来了额外的难度。因此，在发射天线阵列设计中，通常选择两个或多个分离的阵列。每个阵列负责不同的频段范围，具有不同的天线长度（振子数目）和阵元间距。高频段天线阵列可采用较小的阵元间距，以避免出现栅瓣；低频段天线阵列阵元间距则可适当扩大，避免在高频工作时产生强烈的互耦效应，特别是位于扫描角极端（接近端射）时。

ULA 通过加窗可以形成经典的低旁瓣波束，这一特性对于接收天线阵列尤为重要。可以选择不同的窗函数来获得不同的旁瓣特性和水平，同时也付出主瓣展宽和增益下降的代价。不同窗函数的特性可参见表 3.1。低旁瓣的实现通常需要 ULA 阵列各单元的幅相特性保持高度的一致性，这对天线单元的生产制造工艺和安装精度提出了极高要求，例如，接收天线阵列各单元的水平和垂直安装误差通常要求为厘米量级[212]。

ULA 的（相控阵）波束扫描在工程上可以通过基于快速傅里叶变换（Fast Fourier Transform，FFT）的数字方法实现。这也为一系列空域自适应处理算法的应用带来的便利。此外，对阵列单元间互耦现象的解释和管理，ULA 构型也相对简单，而在其他二维类型的阵列中这是一个极为复杂和具有挑战性的问题。

发射和接收天线阵列增益和口径的选择在 3.3 节中已经描述。对于发射天线阵列，口径和增益的进一步提高会使得发射波束宽度（3dB）收窄，这样单个波位的覆盖范围将变小，覆盖相同面积的区域（视场面积）需要更多的波位。接收天线阵列口径的下限由任务类型、优先级以及系统的探测和跟踪性能要求所决定，而上限则主要受物理结构、可实现性和经济条件的限制。接收天线口径和增益的提升，会使得接收波束宽度变窄，单一波位发射波束宽度不变的前提下需要形成更多的接收波束来覆盖，计算量和处理能力要求更高。

单个 ULA 阵列的方位覆盖范围通常为 60°～90°，超出这一范围时通常采用多个阵面配置构型。多个阵面位于同一站址，每个阵面负责一个方向，从而构建大范围预警能力。图 6.13 分别给出了美国 OTH-B 雷达和俄罗斯集装箱雷达的多阵面布局示意图。图 6.13（a）为美国 OTH-B 雷达东海岸系统发射站的布局图，可看到 3 个发射阵列，每个负责 60° 扇区，形成一个“Z”形布局；图 6.13（b）为俄罗斯集装箱雷达西部（欧洲方向）枢纽发射站的布局图，包括 4 个发射阵列，每个负责 60° 扇区，共覆盖 240° 范围，形成一个“Y”形布局。其中有一个方向为两个阵列背靠背布置。

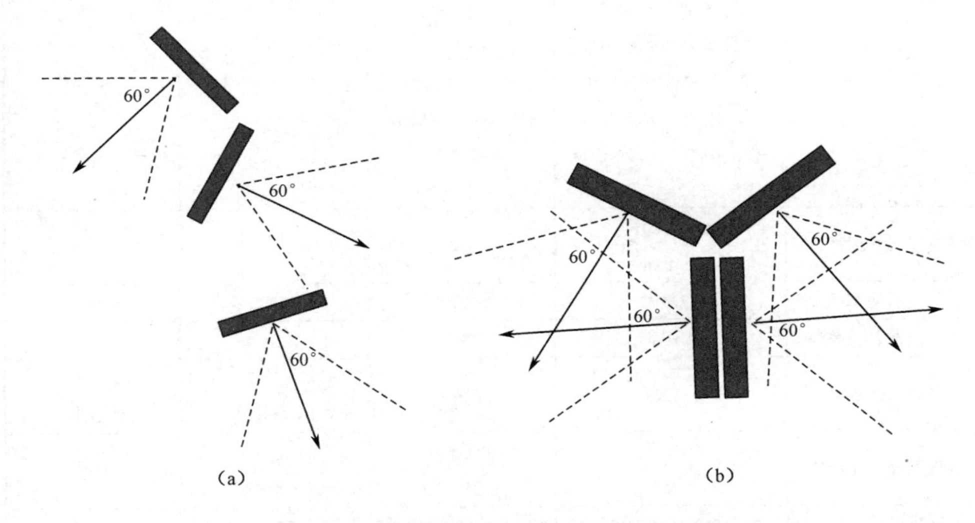

图 6.13 美国 OTH-B 雷达和俄罗斯集装箱雷达多阵面布局示意图

多阵面构型与 6.2.4 节中的天波雷达组网探测概念并不相同。多阵面是单站，各阵面覆盖区并不交叠，也就是说，同一目标同一时刻只有一个覆盖区（或波位）进行探测；而组网探测的多部雷达分布在多站，覆盖区彼此交叠，同一时刻对同一目标用不同频率从不同视角进行探测，各雷达探测结果融合以提升探测效能。多阵面侧重于完整覆盖，而组网探测侧重效能提升。

表 6.6 给出了世界各国采用 ULA 构型天波雷达的发射和接收阵列配置情况[3]。需要说明的是，澳大利亚 JORN 雷达的拉文顿站采用两个 ULA 阵列布置成一个相互垂直的“L”形，实际工作中每个阵列负责不同的方向。澳大利亚学者利用 L

形构型开展的二维阵列试验研究，这部分内容将在 6.4.1.3 节详述。

表 6.6　各国 ULA 构型天波雷达的发射和接收阵列配置

项目	美国 OTH-B	美国 ROTHR	澳大利亚 JORN 爱丽丝泉	澳大利亚 JORN 拉文顿
系统架构	准单站	准单站	准单站	准单站
阵面构型	ULA	ULA	ULA	ULA
阵面数量	3	1	1	2
单阵面扫描范围	60°	90°	90°	90°
方位覆盖范围	180°	90°	90°	180°
频率范围	5～28MHz	5～28MHz	5～28MHz	5～32MHz
极化方式	倾斜极化	垂直极化	垂直极化	垂直极化
发射天线 单元形式	倾斜偶极子 （带背屏）	LPDA	LPDA	LPDA
发射天线 子波段数	6	2	2	2
	B1：5.00～6.74MHz B2：6.74～9.09MHz B3：9.09～12.25MHz B4：12.25～16.51MHz B5：16.51～22.26MHz B6：22.26～28MHz	LF：5～12MHz HF：10～28MHz	—	—
发射天线口径	304/224/167 /123/92/68	366	137	163/155
发射功率	12MW	200kW	160kW	560kW
单机发射功率	1MW	20kW	20	20
发射通道数目	12	16	8（LF） 16（HF）	14（LF） 28（HF）
接收天线单元形式	单极子 （带背屏）	单极子对 （双柱型）	单极子对 （扇形双柱型）	单极子对
接收天线口径	1519/1013/506	2580	2766	2970
接收通道数	82	372	32	480

除了上述优势之外，ULA 构型也存在一些缺点。单个 ULA 阵列由于在俯仰角上无法扫描，将存在圆锥模糊效应，该效应也被称为波束倾斜，即其测量得到的视向角在方位维和俯仰维之间存在耦合。

6.4.1.2　波束倾斜

波束倾斜效应的原理图如图 6.14 所示，以 EAF 表示雷达接收天线阵面位置，天线阵的法向在图 6.14 中以虚线标出。*B* 点为目标散射回波在电离层中的等效反射点，B'' 为 B 点在水平面的投影。假定回波沿 BA 方向到达阵面，β 定义为来波方向与法向的夹角；φ_b 为目标在水平面的投影与法向的夹角；θ 为入射波俯仰角。

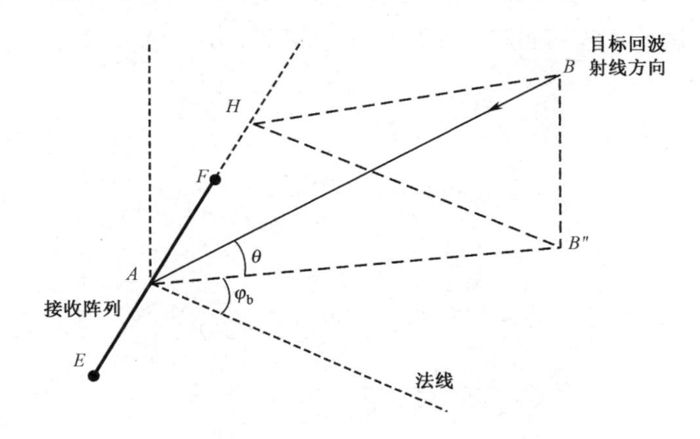

图 6.14　波束倾斜效应原理图

从图 6.14 中可以看到，目标方位投影到水平面上的坐标为 $(\varphi_b, 0^\circ)$，而接收到的回波信号是经过电离层折射后从 (φ_b, θ) 方向到达的入射波。该回波带有俯仰角信息，其空间相位差为

$$\Delta\varnothing'(\varphi_b, \theta) = 2\pi \cdot \frac{d}{\lambda} \cdot \sin\varphi_b \cdot \cos\theta \tag{6.10}$$

式中：d 为接收天线单元间距；λ 为工作波长。

利用数字波束形成方法可以同时形成若干个接收波束，指向不同的方向。不同接收波束各天线单元的相位差如下式所示：

$$\begin{cases} \Delta\varnothing'(\beta_1, 0^\circ) = 2\pi \cdot \dfrac{d}{\lambda} \cdot \sin\beta_1 \\ \quad\quad\vdots \\ \Delta\varnothing'(\beta_i, 0^\circ) = 2\pi \cdot \dfrac{d}{\lambda} \cdot \sin\beta_i \\ \quad\quad\vdots \\ \Delta\varnothing'(\beta_N, 0^\circ) = 2\pi \cdot \dfrac{d}{\lambda} \cdot \sin\beta_N \end{cases} \tag{6.11}$$

式中：β_i 为第 i 个接收波束的视向角；N 为接收波束的个数。从式（6.11）中可看出，接收波束形成的相位差是假定目标回波从 0° 俯仰角进入的。显然，这一假设并不成立。当 N 足够大时，总会存在一个 β_i' 使得

$$\sin\beta_i' = \sin\varphi_b \cdot \cos\theta \tag{6.12}$$

进而

$$\Delta\varnothing'(\beta_i', 0^\circ) = \Delta\varnothing'(\varphi_b, \theta) \tag{6.13}$$

这意味着雷达测量得到的到达波方向（Direction-Of-Arrival，DOA）是 β_i'，而实际目标的方位角为 φ_b，二者的差即为波束倾斜误差 ε_φ。从式（6.12）中可以看到，除非 $\varphi_b = 0$（回波从阵列法向进入），否则只要 $\theta \neq 0°$，必然有 $\beta_i' \neq \varphi_b$，波束倾斜误差 ε_φ 就会存在。

将 $\varphi_b = \beta_i' + \varepsilon_\varphi$ 代入式（6.12）可得

$$\sin(\beta_i' + \varepsilon_\varphi) = \frac{\sin\beta_i'}{\cos\theta} \tag{6.14}$$

展开后

$$\sin\beta_i'\cos\varepsilon_\varphi + \sin\varepsilon_\varphi\cos\beta_i' = \frac{\sin\beta_i'}{\cos\theta} \tag{6.15}$$

$$\sin\varepsilon_\varphi = \frac{\sin\beta_i'}{\cos\theta\cdot\cos\beta_i'} - \frac{\sin\beta_i'}{\cos\beta_i'}\cdot\cos\varepsilon_\varphi \tag{6.16}$$

由于 ε_φ 和 θ 通常都为小量，于是有

$$\varepsilon_\varphi \approx \sin\varepsilon_\varphi \approx \frac{\sin\beta_i'}{\cos\beta_i'}\cdot\left(\frac{1}{\cos\theta} - 1\right) \approx \frac{\sin\beta_i'}{\cos\beta_i'}\cdot\frac{1}{2}\theta^2 \tag{6.17}$$

从式（6.17）可以看出，波束倾斜误差 ε_φ 与方位扫描角 β_i' 及入射电波俯仰角 θ 有关。β_i' 和 θ 越大，波束倾斜误差越严重。

下面假定一个典型的超视距雷达波束方位扫描范围 β_i' 为±30°，俯仰角取 0°～30°，来仿真计算其波束倾斜误差（方位倾斜量）。仿真结果如图 6.15 所示。图 6.15（a）为波束倾斜误差与方位指向的关系，不同颜色曲线代表不同的俯仰角，从 5°至 30°，步长为 5°；图 6.15（b）为波束倾斜误差与俯仰角的关系，不同颜色曲线代表不同的方位指向角，从 0°（法向）至 30°，步长为 5°。当波束指向偏离法线为 30°，俯仰角也为 30°时，波束倾斜误差达到最大值 4.7°。

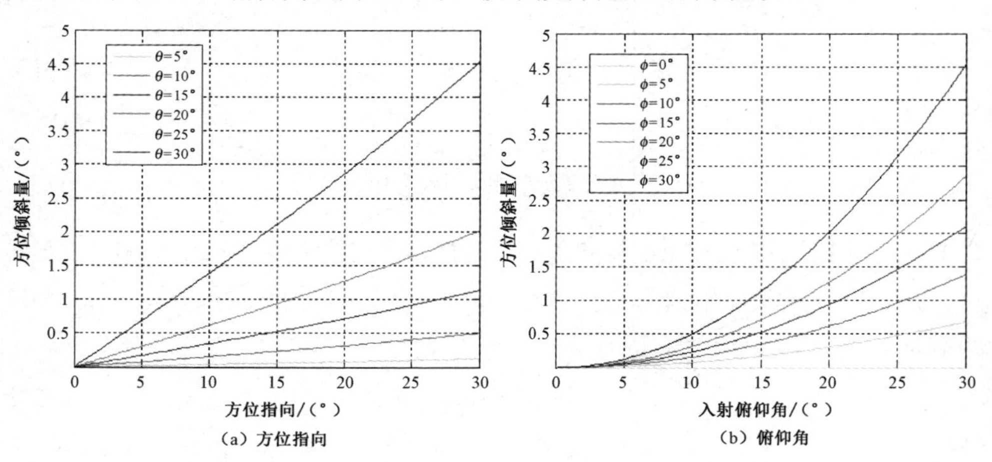

图 6.15　波束倾斜误差仿真计算结果[214]

从图 6.15 中曲线可看出，对于相同入射俯仰角，波束方位指向变化带来的倾斜误差增大基本呈现线性［图 6.15（a）］；但是对于相同的方位指向，不同入射俯仰角引入的倾斜误差变化呈现非线性［图 6.15（b）］。这意味着，在雷达方位覆盖的边缘区域，如果俯仰角估计稍有误差，就会导致较大的方位精度偏差。而在法线附近区域，俯仰角估计误差基本不对方位精度产生影响，尤其是在法线方向上，波束倾斜误差为零[214]。

构建一个具有俯仰维扫描能力的二维阵列能够有效消除波束倾斜效应误差。除此之外，也可利用方位已知的信号源（如广播电台等）来标定俯仰角[231]。

6.4.1.3　二维阵列

与 ULA 的一维线阵相比，二维阵列也被称为面阵，它能够提供独立的方位和俯仰波束方向图控制。

俯仰维波束扫描的得益主要包括两个方面。一是改善天线增益。通过在俯仰角上形成特定指向的波束，相比 ULA 线阵的宽波束，能够获得更高的天线增益，并抑制无效俯仰角上进入的杂波，同时改善信噪比和信杂比[314-315]。由于每个波位需保证一定的距离覆盖范围（距离深度，通常为 300～1000km），俯仰波束也不能过于“锐化”。俯仰窄波束获得更高的天线增益，但单波位覆盖的距离深度减小，相当于覆盖效率（覆盖面积）与探测性能进行了折中。

另一个潜在的收益来自对不同电离层传输模式的分辨和识别[316]。如 3.5.4.1 节中所述，当出现多径传输效应时，一旦对电离层传输模式识别错误，误差将达到数十千米甚至上百千米。俯仰维上的窄波束有助于对不同俯仰到达角的回波进行分辨，但效果取决于俯仰角分辨率和不同模式传输射线俯仰角之间的差异。

二维阵列有两种布置样式：一种是垂直架高布置，典型型号是美国早期的 MADRE 雷达和俄罗斯的集装箱雷达；另一种是平面布置，典型型号是法国的 Nostradamus[317]、加拿大的 POTHR[318]、意大利的 LOTHAR-FATT [182]和澳大利亚的 JORN 雷达（拉文顿站）[316]。垂直布置阵列的一个显著优势在于能够为低俯仰角信号提供更好的选择性。当扫描至接近 0° 擦地角时，平面布置的二维阵列可能面临难以预料的互耦效应，特别是当信号需要“穿越”其他天线单元进行发射（或接收）时。但是，将天线结构从地面抬高将使得建设的复杂度和成本更高[319]。天线结构高度通常较低，平面布置阵列受强风所产生的噪声影响也较小[46]。

表 6.7 给出了世界各国采用二维阵列构型天波雷达的发射和接收阵列配置情况。

表 6.7　各国二维阵列构型天波雷达的发射和接收阵列配置

项目	法国 Nostradamus	加拿大 POTHR	澳大利亚 JORN 拉文顿站	意大利 LOTHAR-FATT	俄罗斯 集装箱
系统架构	单站	准单站	准单站	准单站	准单站
阵面构型	水平二维 Y 形	水平二维 矩形	水平二维 L 形	水平二维 蜻蜓型/圆形	垂直二维
方位 扫描范围	360°	360°	各 90°	180°	60°
俯仰 扫描范围	—	—	有限交叠角	5°～55°	俯仰波束 固定不扫描
频率范围	6～30MHz	3～20MHz（发射） 3～30MHz（接收）	5～32MHz	7～28MHz	—
极化方式	垂直极化	垂直极化	垂直极化	垂直极化	水平极化
发射天线 单元形式	双锥型 全向天线	单极子天线	LPDA	弯曲锥型天线	偶极笼型天线
发射天线 子波段数	1	1	2	1	4
发射天线口径	128 米×80 米 （Y 形）	128 米×128 米	163 米/155 米	130 米 （圆阵）	195 米/128 米/ 90 米/65 米
发射功率	—	256kW	560kW	—	—
单机发射功率	—	1kW	20kW	—	—
发射通道数目	100 个	256 个	14 个（LF） 28 个（HF）	50 个	—
接收天线 单元形式	双锥形 全向天线	单极子天线	单极子对	—	4 层架高 （34m） 偶极天线对
接收天线口径	384 米×80 米 （Y 形）	384 米×384 米	2970 米×2 米	—	672 米/1300 米
接收通道数目	288 个	1024 个	480 个	300 个	144 个

图 6.16 给出了各国二维阵列构型天波雷达的发射和接收阵列配置示意图。

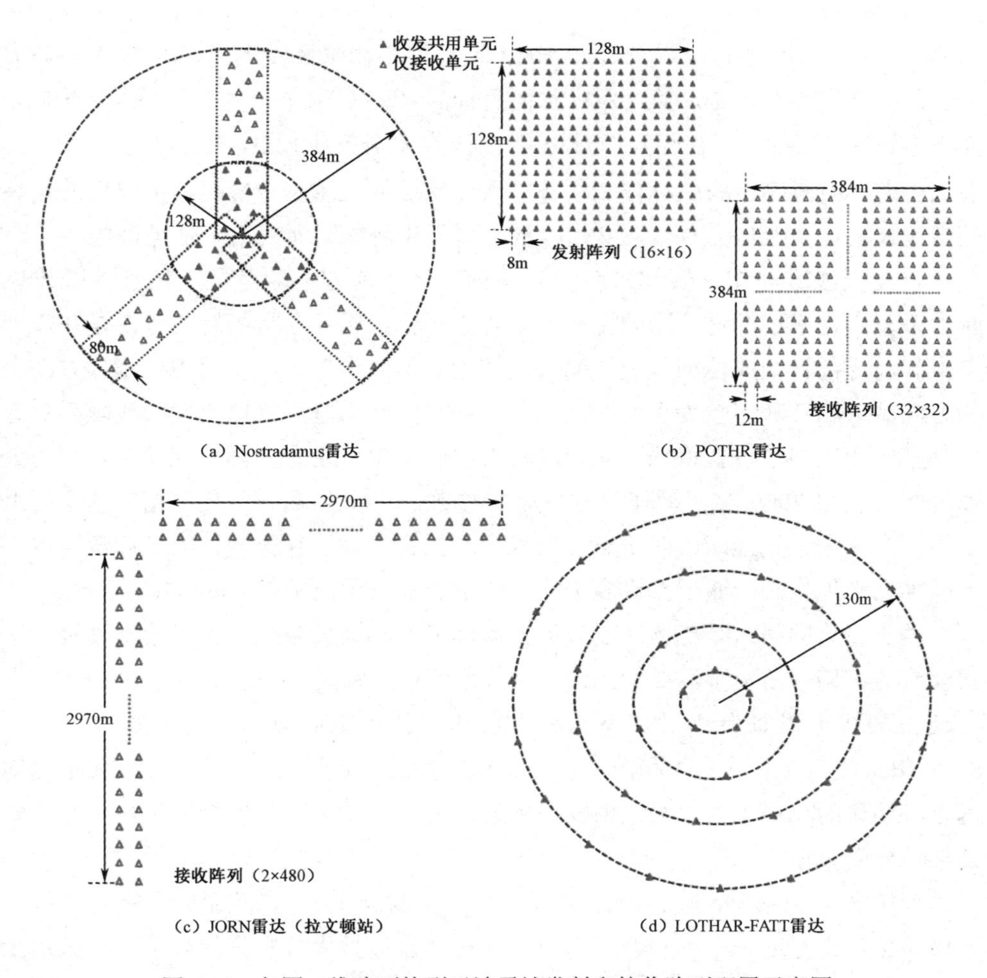

图 6.16 各国二维阵列构型天波雷达发射和接收阵列配置示意图

6.4.2 极化方式

从表 6.6 和表 6.7 中可知，世界各国天波雷达所采用的天线极化方式多数采用垂直极化，但也有雷达采用水平极化（典型为苏联的弧线雷达和俄罗斯的集装箱雷达）和倾斜极化（典型为美国的 AN/FPS-118 雷达）。由于地磁场作用下的电离层所具有的法拉第旋转效应将入射的线极化电磁波偏转成椭圆极化，且偏转角随地磁场和电离层状态变化（见图 1.13）。因此，天波雷达极化方式和随之采用的天线样式具有丰富的多样性。

除地磁场和电离层等外部环境影响之外，系统极化方式的选择还需要考虑的因素包括探测目标的类型、阵地地表状态及架设难度。

从 4.5.2 节各类空气动力目标的 RCS 仿真结果图中可以看出，水平极化（HH）电磁波的 RCS 在统计意义上大于垂直极化（VV）电磁波；而从 4.5.4 节水面目标的 RCS 仿真结果来看，水平极化（HH）电磁波相比垂直极化（VV）并无明显增强。需要特别注意的是，第 4 章中水面目标的 RCS 仿真并未考虑海表面的影响，而当考虑海洋表面与目标相互作用的镜像场，将额外产生12dB 的得益[3]。因此，目前大多数同时具有空海目标探测任务的天波雷达均采用垂直极化，俄罗斯的集装箱雷达仅关注空气动力目标（其覆盖区无大面积海域）而采用了水平极化。

收发天线方向图在低仰角会受到阵列周边和前方地貌及电气特性的严重影响。垂直极化天线的这一影响要远大于水平极化，因此通常的解决方案是在阵列下方和前方铺设金属地网，使地面具有较为均匀的电导率，从而稳定垂直方向上的方向图形状并获得较为理想的低仰角增益。因此，垂直极化收发天线阵列对地面平整度和地网铺设有特殊要求。以澳大利亚 JORN 雷达为例，其发射阵列的金属地网面积约 2000 亩，朝阵列前方延伸约 200m[3]。俄罗斯的集装箱雷达采用水平极化，无须铺设地网，对平整度要求也较低，但为了获得较好的低仰角增益，天线阵列必须架高，通过布设多个阵元波束合成来压低垂直面的波束。

垂直极化的另一个优势在于较为低廉的成本和架设难度。大多数垂直极化的天波雷达在俯仰角上不需要扫描，而是采用固定的宽波束（通常覆盖 0°～40°），这使得天线可以具有相对较小的垂直尺寸，从而降低成本和架设难度。美国 ROTHR 雷达（见图 1.40）和澳大利亚 JORN 雷达（见图 1.49）的接收天线单元均为垂直极化的单极子对，相比俄罗斯集装箱雷达 4 层架高的偶极天线对单元，安装架设要简单得多。

近年来，各国研究学者在天波雷达多极化方面也开展了深入研究和试验[320-321]。双极化接收信号的一个优势在于可以利用极化滤波技术抑制干扰或杂波，该技术已经在地波雷达抑制天电干扰中得到了广泛应用[322-323]。此外，多极化接收还可能在极化损耗补偿、电离层污染校正[324]以及电离层传输信道特性测量[325]等方面获得应用。

6.4.3 波形选择

雷达波形选择主要考虑有用目标和无用散射体的时延-多普勒分布特性，模糊函数属性作为重要的参考框架提供了波形分析和选择的依据。波形设计中常见的特性包括连续波或脉冲波、周期或非周期信号、相位或时间-频率调制、调制样式为线性或非线性等。本节就天波雷达常见信号波形及选择依据进行讨论。

6.4.3.1 脉冲波和连续波

如前面 6.2 节所述，单站配置的天波雷达只能采用占空比小于 1 的脉冲波，而双站（准单站）系统能够采用连续波。

在早期的天波雷达（以美国的 MADRE 雷达为代表）中，在 100km 站间距这样的长距离上传输高精度的基准和定时信号，实现收发站之间的信号相参和精确同步，是一个巨大的技术挑战。直至 20 世纪 60 年代该技术才得以突破，采用连续波的双站（准单站）配置进而成为各国天波雷达的主流配置架构。现代天波雷达中，除法国的 Nostradamus 雷达仍为单站配置和采用脉冲波外，其他各国的天波雷达均采用了准单站配置和连续波。

脉冲波和连续波主要是信号波形在时域上的区分。图 6.17 给出了两种波形的示意图，横坐标为时间，纵坐标为信号幅度（功率）。

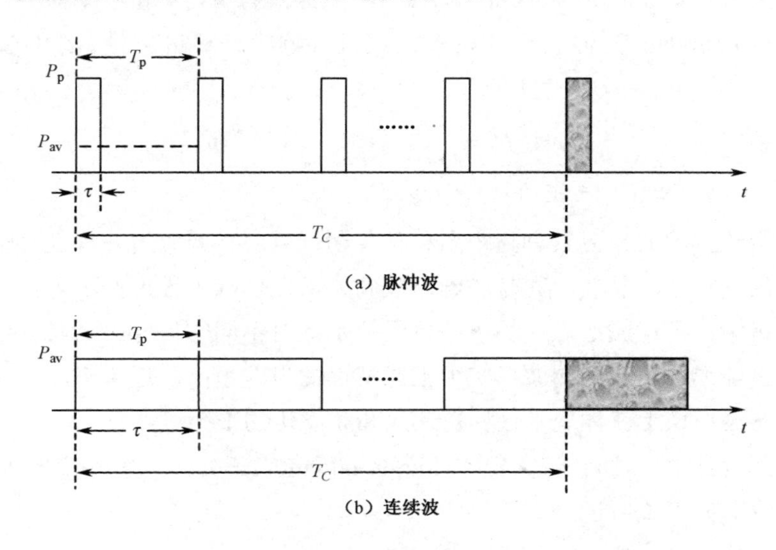

图 6.17　脉冲波和连续波时域波形示意图

如图 6.17 所示，信号波形的占空比 D 定义如下：

$$D=\frac{\tau}{T_{\mathrm{p}}} \tag{6.18}$$

式中：τ 为脉冲宽度；T_{p} 为波形重复周期。显然，连续波也可看作占空比为 1 的脉冲波。

图 6.17 中的 T_C 为驻留在某一波位的相干积累时间，在该积累时间内发射相同频率的脉冲。而下一波位的频率和积累时间可根据实际需求调整。相干积累时间 T_C 定义为

$$T_C=N\cdot T_{\mathrm{p}} \tag{6.19}$$

式中：N 为相干积累脉冲数（相干积累点数）。为便于应用 FFT 算法，N 通常取值为 2 的整数幂，如 64，128，⋯。

对于脉冲波形，峰值功率一定的发射机比连续波形平均发射功率更低。或者

说，为获得更高的平均发射功率，需要提升发射机的峰值功率或增加发射机的数量，这意味着更高的技术难度或更大的阵地规模。根据 3.3 节的雷达方程，低平均发射功率会使得对高速小 RCS 目标的探测性能下降。对于脉冲波，峰值功率 P_{p} 与平均功率 P_{av} 的折算关系如下式所示：

$$P_{\mathrm{av}} = P_{\mathrm{p}} \cdot D \tag{6.20}$$

6.4.3.2 线性调频连续波

模糊函数（Ambiguity Function，AF）定义为具有时延 τ 和多普勒频移 f 的理想点散射体回波的匹配滤波器（相干接收机）响应。解析信号 $s(t)$ 的模糊函数如下[326]：

$$\chi(\tau, f) = \int_{-\infty}^{+\infty} s(t) s^*(t-\tau) \mathrm{e}^{-\mathrm{j}2\pi f t} \mathrm{d}t \tag{6.21}$$

式中：j 表示虚数单位；* 表示复共轭运算。

理想雷达探测波形应具有高距离和多普勒分辨率、低旁瓣并且没有距离和多普勒维上的模糊性。显然，同时达到这些高要求在实际工程上并不可行，必须进行取舍或折中。雷达波形设计的核心目的就是针对不同的任务、场景、环境和目标类型，设计或选用适当的波形实现上述特性的最佳平衡。近年来，广泛研究的认知雷达在波形域上就体现了这种自适应和智能化的平衡[327-328]。

在波形设计中，时间-带宽积（Time-Bandwidth Product，TBP）这一概念至关重要。其定义如下式所示：

$$P_{\mathrm{TBP}} = T_C \cdot B_{\mathrm{w}} \tag{6.22}$$

式中：T_C 为相干积累时间 CIT，或者是 CPI，它体现波形在多普勒维的特性（分辨率和得益）；B_{w} 指波形的信号带宽，它体现波形在距离维的特性（分辨率和得益）。TBP 反映波形在距离-多普勒这个二维平面上的分布特性。

对于天波雷达而言，TBP 通常要达到 10^4 量级，才能满足对空目标探测的需求。例如，T_{CIT} 典型值为 1s，B_{w} 为 15kHz，TBP 达到 1.5×10^4。而对于对海探测任务，TBP 需要达到 10^6 量级。例如，T_{CIT} 典型值为 60s，B_{w} 为 50kHz，TBP 达到 3×10^6。近年来由于系统能力的不断增强，尽管更高的 TBP 在工程上已经可以实现，但由于电离层传输条件的制约，并不能带来预期的得益。其中，色散效应主要影响更高带宽信号的传输，电离层相位污染则影响更长相干积累时间的效果[329]。

经典的雷达信号波形类型众多，但实际上只有少数波形类别具有突出的分辨特性[330]。现代天波雷达中最为常用的高 TBP 波形是线性调频连续波（Frequency-Modulated Continuous Waveform，FMCW）。FMCW 的时频分布图如图 6.18 所示，图中，横坐标为时间，纵坐标为频率。

FMCW 波形的时域表达式如下所示[331]：

$$S_T(t) = \sum_{n=-\infty}^{+\infty} \mathrm{e}^{\mathrm{j}\pi\alpha(t-nT_\mathrm{p})^2} \cdot \mathrm{e}^{\mathrm{j}2\pi f_0 t} \cdot \mathrm{rect}\left[\frac{t-\frac{T_\mathrm{p}}{2}-nT_\mathrm{p}}{T_\mathrm{p}}\right] \tag{6.23}$$

式中：f_0 为工作频率（载频）；T_p 为波形重复频率；α 为调频斜率，定义为

$$\alpha = \pm\frac{B}{T_\mathrm{p}} \tag{6.24}$$

式中：B 为信号带宽，取正号时为正斜率，取负号时为负斜率，分别如图 6.18 中（a）和（b）所示。

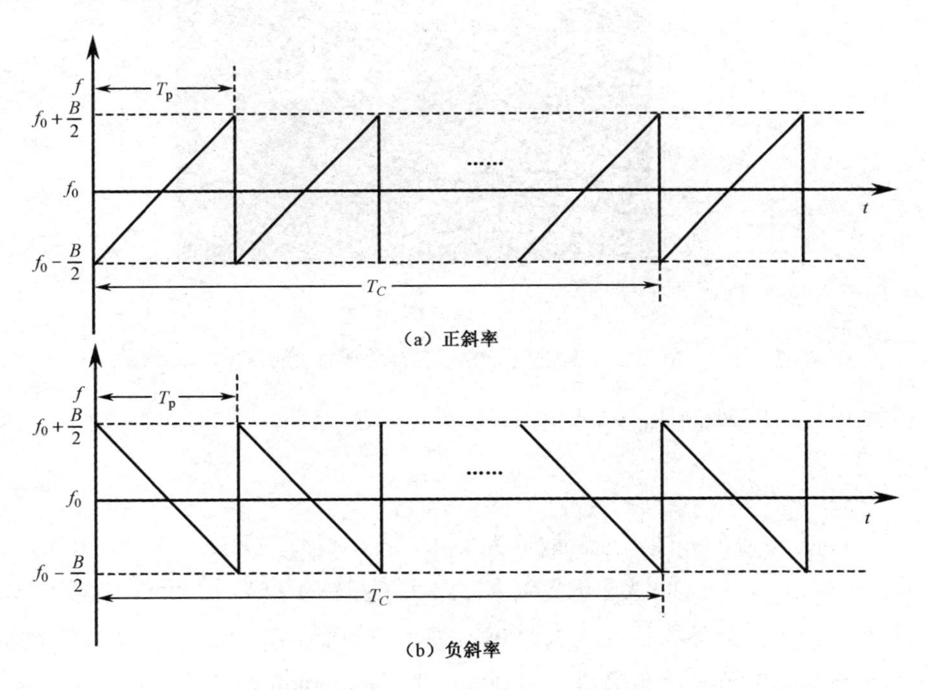

图 6.18　线性调频连续波的时频分布图

FMCW 的模糊函数为“钉床”（Bed of Nails）状，能够在降低距离和多普勒耦合的前提下提供高分辨率，并通过加窗失配处理获得低旁瓣电平。图 6.19 给出了 FMCW 典型的距离-多普勒频谱图，横坐标为多普勒频率，纵坐标为射线坐标系下的群距离。从图 6.19 中可以看到，群距离设置为 0km，多普勒设置为 0Hz 的仿真目标回波，在整个距离-多普勒平面上出现若干“镜像”点。仅从获得的回波中，无法简单读取目标的真实距离和多普勒参数。这就是“距离”模糊（Range-Folded）和“多普勒”模糊（Doppler-Folded）效应。

这些“镜像点”出现的位置与波形重复频率 PRF 有关。通过选取适当的波形重复频率，可将“镜像点”移至实际上的目标盲区，而对所关注的区域不产生实质影响。以图 6.19 为例，天波雷达正常探测波位的距离-多普勒范围如白色框所示，通过改变 PRF，可使得位于该区域内的回波具有唯一性。而其他位置的模糊回波，则由于电离层传输条件和目标实际飞行速度的约束，正常情况下回波能量不能进入或者不会在该区域内产生显著影响。

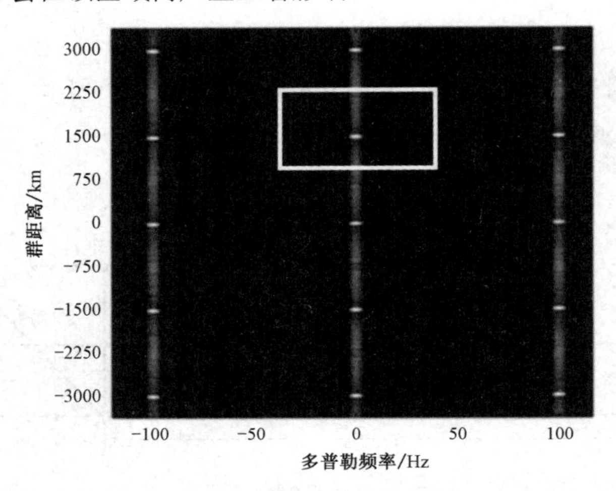

图 6.19　FMCW 信号波形在距离-多普勒平面内的模糊性示意图

雷达最大不模糊距离按下式给出：

$$R_{\mathrm{ua}} = \frac{cT_{\mathrm{p}}}{2} \tag{6.25}$$

式中：c 为真空中的光速，通常取值为 3×10^{8} m/s。由式（6.25）可知，10ms 的脉冲重复周期，即 10Hz 的脉冲重复频率，最大不模糊距离为 1500km。这意味着，2000km 距离上的回波将折叠进入 500km 处，与 500km 距离上的真实回波叠加；2500km 距离上的回波将折叠进入 1000km 处，与 1000km 距离上的真实回波叠加。为避免距离折叠效应的影响，主要是朝北和朝南方向上远距离极光杂波和赤道杂波的遮蔽，以及极端条件下多跳传输导致的远区目标回波的折叠，采用较长的脉冲重复周期是一个相对稳妥的选择。

多跳传输的目标回波折叠，可采用与常规雷达相同的变重频或多重频技术加以抑制，但此方法对极光杂波和赤道杂波效果不明显[332-333]。距离折叠杂波则可采用设计专用编码波形移除，这一波形将在 6.4.3.3 节第 1 部分详述。

雷达最大不模糊多普勒按下式给出：

$$f_{\mathrm{dua}} = \pm\frac{1}{2T_{\mathrm{p}}} \tag{6.26}$$

对应的最大不模糊径向速度为

$$V_{\mathrm{rua}} = \pm \frac{c}{4 f_0 T_{\mathrm{p}}} \tag{6.27}$$

由式（6.26）可知，10ms 的脉冲重复周期对应最大不模糊多普勒为±50 Hz，当工作频率为 15MHz 时，对应的最大不模糊径向速度为±500 m/s。这意味着，径向速度为 600m/s 的目标多普勒将出现在−400m/s 处，而径向速度为−800m/s 的目标多普勒将出现在 200m/s 处。较长的脉冲重复周期，将导致高速目标回波多普勒折叠至反向多普勒区域，航迹处理算法将无法正常建立航迹。同样，变重频或多重频方法也能够解决多普勒模糊问题，能够解算出目标的真实多普勒。

从式（6.25）～式（6.27）可知，最大不模糊距离和多普勒对脉冲重复周期的要求存在矛盾，更长的重复周期能够抑制距离折叠回波，但容易使得高速目标产生多普勒折叠，反之则距离折叠效应更明显。这使得脉冲重复周期成为天波雷达运用中的一个重要参数，需要根据实际区域和任务场景慎重选择。表 6.8 给出了世界各国主要天波雷达的脉冲重复周期、相干积累时间及信号带宽等参数选择情况。

表 6.8　各国天波雷达参数选择情况

参数	美国 OTH-B	美国 ROTHR	澳大利亚 JORN
脉冲重复周期/ms	16.7～100	16.7～200	12.5～250
信号带宽/kHz	5～40	4.17～100	4～40
相干积累时间/s	0.7～20.5	1.3～49.2	对空：1.5～5 对海：15～40

6.4.3.3　其他波形

1. 非并发脉间编码波形

一种非并发（Nonrecurrent）编码波形被提出用于移除距离折叠杂波[53, 334]。其适用于式（6.23）的经典 FMCW 波形的表现形式如下所示：

$$S_T'(t) = S_T(t)\cdot C(n) = \sum_{n=-\infty}^{+\infty} \mathrm{e}^{\mathrm{j}\pi\alpha(t-nT_{\mathrm{p}})^2}\cdot \mathrm{e}^{\mathrm{j}2\pi f_0 t}\cdot \mathrm{e}^{-\mathrm{j}\pi k n^2}\cdot \mathrm{rect}\left[\frac{t-\dfrac{T_{\mathrm{p}}}{2}-nT_{\mathrm{p}}}{T_{\mathrm{p}}}\right] \tag{6.28}$$

式中：$C(n)$ 为附加的正交相位脉间编码；k 为多普勒频移因子，它是距离多跳杂波移除过程中的关键参量，决定着在每个距离模糊范围内回波的多普勒频移量。k 的取值主要与距离多跳杂波在多普勒维的扩展程度有关，通常这种扩展量不是先验已知的，且随扫描扇区的变化而变化。

在解调处理之后的信号表示形式可写成

$$S_{\mathrm{r}}(t)=\sum_{n=-\infty}^{+\infty}\mathrm{e}^{\mathrm{j}2\pi\left(\alpha\tau_0+\frac{2v_{\mathrm{r}}f_0}{c}+\frac{2\alpha v_{\mathrm{r}}t}{c}\right)(t-nT_{\mathrm{p}})}\cdot\mathrm{e}^{\mathrm{j}2\pi\left(\frac{2v_{\mathrm{r}}f_0}{c}-\frac{km}{T_{\mathrm{p}}}\right)\cdot nT_{\mathrm{p}}}\cdot\mathrm{WIN}\left(t-nT_{\mathrm{p}}\right) \quad (6.29)$$

式中：m 为距离折叠的次数；v_{r} 为目标的径向速度；τ_0 为目标的回波时延（对应距离）；f_0 为雷达工作频率；T_{p} 为波形重复频率；α 为调频斜率。窗函数 WIN 定义为

$$\mathrm{WIN}(t)=\mathrm{rect}\left[\frac{t-\frac{T_{\mathrm{p}}}{2}}{T_{\mathrm{p}}}\right]\cdot\mathrm{rect}\left[\frac{t-\tau_0-\frac{T_{\mathrm{p}}}{2}}{T_{\mathrm{p}}}\right] \quad (6.30)$$

将式（6.29）与经典的 FMCW 解调处理信号结果对比可知，距离处理结果（式中第一项）是完全一致的，不受影响；而一个相位偏移项 $\exp\left\{-\mathrm{j}2\pi\cdot(km/T_{\mathrm{p}})\cdot nT_{\mathrm{p}}\right\}$ 被叠加在多普勒维上，导致距离折叠的回波产生一个附加的多普勒偏移。这使得在正常的距离-多普勒处理之后，距离折叠的杂波（$k\neq0$）在多普勒谱上被频移至预期的位置上，而未折叠的目标回波（$k=0$）不受影响。

图 6.20 给出了距离折叠杂波移除的仿真结果图，横坐标为径向速度（多普勒频率），纵坐标为射线坐标系下的群距离单元数。图 6.20（a）为经典的 FMCW 波形处理结果，可以看到仿真的距离折叠杂波出现在 0 多普勒附近；图 6.20（b）为非并发编码波形处理结果，距离折叠杂波叠加了一个多普勒频移，使得原本被遮蔽的目标回波显现出来，而正常的海杂波不受影响。仿真中波形重复频率 WRF 为 10Hz，相干积累时间为 50s，距离折叠次数 m 为 1，多普勒频移因子 k 取值为 0.033，对应的多普勒频移量为-3.3Hz。

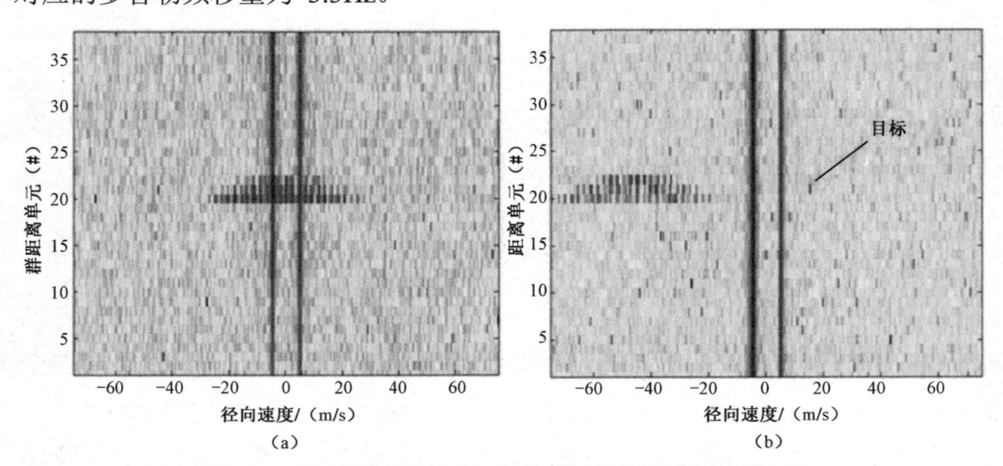

图 6.20　非并发编码波形移除距离折叠杂波的处理结果图

2. 环境感知自适应波形

面对高频段密集用户和信号造成的干扰，一种基于环境感知的波形（Environmental Sensing Based Waveform，ESBW）被设计用于获得更佳的探测性能，特别是当干扰来自目标所在的主瓣时[335-336]。

由于天波雷达所处信号环境具有时变、非平稳的特性，可靠的环境干扰和噪声协方差矩阵需要实时感知环境并估计得到。ESBW 与常规波形的工作流程图对比如图 6.21 所示。在常规波形（如 FMCW）流程中，首先由频率管理系统 FMS 侦测电离层和外部电磁环境，提供未被其他用户占用的“干净”工作频率，雷达在该频率生成预定波形，调制至射频放大并发射。雷达接收阵列接收信号并进行混频处理，波束形成、匹配滤波及相干积累后进行目标检测。

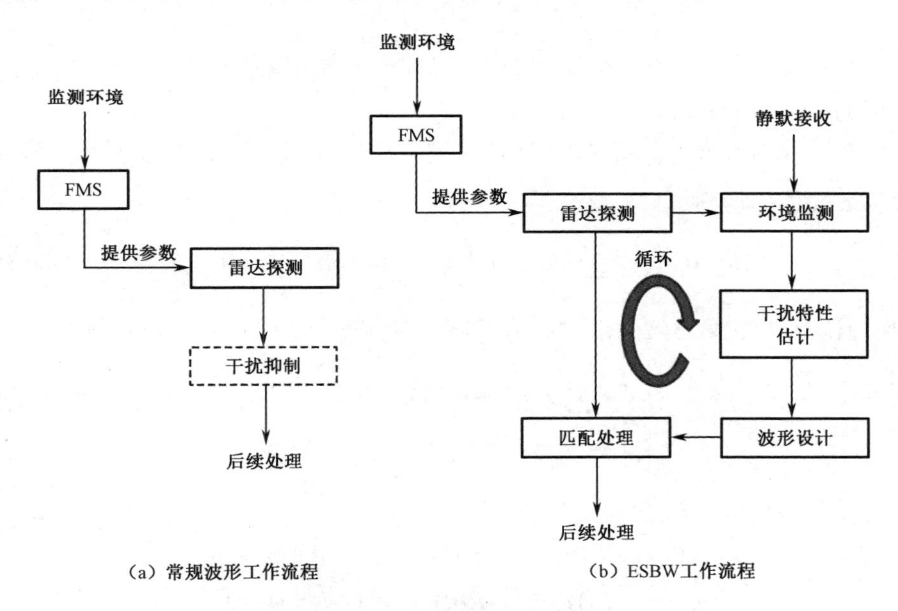

图 6.21　ESBW 与常规波形的工作流程对比图

而在 ESBW 设计与实现流程中，雷达选取波形参数后通过感知环境并基于环境特性，自适应设计并生成 ESBW，在发射和/或接收端利用该波形工作。ESBW 设计包括环境监测、特性估计、波形设计和常规处理四个环节。

环境监测在静默接收方式下实现，此时雷达发射机关机，以避免接收数据中含有强地海杂波信号。设监测采样频率为 f_s，监测时长为 T_s，则总的监测采样点数为 $N_s = f_s \times T_s$。在整个监测时间内，阵列对环境噪声的监测采样数据排列成矩阵

$$\tilde{\boldsymbol{R}}_{\mathrm{s}}=\begin{bmatrix} a_{11} & a_{12} & \cdots & a_{1,N_{\mathrm{s}}} \\ a_{21} & a_{22} & \cdots & a_{2,N_{\mathrm{s}}} \\ \cdots & \cdots & \cdots & \cdots \\ a_{K,1} & a_{K,2} & \cdots & a_{K,N_{\mathrm{s}}} \end{bmatrix} \tag{6.31}$$

式中：K 为接收阵列单元数目；a_{ij} 为采样点数据，其中，$i=1,2,\cdots,K$，$j=1,2,\cdots,N_{\mathrm{s}}$。

将监测采样矩阵和接收波束形成矢量合成，如下式所示：

$$\hat{I}_{\mathrm{s}}=\tilde{\boldsymbol{w}}\cdot\tilde{\boldsymbol{R}}_{\mathrm{s}} \tag{6.32}$$

其中

$$\tilde{\boldsymbol{w}}=\left[\mathrm{e}^{-\mathrm{j}2\pi\cdot\frac{f_{\mathrm{c}}}{c}\cdot d\cdot\sin\varphi\cdot 0},\cdots,\mathrm{e}^{-\mathrm{j}2\pi\cdot\frac{f_{\mathrm{c}}}{c}\cdot d\cdot\sin\varphi\cdot(K-1)}\right] \tag{6.33}$$

式中：f_{c} 为雷达工作频率；c 为真空中的光速；d 为天线阵列单元的间距；φ 为接收波束的指向角。

假定脉冲长度为 T_{p}，则脉冲内的采样数为 $M=T_{\mathrm{p}}\times f_{\mathrm{s}}$。当 $N_{\mathrm{s}}\geqslant M$ 时，协方差函数由下式估计得到：

$$\hat{R}(m)=\frac{1}{N_{\mathrm{s}}}\sum_{l=1}^{N_{\mathrm{s}}-m}\tilde{I}(l+m)\tilde{I}^*(l),\quad 0\leqslant m\leqslant M-1 \tag{6.34}$$

式中：$\tilde{I}(l)$ 为 $\tilde{I}_{\mathrm{s}}$ 的第 l 个单元，*代表共轭。当 $N_{\mathrm{s}}<M$ 时，协方差函数为

$$\hat{R}(m)=\begin{cases}\dfrac{1}{N_{\mathrm{s}}}\displaystyle\sum_{l=1}^{N_{\mathrm{s}}-m}\tilde{I}(l+m)\tilde{I}^*(l), & 0\leqslant m\leqslant N_{\mathrm{s}}-1 \\ 0, & N_{\mathrm{s}}\leqslant m\leqslant M-1\end{cases} \tag{6.35}$$

这样可得到协方差矩阵的估计：

$$\hat{\boldsymbol{R}}_I=\begin{bmatrix} \hat{R}(0) & \hat{R}^*(1) & \cdots & \hat{R}^*(M-1) \\ \hat{R}(1) & \hat{R}(0) & \cdots & \hat{R}^*(M-2) \\ \vdots & \vdots & \ddots & \vdots \\ \hat{R}(M-1) & \hat{R}(M-2) & \cdots & \hat{R}(0) \end{bmatrix} \tag{6.36}$$

接着考虑阵列接收模型的信号处理（包括波束形成、匹配滤波和相干积累）输出信杂噪比为优化对象。假设 $\boldsymbol{s}$ 为待优化的任意波形，优化问题等价于

$$\min_{s}\boldsymbol{s}^{\mathrm{H}}\hat{\boldsymbol{R}}_I\boldsymbol{s},\qquad \text{s.t.}\qquad \boldsymbol{s}^{\mathrm{H}}\boldsymbol{s}=1 \tag{6.37}$$

由于式（6.37）的解可能由于主瓣过宽旁瓣过高而不适合作为雷达波形，因此还需要考虑对波形自相关函数（Auto-Correlation Function，ACF）的要求。式（6.37）与 ACF 特性的联合求解属于非凸问题，这里引入了一个 ACF 特性较为理想的波形，如 LFM 信号，作为“模板”波形。该波形用 $\boldsymbol{s}_0$ 来表示，其满足 $\boldsymbol{s}_0^{\mathrm{H}}\boldsymbol{s}_0=1$。将

优化波形和“模板”波形的差设定为ε，则有$0<\varepsilon<1$。于是，优化问题可转化为

$$\min_{s} \boldsymbol{s}^{\mathrm{H}}\hat{\boldsymbol{R}}_I\boldsymbol{s}, \qquad \text{s.t.} \qquad \|\boldsymbol{s}\|^2=1,\ \|\boldsymbol{s}-\boldsymbol{s}_0\|^2 \leqslant \varepsilon \tag{6.38}$$

该优化问题的求解及信号处理过程详见附录A[337]。图6.22（a）给出了3个干扰存在情况下的环境噪声功率谱密度估计图，而图6.22（b）为基于图6.22（a）感知结果自适应优化设计的ESBW频谱图，图6.22（b）中，红色曲线为波形优化所设定的“模板”波形（此处采用线性调频信号），浅蓝色曲线为环境噪声频谱，而蓝色曲线为ESBW。从频谱上可以看到，ESBW在干扰对应的频段自适应地形成了“零陷”，从而抑制干扰能量的进入。这与自适应波束形成在干扰来波方向形成“零陷”的原理相同，只是ADBF在空间（方位）维抑制干扰，而ESBW在频率维进行抑制。

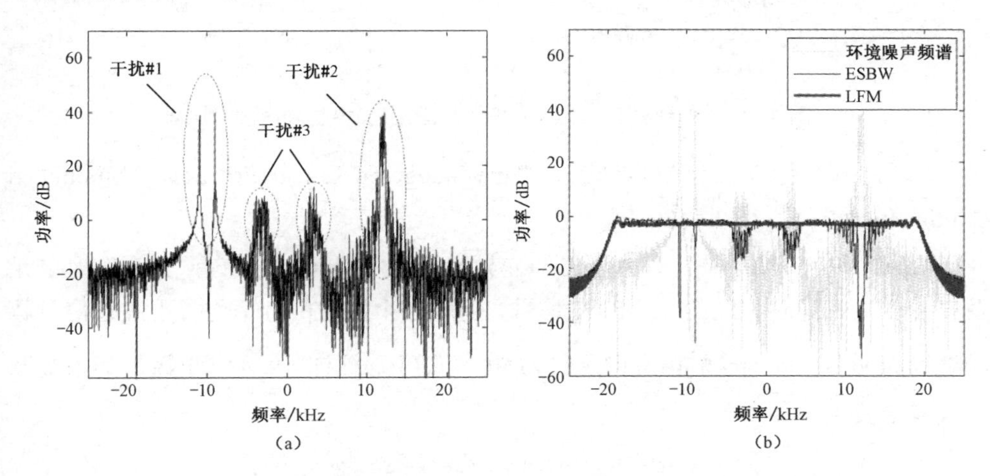

图6.22 环境噪声功率谱密度估计（存在3个干扰）及ESBW频谱图

图6.23分别给出了传统的LFM信号和ESBW信号处理后的距离-多普勒谱图。图6.23（a）为采用LFM信号时的处理结果，可以看到极强的干扰分布在整个谱平面，抬高噪声基底，目标无法正常检测。图6.23（b）为采用ESBW信号时的处理结果，干扰强度得到明显抑制，预设的目标回波可见。从原理和仿真结果上看，ESBW对主瓣或旁瓣进入的干扰，以及方向性不强的色噪声，均有抑制效果。

3. MIMO正交波形集

将MIMO体制应用于天波雷达的基础是设计出满足MIMO雷达要求且适合天波雷达应用背景的一组正交（或者近似正交）波形。从MIMO体制的角度出发，为实现波形分集，希望各发射波形之间的相关性尽可能低，最好是一组正交波形；而另外，从天波雷达波形的角度出发，波形应具有较好的多普勒容限、低自相关旁瓣、较低的频带宽度要求和低实现成本等，并尽可能避免距离和速度模糊。当

前已经有许多种类的 MIMO 波形集被提出用于天波雷达中，下面将就各自波形的特性和效果进行简要对比分析。

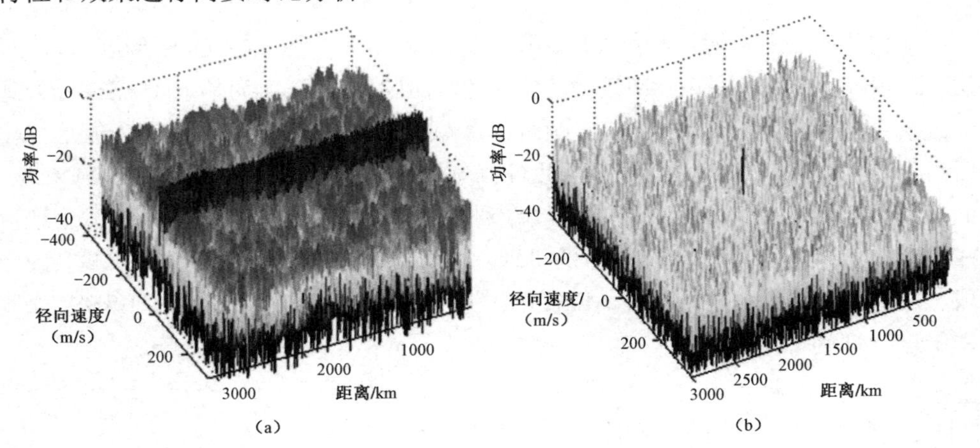

图 6.23　LFM 信号和 ESBW 信号处理距离-多普勒谱图对比

1）时间叉排线性调频连续波（Time-Staggered Linear Frequency Modulated Continuous Wave，TS-LFMCW）

TS-LFMCW 波形是一种基于时间差异设计的 MIMO 波形集。L 个发射单元发射 L 个延时间隔相同的 LFMCW 信号，一般 L 个发射信号平均占用发射信号脉冲重复周期 T_{p}，每个发射信号的延时为 $\Delta T = T_{\mathrm{p}} / L$。这样，第 $l+1$ 个波形的单脉冲时域表示式为

$$S_{l+1}(t) = A_0 \mathrm{e}^{\mathrm{j}2\pi\left[f_0(t-l\cdot\Delta T)+\frac{1}{2T_{\mathrm{p}}}B(t-l\cdot\Delta T)^2\right]} \tag{6.39}$$

式中：A_0 为 LFMCW 信号幅度；f_0 为雷达工作频率；B 为信号带宽。TS-LFMCW 信号的时频示意图如图 6.24 所示。

在每个接收单元，依据各波形的发射先后顺序，选择来自不同发射单元脉冲压缩后的数据，从而实现发射波形分集。TS-LFMCW 波形在各接收端只需要分时利用一个匹配滤波器，实现的技术难度和成本均较低。

以第 1 个波形（延时为 0）和第 $l+1$ 个波形（延时为 $l\Delta T$）为例，两个波形的时间延迟间隔是 $l\Delta T$，则两个波形同时存在的时间长度是 $T_l = (L-l)\cdot\Delta T$。由于各子波形的载频和调频样式都相同，所以延时带来的两个波形频率差为

$$f_{1,l+1} = \frac{(L-l)\cdot B}{L} \tag{6.40}$$

两个波形的正交性为

$$\int_0^{T_l} s_0(t)s_{l+1}^*(t)\mathrm{d}t = \begin{cases} E, & l=0 \\ \xi(\mathrm{e}^{\mathrm{j}2\pi f_l T_l}-1), & l\neq 0 \end{cases} \tag{6.41}$$

式中：ξ 为非零常数项。从式（6.41）可知，当 f_lT_l 为非零整数时，即

$$f_lT_l = \frac{(L-1)T_{\mathrm{p}}}{L} \times \frac{(L-1)B}{L} = \frac{(L-1)^2 T_{\mathrm{p}} B}{L^2} = (L-f)^2 \cdot \Delta T \cdot \Delta f \tag{6.42}$$

上述两个信号正交。考虑到 $l \in [0, L-1]$，则当 l 取不同值时，上述波形满足正交的条件为[338]

$$T_{\mathrm{p}} \cdot B = K \cdot L^2 \tag{6.43}$$

式中：K 为非零整数。因此，在 TS-LFMCW 波形设计中应同时考虑时宽 T_{p}、带宽 B 以及正交波形集数目 L 之间的关系。

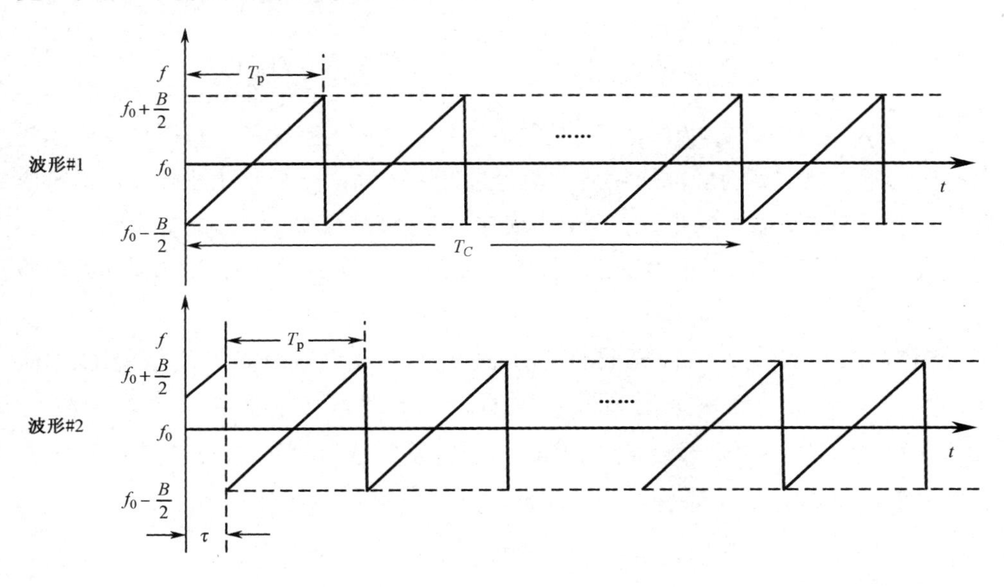

......

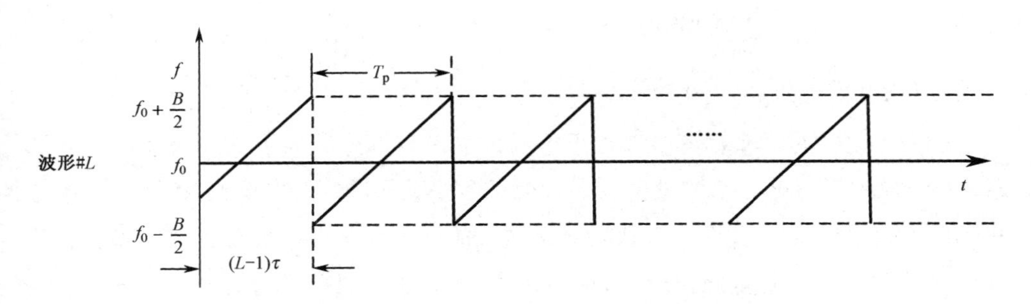

图 6.24 TS-LFMCW 信号时频示意图

由 TS-LFMCW 波形的定义和接收处理方式不难发现，该波形最大不模糊探测距离为 $cT_{\mathrm{p}}/2L$，仅为经典 LFMCW 波形最大不模糊探测距离的 $1/L$。这意味着为满足相同的不模糊探测距离要求，TS-LFMCW 波形的脉冲宽度要增大 L 倍，这

对于一些探测任务（如对空探测）而言是极大的浪费。因此，TS-LFMCW 波形更适用于脉冲宽度较长的探测场景，如对慢速舰船目标的探测。

2）慢时间相位编码（Slow Time Phase-Coded，STPC）波形

STPC 波形是一种基于多普勒频率差异设计的 MIMO 波形集。该波形通过对经典的 LFM 波形进行相位编码，每个发射脉冲视为一个码元，对应一个慢时间点，在整个 CIT 内，M 个相参积累脉冲构成一组多普勒相位编码脉冲序列。整个多普勒带宽被分为 L 等份，对应 L 维的正交波形集，每个发射单元（阵元、子阵或者波束）占据一个子多普勒频段，发射相应的正交波形。第 l 个单元发射的信号为

$$S_l(t)=\sum_{m=0}^{M-1}u(t-mT_{\mathrm{p}})\mathrm{e}^{\mathrm{j}2\pi\left(f_0t+\frac{1}{2T_{\mathrm{p}}}Bt^2\right)}\mathrm{e}^{\mathrm{j}2\pi\Delta f_{\mathrm{d}}lT_{\mathrm{p}}},\qquad t\in\left[0,T_{\mathrm{p}}\right]\tag{6.44}$$

式中，M 为相参积累脉冲个数，它是发射信号个数 L 的整数倍。在接收端分集各发射波形时，只需要对脉冲压缩后的信号进行多普勒谱分析和滤波处理，即可依据多普勒频率得到各发射单元信号，实现多输入处理。STPC 波形的最大优势在于各接收天线后只需要一个匹配滤波器，而不是 L 个，这显著降低了 MIMO 处理的实现成本。

STPC 波形可视为一种离散的 OFDM 波形，或者说是多普勒域的 OFDM 波形。不同多普勒频率采用离散相位编码来实现，相邻多普勒频率间隔为 $\Delta f_{\mathrm{d}}=1/(LT_{\mathrm{p}})$，满足窄带假设条件。因此对于各发射单元的波形，若假定目标多普勒频率为 f_{d}，则在第 m 个慢时间，脉冲压缩后的第 l 个发射信号为

$$S_l(m)=\eta_{\mathrm{t}}\mathrm{e}^{\mathrm{j}2\pi(f_{\mathrm{d}}+\Delta f_{\mathrm{d}}l)mT_{\mathrm{p}}},\quad m=0,\cdots,M-1\tag{6.45}$$

式中：η_{t} 为脉冲压缩后目标回波的幅度。由此，可得 STPC 信号的正交性为

$$\sum_{m=0}^{M-1}S_0(m)S_l^*(m)=\left|\eta_{\mathrm{t}}\right|^2\sum_{m=0}^{M-1}\mathrm{e}^{\mathrm{j}2\pi\Delta f_{\mathrm{d}}lmT_{\mathrm{p}}}=\begin{cases}E, & l=0\\ 0, & l\neq 0\end{cases}\tag{6.46}$$

式中，l 的取值范围均为 $\left[0,M/L-1\right]$。

STPC 波形的多普勒容限取决于子脉冲的信号形式。当子脉冲为 LFM 波形时，其无模糊多普勒频率测量范围为各个子多普勒频段，即经典 LFM 信号波形重复频率 PRF 的 $1/L$。此时，多普勒频率较大的回波会出现模糊现象，将在多普勒维折叠反向。为削弱多普勒模糊的影响而扩大 PRF，则会影响最大不模糊距离。对于 LFM 信号而言，最大不模糊距离和最大不模糊多普勒是两个相互矛盾和制约的参量，需要根据应用场景折中选用。将 STPC 波形中的多普勒相位编码序列替换为随机相位编码序列，可得到慢时间随机相位编码（Slow Time Random Phase-Coded，STRPC）波形，对抑制距离和多普勒模糊提出了一种新的思路[338]。

3）正交频分复用（Orthogonal Frequency Division Multiplexing，OFDM）波形

OFDM 波形是一种基于雷达工作载波频率差异设计的波形。如果发射的是相位编码波形，一般又称为多载频相位编码（Multicarrier Phase Coded，MCPC）波形[339]；如果发射的是 LFM 波形，则一般称为 LFM-OFDM 波形。这里以 LFM-OFDM 波形为例进行分析。假设第 l 个波形表示为

$$S_l(t)=u(t)\mathrm{e}^{\mathrm{j}2\pi\left[f_0t+\frac{1}{2T_\mathrm{p}}Bt^2+(l-1)\Delta ft\right]},\quad t\in\left[0,T_\mathrm{p}\right] \tag{6.47}$$

式中：$u(t)$ 为矩形脉冲函数，频率间隔为 $\Delta f=1/T_\mathrm{p}$，此时波形的正交性为

$$\int_0^{T_\mathrm{p}}S_0(t)S_l^*(t)\mathrm{d}t=\frac{1}{T_\mathrm{p}}\int_0^{T_\mathrm{p}}\mathrm{e}^{\mathrm{j}2\pi l\Delta ft}\mathrm{d}t=\begin{cases}E, & l=0\\ 0, & l\neq 0\end{cases} \tag{6.48}$$

当两个脉冲未对齐时，OFDM 波形的匹配滤波器输出会出现互相关旁瓣，互相关旁瓣 A_{ql} 的幅度为[340]

$$A_{ql}=\left|1-\frac{|l|}{BT_\mathrm{p}}\right| \tag{6.49}$$

当 $|l|=BT_\mathrm{p}$ 时，互相关旁瓣为 0。此时对应的频率间隔为 $|l|\Delta f=B$。因此，为降低互相关旁瓣，一般要求各波形之间要有足够的频率间隔[340]。这使得发射各波形时产生多普勒频率差异增大，需要进行补偿处理，并且较大的频率间隔会受到电离层传输条件和其他高频用户的影响和制约。

4）MIMO 波形的性能对比评估

面对种类繁多的 MIMO 波形，其特性、性能和应用场景各有不同，对各类波形进行有效的定性和定量评估，对于 MIMO 体制在天波雷达中的应用至关重要。表 6.9 给出了仿真条件下各类 MIMO 波形的主要性能定性对比结果[338]。

表 6.9　仿真条件下各类 MIMO 波形的主要性能定性对比结果

特性	OFDM 波形	STPC 波形	TS-LFMCW 波形
多普勒容限	良好	良好	良好
多普勒范围	[−PRF/2, PRF/2]	[−PRF/2L, PRF/2L]	[−PRF/2, PRF/2]
最大不模糊距离	$cT_\mathrm{p}/2$	$cT_\mathrm{p}/2$	$cT_\mathrm{p}/2L$
接收处理方案	L 个匹配滤波器	单个匹配滤波器	单个匹配滤波器
模糊特性	无	多普勒模糊	距离模糊
适用场景	高速/慢速目标	慢速目标	慢速目标

下面给出了一种试验条件下的 MIMO 波形性能对比方法[341]。这一试验依赖一套可以独立发射任意波形的直接数字合成（Direct Digital Synthesizer，DDS）激

励器设备。三类波形循环发射，分别为经典相控阵体制下的线性调频信号（LFMCW）、相控阵体制下的单个 MIMO 波形（可从波形集中任意选取）及 L 个 MIMO 正交波形集。通过这样的试验设计和结果对比，可以得到不同的结论。前两种波形的性能对比能够评估波形本身的目标探测特性（与相控阵或 MIMO 体制无关）；后两种波形的对比能够评估相控阵和 MIMO 体制之间的差异（与波形无关）；第一种和第三种波形的对比则可以反映采用 L 个正交波形的 MIMO 体制相对于经典相控阵体制所带来的整体得益。

为定量评估 MIMO 波形的相对检测性能，这里引入了相对显著性系数（Relative Significance Factor，RSF）这一参量。RSF 定义为

$$\delta_{\mathrm{RSF}}=\frac{\mathrm{SCNR}_{\mathrm{NWF}}}{\mathrm{SCNR}_{\mathrm{LFM}}}=\frac{\sum_{i=1}^{N}\sum_{k=1}^{K}\mathrm{sncr}_{\mathrm{NWF}}(n,k)}{\sum_{i=1}^{N}\sum_{k=1}^{K}\mathrm{sncr}_{\mathrm{LFM}}(n,k)} \tag{6.50}$$

式中，

$$\mathrm{sncr}_{\mathrm{NWF}}(n,k)=\frac{A_{\mathrm{t}}(n,k)}{\frac{1}{M}\sum_{m=1}^{M}A_L(m)} \tag{6.51}$$

$$\mathrm{sncr}_{\mathrm{LFM}}(n,k)=\frac{A_{\mathrm{t}}(n,k)}{\frac{1}{M}\sum_{m=1}^{M}A_L(m)} \tag{6.52}$$

式中：N 为总探测帧数（CIT 数目）；K 为关注（参与统计）的目标数目；$\mathrm{sncr}_{\mathrm{NWF}}$ 为新的 MIMO 波形的信杂噪比（Signal-to-Clutter-Noise Ratio，SCNR），而 $\mathrm{sncr}_{\mathrm{LFM}}$ 为 LFMCW 波形的信杂噪比。从式（6.50）～式（6.52）可看出，通过短时统计平均，可以认为三类波形经历相同的电离层传输条件，从而在 RSF 统计结果中排除掉电离层的影响，更为准确地反映波形本身的性能。这一方法不仅适用于各类 MIMO 波形，也可以应用于其他雷达波形的性能评估。

图 6.25（a）给出了随机相位编码信号（$L=16$）MIMO 正交波形集的时域波形。图 6.25（b）则给出了单个 MIMO 波形（分别从波形 1 至波形 16）的多普勒频谱图，从图中可以看到一个典型的目标回波。该目标的回波足够强，以至于不用进行发射波束形成就具有足够的显著性（信杂噪比）。

表 6.10 中给出了对空和对海探测典型场景（共 5 种）下的 RSF 统计结果。每种场景选取了 3 个目标，而每个目标采用了 20 帧数据。从表 6.10 中结果可以看出，随机相位波形在对海探测任务下表现优于对空探测。但是，所有场景下的 RSF 均小于 1，意味着随机相位编码波形相比经典的 LFMCW 波形没有性能提升。进一步分析还表明，随机相位波形较高的旁瓣使得 RSF 估计结果变差。

表 6.10　不同目标类型和场景下的 RSF 统计结果

类型	场景 1	场景 2	场景 3	场景 4	场景 5
对空探测	0.653	0.431	0.554	0.231	0.414
对海探测	0.832	0.765	0.917	0.533	0.864

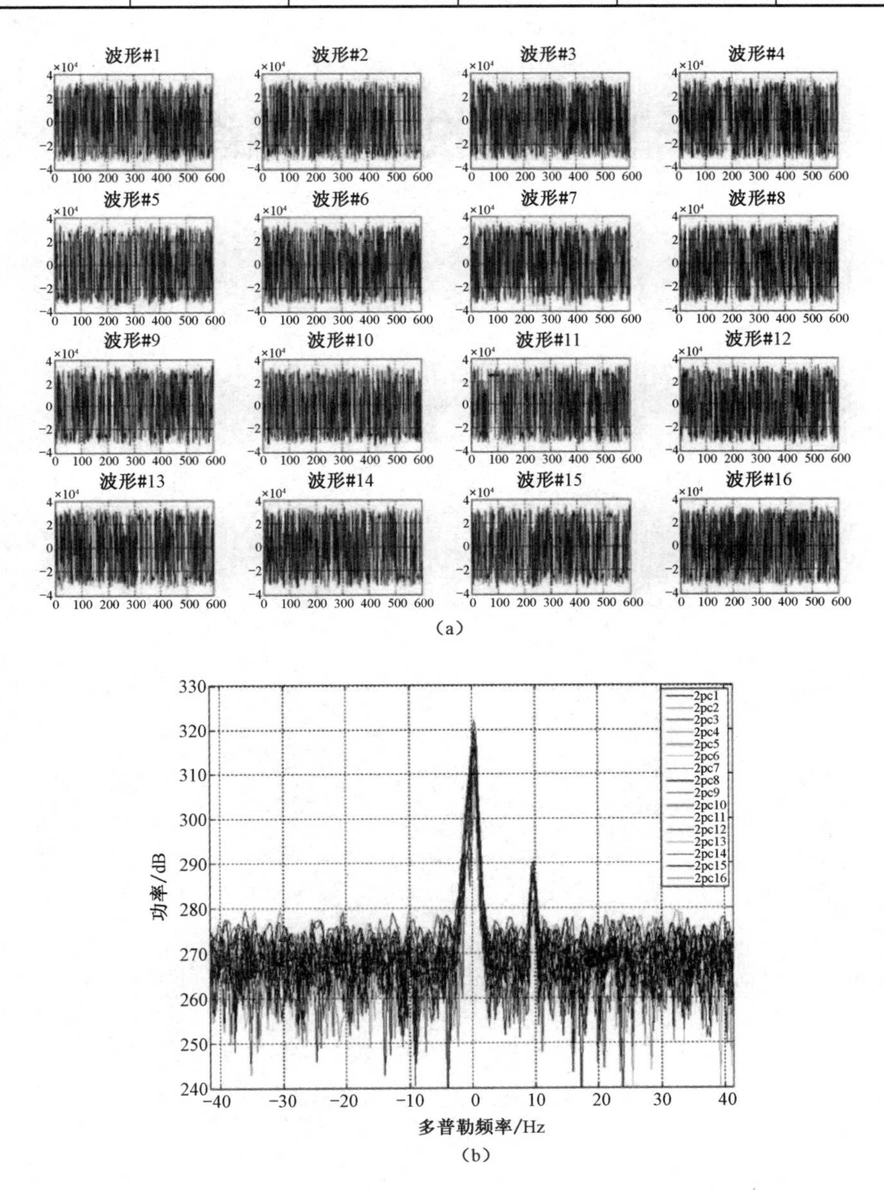

图 6.25　随机相位编码 MIMO 波形集时域波形和多普勒谱图

第7章
天波雷达收发通道设计

7.1　概述

本章主要介绍了天波雷达收发通道的主要设备，包括天线、发射机、接收机和光传输系统等。天线阵列部分主要对发射天线、接收天线、收发一体化天线及天线阵列校准方法进行了介绍；发射机部分主要对固态发射机整机、功放组件、功率合成、冷却及发射机校准方法进行了介绍；接收机部分主要介绍了模数接收机、全数字接收机、基准源和接收机校准方法等；最后介绍了模拟和数字信号光传输系统。

7.2　天线阵列设计

天波雷达的天线阵列形式应与系统架构相对应。天波雷达的系统架构分为单站、双站（准单站）和多站等类型，具体可参见 6.2 节。其中，双站（准单站）配置系统架构是最为常见的架构，发射天线阵列和接收天线阵列分置，分别部署于发射站和接收站。而在单站配置的系统架构下，则需要部署一套收发共用的天线阵列。本节将就各类型收发天线阵列的形态、功能和基本指标进行介绍。

7.2.1　发射天线设计

发射天线阵列形式的选择在 6.3.1 节中已有描述。本小节将以最为常见的均匀线性阵列的设计为例进行介绍。

天波雷达工作波长在十米至数十米量级，平均发射功率通常高达数百千瓦，发射天线设计通常具有以下技术特点。

（1）相控阵体制特别是有源相控阵体制得到广泛应用。为实现高辐射功率，通常采用多个发射通道，每一通道包含一路发射机和一组天线单元，通过相位控制实现功率的空间合成。为满足波束形状、指向和旁瓣电平要求，相控阵天线阵列各单元之间需具有相对高的幅相一致性，并配置有专用的阵列校准网络和流程。

（2）发射天线阵列通常采用多频段子阵设计。天波雷达的工作频段通常宽达 5～6 个倍频程，为保证频段范围内的辐射效率和宽扫描角，发射天线阵列通常划分为多个频段子阵。各子阵单元串接同一部发射机，并通过频段切换器在工作时实时切换至对应的天线单元。在一个发射子阵这样相对窄的频段内进行设计，其技术难度和实现代价将大为降低。如表 6.6 和表 6.7 所示，现役大多数天波雷达都划分为 2 个发射子阵，即高频阵和低频阵，而美国的 OTH-B 雷达分为 6 个子阵，俄罗斯的集装箱雷达则分为 4 个子阵。

（3）阵列口径由天线增益、覆盖效率（波束宽度）及阵地规模等因素综合决定。为提高在噪声背景下的探测效能，希望尽可能提高发射天线的增益以满足雷达灵敏度（信噪比）的要求；而 5.3.2.1 节中的论证结果表明，天波雷达的方位分辨率主要由长达数千米的接收阵列口径决定，发射阵列口径的影响可忽略不计，相反更大发射口径形成的窄波束会使得探测子区 DIR 的方位范围受限，覆盖相同面积区域将需要更多的波位，从而影响覆盖效率。在确保每个探测波位所需的最短驻留时间条件下，更多的探测波位意味着更长的重访时间和更低的数据率，这对目标跟踪，特别是机动目标跟踪造成更大的困难。此外，更大发射阵列口径的阵地规模和建设成本显然也将更高。

（4）极化方式的选择多样化。发射天线的极化形式应综合考虑电离层对高频电波的法拉第极化旋转效应、不同目标在不同极化下的散射面积，以及建设成本、阵地条件与架设工艺等外部条件。各个国家在各自的天波超视距雷达发展过程中均走出了自己的极化设计特点，甚至在不同阶段采用不同的极化方式。

（5）天线阵列俯仰维通常采用宽波束。在电离层条件满足单一频率支持长距离深度覆盖时，俯仰宽波束将增大同时覆盖的距离范围，提高搜索效率。特别低仰角是远距离探测的基本条件，因此，发射阵列方向图的俯仰维应设计较宽的覆盖范围。俯仰波束覆盖的下界一般为 3°～5°，而上界为 30°～55°。

7.2.1.1 阵列设计

发射天线阵列设计主要考虑以下几个指标。

1. 阵列口径

线性天线阵水平面口径几何尺寸由下式确定：

$$D = N \cdot d = 0.886\lambda \sec(\varphi_{\mathrm{m}}) k / \Delta\phi \tag{7.1}$$

式中：N 为天线阵列单元数目；d 为阵列单元间距；λ 为工作波长；φ_{m} 为最大方位波束偏离角；$\Delta\phi$ 为发射波束的方位宽度；k 为幅度加权导致的波束展宽系数，主要取决于天线副瓣要求。

需要注意的是，式（7.1）中 φ_{m}、$\Delta\phi$ 和旁瓣电平是需满足的设计输入要求，而 D 为求解项。根据天波雷达的典型性能要求，发射天线口径尺寸通常为 100～400m。

2. 阵列单元间距

水平单元间距应考虑低频端天线单元间的互耦影响，如对于垂直极化对数周期天线单元，通常需要满足

$$d \geqslant 0.2\lambda_{max} \tag{7.2}$$

式中：d 为阵列单元间距；λ_{max} 为对应最低工作频率的最大波长。同时在工作频率范围的高端不应产生栅瓣，即

$$d \leqslant \lambda_{min}/(1+\sin\varphi_m) \tag{7.3}$$

式中：λ_{min} 为对应最高工作频率的最小波长；φ_m 为最大方位波束偏离角。假定方位扫描角 φ_m 为 $\pm 30°$ 的情况下，d 的最佳选择为 $0.67\lambda_{min}$。从式（7.2）和式（7.3）可知，不同频段的发射子阵阵列单元间距各不相同。

3. 天线增益

天线方向性系数的估算公式如下式所示：

$$D_0 \approx \frac{25000 \sim 32000}{\Delta\varphi\Delta\beta} \tag{7.4}$$

式中：$\Delta\varphi$ 为天线方位波束宽度；$\Delta\beta$ 为天线俯仰波束宽度。

式（7.4）中的分子项应根据不同的天线口径和加权方式取值计算。此时，天线的增益 G 为

$$G = D_0\eta \tag{7.5}$$

式中：η 为天线效率，包括馈线损耗、失配损耗及地面损耗。对于天波雷达发射天线，当方向图特性偏出中心线不超过 $\pm 30°$ 时，η 的典型值为 $-3 \sim -1.5$dB。

4. 天线极化方式

法拉第旋转效应对电磁波极化方式的影响参见图 1.13，而系统极化方式的选择在 6.4.2 节中进行了讨论，主要考虑的因素包括探测目标类型、阵地地表状态、天线架设难度及成本。

7.2.1.2　天线单元设计

天波雷达发射天线单元类型较多，如水平极化偶极笼型振子天线（苏联的 Duga 雷达）、倾斜（45°）极化振子天线（美国 OTH-B 雷达）和垂直极化偶极笼型振子对数周期天线（美国 ROTHR 雷达）等。为获得较好的前向辐射性能，可在天线阵背面配置反射网，如美国的 OTH-B 雷达。

垂直极化天线在铺有金属地网（通常阵列前方金属地网长度达到 10λ）的条件下，能稳定地得到所需的驻波系数、方向图及增益特性。而水平极化天线由于辐射场和土壤特性的关系不大，可不使用地网，但也要求地面有一定的平整度。通常振子正下方 5m 内的地面平整度不大于 ±0.1m，振子前方 200m 内的地面平整度通常不大于 ±0.3m，阵列前方不能有阻挡视角的物体。

天线阵元的结构通常分为柔性和刚性两种类型。收发天线振子受风力的影响晃动会引起雷达信号相位的随机调制，导致相位噪声劣化，产生额外的风噪声。在规定的风速影响下，刚性天线结构通常比柔性结构稳定性更好，晃动更小，从而抑制风噪声。

发射天线的仰角覆盖范围通常根据距离覆盖范围得出。例如当距离覆盖范围为 1000～2500km 时，通过仰角与跳距计算公式，可得仰角β的覆盖范围为 5°～35°。需要说明的是，发射天线并不能保证每个工作频率点都满足这一仰角范围。而根据电离层传播信道时间利用率对其进行估值，通常远距离多用高频，近距离多用低频。因此，发射天线设计时应优先确保低频段的高仰角特性（覆盖近区）和高频段的低仰角特性（覆盖远区）。表 7.1 给出了典型偶极对数周期垂直极化发射天线仰角范围与工作频段的对应关系。

表 7.1　天线仰角范围与工作频段的对应关系

工作频率/MHz	5～8	8～12	12～18	18～28
β_{min}/(°)	12～10	10～8	8～6	6～5
β_{max}/(°)	35～29	29～25	25～22	22～20
时间利用百分数/（%）	10	18	40	32

在较宽频带内的天线效率是发射天线设计中重点考虑的因素。在给定的整个频段和方位覆盖范围内，发射天线应与发射机保持良好的阻抗匹配，通常要求驻波比不大于 2。为了保证这一指标，除了将天线阵列划分为不同频段的子阵，还需广泛采用超宽带辐射器设计，如对数周期天线。图 7.1 给出了一个典型的柔性垂直极化偶极对数周期天线单元外形图。

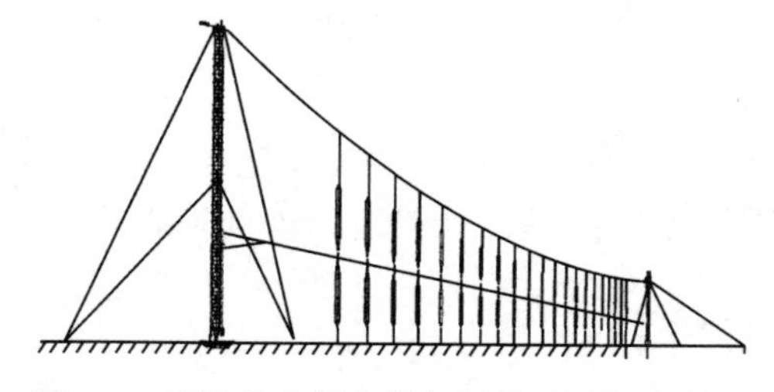

图 7.1　柔性垂直极化偶极对数周期天线单元外形图

7.2.2　接收天线设计

接收天线阵列形式的选择在 6.3.1 节中已有描述。本小节将以最为常见的均匀线性阵列的设计为例进行介绍。

7.2.2.1　技术特点

接收天线通常采用与发射天线单元完全不同的单元形式，天线口径在长度上也比发射天线高出一个数量级以上。接收天线设计通常具有以下技术特点。

（1）接收天线阵列同样普遍采用有源相控阵体制。通常数量多达数百个的接收通道，每一通道均包含一路接收机和一组天线单元，通过相位控制实现波束的灵活控制。同样，为满足波束形状、指向和旁瓣电平要求，接收天线阵列各单元之间幅相一致性要求比发射天线阵列更高，并配置有专用的阵列校准网络和流程。

（2）通常采用超长口径、窄波束、低效率天线阵列。尽管接收天线的工作频段与发射天线相同，同样宽达 5～6 个倍频程，但由于高频频段外部噪声远高于机内噪声的特性，接收天线不需要像发射天线一样追求全频段内的高效率，可以采用结构简单的低效率天线单元。为获得足够的增益和方位分辨率，特别是具有对海探测任务的天波雷达，接收口径通常长达数千米。

（3）极化方式选择多样化，但通常与发射天线匹配。尽管由于法拉第旋转效应的存在，任何极化的接收天线接收经电离层传输的回波信号时，都会产生极化失配损耗。极化失配损耗在 3.3.1.8 节中有过描述，通常取典型值-3dB。

（4）与发射天线阵列相同，接收天线阵列俯仰维通常也采用宽波束。俯仰覆盖范围与发射阵列一致。

7.2.2.2　阵列设计

接收天线阵列设计主要需考虑以下几个指标。

（1）阵列口径。天线水平面口径几何尺寸的确定方法与发射天线相同，可参见式（7.1）。由于接收波束的方位宽度 $\Delta\phi$ 远窄于发射波束，通常需小于 1°，因此接收天线阵列口径远大于发射天线阵列口径。根据天波雷达的典型性能要求，接收天线口径尺寸通常为 1～3km。

（2）单元间距。根据方位扫描范围的要求，按式（7.3）可计算得到不出现栅瓣情况下的单元间距要求。而在实际的工程计算中，通常还需要根据天线单元布局和天线阵列波束宽度对单元间距进行迭代，得到最优单元间距。

与发射阵列不同，接收阵列通常不需要划分为多个频段的子阵。但俄罗斯的集装箱雷达采用了一种稀疏高低频阵列的形式。高频段是使用中间部分单元，低频段波长较长，中间部分单元隔一个用一个。低频阵口径为 1300m，阵元间距 14m，高频阵口径为 672m，阵元间距 7m。这样设计的好处在于高低频段的接收波束宽度大致相当，覆盖同样方位范围的波位所需要的接收波束数量差异较小，便于后端波束形成和处理。此外，接收机的数量比全阵密布方式也相应减少。

（3）天线增益。利用天线方向系数估算公式（7.4），计算天线增益 G 。对于接收天线，其有效面积可表示为

$$S_{\mathrm{r}} = G\lambda^2/4\pi \tag{7.6}$$

式中：λ为工作波长。

（4）天线极化方式。接收天线阵列的极化方式通常与发射天线阵列保持一致。

7.2.2.3　天线单元设计

由于对天线效率要求较低，接收天线单元的形式和结构相对发射天线要简单得多。常用的天线单元样式包括带背屏的单极子天线（美国 OTH-B 雷达）、垂直双柱型单极子对天线（美国 ROHTR 雷达和澳大利亚 JORN 雷达）、水平极化偶极子天线（俄罗斯集装箱雷达）等。

接收天线的俯仰角特性与发射天线基本相同，可参考发射天线仰角范围与工作频段的对应关系。值得注意的是，为获得更远的距离覆盖范围，除电离层信道的支持外，天线的仰角要进一步降低。

根据方位副瓣电平要求，可通过幅度加权函数计算出所需的副瓣电平。例如，接收天线最大副瓣电平要求不大于-30dB，这时需要对各天线单元幅相一致性与稳定性提出更高要求。而当采用自适应波束形成 ADBF 技术抑制从副瓣方向进来的强有源干扰时，其方位维的“零深”凹口通常不大于-40dB。接收天线的背瓣电平通常要求在低频段（低于 12MHz）时不大于-15dB，在高频段（高于 12MHz）时不大于-20dB。

根据外部环境噪声条件，接收天线（有源）自身噪声功率电平在 1Hz 带宽内换算到天线输入端需不大于-190dBW；在指定等级的风速条件（如 8 级风）下，探测信号的相位噪声经过天线阵时的劣化（风噪影响）应不大于 3dB；而根据抗互调干扰要求，有源接收天线阵在典型带宽（通常为 10kHz）内线性动态范围需不小于 110dB。

图 7.2　美国 ROTHR 雷达接收天线阵列图

图 7.2 给出了典型的双柱型单极子组成的均匀线阵图，这也是天波雷达最为常用的一种接收天线单元方案。为降低风噪影响，接收天线绝大多数都采用刚性结构。前后两排单极天线的信号经两段不等长的延迟线电缆后送至功率合成器。这样在俯仰维将形成心形方向图，来自天线阵前方的信号（主瓣）同相相加合成输出，来自天线阵后方的信号（背瓣）反向相减得到抑制，而在天顶方向形成凹陷零点。

7.2.3　收发一体天线设计

对于收发共址的单站天波雷达，要求天线同时具备宽带的发射和接收功能，通常在阵列和天线单元设计上与准单站系统架构存在较大不同。

在高频频段常见的带宽收发一体天线形式包括倒锥型、双锥型（法国 Nostradamus 雷达）、盘笼锥型、伞锥型、笼型等。图 7.3 给出了三种典型的高频收发一体天线单元外形图。

经仿真计算，图 7.3 中伞锥型天线在短波频段内可实现的指标包括：驻波 VSWR $\leqslant 2$；全频段任意仰角增益 $G \geqslant 6\text{dB}$；耐功率超过 20kW 。

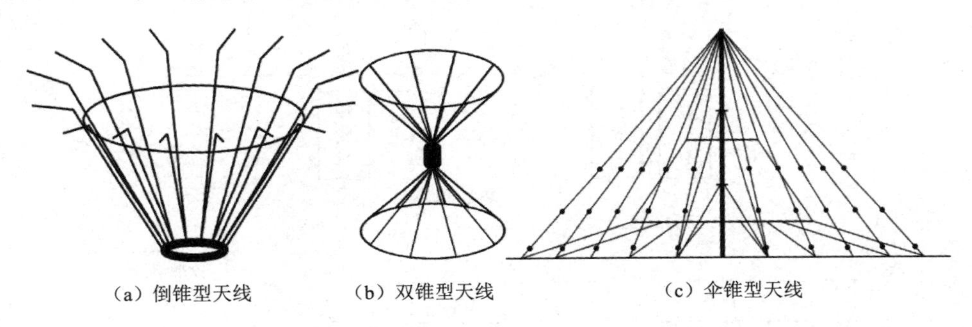

图 7.3　三种典型的高频收发一体天线单元外形图

7.2.4　阵列校准

7.2.4.1　接收天线阵列校准

从前面章节可知，天波雷达的接收天线阵列口径长达数千米，天线单元数目多达数百个。在这样大规模的相控阵阵列中数字形成波束，并保证其波束方向图特性（如指向精度、波束宽度及副瓣水平等），需要将各接收通道（包括接收天线、馈线和接收机等）路径的幅度和相位的一致性控制在相当精细的范围内。

天线阵列的幅相一致性是天波雷达的重要指标之一。通常通过由三种方法组合构建的一套完整的校准流程来保障该指标的实现。首先，在生产制造环节通过严格控制的原材料渠道和工艺流程，确保生产出来的天线单元、馈线和接收机具有较为稳定的一致性基础。一般来说，应尽量保证各部件具有相同的生产批次。在这一环节，主要影响幅度一致性基础，而相位一致性并不关键。

当接收通道在阵地实际安装完成后，将通过离线校准（也被称为外校准）和在线校准（也被称为内校准）两个流程来校准各通道间的幅相误差。离线校准主要校准天线和馈线系统的幅相误差，而在线校准主要校准接收机及本振信号等相关信号通路的幅相误差。图 7.4 给出了接收天线阵列校准的原理框图。

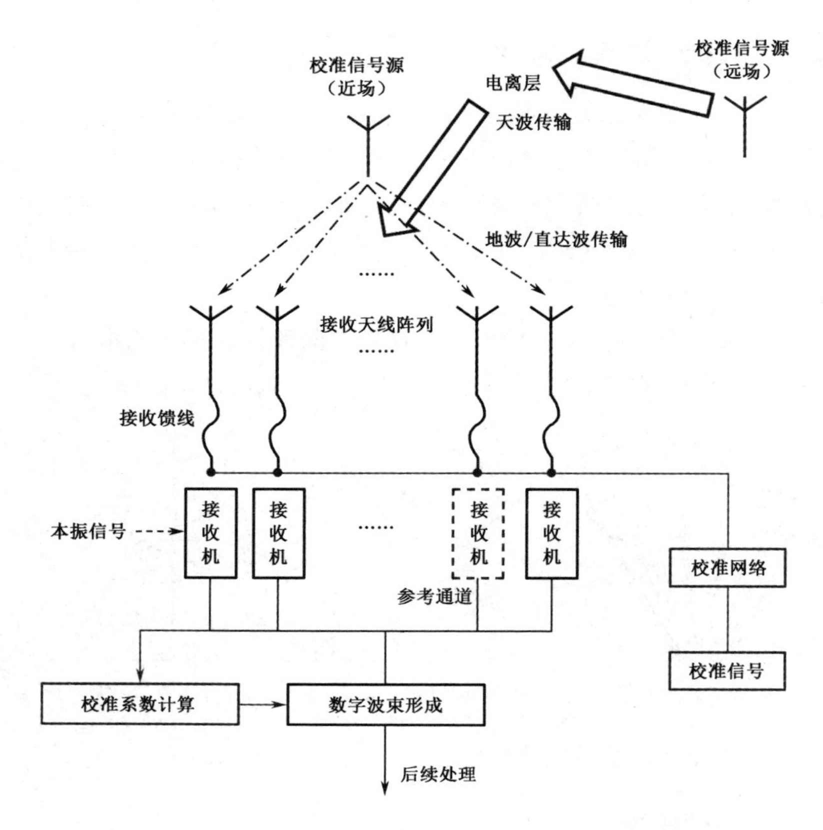

图 7.4　接收天线阵列校准原理框图

1. 在线校准（内校准）

从图 7.4 中可以看出，在本地产生校准信号，通过专用的校准网络将信号馈送至接收机的输入端，在接收机的输出端采集数据，并计算各通道的幅相误差。从各通道的幅相误差得出的校准系数送至数字波束形成，进行通道失配补偿，从而获得校准后的波束方向图。上述过程被称为在线校准，这是因为接收机在不同频率工作时的频率响应特性不同，必须进行在线的实时校准。在线校准得到的校准系数中，不仅包含接收机内各模块（如混频、采样和放大链路等）的幅相误差，还包含外部输入信号（如本振和基准等）通过分配网络到达各路通道所产生的误差。

校准网络将校准信号分配馈送至各接收通道，若这一分配网络存在幅相不一致性，将导致注入到各接收机的校准信号本身就带有误差，这一误差也将包含在最终的校准系数中。显然，校准网络的这种幅相不一致性误差不是预期想要得到的结果，减小或补偿这一误差成为提升在线校准精度的关键点。

一种可行的技术方案是首先设置一个等长的“星形”同轴电缆树形网络，将校准信号从中心点馈送到接收机组，并且再通过一个同轴电缆环路标校网络对该树形网络分配设备进行标校，消除其误差。这一方法被称为环路校准法，其原理如图 7.5 所示[342]。

如图 7.5 所示，假设端口1～20 的传输函数为H_1～H_{20}，端口1～20,⋯, 19～20间的电缆传输函数分别为$M_1, M_2, \cdots, M_{20}$，则由左至右通过环路测试电缆 B 测量的每个端口数据分别为$B_1, B_2, \cdots, B_{20}$，由右至左通过电缆 A 测得的每个端口数据分别为$A_1, A_2, \cdots, A_{20}$。由此可以得到：

$$H_2 - H_1 + M_1 = B_2 - B_1 \tag{7.7}$$

$$H_1 - H_2 + M_1 = A_{20} - A_{19} \tag{7.8}$$

将上面两式相减可得到：

$$H_2 - H_1 = (B_2 - B_1)/2 - (A_{20} - A_{19})/2 \tag{7.9}$$

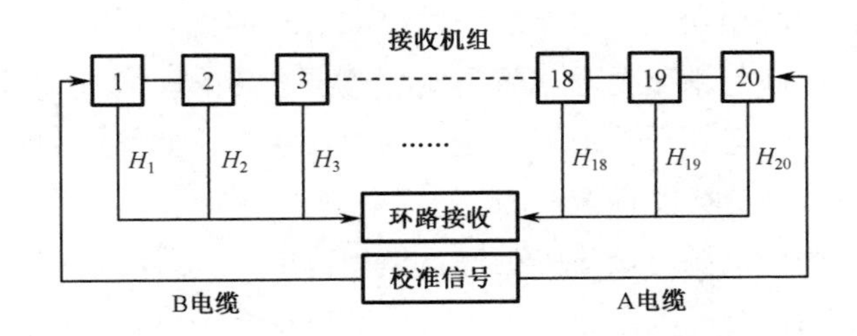

图 7.5　环路校准法校准信号分配示意图

由式（7.8）可推广求出其他传输函数$H_3 - H_1, H_4 - H_1, \cdots, H_{20} - H_1$。这样，就实现了该网络的自身标校。试验结果表明，在利用等长的同轴电缆树形网络（长度约 2km)进行校准时，该环路校准方案可获得相位不大于 5° 和幅度不大于 0.5dB 的匹配精度。

近年来，出现了基于光纤传输的校准网络匹配方法，即光校准网络。该方法更为简单和直接，将校准信号通过光纤传输至接收机输入端，由于光纤传输的损耗、频率响应和环境适应性均大大优于同轴电缆，因此具有广泛的应用前景。

2. 离线校准（外校准）

从图 7.4 中可看出，离线校准利用外部产生的校准信号，通过不同的传输方式到达雷达接收阵列，经天线接收和馈线传输后到达接收机。同样，在接收机的输出端采集数据，计算得到相应的校准系数，送至数字波束形成进行补偿。

这一过程得到的校准系数中，不仅包含在线校准所得到的接收机误差，还包括天线和馈线通道的误差，以及各种传输路径（直达波、地波或天波）引入的误差。从离线校准的原理上看，在阵列视轴正前方或接近正前方的辐射源（甚至位置都可以不确定）进行远场照射，就可以在一次测量中消除上述所有误差，而无须专门进行在线校准[343-344]。但离线校准的难度在于为了保证宽阵列口径各单元（尤其是边缘单元）幅相的测量精度，辐射源与接收阵列的距离要足够远，并且某些频率上存在的外部同频强干扰会对测量精度产生影响，甚至无法得到正确的系数。

因此，大多数实装的天波雷达均采用了在线和离线两级校准方案[342]。而在离线校准方案中，各类可用的校准源得到了广泛的应用。

一种是在天线阵列前方区域（200～500m）内设置一排专用的校准天线作为辐射天线。当雷达处于非工作状态（离线）时，接管接收通道的控制，依次发射不同频率的校准信号，在接收机输出端采集并记录幅相数据，形成通道校准系数表，供雷达正常工作时所调用。由于天线和馈线的幅相变化相对于接收机稳定得多，因此剔除掉接收机幅相误差（可通过在线校准实时得到）后的天馈线通道系数表能够在一段时间内满足精度要求，无须实时校准。另外，通过离线校准得到的天馈线通道系数表，也能够反映出天馈通道的设备状态，如某一通道的幅相系数明显超差，则表明该通道可能存在故障。

利用各种远场校准源对接收阵列进行幅相校准，可获取包括电离层内传播介质非均匀路径上的综合校准系数。远场校准源包括专门设置的固定或移动信标、波形已知的非合作广播台站、各类电离层监测站以及自然界的偶发点源信号（如流星尾迹）[345-346]等。但远场校准方案面临的问题在于电离层的时变性和非平稳性，单一信标往往不能够一次完成所有频率的遍历，效率和精度不如近场校准。

校准源的附加作用是可以用于测量估计出接收天线阵列的方向图。通常，方位维的方向图可以通过固定校准源辐射，接收阵列波束移相扫描得到[347-348]；而俯仰维的方向图只能通过移动校准源（如无人机搭载）来获得[349-350]。

7.2.4.2 发射天线阵列校准

发射天线阵列校准原理与接收阵列基本相同，也通过生产加工控制、在线校准和离线校准三个环节来综合保障幅相一致性。它可看作接收阵列校准的一个逆过程，其原理框图如图 7.6 所示。

1. 在线校准（内校准）

从图 7.6 中可以看出，在发射通道中产生校准专用的激励信号，馈送至发射机的输入端，发射机输出的大功率信号经耦合后，通过校准网络送至专用的校准系数采样和计算设备，计算得到各通道的幅相误差。从各通道的幅相误差得出的校准系数送至激励器，在雷达工作时进行通道失配补偿，从而获得校准后的发射波束方向图。由于发射机在不同频率工作时的频率响应特性不同，因而必须进行在线的实时校准。在线校准得到的校准系数中，不仅包含发射机内各模块（如功放组件、合成器、滤波器和功率耦合器等）的幅相误差，还包含外部激励信号通道及通过分配网络到达各路发射机所产生的误差。

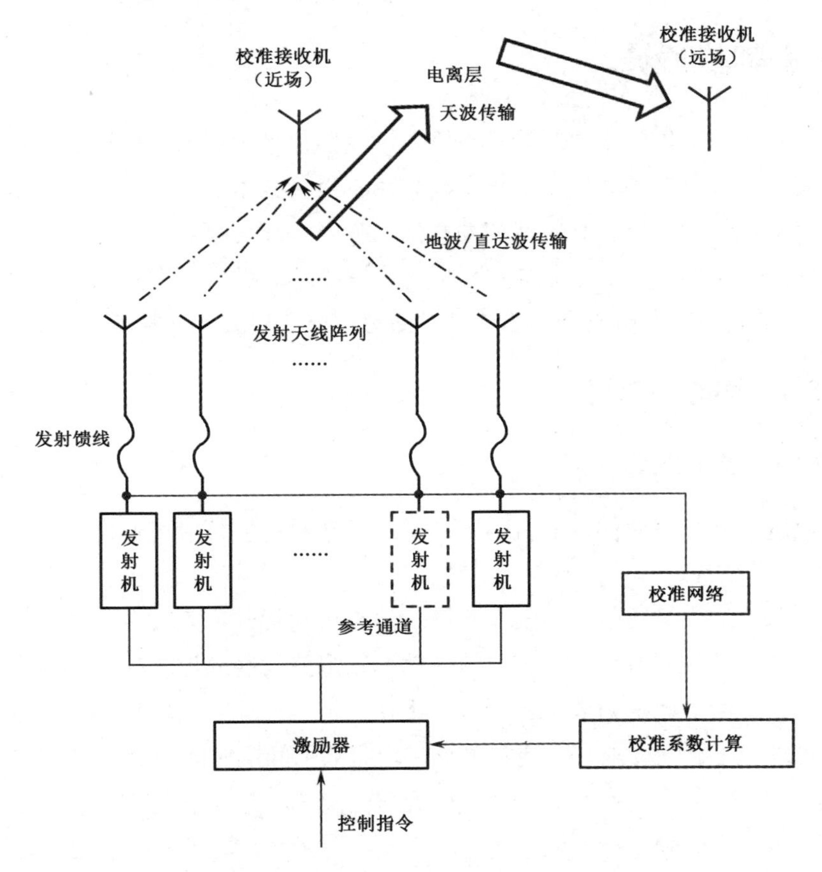

图 7.6　发射天线阵列校准原理框图

与接收校准不同的是，发射机在校准前需要对输出功率进行预置。预置操作可以消除因激励器和激励信号分配网络不一致性所导致的输出功率差异。因此，发射校准通常不需要配置专门的环路网络。

2. 离线校准（外校准）

从图 7.6 中可看出，离线校准利用发射通道专门产生的校准信号，经发射机、馈线和发射天线辐射后，通过不同的传输方式到达预设的外部校准接收机。在校准接收机的输出端采集数据，计算得到相应的校准系数，送至激励器进行补偿。

与接收校准相同，这一过程得到的校准系数中，不仅包含在线校准所得到的发射机和激励器误差，还包括天线和馈线通道的误差，以及各种传输路径（直达波、地波或天波）引入的误差。近场和远场校准接收机的原理、方案和优劣与接收校准相似，这里不再展开描述。在实际工程运用中，发射阵列校准大多也采用在线校准和离线校准两级结合的校准方案。

7.3 发射机设计

天波雷达发射机的主要功能是将输入的激励信号进行放大，馈送至发射天线并向空间辐射。早期的短波发射机主要采用真空管技术，具有较高的效率和更大的单机功率。从 20 世纪 90 年代初期开始，全固态高功率器件逐渐取代了电真空管器件末级放大器。现代天波雷达所使用的短波发射机广泛采用固态功率放大技术[202]，本节介绍的发射机设计主要针对固态功率放大这一体制展开。

7.3.1 固态发射机

7.3.1.1 技术特点

与短波段常见的通信发射机不同，用于天波雷达的发射机通常具有以下技术特点。

（1）总平均发射功率高，工作时间长，整机功耗大。天波雷达典型的平均发射功率从数十千瓦到数百千瓦不等，总功率由多路发射通道相控阵空间合成，发射机单机平均功率通常为数千瓦到数十千瓦；雷达任务时间较长，存在全天时连续工作要求，可靠性要求高，通常单机平均无故障间隔时间（Mean Time Between Failures，MTBF）需达到上千小时；整机功耗大，冷却要求高。

（2）相控阵体制工作，频率捷变，负载特性差异大，互耦效应复杂。天波雷达发射机工作在相控阵体制，担负广阔区域的监视任务，需频繁改变工作频率以覆盖不同的距离段，在电离层典型变化场景下，每天的子波段切换数目在数百次至数千次不等；一方面要求能够满足子波段间和子波段内的快速切换时间，另一方面要保证切换器件的长寿命和高可靠性；频段、频率和扫描方向的频繁切换带来天线负载特性和互耦效应的快速变化，使得驻波和反向功率情况异常复杂，发射机要能够在快速复杂的条件下保持稳定的功率输出，在异常场景下能够自动告警和保护，避免故障和事故。

（3）发射信号质量要求极高，需达到极低的相位噪声、极高的频谱纯度和优良的线性度。天波雷达采用连续波多普勒体制，杂波中目标可见度（SCV）通常在 70dB 以上，这就要求系统内部收发全通道的相位噪声保持在极低水平；对于放大后的发射信号，则要求具有极高的频谱纯度，抑制谐波和杂散等形式的能量泄漏[351]；同时，为保证兼容各类非恒幅度的信号形式，即保持信号优良的线性度，天波雷达发射机通常工作在非饱和状态。

下面以调频连续波信号 FMCW 为例，给出了短波固态发射机单机的典型技术指标。

（1）单机输出平均功率为5～20kW；

（2）近载频相位噪声不大于 –100～–70dBc/Hz；

（3）带内杂散水平不大于 –100～–70dBc；

（4）幅度一致性不大于 ±0.5～1dB，相位一致性不大于 ±5°～10°；

（5）工作效率不小于15%～30%。

7.3.1.2　整机设计

采用固态器件（如场效应管）的短波发射机具有相当多的优点，其中包括：可以宽频带工作，在其瞬时带宽内频率可捷变；预热时间短，开关机瞬时完成；可靠性高、寿命长、单机故障易定位和软化；工作电压低，安全性和操作性好；结构简单，设计紧凑，维护简便，全寿命周期运行成本低；功放组件模块化设计及生产，互换性好，幅相一致性好。

固态发射机通常采用多层级功率合成架构，每台发射机采用若干低功率放大器层叠合并而成。这种设计提供了一定的冗余性，从而提高了整机的可靠性。

典型的 20kW 固态发射机原理框图如图 7.7 所示。整机由检测电路、前置放大器、固态功率放大器、合成器、定向耦合器、输出开关等大功率器件组成。激励器馈送来的激励信号首先进行滤波、信号检测和阻抗匹配，之后进入前置放大器和功分器进行放大和功分，分别送往 4 个 5kW 的固态功率放大器。各路信号经功率放大后送往合成器，再经定向耦合器之后送给天线切换开关再送给天线输出。耦合器输出的小功率信号用于幅相校准（在线校准），而天线切换开关可切换馈送给高频发射子阵或低频发射子阵。

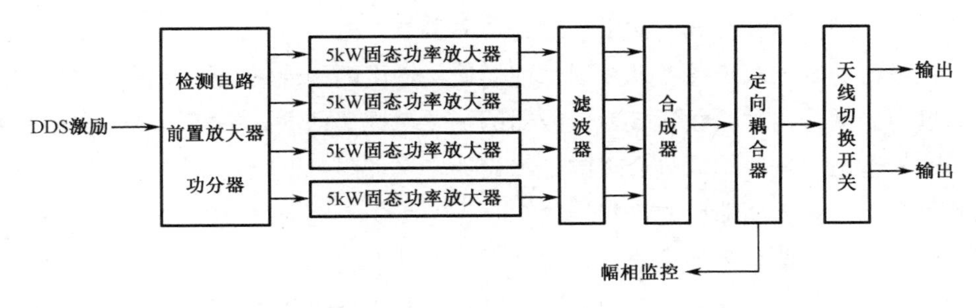

图 7.7　典型的 20kW 固态发射机原理框图

7.3.2 功放组件设计

功放组件是固态发射机的核心组件，其性能指标对发射机整机性能起着关键性的作用。这里以图 7.7 中的 5kW 固态功率放大器为例进行介绍。图 7.8 给出了一个典型功放组件的原理框图，其主要由驱动放大器、功分器、功放模块、合成器、定向耦合器等器件组成。

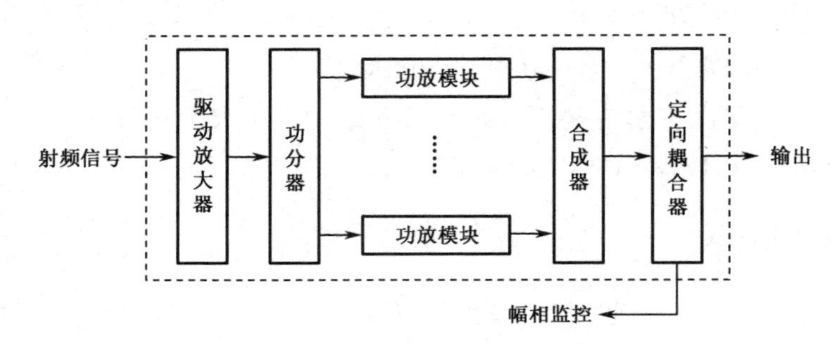

图 7.8 典型的功放组件原理框图

前级输入的射频信号首先送入驱动放大器，使功率电平满足功放模块所需的驱动电平；再经过功分器将射频信号送至多路功放模块进行信号功率放大，放大后经合成器输出。功放模块的数量需要根据功率等级进行设计，并预留一定的功率余量。

功放模块的核心器件是功放管。为提高整机的线性度和抗失配能力，功放管通常回退使用，即不用到其额定的满功率。功放模块采用多级功率合成方式，将驱动射频信号放大至指定功率等级。合成器输出端连接定向耦合器，检测功放组件的正、反向功率大小，用于功率控制和故障保护。

7.3.3 功率合成设计

在固态发射机的功放组件层叠合成大功率的架构中，各功率等级的合成器是功率合成的关键组件。功率合成组件与功放组件采用类似的多级合成技术，将多路输入信号进行多级合成后输出一路高功率信号。

合成器的输入端连接各功放组件或模块，输出端则连接至下一层级的合成器或通过定向耦合器与天线连接。合成器的主要指标包括插入损耗、端口幅相一致性和输入输出阻抗等。通过合理的电路设计在保证阻抗匹配的前提下，尽可能降低插入损耗，并提高端口的幅相一致性。

此外，合成器是大功率组件，尤其在匹配较差的频段会产生大量的热量，一旦超过设计温度会导致不可逆的损害，因此需要在合成器中设计温度检测电路和高效的冷却系统，实现对核心部位的冷却，并对工作温度进行实时监控。

7.3.4　冷却合成设计

固态发射机常用的冷却方案包括：风冷、液冷以及风液混合冷却方案。风冷方案凭借最佳的经济性成为应用最广泛的冷却方案。基本原理是功率管等核心发热器件和高导热系数的散热器直接接触，散热器将单点集中热量进行热扩展，冷却风将散热器及其他发热器件的热量带走，从而达到发射机冷却的目的。

风冷方案可分为开式和闭式两种，如图 7.9 所示。图 7.9（a）所示的开式风冷是在机柜后安装一个离心风机，将机房外部的冷风通过风道吹入机柜进行贯穿式风冷，热风经上方风道强制排出。开式风冷的冷却系统设计简单、可靠性高、制造和维护经济成本低。但发射机内部与外界环境直接连通，持续的大风量进入发射机，容易造成发射机内部灰尘堆积而引发故障，这会对日常的维护清理提出更高的要求。

为解决以上问题，可以采用闭式风冷方案。如图 7.9（b）所示，该方案通过换热机组或大功率空调等热控设备，提供适宜温度、风量和风压的闭式循环风给发射机，对发射机内部进行冷却，并将热量带到外界空气中。这样封闭的内外热循环，可降低因开放式风道造成的高额人工维护成本。

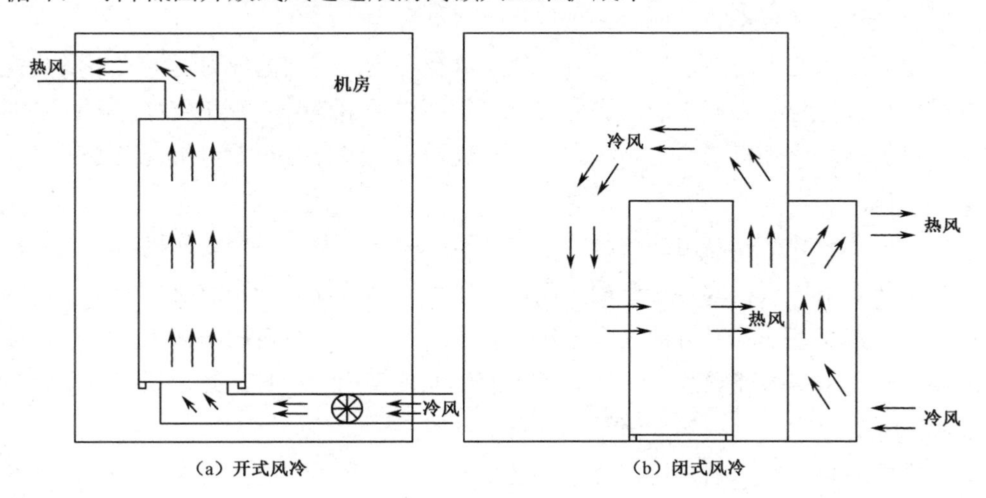

（a）开式风冷　　（b）闭式风冷

图 7.9　发射机风冷方案示意图

由于冷却介质的差异，液冷方案的散热能力要明显强于风冷方案。液冷方案的基本原理如图 7.10 所示，发射机中所有器件的发热面均直接或通过其他介质贴在冷板上，液冷机组提供冷却液，并使其在冷板中循环，不断带走热量。

采用液冷方案除了带来更强的散热能力，提高发射机可靠性，还有利于空间结构优化，可将发射机设计得更加紧凑。液冷机组与发射机不在同一位置，可以大幅降低发射机风机噪声，提高人员的舒适性。虽然液冷方案比风冷方案具有明

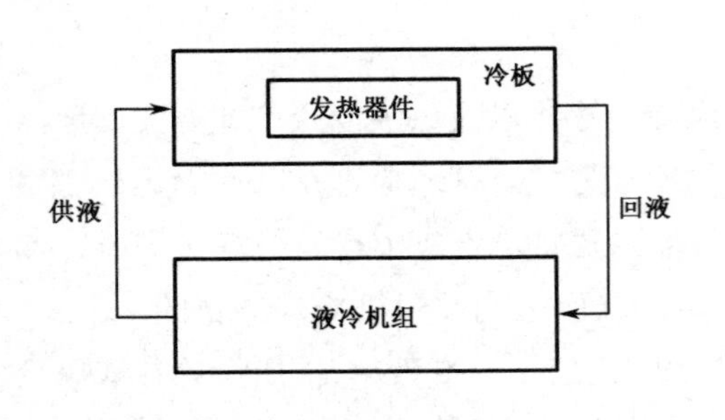

图 7.10　发射机液冷方案示意图

显的优势，但液冷方案的制造和运行成本也是发射机冷却方案设计中必须重点考虑的因素。此外，使部分非贴合发热器件能够利用介质贴合冷板也是一个必须克服的难题。

通过以上分析，风液混合冷却方案应运而生。混合冷却方案即高发热、易贴合的功率管等器件采用液冷方案，而低热量、不易贴合的器件采用风冷方案。这种方案既充分利用液冷方案的优势，也降低了非贴合问题和高成本的压力，从而成为一种折中的选择。

7.3.5　发射机校准

在 7.2.4.2 节中关于发射天线阵列校准的描述中，在线校准环节就是对发射机进行幅相误差校准。发射机输出耦合端通过等长校准网络将校准信号传输至校准设备。在专用的校准工作周期，校准设备依次记录发射机耦合信号幅相数据，作为发射通道幅相修正的依据。

由于发射的大功率信号可通过天线互耦反向进入相邻的发射通道，造成其他发射机耦合信号的幅相不能真实反映此发射通道输出信号的幅相特性，因此多部发射机不能同时开机工作进行校准测量。通常通过设计一个发射机校准专用时序来解决该问题。

首先，设计一套专用的校准帧序列。该序列运行时，各台发射机对序列进行识别并按要求依次完成开关机操作，每个序列间有且仅有一台发射机处于工作状态，从而避免其他发射机的耦合干扰。其次，为尽可能少占用正常工作时间，校准帧序列必须尽可能短。最后，在很短的校准帧序列运行时，必须保证校准设备准确采集到幅相平稳的耦合信号。

需要注意的是，发射机耦合器一旦发生故障，其反馈的大功率信号会对校准设备造成不可逆的损害。因此实际的耦合链路中需要增加功率保护装置。

7.4　接收机设计

天波雷达接收机的主要功能是接收并放大来自天馈线的微弱回波信号，经过滤波、混（变）频、正交检波及模数转换等处理，将采样数据送至后续信号处理环节。良好设计的短波接收机能够最大限度地从强干扰和环境噪声背景中保留微弱的目标信号。现代天波雷达接收机已经基本摒除了纯模拟的超外差接收体制，正从模数混合体制向射频直接采样的全数字接收体制转变，本节主要就模数混合和射频直接采样架构的接收机进行介绍。

7.4.1　模数混合接收机

7.4.1.1　技术特点

与短波段常见的通信和广播接收机不同，用于天波雷达的模数混合接收机通常具有以下技术特点。

（1）通道数量多，幅相一致性和稳定性要求高。天波雷达典型的接收机通道数量为数百个，通道接收机的幅相一致性、带宽内频率响应及温度稳定性会直接影响到波束形成后的方向图特性。

（2）相控阵体制工作，频率捷变，跳频范围宽，工作带宽大。天波雷达接收机在大型相控阵体制下工作，扫描方向和频率快速变化，以覆盖不同的探测区域。跳频范围可能超过几个倍频程，工作带宽最大超过 100kHz，远高于常规的短波通信和广播接收机。这要求接收机的幅频响应（色散性）和时频响应（敏捷性）特性良好。

（3）灵敏度、动态范围和相位噪声要求高，抗干扰和通道选择性好。高频频段频谱占用严重，接收信号中包含极强的干扰和杂波分量，而未经处理的目标回波信号电平远低于这些无效分量。这就要求接收机：具有良好的通道选择性和抗干扰特性，以抑制雷达信号带宽外的干扰和噪声；具有高灵敏度特性，以确保弱目标回波信号能够被完整接收；具有较高的动态范围，以确保信号带宽内能量差距巨大的强杂波和弱目标回波均被有效接收[352]；具有低相位噪声，以确保长相干积累时间内接收信号的相位稳定性，能够通过积累将弱信号从噪声背景中分离出来。

下面以典型的模数混合接收机为例，给出了接收机单机的典型技术指标。

（1）噪声系数不大于10～15dB；

（2）本振相位噪声不大于 –100～ – 70dBc / Hz；

（3）本振信号杂散不大于 –100～ – 70dBc；

（4）输入信号的动态范围为90～120dB；

（5）幅度一致性不大于 ±0.5～1dB，相位一致性不大于 ±5°～20°；

（6）通道间隔离度不小于 60dB。

7.4.1.2　整机设计

当前最广泛应用的模拟数字混合接收机设计均基于超外差架构[353-354]。超外差接收机的基本原理是利用可变频率本振（Local Oscillator，LO）和混频器，将信号频率转换为易于处理的中频（Intermediate Frequency，IF）信号，从而比原始射频（Radio Frequency，RF）更方便和有效地放大和滤波所需信号。图 7.11 给出了一个典型高中频模数混合超外差接收机的原理框图。

如图 7.11 所示，接收机输入端通过开关选择连接天线或校准信号。开关连接天线时，回波信号经预选滤波后（通常采用半倍频程滤波器组），与相干一本振源变频至高中频。宽带预选滤波器通常放置在超外差接收器中的第一混合级之前，提供前端选择性，以衰减工作频率上的带外信号，并减少接收器链路中非线性有源器件引入的镜像频率干扰和接收信号失真，防止灵敏度下降。

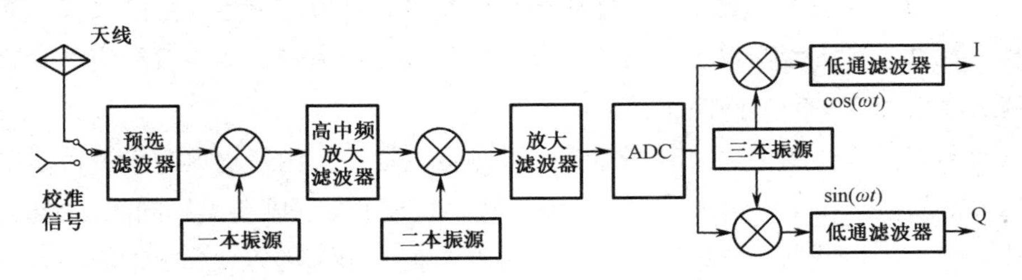

图 7.11　典型高中频模数混合超外差接收机原理框图

合理地选择中频频率对减小组合干扰和副波道干扰具有重要的意义，对交、互调干扰也有一定的抑制作用。选用高中频放大滤波器的方案，可显著提高接收机中频和镜频抑制度[355]。高中频信号经放大和带通滤波后，再经过二次相干混频至一个合适的低中频（如 100～500kHz），然后直接在低中频进行采样，完成数字正交混频（相干检波）和数字滤波，输出数字基带 I/Q 信号。由于采用了低中频数字化技术，大大降低 I/Q 两路幅度不一致性误差和相位正交性的误差，可获得较高的镜像抑制比[356]。数字化采样后还可根据探测信号参数灵活改变数字滤波器的特性，对周期内信号进行匹配接收以提高接收机的抗干扰能力。

从原理上讲，变频电路将不可避免地产生各种杂散频率，因此接收机内的变频次数越少越好。随着 ADC 技术的不断提升，也可以采用一次混频方案，直接在高中频上进行数字化处理。

7.4.2　全数字接收机

尽管模数混合超外差接收机已经能够满足天波雷达的一般应用需求[357]，但也存在着以下一些缺点和不足。

（1）每路接收机只能满足一个窄带应用（通常不超过 100kHz）需求，多个并发需求则需要在天线后端并接多路接收机和处理设备，成本和布设代价高；

（2）需要向分布极广的每路接收机提供高质量、幅相一致性好的多个本振信号，这使得系统设计相对复杂，代价较高；

（3）接收机中的模拟器件稳定性较差，参数性能随时间和环境变化会变化较大，对通道校准的实时性和精度要求高。

随着软件无线电技术的发展和电子元器件的不断进步，短波段的全数字接收机已经问世，并开始在天波雷达中应用。该接收机基于射频直采技术，也被称为直接全数字接收机（Direct Digital Receiver，DDR）[46]。它对每个天线的输出在射频（短波段）进行直接采样，模拟前端只保留射频衰减器、预选滤波器和低增益放大器等最基本器件，以提供幅度匹配和频率选择性。模拟前端的输出经 ADC 后利用数字下变频器件（DDC）完成混频与低通滤波等功能，再利用 DSP 器件进行正交相干检波。

基于软件无线电概念，全数字接收机在直接采样后在数字域进行具有线性特征的数字混频，后端进行全数字化全软件化处理，是软件化雷达的基础。相比模数混合体制的接收机，其具有以下一些突出的优势。

（1）短波频段全频段采样，后端可利用多个 DDC 实现宽带数字混频和并行处理，只需一套接收机就能使天波雷达同时工作在多个频率，执行不同任务。

（2）基于射频直接采样，无须高稳定的模拟本振信号。接收通道中将不存在模拟混频器非线性失真所引起的信噪比损失；也不存在模拟混频器三阶交调失真对抗干扰性能的影响；还消除了模拟本振源引入的相位噪声对杂波中目标可见度 SCV 性能的限制。

（3）模拟前端极度简化，元器件数量大幅减少，复杂度和功耗降低，幅相一致性、可靠性、环境适应性和稳定性显著提升，经济性也更好。

图 7.12 给出了一个典型的全数字接收机功能结构框图。图 7.12 中的模拟前端主要包含射频数字衰减器、预选带通滤波器（或数控调谐滤波器）和数控低增益放大器。射频数字衰减器可以增加接收机输入信号动态范围，数控调谐滤波器可对信号进行选通滤波，主要用于抑制镜频干扰；数控低增益放大器是把信号放大到 A/D 转换的电平上。A/D 转换后镜频抑制数字滤波器对镜频干扰作进一步抑制。数字下变频的作用是满足高频雷达窄带信号的滤波要求，数字下变频器件限制了低通滤波器的阶数，在雷达回波信号最大频率 4～5 倍的抗混叠和高采样率情况下，不能使其过渡带宽足够窄，因而会把一些带外噪声（模拟前端热噪声、A/D 量化噪声和舍入噪声）引入信号通带内，降低接收机输出信噪比。下一步的低通滤波器主要用来滤除数字变频中产生的干扰和噪声，而接下来要进行数字正交相关检波，这其中涉及的数字接收机正交化处理方案主要有直接低中频信号采样法、Hilbert 变换法和低通滤波法等。

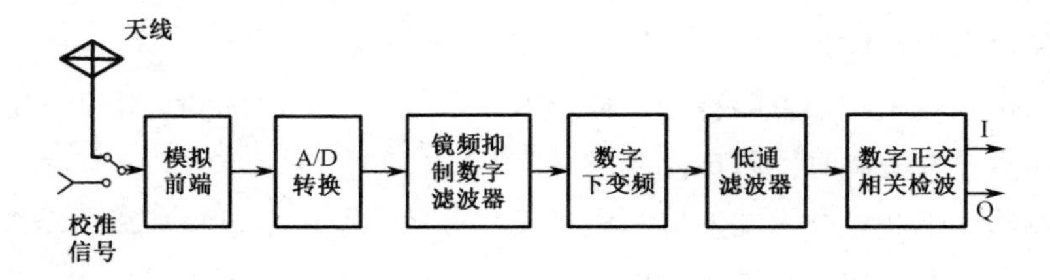

图 7.12　全数字接收机功能结构框图

7.4.3　基准源

高性能的基准频率源产生低相位噪声、高稳定的基准信号，为天波雷达系统的本振、采样、定时、校准和激励等信号源提供高品质的信号基准，是系统性能指标实现的关键设备。

常用的微波基准源包括铷/铯原子钟和石英晶体振荡器。铷/铯原子钟寿命长、可靠性高，频率稳定度达到1×10^{-14}的水平，具有优良的长期频率稳定性。但铷/铯原子钟的相位噪声较高，在偏离主频 1Hz 处的相位噪声通常较劣。而本振信号和采样信号均由基准源倍频而来，根据倍频相噪恶化的理论计算公式

$$L=-20\lg N \tag{7.10}$$

式中：N为倍频次数。显然，本振信号相位噪声经倍频后达不到要求，这将使雷达性能受到限制。

石英晶体振荡器自发明以来广泛应用于各类电子设备，分为压控晶振、温补晶振和恒温晶振等。其中，恒温晶振具有非常好的短期频率稳定性和极低的相位噪声，如当前的高稳定恒温晶振频率稳定度已能达到每秒2×10^{-13}，而偏离主频 1Hz 处相位噪声可低于每赫兹-130dB。需要注意的是，如采用恒温晶振作为基准源，其相位噪声对外部震动（如散热风机引起的震动）十分敏感，应保证晶振所在场所的安静和稳定。

7.4.4　接收机校准

在 7.2.4.1 节中关于接收天线阵列校准的描述中，在线校准环节就是对接收机进行幅相误差校准。本地产生的校准信号通过校准网络，经校准开关送入接收机，接收机输出数字信号经计算后得到幅相测量数据，并进一步计算出幅相修正系数。由于校准通道和数据均送至数字波束形成设备，也可用波束形成设备来代替专用的校准计算设备，计算得到校准系数。

对模数混合体制的接收机，当雷达每次变更频率时，均需要设置专用的校准工作周期以获取幅相修正系数。而对于数字接收机而言，由于其结构简单，模拟器件更少，幅相一致性良好，因此可以采用定期校准方式。

7.5 光传输系统设计

光传输系统按信号传输的类别可分为模拟信号传输和数字信号传输两种类型。本节将对两种光传输系统分别进行介绍。

7.5.1 模拟信号传输

根据传输信号类型和距离的不同，模拟信号传输可以分为内部模拟信号传输和外部模拟信号传输两类。

内部模拟信号传输主要用于较短距离（一般为站内数千米的长度）的信号（如本振、采样、校准和基准等）传输，其工作原理如图 7.13 所示。将模拟信号传给光发模块，经信号缓冲电路和驱动电路，将输入的电压信号转变成电流信号，驱动电光转换器，将输入的电信号转变成光信号耦合进入光纤。光信号经长距离传输后，由光电转换器将光信号转变回电信号，再经放大器放大后再输出给相关设备，完成模拟信号的长距离传输。

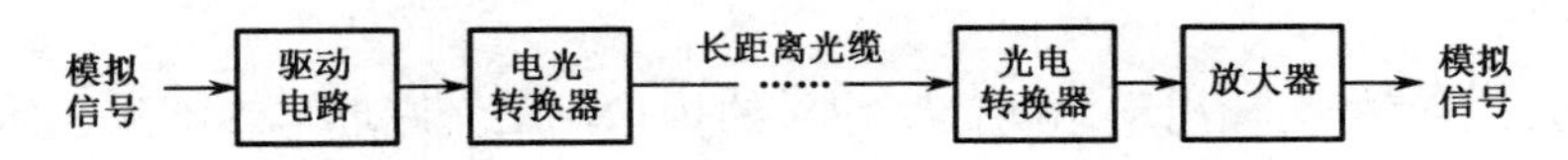

图 7.13 内部模拟信号传输原理框图

如 6.3 节所述，对于双站或多站架构的天波雷达，为使系统保持相参同步，有两套解决方案。一种是依靠 GPS 进行时间同步的外同步方案，另一种是利用长距离高稳定光纤传输技术的内同步方案。对具备站间光缆铺设条件的雷达而言，必须利用外部信号传输技术在站间传输基准等模拟信号。

外部模拟信号传输的工作原理如图 7.14 所示。基准信号要进行长达数百千米的低相噪稳定传输，最佳方式是采用数字传输方式。为尽可能不失真地传输基准信号，需选用高性能的 A/D、D/A 芯片和高编码位数，对模拟信号进行数字化采样，以获得最高的信噪比。通过数字信号传输后再在接收端恢复出所需的模拟信号。

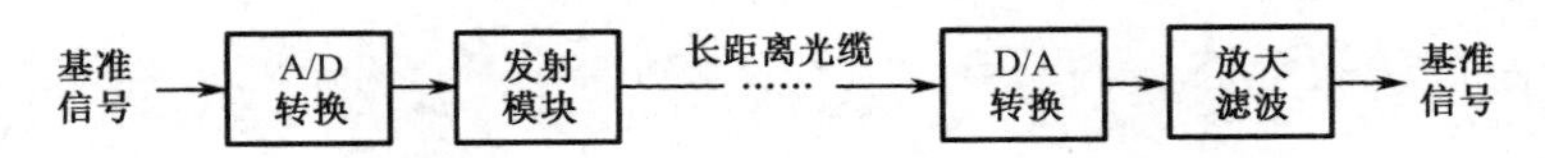

图 7.14 外部模拟信号传输原理框图

7.5.2 数字信号传输

与模拟信号传输类似，数字信号传输技术主要传输定时等数字信号，同样可以分为内部数字信号传输和外部数字信号传输两类。

内部数字信号传输用于站间定时、数据等数字信号的传输。需要注意的是，定时信号传输与其他数字信号传输不同，需要重点解决各路信号的严格同步问题，其工作原理如图 7.15 所示。

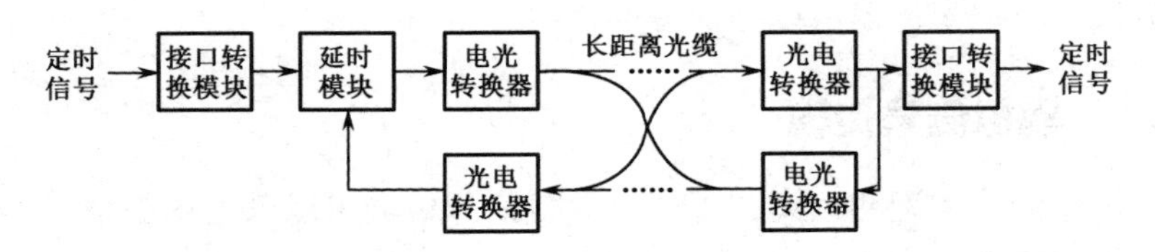

图 7.15　内部数字信号传输原理框图

如图 7.15 所示，输入的定时信号经过接口转换模块送入延时模块，延迟输出后经电光转换器转换为高速光信号。光信号经过长距离光缆后送至各光电转换器恢复为电信号，再经接口转换模块转换为可直接使用的定时信号。为确保各路定时传输链路的严格一致性，恢复后的定时信号需要按相同方法进行回传。通过计算不同链路的延时差，对每个链路的延时模块进行精确调整，以减少各路的时延误差。

外部数字信号传输用于站间数字信号的传输，工作原理与内部数字信号传输基本相同。不同的是，外部数字信号传输一般为单链路，时延调整功能不再是必需。但外部数字信号传输距离可能很长，可以通过在链路中增加光放大设备来提供足够的信号电平。

第 8 章
天波雷达信息处理技术

8.1 概述

天波雷达信息处理主要包括信号处理、抗干扰、目标检测、数据处理（航迹处理）和坐标配准等环节。信息处理流程主要解决在各种有源干扰、杂波和环境噪声叠加的背景中，以及时变非平稳传播信道电离层的影响下，提取微弱目标信息，实时形成多目标航迹，并进行目标坐标及运动参数测量的问题。在该过程中，天波雷达所要面临的困难主要来自极度复杂的环境，这使得几乎所有的信息处理算法都要在预设或实测的环境模型下工作。这也意味着，天波雷达的信息处理算法架构必然应具有认知特性，即基于环境的感知来确定所采用的策略、算法和门限，而这种感知又是非平稳的或短时平稳的，需要不断反复的循环迭代。

由于日益成熟的软件化雷达趋势，处理平台和设备已不再成为信息处理算法的实现瓶颈，因此本章的描述侧重于信息处理算法，硬件平台和架构将不做介绍。如有需要的读者，可参考 DSP 处理器、刀片式服务器、高性能计算集群（High Performance Computing，HPC）或云计算（Cloud Computing）的相关书籍。

经典的天波雷达信息处理流程如图 8.1 所示。这一经典处理流程中包含一系列接续完成的处理步骤。按照信号流的先后顺序，分别是空时频三维的信号处理（包括脉冲压缩、波束形成、非相干积累、相干积累、高分辨谱估计等）、抗干扰（包括瞬态干扰抑制、自适应抗干扰、电离层污染抑制、杂波抑制等）、目标检测（包括恒虚警检测、机动目标检测等）、数据处理（包括航迹起始、自适应关联跟踪、终结、多径处理与融合和检测前跟踪等）和坐标配准（包括传输模式识别、坐标变换和坐标配准等）。最终生成的航迹实时送至态势显示席位进行显示。

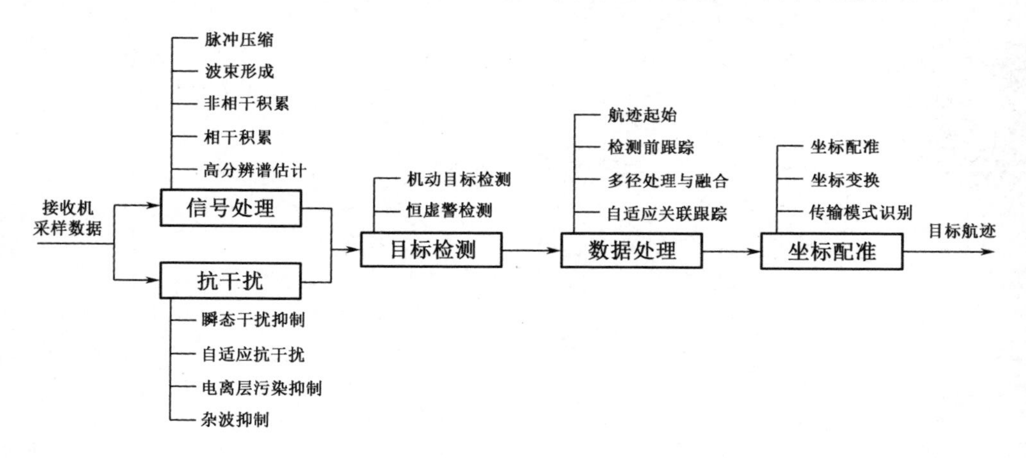

图 8.1　经典的天波雷达信息处理流程图

本章将按照上述流程顺序开展论述。不同目标类型（如对空和对海）的算法存在较大差异时，不再单独分类，而是在各自章节中进行讨论。

8.2　信号处理技术

信号处理通常是在严重杂波、干扰和噪声的环境中，将多通道接收机中每路经模数转换而来的基带采样数据（包含同相通道和正交通道），转换为雷达斜距、波束方向和多普勒频率三维坐标中的复数输出。这些处理步骤通常在空域、时域和频域三维进行，包括脉冲压缩、波束形成、非相干积累、相干积累和高分辨谱估计等。

8.2.1　脉冲压缩

脉冲压缩是指对每路接收机获得的采样数据进行处理，为每一发射的雷达脉冲产生一定数量的斜距（Slant Range）分辨单元。主要功能在于改善传播时延与所处理距离分辨单元相匹配的目标回波信噪比，并且通过不同的双程传播时延分辨雷达回波，使不同散射源回波（杂波）处理后落入不同的距离分辨单元。需要注意的是，这里和后续如未专门说明，所提到的距离均指的是与传播时延相对应的斜距，即射线距离，而非地面的大圆距离。

经典的脉冲压缩可利用匹配滤波方法或“去斜”（Dechirping）法实现，二者在处理结果上是等效的。

8.2.1.1　匹配滤波

图 8.2 给出了模拟匹配滤波器的示意图。接收基带信号 $x(t)$ 输入脉冲响应为 $h(t)$ 的匹配滤波器中，$h(t)$ 如式（8.1）所示，即匹配滤波器的脉冲响应是脉冲波形 $p(t)$ 时域翻转的共轭形式。

$$h(t) = p(-t)^* \tag{8.1}$$

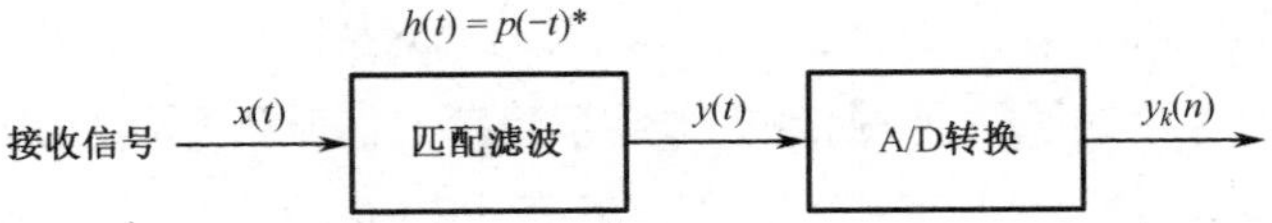

接收信号 —$x(t)$→ [匹配滤波, $h(t)=p(-t)^*$] —$y(t)$→ [A/D转换] —$y_k(n)$→

图 8.2　模拟匹配滤波器示意图

这里仅考虑理想目标回波的匹配滤波器响应，即不考虑 $x(t)$ 加性扰动成分（杂波和噪声）的影响，其输出 $y(t)$ 可表示为

$$y(t) = s(t) * p(-t)^* = \int_{-\infty}^{\infty} s(u) p^*(u-t) \mathrm{d}u \tag{8.2}$$

将目标回波 $s(t)=\alpha m(t-\tau)\mathrm{e}^{\mathrm{j}2\pi f_{\mathrm{d}}t}$ 代入式（8.2），得到

$$y(t)=\alpha\int_{-\infty}^{\infty}m(u-\tau)p^{*}(u-t)\mathrm{e}^{\mathrm{j}2\pi f_{\mathrm{d}}u}\mathrm{d}u \tag{8.3}$$

式中：$m(t)$ 为雷达基带波形；τ 为双程传播时延；f_{d} 为多普勒频移；α 为复幅度。

雷达基带波形 $m(t)$ 包含了 N 个相似且间隔均匀的脉冲 $p(t)$，即

$$y(t)=\alpha\int_{-\infty}^{\infty}\sum_{n=0}^{N-1}p(u-nT-\tau)p^{*}(u-t)\mathrm{e}^{\mathrm{j}2\pi f_{\mathrm{d}}u}\mathrm{d}u \tag{8.4}$$

对式（8.4）进行变量代换 $u'=u-nT-\tau$，则 $y(t)$ 可写为

$$y(t)=\alpha\sum_{n=0}^{N-1}\mathrm{e}^{\mathrm{j}2\pi f_{\mathrm{d}}nT}\int_{-\infty}^{\infty}p(u')p^{*}\left[u'-\left(t-nT-\tau\right)\right]\mathrm{e}^{\mathrm{j}2\pi f_{\mathrm{d}}u'}\mathrm{d}u' \tag{8.5}$$

需注意上式中的常数 α 包含了与时延有关的相位项 $\mathrm{e}^{\mathrm{j}2\pi f_{\mathrm{d}}\tau}$。

式(8.5)中的积分项可视为脉冲波形 $p(t)$ 的模糊函数，当函数在时延 $t-nT-\tau$ 和多普勒频移 f_{d} 取值时可表示为 $\chi_{\mathrm{p}}(t-nT-\tau,f_{\mathrm{d}})$。利用这一表达式，匹配滤波输出可写为

$$y(t)=\alpha\sum_{n=0}^{N-1}\chi_{\mathrm{p}}(t-nT-\tau,f_{\mathrm{d}})\mathrm{e}^{\mathrm{j}2\pi v_{\mathrm{d}}n} \tag{8.6}$$

式中：$v_{\mathrm{d}}=f_{\mathrm{d}}T$ 为归一化多普勒频率。

为在每一脉冲重复周期内产生 K 个距离门，其中与来回时延 τ_k 对应的距离门由 $k=0,1,2,\cdots,K-1$ 表示，输出 $y(t)$ 在时间 $t_{kn}=\tau_k+nT$（$n=0,1,2,\cdots,N-1$）采样。这产生了一组由脉冲数 n 和距离单元 k 指示的复采样值 $y_k(n)=y(t_{kn})$，如下式所示：

$$y_k(n)=\alpha\chi_{\mathrm{p}}(\tau_k-\tau,f_{\mathrm{d}})\mathrm{e}^{\mathrm{j}2\pi v_{\mathrm{d}}n} \tag{8.7}$$

距离 k 上的增量有时也称为快时间样本，而脉冲 n 则称为慢时间样本。对多普勒频移远小于脉冲周期倒数的目标回波，距离截面可近似为 $\chi_{\mathrm{p}}(\tau_k-\tau,0)$。该函数在与目标回波精确匹配的距离单元处，即 $\tau_k=\tau$，达到最大值 $\chi_{\mathrm{p}}(0,0)=E_{\mathrm{p}}$。

8.2.1.2 去斜处理

在早期的天波雷达系统中，A/D 转换器动态范围有限，而无法对信号全带宽进行奈奎斯特采样。另外，由于计算资源有限，还要保持较低的数据率以便信号能够实时处理。这促成了一种混合的（连续/数字）的脉冲压缩实现方案，即线性调频信号的去斜处理。该方案能够在保持距离分辨率的同时避免对整个雷达信号带宽 B 直接采样。线性去斜处理脉冲压缩方案流程图见图 8.3。

与利用调制到载频的连续波本振来对接收信号进行下变频的思路不同，输入模拟混频器的参考信号是射频雷达波形 $r(t)$ 的时移，而其相对发射信号的时延 τ_0 已知。该时延决定了最小距离 $R_0=c\tau_0/2$，该距离实际对应的是天波雷达当前探测波位的最近边界。由参考信号 $r(t-\tau_0)$ 和目标回波 $e(t)$ 共轭驱动的理想混频器输出

$y(t)$ 如下：

$$y(t) = e^*(t)r(t-\tau_0) \tag{8.8}$$

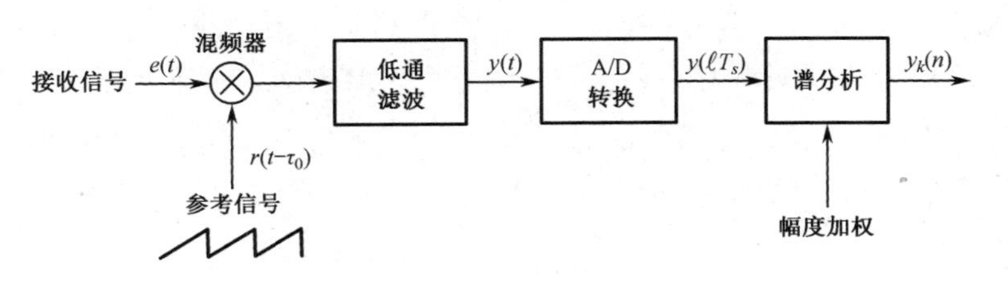

图 8.3　线性去斜处理脉冲压缩方案流程图

考虑 $r(t-\tau_0)$ 的第一个线性调频脉冲和目标回波 $e(t)$ 在时间段 $t \in [\tau_0+\tau, \tau_0+T]$ 上的解析表达式，混频器输出 $y(t)$ 如下式所示：

$$y(t) = \alpha \mathrm{e}^{\mathrm{j}2\pi B(\tau-\tau_0)\frac{t}{T}} = \alpha \mathrm{e}^{\mathrm{j}2\pi f_\mathrm{e} t} \tag{8.9}$$

其中，回波多普勒频移因脉冲长度相对较短而忽略，α 为包含了其他相位相的复幅度。这一对 CPI 中首个脉冲的混频过程如图 8.4 所示。

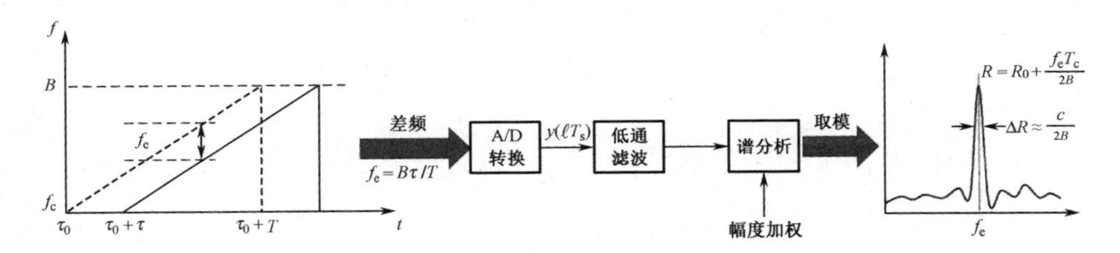

图 8.4　首个脉冲的混频过程示意图

对单个信号回波，解析的 I/Q 线性调频信号去斜过程将在混频器输出端产生一个复指数信号 $y(t)$，其频率和输入混频器的目标回波与参考波形之间相对时延 $\tau-\tau_0$ 成正比。更准确地说，目标回波和参考信号之间的差频由式（8.10）中的 f_e 给出。当在一段连续时延段内接收到多个回波时，每一回波产生与其对应的谱分量，其频率取决于回波相对时延 $\tau-\tau_0$。

$$f_\mathrm{e} = B(\tau-\tau_0)/T \tag{8.10}$$

式（8.10）表明每一回波的分量频率与散射源距离 R 线性相关，即

$$R = R_0 + \frac{c(\tau-\tau_0)}{2} = R_0 + f_\mathrm{e}\frac{T_\mathrm{c}}{2B} \tag{8.11}$$

上式将距离 R、相对时延 $\tau-\tau_0$ 和时间段 $t \in [\tau_0+\tau, \tau_0+T]$ 上的差频 f_e 联系起来。假设相对时延为正，且与脉冲宽度相比较小（$\tau_0 < \tau \ll T$），则图 8.3 中低通滤波步骤只需要通过相对小的（非负）频率带宽。

实际中，模拟混频过程只涉及接收信号和参考信号的实数部分（同相分量）。这在混频器输出端产生了和频率、差频率。和频率通过图 8.3 中 A/D 转换前的低通滤波器去除。另外，低通滤波器截止频率 f_b 还去除了第一脉冲后每一脉冲（$n>0$）的短暂失配期 $t\in[nT+\tau_0, nT+\tau_0+\tau]$ 中产生的大（负）差频率，以及距离落在监测区外 $R\in[R_0, R_0+R_\mathrm{m}]$ 回波所产生的大（正）差频。这样，低通滤波器的截止频率 f_b 决定了可通过的最大差频 f_e，由此决定了检测区的距离深度 R_m，即

$$R_\mathrm{m}=\frac{f_\mathrm{b}T_\mathrm{c}}{2B} \tag{8.12}$$

需要注意的是，若信号带宽 B 受到电离层传播限制，在不明显降低距离分辨率或损失探测子区距离深度的前提下，低通滤波器的截止频率 f_b 可比信号带宽 B 低一个数量级。举例来说，当 $B=10\,\mathrm{kHz}$，$T=0.02\mathrm{s}$（$f_\mathrm{p}=50\mathrm{Hz}$）时，由式（8.12）可知，$f_\mathrm{b}=2\,\mathrm{kHz}$ 即可提供 $R_\mathrm{m}=600\,\mathrm{km}$ 的距离深度。

去斜处理缓解了采样位数和充裕自由动态范围要求下的 A/D 采样率需求，也降低了数据率和实时信号处理的计算量。对距离 $R\in[R_0, R_0+R_\mathrm{m}]$ 的点散射源，以奈奎斯特采样率 $f_\mathrm{s}=\dfrac{1}{T_\mathrm{s}}$ 或更高频率采样的去斜滤波器输出在单个脉冲或 FMCW 扫描期内产生如式（8.13）所示的时间序列 $y(\ell T_\mathrm{s})$（$\ell=0,1,2,\cdots,L-1$）。

$$y(\ell T_\mathrm{s})=\alpha \mathrm{e}^{\mathrm{j}2\pi f_\mathrm{e}\ell T_\mathrm{s}} \tag{8.13}$$

由于回波距离 R 与下变频后信号频率 f_e 线性相关，距离处理由对采样 $\{y(\ell T_\mathrm{s})\}_{\ell=0}^{L-1}$ 的数字谱分析完成。距离处理后的输出 y_k 可写为如式（8.14）所示的加权离散傅里叶变换（DFT）形式。实际中采用快速傅里叶变换（FFT）算法来更为有效地计算 DFT。窗函数 $w(\ell)$ 用来控制谱泄漏（距离副瓣）的水平。

$$y_k=\sum_{\ell=0}^{L-1} w(\ell)y(\ell T_\mathrm{s})\mathrm{e}^{-\mathrm{j}2\pi\frac{k\ell}{L}} \tag{8.14}$$

距离单元 y_k 等于 FFT 频率单元 $f_k=k/LT_\mathrm{s}$（$k=0,1,2,\cdots,K-1$），其中最大频率 f_k 小于等于低通滤波器带宽 f_b。正如图 8.4 所示的距离谱，其中点目标回波的成分表现为在回波差频 f_e 对应频率单元处的最大幅度响应。FFT 频率单元 f_k 和距离单元 y_k 中距离单元 R_k 之间的关系可由下式给出：

$$R_k=R_0+\frac{f_kT_\mathrm{c}}{2B} \tag{8.15}$$

对 $\tau\ll T$ 和单位（矩形）窗，DFT 积累时间 $T-\tau$ 对应的频率分辨率可近似为 $\Delta f=1/T$。距离分辨率 ΔR 与 Δf 的关系可由式（8.16）描述。将 $\Delta f=1/T$ 代入则可得距离分辨率。尽管分辨率在存在多个距离不同的散射源回波时是重要的，这

里将继续在单点源情况下讨论由距离单元中跨单元效应和副瓣电平引起的“扇区损失”。

$$\Delta R = \Delta f \cdot \frac{T_c}{2B} \tag{8.16}$$

如果进行 $w(\ell)=1$ 的单位加权 L 点 FFT，差频为 f_e 的单个回波频域输出为一尺度变换后的周期辛克函数，也被称为 sinc 函数，如式（8.17）所示，其中 $f_s = 1/T_s$ 为采样频率。$S(f)$ 的最大值出现在回波差频 $f=f_e$ 处，其值为 $S(f_e)=\alpha L$ 。

$$S(f) = \alpha \mathrm{e}^{-\mathrm{j}[\pi(L-1)(f-f_e)T_s]} \frac{\sin[\pi(f-f_e)LT_s]}{\sin[\pi(f-f_e)T_s]}, \quad f \in [0, f_s) \tag{8.17}$$

距离单元有效地对这一响应在 FFT 频点处进行采样，即 $y_k = S(f_k)$ 。对 CPI 中 $n=1,2,3,\cdots,N$ 个脉冲重复这一步骤，产生了如式（8.18）所示的输出 $y_k(n)$ 。

$$y_k(n) = S(f_k)\mathrm{e}^{\mathrm{j}2\pi v_d n} = y_k \mathrm{e}^{\mathrm{j}2\pi v_d n} \tag{8.18}$$

这里 y_k 的峰值幅度出现在最接近 f_e 的频点 f_k 处。一般 f_e 的值并不和 FFT 的其中一个频点恰好相等。由于没有一个距离单元采到 $S(f)$ 的最大值，这种效应导致了功率（信噪比）损失。对矩形窗函数，相对于 $S(f)$ 峰值的功率损失可能高达 3.9dB。这与平方律检测中的信噪比损失相当。此类损失可通过更高的处理计算量进行补偿，即通过补零增加 FFT 的长度。

当 f_e 和任一 f_k 都不精确匹配时就会出现距离副瓣。当不同时延、不同强度的多个回波出现在同一方位和多普勒单元内时，高距离副瓣会带来较大影响。特别是，微弱目标回波可能被强杂波回波（如流星尾迹回波）的副瓣遮蔽。辛克函数峰值副瓣电平（SLL）相对最大值为-13dB。强杂波回波可能比噪声基底高出 30dB 以上，因此利用合理的窗函数来降低副瓣十分重要。

窗函数的选择需要综合考虑若干相互矛盾的因素。一方面，极低副瓣的窗函数由于失配增加了信噪比损失；同时，它们还会增加主瓣的半波束宽度（主瓣响应曲线半功率点之间的频率间隔），从而降低距离分辨率。另一方面，低副瓣电平减少了差频间隔超过主瓣宽度雷达回波的谱泄漏；更宽的主瓣对跨距离单元效应所引起的功率损失更为稳健[358]。

8.2.1.3　全数字处理

应用 7.4.2 节所描述的现代直接全数字接收机（DDR）后，可对整个高频段在射频进行数字化采样，再经数字下变频后变至基带。因此，可采用数字滤波器来提取雷达工作带宽中的回波信号，并去除或抑制其他频率的信号。数字下变频和滤波后，数据率将大幅下降。现代计算平台支持对采样后的数字信号进行分布式实时处理，其采样率和雷达信号带宽相当，这些技术进步使得全数字脉冲压缩方案成为可能。

相对去斜处理，全数字脉冲压缩的一个显著优点是可以处理重复周期内的所有距离单元，而不仅是由参考时延偏移和低通滤波器带宽所决定的一部分。在电离层条件满足更远距离上的目标检测（如出现极端良好的两跳传播）时，可用扩展距离处理来增加覆盖区域；还可以用它来处理盲区内的距离单元，从而可在雷达驻留时间内避开强杂波污染对干扰和噪声进行采样，得到的距离单元样本可作为天波雷达自适应干扰与噪声对消处理时的训练数据。

数字匹配滤波器的离散数字脉冲响应函数可通过发射脉冲波形采样 $p(\ell T_s)$ 的翻转和共轭得到，因果数字匹配滤波器脉冲响应 h_ℓ 如下式所示：

$$h_\ell = p^*(T - \ell T_s) \tag{8.19}$$

式中：ℓ 为样本数；T_s 为抽取后的采样周期。其中的限制条件 $T_p \leqslant T$ 表明，当 $\ell < 0$ 时，$h_l = 0$。

考虑 CPI 的第一个脉冲，单个目标回波的基带样本如下式所示：

$$s_\ell = \alpha p(\ell T_s - \tau) \tag{8.20}$$

式中：τ 为往返路程的时延。正如前所述，对逐个脉冲处理的距离处理来说，回波多普勒频移在相对较短的 PRI 上通常小到可以忽略。

数字匹配滤波器输出 y_ℓ 是 h_ℓ 和 s_ℓ 的卷积，如下式所示：

$$y_\ell = \sum_{m=-\infty}^{\infty} s_m h_{\ell-m} = \sum_{m=\ell-L}^{\ell} s_m h_{\ell-m} \tag{8.21}$$

其中，整数 $L = T/T_s$ 定义为用采样点数表示的脉冲响应持续时间。注意，脉冲响应持续时间和脉冲重复周期 T 在 $T_p = T$ 的连续波系统中是相等的。式（8.21）中的界限 $m \in [\ell - L, \ell - L+1, \cdots, \ell]$ 是因为脉冲响应 h_ℓ 只在 $\ell \in [0, L]$ 时不为零。

将式（8.20）中的 $s_m = p(mT_s - \tau)$ 和式（8.19）中的 $h_{\ell-m} = p^*\left[T - (\ell - m)T_s\right]$ 代入式（8.21）中的离散卷积和，可得到下式：

$$y_\ell = \alpha \sum_{m=\ell-L}^{\ell} p(mT_s - \tau)p^*\left[mT_s - (\ell T_s - T)\right] \tag{8.22}$$

假设时延 $\tau = 0$ 的回波，匹配滤波器输出 y_ℓ 的幅度在 $\ell T_s - T = 0$ 时最大，即时间采样 $\ell = L$。因而，第一个（零时延）距离样本是在时刻 $\ell = L$ 匹配滤波器输出的值，等于脉冲响应持续时间。

一般来说，对时延 $\tau \geqslant 0$ 的回波，匹配滤波器输出 y_ℓ 将在时刻点 $\ell = L + k$ 达到最大值，相对于发射信号波形的时延 kT_s 对 τ 的匹配最好。简单地说，因果距离样本是匹配滤波器输出 y_ℓ 在整数倍采样间隔 $\ell = L + k$，$k = 0,1,2,\cdots,K-1$ 上的值。为了直接得出距离样本的表达式，对式（8.22）做变量代换 $k = \ell - L$，进而得到下式：

$$y_k = \alpha \sum_{m=k}^{k+L} p(mT_s - \tau)p^*(mT_s - kT_s) \tag{8.23}$$

式中：y_k 所表示的距离样本匹配于回波延时 $\tau_k = kT_s$ 或斜距 $R_k = c\tau_k / 2$。

$$y_k = \alpha \sum_{m=k}^{k+L} p(mT_s - \tau)p^*(mT_s - \tau_k) \tag{8.24}$$

而式（8.24）表明，匹配滤波等价于互相关接收机。换句话说，脉冲压缩是通过将发射脉冲波形的时延和共轭与接收到的数据样本进行互相关实现的。需注意的是，式（8.24）中后者假设是由单个点散射源回波产生的。式（8.24）中的和可表示为 $\chi_p'(\tau_k - \tau, 0)$，其中第一、第二参数是两个互相关脉冲波形之间的相对时延和多普勒频移。单个目标回波在不同脉冲 $n = 0,1,2,\cdots,N-1$ 上的距离处理输出 $y_k(n)$ 如式（8.25）所示。数字互相关在回波时延 $\tau_k = \tau$ 的取值在脉冲压缩器输出端产生了最大幅度响应 $\chi_p'(0,0) = \sum_{m=0}^{L} \left| p(mT_s) \right|^2$。

$$y_k(n) = y_k e^{j2\pi v_d n} = \alpha \chi_p'(\tau_k - \tau, 0) e^{j2\pi v_d n} \tag{8.25}$$

实际中，脉冲压缩是对接收信号采样 $x(\ell T_s)$ 进行的，采样含有杂波回波、干扰加噪声，还可能有多个目标的回波。另外，相关中的求和项一般还要由一组幅度权值（窗函数）$\{w(m)\}_{m=0}^{L}$ 来进行加权，从而以信噪比和距离分辨率的轻微损失为代价，来换取更低的距离副瓣。考虑到接收数据样本和窗函数，全数字脉冲压缩方案将获得的样本 $x(\ell T_s)$ 转换为距离门脉冲输出 $y_k(n)$，如下式所示。

$$y_k(n) = \sum_{m=k}^{k+L} w(m-k)x(mT_s + nT)p^*([m-k]T_s), \begin{cases} k = 0,1,\cdots,K-1 \\ n = 0,1,\cdots,N-1 \end{cases} \tag{8.26}$$

若 FMCW 信号的脉冲重复周期和信号带宽积为整数，其数字脉冲压缩距离处理可通过快速算法实现。第一个处理距离单元的距离取决于 DIR 的近界位置（盲区距离单元除外），而处理距离单元数由 DIR 的距离深度决定。

8.2.2　波束形成

相对单个天线阵元的波束方向图，阵列波束形成后能够对雷达波束指向或观测方向（主瓣）上的信号提供相干增益，而通过低副瓣波束对其他方向（副瓣）进入的干扰和杂波进行抑制，由此增强信噪比、杂噪比。同时，根据到达角来分辨不同信号，进而估计出被检出目标回波的方位角，为后续的跟踪和定位提供参量。

波束形成的实现主要通过对多接收通道的采样信号进行幅度和相位调制（或者说加权），经线性组合（求和）后形成指定方向的输出信号。复权值（幅度和相位）能够使得接收波束有效锐化，并指向预期的方向，而在其他方向呈现低增益。

在现代的天波雷达中，波束形成通常通过数字调幅和移相实现，即数字波束形成（DBF），也被称为电扫描或数字波束扫描。

8.2.2.1 数字波束形成

这里假定有一个单一频率的远场平面波信号入射到一个线性阵列天线，其方位角为$\theta \in [-\pi, \pi)$，俯仰角为$\phi \in [0, \pi/2]$。阵列及入射方向的几何关系示意图如图 8.5 所示。

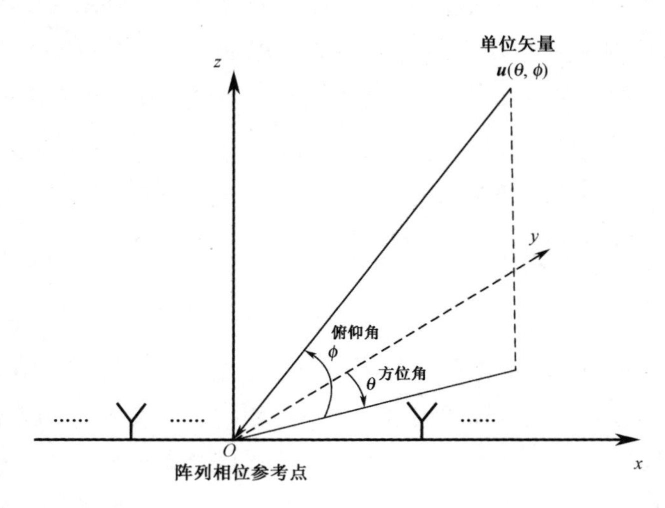

图 8.5 远场平面波入射至均匀线性阵列的几何关系模型图

信号波矢量$\boldsymbol{k} = [k_x, k_y, k_z]^{\mathrm{T}}$的三个成分如下式所示：

$$\boldsymbol{k} = -\frac{2\pi}{\lambda}\boldsymbol{u}(\theta,\phi) = -\frac{2\pi}{\lambda}[\cos\phi\sin\theta, \cos\phi\cos\theta, \sin\phi]^{\mathrm{T}} \tag{8.27}$$

式中：上标 T 表示转置；λ为波长；$\boldsymbol{u}(\theta,\phi)$为方向$(\theta,\phi)$的单位矢量。为书写方便，式中省略了$k$对$(\theta,\phi)$的依赖表述。

设线性阵列由M个相同阵元组成，这些阵元相对指定的坐标原点（通常设定为阵列的第一个阵元所在位置）任意分布，阵元位置矢量如下式所示：

$$\boldsymbol{r}_m = [x_m, y_m, z_m]^{\mathrm{T}} \tag{8.28}$$

在时刻t和位置r处，单频平面波信号的标量函数$s(t,\boldsymbol{r})$如下式所示：

$$s(t,\boldsymbol{r}) = A\exp(\omega t - \boldsymbol{k}\cdot\boldsymbol{r} + \psi) \tag{8.29}$$

式中：$\omega = 2\pi f_{\mathrm{c}}$为角频率；$A$为幅度；$\psi$为原点处时刻$t=0$的相位；$\boldsymbol{k}\cdot\boldsymbol{r}$为信号波矢量和位置矢量的标量积（内积）。

将原点处第一阵元的接收信号表示为$s_0(t) = A\exp(\mathrm{j}2\pi f_{\mathrm{c}}t + \psi)$。实际上，频率$f_{\mathrm{c}} = c/\lambda$可视为天波雷达的信号载频，而$(\theta,\phi)$可解释为通过单一天波传播模式（如 1.3.1.3 节中描述的 E-E 模式、F-F 模式等）的目标回波到达角，则第m个阵元接收到的信号如下式所示：

$$s_m(t) = s_0(t)\mathrm{e}^{-\mathrm{j}\boldsymbol{k}\cdot\boldsymbol{r}_m} \tag{8.30}$$

式中，相移项 $\exp(-\mathrm{j}\boldsymbol{k}\cdot\boldsymbol{r}_m)$ 展现了该信号与坐标原点阵元所接收信号之间的关系。

M 维阵列接收信号矢量 $\boldsymbol{s}(t)$，也被称为阵列快拍（Snapshot）矢量，可写为

$$\boldsymbol{s}(t)=[s_0(t),s_1(t),\cdots,s_{M-1}(t)]^{\mathrm{T}} \tag{8.31}$$

信号到达角 (θ,ϕ) 的阵列导向矢量定义为

$$\boldsymbol{v}(\theta,\phi)=[\mathrm{e}^{-\mathrm{j}\boldsymbol{k}\cdot\boldsymbol{r}_0},\mathrm{e}^{-\mathrm{j}\boldsymbol{k}\cdot\boldsymbol{r}_1},\cdots,\mathrm{e}^{-\mathrm{j}\boldsymbol{k}\cdot\boldsymbol{r}_{M-1}}]^{\mathrm{T}} \tag{8.32}$$

式（8.31）中的信号快拍矢量可改写为

$$\boldsymbol{s}(t)=s_0(t)\boldsymbol{v}(\theta,\phi) \tag{8.33}$$

此表达式具有一般性，可适用于任意阵列结构。

假设均匀线性天线阵列单元沿 x 轴等间距布设，则位置矢量 $\boldsymbol{r}_m=[md,0,0]^{\mathrm{T}}$，其中 d 为阵元间距。在此情况下，导向矢量中的内积项可写为

$$-\boldsymbol{k}\cdot\boldsymbol{r}_m=2\pi md\cos\phi\sin\frac{\theta}{\lambda} \tag{8.34}$$

当俯仰角为 0°（地波传输）时，$\cos\phi=1$，该阵列的导向矢量完全由方位角 θ 决定。此时，导向矢量简化成下式：

$$\boldsymbol{v}(\theta)=[1,\mathrm{e}^{\mathrm{j}2\pi d\sin\frac{\theta}{\lambda}},\mathrm{e}^{\mathrm{j}4\pi d\sin\frac{\theta}{\lambda}},\cdots,\mathrm{e}^{\mathrm{j}2\pi(M-1)d\sin\frac{\theta}{\lambda}}]^{\mathrm{T}} \tag{8.35}$$

显然，到达波的俯仰角在天波雷达中不可忽略，将产生锥角效应或波束倾斜效应。该效应在 6.4.1.2 节进行了讨论，此处不再展开。

图 8.6 给出了一个典型的脉冲压缩和阵列波束形成的处理流程图。该流程中脉冲压缩在波束形成前进行，而由于脉冲压缩和波束形成都是线性处理，其处理顺序可以调换，不会影响处理结果。在实际运用中，主要从尽量减小运算量的角度来决定处理的顺序和流程。

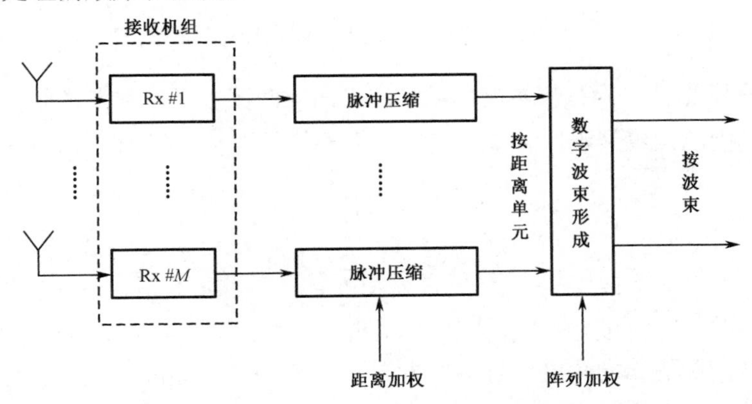

图 8.6 典型的脉冲压缩和阵列波束形成处理流程图

8.2.2.2 波束方向图

阵列所形成波束的方向性通常用方向图来表征。与单天线的方向图相同，波

束方向图定义为在与天线阵列一定距离（通常需要满足远场条件）处，辐射场相对场强（归一化模值）随方向变化的图形。图 8.7 给出了典型的极坐标和直角坐标下的波束方向图示意图。阵列波束的性能和相关参数均在方向图中有所展示，主要参数包括：主瓣宽度（3dB）、副瓣电平、栅瓣、零陷位置和深度等。

这里考虑均匀线性阵列法线方向矩形窗加权的情况，此时的归一化常规波束方向图由下式给出：

$$P(\varphi)=\frac{1}{M^2}\left\{\frac{\sin\left[\dfrac{M\pi d}{\lambda}\sin\varphi\right]}{\sin\left[\dfrac{\pi d}{\lambda}\sin\varphi\right]}\right\}^2 \tag{8.36}$$

式中：M 为阵列阵元数目；d 为阵元间距；λ 为工作波长；φ 为波束扫描角（偏离阵列法线方向）。

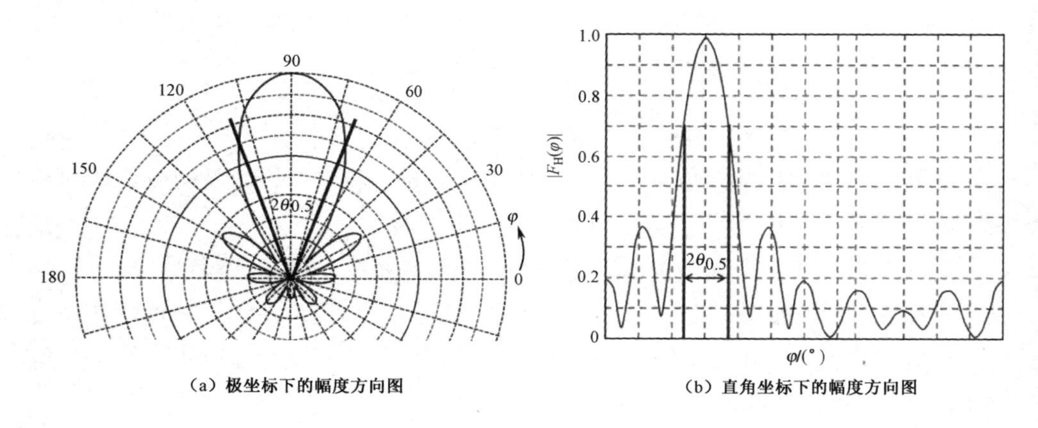

（a）极坐标下的幅度方向图　　（b）直角坐标下的幅度方向图

图 8.7　极坐标和直角坐标下的波束方向图示意图

波束宽度也被称为主瓣宽度，通常定义为方向图上半功率点（低于最大功率点 3dB）之间的角度间隔。若阵列口径远大于信号波长，即 $Md \gg \lambda$，则有

$$\Delta\varphi \simeq \frac{0.89\lambda}{Md} \tag{8.37}$$

$$\Delta\varphi \simeq \frac{50\lambda}{Md} \tag{8.38}$$

其中，式（8.37）得到的角度单位为弧度（rad），式（8.38）得到的角度单位为度（°）。

波束宽度随着指向角度靠近端射方向（$\varphi \to \pm\pi$）而逐渐变宽，这是由于随着偏离法线的角度变大，$\sin\varphi$ 的变化比 φ 的变化更慢。

如 3.5.3 节所述，方位分辨率随着天线口径电尺寸增加而增加，并与波束宽度成反比。天波雷达通常需要更高的方位分辨率，但对于给定方位宽度的 DIR，更高的方位分辨率（更窄的波束宽度）要求同时形成更多数量的接收波束来有效覆盖，这会提出更大的数据量和计算要求，给后续信号处理带来困难。同时，过多的波束数目也增加了操作席数据显示的设计难度。

当相位因子满足条件 $z(\varphi)=1$ 时，均匀线阵的方向图 $P(\varphi)$ 中就会出现栅瓣。栅瓣通常不止 1 个，它们出现在固定的角度 φ_m 上，如下式所示：

$$\varphi_m = \arcsin\left(\frac{m\lambda}{d}\right) \tag{8.39}$$

式中：m 为满足 $|m\lambda/d| \leqslant 1$ 的整数。举例来说，若 $d/\lambda = 1$，则 $m = 0, \pm 1$。在此情况下，由式（8.39）可知，$m=0$ 对应 $\varphi = 0$ 时的主瓣，而 $m = \pm 1$ 对应 $\varphi = \pm 90^\circ$ 的栅瓣。

接收机的数量 M 较大时，方向图 $P(\varphi)$ 中分子的变化比分母快得多。此时，副瓣电平峰值大约在分子 $\sin(Md\sin\varphi/\lambda)$ 达到最大值时出现，即 $\varphi = \varphi_m$，φ_m 满足下式：

$$Md\sin\frac{\varphi_m}{\lambda} = (2m-1)\frac{\pi}{2},\quad m = \pm 2, \pm 3, \cdots \tag{8.40}$$

将 $\sin\varphi_m = (2m-1)\pi\lambda/2Md$ 代入波束方向图函数 $P(\varphi)$，可得到副瓣电平的大致大小，由下式给出：

$$P(\varphi_m) \approx \{M\sin(\pi(2m-1))/2M\}^{-2} \tag{8.41}$$

举例说明，对于 $M=10$ 的均匀线阵，第一副瓣（$m=\pm 2$）的值约为−13.2dB。

另外，方向图零点 $P(\varphi_m)=0$ 在分子等于零而分母大于零时出现。这意味着形成零点的条件如下式所示：

$$Md\sin\frac{\varphi_m}{\lambda} = m,\quad m = \pm 1, \pm 2, \cdots \tag{8.42}$$

式（8.42）表明，当 $\varphi_m = \arcsin(m\lambda/Nd)$ 时出现零点，此时阵列两端相位差恰好等于整数个周期。

在实际工作中，波束方向图的测量是一个重要又困难的问题，特别是对于天波雷达这样庞大的天线阵列。7.2.4.1 节给出了利用校准源来测试天线方位和俯仰方向图的方法。近年来，随着无人机技术的发展，利用无人机搭载小型移动校准源来测试阵列波束方向图具有成本低、简单易行的特点，逐渐得到广泛应用[349-350]。

8.2.3 非相干积累

非相干积累通常在包络检波器（也称为正交检波器）之后实现，它仅仅利用了信号的幅度信息进行累积，因此增益不如相干积累。实际上，非相干积累增益总是小于非相干积累脉冲数目，这种积累损失被称为检波后或平方律检波器损失，可由下式近似：

$$L_{\mathrm{NIT}} = 10\lg\sqrt{N} - 5.5 \tag{8.43}$$

式中：N为非相干积累的脉冲数目。当N很大时，积累损失近似于$\sqrt{N}$。

非相干积累还可以平滑随机信号的频谱，以提升谱估计的稳健性。非相干处理时间主要受雷达数据率的限制，因此天波雷达中非相干积累脉冲数目一般不超过10次。当然，非相干积累并非必须进行的选项。当天波雷达进行广域搜索时，也可跳过非相干积累处理环节。

非相干积累是按时间顺序进行的，通常可选择直接积累法和滑窗积累法两种方法。直接积累法按相邻的相干积累时间段顺序计数直接统计平均，每组数据只积累一次；而滑窗积累法则将相干积累相邻周期段的数据滑窗进行统计平均，滑窗交叠率通常可选为50%。当然，也可采用数据重用性更高的交叠率来进行滑窗。

8.2.4 相干积累

相干积累（Coherent Integration，CI）也被称为相参积累或多普勒处理，主要利用雷达发射脉冲串之间的固定相位信息进行同相累加，获得相对于噪声（相位随机）的额外增益。同时，通过多普勒维的处理能够得到不同目标回波的多普勒估计值，通过解算可得到相应的径向运动速度。

对于天波雷达而言，在给定距离-方位单元（通常尺寸为数十平方千米至数百平方千米）内，地海杂波的功率水平远强于目标回波。这意味着目标的发现和有效检测必须依赖相干积累（多普勒处理）。另外，为了获得更稳定的相干积累增益，雷达全系统（包括收发通道在内）所有环节的信号相位都应保证极高的稳定性，主要体现在低相位噪声这一指标。

相干积累的具体实现途径是对特定距离-方位单元内接收的相参脉冲串中的慢时间数据采样进行多普勒处理或多普勒谱分析。通过计算慢时间数据的离散傅里叶变换（DFT）可对其进行数字谱分析，如下式所示：

$$z_k^{[b]}(n)=\sum_{m=0}^{N-1}w(m)y_k^{[b]}(m)\mathrm{e}^{-\mathrm{j}2\pi mn/N},m=0,1,\cdots,N-1 \tag{8.44}$$

式中：N为脉冲重复周期数；k为距离单元；b为方位单元；$\{w(n)\}_{n=0}^{N-1}$为用于控制多普勒谱副瓣的窗函数；$z_k^{[b]}(n)$中的n为对应多普勒频率为$n/(NT)$（单位：Hz）的单元；$y_k^{[b]}(n)$为单个（理想）点目标回波的慢时间样本，可定义为

$$y_k^{[b]}(n)=\alpha\mathrm{e}^{-\mathrm{j}2\pi f_{\mathrm{d}}n} \tag{8.45}$$

式中：α为目标回波在距离单元k和方位单元b内的复幅度。

图8.8给出了一个典型的相干积累（多普勒处理）流程图。每个距离-方位单元内的慢时间样本依次通过N点加窗FFT，得到方位-距离-多普勒（Azimuth-Range-Doppler，ARD）谱图。

相干积累是多普勒域（慢时间节拍）的处理，脉冲压缩是时域（快时间节拍）

的处理，而波束形成是空域的处理。三者只是处理信号的视角和维度不同，而经典处理算法都可等效于离散傅里叶变换（DFT），因此在这 3 个环节都能够得到很好的应用。通过窗函数来抑制旁瓣就是一个例子，无论相干积累、脉冲压缩或波束形成，其在实际工程中都广泛利用了窗函数，而其特性又具有共同点。

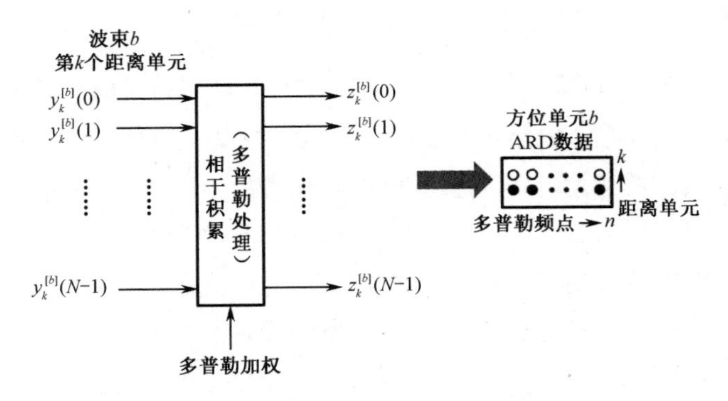

图 8.8　相干积累（多普勒处理）流程图

8.2.5　高分辨谱估计

在前述的信号处理方法中，多普勒功率谱是基于经典谱估计理论获得的。经典谱估计方法本质上是对有限时间序列信号的线性估计，通常采用相关函数法和周期图法两种方法得到，二者效果是相同的，其核心基础均为离散傅里叶变换（DFT）。在空时频三维的信号处理过程中，各维度的分辨率均与信号序列的长度成反比，序列越长，分辨率越高。例如，空间（方位）分辨率与阵列口径成反比，阵列口径可看作空间序列的延展，而多普勒分辨率则与相干积累时间成反比，积累时间可看作慢时间节拍序列的延展。

有限时间序列可认为在信号时域乘了一个矩形窗函数，在窗函数以外的数据均为零，不能提供有效的信息量。时域的矩形窗函数，对应于频域则与一个 sinc 函数进行了卷积，使得主瓣变宽、分辨率受限。这一理论即推导过程可参见现代信号处理的相关书籍[277, 359]，这里不再展开论述。

经典谱估计方法存在着短序列估计性能差、分辨率低的缺点。20 世纪 70 年代，业界逐渐提出并发展出现代频谱估计方法。现代谱估计理论基于参数模型方法，即任何一个有理式的功率谱密度都可以用一个自回归滑动平均（Auto-Regressive Moving-Average，ARMA）模型的随机过程来描述。服从以下线性差分方程的离散随机过程 $x(n)$被称为 ARMA 过程：

$$x(n)+\sum_{i=1}^{p}a_i x(n-i)=e(n)+\sum_{j=1}^{q}b_j e(n-j) \tag{8.46}$$

式中：常数 p 和 q 为模型阶数；a_i 和 b_j 为模型参数。ARMA 模型的传递函数为

$$H(z)=\frac{B(z)}{A(z)}=\frac{1+\sum_{j=1}^{q}b_j z^{-j}}{1+\sum_{i=1}^{p}a_i z^{-i}} \tag{8.47}$$

根据传递函数 $H(z)$ 的不同类型，参数模型又可分为自回归（Auto-Regressive，AR）模型、滑动平均（Moving-Average，MA）模型和自回归滑动平均（ARMA）模型三类。从数学的角度，三类模型可以互相转换。由于 AR 模型的参数估计可归结于求解一组线性方程，而 MA 模型和 ARMA 模型则对应于非线性方程组的求解，因此 AR 模型得到最为广泛的研究和应用。

基于参数模型的现代谱估计方法的实施步骤是：首先，建立 ARMA 模型，由信号（通常为短序列）或其自相关函数估计出模型参数；然后，用估计出的模型参数计算得到信号功率谱密度函数。从时频域的信号变换角度来看，现代谱估计方法相当于利用短序列数据来估计 ARMA 模型的参数，得到该参数后再推演出序列时间窗口（经典谱估计方法的矩形窗）以外的数据。若该随机过程具有良好的平稳性，这种数据外推的有效性将得以保证，从而可以得到极高的谱分辨率。因此，基于参数模型的现代谱估计方法也被称为高分辨（High Resolution）谱估计技术或超分辨（Super Resolution）谱估计技术。

在天波雷达应用中，采用长相干积累时间来提升多普勒谱分辨率，不可避免地会面临时变电离层的影响。过长的 CIT 也容易抹掉一些短时相关的细节，如目标机动现象。此外，长 CIT 还会延长指定 DIR 的重访（Revisit）时间从而影响跟踪性能。上述问题表明，基于经典谱估计方法通过延长 CIT 能获得的谱分辨率是有限的。

因此，在天波雷达中采用高分辨甚至超分辨谱估计器很早就得到了重视和研究。早在 1986 年，高分辨率谱估计方法就被引入天波雷达的舰船检测中，取得了令人惊异的效果[127]。随后，研究人员对于各类超分辨谱估计器在天波雷达中的应用进行了大量的分析[360]。通过比较 Burg、Marple、MUSIC、Prony、DATEX 等算法的处理结果，研究人员认为 AR 模型方法和混合的 DATEX 算法较为有效且计算量适当，适合用于天波雷达的谱估计。利用短 CIT 来检测海面舰船的算法也被提出[361]，该算法利用了现代谱分析技术（Modern Spectrum Analysis Technique，MSAT）并结合预处理滤波过程，通过 WARF 雷达和 ROTHR 雷达的实测数据进行验证，结果显示在相同的谱分辨率条件下，该算法所需的 CIT 大幅度缩短。在稍好一些的传输条件下，甚至利用对空探测的 CIT 就可定位位于布拉格峰附近的

舰船目标回波。

然而，高分辨谱估计器也面临一些问题，包括模型阶数的确定、伪峰的避免、过高的计算量以及对一些回波环境过于敏感等。另外，应用高分辨谱估计器所得到功率谱的物理解释至今仍不能令人满意，也就意味着处理过程中存在信息失真。关于高分辨谱估计方法在天波雷达中的具体应用，本章后续小节还将进行详细的介绍。

8.3 抗干扰技术

与常规雷达干扰对抗的思路不同，天波雷达不仅要对抗敌方蓄意释放的干扰，还要面临自然界产生的各类干扰（如雷电脉冲等），同时要抑制地海表面、电离层不规则体及流星等所散射的杂波（这些杂波与雷达发射信号强相干）及自然和人为混合产生的背景噪声。这些干扰、杂波和噪声构成了天波雷达的目标检测背景，它们大多随时间和空间而变化，又具有非平稳特性（其统计特性也随时间变化）。因此，天波雷达抗干扰技术具有更为广义的外延，所采用的技术途径往往也具有独特性。

根据干扰的类型和特性，本章分别对瞬态干扰、方向性干扰（自适应抗干扰）、电离层污染及海杂波等消除和抑制算法进行介绍。

8.3.1 瞬态干扰抑制

瞬态干扰指相对天波雷达相干积累时间尺度（通常为数秒至数十秒）而言持续时间较为短暂的干扰信号。瞬态干扰的持续时间通常从数微秒至数百毫秒不等。瞬态干扰的来源主要包括闪电引起的冲击噪声、流星尾迹、人为的工业干扰（如电火花、扫频信号）等。它们的成因不同、类型各异，既有有源宽带噪声和窄带干扰，也有无源窄带杂波。这些干扰也无法通过频率选择或参数调整进行规避。但是，这些瞬态干扰信号在时域上都呈现出足够典型的特征，因而可以采用类似的抗干扰算法流程加以抑制。

闪电所引起的大气冲击噪声信号与雷达波形不相关（属于有源信号），经过脉冲压缩后将分布在所有的距离单元。而其中蕴含丰富的频率分量（属于宽度噪声），在经过多普勒处理（相干积累）后能量又扩散至全部的多普勒单元。其他人为干扰的回波特性也与冲击噪声类似，只是频率分量不如闪电噪声丰富，在多普勒域的扩展程度有所不同。流星进入大气层产生的电离尾迹回波也在多普勒域上有明显扩展，但在距离维上单个回波仅出现在有限的距离单元内。

这些强瞬态干扰将显著抬高常规处理之后整个或局部距离-多普勒域的基底

电平，严重降低目标信噪比，甚至淹没目标回波。天波雷达一跳或两跳覆盖范围内发生的强雷电冲击脉冲均会作为干扰被雷达接收机接收到。若覆盖区域为雷暴高发区，闪电引起的冲击噪声能够降低雷达灵敏度 10～20dB，在极端情况下最高则可降低 30dB 以上。这种灵敏度损失对于小型飞机或巡航导弹类目标检测是难以接受的[70]。

8.3.1.1　剔除-重构法

现代天波雷达中主要采用的瞬态干扰抑制方法通常从满时间域（多普勒域）着手[70, 362-363]。瞬态干扰抑制步骤通常位于脉冲压缩和波束形成之后，而必须在多普勒处理之前。这是因为旁瓣进入的瞬态干扰在波束形成之后能够被抑制，而剩余的主瓣瞬态干扰再进行慢时间域（多普勒域）的抑制。需要说明的是，瞬时性更强（在一个脉冲内产生并消失）的快时间域（时域）干扰等效于只有一个采样（一个脉冲）被污染的慢时间域（多普勒域）场景，可采用下述相同的方法进行抑制。

尽管各种抑制算法的实现细节不同，但瞬态干扰抑制的基本流程均类似，如图 8.9 所示。从图 8.9 中可看出，瞬态干扰抑制流程（也被称为剔除-重构法）可分为以下 3 个主要步骤。

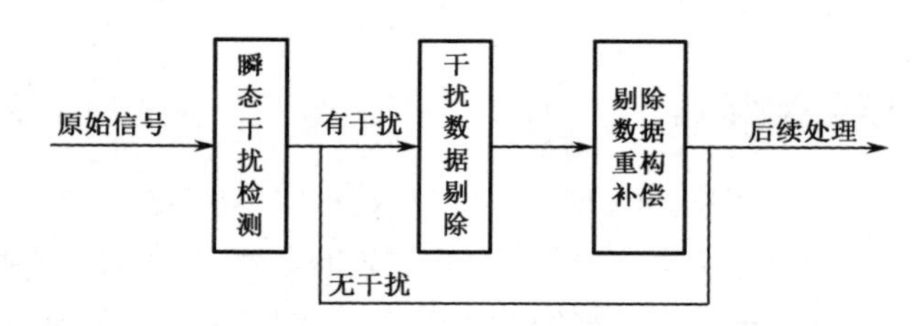

图 8.9　瞬态干扰抑制基本流程

1. 杂波剔除

接收信号中包含的强地海杂波将影响对瞬态干扰的检测和判别，因此首先需要剔除杂波。一种常见方法是设计一个高通 FIR 滤波器来实现地海杂波剔除。该滤波器的系数可通过基于慢时间地海杂波采样的五阶 AR 模型来得到[364]。另一种方法则是对数据进行多普勒处理，并将位于零赫兹附近的地海杂波分量剔除（置零），然后将多普勒谱进行逆变换，再在慢时间域上进行瞬态干扰检测。这一过程通常需要假定所有距离单元中的杂波谱宽（包括电离层导致的频率漂移）都是相同的[70]。

近距盲区中的距离单元通常不存在地海杂波回波，其慢时间采样可被用来直接识别瞬态干扰，而无须经过杂波剔除。该方法适用于闪电或人为干扰，但不适用于流星尾迹检测，这是因为流星尾迹回波也常常落在近距盲区的距离单元内。

其他的杂波剔除算法还包括 Teager-Kaiser 算子[365]和 S 变换[366]等，这里不再展开。

2. 瞬态干扰检测与剔除

杂波剔除后的慢时间采样序列接着用于瞬态干扰检测。需要引入服从某种预设已知分布的噪声模型，计算出假设检验的判决阈值。一般背景噪声时域幅度被设定为瑞利（Rayleigh）分布，其均方根值采用 15%的最小采样来统计得到，判决门限设为该均方根值的 5 倍。若慢时间采样点幅度超过该阈值，即不满足该假设模型的分布，则该采样点被判定为瞬态干扰检测点，进而将该采样点在慢时间域剔除。

除基于假设检验的门限阈值判决方法[363,366]外，常见的瞬态干扰检测算法还包括恒虚警（Constant False Alarm Rate，CFAR）法[365]、迭代剔除平均法[367]及直线检测技术[368]等。

3. 信号重构

被瞬态干扰所占用而被剔除的采样点若不进行重构补充，将导致回波相位不连续，使得多普勒处理后的谱展宽。这些采样点的重构通常利用其附近未被瞬态干扰污染的样本进行。先后有多种重构算法被提出，本小节给出一种基于最大熵谱分析 MESA 的方法。

将缺失样本分别采用前向和后向相邻样本进行预测，如下式所示：

$$\hat{y}_k^{[b]}(n)=\sum_{i=1}^{K} b_i y_k^{[b]}(n-i) \tag{8.48}$$

$$\breve{y}_k^{[b]}(n)=\sum_{i=1}^{K} b_i^* y_k^{[b]}(n+i) \tag{8.49}$$

式中：$\hat{y}_k^{[b]}(n)$ 和 $\breve{y}_k^{[b]}(n)$ 分别为前向和后向预测值；$y_k^{[b]}(n)$ 为第 b 个波束、第 k 个距离单元和第 n 个脉冲的数据样本。

对于前向和后向预测值可使用加权平均法得到内插数据样本，如下式所示：

$$\tilde{y}_k^{[b]}(n)=w(n)\hat{y}_k^{[b]}(n)+[1-w(n)]\breve{y}_k^{[b]}(n), w(n)\in[0,1] \tag{8.50}$$

其中，权系数 $w(n)$的引入是由于前向和后向估计误差都会随着预测样本数的增多而增大。对于超过一定长度的内插数据段，则倾向于使用替代数据更短那个方向的预测。为了保证数据段的平滑性，这里可采用升余弦型权系数[364]。

图 8.10 给出了一个典型的瞬态干扰抑制结果图。图 8.10（a）为距离-多普勒

图，上图为被瞬态干扰污染的谱图，其背景噪声显著升高，无法检测出目标回波；下图为瞬态干扰抑制后的谱图，可以看到剔除瞬态干扰后噪声电平恢复正常水平，目标清晰可见。图 8.10（b）为目标回波所在距离单元的多普勒谱图，虚线为被瞬态干扰污染的原始数据，实线为瞬态干扰抑制后的数据。

其他的信号重构方法还包括矩阵补全法[365]和神经网络法[366]等。

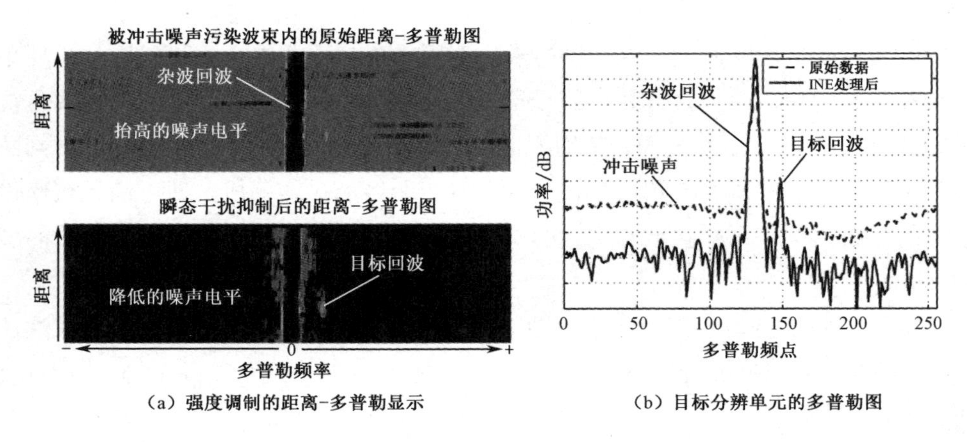

（a）强度调制的距离-多普勒显示　　（b）目标分辨单元的多普勒图

图 8.10　典型瞬态干扰抑制前后效果对比图

8.3.1.2　其他抑制方法

远区闪电导致的冲击噪声通过天波传播模式到达接收机，通常具有较好的方向性。若其到达方向从旁瓣进入，一个低旁瓣水平的接收天线能够有效抑制该噪声信号。基于空域特征的旁瓣相消技术[369]和自适应噪声对消器（Adaptive Noise Canceller，ANC）[370]被应用到天波雷达中。该方法采用一个辅助接收通道的信号作为对消器来对主通道中的噪声进行抑制。

小波分解算法也被用于识别和提取瞬态干扰分量[371]，并且给出了两种滤波方法分别用于抑制信号中的闪电噪声和流星尾迹[372]。类似的小波变换技术也用于同属高频频段的地波雷达中。利用多分辨率的小波变换实现了对闪电干扰的检测及在时间上的定位，小波变换的多尺度（多分辨率）保证不同类型瞬态干扰采样都能够被检测出来[373-374]。

雷达回波的时频特征可用于识别各种瞬态现象，包括大气噪声、流星尾迹、近场回波、高速目标及机动目标等[375]。其中一些流星头部回波表现出清晰的曲线调频特征，可用 ZAM（Zhao-Atlas-Marks）时频分布精确跟踪；时频分析会产生调制线（Modulated Lines）现象，可能是由于流星头部与尾迹之间的 Fresnel 衍射效应；人造回波（如机动目标）的幅度-频率-时间特征与流星尾迹明显不同，可在时频域进行区分。基于自适应高斯基表示（Adaptive Gaussian Representation，AGR）

的一种自适应时频分析算法被用于较长时间的瞬态干扰识别和抑制[376]。

近年来，基于图像处理的瞬态干扰识别方法也被提出。该方法将距离-多普勒谱图转化为灰度图，从而将瞬态干扰检测建模为灰度图中的图像纹理识别问题。再将灰度图局部纹理特征用于机器学习，采用支持向量机（Support Vector Machine，SVM）和纠错输出编码（Error-Correcting Output Codes，ECOC）相结合的设计思想实现三分类（无干扰、弱干扰和强干扰）训练[377]。

8.3.2　自适应抗干扰

天波雷达自适应抗干扰技术主要是利用干扰信号在空域（方位）-时域（脉内快时间）-频域（脉间慢时间，或多普勒域）内与目标回波信号的显著特征差异，并考虑电波在电离层传输中面临的非平稳性调制影响，进行自适应处理以抑制干扰，获得最佳的信杂比得益。

如前节所述，时域和频域特征明显的干扰都归为瞬态干扰，可采用“剔除-重构”法及其他方法进行抑制。因此本节的自适应抗干扰主要针对方向性显著的干扰类型，如远区民用无线电台和工业辐射源产生的射频干扰（Radio Frequency Interference，RFI）、敌方释放的远场蓄意干扰以及方向性明显的噪声等，相应的抑制算法也围绕空域或空时域处理展开。简单起见，本节后续描述中统一用 RFI 来指代方向性显著的各类干扰。

在天波雷达中，RFI 不仅可从天线阵列的主瓣和旁瓣进入，还可能因传输信道电离层的变化及多径传输而产生空间上的非平稳性，这就给传统的阵列处理技术的应用带来了困难。因此，自适应数字波束形成（Adaptive Digital Beam Forming，ADBF）及空时自适应处理（Spave-Time Adaptive Processing，STAP）技术得到了广泛关注和研究。

8.3.2.1　自适应波束形成

1976 年，实时的自适应波束形成方法首次在美国的 WARF 天波雷达中应用[378]。雷达的接收天线长达 2.5km，共有 256 个天线单元，分为 8 个子阵，每个子阵 32 个天线单元，子阵进行初级波束形成后接至 1 路数字接收机。试验中采用 1 个现有的同频干扰和信标作为干扰。尽管两级波束形成体制未能提供更高的自由度，但试验结果表明：与常规波束形成结果比较，自适应波束形成的干扰抑制性能最大能提升 20dB。

由于天波雷达接收到的目标信号（主瓣进入）和 RFI（旁瓣进入）传输路径不同，它们所经历的电离层调制和扰动也不相同。而这种电离层的影响是时变的，目标信号和 RFI 的到达角会在长达数秒的相干积累时间内发生变化，体现为各自到达角波程差的变化。显然，RFI 波前的快速变化对自适应波束形成的抑制效果影响很大。这是在天波雷达中应用 ADBF 技术不得不面对的难题。

一种稳健的解决方案是采用统计平均方法来获得一个固定的 ADBF 权值，但结果表明秒级变化的信号传输特性就足以明显影响干扰抑制性能[369, 378]。另一种方法则是 ADBF 权值在慢时间域上可变，以匹配干扰波程差在相干积累时间内的变化特性[379]。这一技术路径保持了较好的干扰抑制效果，却使得杂波和目标的多普勒谱展宽，目标信杂比反而降低。这是因为慢时间域上自适应的 ADBF 权值相当于给目标和杂波信号进行了幅度和相位调制，调制相位的突变破坏了相参性，使得多普勒谱展宽。进一步的分析结果表明：经由稳定中纬度电离层路径传播的干扰，在约 4s 的相干积累时间内固定权值的 ADBF 方法能够获得较为理想的抑制效果；但对于经由赤道电离层传播的干扰，同样的 ADBF 方法则有 4～5dB 的性能损失[97]。还有一种解决思路是在空域通过自适应算法形成更宽的零点，覆盖了干扰方向在到达角上可能随时间的变化范围[380]。

下面给出一个经典的自适应波束形成算法。以波束形成器所输出的信干噪比 SINR 最大作为阵列权值矢量 $\boldsymbol{w}_{\text{opt}}$ 最优的判决准则。显然，这一准则仅适用于天波雷达的对空探测任务。接收信号模型如下式所示：

$$\boldsymbol{x}_k(t)=\boldsymbol{s}_k(t)+\boldsymbol{n}_k(t)=g_k(t)\boldsymbol{s}(\theta)+\boldsymbol{n}_k(t) \tag{8.51}$$

式中：$\boldsymbol{x}_k(t)$ 为第 k 个距离单元、第 t 个脉冲的阵列快拍数据（N 维）矢量，N 为阵列单元的数目；$\boldsymbol{s}_k(t)$ 为一个预期的目标回波信号；$\boldsymbol{n}_k(t)$ 为干扰和噪声；复标量 $g_k(t)$ 为期望信号波前；雷达线性接收阵列对应于入射方向为 θ 的平面波导向矢量 $\boldsymbol{s}(\theta)$ 为

$$\boldsymbol{s}(\theta)=[1,\mathrm{e}^{\mathrm{j}2\pi d\sin\theta/\lambda},\mathrm{e}^{\mathrm{j}4\pi d\sin\theta/\lambda},\cdots,\mathrm{e}^{\mathrm{j}2\pi(N-1)d\sin\theta/\lambda}]^{\mathrm{T}} \tag{8.52}$$

式中：λ 为波长；d 为阵元间距。

波束形成器 $y_k(t)$ 表示为权矢量 $\boldsymbol{w}_{\text{opt}}$ 和数据矢量 $\boldsymbol{x}_k(t)$ 的内积，即

$$y_k(t)=\boldsymbol{w}_{\text{opt}}^{\dagger}\cdot\boldsymbol{x}_k(t)=g_k(t)\boldsymbol{w}_{\text{opt}}^{\dagger}\boldsymbol{s}(\theta)+\boldsymbol{w}_{\text{opt}}^{\dagger}\boldsymbol{n}_k(t) \tag{8.53}$$

假设干扰和噪声为广义平稳过程，其期望协方差矩阵为

$$\boldsymbol{R}_n=E\{\boldsymbol{n}_k(t)\boldsymbol{n}_k^{\dagger}(t)\} \tag{8.54}$$

对于满足线性约束 $\boldsymbol{w}_{\text{opt}}^{\dagger}\boldsymbol{s}(\theta)=1$ 的任意矢量 $\boldsymbol{w}$，输出功率如下式所示：

$$E\{|y_k(t)|^2\}=\sigma_g^2+\boldsymbol{w}^{\dagger}E\{\boldsymbol{n}_k(t)\boldsymbol{n}_k^{\dagger}(t)\}\boldsymbol{w}=\sigma_g^2+\boldsymbol{w}^{\dagger}\boldsymbol{R}_n\boldsymbol{w} \tag{8.55}$$

式中：$\sigma_g^2=E\{|g_k(t)|^2\}$ 为单一接收机中的期望信号功率，在波束形成器的输出中该值保持不变；$\boldsymbol{w}^{\dagger}\boldsymbol{R}_n\boldsymbol{w}$ 为干扰和噪声的剩余功率。基于最小方差无失真响应（Minimum Variance Distortionless Response，MVDR）的方法通过以下线性约束优化问题求得最优权值 $\boldsymbol{w}_{\text{opt}}$。

$$\boldsymbol{w}_{\text{opt}} = \underset{\boldsymbol{w}}{\operatorname{argmin}}\, \boldsymbol{w}^{\dagger}\boldsymbol{R}_n\boldsymbol{w}, \boldsymbol{w}^{\dagger}\boldsymbol{s}(\theta)=1 \tag{8.56}$$

利用拉格朗日乘子方法，在上述条件下使得输出信干噪比最大的闭式解为

$$\boldsymbol{w}_{\text{opt}} = \frac{\boldsymbol{R}_n^{-1}\boldsymbol{s}(\theta)}{\boldsymbol{s}^{\dagger}(\theta)\boldsymbol{R}_n^{-1}\boldsymbol{s}(\theta)} \tag{8.57}$$

式（8.57）通常称为 Capon 最优波束形成器[381]。实际上，干扰和噪声协方差矩阵 $\boldsymbol{R}_n$ 是未知的，需要用接收数据对其进行估计。一种常用的估计最优权值矢量 $\hat{\boldsymbol{w}}_{\text{opt}}$ 的方式是采样矩阵求逆（Sample Matrix Inversion，SMI）方法[382]。SMI 方法假定训练样本数据 $\boldsymbol{n}_k(t)$ 中只含有干扰和噪声。这样可将式（8.57）中的 $\boldsymbol{R}_n$ 用采样协方差矩阵（Sample Covariance Matrix，SCM）来代替：

$$\hat{\boldsymbol{R}}_n = \frac{1}{\varDelta_k\varDelta_p}\sum_{k=1}^{\varDelta_k}\sum_{t=1}^{\varDelta_p}\boldsymbol{n}_k(t)\boldsymbol{n}_k^{\dagger}(t) \tag{8.58}$$

理想情况下，这些训练样本来自不含杂波和信号的 $\varDelta_k$ 个距离单元和 $\varDelta_p$ 个脉冲。为保证 $\hat{\boldsymbol{R}}_n^{-1}$ 存在，需要满足以下条件：

$$\varDelta_k\varDelta_p \geqslant N \tag{8.59}$$

干扰和噪声 $\boldsymbol{n}_k(t)$ 通常服从零均值复高斯分布，则 SCM 是 $\boldsymbol{R}_n$ 的极大似然估计。根据不变性原理，$\hat{\boldsymbol{w}}$ 也是 $\boldsymbol{w}_{\text{opt}}$ 的极大似然估计：

$$\hat{\boldsymbol{w}} = \frac{\hat{\boldsymbol{R}}_n^{-1}\boldsymbol{s}(\theta)}{\boldsymbol{s}^{\dagger}(\theta)\hat{\boldsymbol{R}}_n^{-1}\boldsymbol{s}(\theta)} \tag{8.60}$$

若 $\hat{\boldsymbol{w}}$ 是由 $\varDelta_k\varDelta_p \geqslant 2N$ 个统计独立的训练样本 $\boldsymbol{n}_k(t)$ 计算得到的，则 $\hat{\boldsymbol{w}}$ 估计误差带来的输出信干噪比损失将小于 3dB，且与干扰和噪声协方差矩阵 $\boldsymbol{R}_n$ 的形式无关。

采用合适的采样方差矩阵对角加载，满足输出 SINR 损失小于 3dB 的独立快拍数可降低为 $2N_{\text{e}}$，其中 $N_{\text{e}} < N$ 为干扰子空间维数。对角加载可在采样数受限的情况下明显改善收敛速度，如下式所示：

$$\tilde{\boldsymbol{R}}_n = \hat{\boldsymbol{R}}_n + \alpha\boldsymbol{I} \tag{8.61}$$

式中：α 为对角加载因子。

8.3.2.2　空时自适应处理

空时自适应处理（STAP）是指将天线阵列每个阵元接收的空域数据，与雷达一个相干处理间隔内慢时间域或者快时间域上获取的样本进行联合处理，即空时域联合的自适应处理。其主要目的是通过对每个待处理的方位-距离-多普勒单元进行杂波和干扰抑制，实现输出信干比的最大化。

近 20 年来，STAP 得到了持续研究和充分发展，已经应用到不同雷达系统和场景下，特别是应对下视强杂波的机载预警雷达。

与单独的空域和时域处理相比，STAP 在运动平台雷达抑制后向散射地杂波（慢时间域 STAP）以及抑制漫散射多径干扰（快时间域 STAP）方面优势明显。而最一般的“全自适应”STAP 处理方法，又被称为 3D-STAP，其同时利用信号的天线阵元域采样、慢时间采样和快时间采样三个域进行联合处理[383]。

1. 慢时域 STAP

慢时域 STAP 适用于在运动平台抑制来自不同方向的多个旁瓣干扰。天波雷达收发站均为固定部署，接收到的后向散射地表杂波通常呈现出较弱的到达角-多普勒耦合特征。这一影响来自传输介质电离层对信号的调制。在一个给定的距离单元上，天波雷达波位内主瓣和副瓣进入的杂波多普勒频率范围相近，通常情况下均在零赫兹附近。这种情况下，慢时域 STAP 与分离的空域或时域处理相比没有明显优势。因此，在天波雷达中，慢时域 STAP 并未得到广泛应用。

2. 快时域 STAP

天波雷达中经过不同电离层传输的干扰信号在雷达接收端将产生漫散射的多径现象。部分研究将这些干扰回波（包括直接回波、地反射路径回波和多模式传输回波）定义为热杂波（Hot Clutter），即 1.3.2.3 节中的干扰，而将雷达信号回波（包括地面、海面和目标反射回波）定义为冷杂波（Cold Clutter），即 1.3.2.2 节中的杂波。如果传播路径经过高度扰动的电离层区域（如低磁纬度区和高磁纬度区），在相对较长的相干积累时间内，干扰的空间/快时域协方差矩阵将呈现出非平稳性。因此，通常在天波雷达中应用快时域 STAP 来对抗这种非平稳的多径干扰（热杂波）。

快时域 STAP 可以看作自适应波束形成技术的扩展。图 8.11 给出了一个典型的快时域 STAP 的结构框图。其中，Q 为快时域上的维数（采样数），N 为空域上的维数（阵元数），这样对应的滤波器维度可降维至 $N \times Q$。自适应调整快时域 STAP 的权值，以确保每个波束和距离门上达到最大的输出信干比。

SC-STAP 是快时域 STAP 中的典型代表[384-386]，主要通过加入随机限制条件以保证冷杂波的慢时域相关性，即冷杂波尽可能保持相参，相干积累效果受损不大，而热杂波得到较好的抑制。SC-STAP 的具体实现采用了一些调整方案，包括热杂波协方差矩阵由几个先验已知无冷杂波的距离单元上的数据估计；最小的快时抽头数目由给定数目的干扰源数目和多径传输模式依据经典的沃特森（Watterson）模型[387]计算得出；热杂波协方差矩阵的秩也由干扰数目、反射层数、天线阵元数和抽头数计算得出；一些相邻脉冲的冷杂波采用简单的 AR 模型来近似等。通过试验验证，在有限的计算代价下，天波雷达中应用 SC-STAP 能够获得较好的处理结果。

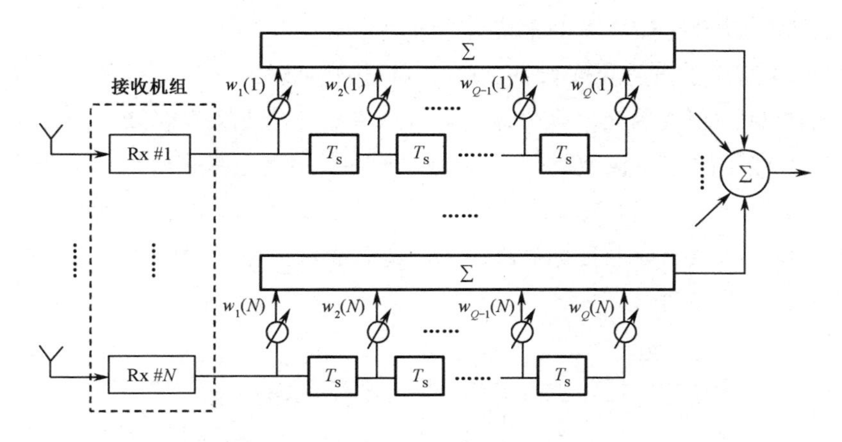

图 8.11　典型的快时域 STAP 结构框图

3. 3D-STAP

3D-STAP 是最一般性的全自适应 STAP，对整个数据块的阵元、距离和脉冲三个维度同时进行处理。这类方法在理论上能够解决热杂波和冷杂波同时抑制的问题。3D-STAP 的维度为 $N×Q×P$，其中，Q 表示快时域维数（距离数），N 为空域维数（阵元数），P 为慢时域维数（脉冲数）。根据天波雷达的典型参数，全尺寸 3D-STAP 的维数将达到 10^6 量级，显然在实际工程中无法实现。

大样本数量和极高的计算复杂度使得 3D-STAP 在天波雷达中的应用缺乏吸引力。天波雷达固定部署，使得杂波没有明显的角度-多普勒耦合特性，慢时域 STAP 联合处理不能提供显著的冷杂波抑制性能。在天波雷达中，通常并不考虑热杂波和冷杂波的联合抑制。仅仅在一种场景下，即所有的距离单元上都存在冷杂波，这使得仅含热杂波的训练数据难以获取，而不得不采用 3D-STAP[386]。

8.3.2.3　其他处理方法

除了空域和空时域联合处理，还有一些处理方法被提出用于天波雷达 RFI 干扰的检测和抑制。

6.4.3.3 节第 2 部分描述的环境感知自适应波形（ESBW），其基本原理与 ADBF 相似，只是在波形域（频域）进行自适应处理，能够抑制多个频宽不同的 RFI，特别是主瓣进入的干扰。

图像处理的方法也被引入到射频干扰检测和抑制流程中。通过将距离-多普勒谱图转化为灰度图，利用 LOG 算子去海杂波、分段及整段边缘线方法[388]和 Tamura 纹理的粗糙度[389]来检测 RFI 干扰并进行自适应抑制。

图 8.12 给出了基于灰度图像粗糙度的射频干扰自适应抑制流程。该方法可以对宽带射频干扰和主瓣进入的干扰进行抑制。

图 8.13 给出了自适应抑制前（a）和自适应抑制后（b）的距离-多普勒谱图。图中，横坐标为距离单元，纵坐标为多普勒单元。由于宽带射频干扰与雷达信号不相关，其能量散布在整个距离-多普勒平面内，抬高了基底电平。此时噪声区域的粗糙度 F 为 8.58。图 8.13（b）经过自适应迭代处理后，可看到射频干扰得到良好抑制，位于杂波下方的目标显露出来，此时噪声区域的粗糙度 F 为 6.89，接近无干扰的噪声典型值。

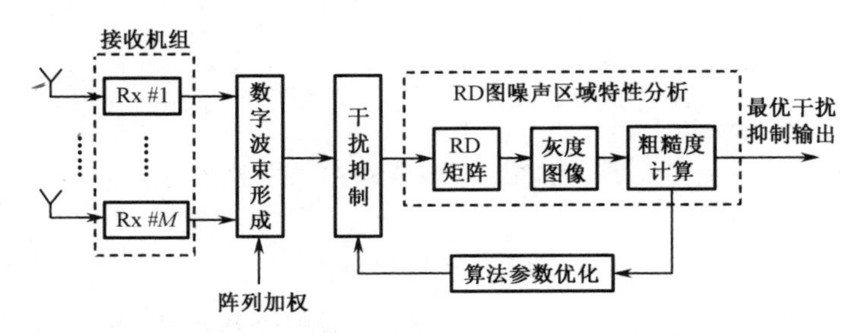

图 8.12　基于灰度图像粗糙度的射频干扰自适应抑制流程[389]

此外，还有基于高阶谱（双谱）[390]、时频分析[391]和正交投影[392]等技术途径的 RFI 射频抑制方法应用于高频雷达。

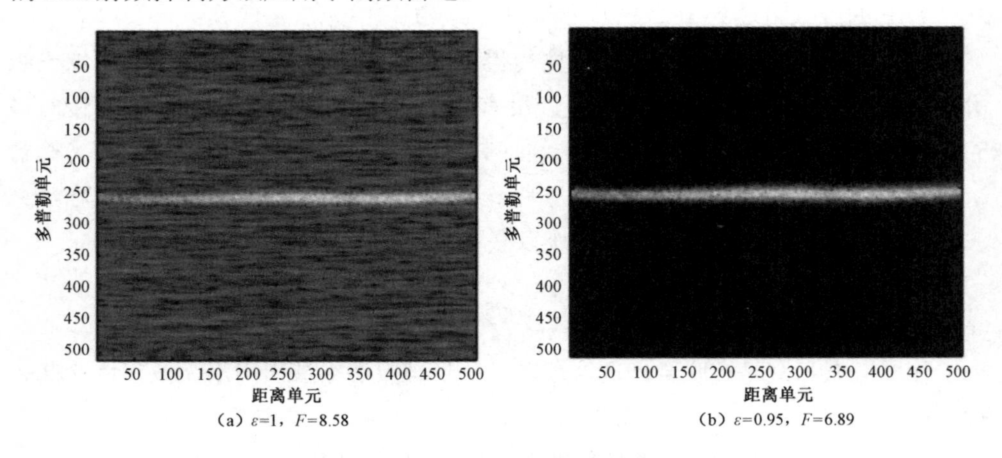

（a）ε=1，F=8.58　（b）ε=0.95，F=6.89

图 8.13　自适应抑制前后的距离-多普勒谱图[389]

8.3.3　电离层污染抑制

在天波雷达舰船目标检测和海态遥感应用中，通常需要长达数十秒相干积累时间。电离层在这样长的时间区间内不再认为是稳定的，其随时间的变化将对双程传输的雷达信号幅度和相位产生调制，这种信号失真体现为回波的多普勒漂移和展宽。强海杂波（通常是一阶布拉格峰）的展宽将“污染”相邻的多普勒区域，遮蔽位于该区间内的目标回波，或严重影响其检测性能。同时，这也严重影响从海杂波中提取海态信息。这一现象被称为电离层污染（Ionospheric Contamination）。相位调制的线性部分造成了多普勒漂移，而非线性分量则对多普勒展宽（谱污染）起着主要作用，因此这一过程有时也被称为电离层相位污染（Ionospheric Phase Contamination）或电离层相位失真（Ionospheric Phase Distortion）。

图 8.14 中给出了典型的海杂波多普勒谱图，图 8.14（a）为未被污染的场景，海杂波一阶布拉格峰和其间的目标回波清晰可见，而图 8.14（b）为电离层污染调制后的多普勒图，由于强海杂波的谱展宽，目标回波被完全淹没。

电离层污染所产生的多普勒谱失真是最终的现象，其产生机理主要包括以下几类[393-395]：

（1）电离层内部小尺度的等离子体（Plasma）扰动和地磁场变化而导致的折射率变化；

（2）类冻结场（Frozen-in Fields）传输的磁流体扰动导致电离层等离子体的压缩调制；

（3）声重力波引起的中等尺度和大尺度的电离层运动；

（4）时变电场导致的电离层大范围漂移（Drift）；

（5）由日夜交替现象、日食及其他电离现象联合作用而产生的电子浓度分布的动态变化。

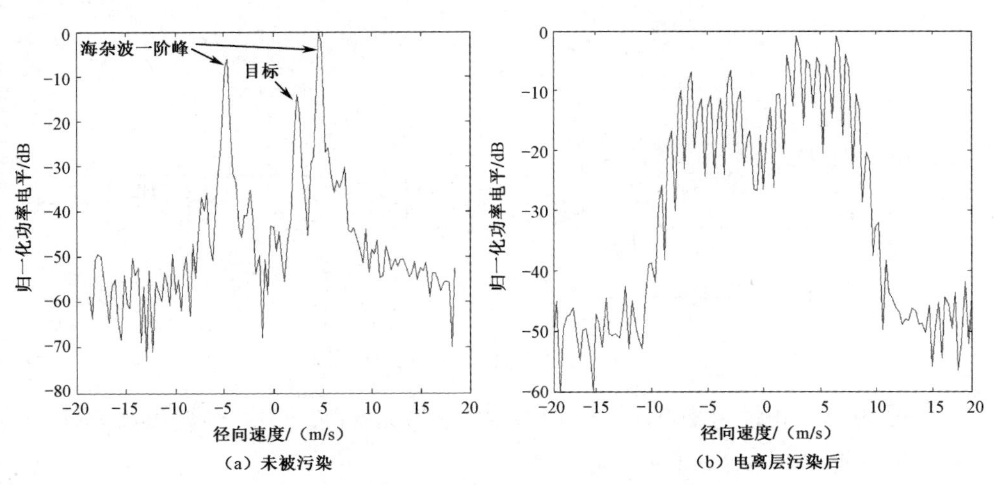

（a）未被污染　（b）电离层污染后

图 8.14　典型的海杂波多普勒谱图

一种解决相位失真的思路是在舰船探测或海态遥感任务中，采用短相干积累时间来规避电离层的非平稳性，然后在较短的慢时域数据序列上进行积累和处理。所采用的算法包括基于现代谱分析技术（Modern Spectrum Analysis Techniques，

MSAT）的高分辨谱估计器[361,396]、AR 模型预测外插[397]及循环迭代的杂波对消方法[398-399]等。

而在天波雷达信号处理中被广泛研究和采用是另一种相位污染估计和补偿方法[400-401]。该方法的流程通常分为四个步骤：首先提取包含相位污染的信号特征；其次基于该信号特征估计出相位污染参数或函数；再次构造补偿算子和补偿信号；最后利用补偿信号对原始的失真信号进行补偿。

应用于相位污染估计的主要信号特征包括海杂波多普勒谱的两个一阶布拉格峰、应答机发出的应答信号，以及岛屿、钻井平台和大型船舶的回波等。而电离层相位污染的估计算法是整个估计和补偿方法的核心。该算法本质上是一个给定时长信号的相位估计问题，更确切地说是瞬时频率（Instantaneous Frequency，IF）或瞬时相位（Instantaneous Phase，IP）的估计问题。因此，基于时变频率分析和估计的各类数学方法均被引入这一领域中，下面将进行具体介绍。

8.3.3.1 基于现代谱分析的方法

基于最大熵谱分析（MESA）的现代谱分析方法首先被应用到相位失真的估计中[402]。该方法利用最大熵方法（Maximum Entropy Method，MEM）可估计出短序列数据中的瞬时频率特性，将一个相干积累时间内的数据采样分为若干短序列，采用 MEM 来估计短序列中的信号特征频率，再将估计得到的瞬时频率综合成一个补偿信号，应用到相干积累前的原始数据上。处理框图如图 8.15 所示，该图反映了时域补偿这种典型思想。

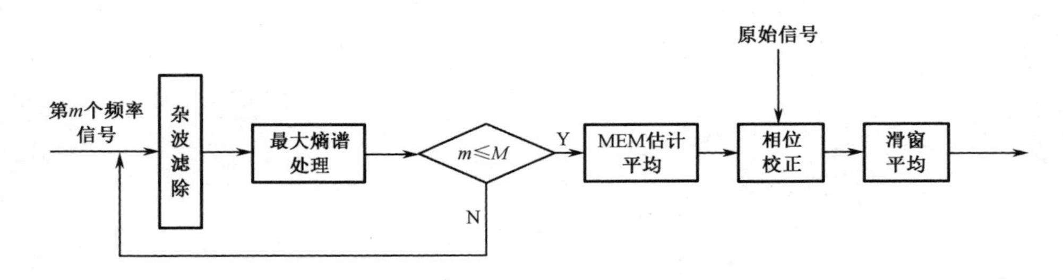

图 8.15 MESA 方法相位校正处理框图[402]

假定电离层相位污染可用一个频率调制函数 $m(k)$ 来表示，则接收数据第 k 个采样的瞬时角频率 $\omega(k)$ 可以写成

$$\omega(k) = \omega_0 + m(k) \tag{8.62}$$

式中：ω_0 为未受电离层扰动调制的布拉格峰的角频率，即时域估计和补偿方法中主要特征信号的角频率。

接收波形的相位函数 $\theta(k)$ 可表示成

$$\theta(k) = \omega_0 k + \sum_{n=-\infty}^{+\infty} m(n) \tag{8.63}$$

显然，当电离层扰动不存在时

$$\theta(k) = \omega_0 k = \theta_0(k) \tag{8.64}$$

典型的校正后的信号相位为

$$\hat{\theta}(k) = \text{phase}(s_r(k)) - \sum_{n=-\infty}^{k} m(k) \tag{8.65}$$

式中：$s_r(k)$ 为经过距离变换后的复接收信号采样；$\text{phase}(\cdot)$ 为求复信号的相位操作。

MESA 实现可采用改进的 Burg 算法[403]，具体的算法流程如下所示[400]。

（1）先将相干积累前的原始数据进行 FFT 处理变换到频域。

（2）对主要信号特征采用一定带宽的滤波器进行滤波，滤波过程通常可简化为给步骤（1）的结果加矩形窗。

（3）对滤波后的数据进行 IFFT 操作，变换回时域。

（4）根据电离层条件对数据进行分段。段大小为假定的最大相位无失真时间所对应的数据采样数，如假定电离层在小于 10s 的时间内是稳定的，而扫频重复周期为 1s，那么每段数据的长度不应超过 10。在计算量允许的前提下，数据重用是提高频率估计精度的有效方法，如 50%的数据重用率，总数据采样为 256，段长度为 16 的情况下共有 31 个数据段。

（5）对分段后的数据采用改进的 Burg 算法进行谱估计，通过求谱峰最大值所对应的频率得到该数据段的频率估计值。其中 AR 模型的阶数采用 AIC（Akaike's Information Criterion）或 FPE（Final Prediction Error）判决准则估计[404-406]。

（6）对获得的频率估计值进行插值，恢复到总采样点数。显然数据重用率越大，插值精度越高，最后的补偿信号的构造也越准确。

（7）将所得到的瞬时频率估计序列减去已知的主要信号特征的固有频率，得到电离层相位失真的瞬时频率估计值。

（8）利用电离层相位调制的瞬时频率估计序列构造出相位调制信号，取其共轭即为补偿信号。

（9）最后将补偿信号调制到接收机输出端信号上，再进行 FFT，即可得到电离层相位失真校正后的多普勒谱。

基于 MESA 的上述算法可以获得显著的谱锐化，但是当相干积累时间小于数十秒时，这种方法可能失效。其原因是在数据序列太短而相位扰动剧烈的情况下，不采用较高的数据重用率，容易造成瞬时频率估计偏差，而较大的数据重用率则加大了计算负载。该算法面临的另一个问题是 AR 模型阶数的确定，采用 FPE 准则或 AIC 准则来确定最优的阶数在一些情况下难以满足要求，甚至产生错误。AR 模型阶数过大，将会在谱上产生伪峰；阶数过小，则谱锐化现象不明显，仍然不利于目标检测[400]。

随后，采用一种能量加权相位差分估计器来估计电离层扰动的瞬时频率[205]。回波信号中存在剧烈的幅度衰落（相位的不连续性），这样导致直接采用相位差分估计器输出作为瞬时频率的估计会产生较大的误差。为了削弱这种不利影响，采用了能量加权的方法。

该方法的具体实现可用下式进行描述：

$$\varepsilon(t)=\frac{\sum_i \alpha_i^2\cdot\frac{\Delta\theta_i}{\Delta t}}{\sum_i \alpha_i^2}-\omega_{\mathrm{b}},\ i=1,2,\cdots,M \tag{8.66}$$

式中：$\Delta\theta_i$ 为相邻采样点的相位差，而相邻采样点之间的时间间隔为 Δt；α_i 为信号幅度；ω_{b} 为主要信号特征的角频率；$\varepsilon(t)$ 为电离层相位调制的估计；M 为所用的工作频率数目。

基于能量加权相位差分估计器的方法计算简单，稳健性优于 MESA 类算法，适合实时性要求高的场合[407]。从本质上来看，该算法基于加权相位差分的思想，对于平稳信号，此类估计器可满足克拉美-罗下界（Crame-Rao Lower Bound，CRLB）。但是该算法还存在几个问题。一是要求发射多个不同频率的信号波形，这将极大地增大系统的复杂性。从估计偏差上看，频率集越多（M 越大），精度越好，但实现代价越大。二是在相位快衰落的情况下估计精度性能不佳。

基于 Marple 算法的 MESA 算法也与上述两种算法进行了比较[206, 408]。三种算法对于一定变化范围内的相位调制具有相似的估计效果；三种算法能量加权的估计效果均要优于不加权；从估计偏差的角度，Marple 算法要优于 Burg 算法，而相位差分算法最差；从计算量的角度，相同的数据长度相位差分算法耗时最少，约为基于 MESA 的两种算法的 1%，而 Marple 算法与 Burg 算法计算量相当，Marple 算法计算量稍大。

合成孔径雷达成像中常用的相位梯度自聚焦算法（Phase Gradient Autofocus，PGA）也被引入来校正电离层相位污染[409]，并进行了相应的改进和拓展[410]。

8.3.3.2　基于时频分析的方法

基于对瞬时频率估计的需求，各类时频分布方法相继被引入电离层污染估计和补偿算法中。最早是利用魏格纳-维利分布（Wigner-Ville Distribution，WVD）来估计电离层运动所导致的多普勒漂移和调制[51]。

基于时频分析的算法步骤包括：

（1）～（4）与 8.3.3.1 节基于现代谱分析的方法一致，即首先完成杂波滤除和数据分段。

（5）基于时频分布函数得到信号的时频分布，下面给出两种基本的时频分布，包括短时傅里叶变换（Short-Time Fourier Transform，STFT）和魏格纳-维利分布：

$$P_{\mathrm{STFT}}(t,f)=\int_{-\infty}^{+\infty}x(t)x^{*}(t-\tau)\mathrm{e}^{-\mathrm{j}2\pi ft}\mathrm{d}\tau \tag{8.67}$$

$$P_{\mathrm{WVD}}(t,f)=\int_{-\infty}^{+\infty}x\left(t+\frac{\tau}{2}\right)x^{*}\left(t-\frac{\tau}{2}\right)\mathrm{e}^{-\mathrm{j}2\pi ft}\mathrm{d}\tau \tag{8.68}$$

式中：$x(t)$ 为雷达接收信号经脉冲压缩和波束形成后，在指定距离单元和方位单元的慢时域信号。

（6）对能量采取占优谱峰搜索的方式进行瞬时频率估计，迭代搜索采用集中的信号特征（如一阶布拉格峰），即

$$F_i(t_i)=\arg\left\{\max_{j\in K_{i-1}\pm D}P(t_i,f_j)\right\} \tag{8.69}$$

$$K_i=\arg\left\{\max_{j\in K_{i-1}\pm D}P(t_i,f_j)\right\} \tag{8.70}$$

式中：$F_i(t_i)$ 为 t_i 时刻信号特征（如布拉格峰）瞬时频率的峰值搜索结果；$P(t_i,f_j)$ 为时刻 t_i、频率 f_j 处的时频谱值；K_i 为当前搜索得到的频率坐标序号，用于下一时刻的搜索；D 为搜索范围，至少应包括一阶布拉格峰可能出现的位置；i 和 j 分别是时频谱平面的坐标序号。

（7）瞬时频率搜索完成后，污染函数第 n 分段的瞬时频率可由下式给出：

$$f_{\mathrm{IPC}}(n)=F(n)-f_{\mathrm{Bragg}} \tag{8.71}$$

式中：$F(n)$ 为根据式（8.69）搜索得到的第 n 个数据分段的瞬时频率；f_{Bragg} 为一阶布拉格峰的频率。

后续的步骤（8）和（9）也与基于现代谱分析的方法相同，即基于瞬时频率估计值实现相位的重构和补偿，此处不再重复。

在电离层污染抑制中引入的时频分布及其改进类型包括：STFT、WVD、平滑伪 WVD、联合时频分布 STFT-SPWVD、改进的协方差（Modified Covariance，MCOV）法、短时 MUSIC 变换（Short Time MUSIC Transform，STMT）法等[411-412]。从算法估计精度、稳健性和运算量等几个方面进行比较可知：经典时频分布和联合时频校正法受杂噪比影响最小、运算量小，但在应对罕见的大幅度同时快速变化的相位污染方面存在不足；高分辨时频分布法具有极高的谱峰分辨能力，但是稳健性、参数的自适应最优选择和运算量方面存在困难，尤其是在低杂噪比情况下[411]。

8.3.3.3 基于特征分解的方法

可根据回波信号的时间可逆性（Time-Reversibility）来判定电离层相位污染是否存在[324]。若回波信号满足

$$\boldsymbol{R}=\boldsymbol{J}\cdot\boldsymbol{R}^{*}\cdot\boldsymbol{J} \tag{8.72}$$

则认为信号是平稳的，未受到电离层的相位调制，其中$\boldsymbol{J}$是一个反对角形式的扰动矩阵，而$\boldsymbol{R}$为回波协方差矩阵。式（8.72）表明：如果观测的时间序列（包含杂波和噪声）属于平稳随机过程，则其噪声子空间特征向量应该与信号子空间的平均时间逆矩阵正交。若该条件不满足，则表明存在电离层调制效应破坏了这一关系。

基于上述原理，特征分解（特征子空间）类算法也可用于估计电离层的线性和非线性调制。最先提出的是多重信号分类 MUSIC 类算法[324]，随后又有基于多扫频的特征分解法[413]、基于汉克尔降秩（Hankel Rank Reduction，HRR）的奇异值分解（Singular Values Decomposition，SVD）法[414]及在其基础上改进的复能量检测法（Complex Energy Detection，CED）法[415]等。

基于 SVD 的瞬时频率跟踪技术最早用于跟踪叠加的时变频率信号[416]，其突出特点是可以同时实现瞬时频率跟踪与海杂波抑制，这对于天波雷达极具吸引力。瞬时频率跟踪可以用来估计电离层相位污染的变化，而杂波抑制可以进一步增强位于海杂波附近的舰船目标检测性能。下面给出基于 HRR 的 SVD 方法原理和时变频率跟踪过程。

由r个叠加的频率时变谐波所组成的信号可用下式表示[400]：

$$s(n)=A_1\mathrm{e}^{\mathrm{j}\varphi_1(n)}+A_2\mathrm{e}^{\mathrm{j}\varphi_2(n)}+\cdots+A_r\mathrm{e}^{\mathrm{j}\varphi_r(n)} \tag{8.73}$$

式中：$\varphi_i(n)$（$1\leqslant i\leqslant r$）为第i个谐波的非线性相位函数。每个谐波的瞬时频率可表示成

$$f_i(n)=\frac{1}{2\pi}[\varphi_i(n)-\varphi_i(n-1)] \tag{8.74}$$

而一个具有$N-M+1$行、M列的 Hankel 矩阵可由下式构造得出：

$$\boldsymbol{H}=\begin{bmatrix} s(1) & s(2) & \cdots & s(M) \\ s(2) & s(3) & \cdots & s(M+1) \\ \vdots & \vdots & \ddots & \vdots \\ s(N-M+1) & s(N-M+2) & \cdots & s(N) \end{bmatrix} \tag{8.75}$$

则直接从时域数据构造的 Hankel 矩阵的秩为r。

为了更清楚地说明问题，引入信号$s(n)$的状态空间表示法。观测信号$s(n)$可用一个振荡器的输出来建模，模型的状态方程可表示为

$$\boldsymbol{x}(n+1)=\boldsymbol{F}(n)\boldsymbol{x}(n) \tag{8.76}$$

$$s(n)=\boldsymbol{h}\boldsymbol{x}(n) \tag{8.77}$$

式中：$\boldsymbol{x}$ 为 $r\times1$ 维的状态矢量；$\boldsymbol{F}$ 为 $r\times r$ 维的状态反馈矩阵（State Feedback Matrix，SFM）；$\boldsymbol{h}$ 为 $1\times r$ 维的输出矢量。由于谐波频率随时间变化，因此状态反馈矩阵 $\boldsymbol{F}$ 也是时间的函数。$\boldsymbol{F}(n)$ 的第 i 个奇异值为 $\exp(\mathrm{j}2\pi\varphi_i(n+1))$，$s(n)$ 可以进一步表示成

$$s(n+k)=\boldsymbol{h}\boldsymbol{F}^k(n)\boldsymbol{x}(n) \tag{8.78}$$

式中矩阵和状态矢量均可以表示成对角阵的形式，即

$$\begin{aligned}\boldsymbol{F}(n)&=\begin{bmatrix}\mathrm{e}^{\mathrm{j}2\pi f_1(n+1)} & 0 & \cdots & 0\\ 0 & \mathrm{e}^{\mathrm{j}2\pi f_2(n+1)} & \cdots & 0\\ \vdots & \vdots & \ddots & \vdots\\ 0 & 0 & \cdots & \mathrm{e}^{\mathrm{j}2\pi f_r(n+1)}\end{bmatrix}\\ &=\mathrm{diag}\left[\mathrm{e}^{\mathrm{j}2\pi f_1(n+1)},\mathrm{e}^{\mathrm{j}2\pi f_2(n+1)},\cdots,\mathrm{e}^{\mathrm{j}2\pi f_r(n+1)}\right]\end{aligned} \tag{8.79}$$

$$\boldsymbol{h}=\left[A_1,A_2,\cdots,A_r\right] \tag{8.80}$$

$$\boldsymbol{x}(n)=\left[\mathrm{e}^{\mathrm{j}2\pi f_1(n)},\mathrm{e}^{\mathrm{j}2\pi f_2(n)},\cdots,\mathrm{e}^{\mathrm{j}2\pi f_r(n)}\right]^{\mathrm{T}} \tag{8.81}$$

假设谐波频率在相邻的 M 个采样上保持不变，那么可近似认为状态反馈矩阵也是恒定的（非时变的），这样在相邻的 M 个时刻的状态反馈矩阵 $\boldsymbol{F}(k+1),\boldsymbol{F}(k+2),\cdots,\boldsymbol{F}(k+M)$ 均可以用一个中值项 $\boldsymbol{F}(k+d)$ 来替代，这里 $d=\mathrm{floor}\left[(M+1)/2\right]$。于是式（8.75）中的 Hankel 矩阵可重写成

$$\tilde{\boldsymbol{H}}=\begin{bmatrix}\boldsymbol{h}\\ \boldsymbol{h}\boldsymbol{F}(d)\\ \boldsymbol{h}\boldsymbol{F}(d+1)\boldsymbol{F}(d)\\ \vdots\end{bmatrix}\left[x(1)\quad x(2)\quad x(3)\quad\cdots\right]=\boldsymbol{\varXi}\cdot\boldsymbol{X} \tag{8.82}$$

由于 $\boldsymbol{\varXi}$ 只有 r 列且 $\boldsymbol{X}$ 只有 r 行，所以 $\tilde{\boldsymbol{H}}$ 的秩不超过 r。上述过程即完成了从矩阵 $\boldsymbol{H}$ 到一个低阶矩阵 $\tilde{\boldsymbol{H}}$ 的映射（近似），这种近似的有效性依赖谐波频率在整个数据集中的整体变化量，整个数据集中谐波的频率变化量越小，这种逼近越合理。如果谐波频率变化过快，则只能考虑采用更小的 M 来弱化这种不利影响。

通过奇异值分解技术获得式（8.82）中 $\boldsymbol{\varXi}$ 和 $\boldsymbol{X}$ 的值，$\boldsymbol{H}$ 的奇异值分解过程可表示成

$$\boldsymbol{H}=\boldsymbol{U}\boldsymbol{S}\boldsymbol{V}^{\mathrm{T}} \tag{8.83}$$

式中：$\boldsymbol{S}=\mathrm{diag}\left[\lambda_1,\lambda_2,\cdots,\lambda_M\right]$，为矩阵 $\boldsymbol{H}$ 的奇异值，并且 $\lambda_1\geqslant\lambda_2\geqslant\cdots\geqslant\lambda_M\geqslant0$；$\boldsymbol{U}$ 和 $\boldsymbol{V}$ 分别为对应于相应奇异值的左右奇异矢量。仅保留 $\boldsymbol{S}$ 中最大的 r 个奇异值，并按下式重构出一个低秩近似矩阵：

$$\boldsymbol{H}=\boldsymbol{U}_1\boldsymbol{S}_1\boldsymbol{V}_1^{\mathrm{T}} \tag{8.84}$$

式中：$\boldsymbol{S}_1=\mathrm{diag}\left[\lambda_1,\lambda_2,\cdots,\lambda_r\right]$；$\boldsymbol{U}_1$ 和 $\boldsymbol{V}_1$ 均只有 r 行。通过比较式（8.84）与式（8.82）

可得 Ξ 与 $\boldsymbol{X}$ 的估计

$$\hat{\Xi}=\boldsymbol{U}_1\sqrt{\boldsymbol{S}_1} \tag{8.85}$$

而

$$\hat{\boldsymbol{X}}=\sqrt{\boldsymbol{S}_1}\boldsymbol{V}_1^{\mathrm{T}} \tag{8.86}$$

由 Ξ 的估计，就有可能估计出 $\boldsymbol{F}(n)$。首先将 $\hat{\Xi}$ 分为若干个小矩阵，$\hat{\Xi}_k$ 由 $\hat{\Xi}$ 的第 k 行至第（$k+M-1$）行所组成。观察式（8.82）的结构，可以发现下列关系

$$\Xi_k\boldsymbol{F}(k+M-1)\approx\Xi_{k+1},\quad k=1,2,3,\cdots \tag{8.87}$$

采用 $\hat{\Xi}_k$ 来代替式（8.87）中的 Ξ_k，此线性方程可用全局最小平方法解出，即

$$\hat{\boldsymbol{F}}(k+M-1)=(\hat{\Xi}_k^{\mathrm{T}}\hat{\Xi}_k)^{-1}\hat{\Xi}_k^{\mathrm{T}}\hat{\Xi}_{k+1} \tag{8.88}$$

在第 k 个时刻的瞬时频率可通过计算 $\hat{\boldsymbol{F}}(k)$ 特征值的相角来得到。

图 8.16 给出了基于 HRR 方法得到的相位校正前后的多普勒谱图。图 8.16 中，实线为校正相位前电离层污染的多普勒谱，而虚线表示相位校正后的多普勒谱，可以看到谱峰得到明显的锐化，电离层污染得到抑制。

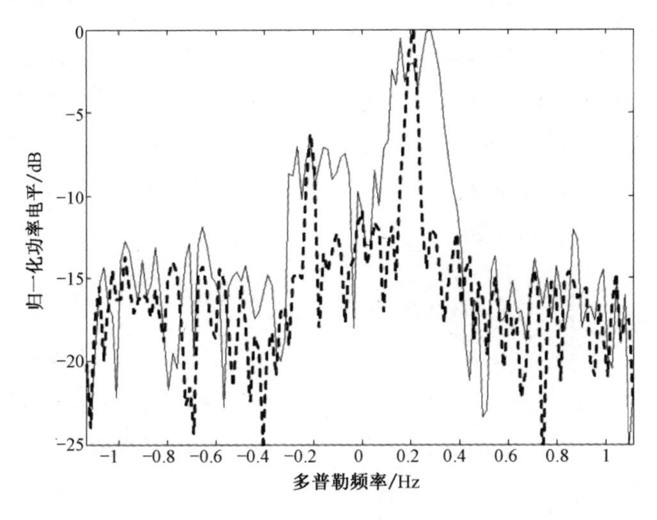

图 8.16　基于 HRR 方法得到的相位校正前后的多普勒谱图[414]

8.3.3.4　基于多项式相位建模的方法

基于以上分析可知，电离层污染函数的估计可以等效为瞬时频率或瞬时相位的估计问题。在已有的瞬时频率估计方法中，基于相位建模的思想得到了充分的研究，而其中多项式相位建模近年来又得到重点的关注[417-418]。

根据维尔斯特拉斯（Weierstrass）逼近定理，任意受限区间内的连续函数可由一个多项式函数无限逼近[419]。该方法将时变信号的瞬时频率或相位利用一个有限阶的多项式模型来逼近，然后估计出该多项式的各阶系数，再重构出瞬时频率或

相位作为估计值。这种方法的一大特点是可以利用信号一定的先验知识，当已知信号的瞬时频率是缓变的时，可以用一个低阶的多项式来拟合，而当信号频率变化较快时，则可以采用一个高阶的多项式，这样可以有效降低估计方差。

上述基于多项式相位建模的实现关键在于多项式各阶系数的估计。近年来，基于高阶模糊函数（High-Order Ambiguity Function，HAF）的多项式系数估计方法得到了广泛应用，其计算量小、鲁棒性较好，并且在高信噪比情况下能获得接近克拉美-罗下界的估计性能[420]。其后提出的乘积高阶模糊函数（Product High-Order Ambiguity Function，PHAF），又有效解决了多分量多项式相位信号（Polynomial Phase Signal，PPS）情况下参数估计的模糊问题[421-422]。

这里将分段多项式相位建模的思想引入到电离层相位失真的估计中[423]。通过相位分段建模，避开了瞬时频率估计以及相位重构这一过程，能够直接获得瞬时相位的估计值。分段思想又能够最大限度地利用当前获得的与电离层变化相关的先验知识。当电离层变化明显而导致回波信号相位非线性化严重时，则可采用多分段短序列较高阶的多项式相位模型来逼近；而当电离层变化不明显时，可采用低阶长序列少分段的多项式相位模型。

恒幅度多项式相位信号（PPS）的定义由下式给出：

$$s(n)=b_0\exp\left\{\mathrm{j}\sum_{m=0}^{M}a_m(n\Delta)^m\right\} \tag{8.89}$$

式中：$0\leqslant n\leqslant N-1$，$N$ 为采样数；Δ 为采样间隔；多项式相位系数 a_m 为实数；M 为多项式相位信号的阶数。

第 M 阶高阶模糊函数 HAF_M 定义为第 M 阶高阶瞬时矩的离散傅里叶变换。令 $s(n)$ 为式（8.89）所定义的信号形式，则高阶瞬时矩算子定义如下[420]：

$$\mathrm{HIM}_1[s(n),\tau]=s(n) \tag{8.90}$$

$$\mathrm{HIM}_2[s(n),\tau]=s(n)s^*(n-\tau) \tag{8.91}$$

$$\vdots$$

$$\mathrm{HIM}_M[s(n),\tau]=\mathrm{HIM}_2[\mathrm{HIM}_{M-1}[s(n),\tau],\tau] \tag{8.92}$$

式中：τ 为延迟参数；M 为阶数。二者均为正整数。

这样，第 M 阶的高阶模糊函数可由下式给出：

$$\mathrm{HAF}_M[s(n),\omega,\tau]=\sum_{n=(M-1)r}^{N-1}\mathrm{HIM}_M[s(n),\tau]\exp\{-\mathrm{j}\omega n\Delta\} \tag{8.93}$$

从式（8.93）中可知，最高阶为 M 的多项式相位系数可通过 HAF 变换之后确定非零谱峰（ω_0）的位置得到，而任意小于最高阶 M 的多项式分量经过 HAF 变换之后的谱线均位于零频。另外，根据这一性质，有效的多项式相位阶数 M 即为 HAF 谱上出现非零谱峰的最大阶数。这就是基于 HAF 的多项式相位系数估计方法的基本原理。

为避免估计模糊，根据采样定理，需要满足下列条件：

$$|a_M| \leqslant \frac{\pi}{M!\tau^{M-1}\varDelta^M} \tag{8.94}$$

以及

$$\tau \leqslant \frac{N}{M-1} \tag{8.95}$$

进一步地，通过乘积高阶模糊函数 PHAF 解决多 PPS 情况下的参数估计问题。PHAF 采用的是 HIM 的多 lag 对称定义，并由下式给出[421]：

$$\text{PHAF}_M^L(s(n);\omega,\tau^L) = \prod_{l=1}^{L} \text{HAF}_M\left(s(n);\frac{\prod_{k=1}^{M-1}\tau_k^{(l)}}{\prod_{k=1}^{M-1}\tau_k^{(1)}}\omega,\tau_{M-1}^l\right) \tag{8.96}$$

在多 PPS 情况下，由于 HAF 变换是非线性变换，所以会产生交叉项，从而影响正确的参数估计。PHAF 方法本质上利用了 HAF 谱谱峰与延迟参数 τ 之间的依赖关系，采用不同的延迟参数集来获得多个 HAF 谱，然后对获得的谱对应的延迟参数进行配平（Scaling），并将配平后的多个谱相乘起来，从而达到抑制多分量信号情况下的交叉项的目的。

具体的算法流程步骤如下：

（1）～（4）与前述算法一致，即首先完成杂波滤除和数据分段。

（5）对分段后的数据序列分别进行相位估计，首先利用经验信息确定多项式阶数 M，通常 $M \leqslant 4$，再利用下式确定延迟参数集 $\vec{\tau}$：

$$\tau_{i,k} = \text{int}\left[\frac{N_k}{i}\right], \qquad k=1,2,\cdots,K,\ i=1,2,\cdots,M-1 \tag{8.97}$$

式中：K 为总的数据分段数；N_k 为第 k 段数据的长度。

（6）令 $m=M$，按下式计算出分段数据的第 m 阶高阶瞬时矩 HIM：

$$\text{HIM}_M[s(n),\tau] = \prod_{q=0}^{M-1}[s^{\$_q}(n-q\tau)]^{\binom{M-1}{q}} \tag{8.98}$$

这里

$$s^{\$_q}(n) = \begin{cases} s(n), & q\ \text{为偶数} \\ s^*(n), & q\ \text{为奇数} \end{cases} \tag{8.99}$$

（7）利用补零 FFT 获得第 m 阶高阶模糊函数：

$$\text{HAF}_m\left(s_k(n);\omega,\vec{\tau}\right) = \sum_{n=0}^{N_k-1}\text{HIM}_m\left(s_k(n);\vec{\tau}\right)\text{e}^{-\text{j}\omega n\varDelta} \tag{8.100}$$

（8）采用下式得到多项式相位系数 $a_{m,k}$ 的估计值：

$$\hat{a}_{m,k}=\frac{1}{m!\varDelta^{m-1}\cdot\prod_{p=1}^{m-1}\tau_{p,k}}\arg\max_{\omega}\left|\mathrm{HAF}_m\left(s_k(n);\omega,\vec{\tau}\right)\right| \tag{8.101}$$

式中：$\varDelta$ 为采样间隔。

（9）构造第 m 阶补偿序列：

$$s_k^{(m)}(n)=\mathrm{e}^{\left(-\mathrm{j}\hat{a}_{m,k}\cdot(n\varDelta)^m\right)} \tag{8.102}$$

（10）令 $s_k(n)=s_k^{(m)}(n)\cdot s_k(n)$，实现降阶目的。

（11）如 $m=1$ 则进行后续步骤；如 $m>1$，令 $m=m-1$，跳转至步骤（7）。

（12）利用下面两式得到 $\hat{a}_{0,k}$ 和幅度的估计值 $\hat{b}_{0,k}$：

$$\hat{a}_{0,k}=\mathrm{phase}\left\{\sum_{n=0}^{N_k-1}s_k(n)\right\} \tag{8.103}$$

$$\hat{b}_{0,k}=\frac{1}{N}\left|\sum_{n=0}^{N_k-1}s_k(n)\right| \tag{8.104}$$

（13）采用估计出的多项式系数重构出各数据段的相位 $\varphi_k(n)$：

$$\varphi_k(n)=\mathrm{phase}\left\{\hat{b}_{0,k}\cdot\mathrm{e}^{\mathrm{j}\sum\limits_{p=0}^{M}\hat{a}_{p,k}\cdot(n\varDelta)^p}\right\} \tag{8.105}$$

（14）若 $k=K$，则继续下面步骤，否则 $k=k+1$，跳转至步骤（5）。

（15）进行相位解绕（Phase Unwrapped）操作，将相位变换至 $[-\pi,\pi]$。

（16）将各段相位估计值组合成完整的瞬时相位估计序列 $\hat{\varphi}(n)$，如数据有重用则各估计值取平均。

（17）将相位估计序列减去主要相位特征对应的线性相位值，得到电离层相位失真的估计值

$$\hat{\varphi}'(n)=\hat{\varphi}(n)-\omega_{\mathrm{b}}n\varDelta \tag{8.106}$$

（18）用 $\hat{\varphi}'(n)$ 构造补偿信号并对原始信号进行补偿。

图 8.17 给出的一个仿真的多普勒谱污染加扰和抑制结果图。左图为人为添加相位污染的多普勒谱图，可看到明显的多普勒展宽。相位污染采用下式所给出的正弦相位模型：

$$G(n)=b_0\exp\left\{-\mathrm{j}\beta\sin\left(2\pi\gamma n\right)\right\},\ 0\leqslant n\leqslant N-1 \tag{8.107}$$

式中：β 和 γ 为相位模型参数，β 反映多普勒扩展的宽度，γ 反映相位起伏的变化速率。杂波剔除滤波器的带宽取 0.25Hz，延迟参数 τ 取值为[10,10]，多项式阶数为 3，数据分段数为 8，HAF 算法中 FFT 长度为 4096（通过补零实现），相干积累时间 CIT 为 51.2s，采样点数为 128，将正多普勒的布拉格峰作为主信号特征，数据重用率为 50%，相干积累中采用了汉宁（Hanning）窗。比较两图可以发现，校

正后的谱明显锐化，原来被展宽的海杂波一阶分量所遮蔽的目标信号也能够被分辨出来。

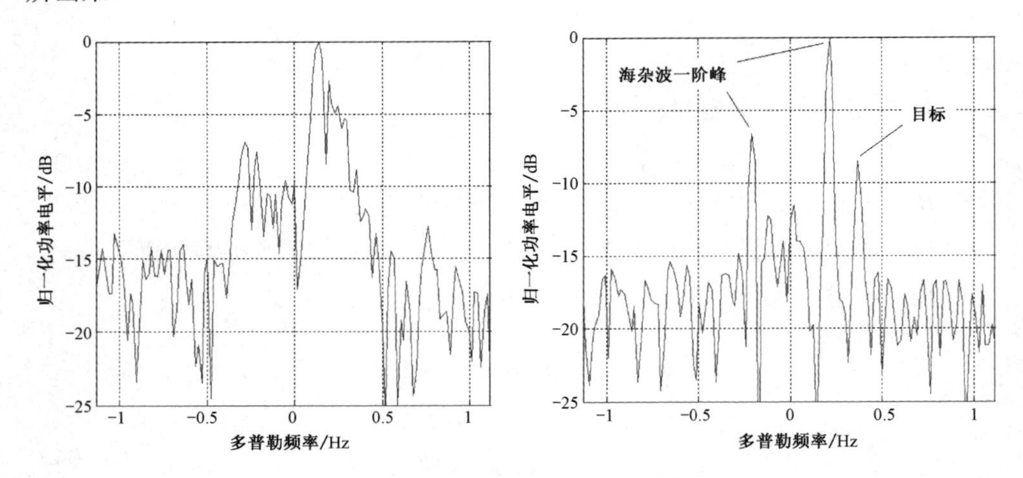

图 8.17　人工电离层污染加扰与抑制结果图[400]

为了进一步比较上述几种方法的优劣，采用相同的模型和参数进行了一系列仿真。图 8.18（a）给出了快相位起伏条件下基于 PPS 方法、MUSIC-type 方法以及 HRR 方法的估计结果对比。对于快起伏的相位调制函数，基于 PPS 方法能够跟踪相位的变化，而 MUSIC-type 方法和 HRR 方法效果不佳。图 8.18（b）则给出了三种方法的估计精度比较结果，可看到，对于适当选取的 M 值，三种方法均有较好的估计效果。但是，从估计精度上而言，基于 PPS 方法仍然具有相当的优势，并且随着 γ 的增大，变化不明显。

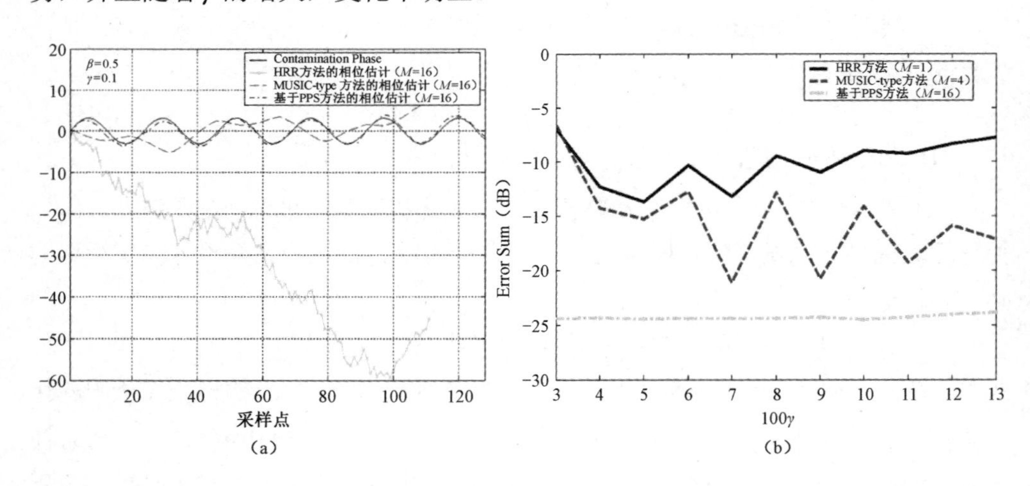

图 8.18　不同方法的估计性能对比图[400]

近年来，关于多项式相位建模方法中多项式阶数的选择[424-425]以及引入极大似然估计[426]等方面也持续得到研究。

8.3.4　杂波抑制

从 1.3.2.2 节杂波的分类可知，从不同物体散射的雷达信号构成了回波信号中占据能量优势的分量，即杂波。而目标信号与杂波相比弱得多，杂波在信号空间（距离-方位-多普勒三维）的扩展都可能淹没邻近的弱目标回波，形成遮蔽效应。因此，杂波抑制成为天波雷达信号处理中必须考虑的环节。

与 8.3.1 节和 8.3.2 节描述的干扰特性不同，干扰与雷达信号通常是不相干的（蓄意干扰中的欺骗干扰除外），而杂波与雷达信号是相关的，甚至是强相关的。因此，二者的抑制方法和措施存在较大的差异。

下面从海杂波抑制（主要针对舰船目标检测）和多径扩展杂波抑制（主要针对空中目标检测）两方面展开论述。

8.3.4.1　海杂波抑制

对于舰船目标检测而言，由于舰船的多普勒速度与地海杂波的多普勒速度相邻，当目标在多普勒上落入强地杂波和海杂波所占据的区间（也称为盲速区）时，就会产生严重的杂波遮蔽效应（Clutter Masking Effect，CME），目标无法检测。

利用信号处理算法解决 CME 问题的思路大致可分为两类。

一类是尽量提高谱的分辨率，提高信杂比，例如，采用长 CIT 结合经典谱分析技术或者短 CIT 结合现代谱分析技术的方案。该方案可参见 8.2.5 节高分辨谱估计的相关内容，这里不再展开。

另一类则是采用海杂波抑制或对消算法，尽可能地抑制掉遮蔽目标的海杂波而不损害目标分量。海杂波抑制方法主要分为以下两大类。一类是时域对消法，通过估计强杂波的参数，在时域迭代相减对消掉杂波分量[398-399]。另一类是特征分解类法，依据杂波在子空间的聚集特性实现抑制，包括基于 HRR 的 SVD 分解方法[427-428]、通过多普勒频率估计杂波子空间（ESVID）方法[429-430]等。此外，近年来也提出了利用知识辅助[431]和字典学习[432]等技术来抑制海杂波的新方法。

1. 时域对消法

时域对消法采用的相干积累时间和数据长度较短，可以不考虑海杂波分量的时变性。该算法相对简单且易于实现，从本质上来说是一种迭代方法，也就是在傅里叶频谱（短驻留时间内）中通过每次迭代估算和去除保留的主峰值过程，这个峰值假定为正弦型。当在频谱附近有干扰，如存在一个或多个路径信号相混合的布拉格峰值，即使杂波是理想的正弦形式，从傅里叶峰值自身估计出的幅度和频率也是存在误差的。最后，初始相位是通过最大限度地减少正弦模拟信号与实际数据间的误差量（它们之间的差值）估计得出的，也就是相位的正弦模型与数据间的最小二乘拟合。

这个正弦模拟信号与实际数据间的误差量定义为

$$\varepsilon(\varphi)=\sum_{n=1}^{N}\left|x(n)-\hat{A}\exp(\mathrm{j}\varphi_0)\cdot\exp\left(\mathrm{j}2\pi\hat{f}(n-1)T\right)\right|^2 \tag{8.108}$$

式中：$x(n)$（$1\leqslant n\leqslant N$）是在一给定的距离-方位单元内的复数据采样；$\hat{A}$ 和 $\hat{f}$ 分别为从傅里叶峰值估计得出的幅值和频率；φ_0 为预设的初始相位；T 为采样间隔。根据式（8.108）对 φ 进行微分，可得

$$\frac{\mathrm{d}\varepsilon(\varphi)}{\mathrm{d}\varphi}=\frac{\mathrm{d}}{\mathrm{d}\varphi}\left\{\left\langle x,\overline{x}\right\rangle-\hat{A}\mathrm{e}^{\mathrm{j}\varphi}\left\langle \mathrm{e}^{\mathrm{j}2\pi\hat{f}nT},\overline{x}\right\rangle-\hat{A}\mathrm{e}^{-\mathrm{j}\varphi}\left\langle x,\mathrm{e}^{-\mathrm{j}2\pi\hat{f}nT}\right\rangle+\hat{A}^2\right\}=0 \tag{8.109}$$

式中

$$\left\langle x,y\right\rangle\equiv\sum_{n=1}^{N}x(n)y(n) \tag{8.110}$$

解得

$$\mathrm{e}^{\mathrm{j}2\hat{\varphi}}=\frac{\left\langle x,\mathrm{e}^{-\mathrm{j}2\pi\hat{f}nT}\right\rangle}{\left\langle \mathrm{e}^{\mathrm{j}2\pi\hat{f}nT},\overline{x}\right\rangle} \tag{8.111}$$

式中：$\hat{\varphi}$ 为在给定估计频率 $\hat{f}$ 的情况下估计出的相位值。

该算法的核心在于准确地估计谐波分量的幅度、频率和初始相位，由于海杂波分量往往远大于目标分量，因此通常将估计数据序列中能量最大的谐波分量看作海杂波分量而减去，这种估计、重构和相减的过程要经过多次循环才足以抑制海杂波而让信号凸现出来。该算法一般通过 4～7 次迭代即可实现较好的杂波抑制效果。但是缺点也很多，首先是迭代截止界限难以确定，如果太早截止，杂波未得到充分抑制，目标无法显现，而太晚截止又有可能将目标信号误认为杂波而对消掉；其次是算法估计精度难以满足要求，仅当目标多普勒频率距离海杂波分量较远并且信杂比也在一定范围内的情况下才能取得较好的效果。另外，该算法无法处理多目标场景。

2. 特征分解法

在短序列条件下，时域相干性通常较好，构造 Hankel 矩阵无须考虑数据间的相干性，因此采用基于 SVD 分解的杂波抑制算法可以避免时域对消法中迭代截止门限的确定问题，并且对多目标情况也具有一定的处理能力。

对 Hankel 矩阵进行 SVD 分解之后，奇异值按大小进行排列，通常最大的两个奇异值对应海杂波的正负一阶分量。但是很多情况下，第 3 大的奇异值不一定

对应于目标，而很有可能是海杂波的残余分量（也就是说海杂波的能量并不完全聚集于两个最大的谐波分量上）。通过将最大的两个奇异值置零的方法，仍然难以完全对消掉海杂波分量。

这里给出了一种在奇异值置零步骤之前加入了一个海杂波分量判定过程的改进方法。Hankel 矩阵奇异值分解的过程重写如下：

$$\boldsymbol{H}=\boldsymbol{USV}^{\mathrm{T}} \tag{8.112}$$

矩阵$\boldsymbol{V}$的列向量记录了奇异值所代表的正弦信号频率，而且这些频率的排列顺序和$\boldsymbol{S}$中特征值的排列顺序相对应。

接着，计算出矩阵$\boldsymbol{V}$中前M个列向量中谱峰最大值所对应的频率$f(n)$，这里$1\leqslant n\leqslant M$。M的取值取决于观测信号$s(n)$中所含的正弦分量$|f(n)|\leqslant|f_0\pm\Delta f|$的数目$r$，为避免可能的弱信号分量被剔除，$M$通常应明显大于$r$，通常取$M=2(r+1)$。然后，将包含频率信息的序列$f(n)$和$f_0$进行比较，当$|f(n)|\leqslant|f_0\pm\Delta f|$时，认为该序号对应的奇异值为海杂波一阶分量，将这些符合上述公式的奇异值置零，从而实现海杂波抑制的效果。这里Δf为海杂波对应奇异值的判决门限，它由基于信号子空间的谱估计技术所能达到的分辨率所决定，即当目标落于此分辨率之内时，其将无法与海杂波分辨开来。一般可令$\Delta f=0.02\,\mathrm{Hz}$。

具体的算法实现步骤如下[414]：

（1）根据雷达的工作频率计算出理论布拉格频率f_{B}，该频率为正负一阶布拉格分量在多普勒谱上的位置。

（2）按照式（8.75）构造 Hankel 矩阵$\boldsymbol{H}$。

（3）按照式（8.83）对 Hankel 矩阵$\boldsymbol{H}$进行 SVD 分解。

（4）对左奇异值矢量矩阵$\boldsymbol{U}$的列进行 FFT，取最大值所对应的频率值，记为f_i，这里$1\leqslant i\leqslant M$，M为进行奇异值门限检测的最大奇异值的数目，通常可令$M=8$。

（5）若$|f_{\mathrm{B}}-f_i|\leqslant\xi$，则将第$i$个奇异值置为零，否则保留该奇异值，这里$\xi$为奇异值检测门限，可令$\xi=0.02$。

（6）利用置零后的奇异值矩阵$\boldsymbol{S}'$重构一个 Hankel 矩阵$\boldsymbol{H}'$：

$$\boldsymbol{H}'=\boldsymbol{US}'\boldsymbol{V}^{\mathrm{T}} \tag{8.113}$$

（7）利用下式重构出时域数据序列：

$$s'(n)=\frac{1}{m}\sum H'(i+j),\qquad 1\leqslant n\leqslant N \tag{8.114}$$

这里，$i+j-1=n$，m是符合$i+j-1=n$的$H'(i+j)$的个数。

（8）对该序列进行相干积累，得到海杂波对消后的多普勒谱。

图 8.19 给出了基于改进 HRR 的 SVD 分解方法抑制海杂波的效果图，实线为

原始多普勒谱图，人为添加的一个目标信号被海杂波一阶布拉格峰所淹没；虚线为海杂波抑制后的多普勒谱图，可看到两个一阶布拉格峰的强度大为降低，原本被海杂波遮蔽的目标显现了出来。

理论上如果海杂波模型足够精确，那么从信号中减去这样一个海杂波分量将不会影响其他分量，特别是可能的目标回波。而这一点与各类基于线性滤波的杂波/干扰抑制方法（如 STAP）有着本质的不同，因为任何线性滤波器在滤除具有一定通带的谐波的同时，必然会在某种程度上损害邻近的信号分量。

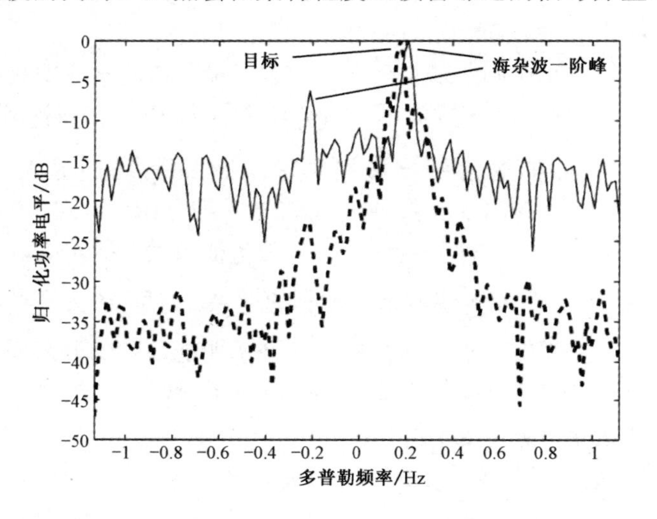

图 8.19 基于改进 HRR 方法抑制海杂波效果图

8.3.4.2 多径扩展杂波抑制

多径扩展杂波是地面或者海面反射雷达发射信号再经过多径传输进入接收阵列所产生的，其产生机理示意图如图 8.20 所示。

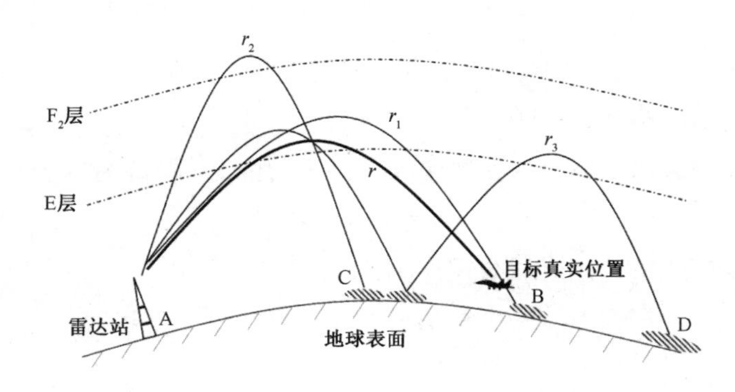

图 8.20 多径扩展杂波产生机理示意图

从图 8.20 可知，根据多径传输的不同类型，多径扩展杂波可分为三类[126]。

第一类是由于电离层的多跳传输而进入接收阵列而引起的杂波扩展，即图 8.20 中的射线 r_3。这类杂波是由距离模糊而产生的，被称为距离折叠杂波或分离杂波（Separate Clutter），可通过 6.4.3.3 节第 1 部分的非并发波形及处理来解决。

第二类如图 8.20 中的射线 r_2 所示。这类回波通过不同的电离层反射到达接收阵元，接收的仰角不同，而与直接回波射线 r 具有相同的回波延时，即位于相同的雷达距离单元，这里的距离单元指斜距（Slant Range）坐标而不是地理坐标，这就会产生严重的谱扩展现象，这类杂波被称为相邻杂波（Proximate Clutter）。来自极区的极光杂波（Auroral Clutter）就是一种典型的相邻杂波。

从不同仰角进入接收阵列的相邻杂波，严重依赖距离信息（两种杂波的地理位置相隔很远），除了选择只适合单个电离层传输的工作频率来抑制，还可以通过在俯仰维上进行扫描，跟踪不同入射仰角的射线来识别。俯仰角可扫描的二维阵列（如加拿大的 POTHR 雷达）在抑制相邻杂波方面取得了相当多的研究进展[314, 433]。

模式选择 MIMO（Model-Selective MIMO）雷达也是抑制不同仰角进入的多径扩展杂波的一种方法[434-436]。通过 MIMO 体制所独有的收发二维波束形成处理，发射波束在接收端数字形成。这样可将收发波束的零点同时对准其他模式的来波方向（由于线性阵列波束倾斜效应，仰角与方位角耦合），从而达到抑制多径杂波的效果。

图 8.21 给出了模式选择 MIMO 雷达处理后的海杂波距离-多普勒图。图 8.21（a）为两个传输模式混叠的原始谱图，图 8.21（b）为收发二维自适应处理后的抑制效果图，可看到选中的模式（$1F_2$-$1F_2$）回波被保留下来，而其他模式的回波得到了抑制。

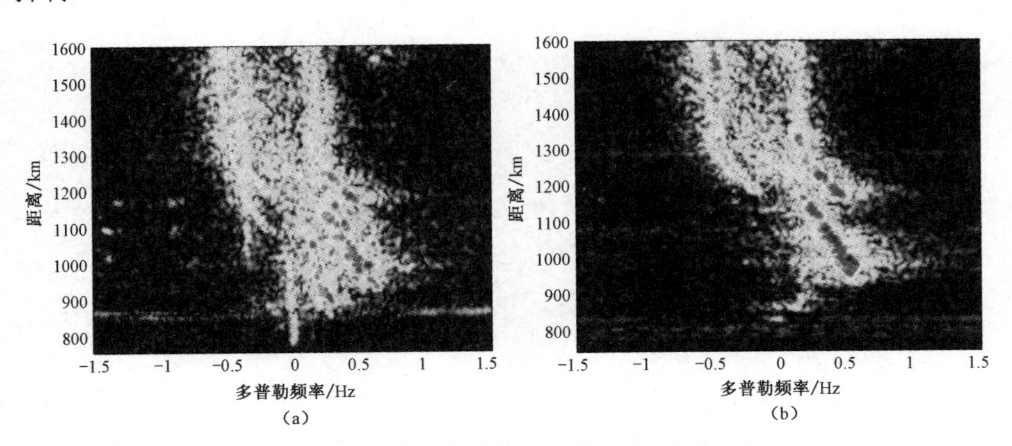

图 8.21　模式选择 MIMO 雷达多径扩展杂波抑制效果图[436]

最后一类多径扩展杂波如射线 r_1 所示，该路径与 r 具有相近的地理位置、相同的电离层反射层以及相近的回波延时，由高低射线传输相互叠加而造成杂波扩展，这类杂波被称为一致杂波（Coincident Clutter）。

一致杂波的抑制方法，包括匹配场处理[88]、多维匹配场处理[437-438]、时域自适应处理[439]、波前自适应射线模式处理[440]、自适应噪声对消器[370]及空时自适应处理[88, 441]等。下面简要介绍多维匹配场处理方法。

在电离层非平稳的传输条件下，天波雷达接收端接收到的杂波回波受到一个幅度和相位均变化的多普勒扩展序列 $a(n)$ 的调制，这种调制后的展宽杂波可表示为

$$x_i(n) = a(n) \cdot c_i(n) + w_i(n), \quad n = 0,1,\cdots,N-1 \tag{8.115}$$

式中：$x_i(n)$ 为第 i 个处理单元的接收信号，$1 \leqslant i \leqslant M$，$M$ 为最大可用处理单元数；$c_i(n)$ 为第 i 个处理单元未扩展杂波回波序列，不同处理单元之间的 $c_i(n)$ 互相独立；$w_i(n)$ 为噪声序列；N 为一个驻留时间内的快拍数。

将扩展序列看作无线多径信道的冲击响应，可以把应用于盲识别中的交叉相关算法引入来估计扩展序列并消除其影响[442]。在无噪声的情况下，有如下性质：

$$\begin{aligned} & c_i(n) \cdot x_j(n) = c_i(n) \cdot a(n) \cdot c_j(n) = c_j(n) \cdot a(n) \cdot c_i(n) = c_j(n) \cdot x_i(n), \\ & 1 \leqslant i \neq j \leqslant M \end{aligned} \tag{8.116}$$

上式两端同时添项，有

$$c_i(n) \cdot x_1(n) \cdots x_{i-1}(n) \cdot x_{i+1}(n) \cdots x_M(n) = c_j(n) \cdot x_1(n) \cdots x_{j-1}(n) \cdot x_{j+1}(n) \cdots x_M(n) \tag{8.117}$$

可定义

$$P_i(n) = x_1(n) \cdot x_2(n) \cdots x_{i-1}(n) \cdot x_{i+1}(n) \cdots x_M(n), \quad 1 \leqslant i \leqslant M \tag{8.118}$$

则有

$$c_i(n) \cdot P_i(n) = c_j(n) \cdot P_j(n), \quad 1 \leqslant i \neq j \leqslant M \tag{8.119}$$

将上式变换到频域，可得

$$c_i(u) \otimes P_i(u) - c_j(u) \otimes P_j(u) = 0, \quad 1 \leqslant i \neq j \leqslant M \tag{8.120}$$

这里 $\otimes$ 指循环卷积运算，$P_i(u)$ 与 $c_i(u)$ 分别为 $P_i(n)$ 和 $c_i(n)$ 的傅里叶变换结果，$1 \leqslant i \leqslant M$。将上式写成矩阵与矢量的形式：

$$\boldsymbol{U} \cdot \boldsymbol{c} = 0 \tag{8.121}$$

这里

$$\boldsymbol{U} = \begin{bmatrix} G_1 & G_2 & \cdots & G_{M-1} \end{bmatrix}^{\mathrm{T}} \tag{8.122}$$

$$\boldsymbol{c} = \begin{bmatrix} c_1 & c_2 & \cdots & c_M \end{bmatrix}^{\mathrm{T}} \tag{8.123}$$

其中

$$\boldsymbol{G}_i=\begin{bmatrix} 0 & \cdots & P_{i+1} & -P_i & 0 & \cdots & 0 \\ 0 & \cdots & P_{i+2} & 0 & -P_i & \cdots & 0 \\ \cdots & \cdots & \cdots & \cdots & \cdots & \cdots & \cdots \\ \underbrace{0 \quad \cdots}_{i} & & \underbrace{P_M \quad 0 \quad 0 \quad \cdots \quad -P_i}_{M-i} \end{bmatrix},\quad 1\leqslant i\leqslant M-1 \tag{8.124}$$

而

$$\boldsymbol{P}_i=\begin{bmatrix} P_i(0) & P_i(N-1) & P_i(N-2) & \cdots & P_i(1) \\ P_i(1) & P_i(0) & P_i(N-1) & \cdots & P_i(2) \\ \cdots & \cdots & \cdots & \cdots & \cdots \\ P_i(N-1) & P_i(N-2) & P_i(N-3) & \cdots & P_i(0) \end{bmatrix},\quad 1\leqslant i\leqslant M \tag{8.125}$$

$$\boldsymbol{c}_i=\left[c_i(0)\quad c_i(1)\quad \cdots \quad \cdots \quad c_i(N-1)\right]^{\mathrm{T}},\quad 1\leqslant i\leqslant M \tag{8.126}$$

当存在噪声时，式（8.117）并不成立，这时可通过下式得到未扩展杂波序列的估计：

$$\hat{\boldsymbol{c}}=\arg\max_{c}\boldsymbol{c}^{\mathrm{T}}\cdot\left(\boldsymbol{U}^{\mathrm{T}}\boldsymbol{U}\right)\cdot\boldsymbol{c} \tag{8.127}$$

直接利用式（8.127）需要求解一个多元极值问题，计算量庞大。为减小计算量，并且避免求解多元极值问题中局部极值的出现，关于未扩展杂波的先验信息被用于杂波谱建模。由于未扩展杂波的反射序列通常可由海表面低多普勒频率的布拉格散射所建模，故而这里利用了 $c_i(n)$ 的一种低秩表示形式：

$$c_i(n)=\sum_{l=1}^{L}k_{l,i}\psi_l(n) \tag{8.128}$$

式中：$\psi_l(n)$ 由未扩展杂波自相关矩阵中能量占优的特征矢量所决定；L 为未扩展杂波模型所采用的阶数；$k_{l,i}$ 为对应模型各阶的幅度因子。根据傅里叶变换的线性特点，对式（8.128）两端进行傅里叶变换可得

$$c_i(u)=\sum_{l=1}^{L}k_{l,i}\psi_l(u) \tag{8.129}$$

于是有

$$\boldsymbol{c}=\boldsymbol{\varPsi}\cdot\boldsymbol{K} \tag{8.130}$$

这里

$$\boldsymbol{\varPsi}=\underbrace{\begin{bmatrix} \tilde{\psi} & 0 & \cdots & 0 \\ 0 & \tilde{\psi} & \cdots & 0 \\ \cdots & \cdots & \cdots & \cdots \\ 0 & 0 & \cdots & \tilde{\psi} \end{bmatrix}}_{M} \tag{8.131}$$

$$\boldsymbol{K}=\left[\boldsymbol{k}_1\quad \boldsymbol{k}_2\quad \cdots \quad \boldsymbol{k}_M\right]^{\mathrm{T}} \tag{8.132}$$

而其中

$$\boldsymbol{k}_i=\begin{bmatrix}k_{i,1} & k_{i,2} & \cdots & k_{i,L}\end{bmatrix}^{\mathrm{T}},\quad 1\leqslant i\leqslant M \tag{8.133}$$

$$\tilde{\boldsymbol{\psi}}=\begin{bmatrix}\psi_1(0) & \psi_1(1) & \cdots & \psi_1(N-1)\\ \psi_2(0) & \psi_2(1) & \cdots & \psi_2(N-1)\\ \cdots & \cdots & \cdots & \cdots\\ \psi_L(0) & \psi_L(1) & \cdots & \psi_L(N-1)\end{bmatrix}_{L\times N} \tag{8.134}$$

式中：$\psi_l(u)$ 为 $\psi_l(n)$ 的离散傅里叶变换结果，$1\leqslant l\leqslant L$ 。

通过模型假设，式（8.127）中的求多元极值问题就转化成了求一元极值问题，该问题可表述成

$$\hat{\boldsymbol{K}}=\arg\max_{\boldsymbol{K}}\boldsymbol{K}^{\mathrm{T}}\boldsymbol{\varPsi}^{\mathrm{T}}\boldsymbol{U}^{\mathrm{T}}\boldsymbol{U}\boldsymbol{\varPsi}\boldsymbol{K} \tag{8.135}$$

上述极值问题的求解还可通过计算矩阵 $\boldsymbol{\varPsi}^{\mathrm{T}}\boldsymbol{U}^{\mathrm{T}}\boldsymbol{U}\boldsymbol{\varPsi}$ 的最小特征矢量获得。

在获得了 $\boldsymbol{K}$ 的有效估计后，理论上未扩展杂波序列 $c_i(u)$ 可通过式（8.130）得到。为了恢复出原始的杂波与目标信息，在先获得多普勒扩展序列的估计之后，一个匹配窗处理过程被应用于补偿多普勒扩展。

首先利用式（8.130）得到未扩展杂波序列的估计 $\hat{c}_i(u)$，然后通过与式（8.124）和式（8.125）类似的方法构造出一个循环卷积矩阵 $\hat{\boldsymbol{C}}$，则多普勒扩展序列 $\hat{a}$ 可通过下列最小二乘估计方法得到：

$$\hat{a}=\left(\hat{\boldsymbol{C}}^{\mathrm{T}}\hat{\boldsymbol{C}}\right)^{-1}\hat{\boldsymbol{C}}^{\mathrm{T}}\boldsymbol{x} \tag{8.136}$$

这里 $\hat{a}$ 是多普勒扩展序列 $a(n)$ 离散傅里叶变换的估计，而 $\boldsymbol{x}$ 由下式给出：

$$\boldsymbol{x}=\begin{bmatrix}x_1 & x_2 & \cdots & x_M\end{bmatrix}^{\mathrm{T}} \tag{8.137}$$

式中：x_i 为序列 $x_i(n)$ 的离散傅里叶变换。

在匹配场处理中，为了抑制经过多普勒扩展序列调制后的点目标回波谱的旁瓣，设计了一个切比雪夫窗函数来实现此目的。最终，第 i 个距离单元的回波数据多普勒处理结果如下式所示：

$$S_i(\omega)=\left|\sum_{n=1}^{N}\hat{\omega}_i(n)\cdot x_i(n)\cdot\exp(\mathrm{j}\varpi n)\right|^2,\quad 1\leqslant i\leqslant M \tag{8.138}$$

式中：$x_i(n)$ 为第 i 个距离单元的时域数据；$\hat{\omega}_i(n)$ 为第 i 个距离单元的切比雪夫窗函数，满足

$$\varGamma(0)=1,\qquad \frac{\mathrm{d}\varGamma}{\mathrm{d}\omega}(0)=0 \tag{8.139}$$

这里

$$\varGamma(\omega)=\sum_{n=0}^{N-1}\hat{\omega}_i^*(n)\cdot\hat{a}(n)\mathrm{e}^{\mathrm{j}\omega n} \tag{8.140}$$

在实际应用中，由于M个相邻的距离单元被认为经历了相同多普勒扩展序列的调制，因此在斜距上的距离单元上，相当于加上了一个长度为M的滑动窗。

图 8.22（a）给出了一致杂波多普勒扩展序列的频域估计仿真结果。采用的多径数为 2，而每条传输路径分别有不同的多普勒频移和相位变化，虚线为利用多维匹配场方法得到的归一化估计。从图 8.22 中可看到，在零频附近的频域点上估计的结果较好，而在两端有较大的尖峰突起，估计误差较大，这是由于该方法利用了循环卷积的性质，尖峰其实是零频附近主峰值的不完全镜像。这种不利影响可通过简单的滤波加以消除。

图 8.22（b）是扩展多普勒杂波抑制前后的多普勒谱图，实线为多普勒扩展杂波抑制前的谱图，而虚线为抑制后的谱图。可看到杂波频谱明显锐化，原本被杂波遮蔽的目标回波显露出来。

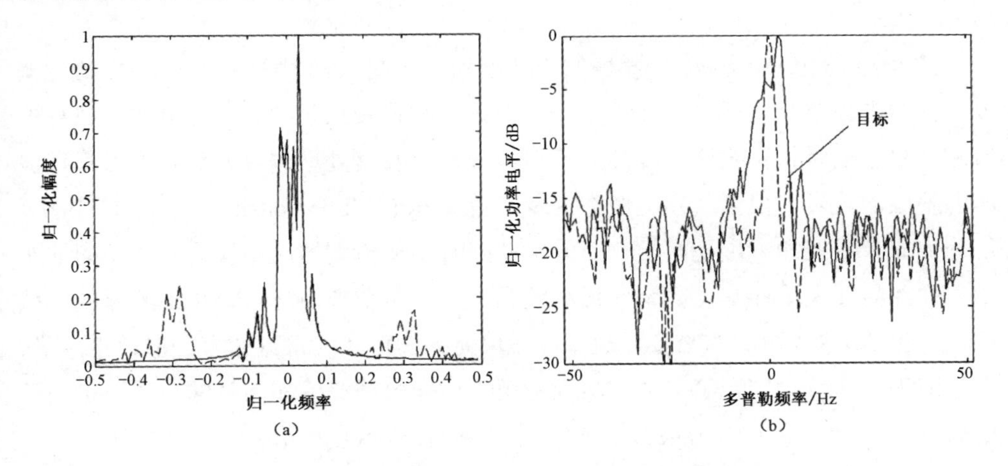

图 8.22　多普勒扩展杂波频域估计和抑制前后对比图

8.4　目标检测技术

目标检测主要从天波雷达信号处理端输出的距离-方位-多普勒谱图上，依据不同目标的显著性准则和参量（如信噪比、信杂比或信杂噪比等），自动提取满足假设检验准则的样本，形成目标点迹，并估计其参数（如距离、方位、多普勒及幅度等）。这些目标点迹数据是后续数据处理（航迹处理）的输入和前提。

目标检测器设计的主要难题在于检测背景的复杂性和时变性。电离层传输条件、背景噪声、干扰和杂波剩余（信号处理并不总是能够抑制干净）以及目标形态（机动、加速及编队等）这些因素的变化，将使得基于平稳背景分布（如高斯白噪声）假设而设计的最优检测器性能劣化，甚至失效。

下面主要从经典的恒虚警检测和机动目标检测两个方面进行介绍。

8.4.1 恒虚警检测

天波雷达的目标检测在信号处理输出信号的基础上进行，即方位-距离-多普勒（Azimuth-Range-Doppler，ARD）三维谱数据。ARD数据中通常仅存幅度信息，相位信息已经舍弃。

目标检测本质上是一个二元假设检验过程。首先需要假设目标检测背景的类型及分布，其次将ARD数据中检测单元附近的数据对检测背景的参数进行估计和归一化，最后将结果与一个和虚警率关联的检测门限因子进行二元判决，超过门限即认为目标存在，未超过门限则认为目标不存在。由于归一化后的结果与背景无关，能够在不同的检测背景下保证恒定的虚警率，因此被称为恒虚警检测CFAR。

图8.23给出了CFAR检测器的设计架构图。图8.23中展示的CFAR检测器设计需要考虑三个主要方面。第一个方面是检测背景的类型和统计分布。目标的检测背景主要是指由杂波、噪声、干扰等分量（及其处理剩余）和各类目标回波所混叠成的信号。根据其幅度概率密度函数（Probability Density Function，PDF）可分为非参量型和参量型两类，当前参量型CFAR检测器应用较为广泛，而非参量型往往需要大量样本且虚警率相对较低[443]。第二个方面是CFAR检测器的内核设计，包括ARD数据的维度、窗（参考单元）的形状（常见的有线形、十字形、正方形等）和尺寸等。第三个方面则是用于估计检测背景和门限的方法，常用的包括单元平均（Cell-Averaged，CA）、序贯统计（OS）及相关的联合方法。

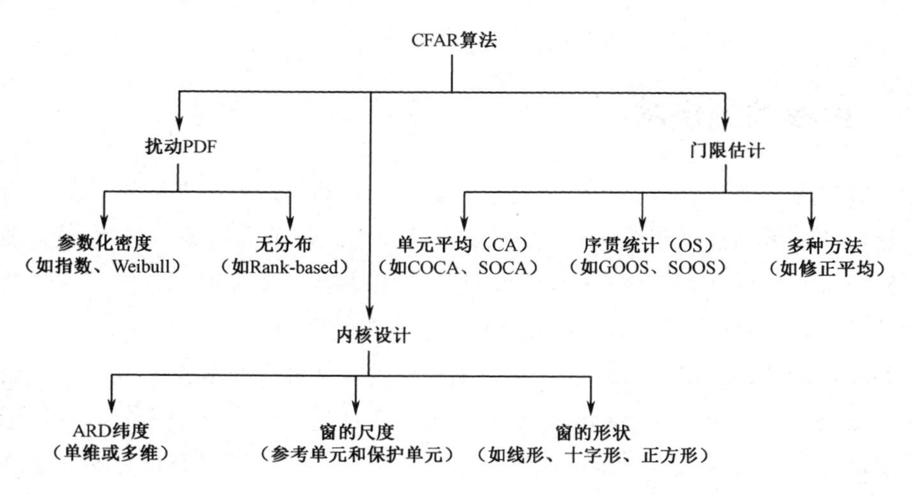

图8.23　CFAR检测器的设计架构图

CFAR 检测的附加优点在于，它能够生成“白化”（Whitened）后的 ARD 图像，从而使得目标的显著性（Significance）或者可见度（Visibility）明显增加，这将有助于操作员进行人工操作。

8.4.1.1 检测概率和虚警概率

针对二元假设检验问题，雷达中最为常用的判决准则为奈曼-皮尔逊（Neyman-Pearson，NP）准则[444]。它描述为：对于一个给定的虚警概率 P_{f}，通过对似然函数 L_y 与确定 P_{f} 的适当门限 T 进行比较，使得发现概率 P_{D} 达到最大。若

$$L_y = \frac{p(y \mid H_1)}{p(y \mid H_0)} \geqslant T \tag{8.141}$$

成立，则判定目标存在；否则，则判定目标不存在。式中，$p(y \mid H_1)$ 和 $p(y \mid H_0)$ 分别为样本 y 在有目标和无目标情况下的联合概率密度函数。

虚警概率中的“虚警”指的是目标被判定存在，而它事实上不存在，即 H_1 被接受，而实际上 H_0 是真的。虚警概率可表示为

$$P_{\mathrm{f}} = \int_T^{\infty} p(y \mid H_0)\mathrm{d}y \tag{8.142}$$

而发现概率中的“发现”则指的是当目标实际存在时，目标被判为存在，即当 H_1 是真的时，H_1 被接受。发现概率可表示为

$$P_{\mathrm{D}} = \int_T^{\infty} p(y \mid H_1)\mathrm{d}y \tag{8.143}$$

显然，虚警概率和发现概率随 T 的变化而呈现相同的变化趋势，必须进行权衡。虚警概率应当保持在可接受的范围内，否则会导致后续数据处理过程中较高的跟踪错误率和较大的计算需求，但是过低的虚警率也可能会使得发现概率过低，导致目标航迹难以正常建立。

接收者操作特征（Receiver Operating Characteristic，ROC）曲线是展现二元检测器虚警概率、发现概率及 T 相互关系的工具。当依据 NP 准则给定虚警率时，ROC 转换为检测门限（或 SNR/SCR）与发现概率的曲线。检测背景的概率密度函数或分布（或目标检测模型）确定后，可依据 ROC 曲线确定检测器的性能和检测门限。

图 8.24 给出了一个典型发现概率随信噪比门限变化的曲线图。图 8.24 中有多条对应不同虚警概率的曲线，其背景分布为慢起伏的非瑞利分布。从图 8.24 中可看出，若指定的虚警概率为10^{-4}，则对应 10dB 检测门限（信噪比）的发现概率约为 45%；而当虚警概率为10^{-6}时，则对应 10dB 检测门限（信噪比）的发现概率约为 30%。

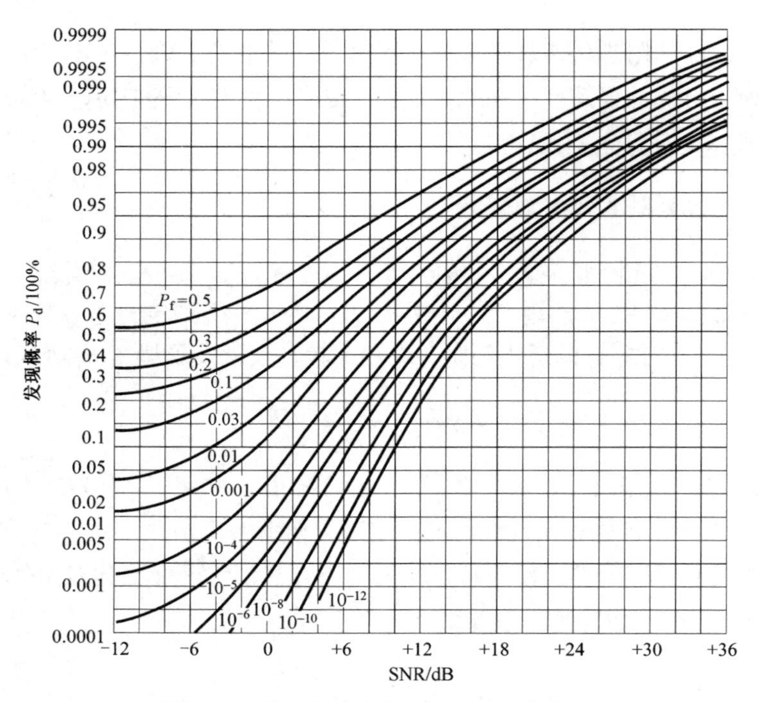

图 8.24　发现概率随信噪比门限变化曲线

当考虑到多径传输、法拉第旋转和电离层随机起伏等效应时，一种天波雷达专有的目标检测模型被提出[238]。而基于该模型给出了针对性更强的发现概率曲线，如图 8.25 所示，左图和右图分别对应虚警概率为10^{-4}和10^{-6}两种情况，横坐标为发现概率，纵坐标为信噪比（检测门限），不同曲线对应于不同 C 值的情况。而参量 C 由下式给出：

$$C=\left(\gamma_1^2+\gamma_2^2-2r\cdot\gamma_1\cdot\gamma_2\right)^{\frac{1}{2}} \tag{8.144}$$

式中：γ_1 为表征除目标特性之外的雷达系统参数（包括距离、天线增益、电离层起伏等）的统计量；γ_2 为表征目标特性的统计量；r 为表征二者之间相关性的系数。根据天波雷达实际数据统计结果，γ_1 取值约为 0.8，γ_2 取值近似为 0.6，相关系数 r 约为 0.6，计算可得 C 取值约为 0.65[238]。从图 8.25 中可知，对应10^{-4}的虚警概率，10dB 的检测门限对应的发现概率约为 70%；而对应10^{-6}的虚警概率，10dB 的检测门限对应的发现概率约为 65%。显然，该模型比图 8.24 所采用的模型所得结果要好。

下面介绍两种经典的 CFAR 检测器，即单元平均 CFAR（CA-CFAR）和序贯统计 CFAR（OS-CFAR），更多更为精细的检测器可参见目标检测相关书籍和文献。

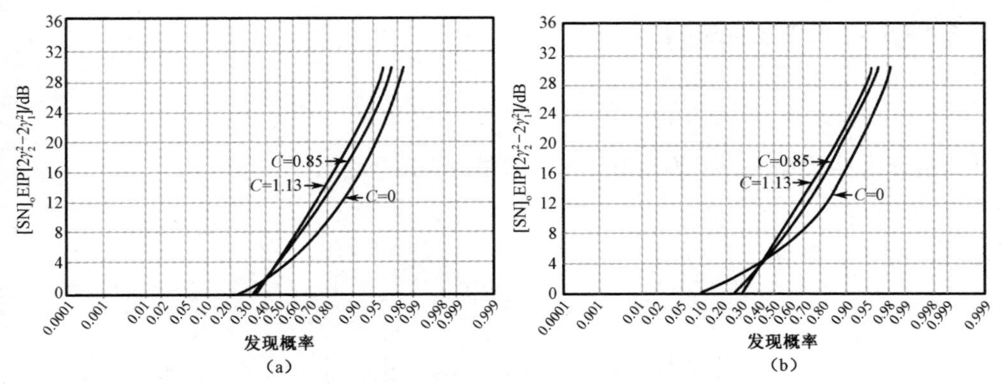

图 8.25　平均发现概率与信噪比关系曲线（$P_{\mathrm{f}}=10^{-4}$ 和 $P_{\mathrm{f}}=10^{-6}$）[238]

8.4.1.2　单元平均 CFAR

单元平均恒虚警（Cell-Averaged CFAR，CA-CFAR）方法利用与检测单元相邻的一定范围内独立同分布的参考单元采样来估计检测背景的功率水平。

二维单元平均检测器的结构如图 8.26 所示[445]。其中，D 是检测单元采样，x_i（$i=1,2,3,\cdots,N$）是参考单元采样，N 为参考单元数目，检测背景的功率估计值 Z 为

$$Z=\frac{1}{N}\sum_{i=1}^{N}x_i \tag{8.145}$$

即对参考单元采样取均值。而 T 是与虚警概率 P_{f} 相关的归一化因子。

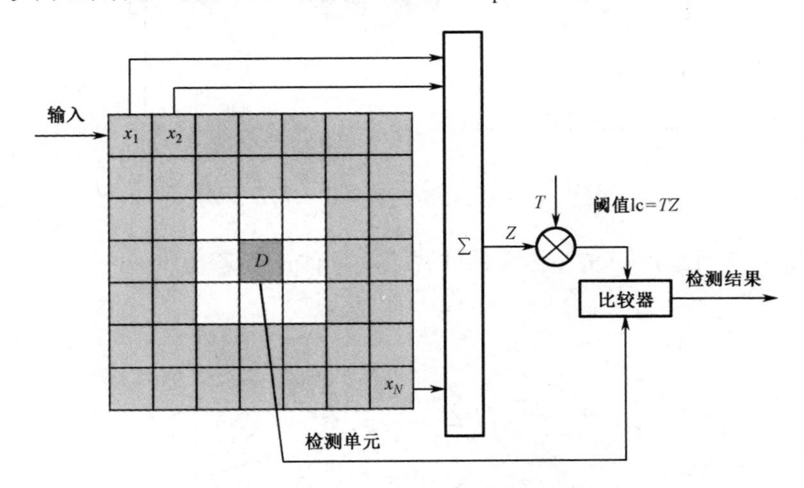

图 8.26　CA-CFAR 检测器框图

CA-CFAR 的虚警概率由下式给出：

$$P_{\mathrm{f}}=\left(1+\frac{T}{N}\right)^{-N} \tag{8.146}$$

而 CA-CFAR 的发现概率为

$$P_{\mathrm{D}}=\left[1+\frac{T}{N(1+S)}\right]^{-N} \tag{8.147}$$

式中：S 为信杂噪比。当 N 足够大时，式（8.146）趋近于

$$P_{\mathrm{f}}=\mathrm{e}^{-T} \tag{8.148}$$

而式（8.147）趋近于

$$P_{\mathrm{D}}=\mathrm{e}^{-\frac{T}{(1+S)}} \tag{8.149}$$

实际上，参考单元样本的统计独立性和均匀性都难以成立。即使是白噪声背景，信号处理中加窗处理（为抑制旁瓣）后也将破坏统计独立的假设。而各类干扰、杂波和噪声，以及它们的处理（抑制或对消）剩余，使得检测背景（参考单元样本）存在明显的非均匀性。

在杂波边缘这种典型的非均匀场景下，经典的 CA-CFAR 检测器会引起虚警概率的抬高。这时可利用十字窗和最大单元平均 CA-CFAR 检测器（Greatest Of Cell-Averaged，GOCA）来抑制虚警概率[446]。图 8.27 给出了 GOCA 检测器的样本窗示意图。

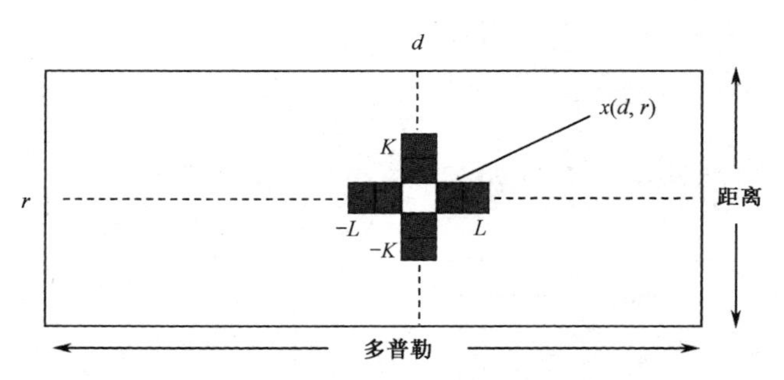

图 8.27　GOCA 检测器的样本窗示意图

如图 8.27 所示，GOCA 检测器的背景功率估计值 Z 为

$$Z=\max(Z_r,Z_d) \tag{8.150}$$

式中

$$Z_r=\sum_{k=-K}^{K}\frac{x(d_0,r_0+k)}{2(K-1)} \tag{8.151}$$

$$Z_d=\sum_{l=-L}^{L}\frac{x(d_0+l,r_0)}{2(L-1)} \tag{8.152}$$

式中：Z_r 为距离维的背景功率估计值；Z_d 为多普勒维的背景功率估计值；K 为距离维参考单元窗的大小；L 为多普勒维参考单元窗的大小；r_0 为检测单元的距离序号；d_0 为检测单元的多普勒序号。

与 GOCA 检测器不同，最小单元平均（Smallest Of Cell-Averaged，SOCA）CFAR 方法则通过独立估计窗口取最小，来抑制强干扰附近的遮蔽效应。

8.4.1.3　序贯统计 CFAR

由于 CA-CFAR 检测器将所有样本都纳入背景功率的估计，个别强样本（如干扰或其他目标）会导致结果产生较大的误差，因此在极度非均匀的背景下性能劣化严重。序贯统计 CFAR（Ordered Statistic CFAR，OS-CFAR）检测器在非均匀场景下提供了更为稳健的解决方案。

从图 8.28 中可知，OS-CFAR 检测器首先对参考单元采样值作排序处理，即

$$x_{(1)} \leqslant x_{(2)} \leqslant \cdots \leqslant x_{(N)} \tag{8.153}$$

然后依据设定的准则，直接取其中第 m 个采样值作为背景功率估计值，即

$$Z = x_{(m)} \tag{8.154}$$

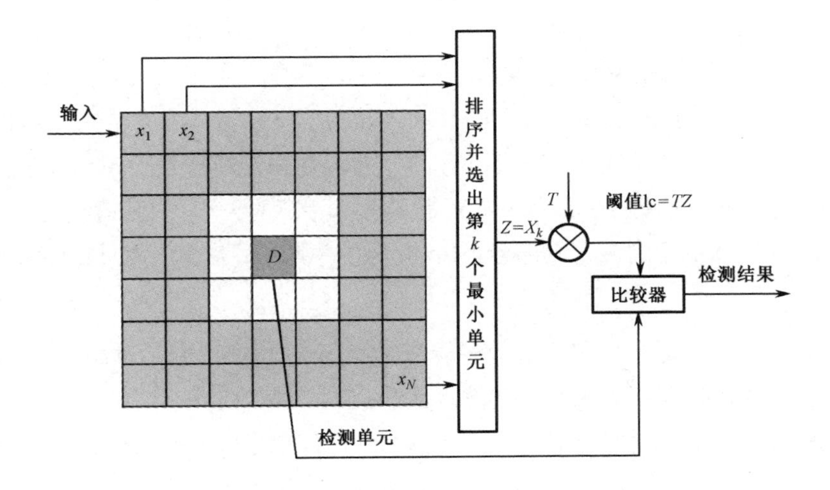

图 8.28　OS-CFAR 检测器框图[445]

OS-CFAR 检测器的虚警概率由下式给出：

$$P_{\mathrm{f}} = \prod_{i=0}^{m-1} \frac{N-i}{N-i+T} \tag{8.155}$$

而 OS-CFAR 检测器的发现概率为

$$P_{\mathrm{D}} = \prod_{i=0}^{m-1} \frac{N-i}{N-i+\dfrac{T}{1+S}} \tag{8.156}$$

式中：N 为参考单元数目；S 为信杂噪比；T 为与虚警概率 P_{f} 相关的归一化因子。

与 CA-CFAR 检测器相比，OS-CFAR 检测器对全部参考单元信息的利用率较低。在均匀背景环境下，其检测性能不如 CA-CFAR 检测器；但在非均匀背景环

境下，由于干扰与杂波幅度一般都远大于噪声，由小到大排序后处于后面的位置，当 m 取值较小时，可以有效规避干扰和杂波对估计量 Z 的影响，从而较为准确地估计出背景噪声强度。

理论上，在均匀背景下 m 可以取 1～N 的任意整数，但考虑到排序较前的样本幅度较小，受随机性影响大，因此通常 k 取值较大。但在非均匀背景下，m 的取值直接影响其抗杂波与抗干扰能力。一般当（$N-m$）大于参考单元窗内杂波与干扰的数量时，检测器性能才不会明显恶化，因此此时 k 取值应偏小。综合考虑背景的多元性，实际应用中 m 的取值一般为 $(1/2\sim3/4)N$[447]。

与 GOCA 检测器类似，利用十字窗和最大序贯统计 CFAR（Greatest Of Ordered Statistic，GOOS）检测器来提出[446]。从图 8.27 可得，GOOS 检测器的背景功率估计值 Z 为

$$Z=\max(Z_r,Z_d) \tag{8.157}$$

式中

$$Z_r=\text{Rank}(x(r_k,d_0),m)\ ,\quad k=-K,\cdots,r_k-1,r_k,r_k+1,\cdots,K \tag{8.158}$$

$$Z_d=\text{Rank}(x(r_0,d_l),m)\ ,\quad l=-L,\cdots,d_l-1,d_l,d_l+1,\cdots,L \tag{8.159}$$

式中：Z_r 为距离维的背景功率估计值；Z_d 为多普勒维的背景功率估计值；K 为距离维参考单元窗的大小；L 为多普勒维参考单元窗的大小；r_0 为检测单元的距离序号；d_0 为检测单元的多普勒序号；Rank 为排序操作；m 为序贯取值百分值（如50%）。

图 8.29 给出了一个典型二维 OS-CFAR 处理后的检测门限示意图。图 8.29 中，横坐标为多普勒频率，纵坐标为幅度；黑色实线为原始多普勒谱，位于零多普勒附近的是强杂波分量，而目标位于−5Hz 附近；灰色实线为二维 OS 估计得到的检测

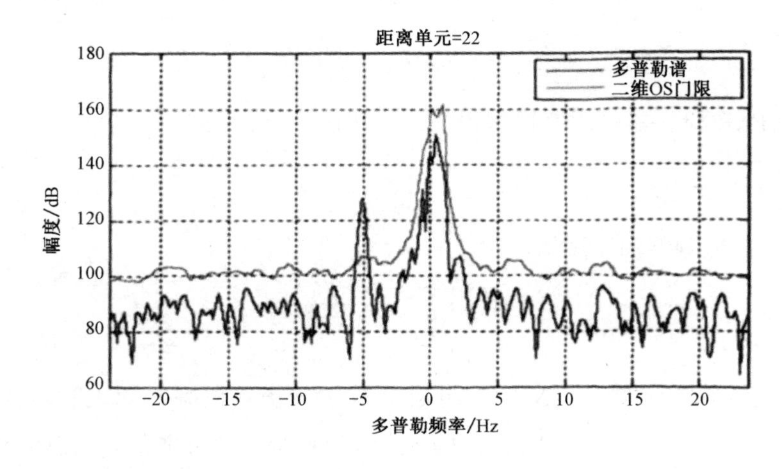

图 8.29　二维 OS-CFAR 处理后的检测门限示意图

门限，该门限随着背景起伏而自动适应。在目标所在位置，目标回波超出门限，将被检出；而其他位置的信号（包括强杂波）均位于门限之下，将不会被检出。

8.4.2　机动目标检测

在天波雷达长达数秒的相干积累时间内，运动状态（主要为相对雷达的径向速度）发生快速变化的目标（如飞机），其回波信号相位将产生非线性变化，导致相干积累性能下降。这种由目标机动所导致的相干积累损耗（Coherent Integration Loss，CIL）在多普勒谱上表现为目标回波谱峰展宽，信噪比降低。在极端情况下，高速运动目标难以在多普勒谱上积累出明显的谱峰，其能量也扩展到几乎整个谱上，从而淹没在背景噪声中，利用传统的检测手段无法检测出来。机动目标检测能力的下降，即目标机动段发现概率的降低，使得目标航迹在机动段失跟现象严重，体现为航迹不连续。

天波雷达的机动目标检测方法本质上是对目标机动在多普勒域所产生的非线性相位进行估计和补偿，可大致分为多通道补偿法、基于时频分布的方法和基于多项式相位建模的方法三类，下面逐一进行介绍。

8.4.2.1　多通道补偿法

常规的多通道补偿法基于极大似然估计的思想，即将机动回波的非线性相位进行线性近似，利用多个加速度补偿通道（对应不同斜率的线性相位）遍历补偿，取补偿效果最佳的通道（通常准则为信噪比最大）作为输出。

多通道补偿法的处理框图如图 8.30 所示[448]。

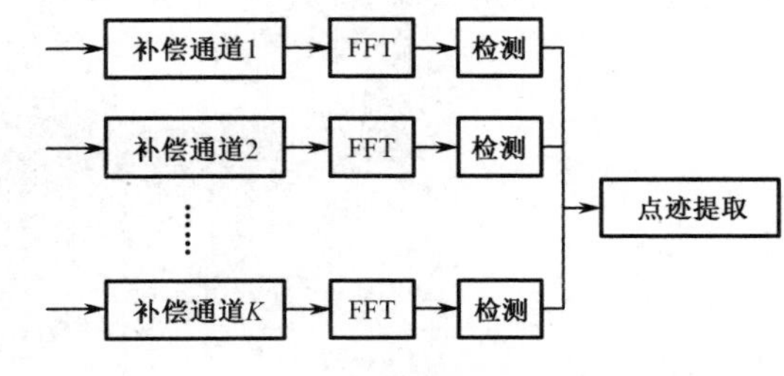

图 8.30　多通道补偿法的处理框图

对于 FMCW 信号，脉冲压缩和波束形成后匀速运动目标的慢时域信号相位可表示为

$$\phi(t)=\frac{4\pi f_0}{c}\left(v_r t+\frac{c\tau_0}{2}\right) \tag{8.160}$$

式中：v_r 为目标相对雷达运动的径向速度；τ_0 为目标射线距离所对应的传输时延；f_0 为工作频率；c 为真空中的光速。从式（8.160）可以看出，经过相干积累（多普勒处理）后，目标在多普勒谱上应呈现出单一谱峰，其多普勒谱与径向速度的关系为

$$f_d=\frac{2\pi f_0}{c}\cdot v_r \tag{8.161}$$

假定目标作匀加速运动，加速度为a，则有

$$\phi(t)=\frac{4\pi f_0}{c}\left(v_r t+at^2+\frac{c\tau_0}{2}\right) \quad (8.162)$$

式中的二次相位项将导致目标回波在多普勒维上的展宽，引起积累损耗。匀加速目标的相干积累损耗如下式所示：

$$\text{CIL}=\frac{2\pi f_0 T^2}{c} \quad (8.163)$$

式中：T为相干积累时间。

将最大可能的加速度区间$[-a_{\max},a_{\max}]$等间距分为K份，依据图 8.31 构建出K个补偿通道，分别采用下列相位值进行补偿：

$$\phi_k(t)=-\frac{4\pi f_0}{c}\left(-a_{\max}+\frac{k}{2a_{\max}}\right)t^2 \quad (8.164)$$

由于目标信号在不同补偿通道的频率偏移不同，会给检测以及检测后的点迹提取带来困难，因此通常需要对多普勒偏移进行校正[449]。而多通道同时处理带来的运算量增大问题，则可通过机动目标参数预估方法进行改进[450]。

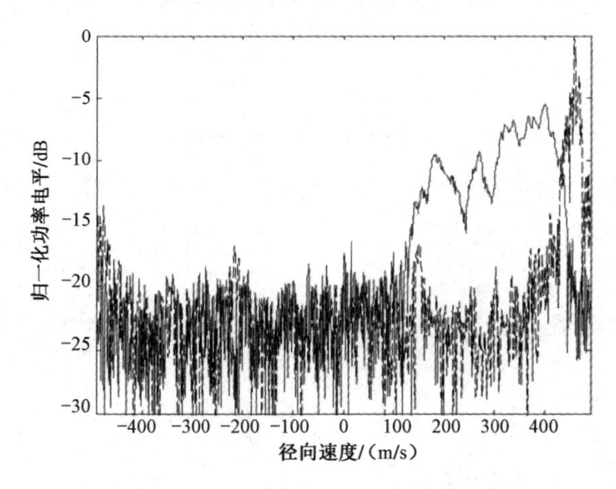

图 8.31　机动目标加速度补偿前后的多普勒谱

8.4.2.2　基于时频分布的方法

多通道补偿法基于匀加速运动目标模型这一假设，显然在实际工程中并不总是成立。而变加速运动会在相位中引入更为高阶的分量，使多通道补偿的效果下降。

针对这一情况，大量基于时频分布的方法被引入机动目标检测中来。广泛使用的 Wigner-Ville 分布，被用于识别加速目标与流星回波等瞬态现象[451]。利用 WVD，能够精确地估计出目标的瞬时多普勒变化规律，并且在此基础上提出了一种补偿

方法能够补偿因为目标高速运动而导致的 CIL，为其后的检测提供便利。该算法被应用于视距高频雷达中检测发射阶段的弹道导弹。

随后，对利用各种联合时频分布检测海杂波背景下的空中机动目标的效果进行了综合对比，包括适应性、效果和计算量等[452]。所采用的联合时频分布类型包括 Gabor 描述、Margenau-Hill 谱图、Born-Jordan 分布、二项式分布、Choi-Williams 分布、平滑 WVD、谱图分布、Zhao-Atlas-Marks 分布、重排 Gabor 描述、重排 Morlet 量图、重排谱图分布及自适应能量分布等。研究结论表明各类分布都能实现机动目标检测，其特点包括：当分辨率不是主要因素时，Gabor 描述、Margenau-Hill 谱图和谱图分布三者较为好用；二项式分布、Choi-Williams 分布和平滑 WVD 以存在交叉项为代价，可获得极佳的分辨率；谱图分布计算速度最快，Margenau-Hill 谱图次之，而自适应能量分布最慢，其速度仅为谱图分布的 1/100。

机动目标在多普勒处理前的信号中可视为一个 Chirp 信号（径向匀变速运动）或者高阶 Chirp 信号（复杂运动）。这样可采用自适应 Chirplet 变换的方法来检测机动目标[203, 453]。该方法将不同时间区间的高阶 Chirp 信号表示成多个 Chirp 的线性组合。这一思想与小波变换类似，不同的是小波变换采用的是正弦信号基，而 Chirplet 变换采用的是 Chirp 信号基。为获得更好的检测效果，一种基于子空间分解的杂波抑制算法被加入到自适应 Chirplet 变换的前面。该方法虽然采用了自适应技术来降低算法复杂度，但是仍然需要较大的计算量。之后，业界还开展了基于高精度时频分布和高度联合估计的机动目标检测算法研究[454-455]。

8.4.2.3 基于多项式相位建模的方法

多普勒处理前的机动目标回波信号可视为一个高阶 Chirp 信号，那么其本质就是一个多项式相位信号 PPS（Chirp 信号是一个阶数为 2 的 PPS），因此可将多项式相位建模和参数估计方法引入机动目标检测中[204]。这样，可将式（8.160）的相位项扩展为

$$\phi(t) = -\frac{4\pi f_0}{c}\sum_{k=0}^{K}\frac{v_r(k)}{k!}\cdot t^k \tag{8.165}$$

式中：K 为多项式的阶数；$v_r(k)$ 为目标径向速度的第 k 阶分量。例如，$v_r(1)$ 为径向速度（一阶分量），$v_r(2)$ 为径向加速度（二阶分量），以此类推。式（8.165）多项式相位的推导过程详见附录 B。

这样，8.3.3.4 节描述的基于 HAF 和 PHAF 的 PPS 参数估计与补偿算法就可应用于补偿目标机动造成的 CIL，同时可得到目标径向运动的各阶参数的估计值（如径向加速度、径向加速度变化率等）。具体算法实现步骤如下。

（1）～（3）与 8.3.3.4 节所述算法一致，即首先完成地海杂波滤除。

（4）确定所用的多项式相位模型的阶数 M，通常不超过 4 阶的 PPS 就可以很好地描述机动目标的运动轨迹。

（5）确定所用的延迟参数集 $\boldsymbol{\tau}$，有

$$\tau_i = \mathrm{int}\left[\frac{N}{i}\right], \qquad i = 1,2,\cdots,M-1 \tag{8.166}$$

式中：N 为 CIT 内的脉冲重复周期数目。

（6）～（12）与 8.3.3.4 节中所述算法的步骤（6）～步骤（12）相同，此处不再重述。

（13）利用式（8.167）得到对应的目标各阶参数的估计值：

$$\hat{v}_i = \frac{i!}{2\pi(T_{\mathrm{sw}})^i}\cdot \hat{a}_i, \qquad i = 0,1,2,\cdots,M-1 \tag{8.167}$$

（14）采用估计出的多项式系数按式（8.81）重构出补偿信号并进行补偿。

图 8.31 给出了一个机动目标补偿（多项式阶数为 3）前后归一化的多普勒谱，这里位于零频附近的地海杂波都已经被抑制。从图 8.31 中可以看出，原本展宽的目标回波在其起始时刻的多普勒频率位置上形成了谱峰，大约 10dB 的 CIL 得到了补偿。该算法流程简单，计算量小，在高信噪比和长序列的情况下能够获得较高的参数估计精度，而且 PHAF 对多分量信号有一定的处理能力。更为复杂的运动状态可能需要更高阶的多项式，但基于 HAF 和 PHAF 的 PPS 参数估计方法对高阶系数的估计需要较高的信噪比[420]。

8.5 数据处理技术

数据处理过程是将目标检测后提取出的候选点迹，依据估计出的不同维度（方位-距离-多普勒等）特征参量的时空关联性，通过航迹处理（包括航迹建立、关联跟踪和跟踪等）环节，实时生成具有一定置信度的航迹。最后通过 8.6 节所描述的坐标配准过程，将航迹点变换至地理坐标系上，形成可用的情报。

天波雷达数据处理技术难点主要来自复杂的背景环境和时变非平稳的传输信道，在输入端的检测点迹质量上体现为低检测概率、低测量精度、低数据率和高虚警概率，同时还有因多径效应而产生的“孪生”航迹融合及高容量和实时性要求[456]。因此，经典航迹处理算法存在性能严重劣化的问题，需要研发专用的处理算法[457]。

下面主要从航迹的自适应关联跟踪、多径航迹的处理和融合、检测前跟踪（Tracking-Before-Detection，TBD）技术几个方面进行介绍。

8.5.1 自适应关联跟踪

近年来，天波雷达航迹自适应关联跟踪算法得到了充分的研究和发展。根据坐标系统的不同，算法可分为射线坐标系（雷达坐标系）和地理坐标系（大圆坐标系）两类；而根据处理延时的不同，又可分为基于单帧量测的序贯处理和基于多帧平滑的批处理两类算法。

8.5.1.1 序贯处理类算法

1. 概率数据关联（Probabilistic Data Association，PDA）算法

概率数据关联（PDA）算法是一种在强杂波环境下有效的雷达目标跟踪算法[458-459]。该算法利用落入波门内的所有量测来计算其来源于真实目标的概率，并利用这些概率进行加权以更新目标状态估计。该算法应用较为简单，且计算量小，但无法应对天波雷达存在的多径传输场景。

2. 多径概率数据关联（Multipath Probabilistic Data Association，MPDA）算法

MPDA 算法在 PDA 算法的基础上考虑了电离层多径传输的影响，使之适用天波雷达[222]。该算法首先假设电离层结构为高度不同的薄层（典型为 E 层和 F 层）；进而计算出不同电离层高度下射线坐标系下的群路径、多普勒及目标方位角与地理坐标系下目标位置、径向运动速度和方位角变化速度的对应关系；然后利用 PDA 算法计算全部回波量测与传播模式的关联概率；最终对关联概率加权和组合，得到目标在地理坐标系下的位置和运动状态。该算法具有较好的航迹起始和航迹维持的能力，且能够应对发现概率较低的场景。值得注意的是，PDA 算法引入了电离层模型和参量，直接输出地理坐标系下的目标位置和状态，相当于整合了坐标配准过程。

当电离层模型采用两层模型（E 层和 F 层）时，MPDA 算法的基本步骤如附录 C 所示[222]。

由于传输信道电离层的时变性，MPDA 算法的目标状态模型中电离层高度不变且已知的假设将不再成立。通过将电离层反射高度假定为均值已知的随机变量，可得到扩展为随机坐标变换的 MPDA 算法，即 MPCR（MPDA for Uncertain Coordinate Registration）算法[460]。

3. 多模型统一概率数据关联（Multiple Model Unified Probabilistic Data Association，MM-UPDA）算法

MM-UPDA 算法在雷达射线坐标下实现，对每个目标的不同运动模型各建立

一个起始滤波器，并对每个模型选择固定个数的最近量测进行状态更新。该算法假设杂波是非均匀分布的，结合自适应杂波密度模型，可有效降低虚假航迹率，并具有解速度模糊的能力[461]。

在 MM-UDPA 算法基础上，考虑到密集多目标场景，引入新的目标模型而升级为多模型统一联合概率数据关联（Multiple Model Unified Joint Probabilistic Data Association，MM-UJPDA）算法[462]。该模型对每条航迹定义了一个相邻的航迹簇（Track Cluster）。每条航迹构成一条参考航迹，而与该航迹选择相同量测的其他航迹则形成一个航迹簇。当目标数量众多时，则通过一个聚类准则将航迹簇限定在一个有限数量范围内，从而降低计算量。

4. 蒙特卡罗数据关联（Monte Carlo Data Association，MCDA）算法

为适应法国 Nostradamus 雷达单站和俯仰角可扫描这两个特点，专门开发了一种基于蒙特卡罗方法的数据关联算法。该算法的两个初始版本为 MCDA 算法和 ICMDA（Iterated Conditional Mode Data Association）算法，均针对线性应用场景[463]。考虑坐标配准引入的非线性因素，又将两种算法分别升级为非线性版本（NL-MCDA 和 NL-ICMDA）[464]。仿真结果表明，与 MPDA 算法相比，NL-ICMDA 算法以 4.6 倍的计算量代价，提高了约 2.6 倍的跟踪精度。

8.5.1.2 批处理类算法

1. 维特比数据关联（Viterbi Data Association，VDA）算法

VDA 算法是 Viterbi 算法在雷达自适应关联跟踪中的应用[465]。该算法利用所获得的量测构建一个 Viterbi 架构，从中搜索与一个目标相关的最可能的量测序列，和滤波器一起为每个路径提供目标状态估计，从而在付出一定延迟（通常为 5 帧）的代价后得到最优航迹。在天波雷达中的应用情况表明：在较高发现概率情况下，VDA 算法略优于标准 PDA 算法；而在低发现概率情况下，VDA 算法的跟踪性能明显优于 PDA 算法[466-468]。

2. 多径维特比数据关联（Multipath Viterbi Data Association，MVDA）算法

与 MPDA 算法的设计思想类似，MVDA 算法考虑了电离层多径传输的影响，对 VDA 算法进行了扩展[469]。在 MVDA 算法中，目标运动模型在地理坐标系下建立，并采用动态规划框架，将每一时刻的量测事件集安排在 Viterbi 架构的主节点层，主节点层的每个节点按多径传播的路径模式扩展出多个相应的副节点层。各时刻在多径 Viterbi 架构中将量测、传播模式及某一组状态进行关联，进而可以

在极大似然意义下求解出一条最优架构路径。

当电离层模型采用两层模型（E 层和 F 层）时，MVDA 算法的基本步骤如附录 D 所示[469]。

通过仿真对比分析，在较低发现概率和密集杂波环境下，MVDA 算法比 MPDA 算法具有较优的航迹跟踪质量（包括失跟率、起始、维持和终结性能），但估计误差偏大[470]。

3. 概率多假设跟踪（Probabilistic Multiple Hypothesis Tracking，PMHT）算法

PMHT 算法是在经典的多假设跟踪（Multiple Hypothesis Tracking，MHT）算法基础上提出的一种基于期望最大（Expectation Maximization，EM）的多目标跟踪算法[471]。该算法假设在每帧中一个目标可以产生多个量测，这与天波雷达多径传输的场景十分符合。PMHT 算法还假设量测-目标的关联过程是相互独立的，通过批处理和迭代可获得目标航迹的最大似然估计。它避免了传统处理算法（如 MHT 和 PDA 类算法）量测与航迹分配的“硬”决策过程，因而是一种最优算法。

PMHT 算法将 EM 这种循环迭代算法及分类修剪策略（如测量选通和分支消元）结合起来，计算出量测与目标之间的关联，避免穷举所有可能的关联事件，其计算量仅与目标和量测数目的增长成线性关系。PMHT 算法在天波雷达航迹处理的起始、维持和终结等环节均呈现出较好的适应性[472]。基于实际数据的验证结果表明：PMHT 算法性能表现优于 MM-UPDA 算法[473]。而一种与可见度模型（Visibility Model）相结合的 PMHT 算法则在密集杂波环境中有更好的航迹起始性能[474]。

将 EM 算法作为量测模型关联序列的最大后验估计器，所提出的期望最大数据关联（Expectation Maximisation Data Association，EMDA）算法是动态规划与卡尔曼平滑最优融合的一种算法[475]。与之类似利用了 EM 架构的还有联合多径数据关联与状态估计（Joint Multipath data Association and state Estimation，JMAE）算法[476]。

4. 霍夫变换类（Hough Transform，HT）算法

霍夫变换类算法的基本原理是将多个扫描周期内的所有量测点迹变换至参数空间中的一组曲线，之后在参数空间内划分格栅单元，在每个格栅单元上统计累积度来确定目标是否存在。8.4 节中目标检测主要利用信号域的显著性特征（如信噪比和信杂比等）来对目标的存在性进行二元判决，而航迹起始则利用目标的空时参量特征（距离、方位和多普勒等）来进行判决，因此也可看作对目标的“二次”检测。在密集杂波环境和低发现概率的场景下，将时间信息引入到霍夫变换

中，利用时间和斜距数据进行带有多普勒约束的第一级霍夫变换，得到候选航迹；然后对于每条候选航迹，利用时间和方位角量测进行第二级霍夫变换，得到确认航迹。通过两级结构的构造，可将三维参量空间转换为两个二维空间的轨迹检测，能够显著降低计算复杂度[477]。

8.5.2 多径处理与融合

多径效应（有时也被称为多模传输）是天波雷达数据处理中所面临的一个独有的难题。多径效应的特点和可能的成因在 1.3.1.3 节中进行了介绍。为便于讨论，这里再次给出多径传输的示意图，如图 8.32 所示。

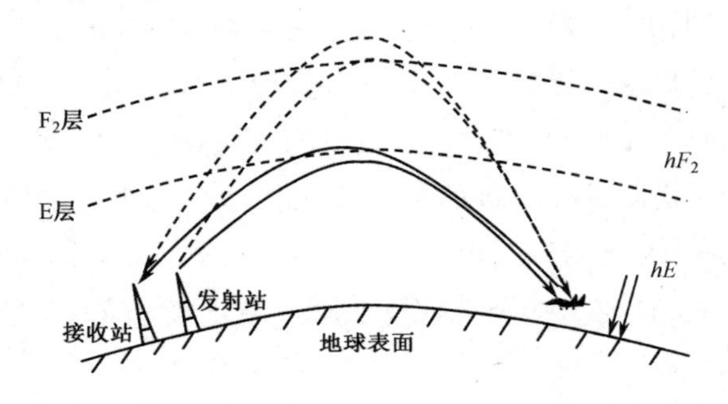

图 8.32　多径传输原理（E 层和 F_2 层）示意图

图中假设电离层为典型的两层，分别为 E 层和 F_2 层，则雷达收发站与目标之间存在 4 条可能的传输模式（路径），如表 8.1 所示。若收发站同址，则 h_tE 和 h_rE 相等，h_tF_2 和 h_rF_2 相等，E-F_2 模式和 F_2-E 模式的传输时延和方位漂移均相同，这两个模式的回波将重叠。若收发站相距较远，则 4 个模式回波将在参数空间中分辨开来，其航迹示意图如图 8.33 所示。此时若强行令收发站的反射虚高相等，将会产生较大的双站定位误差（参见 3.5.4.1 节）。

显然，来自单一目标的多个量测给航迹自适应关联和跟踪处理带来很多不利的影响。首先，在目标参量空间（距离、方位和多普勒）中多径量测相邻较近，容易落入关联波门中互相干扰，影响跟踪精度；其次，多径航迹若不加以融合，在显式的态势上容易引起误判，例如，把单个目标研判为编队目标；再次，雷达射线坐标系下的多径航迹变换到地理坐标系下，要求更为精细和准确的传输模式信息，否则会引起较大误差；最后，密集杂波、多目标与多径效应的结合，使得场景更为复杂，对处理容量和计算量的要求更高。

近年来，天波雷达航迹处理的大量研究工作都聚焦于对多径场景的处理和融合问题。从整体框架下，多径处理和融合算法可粗略分为航迹融合、多检测样式和电离层建模等类型。这三类算法既有区别又有融合，下面分别对其发展进行介绍。

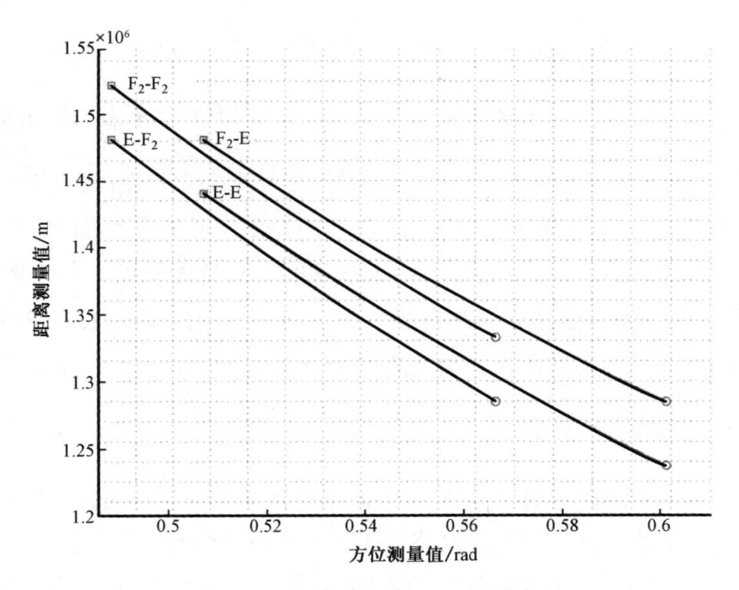

图 8.33　多径航迹（E 层和 F_2 层）示意图

表 8.1　多径传输路径（E 层和 F_2 层）表

序号	传输模式	发射路径 反射虚高	接收路径 反射虚高
1	E-E	h_tE	h_rE
2	E-F_2	h_tE	h_rF_2
3	F_2-E	h_tF_2	h_rE
4	F_2-F_2	h_tF_2	h_rF_2

8.5.2.1　航迹融合类算法

1. 多径航迹融合（Multi-Path Track Fusion，MPTF）算法

MPTF 算法将多径航迹关联算法与坐标配准过程相结合，计算出每个可能的航迹关联假设的概率，并且对于每个假设在地理坐标系下给出目标状态的融合后估计。这一静态 MPTF 算法的主要缺点包括：假设树中仅有同步估计，因此不适用于多传感器（多雷达）的场合；未考虑航迹-目标假设在时间上的相关性，每个时刻的关联假设计算都是独立进行；多径跟踪消失或出现时，理论上没有有效方法从后续的更新量测中“链接”上假设；计算量过大[478-479]。

在此基础上，进一步提出了动态多径航迹融合（Dynamic Multi-Path Track Fusion，DMPTF）算法[480-481]。该算法考虑到航迹-目标假设在时间上的相关性，并给出一种稳健的关联假设剪枝策略；在关联和融合过程中使用实际量测而不是目标的估计；最后提出一个统一的异构处理框架，将多部天波雷达的多径航迹关联、同步或异步的外部航迹关联等都纳入该框架下进行处理。

2. 基于拉格朗日松弛（Lagrangian Relaxation，LR）法的多径航迹融合算法

针对多假设检验中可能的关联假设数量随航迹数量和传输模式数呈现指数增长，从而使计算量过大的问题，将拉格朗日松弛法引入多径航迹融合算法中。该算法将关联问题转化为一个具有附加约束条件的二维分配问题，而 LR 方法是数据关联中常用的一种多维分配解决方法。仿真结果表明，基于 LR 的多径航迹融合算法能够保证收敛，且在不明显降低关联精度的情况下，使计算量大幅下降[482]。

3. 基于神经网络的算法

神经网络的算法最早用于澳大利亚 JORN 雷达网多部天波雷达的航迹融合中[483-484]。基于改进的自组织神经网络的多径航迹融合算法也被提出。该算法在仿真试验中，对于模拟的 54 种场景中的 1764 对航迹，正确关联概率达到 89%；但在目标编队或数据异常时，正确关联概率明显下降[485]。

8.5.2.2　多检测样式类算法

由于多径效应，天波雷达中可在一次扫描中对目标进行多次检测。近年来，基于多检测样式（Multiple-Detection Pattern）的跟踪和融合算法得到广泛研究。最早提出的是一种多检测联合概率数据关联（Multiple Detection Joint Probabilistic Data Association，MD-JPDA）算法[486]。多检测样式用于生成多个检测关联事件，该样式可以利用多对一测量集而不是一对一测量集来进行关联跟踪。该算法能够在杂波和漏检情况下处理每次扫描的多个目标检测。试验结果表明，MD-JPDA 算法可提高状态估计精度。

随后，针对量测源和路径模型的不确定性，业界提出了多检测联合综合航迹分割（Multiple Detection Joint Integrated Track Splitting，MD-JITS）算法[487]。该算法将目标存在概率（Probability of Target Existence，PTE）作为航迹质量的量度，以确定航迹真伪。MD-JITS 算法的每个量测单元由一个或多个经过验证的量测组成，同时考虑路径模型。在多目标交叉场景下算法性能得到了验证。

类似地，基于多检测样式与 MHT 算法的结合，业界得到一种多检测多假设跟踪器（Multiple Detection Multiple Hypothesis Tracker，MD-MHT）[488]。该跟踪器遵循多假设框架，通过对多帧分配算法的扩展，解决了量测源和路径模式的不确定性下的数据关联问题，可适用多目标多检测场景。

此外，还有多检测概率假设密度（Multiple Detection Probability Hypothesis Density，MD-PHD）算法[489-490]、多径伯努利滤波器（Multi-Path Bernoulli Filter，

MPBF）[491-492]、多径线性多目标综合概率数据关联算法（Multi-Path Linear Multitarget Integrated Probabilistic Data Association，MP-LM-IPDA）[493-494]、分散多径多假设跟踪器（Decentralized Multipath Multiple Hypothesis Tracker，DM-MHT）[495]等算法先后被引入天波雷达多径处理中。

8.5.2.3　电离层建模类算法

多径航迹的产生和特性取决于电离层分层结构和随时间变化的状态。因此，在多径处理算法中对电离层模型的假设及参量（特别是电离层反射虚高）的获取，成为影响处理性能的关键因素。8.5.1 节介绍的 MPDA 算法和 MVDA 算法均将电离层传输模型引入航迹处理中，直接在地理坐标系输出航迹，相当于实现了目标跟踪和坐标配准两个环节的一体化处理。但是，实际情况下电离层反射虚高是带有误差的测量参数，甚至是未知量（当所在区域或所在时段电离层监测设备未覆盖时）。电离层建模类多径处理和融合算法的研究重点就在于解决电离层模型参量的不确定性问题。

坐标配准未知情况下的扩展 MPDA 算法被称为 MPCR（MPDA for Uncertain Coordinate Registration）算法。MPCR 算法在 MPDA 算法的基础上，在标准电离层模型中引入时间变化而产生的测量协方差项，每层的虚高假设为具有已知均值和方差的高斯分布[460]。而 8.5.2.1 节所述的多径航迹融合 MPTF 算法中则将电离层每层的虚高假设为随线性动力学和高斯分布演化的模型[240]。

另一类目标状态和电离层虚高误差的联合估计算法中，假设由电离层垂测仪或参考电离层模型提供标称的虚高值，但其随时间变化的偏差未知[496-497]。考虑电离层层高的时空变化及相关性，还可利用高斯马尔可夫随机场（Gaussian Markov Random Field，GMRF）对电离层反射虚高进行建模，提供更精确的虚高表述。同时，通过目标状态估计、多径数据关联和电离层反射虚高的联合估计和优化，提出了基于条件期望最大的高斯马尔可夫随机场（Expectation-Conditional Maximization Gaussian Markov Random Field，ECM-GMRF）算法。在实际应用中，可以通过电离层垂测仪和雷达自身测量值来估计虚高，提高数据关联和目标状态估计的准确性[498]。

在电离层虚高无法测量获得的极端条件下，分布式条件期望最大（Distributed Expectation-Conditional Maximization，DECM）算法被提出用以解决目标状态估计、多径数据关联及电离层反射虚高的估计问题。该算法由局部估计层和全局融合层组成，通过双层处理框架将高维估计问题转化为多个低维并行路径相关估计问题[499]。

这里需要说明的是，本节前述的各类算法均基于图 8.34 和表 8.1 给出的简单电离层模型。该模型下多径效应仅与电离层的层高（反射虚高）有关，只要确定了电离层反射虚高，即可得到该传输模式射线的准确描述。然而，从 2.2.3 节可知，经典的电离层模型（如卡普曼 Chapman 模型）的描述参数至少包括层高（反射虚高）、临界频率和半厚度等，尽管层高在其中对射线路径的影响最大。

因此，将多径处理算法与更为复杂和全面的电离层模型结合，成为近年来研究和应用的热点。最早针对航迹-目标-传输模式之间的模糊性，业界提出的是一种基于电离层统计模型的最大后验（Maximum A Posteriori，MAP）模式关联算法[500]。MAP 算法在雷达坐标系下利用多径航迹间的统计相关性，进行模式链接（Mode Link）决策和射线路径的分配，从而获得地理坐标系下目标的状态估计。同时，MAP 算法引入了隐含马尔可夫模型（Hidden Markov Model，HMM）来描述同一时刻不同射线路径类型之间的相关性，以及模式链接假设在不同帧之间的时间相关性，以确保模式链接假设的一致性。在该算法中应用的电离层模型为典型的卡普曼三层（E 层、F_1 层和 F_2 层）抛物线模型，其参数如下式所示：

$$\boldsymbol{\psi}=[f_{\mathrm{o}}E,h_{\mathrm{m}}E,y_{\mathrm{m}}E,f_{\mathrm{o}}F_1,h_{\mathrm{m}}F_1,y_{\mathrm{m}}F_1,f_{\mathrm{o}}F_2,h_{\mathrm{m}}F_2,y_{\mathrm{m}}F_2]^{\mathrm{T}} \tag{8.168}$$

式中：f_{o} 为各层的临界频率；h_{m} 为各层的高度；y_{m} 为各层的半厚度。由式（8.168）所示参数确定的电离层电子浓度剖面如图 2.4 所示。

基于国际参考电离层模型，业界提出了极大似然概率多假设跟踪器（Maximum Likelihood Probabilistic Multi-Hypothesis Tracker，ML-PMHT）。该跟踪器是一种深度轨迹提取器（Deep Track Extractor，DTE），可扩展至多径场景。通过射线追踪模拟出信号在电离层中的折射路径，分析了在低信噪比条件下的航迹发现概率和虚警概率。法国的 Nostradamus 雷达中也将多准抛物线（Multi-Quasi-Parabolic，MQP）电离层模型引入到了航迹跟踪环节[501-502]。

采用经典而非简化电离层模型，并结合实际电离层测量参数和射线追踪过程的跟踪算法，其实质是数据处理与后续坐标配准过程的一体化处理，可看作“跟踪前配准”（Registration-Before-Tracking，RBT）算法，与 8.5.3 节将要提到的检测前跟踪概念类似。

8.5.3 检测前跟踪

经典处理流程（如图 8.1 所示）是先检测后跟踪，目标检测所做的二元判决不可避免地会带来信息的损失，特别是对于低信噪比目标。可以通过降低检测门限在一定程度上改善弱小目标（低信噪比）的发现概率，但这会导致虚警概率的提高和数据处理计算负载的增大。

近年来，检测前跟踪（TBD）技术的出现打破了经典的处理流程和体制，在检测前引入跟踪滤波，通过多帧数据的积累，实现检测与跟踪的一体化处理。TBD 技术非常适合低信噪比目标的检测与跟踪，已经在各类传感器（如雷电、红外和光学）中得到了广泛应用。

TBD 算法已经得到了深入的研究，主要包括基于三维匹配滤波（Three Dimensional Matched Filtering，3DMF）、基于动态规划（Dynamic Programming，DP）、基于递归贝叶斯滤波（Recursive Bayesian Filter，RBF）、基于有限集统计学（Finite-Set Statistics，FISST）、基于霍夫变换（Hough Transform，HT）、基于直方图概率多假设跟踪（Histogram-Probabilistic Multi-Hypothesis Tracking，H-PMHT）等检测前跟踪算法。各类 TBD 算法的优劣如表 8.2 所示。

表 8.2　各类 TBD 算法优劣对比表[503]

算法类型	理论基础	优点	缺点
3DMF	匹配滤波	适用多目标情形	高斯背景、目标匀速且速度已知
DP	动态规划	算法性能分析体系完善	扩展、机动、多目标场景效果不佳
RBF	贝叶斯理论	适用机动目标，能解决非线性、非高斯问题	变数目、多目标场景效果不佳
FISST	有限集统计学理论	变数目、机动多目标场景	需要大量先验信息
HT	霍夫变换	算法简单，易于实现，直线运动、近似直线运动性能好	非直线运动场景下性能下降严重
H-PMHT	统计直方图概率理论	复杂度低	变数目场景缺乏研究

粒子滤波[504-505]和动态规划算法[506]是最早引入天波雷达中的 TBD 算法，在弱小目标检测和跟踪上展现出了相对优异的性能。

另一种基于变分贝叶斯推理的联合检测和跟踪算法也有助于提高多径场景下的检测和跟踪性能。该算法将多径数据关联、目标检测和目标状态估计集成在一个统一的贝叶斯框架中。变量的后验概率以闭式迭代方式导出，可有效降低由于估计和识别误差之间的耦合而导致的性能恶化。仿真结果表明，该算法在低信噪比情况下的性能优于 MPTF 算法[507]。

为改善灵敏度，一种模式无关（Mode-Ignorant）的 TBD 算法被用于替代传统单帧检测器和峰值跟踪器。该算法并未把多径传输模式完全看作一种不利影响，而是试图利用多径（多模式）回波之间的冗余性来改善灵敏度或航迹连续性。它将电离层传输信息引入基于群跟踪的 TBD 算法中，因而被称为多模 H-PMHT 算法。通过对比分析可知：在两层等强度电离层传输条件下，多模 H-PMHT 算法（相当于 4 个模式的多径回波积累后）的灵敏度比单层点量测（单一模式）跟踪高出 9dB[508]。

8.6　坐标配准技术

坐标配准是天波雷达独有的一个处理过程。在雷达射线坐标系（或斜距坐标系）下通过数据处理形成航迹后，利用电波环境监测和管理设备获得的坐标配准表，将航迹配准或变换至地理坐标系下，进而可以输出至态势显示。坐标配准对天波雷达最终获得的定位精度起着决定性的作用。如3.5.4节探测精度中分析的结果，坐标配准过程中的模式识别和坐标配准误差通常比系统测量误差高出一个数量级以上。

坐标配准基本流程在3.4.3节中已有描述，流程框图可参见图3.10，坐标配准表的计算可参见本书9.8节相关内容。本节就坐标配准的几个主要环节，包括传输模式识别、坐标变换和坐标配准的具体实现流程进行分析讨论。

8.6.1 传输模式识别

如前所述，由于多径效应的存在，单个目标可能在数据处理输出端形成多条航迹，分别对应不同的电离层传输模式。典型的传输模式如表8.1所示，而实际面临的传输模式数目和样式更为复杂，可能包含高低角射线、寻常波和异常波以及多跳传输等情况。

在通过各类电离层监测设备获得各层的实时参数（如层高、临界频率和半厚度等）后，可以基于电离层模型建立电子浓度三维分布图。在三维电子浓度分布图上假设射线的仰角（擦地角）后，可采用射线追踪方法得到射线在空间（主要是电离层）中的传输路径，以及其到达的地面距离。射线追踪的结果可参见图3.7。遍历各个可能的仰角，就可得到一张给定频率下的坐标配准表（CRT）。在实际工作过程中，CRT是与工作频率、目标相对雷达站的地理位置（距离和方位）、射线距离以及仰角相关的数表，以一定更新周期（通常为数分钟至数十分钟）进行更新。

表8.3给出了指定频率下典型的坐标配准表。从表8.3中可以看出，对应给定工作频率，雷达在射线坐标系下形成的目标航迹，可以根据其射线距离值，利用坐标配准表查表得到该目标对应的地理距离，从而将其变换到地理坐标系下。在表8.3中可看到明显的多径效应影响，对应某一射线距离，存在多个可能的不同传输模式，以不同的仰角发射和接收。那么，同一目标在地理坐标系下就可能出现多条“孪生”航迹，即多径航迹。

表8.3　典型的坐标配准表

<table>
<tr><td>工作频率</td><td>18500kHz</td><td>更新时间</td><td colspan="3">8:00UT</td></tr>
<tr><td>射线距离/km</td><td>地理距离/km</td><td>传输模式</td><td>仰角</td><td>变换
系数</td><td>方位
倾斜角</td></tr>
<tr><td rowspan="2">1000</td><td>937</td><td>F_2x-F_2x</td><td>36°</td><td>1.067</td><td>1.4°</td></tr>
<tr><td>948</td><td>F_2o-F_2o</td><td>29°</td><td>1.054</td><td>0.9°</td></tr>
</table>

续表

工作频率	18500kHz	更新时间	8:00UT		
射线距离/km	地理距离/km	传输模式	仰角	变换系数	方位倾斜角
1000	965	E-F_2o	15°/29°	1.036	0.6°
	978	E-E	15°	1.022	-0.1°
1200	1125	F_2x-F_2x	34°	1.066	1.4°
	1140	F_2o-F_2o	28°	1.053	0.9°
	1173	E-E	14°	1.023	0°
1400	……	……	……	……	……
……	……	……	……	……	……
1600	……	……	……	……	……
……	……	……	……	……	……

基于同样原理，同一目标在信号处理后得到的距离-多普勒谱上也会呈现多个回波点，如图 8.34 所示。图 8.34 中给出一个固定信标信号通过电离层单程传输后的距离-多普勒谱，可以看到清晰可分辨的 4 个传输模式，其射线距离的跨度约为 350km，多普勒频率漂移从 0Hz 至最大-1.2Hz。

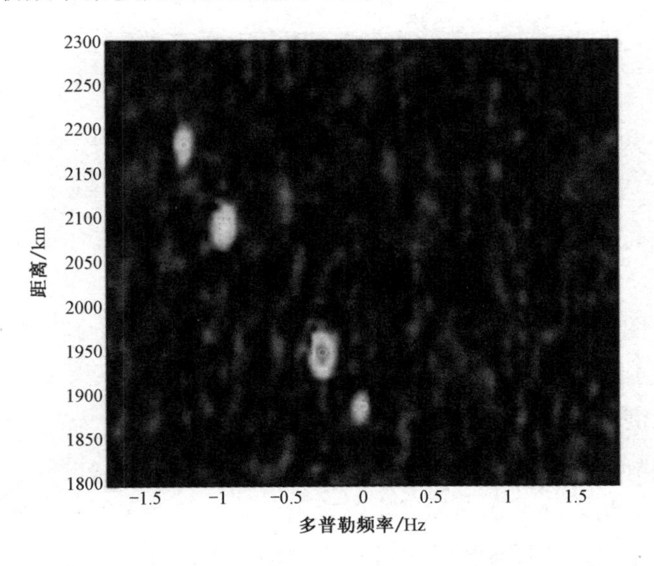

图 8.34　典型单目标单程多径传输回波距离-多普勒谱[434]

显然，在多目标多径传输混叠的场景下，对目标-模式这一关系的确定至关重要。如果目标-模式匹配错误，最大模式识别距离误差（如图 8.35 所示）可达数百千米，而方位向的误差也可能达到几度。

天波雷达中传输模式识别的主要技术途径包括：电离图精细反演和频率选择，

俯仰角扫描和分辨，以及模式选择 MIMO 体制。下面将逐一进行介绍。

8.6.1.1 频率选择

电离层倾斜扫频探测能够获得指定链路上传输模式的识别结果。关于斜测电离图的详细介绍可参见 9.5 节。这里给出一张典型的斜测电离图，如图 8.35 所示。图 8.35 中给出了不同传输模式的识别结果，1Es 代表单跳 Es 传输模式，2Es 代表 2 跳 Es 传输模式，$1F_2$o-L 代表单跳 F_2 层寻常波（O 波）的低角射线传输模式，$1F_2$x-H 则代表单跳 F_2 层异常波（X 波）的高角射线传输模式。从图 8.35 中可以看出，当工作频率选择在 11.5～18.5MHz 时，仅存在 1Es 这一个传输模式，单模传输有利于航迹处理；而当工作频率选择在 6.8～11.5MHz 时，存在 2～4 个传输模式，多模传输回波混叠不利于后续处理。

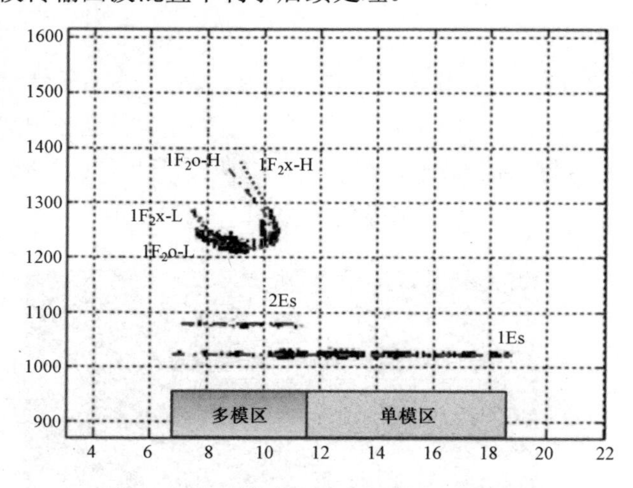

图 8.35 典型的斜测电离图模式识别结果

斜测电离图能够提供最为清晰的模式识别结果，但代价是需要在目标所在区域设置斜测发射站，能够发射扫频信号实时监测电离层。显然，这一条件在实际工作中是难以满足的。

而另一种解决思路是基于斜向返回散射电离图进行传输模式识别。返回散射设备通常与雷达站共址，在扫频工作方式下可获得覆盖区所有区域，无须在覆盖区内布站。近年来，业界提出了一种基于自动判图的分层回波前沿提取，并结合垂斜测电离图辅助判别传输模式的方法，但在复杂传输模式场景下仍需要进一步研究[509]。

8.6.1.2 俯仰角扫描

从表 8.3 可看出，有效的回波俯仰角测量与射线距离结合，能够对传输模式进行分离。尽管一些混合传输模式的分辨可能仍存在困难，但俯仰角信息的获得能够区分不同高度层的反射回波，这对于消除模式识别误差意义重大。

基于这一理论，近年来俯仰角可扫描的天波雷达得到了充分重视和研究。其中以法国的 Nostradamus 雷达、加拿大的 POTHR 以及意大利的洛萨雷达为代表。这些雷达均设计了二维阵列形式，而非传统的线性阵列，从而在俯仰角上获得了一定的扫描能力。这一特性将给俯仰角测量和传输模式识别带来帮助。相关内容可参见 1.5 节和 6.3.1.3 节。

图 8.36 给出了一张地面距离和俯仰角的二维返回散射回波谱图。这是法国的 Nostradamus 雷达所得到的，其俯仰角在 0°～60° 的范围内进行了扫描。从图 8.36 中可看到，不同俯仰角射线所可能到达的地面距离。

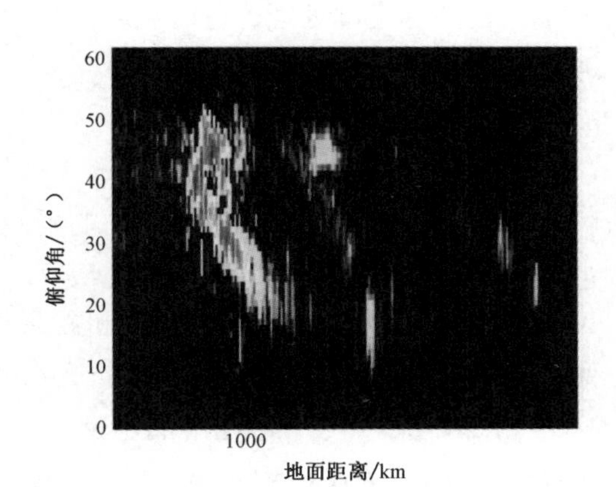

图 8.36　俯仰角扫描的二维返回散射回波图[109]

为获得较高俯仰角分辨率，需要在垂直方向形成足够的阵列口径。分布在地面的二维阵列尽管可以在俯仰角上进行一定的扫描，但其分辨率仍然受限。对于识别来自反射高度（到达的俯仰角）较为接近的传输模式仍然是困难的。

8.6.1.3　模式选择 MIMO 雷达

最新的俯仰角估计解决方案是模式选择 MIMO 雷达，尽管该技术的提出目的是抑制来自不同仰角的多径杂波，从而改善慢速舰船目标检测性能[436, 510-511]。由于收发线性阵列的波束倾斜效应，阵列俯仰角和方位角耦合在到达波方向内。模式选择 MIMO 雷达通过发射-接收二维的波束形成，能够测量得到不同模式的仰角信息。

表 8.4 给出了澳大利亚模式选择 MIMO 雷达试验阵列测量得到的模式俯仰角与斜测仪测量得到的俯仰角的对比结果。从表 8.4 中可以看出，两种方法具有较好的一致性，均方根误差分别小于 0.65° 和 0.95° [434]。

表 8.4　模式选择 MIMO 雷达和斜测仪俯仰角测量结果[434]

模式	模式选择 MIMO 雷达/(°)	斜测仪/(°)
1E	12.4	13.0
$1F_2L$	31.4	31.0
$1F_2o$-H	34.3	34.3
$1F_2x$-H	38.4	39.4

8.6.2 坐标变换

当传输模式确定后，就可用对应传输模式的参数将航迹由射线（斜距）坐标系变换至地理坐标系下。本节给出的坐标变换方法是基于电离层层高已知情况下的变换方法，分为平面坐标变换和球面坐标变换两类，主要用于各类多径融合和处理算法中。而 8.6.3 节给出的坐标配准方法则用于在射线坐标系下形成航迹后进行后续的坐标配准处理，这时利用的是与表 8.3 类似的坐标配准表，该表与电离层层高已无直接的映射关系。

8.6.2.1 平面坐标变换

首先建立雷达站点与目标之间的平面坐标几何关系模型[512]。考虑发射机与接收机和目标的运动位于同一平面的情况，如图 8.37 所示。设发射机与接收机位于 X 轴，且距离为 d，接收机和发射机距目标的径向距分别为 ρ_1 和 ρ_2，接收机和发射机的俯仰角分别为 ψ_1、ψ_2，方向角分别为 ϕ_1、ϕ_2，回波反射波 OA 与 Z 轴的夹角为 θ。某个传播路径下的电离层前向和后向折射等效高度分别为 $h_t(k)$ 和 $h_r(k)$。$\{h_t(k),h_r(k)\}$ 构成了一个传播模式。显然 $h_t(k)$ 和 $h_r(k)$ 都属于集合 $\{h_1(k),h_2(k),\cdots,h_M(k)\}$。对于 M 个折射等效高度，则最多存在 M^2 个传播模式。

取目标在地理空间的径向距 $\rho=\overline{OT}\triangleq\overline{\rho}_1$，径向距速率 $\dot{\rho}$，方向角 $b=\dfrac{\pi}{2}-\phi_1$，$\phi_1=\angle DOC$，方向角速率 $\dot{b}$，则目标在地理坐标系的运动状态可表示为

$$\boldsymbol{X}=[\rho,\dot{\rho},b,\dot{b}]^{\mathrm{T}} \tag{8.169}$$

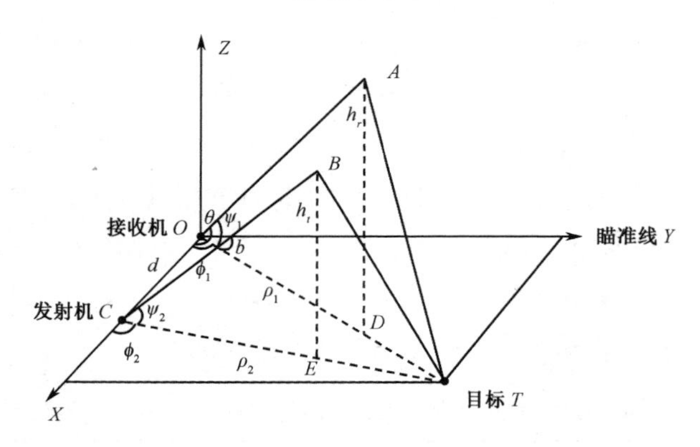

图 8.37　平面坐标量测模型

雷达量测空间的径向距 $R_g=\overline{r_1}+\overline{r_2}$（路径长度的 1/2）和多普勒 $R_r=\dot{R}_g$（径向距的速率），$\overline{r_1}=\overline{OA}$，$\overline{r_2}=\overline{OB}$，方位角 $A_Z=\dfrac{\pi}{2}-\theta$，$\theta=\angle AOZ$，即一个回波量测可表示为

$$\boldsymbol{Y}=[R_g,R_r,A_Z]^{\mathrm{T}} \tag{8.170}$$

对于图 8.37 中的平面坐标量测模型，$\boldsymbol{Y}\to\boldsymbol{X}$ 的坐标变换为

$$\begin{cases}\rho=2\sqrt{r^2-h_r^2}\\ \dot{\rho}=\dfrac{4R_r}{\dfrac{\rho}{r_1}+\dfrac{\eta}{r_2}}\\ b=\arcsin\left(\dfrac{2r_1\sin A_Z}{\rho}\right)\\ \dot{b}\approx 0\end{cases} \tag{8.171}$$

式中

$$r_1=\frac{R_g^2+h_r^2-h_t^2-(d/2)^2}{2R_g-d\sin A_Z}，\quad r_2=R_g-r_1 \tag{8.172}$$

$\boldsymbol{X}\to\boldsymbol{Y}$ 的坐标变换公式为

$$\begin{cases}R_g=r_1+r_2\\ R_r=\dfrac{(\rho/r_1+\eta/r_2)\rho}{4}\\ A_Z=\arcsin\left(\dfrac{\rho\sin b}{2r_1}\right)\end{cases} \tag{8.173}$$

式中

$$r_1=\sqrt{\left(\frac{\rho}{2}\right)^2+h_r^2} \tag{8.174}$$

$$r_2=\sqrt{\left(\frac{\rho}{2}\right)^2-d\rho\sin\frac{b}{2}+\left(\frac{d}{2}\right)^2+h_r^2} \tag{8.175}$$

$$\eta=\rho-d\sin b \tag{8.176}$$

上述正反变换是非线性的，在滤波算法中需要用到 $\boldsymbol{X}\to\boldsymbol{Y}$ 的雅可比变换：

$$\boldsymbol{J}=\frac{\partial\boldsymbol{Y}}{\partial\boldsymbol{X}} \tag{8.177}$$

式中 $\boldsymbol{J}$ 矩阵的各分量分别为

$$J_{12}=J_{14}=J_{24}=J_{32}=J_{34}=0 \tag{8.178}$$

$$J_{11}=J_{22}=\frac{\rho}{4r_1}+\frac{\eta}{4r_2}，\quad J_{13}=\frac{-d\rho\cos b}{4r_2} \tag{8.179}$$

$$J_{21}=\frac{\dot{\rho}}{4}\left(\frac{1}{r_1}+\frac{1}{r_2}-\frac{\rho^2}{4r_1^3}-\frac{\eta^2}{4r_2^3}\right) \tag{8.180}$$

$$J_{23} = \frac{-d\dot{\rho}\cos b\left(4r_2^2 - \rho\eta\right)}{16r_2^3} \tag{8.181}$$

$$J_{31} = \frac{\sin b}{2r_1\cos A_Z}\left(1 - \frac{\rho^2}{4r_1^2}\right) \tag{8.182}$$

$$J_{33} = \frac{\rho\cos b}{2r_1\cos A_Z} \tag{8.183}$$

8.6.2.2 球面坐标变换

对于较长距离的坐标变换，地球表面采用球面模型，如图 8.38 所示[513]。

设接收机 O_1 和发射机 O_2 位于 X 轴，相对距离为 d，接收机 O_1 位于坐标原点。原点处地球半径为 μ。发射波和回波的电离层折射等效高度分别为 $h_t = \overline{CF}$ 和 $h_r = \overline{BE}$。接收机和发射机距目标的地面径向距分别为 ρ_1 和 ρ_2，回波与 O_1YZ 平面的夹角为 A_Z。

天波雷达目标测量参量都在射线坐标系中，包括射距 $P = P_1 + P_2$，多普勒频率 $f_P = 2\dot{P}/\lambda$（$\dot{P}$ 为射距变化率，λ 为工作波长），方位角 A_Z 和信噪比（SNR），其中多普勒频率决定了目标的径向速度，SNR 通常作为峰值检测，则目标观测矢量 $\boldsymbol{Y} = [P, f_P, A_Z]^{\mathrm{T}}$。

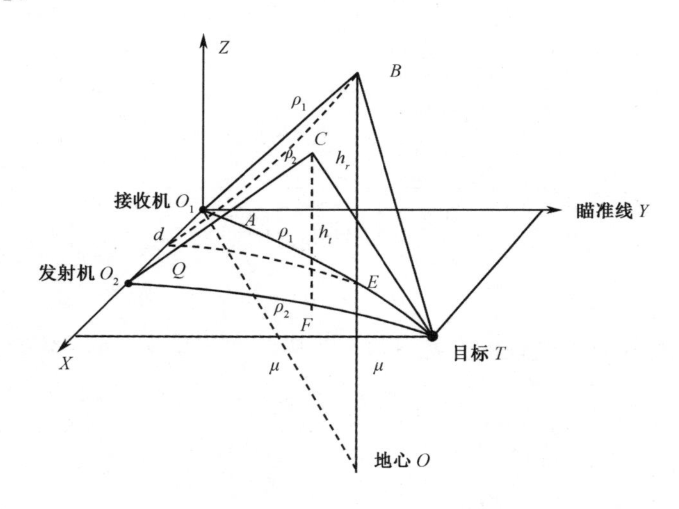

图 8.38 球面坐标量测模型

目标在雷达站地面坐标系中的径向距离为目标与接收站的地面径向距离 D（图 8.38 中的 ρ_1），多普勒频率 $f_P = 2\dot{D}/\lambda$（$\dot{D}$ 为径向距离变化率），方位角为 A。由于目标通常距雷达接收机很远，目标运动时方位角变化很小，因此坐标变换时方位角速率 $\dot{A}$ 可近似为零。因而，在雷达站地面坐标系中，目标运动矢量

$\boldsymbol{X}=[D,f_D,A]^{\mathrm{T}}$。下面给出相应的正反坐标系。

$\boldsymbol{Y}\rightarrow\boldsymbol{X}$ 的坐标变换公式为

$$\begin{cases}D=2\mu\arccos\left(\dfrac{\mu^2+\left(\mu+h_r\right)^2-P_1^2}{2\mu\left(\mu+h_r\right)}\right)\\ f_D=\dfrac{2f_D}{\sin\left(\dfrac{D}{2\mu}\right)\left(\dfrac{\mu+h_r}{P_1}+\dfrac{\mu+h_t}{P_2}\right)}\\ A=\arcsin\left(\dfrac{\sin\left(\dfrac{P_1\sin A_Z}{\mu}\right)}{\sin\left(\dfrac{D}{2\mu}\right)}\right)\end{cases}\tag{8.184}$$

式中

$$P_1=\frac{P\left(\mu+h_r\right)-\sqrt{P^2\left(\mu+h_r\right)\left(\mu+h_t\right)-4\left(h_r-h_t\right)^2\left(\mu h_r+\mu h_t+h_rh_t\right)}}{h_r-h_t}\tag{8.185}$$

式中：μ 为地球半径。

$X\rightarrow Y$ 的坐标变换公式为

$$\begin{cases}P=\sqrt{\mu^2+\left(\mu+h_r\right)^2-2\mu\left(\mu+h_r\right)\cos\left(\dfrac{D}{2\mu}\right)}+\sqrt{\mu^2+\left(\mu+h_t\right)^2-2\mu\left(\mu+h_t\right)\cos\left(\dfrac{D}{2\mu}\right)}\\ f_P=\dfrac{1}{2}f_d\sin\left(\dfrac{D}{2\mu}\right)\left[\dfrac{\mu+h_r}{P_1}+\dfrac{\mu+h_t}{P_2}\right]\\ A_Z=\arcsin\left[\dfrac{\mu\arcsin\left(\sin\left(\dfrac{D}{2\mu}\right)\sin A\right)}{P_1}\right]\end{cases}\tag{8.186}$$

8.6.3 坐标配准

8.6.3.1 路径-距离变换和方位修正

当使用如表 8.3 所示的坐标配准表进行配准时，通常将其分为路径-距离变换（Path-Distance Transform，P-DT）和方位修正两部分。路径-距离变换也通常被简称为 P-D 变换，其变换系数如表 8.3 中所列；方位修正系数则为表 8.3 中的方位倾斜角。

对于 $\boldsymbol{X}=\left[D,f_d,A,\dot{A}\right]^{\mathrm{T}}$ 和 $\boldsymbol{Y}=\left[P,f_p,A_Z\right]^{\mathrm{T}}$（相关定义与球面坐标变换模型相

同），相应的坐标变换如下：

$\boldsymbol{Y} \rightarrow \boldsymbol{X}$ 的坐标变换公式为

$$\begin{cases} D = P/K_{\tau} \\ f_d = f_p/K_{\tau} \\ A = \arcsin\left(K_{\tau} \sin A_Z\right) - \Delta\beta \\ \dot{A} = 0 \end{cases} \tag{8.187}$$

$\boldsymbol{X} \rightarrow \boldsymbol{Y}$ 的坐标变换公式为

$$\begin{cases} P = DK_{\tau} \\ f_p = f_d K_{\tau} \\ A_Z = \arcsin\left(\sin\left(A + \Delta\beta\right)/K_{\tau}\right) \end{cases} \tag{8.188}$$

式中：K_{τ} 为 P-D 变换系数，即 CRT（见表 8.3）中的变换系数列；$\Delta\beta$ 为方位修正系数，即 CRT（见表 8.3）中的方位倾斜角列。

8.6.3.2 大地坐标转换

得到地理坐标系下的雷达航迹后，还需要将距离-方位-多普勒表示形式的航迹点变换至经纬度坐标系下，表示为经度-纬度-速度形式，这一过程被称为大地坐标变换。

大地坐标变换与所采用的地球模型及计算方法有关，通常遵循时空一致性的统一要求进行。具体方法可参见大地测量相关书籍和文献[514]，这里不再展开。

第 9 章

电波环境诊断技术

9.1 概述

电离层是天波雷达不可缺少的传输媒介，没有电离层作为反射介质，就没有雷达广域、超视距的覆盖能力。电波环境诊断技术主要通过所布设的各类型电离层监测网络采集数据，实时感知不断变化的电离层状态，通过诊断和重构，向天波雷达提供与实际电波环境相匹配的工作参数和传播修正数据，从而保证雷达探测性能。

本章首先介绍了电波环境监测和管理的基本概念及组成，然后描述返回散射探测、垂直探测和斜向探测等设备的探测原理和结果，并对返回散射探测电离图与垂直/斜向探测电离图的关系进行了分析，最后介绍了电离层重构技术。

9.2 电波环境监测和管理

9.2.1 概述

在 3.4.3.1 节传输路径模型中提到过，通过对长时间（数年甚至数十年）记录数据的统计分析所形成的基于历史数据的“电离层气候学”经验模型，辅助进行天波雷达的选址和系统设计是可行的。但由于电离层和地球物理条件时空变化的随机性和非平稳性，这样的经验模型无法实时地支持天波雷达工作和运行。基于专用的电波环境诊断和管理系统（通常也被称为频率管理系统 FMS）采集数据而形成的实时电离层模型（RTIM）被广泛运用于当前的天波雷达中。

由于各国国情需求、环境条件及设计思想的不同，世界各国天波雷达所配备的电波环境诊断和管理系统也存在较大差异。

俄罗斯的弧线雷达除雷达探测处理通道外，还有两个独立的环境监测通道，分别用于地球物理条件的自适应监测和干扰环境的自适应监测。地球物理条件自适应监测设备包括返回散射探测、垂直探测和斜向探测等设备，其中返回散射探测设备的收发天线与雷达探测通道共用；干扰环境监测通道与雷达探测通道共用部分接收天线和接收机（64 个或 128 个），能提供无干扰的可用频点及干扰方向。地球物理条件监测和干扰监测数据用于生成工作频率和管理参数，干扰监测的方向还送至雷达探测通道用于自适应干扰对消。

美国 ROTHR 雷达的电波环境诊断和管理系统由返回散射探测、垂直探测和高频频段频谱监测设备组成。雷达探测、返回散射探测和频谱监测共用一个接收天线阵列，共 372 个单元，长度为 2.56km。

澳大利亚 JORN 天波雷达网的电波环境诊断和管理系统由返回散射探测、垂直探测、斜向探测、小型返回散射雷达（Mini Radar）、斜向应答机和高频频段频谱监测等设备组成，探测手段最全。

9.2.2　主要功能

电波环境诊断和管理系统由各类环境监测设备和相关的功能软件所组成，其功能为实时获取电离层相关的地球物理特性和外部环境干扰特性并进行处理，适应地球物理条件和干扰情况的快速变化，提供与环境匹配的参数，确保天波雷达处于最佳工作状态。

电波环境诊断和管理系统主要解决下列问题：

（1）在单元区数量和尺寸限定的情况下，确定覆盖工作区内基本照射子区 DIR 的数量和尺寸；

（2）评估并确定覆盖工作区内最大可能的检测区范围；

（3）评估并确定各基本照射子区 DIR 内的最佳工作频段和频率；

（4）确定坐标配准系数，即雷达测量的射线距离换算成地理坐标的地面距离（P-D 变换）系数及方位偏差修正值。

这里，照射子区 DIR 的相关定义可参见 3.5.2 节，而坐标配准的相关定义可参见 3.4.3 节。

9.2.3　监测手段

能够对包括电离层在内的空间物理环境进行监测的手段很多，根据其探测机理和频段大致可分为高频探测、无线电掩星探测、非相干散射探测及探空火箭等。

9.2.3.1　高频探测

高频频段的电波环境探测主要包括返回散射探测、斜向探测、垂直探测、环境噪声监测、干扰频谱监测、路径损耗测量等。高频探测是当前最为成熟和易行的广域电波环境监测手段，具有良好的实时性和准确性，是各国天波雷达电波环境诊断和管理系统［或频率管理系统（FMS）］最主要的监测手段[515]。其中，返回散射探测、斜向探测和垂直探测将在本章的后续小节介绍，环境噪声监测和干扰频谱监测将在第 10 章介绍，此处不再展开。

9.2.3.2　无线电掩星探测

随着全球导航卫星系统（Global Navigation Satellite System，GNSS）的出现和发展，20 世纪 90 年代提出的无线电掩星（Radio Occultation，RO）探测技术基于

GNSS 信号的接收和分析，成为一种新型的地球大气探测手段。

无线电信号受到地球大气折射的影响会发生弯曲，因此受到地球遮挡原本并不通视的两颗卫星相互间可以发射和接收到该信号，这也就是掩星中的“掩”字所代表的含义[516]。发射信号的飞行器被称作“掩星”，通常是持续辐射导航信号的 GNSS 卫星，而在低轨卫星（LEO）上搭载接收机，接收 GNSS 卫星发射的无线电掩星信号。电离层和中性大气折射指数的梯度使得信号在传播过程中发生弯曲，引起载波相位延迟。由电离层和中性大气所引起的载波相位观测值，被称为附加相位观测值，其中包含了电离层和中性大气的相关信息，通过科学反演方法可以解构出相关参数，如折射率、电子密度、大气密度、温度及气压等[517-519]。这一过程就是无线电掩星探测，原理示意图如图 9.1 所示。

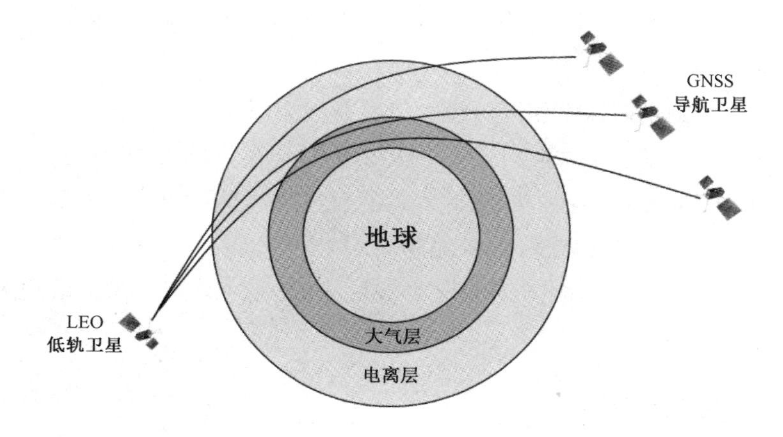

图 9.1 无线电掩星探测原理示意图

无线电掩星探测技术最早应用于火星大气探测。1995 年 4 月，由美国加州理工大学喷气推进实验室（Jet Propulsion Laboratory of the California Institute of Technology，JPL）研制的世界首台 GNSS 无线电掩星接收机（Turbo Rogue）搭载在低轨卫星上成功升空，标志着地球大气的掩星探测计划（GPS/MET）正式启动。在接下来两年多的时间里，该计划采集到了大量的掩星数据，并取得了令人瞩目的研究进展[520-522]。

随着 GNSS 卫星和搭载掩星信号接收机的低轨卫星相对运动，无线电信号扫过地球大气层，实现对电离层和中性大气的全程扫描，这被称为一次掩星事件。如果是自上而下的扫描过程，则称为下降掩星事件；反之，则称为上升掩星事件。一次掩星事件持续 80～120s，直至 GNSS 卫星消失在掩星接收机的观测范围之外。

基于 GNSS 卫星信号的无线电掩星探测与 9.2.3.1 节提到的高频探测相比，具有全球性、高垂直精度、低成本、长期稳定等优点，能够获得上部和不易布站区域（如海洋、极区等）的电离层信息[523-525]。

9.2.3.3　非相干散射探测

非相干散射（Incoherent Scattering）探测是电波在电离层中由于受到准平衡电子密度随机热起伏影响而引起散射，接收这种能量进而获取电离层物理参数的电离层探测方法。

1958 年，戈登最先提出用当时的大功率雷达可能探测到电离层的后向散射回波信号的构想。他认为这种散射来自相互独立的电子所产生的汤姆逊散射，各个电子的散射信号是非相干的[526]。随后，波利斯通过试验证实了戈登的这一构想。但是观测到的散射现象比预想的要复杂得多，特别是散射信号的功率谱宽比预想的要窄[527-528]。许多学者通过大量试验对该理论进行了修正和完善，结果发现电离层的电子并不完全独立，实际上散射信号是部分相干的。但由于“非相干散射”这个名词已经深入人心，故而被一直沿用下来[529-531]。

基于非相干散射原理设计的非相干散射雷达（Incoherent Scattering Radar，ISR）可以测量 60～2000km 甚至更高高度范围内的数十个空间参数，具有测量参数多、范围广、精度和分辨率高等优点。ISR 能够直接测量的参数包括电子密度、电子和离子温度、等离子体速度和 E 层不均匀体后向散射截面等，能够推导得到的参数包括电场强度、导电率、中性气体温度等，当前已成为研究电离层结构、电离层动力学过程以及空间天气监测和预报的重要技术手段。

ISR 主要包括天线系统、发射机、接收及信号处理机等设备，峰值功率通常在兆瓦量级，具有较高的天线增益，并广泛应用脉冲编码、相干积累等技术。

自 20 世纪 60 年代以来，各国在世界范围内建设了多部 ISR，用于全球的电离层监测和研究。美国先后建设了四套 ISR，分别部署于秘鲁的 Jicamarca、波多黎各的 Arecbio[532]、美国本土的 Millstone Hill 以及丹麦格陵兰岛的 Sondrestrom。近年来，美国又建设了两部相控阵体制的先进模块化非相干散射雷达（Advanced Modular Incoherent Scatter Radar，AMISR）[533]。欧洲非相干散射科学协会（European Incoherent Scatter Scientific Association，EISCAT）则先后在挪威 Tromso 分别部署了 1 部 UHF 频段和 1 部 VHF 频段的 ISR，在挪威的 Svalbard 岛部署了 1 部 ESR[534]，最新升级型的 EISCAT-3D 雷达也在研发部署之中[535]。俄罗斯和乌克兰分别把位于 Irkutsk 和 Kharkov 的一部退役军用雷达改造成 ISR。英法两国也相继建立过 ISR，但在 20 世纪 80 年代之后均停止工作。日本建设了 MU（Middle and Upper Atmosphere）雷达[536-537]和 EAR（Equator Atmospheric Radar），2010 年又与印度尼西亚在西苏门答腊联合部署了 EAR。

2012 年，我国在云南曲靖建成了首套非相干散射雷达[538]。2021 年，采用相控阵体制的三亚非相干散射雷达（Sanya ISR）完成建设[539]。图 9.2 给出了我国曲靖非相干散射雷达的天线图。

图 9.2　我国曲靖非相干散射雷达天线图[538]

非相干散射雷达在电离层精细分层结构探测与研究、空间物体探测、空间等离子体物理研究等方面，特别是观测电离层加热设施对电离层的影响方面，取得了相当引人注目的科学研究成果。

9.2.4　诊断及管理软件

诊断及管理数据处理设备根据各种测量数据，提取相应参量并进行综合分析，重构出覆盖区的电离层三维电子浓度剖面；在此基础上进行电波射线追踪，分析传输模式和多径状态，同步计算环境影响及其修正量；随后比较合成电离层与实测电离图，验证重构电离层的可信度和精度；最终给出支撑雷达工作必需的参数。

诊断及管理数据处理计算套件主要包括五个软件和若干个模块。

（1）预测软件：主要包含周/月可用度预测、初始频率预测、频率及信道预测等软件模块。

（2）重构软件：主要包括各型电离图反演、实时大区域电离层重构、多型电离图合成、重构电离层检验等软件模块。

（3）选频软件：主要包括噪声和干扰数据处理、工作通道搜索、模式判别、频谱分析、优选频率和信道等软件模块。

（4）计算软件：主要包括不均匀电离层三维数字射线描迹计算、坐标变换计算和方位角修正量计算等软件模块。

（5）管理软件：主要包括系统程序控制、运作和管理参数输出、数据和图表显示、系统运行状态检测等软件模块。

9.3　返回散射探测

9.3.1　探测原理及主要功能

高频信号经电离层传输至远区之后，经地球表面后向散射，再沿相似的路径返回邻近发射站的接收站。接收后向散射信号并测量其功率密度的技术被称为返回散射探测（Back Scattering Sounding，BSS）。在双站（准单站）配置下，BSS 发射和接收系统通常与天波雷达共址，以 BSS 电离图的形式提供特定站点返回散射信号功率密度测量值。

BSS 电离图本质上是对覆盖区内陆地和海洋表面（也包括其他散射体）后向散射信号功率密度的测量结果，对不同工作频率信号入射到雷达覆盖区域内目标的功率密度提供了定量评估。

BSS 电离图有多种类型，详细可参见 2.3.2 节。其中最重要的是扫频电离图，它是波束指向、群距离和工作频率的函数。由于地球表面的后向散射系数通常未知，因此这一过程中照射的功率密度将无法直接测量得到。

扫频电离图不能提供返回散射回波谱的多普勒特性。而对于慢速运动目标（如舰船）探测任务，评估杂波多普勒谱污染是至关重要的。因此，定频工作下的返回散射多普勒回波谱图也被提取出来。执行该任务的独立设备通常被称为迷你雷达（Mini Radar）。

返回散射探测设备应当具有独立、自动，并尽可能实时获取电离层相关数据和参数的功能。相关数据和参数包括：当前覆盖区的全局距离和方位参数（射线坐标系下）；当前照射子区 DIR 的数目；每个 DIR 的距离和方位参数（射线坐标系下）；每个 DIR 的最佳工作频率范围；修正电离层临界频率、高度和半厚度等参数所需的监测数据。

返回散射探测设备的典型技术参数如下。

（1）工作频率范围：高频频段，通常与雷达频率范围相匹配；

（2）发射机总功率不小于 50kW；

（3）发射天线增益不小于 15dB；

（4）发射天线方向图宽度不小于 20°（-3dB 宽度）；

（5）信号形式：线性调频脉冲，调频宽度 1～8ms；

（6）数据更新时间不大于 10～30min（通常情况），在昼夜交替时段应更短。

9.3.2　设备组成

返回散射探测设备的组成框图如图 9.3 所示。返回散射探测设备的整体架构与天波雷达相似，包括发射和接收两个部分。由于返回散射探测设备的探测主体是地海表面后向散射的强杂波，而非天波雷达所要探测的空海目标微弱回波，因此返回散射探测设备的规模需求远小于天波雷达。返回散射探测设备的发射部分包括控制、激励、定时、发射机和发射天线阵列等设备；接收部分包括显控、定时、标校、接收机和接收天线阵列等设备。

（1）发射机。传统短波发射机通常采用宽带功率放大式电子管。这种发射机变频不用调谐，但效率较低。而现代的先进发射机可采用全固态器件，与雷达发射机类似，单部平均功率可达数千瓦至十几千瓦。可通过多部发射机功率空间合成，达到总平均发射功率的要求。

（2）发射天线。发射天线可以采用垂直极化或水平极化天线单元，一般由多个天线单元组成阵列。返回散射探测系统通常采用多个发射通道（发射机和发射天线单元）空间功率合成来实现大发射功率。在这样的大发射功率情况下，短波全频段数个倍频程的范围内，实现连续快速的频率和方位扫描，是返回散射探测设备的关键技术之一。

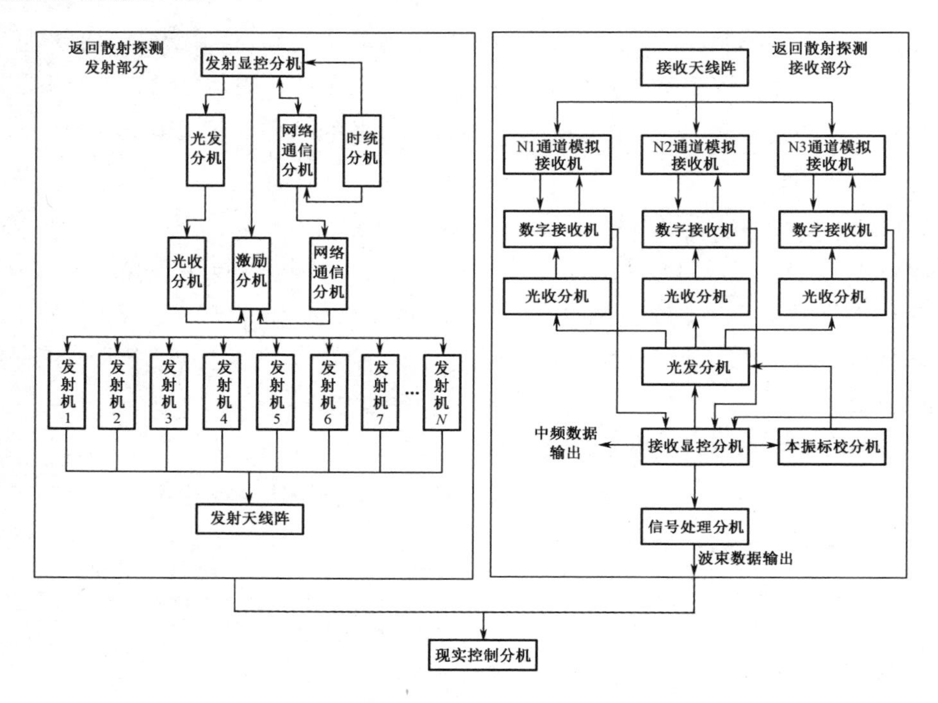

图 9.3　返回散射探测设备组成框图

（3）接收天线。接收天线阵列通常与天波雷达的接收天线阵列共址、共用。为保证接收波束具有一定的波束宽度，以提高空间覆盖效率，接收天线阵列通常仅与雷达共用部分天线单元，数量从数十至上百不等。

（4）接收机。返回散射探测设备每个接收通道有 1 路接收机，与 1 个接收天线单元连接，多路（N 路）接收通道部署 N 部接收机。接收机可采用模拟数字混合体制，也可采用先进的全数字射频采样体制。接收机采样后的数字信号通过光纤传输网络送到后端的数字信号处理机。

（5）信号处理机。信号处理机采用数字化处理，主要完成数字下变频、系统误差校正、脉冲压缩、数字波束形成（DBF）、相干积累和信号校准等功能。

（6）显示与控制分机。显示与控制分机主要对返回散射探测设备采集的数据进行分析，完成返回散射电离图的预处理，广域地球表面散射信号的边界处理，以及幅度-频率-时延三维电离图和多普勒回波谱图的显示。同时，完成对所有设备分机的控制和管理；提供设备监控信息，以及数据和图形的可视化功能。

（7）定时同步分机。返回散射探测设备收发两部分的联合控制通过定时同步分机实现，为发射显控分机和接收显控分机提供同步信号，实现协同工作。

9.3.3　返回散射电离图

9.3.3.1　三维扫频电离图

实时测量的频率-时延-幅度三维扫频电离图是电波环境诊断和管理系统最重要的测量数据，其在电波环境诊断和管理方面发挥着重要作用。一个典型的三维扫频返回散射电离图如图 2.8 所示。它同电离层频高图一样，随方位、年份、季节和昼夜时间有很大变化。图 2.8 中，纵坐标是群时延，横坐标是频率，而幅度则用伪彩色标示。三维扫频返回散射电离图的形态随电离层的状态而呈现复杂的变化，尤其是当出现电离层异常状态时，因此三维扫频返回散射电离图的解析是后续诊断和管理工作的基础。

三维扫频返回散射电离图解析的一般原则如表 9.1 所示。

表 9.1　三维扫频返回散射电离图解析的一般原则

层（区）	类别或形态	返回散射电离图特征	备注
E 层	电子浓度日变化呈余弦型	抛物型前沿；覆盖区较大	夜间不考虑 E 层
	流星	呈离散“薄片状”，非 Es 块型	时延不散布
Es 层	Es(h)高型	有抛物型前沿；覆盖区较正常 E 层小	出没无常，不规则，认识有待深化
	Es(f)平型	有抛物型前沿，覆盖区较 Es（h）高型小（夜间）	
	Es(l)低型	白天出现，前沿平直	
	Es 块型	前沿平直，覆盖区呈离散“薄板状”	
	类 E 型	抛物型前沿，覆盖区较大	
F 层	电子浓度随探测方向均匀分布	抛物型前沿	形态复杂，全天认为存在，有明显的最小时延线
	电子浓度随探测方向增大	直线型或弓型前沿	
	电子浓度随探测方向减小	陡峭抛物型前沿	
	电子浓度随探测方向有行扰或大不均匀体	波动型前沿	
	电子浓度极不稳定迅速变化	前沿迅速变化，多见于日出、日落和地球物理事件	
D 层	D 层吸收增大（f_{min}≥3MHz）	电离图回波弱	非突然电离层骚扰

9.3.3.2 典型的扫频电离图

本节给出了各种电离层状态下的典型三维扫频返回散射电离图的探测实例。

正常 F 层传输状态下的典型返回散射电离图如图 9.4 所示。从图 9.4 中可看到，返回散射回波具有清晰的前（边）沿和后（边）沿，在整个群时延-频率（P–f）平面上均有返回散射回波描迹，近区存在准垂直传输路径的回波描迹。

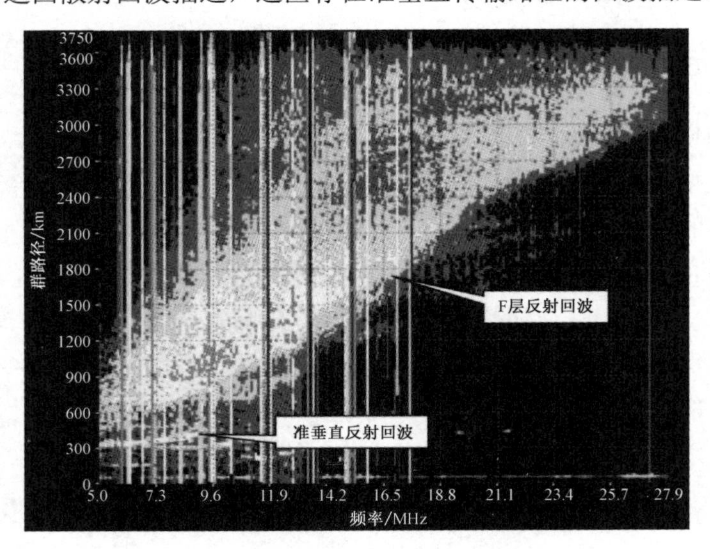

图 9.4 正常 F 层传输的典型返回散射电离图

F 层波动型前沿返回散射电离图如图 9.5 所示[509]。从图 9.5 中明显可见 F 层一跳前沿描迹出现波动，这意味着电离层沿该探测波束的方向存在较大不均匀体，同时在 2000km 以远处存在显著的 F 层两跳传输模式描迹。

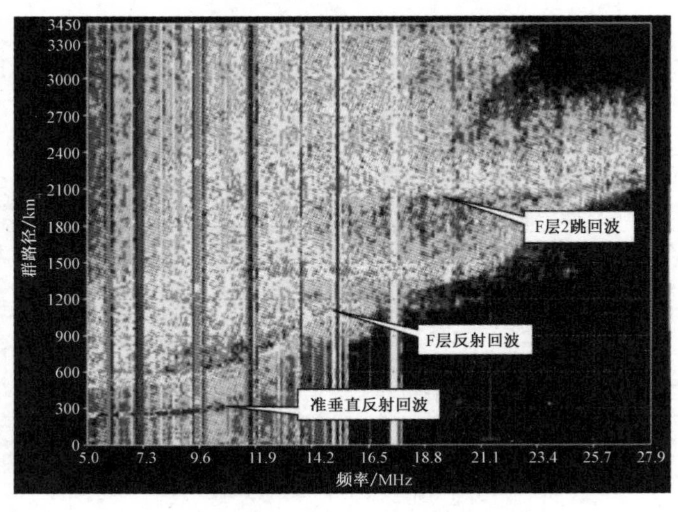

图 9.5 F 层波动型前沿返回散射电离图

Es层返回散射电离图如图9.6所示。图9.6中为典型Es层返回散射描迹的特征，该Es层是具有高浓度密致型的平型Es层，它的存在完全遮蔽了F层的作用，使电波到达不了F层，因此图中观测不到F层返回散射回波。

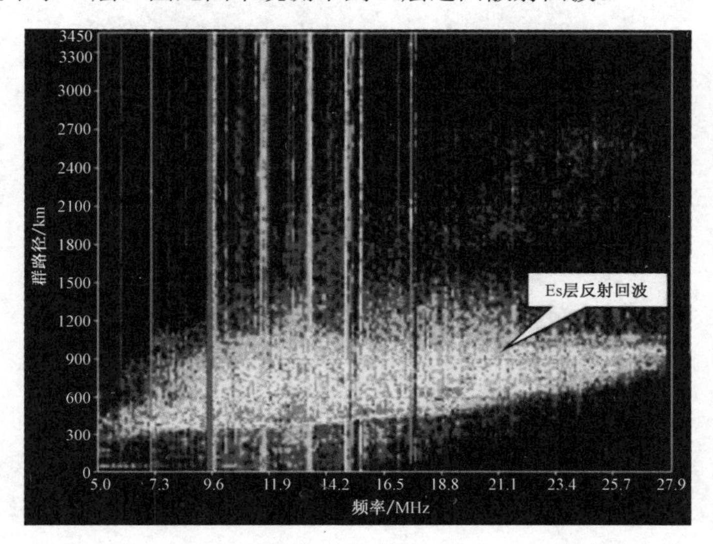

图9.6　典型Es层（高浓度、密致型、平型）返回散射电离图

强Es层返回散射电离图分别如图9.7和图9.8所示。图9.7显示Es层有高达23MHz的临界频率，呈现强Es层返回散射描迹特征，该Es层是具有高浓度密致型的块状低型Es层。它的存在形成了在远区的低浓度和在近区的高密度的返回散射描迹特征，并且完全遮蔽了F层，使电波到达不了F层，所以图中也观测不到F层返回散射回波。

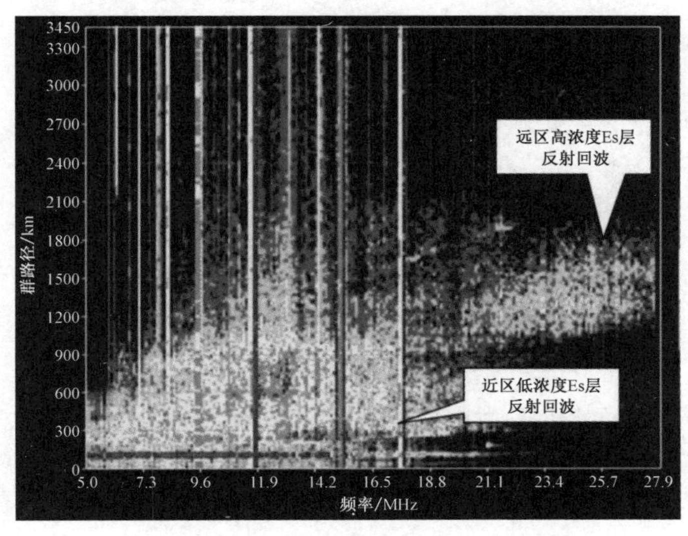

图9.7　低浓度密致块状Es层低型返回散射电离图

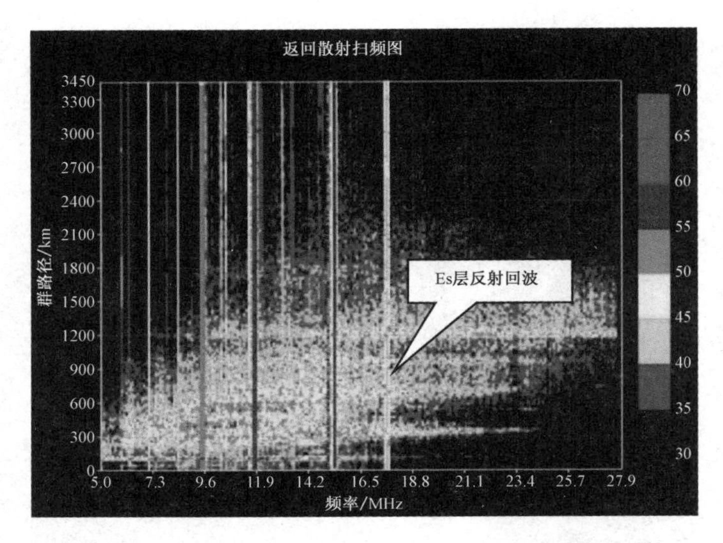

图 9.8　高浓度密致块状 Es 层低型返回散射电离图

半遮蔽 Es 层返回散射电离图如图 9.9 所示。图中显示了一跳和两跳 Es 层返回散射描迹特征，该 Es 层是具有高浓度稀疏型的平型 Es 层，它的存在对 F 层造成了半遮蔽，导致只有部分电波可以到达 F 层，所以有较弱而清晰的 F 层返回散射回波及其前沿（最小时延线）。

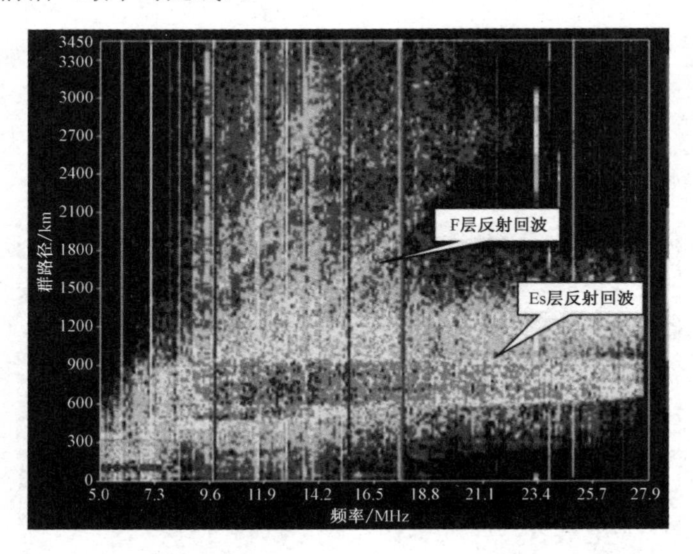

图 9.9　高浓度稀疏型的平型半遮蔽 Es 层返回散射电离图

D 层吸收增强的返回散射电离图如图 9.10 所示。该图是在 Es 层临界频率为 6.7MHz、起测频率为 3.5MHz 时测得的，这意味着 D 层吸收突然增大，但未发生电离层突然骚扰现象。图 9.10 中可看到整个返回散射电离图的回波能量显著变弱。该图 Es 层是高浓度密致型 Es 层高型返回散射电离图，完全遮蔽了 F 层，使电波到达不了 F 层，所以也观测不到 F 层返回散射回波。

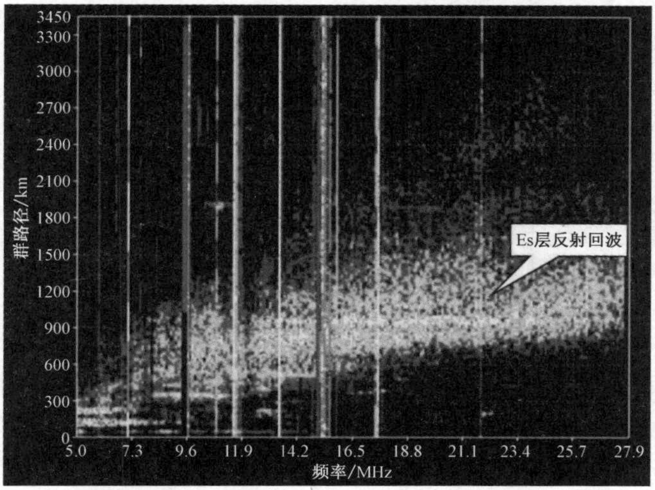

图 9.10　高浓度密致型 Es 层高型（D 层强吸收场景）返回散射电离图

9.3.4　返回散射回波多普勒谱图

使用固定频率进行返回散射探测，对广延的地球表面散射信号进行二维谱分析，可得到返回散射回波多普勒谱图，如图 9.11 所示。图 9.11 中，横坐标为多普勒频率，纵坐标为射线距离（群路径）。不同的地球表面散射回波多普勒谱是不同的，从图 9.11 中可看出陆地和海洋明显不同的回波特征[540-541]。

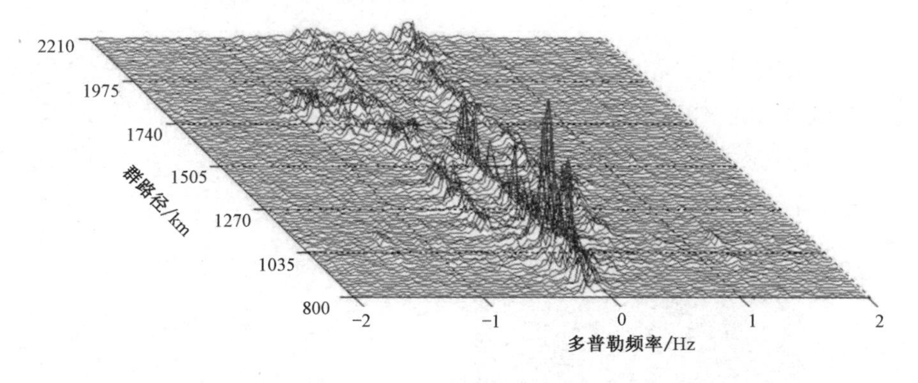

图 9.11　陆地和海洋返回散射回波多普勒频谱图

1. 陆地表面

图 9.12 给出了陆地表面返回散射回波的多普勒频谱图。图 9.12（a）为二维显示，横坐标为多普勒频率，纵坐标为群路径，幅度则用伪彩色标示；图 9.12（b）为某个距离单元（陆地）的多普勒剖面图，横坐标为多普勒频率，纵坐标为幅度。

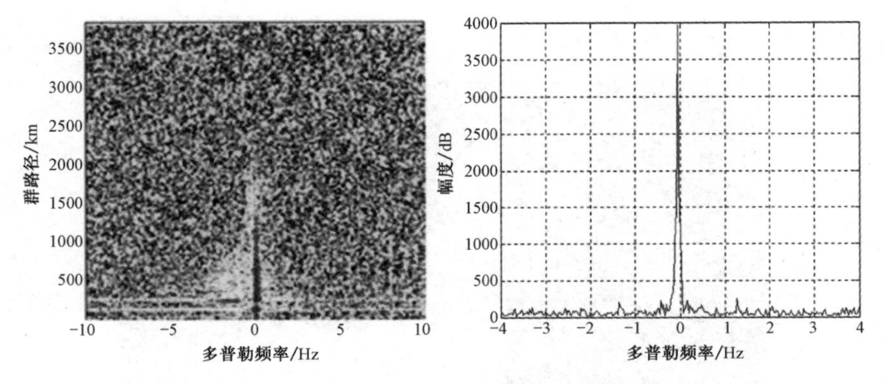

图 9.12　陆地表面返回散射回波多普勒频谱图

从图 9.12 中可以看出，对于宁静的 F 层传输情况，地面返回散射回波多普勒频谱沿探测方向路径呈一个楔子状，一般主谱线在 0Hz 附近。由于陆地无运动分量，因此回波谱中地杂波的多普勒漂移实际上由电离层的运动所产生。图 9.12 中的多普勒漂移在±0.2Hz 以外，展宽约 0.1Hz，而幅度低 30dB 以上。日出日落时段的多普勒频谱，主谱线仍在 0Hz 附近，但展宽会扩展为 0.2～0.5Hz；而夜间频谱的多普勒特性介于白天和日出日落之间。

对 Es 层传输模式而言，虽然它严重限制了天波雷达的作用距离，但通过 Es 层测量得到的陆地返回散射回波多普勒频谱较为理想，主频线频移仅为 0.02Hz，展宽仅为 0.03Hz。这表明 Es 层传输模式有极好的稳定性，可近似看作“镜面反射”。

2. 海洋表面

与海杂波散射理论相符，海洋表面的返回散射回波多普勒频谱存在两个对称而幅度不等的离散谱峰（一阶布拉格峰），以及在布拉格峰附近的二阶和高阶连续频谱。典型的海杂波表面返回散射回波多普勒频谱图如图 9.13 所示，其振幅和形状随海况、电离层及雷达频率而变化。

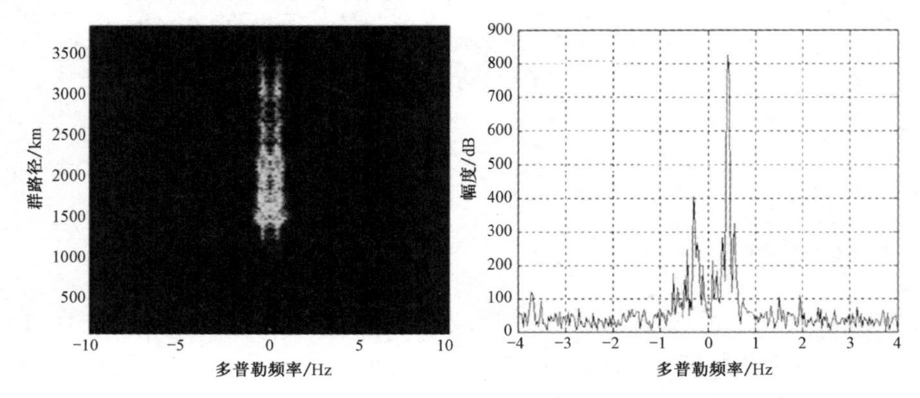

图 9.13　海杂波表面返回散射回波多普勒频谱图

3. 陆海分界线

陆海交界处的典型返回散射回波多普勒频谱图如图 9.14 所示。它兼具海洋回波谱和陆地回波谱的特点。从图 9.14 中可看出，陆地回波（地杂波）的强度要强于海洋回波（海杂波）。

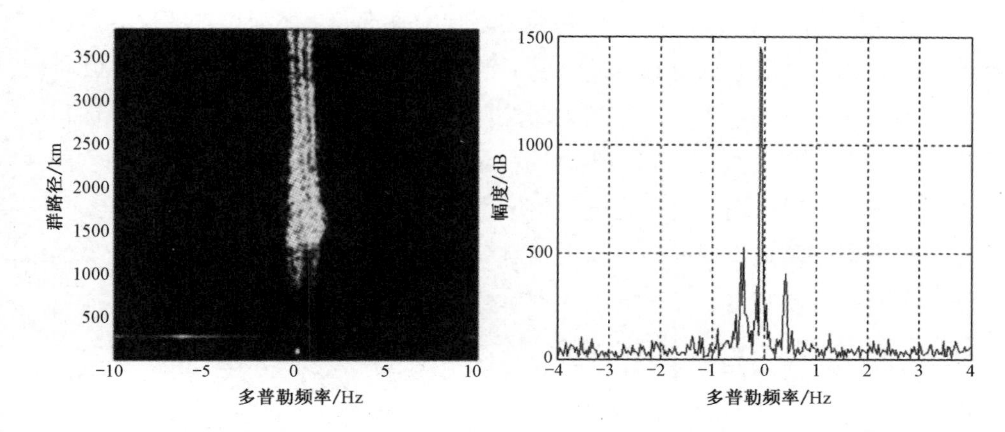

图 9.14　陆海分界线返回散射回波多普勒频谱图

4. 电离层污染情况下

在 F 层出现扰动的情况下，地面返回散射回波多普勒频谱变得十分复杂。这时主谱线偏离 0Hz，且发生较大的频移和展宽。多普勒频移通常可达 3～5Hz，而多普勒频谱展宽可达 1.3Hz。有时不同方向和距离的频谱也会存在较大差异，或者发生谱线分裂，以及主谱线沿距离会出现“S”形形态等现象。当 F 层存在多模多径传播效应时，回波多普勒频谱的谱线同样会发生分裂，如图 9.15 所示。

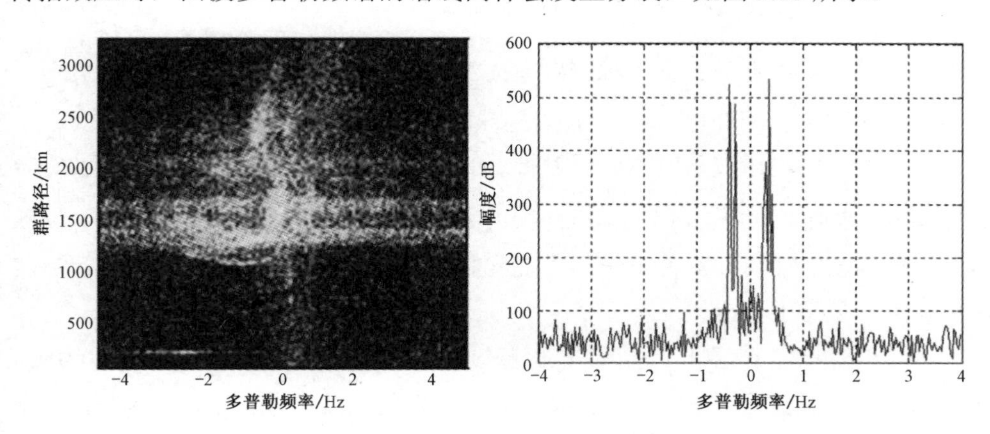

图 9.15　电离层污染情况下返回散射回波多普勒频谱图

9.4 垂直探测

9.4.1 探测原理及主要功能

1925 年，Berit 和 Tuve 早期分别独立进行的垂直向上发射电波的探测试验，接收到了来自电离层的反射回波，发现了电离层的双层结构[106]。20 世纪 30 年代初，采用快速变频的技术，记录到了回波反射高度（虚高）和频率的关系图，即频高（h'–f）图。其后垂直探测为电离层科学研究提供了有关电离层特性和物理性能的大量试验结果，迄今仍然是电离层最为成熟和有效的监测手段之一[542]。

垂直入射探测电离层的基本原理相对简单，即垂直向上入射、频率为 f 的电磁波将在电离层磁等离子体区的临界频率处被反射。此时可表示为[515]

$$X=\begin{cases}1, & \text{寻常波（O波）}\\ 1-Y, & \text{异常波（X波）}\\ 1+Y, & \text{Z波}\end{cases} \tag{9.1}$$

式中

$$X=\left(\frac{f_{\mathrm{p}}}{f}\right)^2 \tag{9.2}$$

$$Y=\frac{f_{\mathrm{H}}}{f} \tag{9.3}$$

$$f_{\mathrm{b}}=\sqrt{\frac{Ne^2}{4\pi^2 m\varepsilon_0}} \tag{9.4}$$

$$f_{\mathrm{H}}=\frac{eB_0}{2\pi m} \tag{9.5}$$

式中：f_{p} 为等离子频率；f 为探测频率；N 为电子密度；e 为电荷量；m 为电子质量；ε_0 为自由空间介电常数；B_0 为地球磁场强度；f_{H} 为磁旋频率。

频率为 f 的电磁波从电离层反射折返的时延 τ 是可以测到的，因而回波等效反射高度（虚高）h' 可由时延 τ 与光速 c 乘积的一半来估计。需要说明的是，回波等效反射高度（虚高）h' 并不是电离层反射点的真实高度，因为电波在电离层传播的速度总是小于光速。

为了同时探测 E 层和 F 层，垂直探测设备的频率扫描范围一般为 1～30MHz，发射脉冲或调频信号，接收并分析从电离层反射的回波信号。通过“频高换算”方法可将虚高 h' 换算为真实高度 h，最后可得出电离层电子密度随高度 h 的分布 $N(h)$。

天波雷达坐标配准依赖雷达与探测目标之间（反射点附近）的电离层电子密度空间分布信息，需要利用电离层垂直探测设备来实时提供监测数据。20 世纪 70 年代，美国率先研制成功数字电离层垂直探测设备（128DP 系统）[542]。20 世纪 90 年代，一种更为先进的探测系统，即便携式数字电离层垂直探测设备（型号为 DPS-1 和 DPS-4）完成研制，并部署在澳大利亚北部海岸，为 JORN 天波雷达网提供监测数据。2015 年，JORN 天波雷达网开始采用最新型的便携式远程电离层监测设备 PRIME 系统来替代逐渐老化的 DPS 系统[313]。目前，美国、俄罗斯、澳大利亚等都有成熟甚至商用的数字电离层垂直探测设备，性能上均比较接近。

我国的电离层垂直探测设备经历了电子管、晶体管、集成电路、数字电路直至全数字式的发展历程。最新的 TYC-1 型测高仪是第五代全数字式电离层垂直探测设备，其应用全数字、模块化、软件化等设计思想，具有自动完成电离层探测、显示、输出与判读等功能。本章后续将以该设备为例介绍垂直探测设备的基本情况。

TYC-1 型电离层垂直探测设备的主要技术参数如表 9.2 所示。

表 9.2　TYC-1 型电离层垂直探测设备的主要技术参数

性能参数	数值或说明	性能参数	数值或说明
频率范围	1～32MHz	数据输出	垂测：$h'-f$ 曲线数据 斜测：$p'-f$ 曲线数据
频率准确度	优于 5×10^{-7}	频率稳定度	优于 5×10^{-7}/d
信号形式	脉冲/编码	跳频方式	线性/对数
垂直探测高度	80～720km	探测周期	1～60min
高度误差	≤5km	高度分辨率	≤5km
距离分辨率	≤10km	斜向探测距离	160～1500km
灵敏度	≤～100dBm	距离误差	≤10km
动态范围	≥70dB	中频抑制	≥70dB
谐波抑制	≥50dBc	脉冲功率	5000W±1dB （或 400W±1dB）
输出阻抗	50Ω	杂散抑制	≥60dBc

9.4.2　设备组成

电离层垂直探测设备的组成框图如图 9.16 所示。

电离层垂直探测设备主要包括接收天线、发射天线、发射机、接收机、频率合成器、同步控制器、电源时钟、信号处理器和数据终端等设备。各分机在同步控制器和时钟的控制下同步工作。频率合成器首先产生工作频带内连续变化的高频信号，信号形式为脉冲或相位编码调制，经发射机放大后通过天线垂直向上辐射。由于电离层的反射作用，反射信号经接收天线进入接收机进行变频放大，然后送入信号处理器和数据终端进行数据处理，解出回波的时延、幅度、频谱等信息，最终输出频高图。

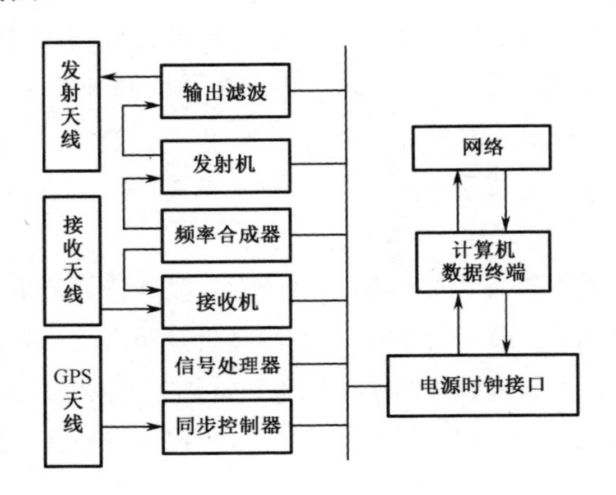

图 9.16　电离层垂直探测设备的组成框图

电离层垂直探测设备不仅在所在区域顶空进行垂直探测，也可以组成不同的网络系统对电离层进行协同探测，如准垂测和垂测兼斜测等。图 9.17 给出了基于垂直探测设备的多源组网协同探测示意图。

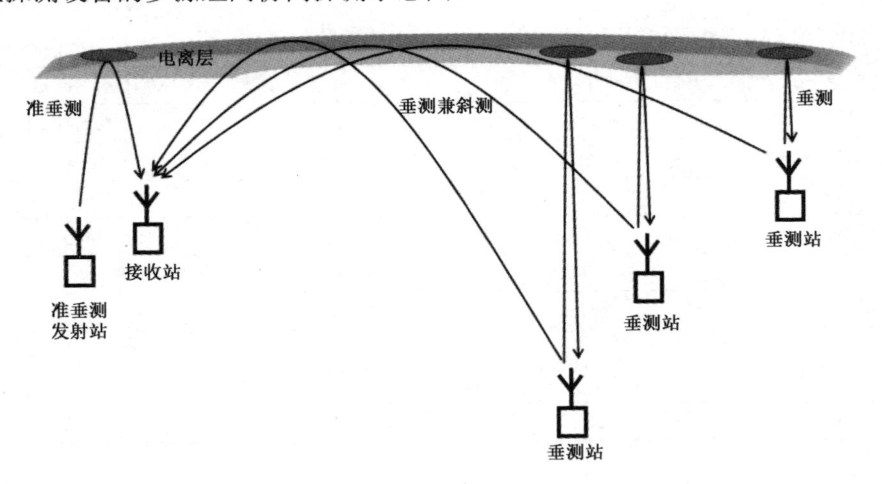

图 9.17　基于垂直探测设备的多源组网协同探测示意图

9.4.3　垂直探测电离图

频率-虚高图是垂直探测设备探测电离层的记录，其中描迹表征电离层能反射的频率与其等效反射高度之间的关系，常简称频高图。无线电波从电离层反射，随着频率的增高，电波穿过电离层的深度增大，在工作频率接近等离子频率时，通常可以看到回波分裂为两支描迹，即寻常波分量（O 波）和非常波分量（X 波），分别对应于较低频率与较高频率的描迹，这主要是受地磁场的影响。图 9.18 给出典型垂直探测电离图频高（h'–f）描迹及其特征参数示意图。一般来说，对频高图进行反演可得电离层电子浓度随高度的分布，它反映了垂直探测站上空电离层的状况。

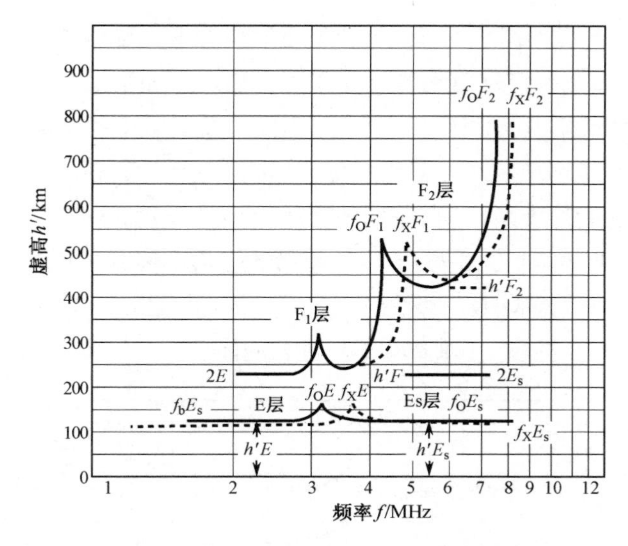

图 9.18　典型垂直探测电离图描迹及特征参数

下面分别介绍垂直探测电离图中各特征参数的定义。

（1）临界频率。某层的临界频率是指该层能够反射无线电波的最高频率。F_2 层临界频率表示为 f_OF_2 和 f_XF_2，其中，下标 O 表示寻常波，下标 X 表示异常波。其他各层的临界频率表示方式与之类似。寻常波和异常波之差通常为 $f_H/2$，这里 f_H 为磁旋频率。

（2）遮蔽频率。遮蔽频率专指 Es 层遮蔽 F 层（F_1 层或 F_2 层）时，上一层能读出的最低频率。Es 层遮蔽频率表示为 f_bE_s。

（3）最小虚高。某层最小虚高是指该层能反射无线电波的最低等效高度。F_2 层最小虚高表示为 $h'F_2$，其他层表示方式与之类似。

（4）最低频率。最低频率是指频率-虚高图描迹中的最低频率。最低始测频率表示为 f_{min}。

（5）$M(3000)$。$M(3000)$是 3000km 处的传输因子（它总是大于 1 的）。若 3000km 处最高的可用频率为 f_{max}，则 $M(3000)$定义为 f_{max}/f_OF_2。也就是说，3000km 处的最高可用频率由临界频率 f_OF_2 乘以 $M(3000)$得到。

（6）f_{xI}。参数 f_{xI} 定义为记录到的从 F 层（F_1 层或 F_2 层）反射的最高频率，而不管其入射角度。值得注意的是，除 f_{xI} 参数之外，上述其他参数均不从斜反射回波中度量。f_{xI} 是表征存在 F 层散射的一个参数，这种散射机理是斜入射传播的一种基本方式。f_{xI} 同样适用于极区或赤道描迹，但不适用于地面后向散射的描迹。

（7）Es 类型。Es 层的描迹较为复杂，可分为 11 种类型，包括：f 型、l 型、c 型、h 型、q 型、r 型、a 型、s 型、d 型、n 型和 k 型。这些类型通常在单站不能都观测到。高纬度地区经常出现的是 a 型和 r 型，中纬度地区多为 f 型、l 型、c 型和 h 型，赤道地区则可能出现 q 型。这里仅简要说明中纬度地区的 Es 层描迹。

l 型（低型）是出现于高度等于或低于常规 E 层最低虚高的 Es 层平型描迹，主要适用于白天的 Es 类型。当夜间出现粒子 E 层时，也可把 Es 层平型类型作为 l 型。图 9.19 给出了中纬度白天 Es 层低型参数度量实例图（X 波已消隐）。图中，横坐标为频率，单位为 MHz；纵坐标为高度，单位为 km。从图 9.19 中可见，Es 层为多次反射的 Es 层低型，遮蔽频率为 4.27MHz。

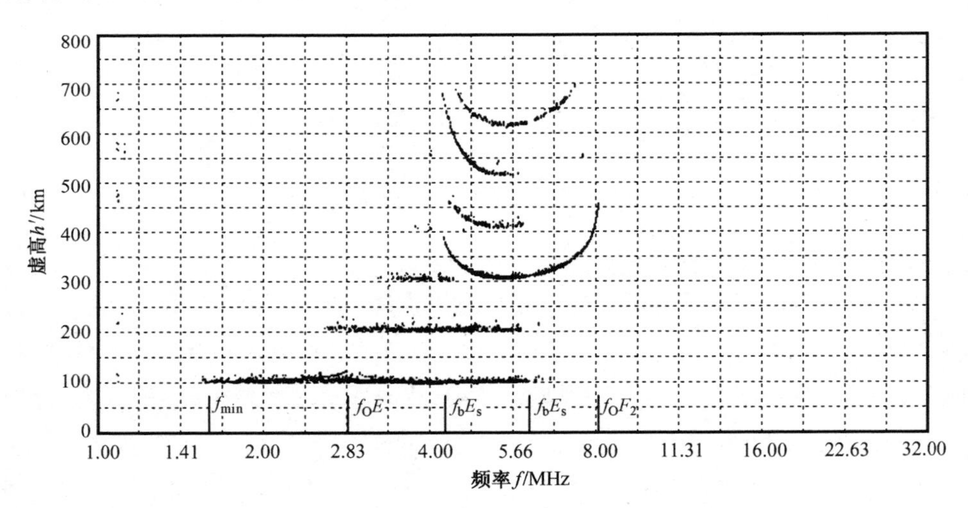

图 9.19 中纬度白天低型 Es 层参数度量实例图

h 型（高型）Es 层是位于常规 E 层高度之上，与常规 E 层描迹高度不连续的一种 Es 层描迹。特点是尖角不对称，Es 层描迹低频部分的高度明显高于常规 E 层描迹高频部分的高度，该分类也只适用于白天。图 9.20 给出了中纬度高型 Es 层参数度量实例图（X 波已消隐）。

f 型（平型）是一种随频率增加虚高不变化的类型，通常适用于夜间电离图。图 9.21 给出了中纬度夜间平型 Es 层参数度量实例图（X 波已消隐）。

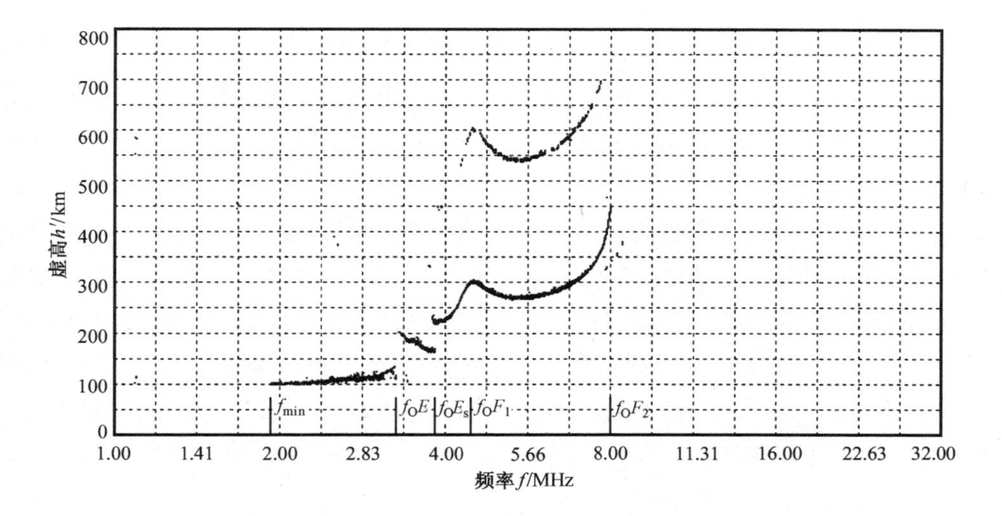

图 9.20　高型 Es 层参数度量实例图

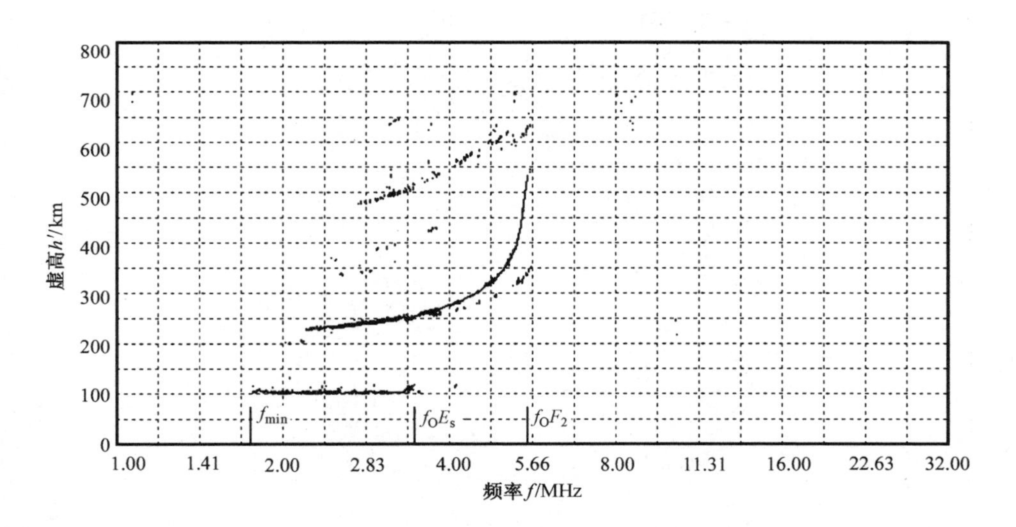

图 9.21　夜间平型 Es 层参数度量实例图

9.5　斜向探测

9.5.1　探测原理及主要功能

斜向探测是获得天波信道传播条件相关特性和信息的重要手段。斜向探测设备可用于确定指定距离上不同频率的实时传播模式，校准信标或应答设备，并可作为天波雷达的系统标校和测试评估手段。

斜向探测是指高频无线电波入射方向与电离层的等电子浓度面法线成一个非

零度角的传播探测方式。斜向探测通常采用扫频方式工作，接收点的地面距离是确定可知的。斜向探测电离图是电波斜向入射经电离层反射到指定地点接收的回波记录，反映了距离固定的收发两地之间，倾斜入射的无线电波频率与电波传输的群路径两者之间的关系。

斜向传播与探测过程如图 9.22 所示。图中给出了雷达站发出的固定频率不同仰角电波的传播路径。低仰角射线（传播路径 1）所到达的地面距离很远，而当仰角增加时地面距离减小（传播路径 2），直到距离达到极小值。这一距离的极小值被称为跳距（传播路径 3）。跳距之内的范围就是近距盲区，可参见 3.5.1.1 节。当仰角进一步增加时，地面距离快速增加（传播路径 4 和传播路径 5），直到最后电波穿透该层（传播路径 6）而在更高的层中反射，或者穿透整个电离层逃逸至外层空间。对应远离雷达站的地面某点，一般可以从高仰角和低仰角两种不同路径到达信号，分别称为高角波和低角波。从图中可以看出，传播路径 1 和传播路径 2 为低角波，而传播路径 4 和传播路径 5 为高角波。

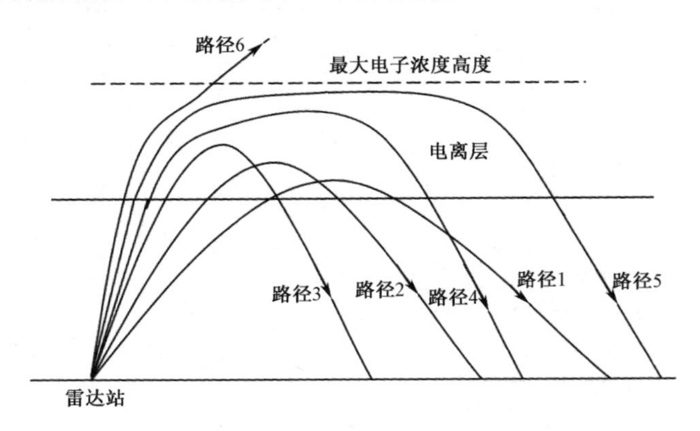

图 9.22　斜向传播与探测过程示意图

如果某一距离是某一固定频率 f 的跳距，显然该频率 f 就是对应该距离的最高可用频率 MUF。通常对高频频段电波起作用的电离层分别是 E 层、F_1 层和 F_2 层三层，每层均会产生高角波和低角波。对于确定的地面距离，随着频率的升高，高角波和低角波反射的高度会越来越接近。当频率到达最高可用频率 MUF 时，高角射线和低角射线（高角波和低角波）会合二为一。电离层的厚度越厚、频率越低，高角波和低角波反射的高度差越大，高角波和低角波路径差也越大，反之亦然。因地磁场原因，高角波和低角波会分裂为寻常波（O 波）和非常波（X 波）。二者的频率差约等于电离层电子磁旋频率。由于 E 层和 Es 层在同一高度区域，因此射线描迹常重合在同一高度。

斜向探测设备的典型技术参数如下。

（1）工作频率：高频频段，通常与雷达频率范围相匹配；

（2）脉冲功率：不小于 400W；

（3）工作带宽：不大于 40kHz；

（4）数据更新周期：不大于 10～30min（通常情况）；在昼夜交替时段应更短。

9.5.2　设备组成

斜向探测设备组成框图如图 9.23 所示，包含分置两地的发射和接收两部分。

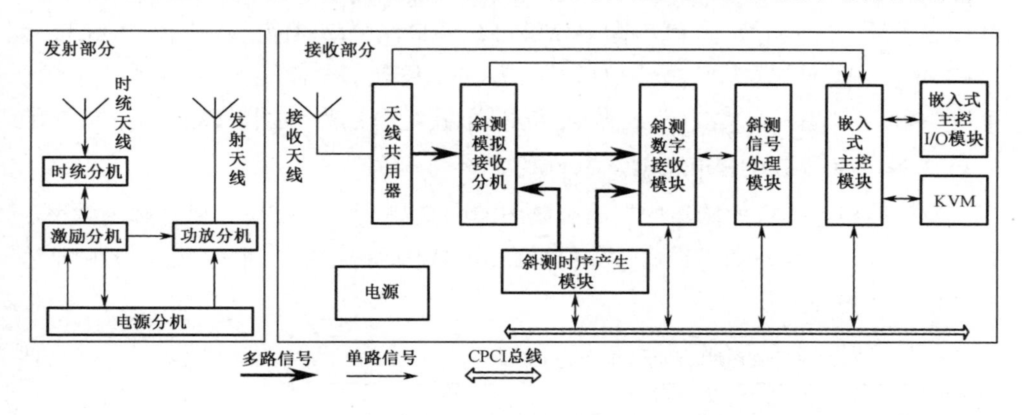

图 9.23　斜向探测设备组成框图

斜向探测发射部分主要包含激励分机、时统分机、功放分机、电源分机及发射天线等设备。其中，激励分机用于产生斜测发射激励信号；时统分机完成时统校准；功放分机用于控制功放模块对激励信号进行功率放大，并完成输出信号滤波；电源分机为上述分机提供电源。

斜向探测接收部分主要包含嵌入式主控模块、嵌入式主控 I/O 模块、斜测时序产生模块、斜测信号处理模块、斜测数字接收模块、斜测模拟接收分机、天线共用器、接收天线及切换器等设备。其中，嵌入式主控模块完成接收部分各分机的控制及状态查询；嵌入式主控 I/O 模块用于扩展嵌入式主控模块的接口；斜测时序产生模块产生时序信号；斜测信号处理模块完成接收信号的时频域处理；斜测数字接收模块完成中频信号数字采集；斜测模拟接收分机接收天线信号并转为中频输出；天线共用器实现将一路天线信号分为多路。

9.5.3　斜向探测电离图

斜向探测电离图中通常可看到无线电波受地磁场的影响，回波分裂为两条描迹，即寻常波分量（O 波）和异常波分量（X 波），其分别对应于较低频率和较高频率描迹，两者频率差约为电子磁旋频率 f_{H} 的 1/2。但当斜向探测沿地磁场横传播时，则这两个频率差大约等于 $f_{\mathrm{H}}^2/2f_{\mathrm{O}}$。斜向探测电离层展现了收发设备两地间电波传播的所有可能模式及其群路径和强度。

斜向探测电离图一般包含 9 类数据点参数，每类参数对应各自的频率和群路径参量，共计 18 个参量。这 18 个参量的定义为：$f_{\min}E$、$f_{\min}E_{\mathrm{s}}$、$f_{\min}F_1$、$f_{\min}F_2$ 和 $f_{\mathrm{h\,min}}F_2$ 分别为 E 层、Es 层、F1 层寻常波、F2 层寻常波和 F2 层寻常波高角波的最低频率；$R_{\mathrm{p\,min}}E$、$R_{\mathrm{p\,min}}E_{\mathrm{s}}$、$R_{\mathrm{p\,min}}F_1$、$R_{\mathrm{p\,min}}F_2$ 和 $R_{\mathrm{ph\,min}}F_2$ 分别为 E 层、Es 层、F1 层寻常波、F2 层寻常波和 F2 层寻常波高角波最低频率对应的群路径；MUFE、$\mathrm{MUFE_s}$、$\mathrm{MUFF_1}$ 和 $\mathrm{MUFF_2}$ 分别为 E 层、Es 层、F1 层寻常波和 F2 层寻常波的最大可用频率；$R_{\mathrm{pMUF}}E$、$R_{\mathrm{pMUF}}E_{\mathrm{s}}$、$R_{\mathrm{pMUF}}F_1$ 和 $R_{\mathrm{pMUF}}F_2$ 分别为 E 层、Es 层、F1 层寻常波和 F2 层寻常波最大可用频率对应的群路径。

典型的白天和夜间的斜向探测电离图如图 9.24 所示。图中，横坐标为频率，单位为 MHz；纵坐标为群路径，单位为 km。图中标识出了寻常波（O 波）和异常波（X 波）的描迹。

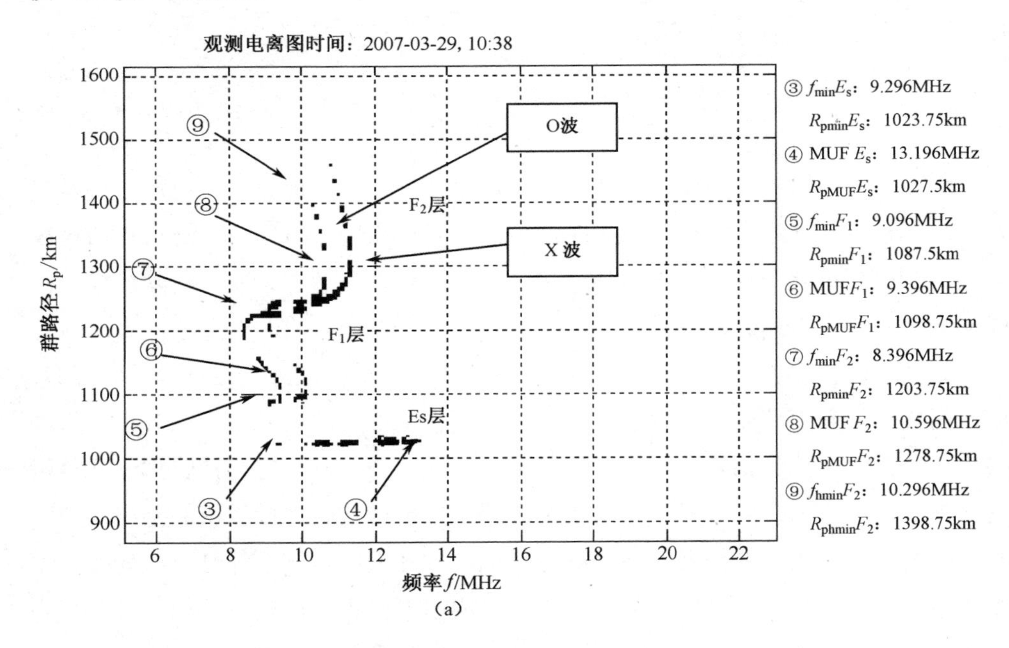

（a）

注：① $f_{\min}E$ 为 E 层的最低频率；$R_{\mathrm{pmin}}E$ 为 E 层最低频率对应的群路径；

② MUF E 为 E 层的最大可用频率；$R_{\mathrm{pMUF}}E$ 为 E 层最大可用频率对应的群路径。

图 9.24　典型的白天和夜间斜向探测电离图

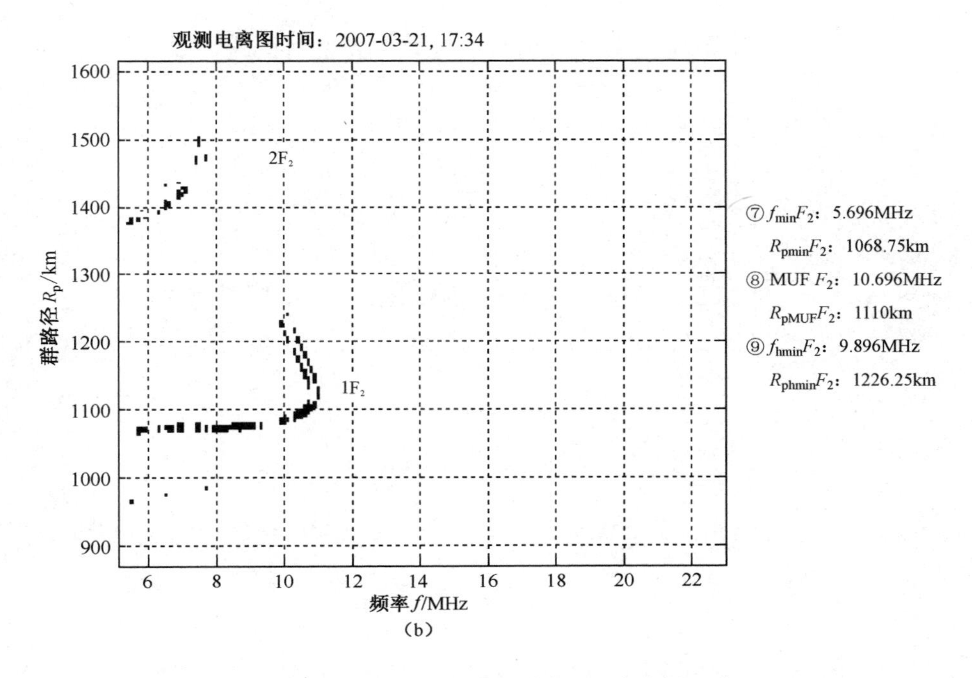

（b）

图 9.24　典型的白天和夜间斜向探测电离图（续）

典型 Es 层遮蔽和 F_1 层描迹不完整的斜向探测电离图如图 9.25 所示。

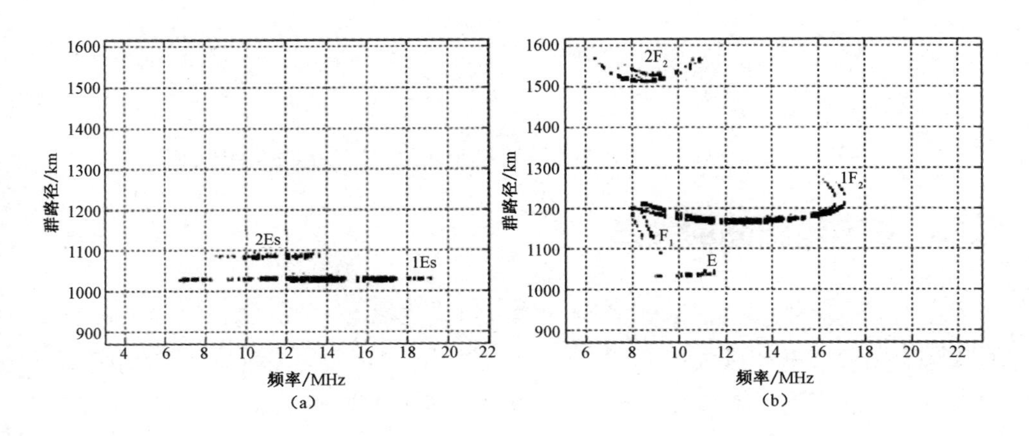

（a）　（b）

图 9.25　典型 Es 层遮蔽和 F_1 层描迹不完整的斜向探测电离图

无 F_1 层回波和存在回波扩散的斜向探测电离图如图 9.26 所示。

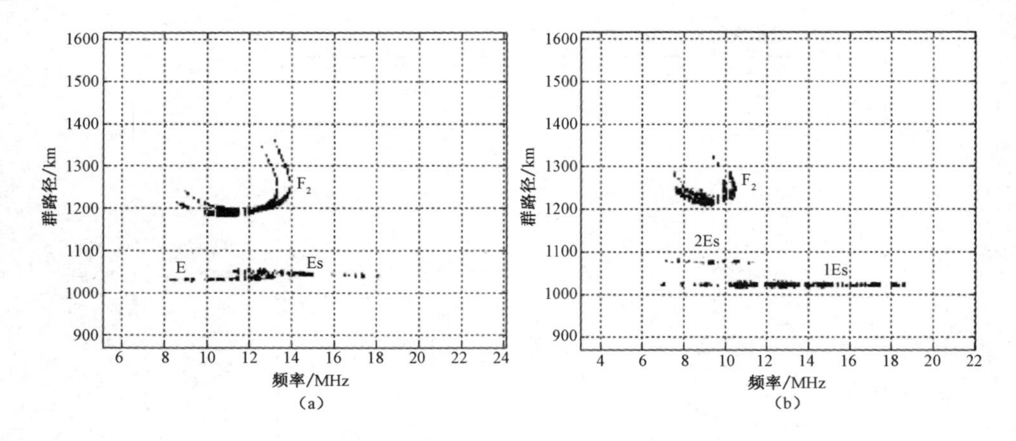

图 9.26　无 F_1 层回波和存在回波扩散的斜向探测电离图

F_2 层只有部分高角回波和部分低角回波的斜向探测电离图如图 9.27 所示。

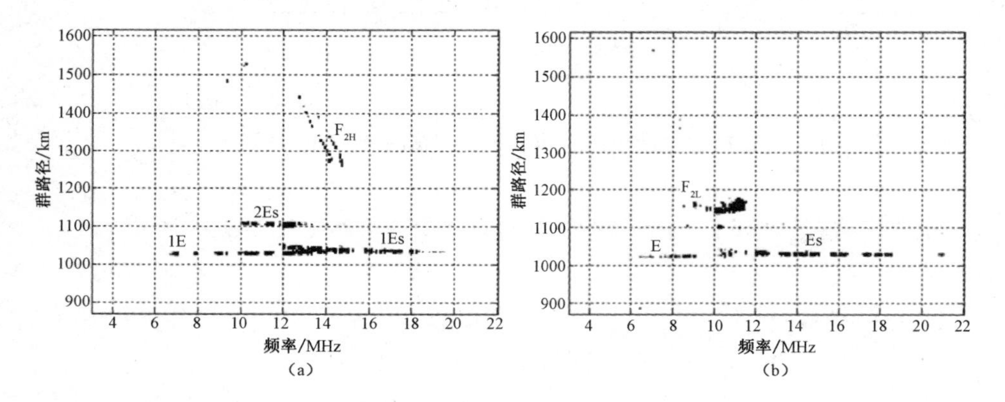

图 9.27　F_2 层只有部分高角回波和部分低角回波的斜向探测电离图

9.6　各类电离图的关系

返回散射探测、垂直探测和斜向探测是短波频段电离层探测的三种主要手段，所获取的探测结果分别为返回散射、垂直探测和斜向探测电离图。三类电离图之间有着密切的联系，本节将从电离层传播的三个基本定理以及电波传播的等效关系入手，说明三类电离图之间的关系。

9.6.1　正割定理

假定地球表面和电离层均为平面层，并忽略地磁场和碰撞的影响，垂直入射和斜向入射的射线传输情况如图 9.28 所示。图中，T 点和 R 点分别为斜向探测的发射站和接收站，T' 点和 R' 点表示垂直探测站位置，实线表示电波射线的实际传输路径，而虚线表示电波射线的虚路径或等效路径。

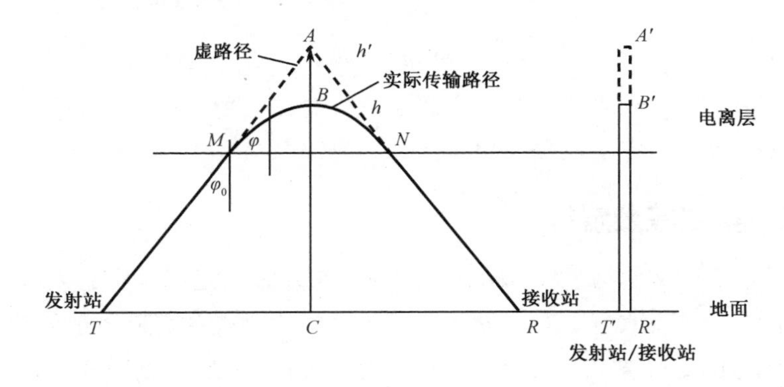

图 9.28　垂直探测和斜向探测之间的等效关系图

在电离层中，电子浓度在最大电子浓度高度以下随高度增加而增加。例如，电波射线以角度 φ_0 入射到电离层，由折射定律可得到由真实高度 B 反射的斜向探测电波的频率 f_{ob} 与由同样真实高度 B' 反射的垂直探测电波频率 f_v 存在以下关系：

$$f_{ob} = f_v \cdot \sec\varphi_0 \tag{9.6}$$

式中：频率 f_v 为对应于 f_{ob} 的等效垂直入射频率。式（9.6）称为正割定理。

当考虑到电离层弯曲时，正割定理表达式为

$$f_{ob} = K \cdot f_v \cdot \sec\varphi_0 \tag{9.7}$$

式中：K 为修正系数。当地面距离由 0km 增大到 4000km 时，相应的 K 值由 1 增大到 1.2。

正割定理表明：对于同样的电离层高度，反射斜向传播的电波频率高于垂直传播的电波频率，且斜向传播的电波频率是垂直传播的电波频率的 $\sec\varphi_0$ 或 $K\sec\varphi_0$ 倍。

9.6.2　第一等效定理

在电离层电波传播中，为了将垂直探测电离层所得的数据应用到斜向投射路径上，需要利用正割定理和等效定理建立垂直投射与斜向投射之间的关系。等效定理包括第一等效定理和第二等效定理。

第一等效定理为：在斜向探测的发射站 T 和接收站 R 之间（如图 9.28 所示），电波沿实际路径 $\overline{TMBNR}$ 的传播时间（群时延 P'）与沿真空中等效等腰三角形路径 $\overline{TAR}$ 传播的时间相同，于是有

$$R_p' = \int_{TBR} \frac{\mathrm{d}s}{c\mu} = \int_{TAR} \frac{\mathrm{d}x}{c\mu\sin\varphi_0} = \frac{1}{c\sin\varphi_0}\int_{TAR}\mathrm{d}x = \frac{TR}{c\sin\varphi_0} = \frac{(TA+AR)}{c} \tag{9.8}$$

式中：μ 为电离层的折射指数；c 为光速，且有

$$\mathrm{d}s=\frac{\mathrm{d}x}{\sin\varphi}=\frac{\mu\mathrm{d}x}{\sin\varphi_0} \tag{9.9}$$

值得注意的是，当 T 和 R 都在电离层之外时，反射点的真实高度 h（位于 B 点）通常低于等效高度 h'（位于 A 点）。

9.6.3 第二等效定理

第二等效定理又称马丁（Martyn）定理或等效虚高定理，其定义为：假如 f_{ob} 和 f_{v} 是从同一真实高度（$CB=T'B'$）反射的垂直入射波和斜向入射波的频率，则频率 f_{v} 所到达的虚高 $T'A'$ 等于等效三角形 TAR 的高度 CA（见图 9.28）。

由图 9.28 可知，斜向入射波的反射虚高为

$$h'=\frac{R_{\mathrm{p}}'\cos\varphi_0}{2} \tag{9.10}$$

而

$$R_{\mathrm{p}}'=2\left(\int_{MB}\frac{\mathrm{d}s}{\mu}+TM\right) \tag{9.11}$$

如果在斜向入射波折射指数为 μ 的高度上等效垂直入射波的折射指数为 μ_{v}，利用正割定理和反射条件，可得

$$(1-\mu^2)=(1-\mu_{\mathrm{v}}^2)\cos^2\varphi_0 \tag{9.12}$$

再应用斯涅耳定律

$$\mu\sin\varphi=\sin\varphi_0 \tag{9.13}$$

可得

$$\mu\cos\varphi=\mu_{\mathrm{v}}\cos\varphi_0 \tag{9.14}$$

将其代入式（9.11）的积分之中，有

$$R_{\mathrm{p}}'=2\left(TM+\int_{MB}\frac{\cos\varphi}{\mu_{\mathrm{v}}\cos\varphi_0}\mathrm{d}s\right)=2\left(TM+\sec\varphi_0\int_{MB}\frac{\mathrm{d}h}{\mu_{\mathrm{v}}}\right) \tag{9.15}$$

所以，斜向入射波的反射虚高 h' 为

$$h'=\frac{R_{\mathrm{p}}'\cos\varphi_0}{2}=TM\cos\varphi_0+\int_{MB}\frac{\mathrm{d}h}{\mu_{\mathrm{v}}}=AC=h_{\mathrm{v}}' \tag{9.16}$$

式中：h_{v}' 为垂直入射波的反射虚高。

9.6.4 三类电离图之间的关系

从电波环境诊断和管理系统的角度看，返回散射探测、垂直探测和斜向探测以不同方式对电离层进行探测，其获得的电离图和信息是相互补充的。

图 9.29 展示了返回散射探测与垂直探测、斜向探测电离图之间的关系。

图 9.29（a）是返回散射探测电离图，图 9.29（c）是收发相距 100km 的准垂直探测（Quasi-Vertical Incidence，QVI）电离图，两者测量时间差为 30min；图 9.29（b）为相隔 100km 合成的斜向探测电离图集合组成的返回散射探测电离图，图 9.29（d）是由准垂直探测电离图［即图 9.29（c）］中的 O 波描迹，应用正割定理合成的地面距离为 1500km 的斜向探测电离图。

从图 9.29 中可以看出，返回散射探测电离图中 6～10MHz 的描迹实际上就是 QVI 的记录。从 12.5MHz 开始，一直到 27MHz，存在返回散射回波。在图中可以看出存在 E 层、F_1 层和 F_2 层传播模式，同时可以明显辨识出 E 层和 F_2 层的最小时延线，F_1 层的前沿与 F_2 层返回散射回波因相互混叠而不易辨识。准确辨识返回散射电离图的每个传播模式的前沿线是电离图反演的重要任务。若所需覆盖区域的时延是 10ms（1500km），则工作频率可在 12.5～19MHz 选择，其中 16～19MHz 为 E 层的单一传播模式。若工作频率选在 12.5～16MHz，则会面临多模传播情况。

返回散射探测电离图的回波相当于接收到地球表面上无数个连续分布的“散射点”所散射的斜向发射信号。因此，仅凭借返回散射探测电离图很难分辨图中回波的传播模式，需要将它与斜向探测电离图结合起来。返回散射探测电离图的回波最小时延线与垂直探测电离图二次回波描迹相切。

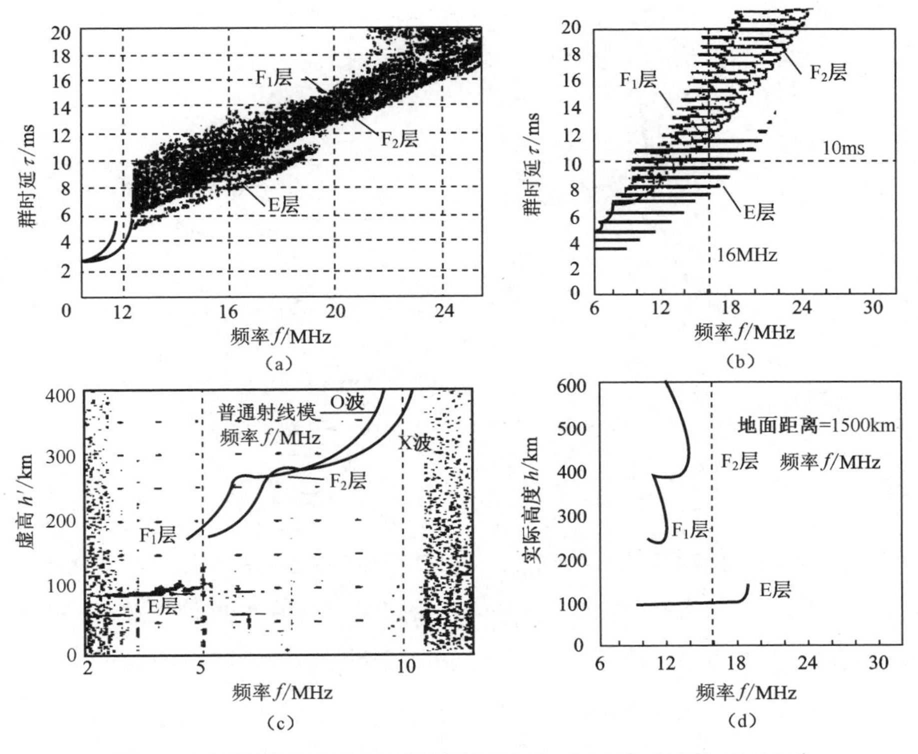

图 9.29　返回散射探测电离图与垂直探测、斜向探测电离图的关系

斜向探测电离图与垂直探测电离图理论上服从前述的三个基本定理。斜向探测电离图可以由斜向探测电路中点的实测垂直探测电离图变换而来。由等效定理可以容易得到斜向探测电波的频率 f_{ob} 与垂直探测电波的频率 f_v，垂直入射波的反射虚高 h'_v 与地面距离 D 之间的关系为

$$f_{ob} = f_v \cdot \sec\varphi_0 = f_v \cdot S \tag{9.17}$$

式中

$$S = \sqrt{1+\left(\frac{D}{2h'_v}\right)^2} \tag{9.18}$$

单层电离图转换对比示意图如图 9.30 所示。在垂直探测电离图的 $h'_v(f_v)$ 曲线上紧靠临界频率 f_O 的 A 点，由于 h'_v 通常数值较大，$S \approx 1$，故而 $f_v \approx f_{ob} \approx f_O$，因此可得到斜向探测电离图 $R'_p(f_{ob})$ 曲线上的 A' 点。在 B 点 f_B 略小于 f_O，但 h'_v 值急剧下降，使得 S 增大，因而 f_{ob} 远大于 f_O，由此得到图 9.30（b）的 B' 点。当 f_v 继续减小时，f_{ob} 进一步增大，直到 C 点，对应图 9.30（b）的 C' 点。此后，随着 f_v 进一步减小，而 S 的增大趋势小于 f_v 的减小趋势，这使得 f_{ob} 也相应减小，由此得到图 9.30（b）的 D' 和 E' 各点。需要注意的是，$P'(f_{ob})$ 曲线的 $A'B'C'$ 代表高角波，$C'D'E'$ 代表低角波。

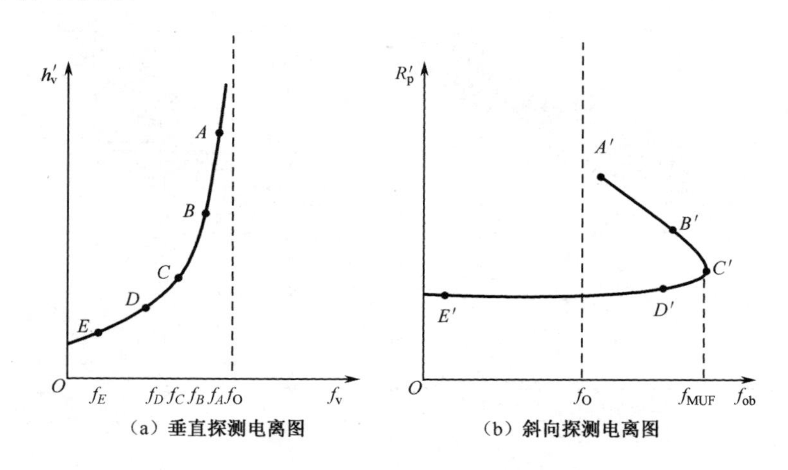

图 9.30　单层电离图转换对比示意图

垂直探测电离图反射的频率越高，反射的虚高也越高；对于斜向探测，由正割定理可得到一个最大频率，该频率并非在最大电子浓度高度处反射，而是在 f_{ob} 达到最大的高度处反射。收发两站距离越远，这个最大可用频率（MUF）越大，斜向探测电离图的高低射线描迹间变得越扁窄。

9.7 电离层重构技术

9.7.1 概述

电离层重构技术是指由时间和空间上不连续的多点离散电离层实测数据，推演出大面积区域连续的实时参数分布。

由于电离层电子浓度随时间和空间存在显著变化，因此空间科学研究和实际工程应用都需要提供随地理位置、日、季节和太阳活动周期变化的电子浓度剖面分布，并进行现报和预报。现在通用的预报程序是国际参考电离层（IRI）模型，但 IRI 模型预测的是电离层的统计平均模式，它不能对电离层的实时状态进行现报。在需要实时电离层信息的一些工程应用中，如天波雷达和短波通信等，基于统计平均模式的电离层模型预测是无法满足要求的。

从电波环境诊断与管理系统设备，如前述的垂直探测、斜向探测和返回散射探测等，可以获得电离层的实时信息（如各类电离图），但受限于站点部署和运行成本，通常只能获得电离层局部的状态信息。而大面积区域电离层的状态信息，只能通过已知的局部信息来进行重构。

实时重构电离层常用的方法包括人工神经网络法和改进的克里格（Kriging）方法。在这两种方法的运用中，是否利用参考电离层模型作为背景电离层也存在一定差异。参考电离层模型本身包含电离层电子浓度分布基本规律的物理信息，尽管是统计意义上的，但对实时重构电离层也有帮助。

9.7.2 人工神经网络法

人工神经网络（Artificial Neural Network，ANN）本身是一种数学工具。在具体工程应用中，必须结合实际物理意义建立合理的模型，包括网络结构的确定、输入/输出参数的选择、训练样本集的组织、训练算法的选择等，才能取得较好的效果。

电离层是一种时变介质，特别是 F_2 层，控制电离层变化的电动力学行为除与经纬度有关外，还与时间有关。以临界频率 f_OF_2 这一参数为例，为使 ANN 能够反映临界频率 f_OF_2 与空间地理位置的关系，应以观测站的经纬度作为 ANN 的输入元素；但也可以预测时刻及其前面连续数个小时的临界频率 f_OF_2 作为网络的输出元素，以使 ANN 能够反映出电离层随时间变化的特性，尽管其实更关注的是预测时刻的临界频率 f_OF_2。

下面以我国 9 个电离层观测站的实测临界频率 f_OF_2 数据推演该参数在大面积

区域连续实时的分布为例，以说明人工神经网络法的应用[543]。

1. 人工神经网络结构

人工神经网络结构应用三层前馈神经网络建立模型，其中，输入层为两个神经元，分别代表电波观测站的经度与纬度，使网络能够反映临界频率 f_OF_2 与空间地理位置的关系。输出层神经元个数是通过试验统计确定的，大量试验表明，白天时间输出神经元为 6 个，预测误差较小；而夜间和日出、日落期间输出神经元个数为 4 个，误差较小。

2. 输入数据及预处理

输入数据要归一化，使其范围在[0,1]内。其中，归一化因子的选择很重要，这里用 $r = 0.05$ 作为归一化因子，对 9 个站的经度、纬度和实测临界频率 f_OF_2 分别进行归一化，归一化方式如下式：

$$y_i = \frac{x_i - (1-r)x_{\min}}{(1+r)x_{\max} - (1-r)x_{\min}} \tag{9.19}$$

式中：x_i 表示第 i 个站的经度、纬度和实测临界频率，$i = 1,2,\cdots,9$；y_i 表示第 i 个站归一化后的经度、纬度和实测临界频率。神经网络的输出也在[0,1]内，因此，人工神经网络的实际输出还需要经过逆变换才能转换成具有原先量纲的数据。

3. 样本数据和训练算法的选择

以国内 9 个电波观测站的经度、纬度作为人工神经网络的输入数据，同一时刻观测的临界频率值 f_OF_2 作为理论输出值。于是输入一组经度、纬度，将得到 6 个临界频率输出值。其中，最令人感兴趣的是最后一个值。因此，将重构出的临界频率 f_OF_2 的最后一个值提取出来作为重构估值。人工神经网络的训练算法将选择自适应修改学习率算法与动量梯度下降算法有机结合的算法，其网络训练速度较快。

4. 重构效果的验证

为了检验人工神经网络重构方法的合理性和有效性，将随机从 9 个电波观测站的样本中选择其中的 8 个作为参考电波观测站，以它们的经度、纬度和临界频率作为训练样本；训练结束后，再利用没有参与训练的测试站的数据进行预测。利用昼夜和日出时的数据来验证人工神经网络重构方法的有效性。

试验对比结果显示：白天预测的 f_OF_2 值最大绝对误差为 1.48MHz，最大相对误差为 13.86%。其他 7 个电波观测站的预测绝对误差都在 1MHz 以内；日出时段的预测绝对误差小于 1MHz，最大相对误差为 17.84%。夜间预测的误差最大，原因是夜间和日出的电动力学比较复杂。

利用人工神经网络重构区域面积白天的电离层临界频率 f_OF_2 分布的结果如图 9.31 所示。图 9.31（a）为 1980 年 5 月 30 日 9:00 得到重构 f_OF_2 等值线图。与日本冲绳（26.7° N，127.8° E）和山川（31.2° N，130.6° E）两个电离层监测站的实测数据进行对比。实测值分别为 15.2MHz 和 11.9MHz，而重构值分别为 15MHz 和 12.5MHz。图 9.31（b）为 1986 年 10 月 2 日 6:00 得到重构 f_OF_2 等值线图。冲绳和山川的实测值分别为 7.1MHz 和 6.8MHz，而重构值分别为 7.8MHz 和 6.9MHz。大量历史数据的验证结果表明：ANN 重构方法得到的 f_OF_2 重构误差均在 0.7MHz 以内。

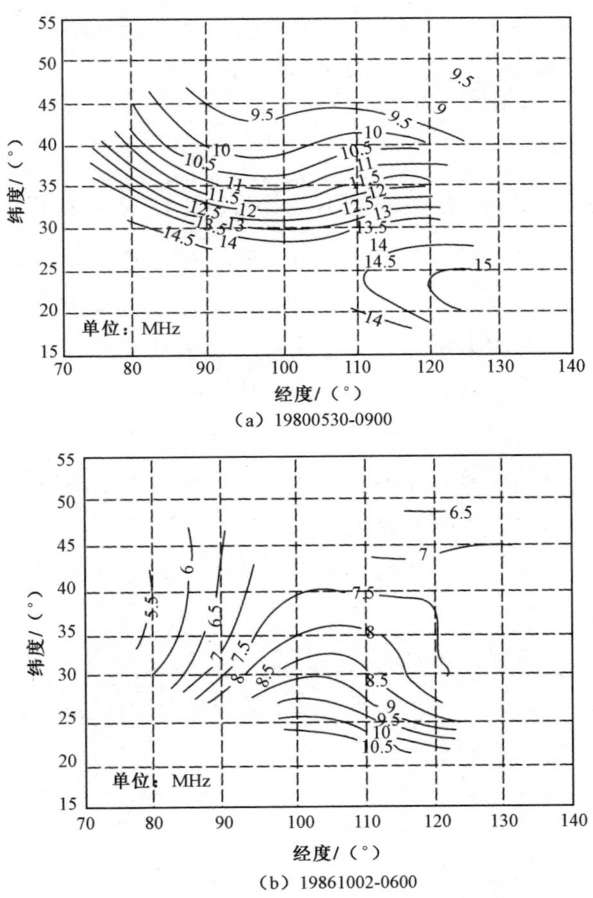

（a）19800530-0900

（b）19861002-0600

图 9.31　重构的 F_2 层临界频率等值线图

9.7.3　改进的克里格方法

克里格（Kriging）方法是地理统计学的主要方法之一。从统计意义上说，克里格方法是从变量相关性和变异性出发，在有限区域内对区域化变量的取值进行无偏、最优估计的一种方法；从插值角度上讲，其是对空间分布的数据求线性最优、无偏内插估计的一种方法。它的适用条件为区域化变量存在空间相关性。其中，一个比较重要的概念是变异函数和变异函数模型。该方法就是利用变异函数来体现重构参数的关系，其利用的不是几何意义上的地理距离，而是统计距离。

下面以我国9个电离层观测站的实测临界频率$f_{\text{O}}F_2$数据推演该参数在大面积区域连续实时的分布为例，以说明改进的克里格方法的应用[544]。

1. 改进的克里格方法

电离层，特别是F_2层，是一个随机变化的过程。一般来说，它可以被看作二阶平稳的随机过程，因此可以利用克里格方法，通过定义一个新的统计距离和引入等效太阳黑子数来进行改进，从而重构电离层参数。

在电离层重构中应用改进的克里格方法，首先定义“电离层距离”为样本点空间分隔距离，即

$$d = \sqrt{\left[\text{Lon}(A) - \text{Lon}(B)\right]^2 + \left[\text{SF}(\text{Lat}(A) - \text{Lat}(B))\right]^2} \tag{9.20}$$

式中：$\text{Lon}(A)$和$\text{Lat}(A)$分别为A点的经度和纬度；$\text{Lon}(B)$和$\text{Lat}(B)$分别为B点的经度和纬度；SF为尺度因子，它与电离层观测量的相关系数有关，体现了局部区域内电离层参量之间的相关距离[13]。电离层距离表征电离层参量之间空间（经度和纬度）上的关系。不同区域、不同时间的SF都不相同，所以SF的平均值在实际操作时很有意义。中纬度区域尺度因子的均值通常取2。

首先利用“电离层距离”作为变量，计算任意两个电离层观测站的参数差平方的一半作为变异函数，绘制变异函数与“电离层距离”的数据点图形，然后利用变异函数理论模型拟合这些数据点，得到变异函数的试验模型（一般选择变异函数的线性模型）。

假设输入数据，即同一时刻的观测数据，包含N个点，则对于第i个点的地理坐标为(x_i, y_i)，给定在(x_i, y_i)处的电离层参数值z_i，任意位置(x_0, y_0)处的电离层参数值z_0都将是z_i的加权和，即

$$z_0 = \sum_{i=1}^{N} W_i z_i \tag{9.21}$$

式中：权重因子W_i可通过求解下面的$N+1$个方程得到，即

$$\sum (V_{ij} W_i) = V_{j0} - \lambda \tag{9.22}$$

$$\sum_{i=1}^{N} W_i = 1 \tag{9.23}$$

式中：V_{ij}为用第i个观测站与第j个观测站的“电离层距离”来表示的变异函数；λ

为拉格朗日乘数；V_{j0}为重构位置与第j个观测站的“电离层距离”表示的变异函数。

上述方程可以写成矩阵的形式，即

$$\boldsymbol{A}\boldsymbol{W}=\boldsymbol{B} \tag{9.24}$$

式中：$\boldsymbol{A}$为$(N+1)\times(N+1)$维的矩阵；$\boldsymbol{W}$和$\boldsymbol{B}$均为$(N+1)\times 1$维的矢量，矢量$\boldsymbol{W}$包含N个权重因子和λ。

2. 等效太阳黑子数

当重构区域内的电波观测站数量较多时，直接利用电离层参数（如各层临界频率、峰高、半厚度等）进行克里格方法的重构便能获得满意的效果。而当所重构区域内的电波观测站较少时，获得同一时刻实测数据更少，其重构结果将仅局限在观测站的范围之内，无法体现出所观测区域边界及以外区域的电离层参数分布。这里可考虑利用电离层参数与太阳黑子数之间的关系进行重构，即通过引入等效太阳黑子数的方法重构背景电离层，然后利用克里格方法重构出电离层参数偏差，以此提高重构精度和稳健性。

等效太阳黑子数的含义是：使所有模型计算出的$f_{\mathrm{O}}F_2$和实测值之间的平均偏差为零的那个太阳黑子数。这与进行电离层区域预报的“等效的太阳黑子数”定义有所不同。后者是通过拟合国际参考电离层（IRI）模型而得到的，其定义至每个位置，而不是整个区域。

下面给出“等效太阳黑子数”的获得方法。

（1）根据国际参考电离层模型，分别得到太阳黑子数$R_{12}=0$、$R_{12}=100$的 12 个月每天 24 小时的模型图，即获得了关注区域内各个位置的临界频率。

（2）假定太阳黑子数与$f_{\mathrm{O}}F_2$之间存在线性关系，进而得到所重构区域任意一点$f_{\mathrm{O}}F_2$月中值与太阳黑子数之间的关系。

（3）给定某一观测站指定时刻的$f_{\mathrm{O}}F_2$，根据上面得到的该站位置太阳黑子数与$f_{\mathrm{O}}F_2$之间的系数，即可获得“等效太阳黑子数”。

（4）若各观测站得到的“等效太阳黑子数”相同，则可认为所重构区域内该时刻只有一个太阳黑子数，那么$f_{\mathrm{O}}F_2$即月中值的线性插值，可将该“等效太阳黑子数”代入国际参考电离层模型中，从而得到此时刻该区域$\mathrm{F_2}$层临界频率$f_{\mathrm{O}}F_2$的连续分布；若各个观测站得到的“等效太阳黑子数”不相同，则跳转至第（5）步，利用克里格方法进行插值。需要注意的是，这里需要插值的参数不是临界频率$f_{\mathrm{O}}F_2$，而是各观测站得到的“等效太阳黑子数”。

（5）利用克里格方法得到重构区域内任意一点的“等效太阳黑子数”，再根据$f_{\mathrm{O}}F_2$与太阳黑子数之间的关系，得到任意一点的$f_{\mathrm{O}}F_2$，并画出其等值线图。

国际参考电离层（IRI）模型中已经包含了临界频率内在的统计平均物理机制和

梯度等方面的信息，上述步骤中利用了该模型，这样处理可提升重构结果的稳健性。

3. 重构实例

为验证该方法在不同太阳活动周期的重构特性，选择我国 9 个电离层观测站积累的数据并对其进行了分析。选择 1979—1981 年和 1989—1991 年的部分数据作为太阳活动高年的样本，1975—1976 年、1986 年和 1995—1997 年的部分数据作为太阳活动低年的样本，分别应用克里格方法和以 IRI 模型作为背景场的改进的克里格方法进行电离层重构。

以 1986 年 3 月 25 日 4:00 的实例为例，图 9.32 分别给出了我国 9 个观测站的实测 f_OF_2 数据和 IRI 模型的计算结果，而图 9.33 分别给出了采用一般克里格方法和改进的克里格方法的重构结果，单位均为 MHz。

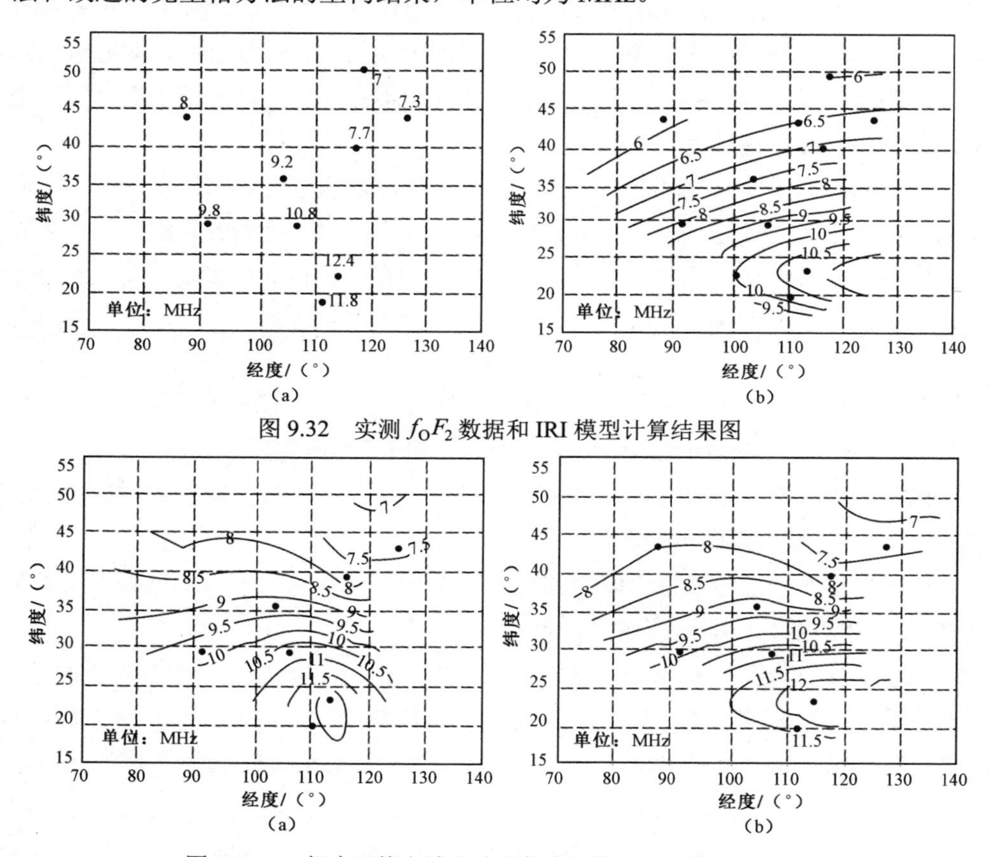

图 9.32　实测 f_OF_2 数据和 IRI 模型计算结果图

图 9.33　一般克里格方法和改进的克里格方法的重构结果图

选择 5 个站的实测临界频率作为输入数据，然后利用同一时刻其余 4 个观测站（北京、海口、长春和兰州）的数据作为测试数据，验证重构结果的有效性。表 9.3 给出了一般克里格方法与改进的克里格方法在 4 个观测站重构的临界频率结果。从表 9.3 中可以发现：在这 4 个观测站中，改进的克里格方法比直接利用临界频率实施克里格方法的重构结果精度要高，且具有较高的稳健性。

表 9.3　一般克里格方法与改进的克里格方法重构临界频率验证结果（单位：MHz）

站名	实测数据	一般克里格方法	改进的克里格方法
北京	7.7	8.9	8.4
海口	11.8	12.2	11.8
长春	7.3	8.4	7.8
兰州	9.2	9.6	9.1

9.7.4　电离层数据同化

数据同化（Data Assimilation）技术将观测数据和理论模型相融合，更准确地对时变系统的状态进行描述，广泛应用于现代海洋学、气象学及空间物理科学的研究中。数据同化最初的基本含义是指分析处理随时空分布的观测数据，为数值预报提供初值场。数据同化常用的基本方法包括三维空间静态分析法、松弛逼近法（牛顿松弛法）、变分约束法、卡尔曼滤波法等。

对天波雷达而言，对电离层变化的准实时预报和电离层电子浓度结构的准实时建模是提高坐标配准精度的关键。一方面，现有的电离层垂测仪、斜测仪和斜向返回探测设备仅能提供部分离散区域内的电离层电子浓度参数，尚无法对整个覆盖区的电离层进行大范围、大尺度的实时监测；另一方面，雷达拥有的电离层历史数据和电离层先验模型只是对电离层的粗略描述，难以给出实时、准确的电离层参数。因此，随着各种观测数据（如掩星和非相干散射雷达等）的迅速增多，以及大气数值模式的不断发展，结合电离层历史数据、经验模型与各类探测设备的准实时数据，并借鉴在大气和海洋科学中成熟运用的数据同化方法，是天波雷达电离层精细三维建模的一个发展趋势[545-546]。

图 9.34 给出了电离层数据同化的流程框图。

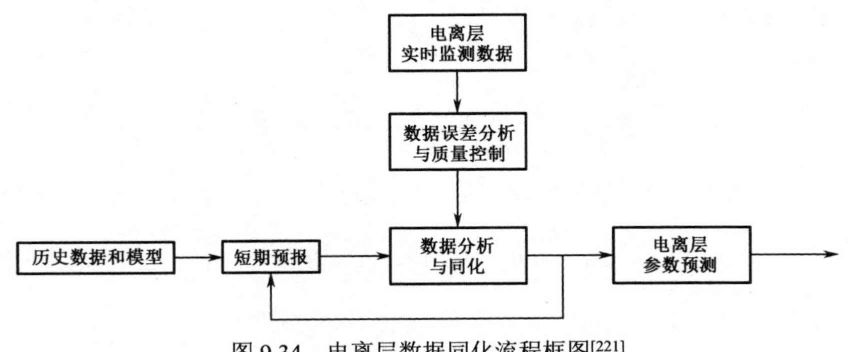

图 9.34　电离层数据同化流程框图[221]

9.8 坐标配准表的计算

在对电离层监测数据与气候学模型进行重构或者同化之后，利用获得的三维电子浓度分布，可在此基础上射线追踪，通过遍历不同俯仰角的射线，可得到射线路径距离与大圆距离之间的对应关系。这一过程被称为坐标配准，基本概念和流程图可参见 3.4.3 节。坐标配准是天波雷达定位精度的关键环节，其误差在绝对精度中占据主导地位，而参考点修正的目的就是消除坐标配准所未能解决的误差问题，从而获得较高的相对精度。本节将给出坐标配准表的基本计算方法。

9.8.1 最小时延线的计算

某一频率、一定垂直波束宽度的电波在天波返回散射传播过程中，不同的仰角对应不同的群时延，但在所有群时延中必定有一条群时延是最短的，它就被称为最小时延，也称回波前沿，而最小时延线就是所有频率最小时延的集合。它通常是一条二次曲线或直线。

下面从最简单的平地面、抛物电离层情况出发描述其时延-频率特性。射线全路径的等效长度（群时延对应的射线距离）R_{p} 为

$$R_{\mathrm{p}}=\frac{2h_0}{\sin\beta}+xy_m\ln\left(\frac{1+x\sin\beta}{1-x\sin\beta}\right) \tag{9.25}$$

而相应的地面距离 R_{D} 为

$$R_{\mathrm{D}}=2h_0\cot\beta+xy_m\cos\beta\ln\left(\frac{1+x\sin\beta}{1-x\sin\beta}\right) \tag{9.26}$$

式（9.25）、式（9.26）中：β 为射线仰角；h_0 为层的底边界高度；y_m 为层的半厚度；$x=f/f_{\mathrm{O}}$，f_{O} 为临界频率，f 为工作频率。可得

$$R_{\mathrm{D}}=R_{\mathrm{p}}\cos\beta \tag{9.27}$$

从式（9.25）可知，当 $\beta=\beta_{\mathrm{p\,min}}$ 时，R_{p} 有最小值，其值由下式确定：

$$\frac{\mathrm{d}R_{\mathrm{p}}}{\mathrm{d}\beta}=-2\cos\beta\left[\frac{h_0}{\sin^2\beta}-\frac{y_m}{\frac{1}{x^2}-\sin^2\beta}\right]=0 \tag{9.28}$$

当 $\cos\beta=0$ 时，式（9.28）可以满足。此时，$\beta=90^\circ$，并可由式（9.25）得

$$R_{\mathrm{p\,min}}(x)=2h_0+xy_m\ln\left(\frac{1+x}{1-x}\right) \tag{9.29}$$

若 $x<1$，便有解，且对应于垂直探测时两次反射的一般情况。若 $\beta\neq0$，则令式（9.28）括号内的项等于零，于是可得

$$\sin\beta_{\text{pmin}}=\frac{1}{x}\sqrt{\frac{h_0}{h_0+y_m}} \tag{9.30}$$

将表示射线最小路径的条件式（9.30）代入式（9.25），可得

$$R_{\text{pmin}}(x)=x\left[2h_0\sqrt{\frac{h_m}{h_0}}+y_m\ln\left(\frac{1+\sqrt{\frac{h_0}{h_m}}}{1-\sqrt{\frac{h_0}{h_m}}}\right)\right] \tag{9.31}$$

式中：$h_m=h_0+y_m$ 为最大电子浓度高度。

由式（9.31）可知，最小时延线 $R_{\text{pmin}}(x)$ 与频率线性相关，也即假定地球为平面情况下，$R_{\text{pmin}}(f)$ 是一条直线。而对于球形地面和抛物电离层来说，随着 x 值的增大，球形地面引起距离的增长加速，于是 $R_{\text{pmin}}(f)$ 变为曲线。

由式（9.31）还可知，不是任意的 x 都能使该式成立，因式（9.30）的最小射线路径条件的限制，有 $x\geqslant\sqrt{h_0/h_m}$，当 $x<\sqrt{h_0/h_m}$ 时，$R_{\text{pmin}}(f)$ 曲线变成一般电波垂直入射的频率-虚高特性 $h'(f)$ 的 2 倍。由此可知，最小时延线 $R_{\text{pmin}}(f)$ 完全依赖电离层参数，是通过电离图确定最高可用频率或近距盲区（跳距）边界位置的基础。

同理，当 $\beta=\beta_{\text{Dmin}}$ 时，式（9.26）中的 R_{D} 也有最小值。但因所得方程的超越性，β_{Dmin} 不可能有显函数形式。可以证明，最小地面距离 R_{Dmin}（静区的边界或跳距）的值总是比对应于最小时延射线距离 R_{Dmin} 的值要小。

上述推导过程是基于地球表面和电离层为平面的模型，群时延距离 R_{p} 与地面距离 R_{D} 可由式（9.25）和式（9.26）给出，而它们之间的关系为

$$R_{\text{D}}\approx R_{\text{p}}\cos\beta \tag{9.32}$$

但对于球形地面和电离层模型，问题将变得复杂起来。假定折射指数 $\mu(r)$ 仅是离开地面距离 r 的函数，在忽略磁场和碰撞的情况下，可以由射线方程导出返回散射时延距离 R_{p} 与地面距离 R_{D} 的表达式为

$$R_{\text{p}}=2\int_0^s\frac{1}{\mu}\text{d}s=2\int_{r_0}^{r_t}\frac{r\text{d}r}{\sqrt{r^2\mu^2-r_0^2\cos^2\beta}} \tag{9.33}$$

$$R_{\text{D}}=2r_0\int_0^s\text{d}\theta=2\int_{r_0}^{r_t}\frac{r_0^2\cos\beta\text{d}r}{r\sqrt{r^2\mu^2-r_0^2\cos^2\beta}} \tag{9.34}$$

式中：r_0 为地球半径，通常取值为 6370km；β 为射线仰角；r 为地心算起的半径；s 为射线轨道；θ 为地心角；r 的下标 t 为射线顶角的位置；μ 则为

$$\mu^2=1-\frac{80.6N_{\text{e}}}{f^2} \tag{9.35}$$

式中：N_e为电子密度；f为工作频率。若以抛物电离层情况求解式（9.33）和式（9.34），则得

$$R_p = 2\left\{ r_0 \sin\gamma - r_0 \sin\beta + \frac{1}{A}\left[-r_b \sin\gamma - \frac{B}{4\sqrt{A}} \ln\left(\frac{B^2 - 4AC}{(2Ar_b + B + 2r_b\sqrt{A}\sin\gamma)^2} \right) \right] \right\} \quad (9.36)$$

$$R_D = 2r_0 \left\{ (\gamma - \beta) - \frac{r_0 \cos\beta}{2\sqrt{C}} \ln\left[\frac{B^2 - 4AC}{4C\left(\sin\gamma + \frac{1}{r_b}\sqrt{C} + \frac{1}{2\sqrt{C}}B \right)^2} \right] \right\} \quad (9.37)$$

式中

$$A = 1 - \frac{1}{x^2} + \left[r_b / (xY_m) \right]^2 \quad (9.38)$$

$$B = (-2r_m r_b^2) / (xY_m)^2 \quad (9.39)$$

$$C = -(r_m B / 2 + r_b^2 \cos^2\gamma) \quad (9.40)$$

$$r_m = r_0 + h_0 + Y_m \quad (9.41)$$

$$r_b = r_0 + h_0 \quad (9.42)$$

$$x = f / f_O \quad (9.43)$$

$$\gamma = 90^\circ - \phi \quad (9.44)$$

式中：ϕ为入射角；f_O为临界频率；h_0为层的底高；Y_m为层的半厚度；$h_m = h_0 + Y_m$为层的最大电子密度高度。

由式（9.36）和式（9.37）可知，R_p和R_D之间没有显函数关系。一般处理方法是利用模型化的电离层，基于不同电子浓度剖面参数（f_O, Y_m, h_m），分别求解式（9.36）和式（9.37）。对于固定频率而言，R_p和R_D的对应数值是通过仰角β而联系起来的。

若要求最小时延距离$R_{p\min}$的地面距离$R_{D\min}$，可将式（9.36）对$\sin\gamma$求微商，即得到最小时延距离方程，用迭代方法在方程解出γ，则有

$$\cos\beta = r_b \cos\frac{\gamma}{r_0} \quad (9.45)$$

可得到最小时延仰角$\beta_{p\min}$。将一组（与f有关的）的β和γ代入式（9.36）和式（9.37），则得到最小时延距离线$R_{p\min}$和它所对应的地面距离线$R_{D\min}$。

上述变换方法在实际应用上存在较大的局限性，因为需要获得当时的电离层剖面参数，而往往这些电离层参数正是想要求解的。

9.8.2 最小时延线与最小时延地面距离

图 9.35 和图 9.36 给出了两组典型电离层参数下，最小时延线与最小时延地

面距离的关系图。图 9.35 为电离层剖面参数 h_m 为 250km、Y_m 为 100km 的情况下，对应不同 x 时的 $R_p-\beta$ 和 $R_D-\beta$ 曲线；图 9.36 为电离层剖面参数 h_m 为 300km、Y_m 为 100km 的情况下，对应不同 x 时的 $R_p-\beta$ 和 $R_D-\beta$ 曲线。图 9.36（a）中，在 $x=f/f_O=2.0$ 时，R_p 为 2000km 时对应的 $\beta=10^\circ$，而在图 9.36（b）中，$\beta=10^\circ$ 时，R_D 为 1900km。

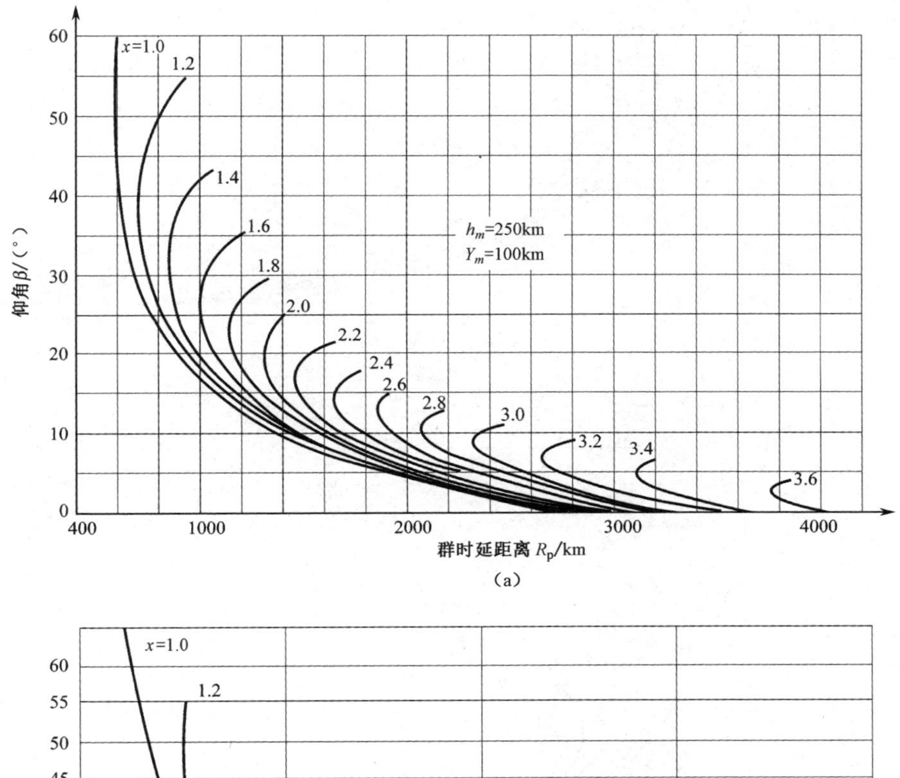

（a）

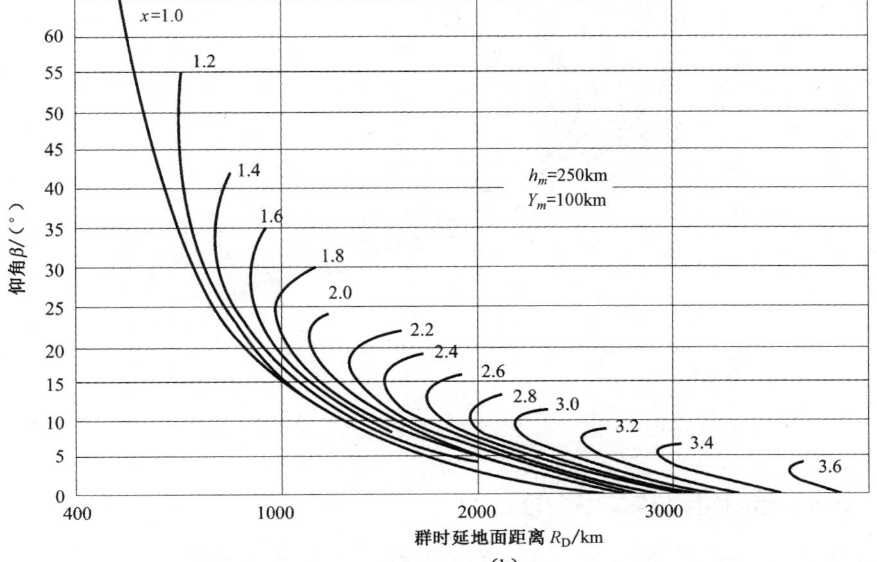

（b）

图 9.35　不同电离层参数下的 $R_p-\beta$ 和 $R_D-\beta$ 曲线图

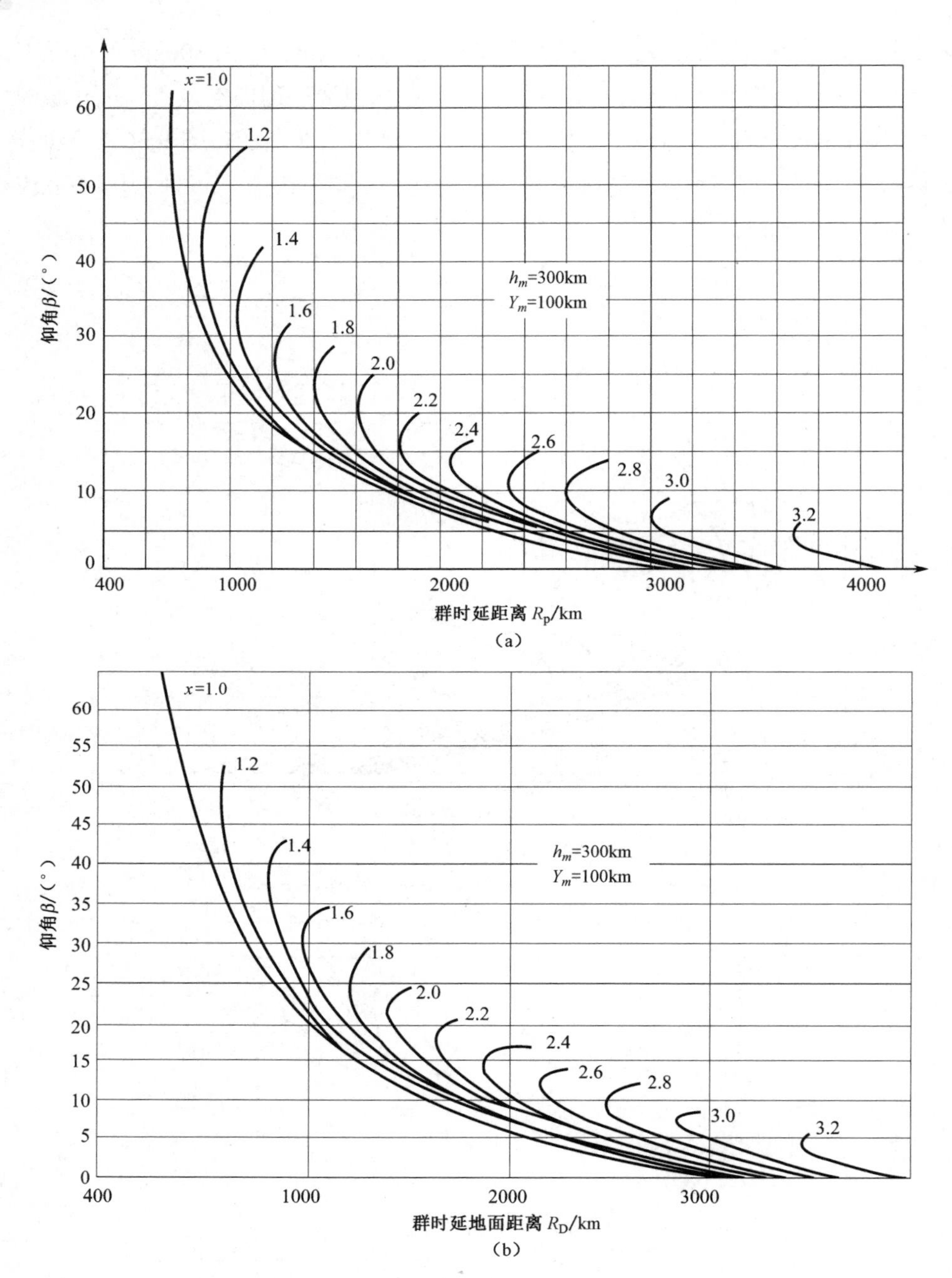

图 9.36　不同电离层参数下的 $R_p-\beta$ 和 $R_D-\beta$ 曲线图

9.8.3　最小群时延路径的变换

本节介绍一种最小群时延路径对地面距离的变换方法[547]，它不依赖中点反射区的电离层电子浓度分布的假设或实测，而仅利用高频返回散射观测站得到的电离图自身可量度的数据，如最小时延距离 $R_{\mathrm{p\,min}}$，最小时延对应的频率 $f_{\mathrm{p\,min}}$ 和最小时延在工作频率 f 上的斜率 k。该方法的关键是导出了利用返回散射电离图可度量的参数，求最小时延射线等效反射虚高 h' 的公式，即

$$(r_0+h)^2-r_0^2=\frac{R_{\mathrm{p\,min}}}{2}\left[\frac{kR_{\mathrm{p\,min}}}{k+\dfrac{akR_{\mathrm{p\,min}}}{1+a\left(R_{\mathrm{p\,min}}-2h'\right)}-\dfrac{R_{\mathrm{p\,min}}}{f_{\mathrm{p\,min}}}}-\frac{R_{\mathrm{p\,min}}}{2}\right] \tag{9.46}$$

式中：r_0 为地球半径，通常取 6370km；$k=\mathrm{d}R_{\mathrm{p\,min}}/\mathrm{d}f$ 为返回散射电离图最小时延线在工作频率 f 上的斜率，单位为 km/MHz；$R_{\mathrm{p\,min}}$ 为对应工作频率 f 的最小时延距离；$a=4.7\times10^{-5}$ 为统计获得的经验常数。式中的 $R_{\mathrm{p\,min}}$、f 和 k 等参数可以从单站得到的返回散射电离图 $R_{\mathrm{p\,min}}$ 的曲线中度量或计算得到。反射高度 h' 可以通过式（9.46）使用迭代方法解出一个合适的值，由此可知 $R_{\mathrm{p\,min}}$ 所对应的地面距离 $R_{\mathrm{D\,min}}$ 为

$$R_{\mathrm{D\,min}}=2r_0\arccos\left[\frac{\left(r_0^2+r_1^2-\dfrac{1}{4}R_{\mathrm{p\,min}}^2\right)}{2r_0r_1}\right] \tag{9.47}$$

式中，$r_1=r_0+h'$。

该方法与前述的射线方程方法相比，在距离超过 1000km 的区域，二者计算值之差小于 1%；而用已知地面距离的同步扫频应答机的最小时延进行的试验数据验证，其误差为 3%。

9.8.4　任意群时延路径的变换

在 9.8.3 节最小群时延路径对地面距离变换方法的基础上，可扩展得到一种任意群时延路径对地面距离的变换方法[548-549]。如果天波雷达返回散射信号群时延对应的频率关系 $R_{\mathrm{p}}(f)$ 已知，那么对于具体目标，任意 R_{p} 都可以找到对应的反射高度 h'，于是 R_{p} 对应的地面距离可由已知的表达式确定。

如果同时记录到目标（离散源，如岛屿、山和城市等）多组群时延对应的频率关系 $R_{\mathrm{p}}(f)$，为准确找到任意群时延对应的频率关系 $R_{\mathrm{p}}(f)$ 与最小时延曲线 $R_{\mathrm{p\,min}}$ 的切点 R_{p}，可以按如下方法确定。试验资料统计表明，$R_{\mathrm{p\,min}}$ 可由二次多项式来近似，即

$$R_{\mathrm{p\,min}}(f)=k_0+k_1f+k_2f^2 \tag{9.48}$$

当目标随群时延对应的频率关系变化时，$R_{\mathrm{p}}(f)$ 近似为抛物线，即

$$(f-f_{\mathrm{O}})=k(R_{\mathrm{p}}-R_{\mathrm{p}_0})^2 \tag{9.49}$$

式中：k、k_1、k_2均为基于试验数据用回归方法确定的常数，抛物线的 3 个参数则可通过在 3 个频率上对目标群时延距离 R_p 的测量求出，用这种方法确定的变换精度在地面距离大于 1000km 时误差小于 4%。

使用这种方法可确定雷达目标的地面距离，但它要求具有特定的工作状态，即在略低于最高可用频率的 3 个频率上搜索目标。

第 10 章

天波雷达频率管理技术

10.1 概述

短波波段外部的背景噪声明显高于接收系统内部噪声，并且用户繁多，频谱占用度高，这使得天波雷达工作在复杂且时变的电磁背景之下。因此，天波雷达除需要配备第 9 章所描述的各类探测设备实时监测电离层的状态变化之外，还需要配备背景电磁环境监测设备，实时掌握雷达工作频段的频率占用情况。基于二者的结合，向雷达提供适当的工作参数，确保雷达工作状态与环境相匹配，从而发挥出雷达的探测能力。实现这一功能的专用系统通常被称为频率管理系统（FMS）。

本章首先简述了短波波段的频率资源情况，然后分别对环境噪声监测和干扰监测设备的探测原理、功能和实例进行介绍，并给出了雷达目标探测自适应频率选择的基本原则和方法，最后对频率资源管理进行了讨论。关于短波通信频率选择和管理的内容将在 11.3.3.3 节专题讨论。

10.2 短波频率资源

天波雷达工作波段位于短波波段，频率范围为 3～30MHz。传统短波通信频率分配的带宽标称值为 3kHz，这意味着短波波段仅有大约 10000 个信道可供所有用户使用。此外，许多系统可能需要使用多个频率信道，以保证能够适应不同的电离层状态（通常随太阳活动年份、季节和时段变化）。这使得频谱资源更加稀缺。因此，在全世界（甚至一个国家）范围内，所有的短波信道都需要被合理和多次分配[47]。

根据国际电信联盟（ITU）和国家相关无线电管理规定[2, 550-551]，我国及周边地区位于“国际电联第三区”，应遵循国际电联第三区无线电频率划分要求。国际电信联盟（ITU）的区域划分如图 10.1 所示。

根据规定，频率共用情况被划分为以下几类。

（1）干扰（Interference）。由一种或多种发射、辐射、感应或其组合所产生的无用能量对无线电通信系统的接收产生的影响，其表现为性能下降、误解或信息丢失，若不存在这种无用能量，则此后果可以避免。

（2）允许干扰（Permissible Interference）。观测到的或预测的干扰，该干扰符合国家或国际上规定的干扰允许值和共用标准。

（3）可接受干扰（Accepted Interference）。干扰电平虽高于规定的允许干扰标准，但经两个或两个以上主管部门协商同意，且不损害其他主管部门利益的干扰。

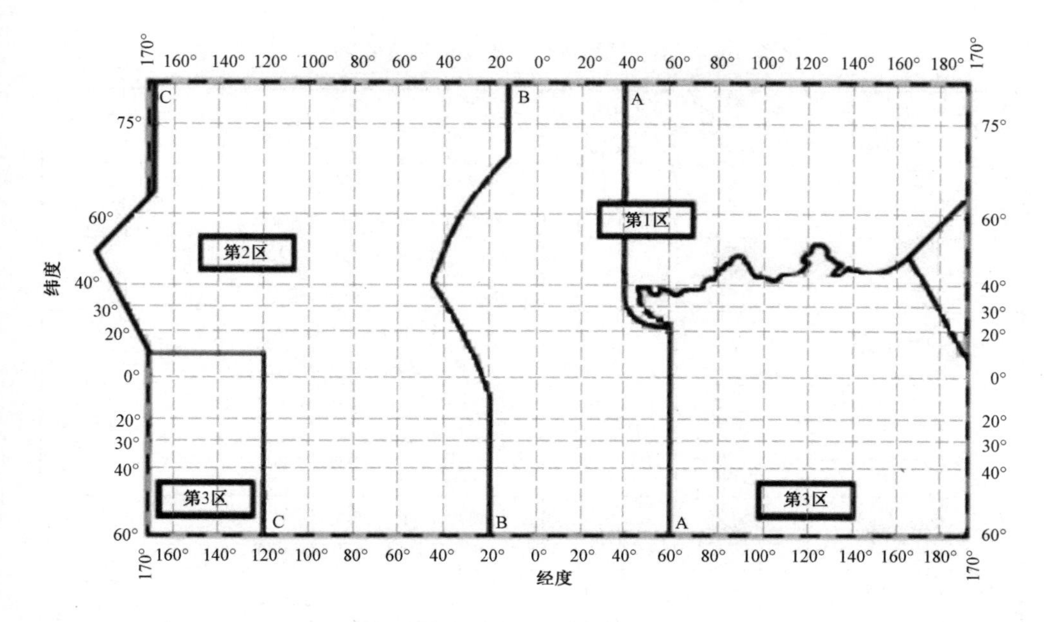

图 10.1　国际电信联盟（ITU）无线电频率区域划分图

（4）有害干扰（Harmful Interference）。危害无线电导航或其他安全业务的正常运行，或严重地损害、阻碍或一再阻断按规定正常开展的无线电通信业务的干扰。

与其他大功率短波电子设备类似，为避免对同频段的重要业务类型（如航空移动业务、紧急救援频段等）产生有害干扰，天波雷达在工作时需要避开重要业务类型所分配的频段。这一频率表被称为禁用频率表，通常由国际电信联盟（ITU）和所在国家无线电管理机构发布或制定。表 10.1 给出了典型的短波大功率电子设备禁用频率表。

除频率规避之外，对于天波雷达的发射机通常还有严格的带外抑制要求，以防止其能量以二次或高次谐波的方式泄漏到其他频点，影响其他用户的使用。基于经典 LFMCW 波形的脉冲整形技术被提出用于抑制这类频谱泄漏[46, 552]。

从图 1.19 背景噪声频谱图中可以清晰地看出，天波雷达工作在电台拥挤和干扰严重的短波波段电磁环境中。这一电磁环境中包含来源不同、种类繁多的干扰和噪声源，其分析可参见 1.3.2 节和 5.5 节。除了随电离层的时间（季节或时段）以及空间位置变化，由众多用户（大多数为广播或通信电台）所形成的干扰在频域上的分布是非均匀的。即使在很窄的一个频段内，干扰信号都呈现出显著的非均匀性和时变性。这意味着，尽管用户众多、频段拥挤，但总是可能存在一定比例和一定带宽的未占用（“干净”）信道可供雷达使用。

表 10.1　典型短波大功率电子设备禁用频率表

序号	起始频率/kHz	终止频率/kHz	频段宽度/kHz	频段用途
1	6525	6765	240	6525～6685：航空移动业务（R） 6685～6765：航空移动业务（OR）
2	8815	9040	225	8815～8965：航空移动业务（R） 8965～9040：航空移动业务（OR）
3	10000	10100	100	10000～10005：标准频率和时间信息 航空移动业务（R）
4	11175	11400	225	11175～11275：航空移动业务（OR） 11275～11400：航空移动业务（R）
5	11900	12000	100	广播业务
6	13200	13360	160	13200～13260：航空移动业务（OR） 13260～13360：航空移动业务（R）
7	13900	14000	100	移动业务
8	15010	15100	90	航空移动业务（OR）
9	15900	16000	100	15800～16360：固定业务 15990～16000：标准频率和时间信息
10	17900	18030	130	17900～17970：航空移动业务（R） 17970～18030：航空移动业务（OR）
11	18900	19000	100	广播业务
12	19900	20000	100	固定业务 19990～20000：标准频率和时间信息
13	21924	22000	76	航空移动业务（R）
14	23200	23550	350	23200～23350：航空固定，航空移动业务（OR） 23350～24000：水上移动业务，限于船舶间无线电报 19990～20000：标准频率和时间信息

图 10.2 给出了某时刻部分频段内外部干扰和噪声的典型谱图。它是利用一个具有 5kHz 带宽滤波器扫频测量得到的，图中可看到环境噪声功率电平大约为 −140dBW。从图 10.2 中可明显看到，有部分频段不受干扰影响，对于相对窄的工作带宽（如小于 40kHz），“干净”的工作信道是存在的。可用信道的数目主要取决于雷达的信号带宽需求及允许的接收机工作带宽。

为确定短波波段频谱资源能否支持带宽为 24kHz（MIL-STD-188-110C 附录 D）和 48kHz（MIL-STD-188-110D 附录 D）的宽带通信，世界各国都开展了短波波段频谱占用度的试验。加拿大的研究表明：“干净”的 3kHz 信道全天都能获得，尽管频谱相当拥挤；而“干净”的 24kHz 信道可用性明显较低，特别是在高频段的低端，每天只有数小时除外[553]。瑞典的试验结果也支持了这一结论，高质量的

24kHz 信道几乎不可用，12kHz 信道在短波波段低端（3～12kHz）可用性极为有限，而这个频段对中近程天波传输至关重要。法国的研究结果与之类似，但给出了一种宽带频率资源的解决方案，即非连续信道（断续谱）。统计结果表明：在 200kHz 的带宽范围内，16 个非连续的 3kHz 信道（合成带宽 48kHz）与一个 12kHz 信道的可用性相当[554]。

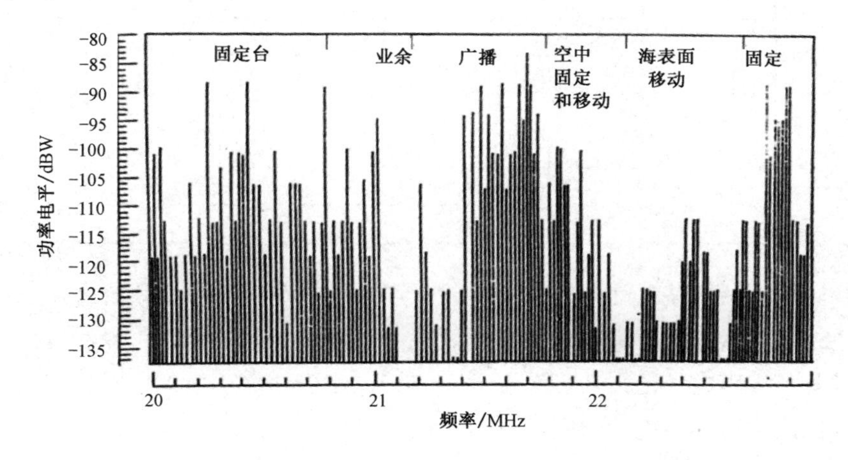

图 10.2　部分频段（20～23MHz）的干扰及环境噪声频谱

基于上述试验结果可知，实时监测整个频段的频谱，测量其环境噪声的功率谱密度，自适应选择适当的频率（或者说频率管理），避开干扰的同时也防止雷达信号干扰其他用户，是天波雷达在短波波段正常工作的前提。

10.3　环境噪声监测

10.3.1　监测原理及主要功能

环境噪声监测只在接收站进行，通常采用全向天线，以确保不出现明显的天线方向图零点，而导致该方向上的信号或噪声被漏过。环境噪声监测原理与频谱分析仪的工作原理类似，在一定频率范围内（典型为 3～30MHz），以一定带宽间隔（数千赫兹至数十千赫兹不等）进行扫频，从接收通道（含天线和接收机）中测量出功率谱密度。显然，测量得到的功率谱密度既包含背景环境噪声，又包含各类干扰，如图 10.2 所示。

表 10.2 给出了位于阿姆奇特卡岛的美国 ROTHR 雷达接收阵地的环境噪声监测试验结果。试验对可利用带宽的持续时间，以及其与时间、频率和季节的函数关系，多次连续更新得到可利用信道宽度的置信度等均进行了研究和分析；试验分别针对冬季（1 月）和夏季（7 月）、白天（0000UT）和夜间（1200UT）时段 20min 数

据，并选取了 9kHz 和 30kHz 两种典型信号带宽进行带宽持续时间统计[210, 555]。

表 10.2　环境噪声（5～28MHz）中值持续时间范围

季节	时间/UT	信道/kHz	持续时间/min	更新次数
冬季（1 月）	0000 白天	9	5～10	10～20
		30	2～5	5～10
	1200 夜间	9	1～7	3～15
		30	1～7	3～15
夏季（7 月）	0000 白天	9	7～15	7～35
		30	2～12	5～25
	1200 夜间	9	2～10	5～20
		30	2～5	2～10

确定或评估天波雷达接收站的高频噪声与干扰环境对雷达系统性能设计、验证雷达系统能否有效运行工作具有重要意义。其测量统计结果可为雷达接收站选址提供背景噪声电平数据（可参见 6.3.2 节），用于计算评估雷达威力和信道可用度，确定接收机的不饱和门限，以及进行干扰特性分析。

环境噪声监测设备的典型技术参数如下。

（1）工作频率：至少覆盖高频段；

（2）接收机中频带宽为 200～10000Hz；

（3）接收机端电压测量范围为-30～137dBμV；

（4）接收机动态范围不小于 60dB。

10.3.2　设备组成

短波波段背景噪声成分复杂，既包括大气和宇宙噪声，又包括人为噪声。这些成分难以通过测量辨别，对于天波雷达应用场景而言也没有进一步辨别的需求。因此，环境背景噪声测量通常采用 ITU 认证的大气无线电噪声测量设备，并应用 CCIR 规定的大气无线电噪声测量与统计方法。

一种典型的环境噪声测量设备组成框图如图 10.3 所示。

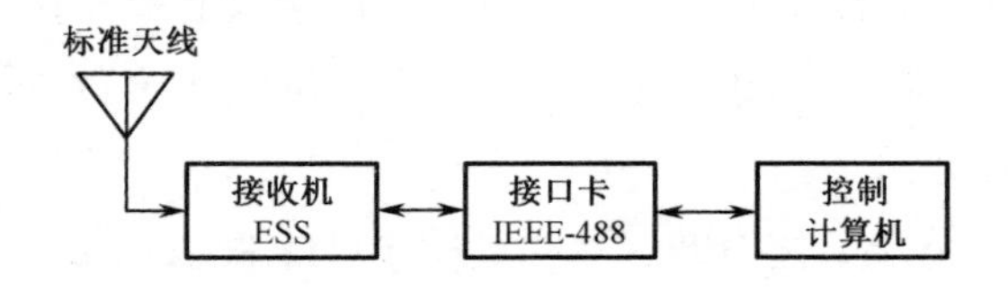

图 10.3　环境噪声测量设备组成框图

典型环境噪声测量设备的实景图如图 10.4 所示，图 10.4（a）为带前置放大器的有源垂直杆状天线，图 10.4（b）为测量接收机。

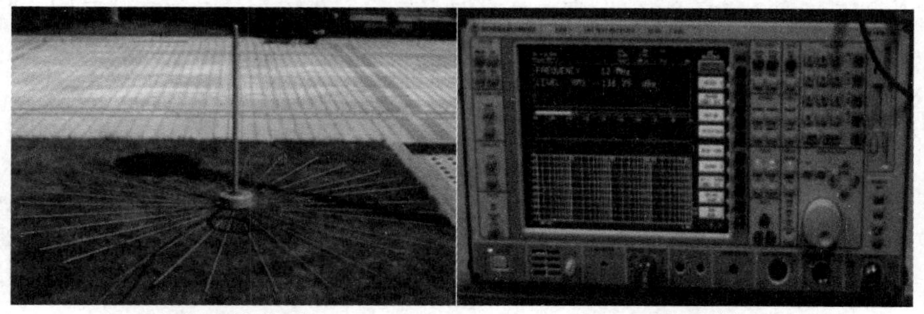

（a）有源垂直杆状天线　　　　　　　　（b）测量接收机

图 10.4　环境噪声测量设备

10.3.3　环境噪声监测结果

环境噪声分时段的统计结果如图 10.5 和图 10.6 所示。测量以 1MHz 为间隔，划分为若干区段。在子区段内以 10kHz 为步长快速扫频，每个频点驻留时间为 1ms，扫频测量带宽为 10kHz。通过干扰剔除技术去除强干扰的影响，选取子区段内最低场强频率为测试频率，在该频率上以 200Hz 的带宽测量环境噪声的平均值和有效值。以上过程每小时测量一次，将 24h 完整数据划分为 6 个时段（00-04，04-08，08-12，12-16，16-20，20-24）分别统计场强的均方根值；最后给出各频段内的电平值 F_{am} 及其时间累积分布。

图 10.5 给出了不同频率环境噪声的日变化情况。图中，横坐标为时间；纵坐标为噪声电平，单位为 $dBkT_0$。图 10.5（a）为 7.5MHz 的测量结果，而图 10.5（b）为 15.5MHz 的测量结果。从图中可看出，不同频率的环境噪声电平和昼夜变化差异极大。如 1.3.2.1 节所述，这一现象是因为 15MHz 以下占优的是大气噪声，而 15MHz 以上占优的则是宇宙噪声。

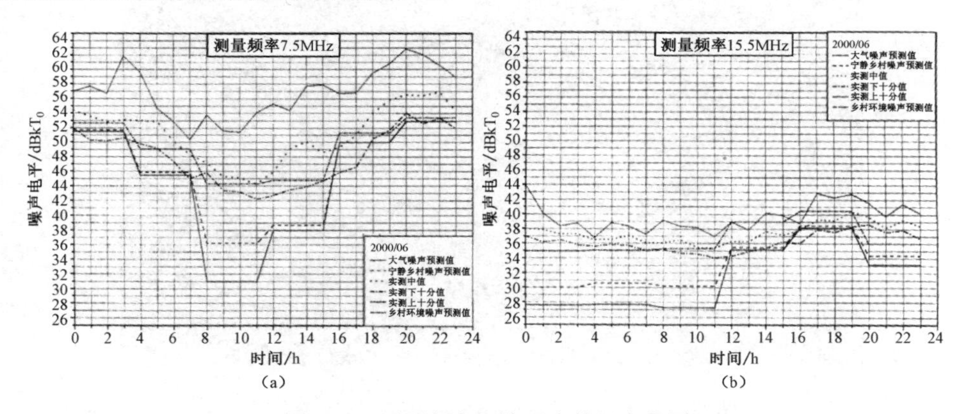

图 10.5　不同频率环境噪声的日变化图

图 10.6 给出了不同时段环境噪声随频率变化的情况。图中，横坐标为频率，单位为 MHz；纵坐标为噪声电平，单位为 $dBkT_0$。图 10.6（a）为本地时间 8 时至 12 时（上午）的测量结果，而图 10.6（b）为本地时间 20 时至 24 时（夜间）的测量结果。从图中可看出，不同时段环境噪声电平随频率的变化趋势基本一致，即随着频率的增大，噪声电平下降。

短时（15min）环境噪声随频率变化的测量结果如图 10.7 所示。其测量过程与上文类似，只是每个频点的驻留时间为 4s，扫频重复周期为 15min，环境噪声电平平均值和有效值的统计在 15min 数据内进行。图中，横坐标为频率，单位为 MHz；纵坐标为噪声电平，单位为 $dBkT_0$。

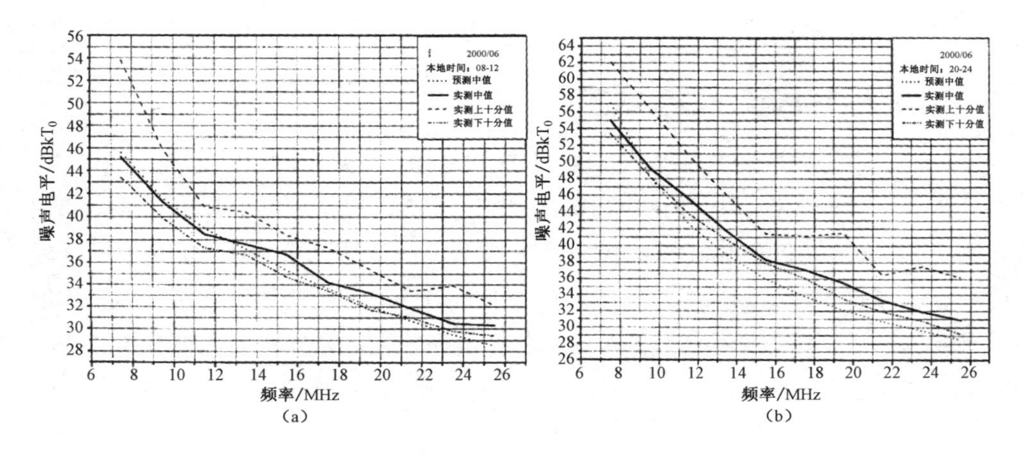

图 10.6　不同时段环境噪声随频率变化图

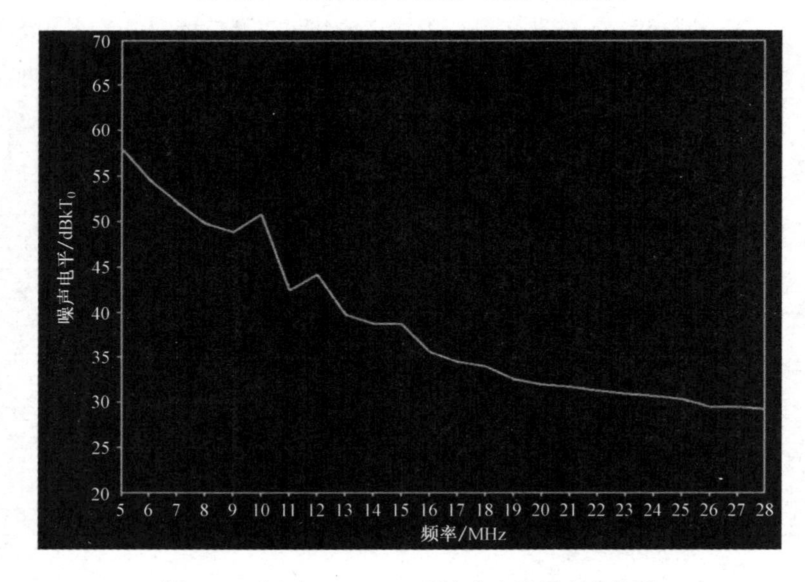

图 10.7　短时（15min）环境噪声随频率变化图

10.4 频谱监测

10.4.1 监测原理和主要功能

频谱监测的工作原理与环境噪声监测基本相同，也是在短波波段内扫频工作，测量各频点的功率谱密度。但不同之处在于，环境噪声监测主要关注噪声基底电平，而频谱监测则更侧重于被“干扰”所占用信道及干扰的方向、未占用的“干净”信道及其时间可用度等统计量。

频谱监测数据中既包括自然界的无线电噪声，又包括人为产生的无线电干扰。通常具有以下特征：一是存在显著的方向性，沿方位分布不均匀，有些方向相对集中（如人口密集区域），有些方向则相对稀疏；二是干扰持续时间分布具有随机性，有些干扰持续时间较长，甚至一直存在（如广播电台），有些干扰则持续时间很短（如通信电台）；三是非蓄意的广播和电台干扰，其频谱具有窄带特征，根据工作方式，带宽在数千赫兹至十几千赫兹。

为适应干扰和环境噪声的时变性，频谱监测扫频将以较短的周期（通常为小于 5min）循环进行，生成不同时刻的频谱图；而为反映干扰和环境噪声的空间分布，频谱监测设备需要采用指向性天线而非全向天线。

信道是否被占用的判别准则是将设定的“干扰”门限电平与频谱分析间隔中相关信道的功率电平进行比较。若功率电平小于或等于“干扰”门限值，则此信道被判为“可用”；反之，则判为“占用”。假定每个信道测量带宽为 k kHz，可利用带宽若等于 n kHz 时，可用最接近的大于或等于 $3n$ 的邻近可用信道数来表示。例如，信道测量带宽为 3kHz 而可用带宽为 50kHz 时，可用通过门限 17 个邻近的 3kHz 信道来表示。为评估信道占用程度，通常还需要按信道在一定时间范围内对多次探测结果进行统计平均。

实时获得的可用信道列表将送至自适应频率选择模块，与同方向的电波环境监测结果相结合，以一定准则选择当前适合雷达探测的最佳工作频率。

频谱监测设备的典型技术参数如下。

（1）工作频率：高频频段，通常与雷达频率范围相匹配；

（2）接收机噪声系数不大于 15dB；

（3）接收波束宽度为 5°～10°；

（4）频谱分辨率不大于 5kHz。

10.4.2 设备组成

频谱监测设备通常由接收天线阵列、模拟接收机、数字接收机、本振、信号处理及数据处理等设备组成。

出于控制设备规模考虑，频谱监测设备的接收天线阵列通常与雷达共用，天线通道校准系数也由雷达提供。通过一个串接的功分器将信号功分，分别接到各自独立的接收通道中。而频谱监测设备较宽的接收波束宽度要求，通常可以用相对雷达较小的接收天线口径及接收通道数来实现。

图 10.8 给出了一个典型的频谱监测设备组成框图。图中的模拟接收机将接收信号与一本振和二本振信号混频输出，固定至中频，数字接收机实现高速采样和正交下变频，得到零中频基带数据；再经光纤线路传输到信号处理设备，对阵列通道数据进行整合、频谱处理和数字波束形成，得到实时频谱图。数据处理设备对测量得到的频谱图进行后续处理，进一步得到无干扰频率列表、时间可用度、连续点宽度及干扰基底等信息。

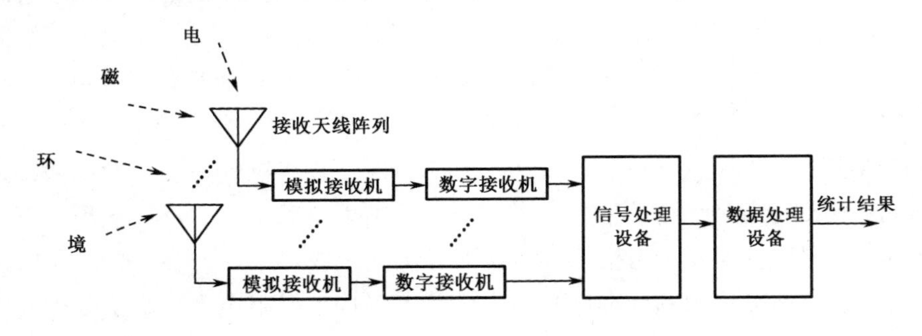

图 10.8　典型的频谱监测设备组成框图

为保证接收通道的幅相一致性，需要对接收机进行定期校准。首先将模拟接收机输入与天线断开，接到标校源上，对模拟接收机和数字接收机分别进行幅相测量，并与参考路进行比较。校准后得到的补偿系数被存储，在数字波束形成时调用。经试验验证表明：接收机上电稳定之后，一般每隔 5～6h 校准一次即可满足一致性要求。

10.4.3　频谱监测结果

图 10.9 给出了一个指定方位局部频段（9～10MHz）频谱测量和分析结果图。接收波束的宽度为 6°，分析带宽为 5kHz。上图中，横坐标为频率，单位为 MHz；纵坐标为相对功率电平，单位为 dB；绿色标识为可用的“干净”信道，即信道可用度较高，而黄色标识的为次优信道，即当前无干扰，但信道可用度和持续时间未过门限的信道。从图中可看出，在密集的干扰之间，仍然存在着一定的信道资源可供雷达使用。下图为频率-方位分析图，横坐标为频率，单位为 MHz；纵坐标为方位数，分别代表不同的波束指向，间隔为 6°（波束宽度）。图中，绿色标识

为满足信道可用性和持续时间要求的可用频点。从图中可以看出，不同的波束方位的可用信道分布是不同的，即干扰及可用信道存在显著的空间不均匀性。这意味着通过空间分集和灵活调度，可在一定程度上扩展可用频率资源。

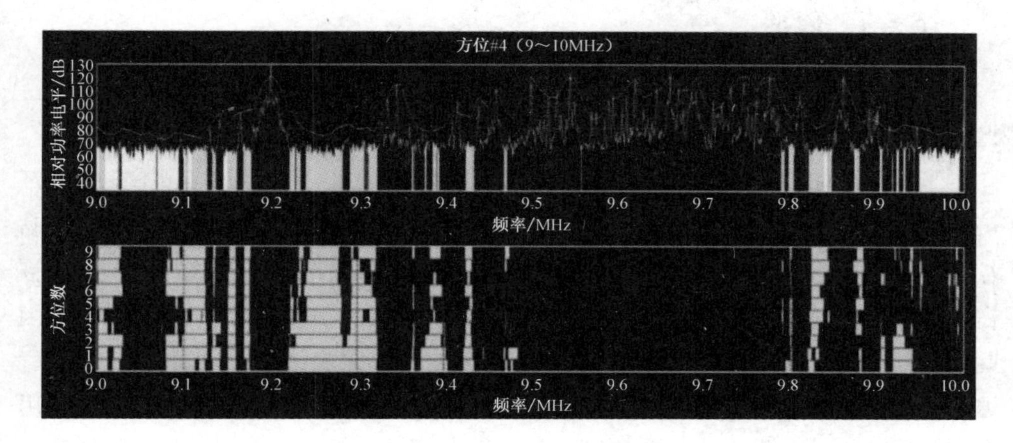

图 10.9　指定方位局部频段（9～10MHz）频谱测量和分析图

图 10.10 给出了夏季（7 月）夜间（0 时）局部频段（16～17MHz）功率电平的累积分布图。图中，横坐标为相对功率电平，单位为 dBW/3kHz；纵坐标为超过对应功率电平门限的累积概率。图中给出了不同更新周期下的统计结果，可以看到：当更新周期超过 5min 之后，统计曲线便趋同。这意味着，要反映功率电平的短时变化特征，更新周期不宜超过 5min。

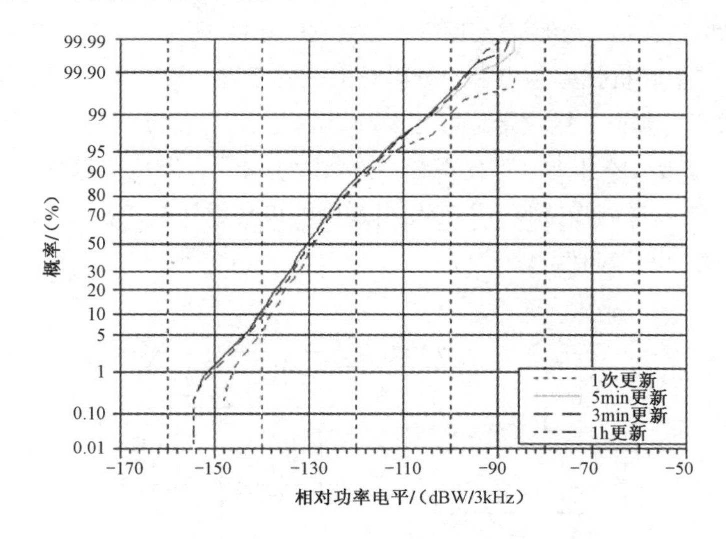

图 10.10　局部频段功率电平的累积分布图

10.5 自适应频率选择

10.5.1 概述

为天波雷达提供工作频率而设置的专用频率管理系统（FMS），伴随着天波雷达的发展，也经历了两个发展阶段。

早期的 FMS 相对简单，仅采用一套环境噪声监测设备或频谱监测仪，来确定可用的频点及带宽。其主要原理和设备组成可参见 10.3 节。这种方案虽然简单易行，但配合天波雷达工作还存在几点严重的不足：一是选出的频点仅能保证未被占用（无干扰），由于缺乏返回散射设备，不能提供相应频段的能量覆盖信息，因此往往需要提供多个不同频段的频点，依靠雷达自身探测结果再来确定最佳频率，这相当于花费雷达的探测资源来完成返回散射设备的工作，效率较低；二是采用全向天线，无法获得干扰的方向性信息，频谱利用率低，可能在某些时段和频段难以选到可用频点；三是频谱监测结果通常需要人工判别和选定频率，实时性和效率较低。

现代天波雷达所采用的选频方案是融合返回散射探测和频谱测量等多种电波环境信息，根据不同的探测目标类型要求和准则，自适应地选定最佳工作频率。此方案中返回散射设备和频谱测量设备均为独立的专用设备，其原理及组成可分别参见 9.3 节和 10.4 节。

一种典型的自适应选频方案原理框图如图 10.11 所示。为提高频谱监测的效率，解决窄带接收机扫频频点多、分析时间长的难题，该方案应用了新型宽带模拟/数字接收机。典型的接收带宽可达 500kHz 以上，分析频点间隔（频率分辨率）优于 5kHz。宽带接收和处理可使得扫频次数大为减少，缩短信息更新周期。该方案中采用了 32 通道同步接收，并应用自适应波束形成（ADBF）和空间谱分析技术可给出干扰源的指向信息。

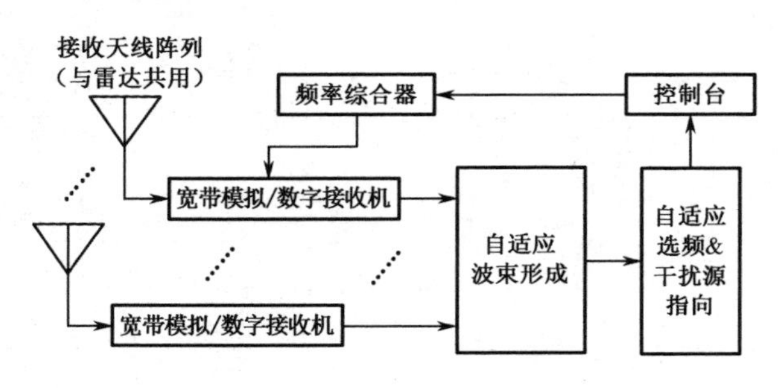

图 10.11　一种典型的自适应选频方案原理框图

10.5.2 空中目标选频流程

如 3.2 节所述，天波雷达对不同类型目标的探测原理存在较大差异。空中目标飞行速度快，主要在噪声背景下检测，决定雷达探测能力的参量是信噪比（SNR）；而水面舰船目标运动速度慢，主要在海杂波背景下检测，决定探测能量的参量是信杂比（SCR）。这也使得对于不同的目标类型，最佳工作频率选择所依赖的信息、参量和判断准则也存在明显的差异。

空中目标探测工作频率选择流程如图 10.12 所示。从图中可以看出，频率选择需要基于预设或实时反馈的需求开展，包括所探测区域的位置、大小、目标类型以及当前时刻等。需求不同，选取的选频准则组也不同，选出的最佳工作频率也就存在差别。

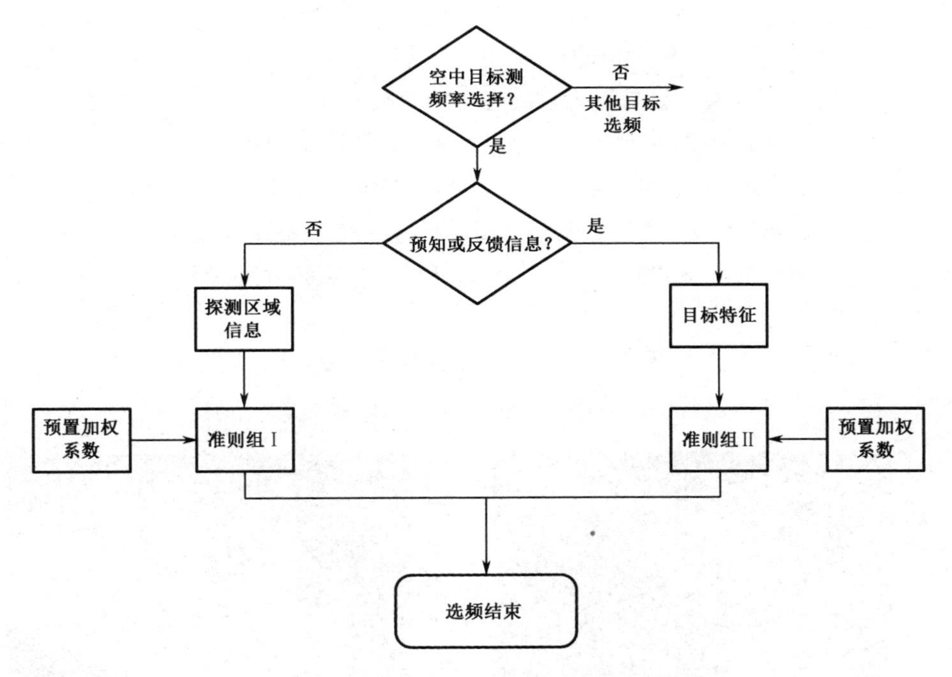

图 10.12　空中目标探测工作频率选择流程

图 10.12 中的选频准则组 I 通常包括以下准则：

（1）探测子区 DIR 内的返回散射回波距离覆盖情况；

（2）探测子区 DIR 内的返回散射回波能量强度；

（3）返回散射回波频谱的噪声基底水平；

（4）频谱监测中工作带宽内无干扰（或有可容许的轻微干扰）；

（5）频谱监测中工作带宽内信道可用度和持续时间的概率。

在这五个准则中，又因其重要程度分为三类。准则（1）和准则（4）为先决准则，决定是否能选出可用频率；准则（3）和准则（5）为主要准则，决定了所选频率是否较优；准则（2）则为次要准则，主要用于各可用频点之间的排序。因此，若整个频段内无满足先决准则的频率，此时选频系统将反馈当前此探测子区不可用的信息；若存在满足准则（1）和准则（4）的频率，则再根据准则（2）、（3）、（5）对各频率进行排序，其中准则（3）和准则（5）的预置加权系数要高于准则（2）。

上述五个准则中，准则（1）、（2）、（3）的所需信息来自返回散射电离图，而准则（4）和准则（5）的所需信息来自实时监测的频谱图。显然考虑到信噪比最大原则，若某一频率上的返回散射回波的距离覆盖更广、能量更强、噪声基底更低，实时监测频谱图中无干扰（或干扰更弱）、信道可用度更高、持续时间长的概率更高，则雷达利用该频率工作获得最佳探测效果的可能性也更大。

图 10.13 给出了两种不同电离层状态下的返回散射电离图。图中，横坐标为频率，单位为 MHz；纵坐标为群路径，单位为 km，伪彩色表征回波的强度。图 10.13（a）是出现强吸收现象时的电离图，而图 10.13（b）为正常 F_2 层出现时的电离图。从图 10.13（a）可以看出，若此时 DIR 的覆盖距离在 1800km 以上，将不满足先决准则（1），此时系统不可用；若 DIR 的覆盖距离处于 1000km 左右，频段 10～13MHz 将满足准则（1）。此时的可用频率将结合实时频谱监测图，在该频段中选出。

而从图 10.13（b）可看出，在正常的 F_2 层传输条件下，在 800～3000km 整个距离范围内，具有较好的能量覆盖，此时各距离段系统均可用。

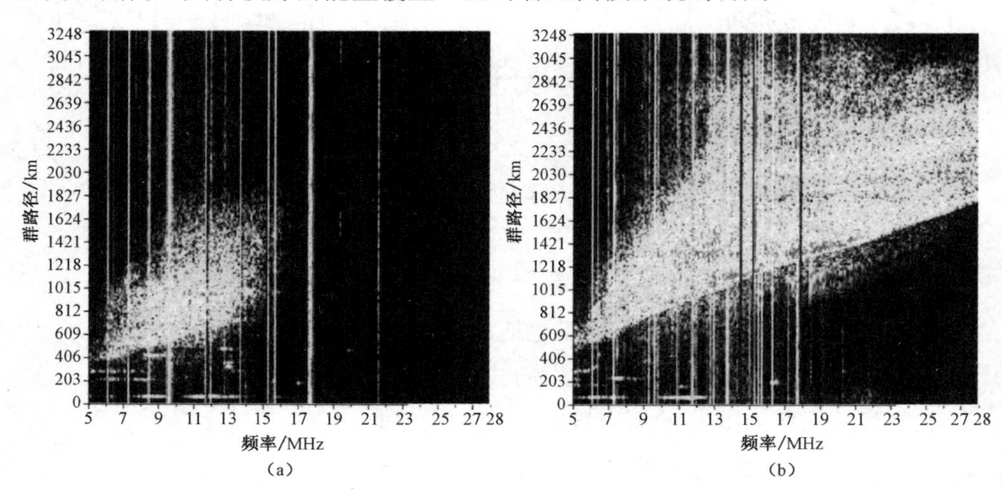

图 10.13　不同电离层状态下的返回散射电离图

上述选频准则组 I 中仅考虑了电波环境信息，适用于目标类型和特性未知情况下的工作频率选择。而在某些特定情况下，探测目标的类别已知或者能够估计得到，则可考虑使用以下的准则组 II：

（1）探测子区 DIR 的距离覆盖情况；

（2）目标回波信噪比；

（3）频谱监测中工作带宽内无干扰（或有可容许的轻微干扰）；

（4）频谱监测中工作带宽内信道可用度和持续时间的概率。

同样，选频准则组 II 中的准则（1）和准则（3）为先决准则，准则（2）和准则（4）为主要准则。由于目标的 RCS 可以估计得到，因此可从返回散射电离图中直接计算出不同频率下的信噪比评估结果，该结果将用于支撑准则（2）。

两个准则组的区别在于：当目标 RCS 未知时，准则组 I 只能用地海表面散射的杂波代替目标来评估各频率的优劣，实质上是以信杂比（SCR）来近似代替信噪比（SNR）。另外，受到地海表面散射系数和海面粗糙度（海况）变化的影响，评估效果不如直接利用目标 RCS 的准则组 II。

10.5.3　水面目标选频流程

水面目标探测工作频率选择流程如图 10.14 所示。从图中可看出，其基本架构和流程与空中目标相同，主要差异来自准则组 I 的分级加权。

图 10.14 中的选频准则组 I 典型包括以下准则：

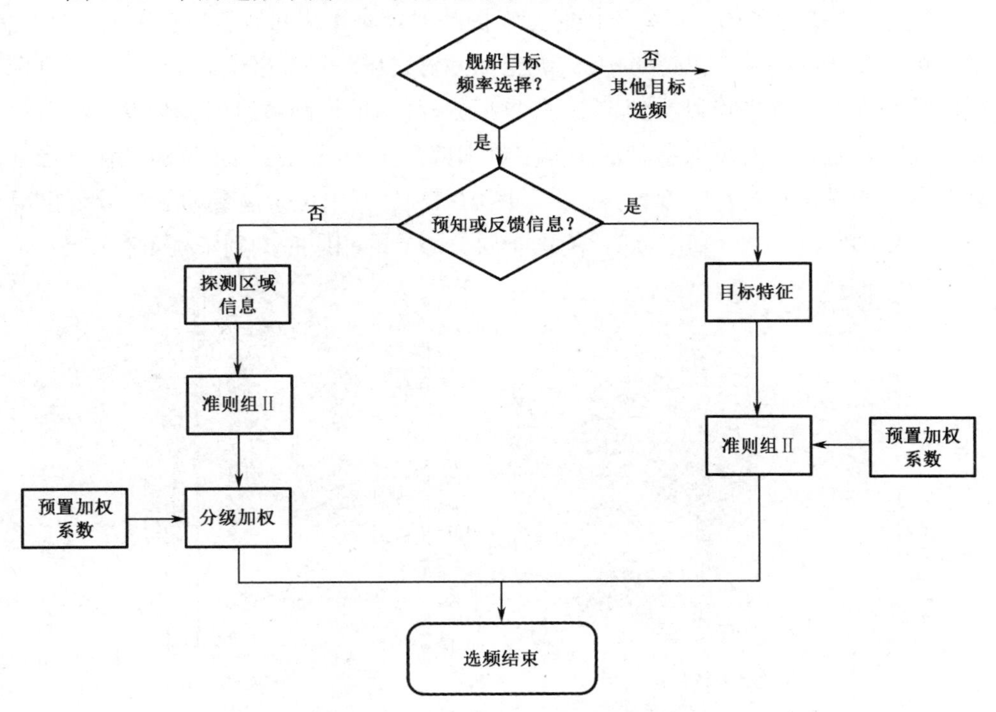

图 10.14　水面目标工作频率选择流程

（1）探测子区 DIR 内的返回散射回波距离覆盖情况；

（2）传播模式数目；

（3）返回散射回波多普勒谱图中的电离层相位污染情况；

（4）频谱监测中工作带宽内无干扰（或有可容许的轻微干扰）；

（5）频谱监测中工作带宽内信道可用度和持续时间的概率；

（6）探测子区 DIR 内的返回散射回波能量强度；

（7）返回散射回波多普勒谱图中的噪声基底水平。

在这 7 个准则中，准则（1）和准则（4）为先决准则，准则（3）和准则（5）为主要准则，准则（2）、（6）、（7）则为次要准则。

上述准则中，准则（1）和准则（6）所需信息来自返回散射扫频电离图，准则（4）和准则（5）所需信息来自实时监测的频谱图，准则（3）和准则（7）所需信息来自返回散射定频探测的回波多普勒谱图，而准则（2）所需信息则来自返回散射扫频电离图、定频回波多普勒谱图及斜测电离图。

考虑到信杂比最大原则，若某一频率上的返回散射回波的距离覆盖更广、能量更强，多普勒谱图中的相位污染更小、噪声基底更低，实时监测频谱图中无干扰（或干扰更弱）、信道可用度更高、持续时间长的概率更高，以及传输模式更单一，则雷达利用该频率探测水面目标更可能获得较好效果。

图 10.15 给出了同一频率不同时刻返回散射定频探测回波多普勒谱图。图中，横坐标为多普勒频率，单位是 Hz；纵坐标为射线群路径，单位为 km；伪彩色表征回波强度。从图中可以看到，不同时刻同一频率的返回散射回波强度、覆盖距离、噪声基底、多普勒漂移和展宽等参量都存在差异。电离层相位污染程度通常利用多普勒漂移和展宽来度量。此外，图 10.15（b）中位于多普勒 2Hz 处还出现一个明显的同频干扰（竖条状），而图 10.15（a）的相应时刻则干扰不存在。

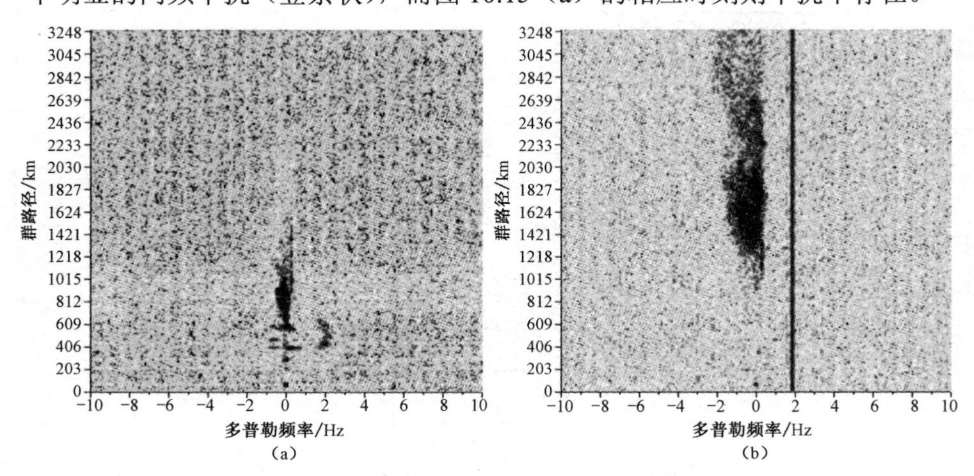

图 10.15　不同时刻返回散射定频探测回波多普勒谱图

图 10.16 给出了同一站点不同时刻的斜测电离图。图中，横坐标为频率，单位为 MHz；纵坐标为斜向传输的单程群路径，单位为 km；伪彩色表征回波强度。该图为原始测量的斜测电离图，图中密集的竖条纹为干扰信号，通常需要利用数据处理方法滤除后再进行参数反演。图 10.16（a）为秋季日出时段（6 时）的测量结果，F 模式回波（包括寻常波和异常波）明显，而 E 模式回波几乎不可见；图 10.16（b）为夏季日落时段（18 时）的测量结果，F 模式和 E 模式回波均十分显著。图 10.16（b）中当频率超过 12MHz 时仅有 E 模式回波，模式单一，显然更利于回波分辨和雷达探测。

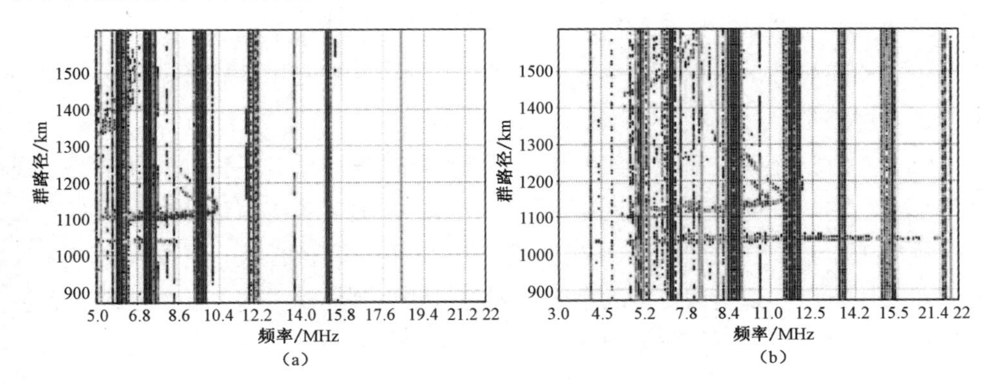

图 10.16 同一站点不同时刻的斜测电离图

与空中目标选频流程类似，上述选频准则为考虑目标特性信息已知或可估计得到的场景。该场景下可考虑采用以下的准则组 II：

（1）探测子区 DIR 内的返回散射回波距离覆盖情况；

（2）返回散射回波多普勒谱图中的回波信杂比；

（3）频谱监测中工作带宽内无干扰（或有可容许的轻微干扰）；

（4）频谱监测中工作带宽内信道可用度和持续时间的概率。

同样，选频准则组 II 中的准则（1）和准则（3）为先决准则，准则（2）和准则（4）为主要准则。由于目标的 RCS 和径向速度（多普勒频率）可以估计得到，因此可从返回散射电离图中直接计算出不同频率下的信杂比评估结果，该结果将用于支撑准则（2）。

10.6 频率资源管理

当多部天波雷达组网且其覆盖区存在一定交叠时，频率资源的使用需要进行统一的管理，否则会存在相互干扰的可能。

从 10.2 节描述可知，短波波段工作频率资源有限，如何合理分配有限频率资源，既保证互不干扰，又满足探测性能需求，是频率资源管控模块的主要任务。一般而言，有两类常用的频率协同模式，一类是预先规划模式，另一类则是实时指配模式。

（1）预先规划模式。频率预先规划的管理模式是指依据各部雷达长期干扰测量数据及用频效果等统计结果，形成各部雷达对应的、最大概率可满足日常工作的频率集，频率集为互不干扰的可用频率资源，形成规划频率表任务前下发给各个雷达系统。各雷达依据任务要求以及电波环境信息，在自身对应的规划频率表中实时选取合适的工作频率。

此模式的优势是实现流程简单，各雷达之间不需要频繁的数据交互，但由于雷达任务的随机性，这种固定分配的方式对频率资源的利用率较低，且会出现任务繁多时用频不足的可能。

（2）实时指配模式。频率实时指配模式则配备统一的频率协同管理中心，根据每部雷达的任务情况及对应的电波环境状态，实时为各部雷达分配适用且不相互干扰的工作频率，并可根据任务重要程度对用频资源进行统一更改调度。

此模式可以实现用频资源的最大化利用，缺点是控制流程复杂，要求所有雷达均接入高时效性的数据传输网络。

第 11 章

天波雷达与通信一体化技术

11.1 概述

天波雷达和传统的短波通信系统都可利用短波波段的无线电收发设备，通过电离层反射（天波传输模式），分别实现远程超视距的目标探测和信息传输。由于工作频段重叠，雷达和通信系统的天线单元、射频收发组件及信号处理设备等具有相当的通用性。借鉴近年来广泛研究的软件无线电概念，利用相同的射频收发通道，实现天波雷达探测和短波通信功能的一体化设计和运用，是相当具有吸引力和可行性的一个构想。

雷达探测和通信的一体化，一方面可以有效整合现有硬件资源，特别是大口径阵列、大功率发射通道和广泛分布的电离层监测网络，节约基础设施建设和运行开销，提升使用效能；另一方面可以使雷达和通信功能协同运用、互为补充，发挥天波雷达“千里眼”与短波通信“随身呼”各自的优势和强项，有望在远洋远海行动等方面形成新的样式和能力。

本章首先介绍了短波通信的简要发展历程，并对天波雷达与短波通信一体化的可行性、网络架构、射频通道、信号处理以及波形设计等方面进行了分析和讨论。

11.2 短波通信简介

短波通信信号的传输模式也可参考图 1.2，包括经过电离层折射传输的天波传输模式、沿地球表面绕射的地波传输模式以及视距直接传播的直达波传输模式。其中，天波传输模式借助电离层的一次或多次反射，可获得数千千米的超视距通信距离。与其他类型的通信方式相比，短波通信具有传输距离远、覆盖范围大、技术成熟、设备简单、适用场景多、抗毁能力强等特点，在军事和民用的各种场合得到了广泛应用。

11.2.1 发展历程

短波通信是现代通信技术的先驱，发展至今已有百年历史。1904 年，安布罗斯・弗莱明爵士发明了电子管，为无线电话的产生奠定了基础，并且激发了对短波广播可能性的探索。1924 年，阿普尔顿首次利用试验直接证实了电离层的存在，并发现了电离层的 E 层和 F 层。随后，马可尼的试验还发现：短波波段的无线电信号可以在数千千米范围内提供可靠的通信。上述试验正式开启了短波通信的时代。作为当时首要的超视距通信手段，短波通信在第二次世界大战期间获得了广泛的应用。

20 世纪 20 年代至 70 年代是短波通信发展的第一阶段。这一阶段的短波通信主要采用模拟调制技术，如双边带调制（Double-Side Band Modulation，DSB）和幅度调制（Amplitude Modulation，AM）。而随着技术的不断进步，模拟调制逐渐被连续波（Continuous Wave，CW）调制和频移键控（Frequency Shift Keying，FSK）调制所取代。虽然这些波形可以在理想信道中高效传输，但在电离层普遍存在的多径传输和高频噪声环境中性能急剧恶化。

20 世纪 90 年代中期，第二代短波网络系统首先在美国取得成功，并迅速扩展至全球范围。第二代短波网络系统主要实现了可靠的短波自动建链（Automatic Link Establishment，ALE），再加上可靠性比较好的数据链路协议，短波网络可以扩展到传送数据。第二代短波网络系统的标准主要包括 MIL-STD-181-141A、MIL-STD-188-110B、MIL-ITD-187-721C 等。2G-ALE 尽管取得了很大的成功，但由于其相对漫长的呼叫周期（典型为 10～20s）、对数据传输支持力度不足等缺点，使得人们对新一代短波通信标准的需求日益迫切。

当前，第三代短波通信网络已经成为研究和应用的主流。它是一种全自动短波数据通信网，也是一种无线分组交换网，遵循 OSI 的标准七层模型。网内所有设备都接受网络管理设备的管理和控制，包括电台、ALE 控制器、ALE 调制解调器以及高频网络控制器（High Frequency Network Controller，HFNC）等。其中的 3G-ALE 技术可实现快速链路建立，可有效地支持上百个台站构成的对等式网络中的突发数据信息，并支持 IP 及其应用等。第三代短波通信网络的标准主要包括 MIL-STD-181-141B、MIL-ITD-187-721D 等[556]。

11.2.2 宽带短波通信

多年来，短波无线电频带内的语音和数据通信通常被限制在不超过 3kHz 的信道带宽内，这对频谱资源的利用相当有限。随着对短波链路上高速数据传输需求的不断提出，国际电信联盟（ITU）和美国联邦通信委员会（Federal Communication Commission，FCC）等组织和机构开始考虑分配比 3kHz 更宽的单个短波信道的可能性。这一概念被称为宽带高频（Wide Band HF，WBHF）或宽带短波[557]。

利用高速率短波链路进行通信的需求主要来自以下几个方面[558]。

（1）大数据文件传输。该需求主要来自在覆盖区内快速飞行的飞机目标，其飞出单一频率的最佳覆盖范围（通常为数十千米）通常只需要数分钟，在此期间能够将更大的文件（如图像和文本）以更高的速率发送至飞机上。

（2）监控视频应用。视频应用即使采用高度压缩的图像质量（如每秒 15 帧，分辨率为 160×120 像素），所需的传输速率也比目前能够达到的速率（38kb/s）高得多。在固定翼和旋翼飞机上通过天波信道实时回传超视距的视频，不仅有利于军事行动，也可对偏远地区的救灾行动提供帮助。尽管存在巨大的技术挑战性，但在解决天线尺寸和供电问题后，利用短波天波信道为远程无人机提供指令和视频传输通道，这是一个可能改变作战规则的应用需求。以往，这些视频都是通过卫星信道传输的，运行成本相对较高。

（3）通用作战图像应用。宽带短波信道更高的数据率可用于支持舰艇编队内部（地波模式）或多个超视距的编队之间（天波模式）维持一个通用作战图（Common Operating Picture，COP）。地波在海面传输，覆盖范围广，路径损耗低，还具有一定的超视距通信能力，用其构建一个局域网具有特别的吸引力。

（4）更稳健的语音通信。在极低信噪比条件下，超视距的数字语音通信是宽带短波通信另一个有趣的功能。在 24kHz 的宽带信道上，使用稳健的 Walsh 编码波形，以 600b/s 的速率能够以远低于噪声基底的信号电平进行可靠的语音通信。这一功能对极端恶劣（如强电磁干扰）条件下的应急通信场景十分重要。

2011 年修订的美国军用标准 MIL-STD-188-141C 和 MIL-STD-188-110C 中增加了一个新的关键技术，即宽带高频（Wide Band High Frequency，WBHF）波形。该波形将通信带宽由经典的 3kHz 扩展至最高 24kHz，其目的就是在短波波段（天波、地波传输模式下）支持图像和视频的传输[557]。2017 年修订的美国军用标准 MIL-STD-188-141D 进一步将带宽扩展到了 48kHz。基于环境感知的宽带 ALE 技术也被称为第四代自动建链（4G-ALE）技术。

2011 年，美国利用本土建立的 WBHF 原型系统开展了多项短波宽带传输试验，其中在 1700km 的典型天波路径上以 18kHz 的带宽实现了全彩色 H.264 视频的传输，帧速率达到每秒 15 帧，历时 75min，传输速率范围为 19.2～120kb/s[559]。

11.2.3 短波通信网络

在军用通信领域，信息化条件下的电磁频谱对抗是网络与网络、体系与体系之间的对抗。短波通信网络的组网能够有效应对电离层传输信道各向异性、时变性及非平稳性等特性，与单一装备相比，其可大幅提升系统的稳定性、可靠性、抗干扰性和抗毁性。

11.2.3.1 组网方式

短波通信网络的组网方式通常包括以下几种。

（1）定频通信网络。它是只在固定频率上进行组网通信的简单通信网络。该网络根据长期预测得到的不同地域、季节和昼夜最佳可通频率预测表，建立通信频率数据库；再依托数据库中的数据以及网络用户位置、通信时间等参量确定通信频率。此类网络设计简单，开销低。

（2）频率自适应通信网络。频率自适应通信网依托成熟的通信链路标准协议，通过网内自适应终端在预先设定的频率组中进行线路质量分析，在最佳通信频率上设置网络呼叫地址和用户呼叫地址。网络呼叫方工作时，在事先约定的信道上发送探测信号，接收方根据接收的信息质量，对信道进行综合质量评估，选择信号质量好的信道排序存入存储器。实际通信时，主叫台进行呼叫，接收台在网络扫描状态守候，当探测到主叫台的地址呼号后应答，并进入自适应网络开始通信。

（3）跳频通信网络。跳频通信信号频率在规定带宽内以一定频率按加密图样随机跳变，使敌方无法预测，以防止敌方的侦查和干扰。跳频通信网络建立时，系统预先设置网络号、跳频频率、跳频带宽和跳速，由网络发起方启动完成组网建链和拆链。网络设置后入网功能，以实现新的合法用户任何时间均可实时进入网内通信。

低速跳频通信网络跳频速率通常为 5～100 跳/秒，而高速网跳频速率则为 2650～5000 跳/秒。跳频技术可以极大改善抗干扰能力，克服电离层变化导致的信道衰落问题，提升传输速率。

根据跳频图样，跳频电台的组网一般可分为正交组网和非正交组网两类，大多采取异步同步方式。

（4）以基站为中心的通信网络。前述三种通信网络均是特定时期临时组建的，根据约定的频率集自由加入和退出。当通信使用需求完结后，网络自动消失。

以大型基站为中心的短波通信网络通常长期存在，允许用户随时接入。该网络采用分组拓扑结构，设计了群首、网关和定义节点，可实现 IP 协议层和路由接口。网络层通常具备路由选择、链路交换、路由询问、拓扑监视和中继管理等功能，而链路层可完成频率自适应分析、数据传输、呼叫和链路保护等功能。

（5）广域综合异构通信网络。其是通过异构网关将自身短波通信网络接入移动通信网络、有线通信网络或卫星通信网络，实现无线到有线的语音呼叫与数据通信，组成的广域覆盖、信道多元、业务综合的异构通信网络。

11.2.3.2　国外短波通信网络

1. 高频全球通信系统

美军将短波通信系统作为其全球战略的重要组成部分，提出了高频全球通信系统（High Frequency Global Communications System，HFGCS），以实现对机动的海军、空军部队的基本指挥控制和紧急战争状态下的国家指挥信息广播[560]。

目前，HFGCS 由分布于全球的 13 个短波台站所组成，所有全球接收和发送站点均可由安德鲁斯空军基地的中心控制站所遥控。HFGCS 整个系统覆盖了全球绝大部分地区，为美军及其盟友提供电话、消息中继、广播、数据传输、电子邮件、空中交通管制、紧急救援及测向辅助等综合业务[561]。

HFGCS 支持中心控制和分布式两种工作模式。采取中心控制工作模式时，13 个地面短波台站中有两个互相备份的中心网络控制台站，其他短波台站受中心网络控制台站的集中控制；采取分布式工作模式时，其他短波台站的通信将不需要全部经过中心网络控制台站，提高了通信效率。

为了提高系统容量，HFGCS 在每个短波台站内都配置多部短波接收机，能够处理多路呼叫同时接入。美国空军正在利用可计划扩展系统（System Capable Of Planned Expansion，SCOPE）来替换旧的高频无线电发射、接收和相关控制设备。

2. 现代化高频通信系统

20 世纪 90 年代中期，澳大利亚开始研制和部署现代化高频通信系统（Modernised High Frequency Communications System，MHFCS），也被称为“长鱼”（Longfish），其目的是为澳大利亚的战区军事指挥互联网提供远距离的机动通信手段[562-563]。MHFCS 采用多星状拓扑结构，按照 OSI 标准设计，支持 TCP/IP 协议，可提供短波信道的电子邮件、FTP 服务，并支持终端遥控、静态图像等功能。

MHFCS 由在其本土的四个基站和多个分布在岛屿、舰艇等处的移动台站组成，移动台站和基站之间通过短波链路连接，基站之间则用光缆或卫星等宽带链路相连[564]。

MHFCS 采用多种关键技术以适应短波信道的时变性，并且保证在不同用户数及业务需求下，网络具有较好的性能。节点选择算法根据网内负载实现链路的自动分配，频率选择算法为基站和移动台站之间选择最优的传输频率，链路释放算法保证高优先级业务的链路占用需求，带宽释放算法缓存特定数据分组确保高优先级业务的时效性。

3. 综合高频无线电系统计划

加拿大相关机构研究认为，即使军事卫星得到大力发展，短波通信在国家安全方面仍然具有不可替代的作用。结合 2020 年规划需求，加拿大提出了综合高频无线电系统（Integrated HF Radio System Project，IHFRSP），通过多个互相连接的台站实现其国土范围内的有效短波通信覆盖，并按照不同覆盖范围由多个接入节点为机动用户提供服务。IHFRSP 具有多台站高速全覆盖、部分覆盖等多种应用模式，在不同模式下可有效扩大覆盖范围，提高短波通信的有效性和可通率。

4. HF2000 短波通信网

瑞典军方根据其对短波通信的需求，提出了全新的联合短波通信系统 HF2000，通过有线网络将分布在全国各地的收信机、发信机和收发信机控制器连接起来，由中心网络控制台站统一控制，为遍布全国的机动用户提供短波通信，支持 IP 报文、电子邮件和数据话音等业务。HF2000 具有链路自适应和基于第三代自动链路建立 3G-ALE 协议的频率管理等功能，具有灵活的系统配置能力，可实现与其他网络的集成。

11.3　探测通信一体化架构

基于天波雷达的探测通信一体化系统的整体架构既要继承常规的天波雷达网（参见 6.2.5 节）的特点和优势，又要体现出其探测通信一体化后的差异性，主要体现在以下几个方面。

（1）在系统布局和站点配置上，应与天波雷达网保持一致。如 6.2 节所述，通常采用收发分置（相隔数十千米至上百千米）的双站配置。

（2）在覆盖范围（距离和方位）上，由于方位角和频段的限制，天波雷达探测和通信应尽量保持一致，尽管在传输条件较为理想的条件下，旁瓣泄漏的发射能量也能支持一定信噪比的通信信号传输。

（3）在阵列形式和射频通道上，应与天波雷达收发通道共用，通常采用有源相控阵或 MIMO 体制。

（4）在波形设计上，应考虑雷达信号时序和同步关系，通常需要兼容恒模连续波形，并支持数十千赫兹的宽带或 MIMO 波形。

（5）在环境监测和频率管理上，由于与天波雷达共址，可考虑共用电离层监测设备，频率资源一体化调度。

本节将从网络拓扑结构、资源管理模式和系统架构等方面分别进行介绍。

11.3.1　网络拓扑结构

通信网络拓扑结构通常包括星形、环形、树形、网形和总线型五种基本形式，以及由基本形式组合而成的混合型。网络拓扑结构的基本形式如图 11.1 所示。

（1）星形。星形网络拓扑结构具有一个中心控制节点，任意两个节点间的通信都通过中心控制节点中转，最多只需要两步。该构型结构简单、建网便捷、信息传输延时小，但所需的通信线路较多，网络可靠性差，特别是控制中心节点容易成为系统瓶颈，其一旦发生故障将导致整个网络瘫痪。

（2）环形。环形网络拓扑结构为封闭环形，各节点通过中继器接入网内，各中继器之间采用点到点链路首尾相连。该构型的突出特点是信息仅沿固定方向流动，任意两节点之间只有唯一通路，大大简化了路径选择控制。当某一节点故障时，可自动旁路，可靠性较高。环形网络节点确定后，其延时固定、实时性好，但当节点较多时，传输速率变低，且不便于扩展。

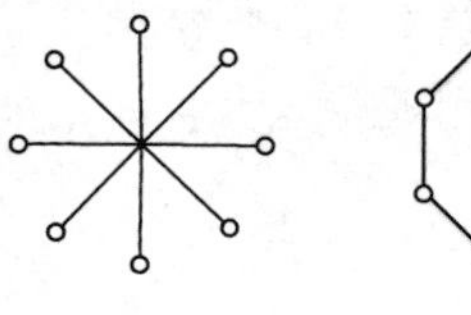
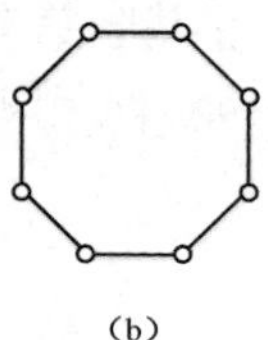
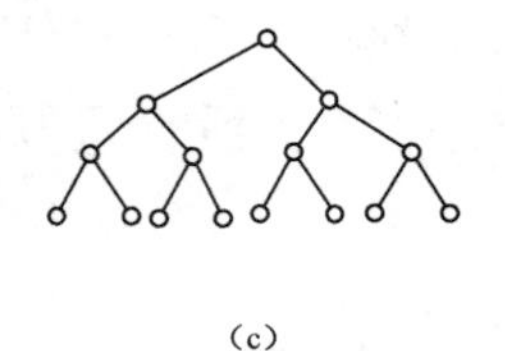
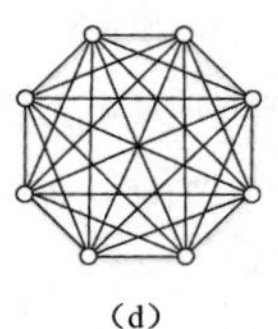
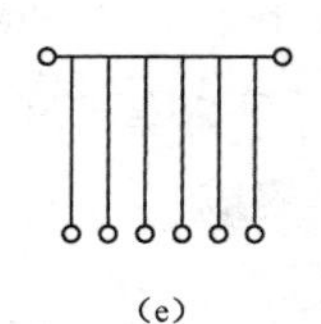

（a）　（b）　（c）　（d）　（e）

图 11.1　网络拓扑结构的基本形式示意图

（3）树形。树形网络拓扑结构是天然的分级结构。与星形构型相比，其通信线路总长度更短，成本较低，节点扩充灵活，路径搜索较为简易。但该构型可靠性低，一旦主节点发生故障将会导致整个网络瘫痪，下面每一层级的节点故障都会导致该节点树失效。

（4）网形。网形网络拓扑结构又称为分布式或互联结构，节点之间有多条路径可供选择，任意节点的故障不会导致网络瘫痪，具有较高的可靠性。但该构型网络管理比较复杂，各节点要求具有路由和流控功能，硬件成本较高；此外，该构型建网投资大，灵活性差，若增加一个节点，则必须增加若干条互联线路。

（5）总线型。总线型网络构型中各节点连接至一条总线上，其结构简单，节点扩展灵活便捷，任一节点故障不会造成整个网络瘫痪，但网络对总线故障比较敏感，一旦总线发生故障易造成整个网络瘫痪。

上述构型除总线型之外，在短波通信网络中均有应用。一般短波通信网络都是若干种构型组合而成的混合型网络。

下面给出了一种基于天波雷达的探测通信一体化系统网络拓扑图，如图 11.2 所示。图 11.2 中可看到有三种不同类型的站点：C 站代表通信中心站，它没有探测功能，仅为各雷达/通信站提供高速有线光纤路由；P 站代表雷达/通信站，其覆盖区为虚线所示的扇形区域，作为雷达站探测监视覆盖区内的各类目标，而作为通信站为该区域内配备终端的节点 N 用户提供通信服务。

图 11.2 中 P 站之间通过光缆与 C 站互联（图中实线所示），构成一个有线的星形网络；而 P 站之间也可通过天波传输路径两两互联（图中虚线所示），构成一个无线的网形网络，可作为有线网络的备份和辅助。P 站作为通信基站与各自覆盖区内的终端 N 通信，构成一个星形网络，这与移动通信中常用的蜂窝网络类似。在交叠区内的终端可以同时接入不同的基站，在跨区时实现通信过程的平稳过渡。该架构整体上与美国 ROTHR 天波雷达网以及 HFGCS 短波通信网基本相同，只是 HFGCS 各台站之间没有采用天波传输模式作为备份的互联手段。

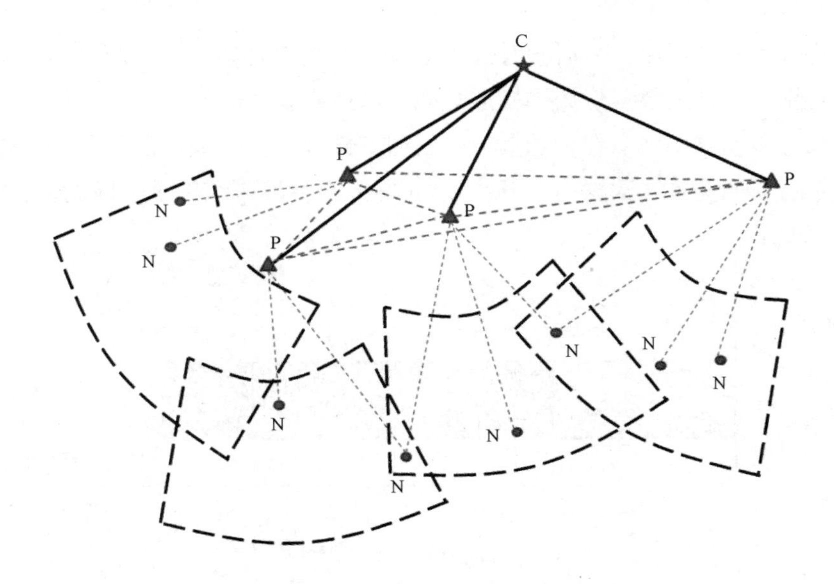

图 11.2　基于天波雷达的探测通信一体化系统网络拓扑结构图

11.3.2　资源调度模式

资源调度模式指探测通信一体化系统的射频通道（阵列口径）、频率及时间等资源在探测和通信任务中的分配和调度方法。基于所辐射的波形，资源调度模式通常分为两大类，即分集模式（专用波形）和复用模式（一体化波形）。

11.3.2.1　分集模式

分集模式（专用波形）指雷达和通信分别设计各自的专用波形，为避免相互之间的干扰，二者在某一维度上进行分集叠加。该模式的主要特点是雷达和通信均设计各自专用波形，设计限制小，工程实现方法成熟，性能有保障，通过分集相互影响较小，但对系统资源（主要是射频通道）的利用率未能达到最优。根据分集的维度，分集模式包括时间分集、频率分集、空间分集及组合域分集（如时频分集）等多种模式。以下简要介绍前三种模式。

1. 时间分集模式

时间分集模式指雷达和通信分别在不同的时隙进行各自的信号波形传输。雷达和通信可以根据各自的任务需求，分别进行专用的波形设计，并在规定的时间窗口内分别发射或接收各自的信号。时间分集模式是探测通信一体化波形实现方法中最简单的一种，其结构图如图 11.3 所示。

时间分集模式的实现成本最低，基于天波雷达的硬件平台改动较小，雷达和通信信号也无须重新设计，二者之间基本无干扰。若时隙分配固定，则可对一体化系统进行控制和调度。若时隙分配不固定，则需要解决时隙分配中的动态优化问题，特别是将通信数据切分为标准时隙包以适应雷达的扫描周期。

时间分集模式的缺点在于通信信号占用了部分工作时隙，此时雷达无法探测，相当于重访周期变长（数据率下降），这实际上给目标跟踪带来了性能损失。

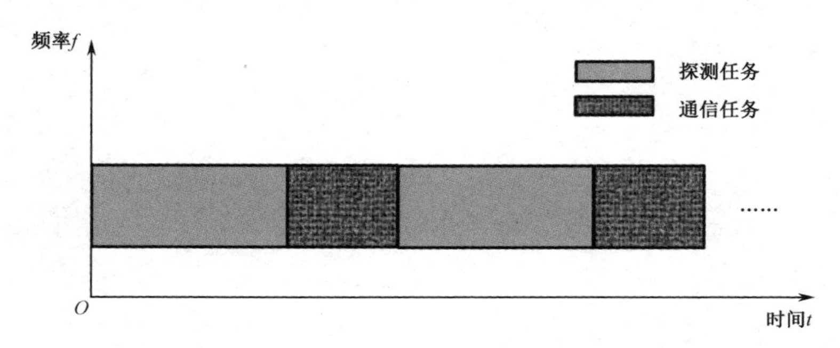

图 11.3　时间分集模式实现结构图

2. 频率分集模式

频率分集模式是指雷达和通信信号波形分别调制在不同的中心频率上，时间上交织混叠而频带上互不干扰，从而实现时间资源的共享。图 11.4 给出了频率分集模式实现结构图。

受吉布斯现象（Gibbs Phenomenon）的影响，雷达和通信信号所占频带要有一定的间隔，否则二者在频域上会相互干扰。为抑制该现象的影响，业界提出将雷达频谱形状设计为宽带 sinc 函数，而在雷达频谱的第一个零点处放置通信信号频谱，如图 11.5 所示。通信信号带宽相对雷达通常较窄，这样可以降低雷达和通信在频域的干扰，且可以实现两个信号的并行处理。

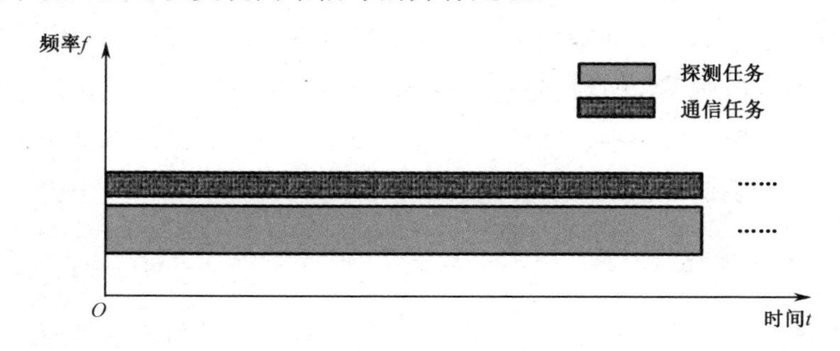

图 11.4　频率分集模式实现结构图

3. 空间分集模式

空间分集模式实质上是一种空域的波分复用方法。该模式通常基于相控阵体制，通过数字阵列重构技术或多波束形成技术，向不同空域分别辐射雷达波形和通信波形，分别实现探测和通信功能。空间分集模式的两种实现结构图如图 11.6 所示。

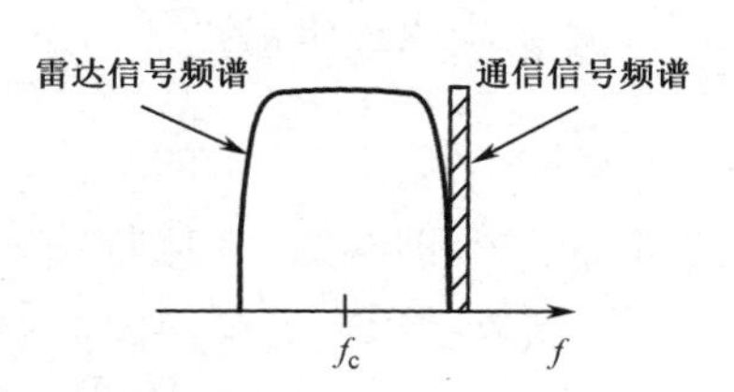

图 11.5　频率分集模式的互扰抑制方法示意图

空间分集模式通信数据率高，波形设计灵活，但是通信和雷达不能在同一区域实现，工作区域受到限制，且对波束指向的准确性（阵列的幅相误差）要求很高。由于雷达功率一般比通信功率高 1～2 个数量级，在某些情况下，即使雷达和通信处在不同区域，雷达旁瓣的信号也会一定程度干扰通信的主瓣信号，因此雷达和通信信号需要近似等功率发射或采用低旁瓣技术。此外，相控阵雷达的总平均功率是固定的，若采用阵列划分方式进行通信，则会损失雷达探测的功率口径积，影响探测性能。

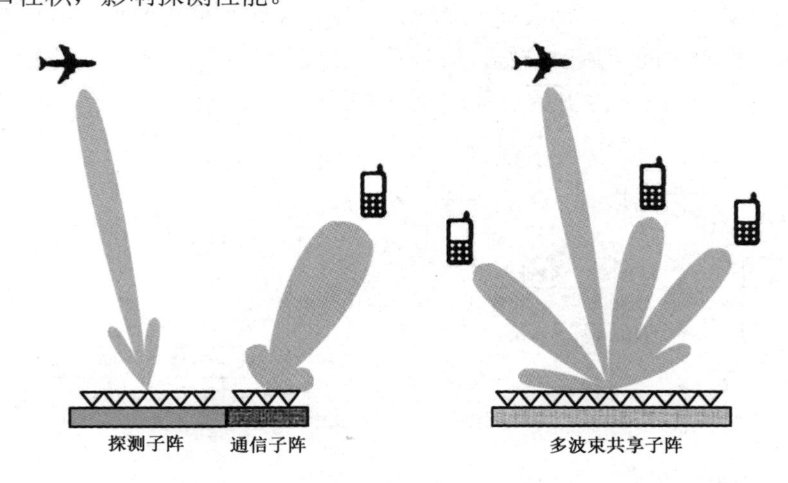

图 11.6　空间分集模式的两种实现结构图

11.3.2.2　复用模式

复用模式是指雷达和通信共用一个统一的波形或波形集，同时实现目标探测和通信传输的功能。这类专门设计的一体化波形既能满足雷达探测需求，又能携带相应的通信信息，这样可在多个维度实现比专用波形更高的资源利用率。该模式的主要特点是一体化波形（集）同频同时同方向辐射和接收，调度过程简化，资源利用率高；其显著的缺点在于一体化波形设计和处理复杂，适用条件严苛，技术成熟度低，相互影响大，在极端情况下可能导致较大的性能损失甚至失效。根据一体化波形的类别，复用模式可分为相控阵复用模式和 MIMO 复用模式两大类。

1. 相控阵复用模式

相控阵复用模式指的是雷达和通信信号采用相同的一体化波形，以相控阵形式进行发射和接收，在接收端分别根据探测和通信的需求进行处理，提取相应的信息。该模式也可看作码间分集模式。

图 11.7 给出了一种基于直接序列扩频的相控阵复用模式实现流程图。图中对雷达信号和通信信号采用不同的伪随机（Pseudo-Noise，PN）码分别进行调制，其中 PN 码 $g_1(t)$ 将通信信号频谱扩展到超宽频，PN 码 $g_2(t)$ 将雷达信号与通信信号区分开；然后将调制后的信号进行叠加，通过宽带的发射通道辐射，通过接收通道接收。

该方法利用了码分多址（Code Division Multiple Access，CDMA）扩频技术，伪随机码对原始信号的扩频会增加系统带宽，在一定程度上降低了频谱利用率。不同的伪随机码之间相关性较低，信号具有较低的功率谱密度，雷达和通信之间的干扰也较小，具有一定的低截获特性和抗干扰性能。因此，其对外界的抗干扰性能很好。

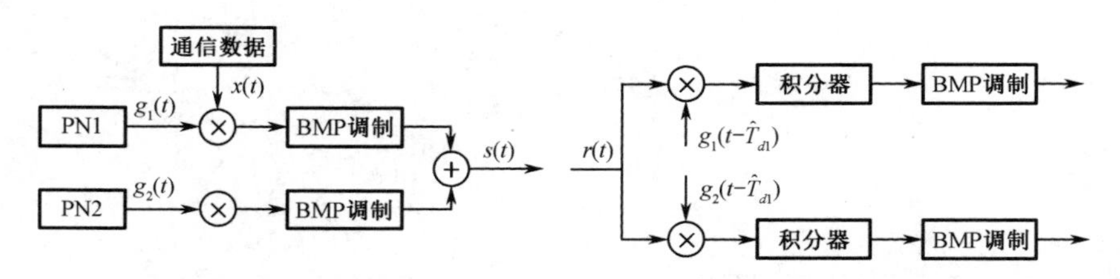

图 11.7　相控阵复用模式实现流程图

2. MIMO 复用模式

MIMO 复用模式指的是雷达和通信信号采用相互正交的 MIMO 波形集，不同子波形信号承担探测和通信任务，各自接入对应的发射通道辐射和接收通道接收。在接收端进行 MIMO 分集处理，分离出对应的雷达回波和通信波形，再提取相应信息。

图 11.8 给出了一种基于线性调频信号（Chirp 信号）调制的 MIMO 复用模式实现流程图。这里使用的 MIMO 波形集为正负斜率的线性调频信号（Chirp 信号），雷达探测采用负调频斜率信号，通信则采用正调频斜率信号，二者相互正交。雷达信号和通信信号叠加之后发射，在接收端接收后根据其调频斜率的差异分别进行匹配滤波，提取出各自信号进行后续处理。

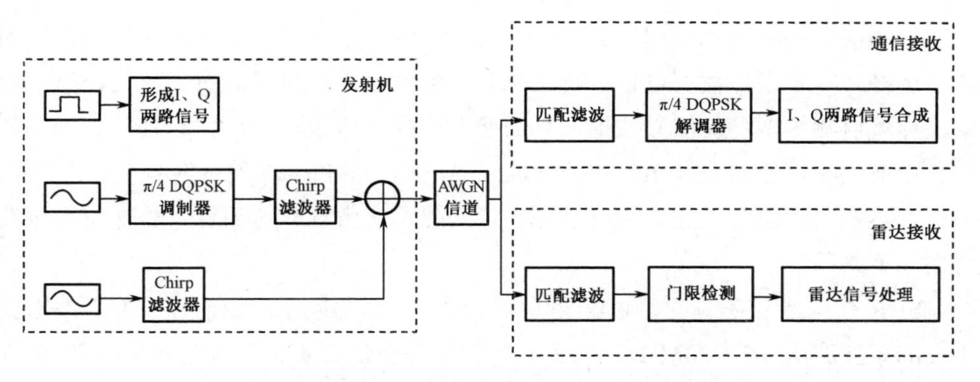

图 11.8　基于正负斜率 Chirp 信号集的 MIMO 复用模式实现流程图

11.3.3　系统架构

11.3.3.1　软件定义无线电

软件定义无线电（Software Defined Radio，SDR）的概念于 1992 年被首次提出，近年来已成为广泛关注的新型无线体系架构[565]。根据国际电气与电子工程师协会（Institute of Electrical and Electronics Engineers，IEEE）P1900.1 工作组的定义，软件定义无线电是部分或全部物理层功能由软件所定义的无线电[566]。它有时也简称软件无线电，可以通过软件灵活构建多服务、多标准、多频带、可重构和可编程的无线电系统[567]。

SDR 的基本思想是尽可能靠近天线进行数字化，并尽可能多地用软件来定义通信功能。图 11.9 给出了软件定义无线电的流程框图。从图中可看到，接近天线的宽带射频前端和高速 A/D 转换器或 D/A 转换器代替了经典无线电设备中的发射机和接收机，数字化后的采样信号利用后端的高速处理设备进行软件化处理。

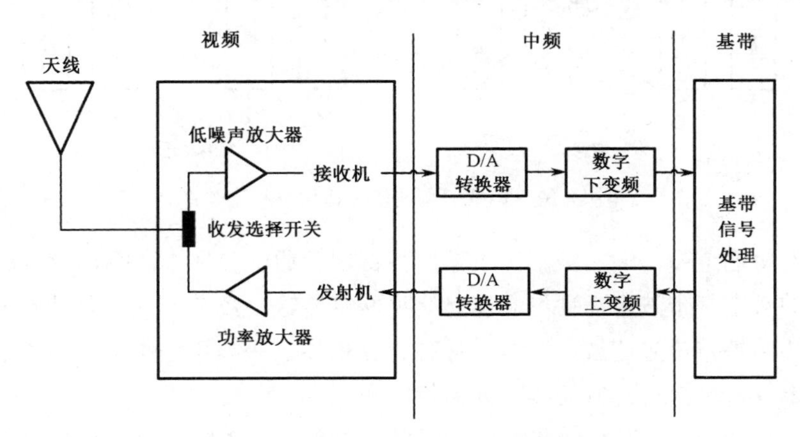

图 11.9　软件定义无线电的流程框图

射频前端的宽带化处理，使得 SDR 架构成为电子设备多功能一体化过程中的最佳选择。宽带采样数据可包含雷达探测、侦察测向、电子对抗、通信、海态遥感及环境监测等多功能信号波形，只需要在后端进行数字化滤波和处理。相比利用多通道接收机分别进行接收和处理的经典流程，SDR 架构设备的数量、复杂度、功耗、体积及质量等方面大幅度缩减，模块化、一致性、通用性及软件可升级性得到显著改善。

SDR 架构已经在雷达、通信及环境监测等领域得到了广泛应用，而天波雷达所在的短波波段（3～30MHz）由于频率较低，更适合宽带射频直接采样及 SDR 架构的实现[568–569]。同时，SDR 架构也是 MIMO 雷达、软件化雷达[570]、认知雷达[571]等新体制天波雷达的实现基础。

11.3.3.2 基于 SDR 的系统架构

图 11.10 给出了一个基于 SDR 的探测通信一体化系统架构图，左图为发射通道，右图为接收通道。

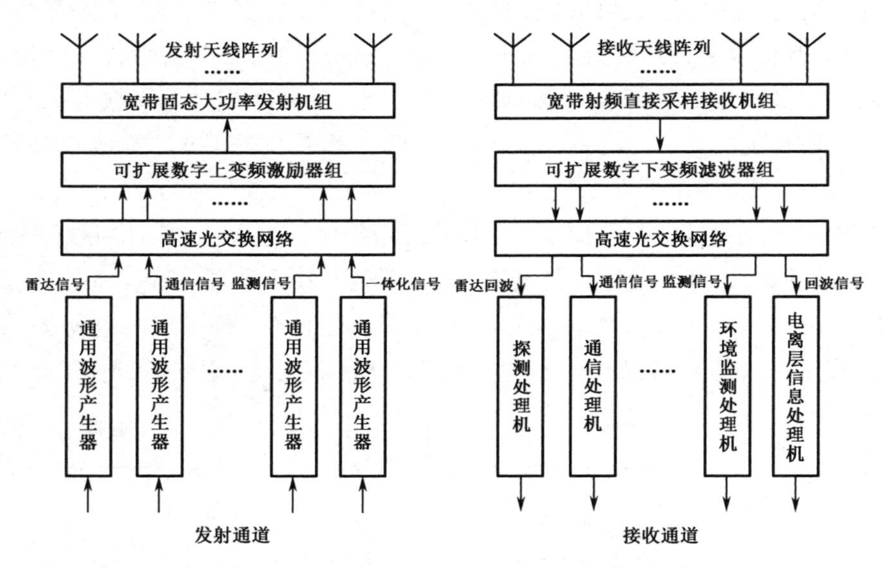

图 11.10　典型探测通信一体化系统架构图

在发射通道中，通用波形产生器产生雷达、通信、环境监测以及一体化复用等不同的数字基带波形，通过高速光交换网络传输至数字上变频激励器组。激励器组将各路基带信号滤波、拼接、混叠、移相并上变频至工作频率，通过宽带固态大功率发射机组和发射天线阵列辐射出去。

在接收通道中，从接收天线阵列接收到的信号进入宽带射频直接采样接收机组进行数字化采样，采样后的宽带信号送至数字下变频滤波器组。在数字下变频滤波器组中根据需求将宽带信号滤波为不同类型应用的宽带或窄带信号，再通过高速光交换网络送至各应用的处理机进行处理。

图 11.10 中的探测通信一体化系统体现了软件定义无线电的思想，数字化尽可能地靠近天线端，送至发射机组和从接收机组出来的都是数字信号。波形产生和信号处理均为全软件化处理，阵列口径、频率、时间、波形及参数等系统调度便捷，可以支持不同的技术体制（如相控阵、MIMO 等）、资源配置方式（如时间分集、频率分集等）和各类专用波形。在基于商业现货（Commercial Off-The-Shelf, COTS）的通用处理计算平台支持下，各类算法的开发、迭代、验证和升级效率高，成本易控制。

全系统由光网络互联，具有良好的扩展性，当数量和通道不足时，滤波器组、激励器组、波形产生器和处理机均可并接扩展。该系统还可扩展兼容短波侦察、电子战、海态遥感等其他功能和任务。

11.3.3.3　设备组成

探测通信一体化系统中的发射机和接收机等设备可参见第 7 章相关内容。

1. 共享口径天线阵列

与其他频段的探测通信一体化系统相同，基于天波雷达的探测通信一体化系统也应用了共享口径天线阵列（Shared Aperture Antenna Array，SAAA）技术。从 6.2 节描述的系统架构来看，天波雷达分为单站、双站（准单站）和多站等不同配置系统，天线阵列均可支持通信功能的发射和接收需求，具有共享口径的基础。

从天线阵元的设计上看，雷达与通信具有相似的需求。首先，二者均希望提高覆盖范围内的辐射功率，更高的辐射功率意味着接收到信号信噪比的提升，对于雷达是更高的目标发现概率，而对于通信则可获得更高传输速率或更低的误码率；其次，经过校准的大型阵列波束方向图特性具有高天线增益，同时有助于主瓣覆盖范围内的发射和接收，而良好的旁瓣抑制效果则可降低能量泄漏引起的干扰；最后，在机械结构上抑制天线阵元（如采用刚性天线）在风力影响下的高频振荡，尽量减少风噪对信号传输的影响，对实现高保真度的雷达和通信信号传输均具有积极的意义。

对于双站（准单站）配置的天波雷达，通信应用共享雷达收发阵列带来的另一个好处是可以采用连续波形全双工工作，这得益于收发站相距数十千米至上百千米所提供的良好信号隔离度。从发射机至终端的下行链路，与从终端至接收机的上行链路可应用不同的连续波形异步传输数据。作为基站的天波雷达极高的发射平均功率和收发天线增益，使得同等传输条件（相同的接收信噪比）下终端的发射功率和天线增益（口径）要求大为降低，这无疑有利于缩小天线尺寸和减小功耗，具有更好的平台适装性。

尽管已经开展过较为深入的研究，但是相比天波雷达而言，大口径阵列（包括相控阵体制和 MIMO 体制）在短波通信领域的应用仍较为少见[574–576]。而基于天波雷达的大型短波天线阵列进行探测通信一体化系统设计，宽带宽角扫描、阵列耦合、阵列校准以及方向图测试等天线相关关键技术均可借用和参考，具有较高的技术成熟度。

2. 通用波形产生器

为生成满足雷达探测和通信功能需求的信号波形，并能够适应相控阵和 MIMO 体制工作场景，这就要求具有快速生成、多通道独立调制、高通道幅相一致、低相噪、可扩展能力强的高性能通用波形产生器。由于所产生波形具有充分的多样性和随机性，这类通用波形产生器也被称为任意波形产生器（Arbitrary Waveform Generator，AWG），是电子仪器和测量仪表的核心部件。

数字化通用波形产生器实现的关键技术是直接数字频率合成（DDS）技术。DDS 技术最初于 1971 年提出[577]。它可通过控制相位的变化速度，实现信号频率的改变。DDS 原理框图如图 11.11 所示，主要由相位累加器、波形数据存储器、D/A 转换器和低通滤波器等构成。其工作流程为：将相位累加器输出作为波形数据存储器的查找地址，然后根据查询到的地址读取对应寄存器里面的波形数据，这些波形数据通过高速 D/A 转换器后可以得到一个阶梯型的输出电压，通过滤波器的平滑处理后得到所需的波形。

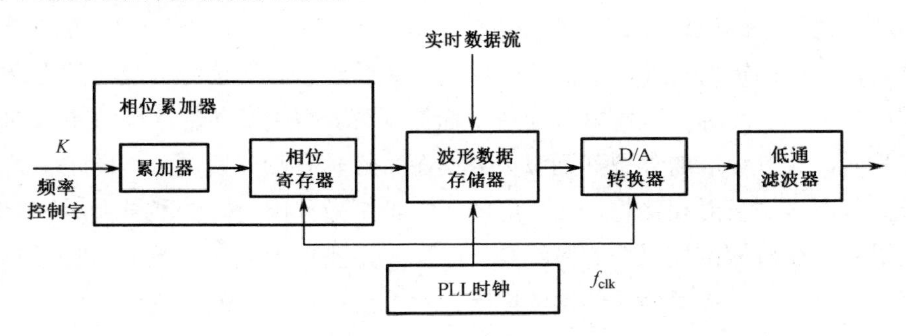

图 11.11　DDS 原理框图

图 11.11 中保存在对应寄存器内的波形数据可以是任意形式的波形，包括雷达波形（如线性调频连续波）或各种调制的通信波形，甚至是其他应用的专用波形。用于探测通信一体化系统的通用波形产生器与经典 DDS 的不同之处在于，波形数据存储器需要具有波形实时更新功能，即可接入外部提供的时变通信信号波

形（调制了不同的通信信息），如图 11.11 中上部的箭头所示。

另一个值得注意的指标是信号带宽。天波雷达信号带宽通常可达数十千赫兹甚至上百千赫兹，明显宽于短波通信典型信道带宽（3kHz）。在保证通道线性度的前提下，AWG 可以支持宽带通信信号波形生成，这无疑有利于获得更高的信息传输速率。

为保证相控阵体制下发射波束方向图的形状，多通道同时输出（通常高达数十个通道）的通用波形产生器各通道信号之间应当保持极高的幅相一致性。显然，通道间的高隔离度也是必需的。这两项指标在单通道波形产生器中通常不被重点关注[578–579]。

3. 全光网络传输

射频直接采样接收机输出的宽带信号使得传统同轴电缆难以满足高带宽、高速率、可扩展及长距离（站内数千米至站间上百千米）的传输要求。近年来，随着光传输网络系统的快速发展，其在雷达和通信系统中得到了广泛应用。

当前，主流光网络以 10Gb、40Gb 和 100Gb 以太网为主。2010 年 6 月通过的 IEEE 标准 802.3ba 规范了以 40Gb/s 或 100Gb/s 速率传输的以太网。它提供了无缝的光纤传输支持，MAC 层速率达到 40Gb/s 或 100Gb/s，且具有更低的误码率。

基于如图 11.3 所示的探测通信一体化网络拓扑结构，各雷达（基站）之间的有线骨干网、各雷达站内（接收站、发射站和中心控制站之间，以及收发站站内各设备之间）均采用光网络进行传输，传输内容包括高质量信号（如基准和定时信号，详见 7.5 节所述）和高速大容量数据。

在基于天波雷达的探测通信一体化系统中，不同设备区域和不同业务的要求不同，灵活多变的全光网络部署可充分发挥其灵活、便捷、易安装、易拓展、高吞吐和兼容性好的优势，可以在不同传输速率和不同设备连接条件下有效工作。对于射频采样后的高度并行和宽带数据，设备间连接可应用轻量级、拓展性强的链路层协议，以获得尽可能大的传输带宽。而模块化的光接口可满足较多后级应用（如雷达、通信及环境监测等）的阵列输出需求，且具有良好的可扩展性。对于经过处理后的上层数据业务，此时探测和通信数据量已经大幅缩减，可利用全光网络灵活搭建并行计算（Parallel Computing）[580]、高性能计算（High Performance Computing，HPC）或云计算（Cloud Computing）系统，并连接大数据平台进行分析和可视化。

4. 软件化处理平台

随着数字化技术的不断发展，雷达和通信系统主要功能都可通过软件编程实现，软件化雷达和软件无线电概念不断趋向工程实现。相较于基于专用集成电路（Application-Specific Integrated Circuit，ASIC）或现场可编程门阵列（Field Programmable Gate Array，FPGA）的经典信号处理方案，软件化信号处理方案摒弃原来“以硬件技术为中心，面向专用功能”的开发模式，转为“以软件技术为中心，面向实际需求”，降低系统中软硬件模块的耦合度，具有开发周期短、设计门槛低、迭代速度快，以及可编程性、可重构性、可扩展性强等明显优点。

在基于 SDR 的探测通信一体化架构（如图 11.11 所示）中，探测、通信及其他应用可采用基于通用处理器（General Purpose Processer，GPP）的软件化信号处理方案。

11.4 波形设计及处理

从 11.3.2 节介绍的资源调度模式可知，探测通信一体化系统波形设计分为两类技术路径。一类是适用于天波雷达射频收发通道的专用通信波形，面向宽带、高速、大容量数据传输等应用，在分集调度模式下发挥出最大的通信效能；另一类则是雷达和通信一体化波形，同时同频发射和接收，高效同步实现探测和通信功能，主要瞄准减小相互干扰带来的性能损失。下面分别按这两个方面展开讨论。

11.4.1 高速通信波形设计

短波波段实现更高速率的数据传输至少有三种可能的方法：第一种是利用现有的窄带信道（3kHz）分配来提高速率；第二种是利用连续或非连续的多个窄带信道（3kHz）来提高数据率；第三种是采用自适应的宽带波形（典型为 3～24kHz）。

11.4.1.1 窄带波形

在固定的窄带通道中提高波形速率的方法相对简单，可用变量只有前向纠错（FEC）和调制密度。8 进制以上的多相移键控（Multiple-Phase Shift Keying，M-PSK）星座图功率极为低下，因此通常选择更为高效的多电平正交幅度调制（Multiple-Quadrature Amplitude Modulation，M-QAM）星座图来提升传输速率。当 M-QAM 的星座图尺寸加倍时，信噪比需求将提升约 3dB。M-QAM 调制遵循香农容量曲线，为实现传输速率的线性增长，需要以指数增长的功率（信噪比）为代价。

表 11.1 给出了窄带信道（3kHz 带宽）下不同传输速率所对应的星座图和信噪比要求[557]。

表 11.1　窄带信道下不同传输速率对应的星座图和信噪比要求

传输速率/（b/s）	星座图	信噪比要求/dB
3200	4-PSK	9
4800	8-PSK	12
6400	16-QAM	14
8000	32-QAM	17
9600	64-QAM	20
11200	128-QAM	23
12800	256-QAM	26
14400	512-QAM	29
16000	1024-QAM	32
17600	2048-QAM	35
19200	4096-QAM	38

从表 11.1 中可看出，传输速率从 9600b/s 翻倍至 19200b/s 的代价是 18dB 的额外信噪比。除了高信噪比，在窄带信道中获得超额的传输速率得益所需的动态范围和波形峰均比（Peak-to-Average Ratio，PAR）都随着星座图尺寸的增大而增大，产生更大的总成本。此外，诸如多径和衰落等信道特性的不利影响，将使得仅依靠窄带信道获得高传输速率存在巨大的技术挑战。

11.4.1.2　多通道波形

多通道波形简单地并行使用多个窄带信道（3kHz），能够较好地适配当前的带宽分配机制和现有的短波设备。该方法在解调多个信道时计算复杂度线性增加，这样可获得的数据速率增长也只随信道数目增加而线性增长。

尽管具有实现相对简单的优势，但多通道波形方法应用的主要困难来自信道的假设条件，即假定多信道中的每个信道具有相同的平均信道特性，且每个信道观测到的衰落独立于其他信道。二者通常是难以同时成立的。若各信道频率相邻近，则信道特性大概率相同，但衰落不会是完全不相关的；若各信道频率相隔较远（如 1MHz 或更大），则衰落是独立的，但却难以保证相同的信道传输特性。而所有多信道上的星座图相同，且信道之间进行 FEC 和交织，信道特性不相同或相似将使得系统不得不抛弃一些“劣质”信道，在极端情况下，只有单个信道能够支持良好信噪比条件下的数据传输。开发一个多信道自动重传请求（Automatic Repeat Request，ARQ）协议以最大化每个信道的传输速率或许是该问题的一种解决方案。

多通道波形实现方案中的另一类困难来自成本和代价。除了更多的电子设备（通道）、天线和调制解调器，还需要分配更多的窄带信道资源，用户对将现有短波无线电设备绑定在这样的高速链路上仍然心存疑虑[557]。

11.4.1.3 宽带波形

对于高速率传输问题，宽带波形无疑是更具吸引力的解决方案。特别是当传输速率超过 9600b/s 之后，宽带波形的优势更为明显。表 11.2 给出了在恒定误码率和不同传输速率条件下，在典型的中纬度天波信道上的信号噪声功率密度比（Signal-Power-to-Noise-Density Ratio，SPNDR）要求。这里，SPNDR 定义为总信号功率与 1Hz 带宽内包含的噪声功率的比值，该指标在比较可变带宽波形的效能时更为直观。

表 11.2 典型中纬度天波信道上不同传输信道的 SPNDR 要求[581]

传输速率/（b/s）	带宽/kHz	SPNDR/dB
9600	3	62
	12	55
19200	3	＞78
	24	58
32000	3	＞90
	40	60
64000	3	＞100
	80	63

从表 11.2 中可看出，3kHz 信道支持 9600b/s 所需的 SPNDR 和 80kHz 信道支持 64000b/s 所需的 SPNDR 几乎相同。这表明对于高速率传输，宽带波形具有更高的效能。

在短波宽带波形设计中另一个需要考虑的因素是使用单载波波形还是多载波波形，如正交频分复用（Orthogonal Frequency Division Multiplexing，OFDM）波形。这一选择是复杂且困难的，在对抗天波传输信道可能存在的色散、多径和衰落等效应方面，单载波波形和多载波波形都存在各自明显的优缺点。这一问题的讨论和对比详见 11.4.2.3 节第 2 部分。

11.4.1.4 节给出了基于最新版本的美国军用无线电标准（MIL-STD-188-141D）和数字调制解调器标准（MIL-STD-188-110D）的单载波 WBHF 波形实例。而关于多载波 OFDM 波形的讨论在 11.4.2.3 节中进行。

11.4.1.4 WBHF 波形设计实例

1. 设计目标

基于天波传输信道的波形设计目标包括[582]：

（1）信号带宽 3～48kHz，共 12 挡；

（2）可变数据率，范围为 75～240000b/s；

（3）可变长度的交织器，长度从约 0.12s 至 10.24s，共 4 挡；

（4）基于定长为 7 或 9 的卷积码实现可变的编码速率；

（5）采用全咬尾（Full-Tail-Biting）方法生成与交织器等长的卷积码；

（6）窄带性能与经典窄带信号相当；

（7）广播应用时，接收端需要事先知道带宽、数据率等参量信息。

2. 帧结构

典型的 WBHF 波形帧结构如图 11.12 所示。每次传输以发送电平控制（TLC）块起始，TLC 本身不携带任何信息。后面紧接可变长度的前导码，用于同步和自适应波特率调整。前导码之后是由若干数据块和微探针组成的数据体。

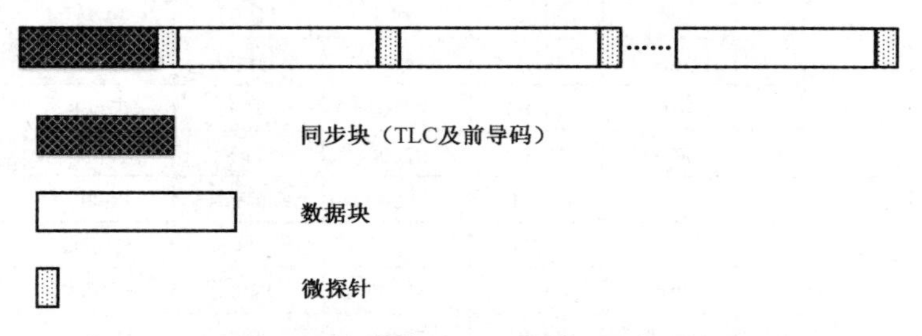

图 11.12　典型的 WBHF 波形帧结构示意图

3. 数据调制

带宽为 3～48kHz，共有 12 挡。其子载波频率和符号速率如表 11.3 所示。

表 11.3　带宽等级及相应的子载波频率和符号速率

带宽/kHz	子载波频率/Hz	符号速率/（符号/s）
3	1800	2400
6	3300	4800
9	4800	7200
12	6300	9600
15	7800	12000
18	9300	14400
21	10800	16800
24	12300	19200
30	15300	24000
36	18300	28800
42	21300	33600
48	24300	38400

在每种带宽下提供了 13 种不同的数据率，调制方法从 BFSK 至 256QAM。每种带宽的最低速率是基于 STANAG4415 的 Walsh 调制信号，具有较好的稳健性。表 11.4 给出了不同带宽下各类波形的数据率。简化起见，表 11.4 从 12 种带宽中选取了 6 种典型带宽进行展示。

表 11.4 不同带宽下各类波形的数据率（b/s）

波形号	调制样式	3kHz	9kHz	15kHz	24kHz	36kHz	48kHz
0	Walsh	75	300	300	600	1200	1200
1	2-PSK	150	600	600	1200	2400	2400
2	2-PSK	300	1200	1200	2400	4800	4800
3	2-PSK	600	2400	2400	4800	9600	9600
4	2-PSK	1200	—	4800	9600	12800	16000
5	2-PSK	1600	4800	8000	12800	19200	24000
6	4-PSK	3200	9600	16000	25600	38400	48000
7	8-PSK	4800	14400	24000	38400	57600	72000
8	16-QAM	6400	19200	32000	51200	76800	96000
9	32-QAM	8000	24000	40000	64000	96000	120000
10	64-QAM	9600	28800	48000	76800	115200	144000
11	64-QAM	12000	36000	57600	96000	144000	192000
12	256-QAM	16000	48000	76800	120000	192000	240000
13	4-PSK	2400	—	—	—	—	—

波形 8 至波形 12 采用调整优化过的 QAM 星座图，通过在单位圆内合理布点来最小化 QAM 波形的 PAR。图 11.13 分别给出了 WBHF 波形中使用的 32-QAM 星座图和 256-QAM 星座图。

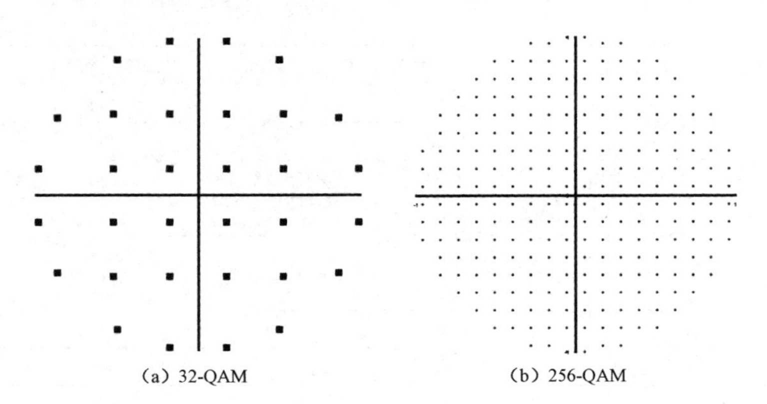

图 11.13 WBHF 波形使用的星座图

波形 1 至波形 7 和波形 13 采用 PSK 调制，其数据符号均通过模 8 加权和的加扰序列进行加扰（如图 11.14 所示），传输时呈现 8-PSK 特性。而波形 8 至波形 12 的数据符号采用异或（XOR）操作进行加扰。

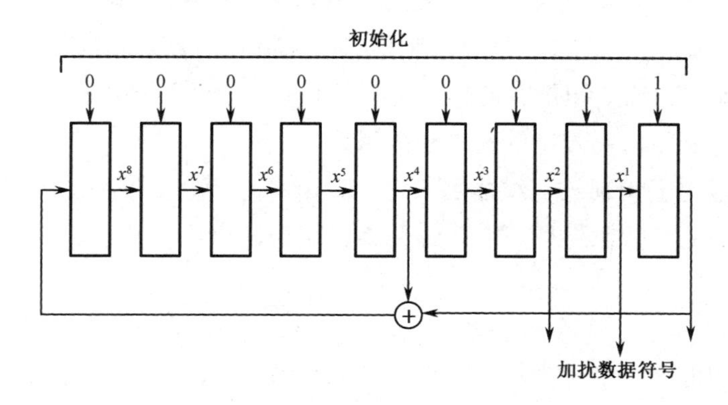

图 11.14　PSK 扰码序列（模 8）生成器

4. 同步前导

同步前导（Synchronization Preamble）用于快速的初始化同步，并提供时间和频率的校准。前导由两部分组成，TLC 和重复的前导超级帧（Super-Frame），如图 11.15 所示。

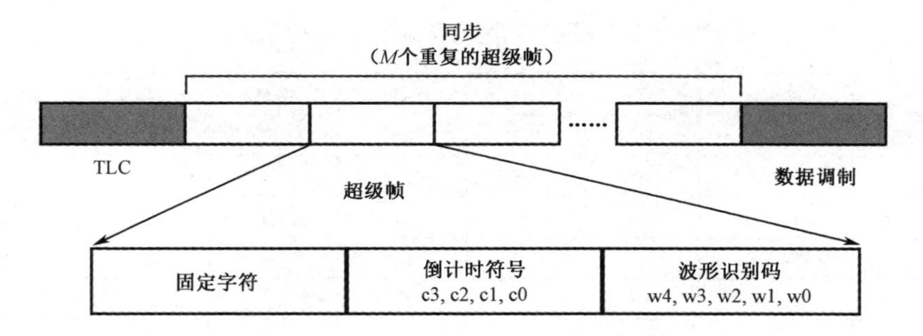

图 11.15　同步前导码结构示意图

TLC 不含任何信息，只供发射增益控制（Transmit Gain Control，TGC）和接收自动增益控制（Automatic Gain Control，AGC）使用。前导超级帧由三部分组成，第一部分是固定的符号位，第二部分为前导倒计时，第三部分为波形识别码。固定的符号位专门用于同步和去除多普勒偏移，由 1 个或 9 个正交 Walsh 序列组成；前导倒计时部分由 4 个正交 Walsh 双比特序列组成，共重复 M 次。第一个超级帧的计数被初始化为 $M-1$，并逐帧递减，直至数据开始前的最后一帧归零。波形识别码由 5 个正交 Walsh 双比特序列组成，包含波形号、交织、卷积码长度及奇偶校验等信息。

5. 数据块和微探针

同步前导码之后紧接着是若干数据块和微探针（Mini-Probe）。对于非 Walsh 调制波形（除波形 0 之外的所有调制样式），都应在每个前导码的末尾插入微探针。在这里提到的速率和带宽情况，共使用了 14 种不同的微探针序列。每个微探针都由循环扩展至所需长度的基本序列组成。

微探针还用于识别长交织器块边界。无论实际选择了哪种交织器，这种循环移位的微探针的位置都保持不变，该特性可用于同步广播传输。

6. 交织和编码

这里使用的交织器应为块交织器（Block Interleaver），其目的是使已编码数据块中原本彼此相邻的比特具有最大的间隔。共有 4 种交织器长度可供使用，分别为极短（Ultrashort）、短（Short）、中等（Medium）和长（Long），时长从约 0.12s 至约 10.24s。

应用全咬尾（Full-Tail-Biting）和删余（Puncturing）技术产生与交织器等长的卷积码（K=7 或 K=9）。表 11.5 给出了不同调制和带宽条件下的编码速率，简单起见，仅选取了 12 种带宽中 6 种典型带宽进行展示。

表 11.5 不同调制和带宽条件下的编码速率

波形号	调制样式	3kHz	9kHz	15kHz	24kHz	36kHz	48kHz
0	Walsh	1/2	2/3	2/5	1/2	2/3	1/2
1	2-PSK	1/8	1/8	1/12	1/8	1/8	1/8
2	2-PSK	1/4	1/4	1/6	1/4	1/4	1/4
3	2-PSK	1/3	1/2	1/3	1/3	1/2	1/2
4	2-PSK	2/3	—	2/3	2/3	1/2	1/2
5	2-PSK	3/4	3/4	3/4	3/4	3/4	3/4
6	4-PSK	3/4	3/4	3/4	3/4	3/4	3/4
7	8-PSK	3/4	3/4	3/4	3/4	3/4	3/4
8	16-QAM	3/4	3/4	3/4	3/4	3/4	3/4
9	32-QAM	3/4	3/4	3/4	3/4	3/4	3/4
10	64-QAM	3/4	3/4	3/4	3/4	3/4	3/4
11	64-QAM	8/9	8/9	8/9	8/9	8/9	8/9
12	256-QAM	8/9	8/9	8/9	8/9	8/9	5/6
13	4-PSK	9/16	—	—	—	—	—

11.4.2 一体化波形设计

一体化波形设计是近年来雷达和通信领域的研究热点，特别是在具有广泛应用前景的汽车雷达领域[583]。其实现技术途径主要有五类：基于雷达波形（如 LFM 波形）的扩展；基于单载波波形的扩频形式；基于多载波波形（典型如 OFDM 波形）的一体化波形；基于多天线的联合处理（MIMO 波形）；基于数字调幅广播（DRM）信号的一体化波形，通常应用于广播探测一体化或高频外辐射源雷达（High-Frequency Passive Bistatic Radar，HFPBR）。除 DRM 波形外，上述其他一体化波形针对天波信道的专门研究和设计较少，下面将在介绍过程中结合天波传输信道的特性进行简要讨论。

11.4.2.1　基于 LFM 的一体化波形

线性调频波形（LFM）有时也被称为 Chirp 信号，是各类雷达（包括天波雷达）探测目标所广泛采用的信号波形，具有良好的测距和测速性能。

单载波 LFM 信号传输速率低，通常需要采用多载波复用技术来提高通信速率。图 11.16 给出了一种多载波 LFM 波形的实现流程图。图中将设计的多载波波形分为两路，奇数路子载波信号用于通信信息传输，而偶数路子载波信号用于雷达目标探测。接收端通信采用相干解调的方法，雷达接收机通过并行接收累积，经信号处理获取目标的距离和速度参数。

为避免频带重叠引起的严重干扰，相邻的子载波信号应在一定的带宽重叠率下满足准正交条件。若在相邻子载波间采用相反的调频斜率，则在小于 25%的带宽重叠率条件下，信号互相关与自相关峰值比小于−30dB，这时准正交性对信号检测的影响可忽略[584]。

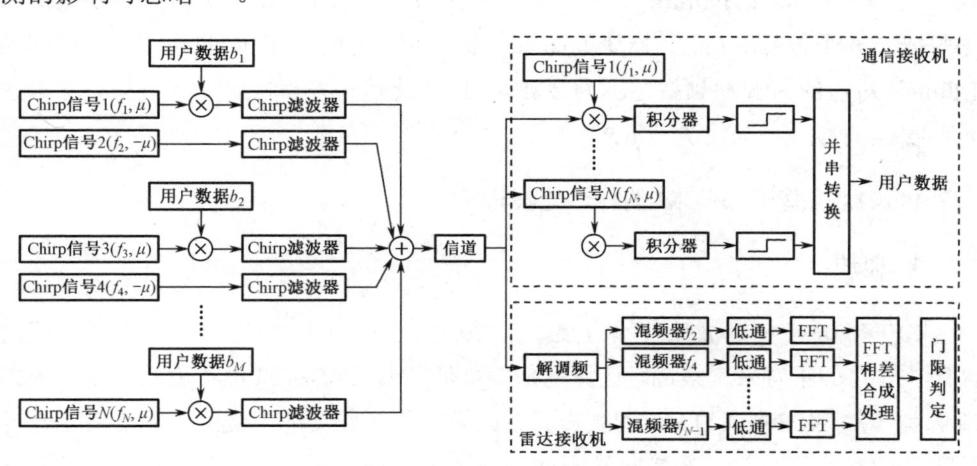

图 11.16　多载波 LFM 波形的实现流程图[584]

11.4.2.2　基于扩频技术的一体化波形

单载波通信信号并不适合雷达探测，必须通过编码扩频，以优化其自相关特性，并在接收机中执行时域相关处理。然而，通信应用希望编码序列必须具有理想的互相关特性，即对于任何时间偏移，序列应当是正交的；而对于雷达应用，所发射的编码序列应具有理想的自相关特性，即其自相关函数能够形成单一谱峰。显然，这两个条件之间存在矛盾。自相关函数的峰值随着码长而线性增加，而旁瓣随着码长以近似平方根的关系增加。因此，在足够长的码长和适当的编码方式下，可以实现非常低的旁瓣电平。可用的编码类型包括优选 m 序列、卡萨米（Kasami）序列、Gold 序列、混沌（Chaotic）序列[585]，以及 Frank 码、Oppermann 码[586]等。

相关研究和仿真表明：单载波通信信号与扩频技术相结合适用于探测通信一体化应用。对于通信应用，还具有码分多址的多用户功能；然而在雷达探测中，尽管长编码的 m 序列或卡萨米序列都能获得较好的探测效果，但动态范围仍受到严重限制，特别是在存在干扰和多普勒漂移的场景下[583]。

在天波信道中应用扩频技术所面临的主要困难还包括：传输路径的色散效应导致扩频后的宽带信号产生较为严重的失真，通常需要复杂的均衡器设计[587]；短波密集的用户难以选择到扩频所需要的连续“干净”的宽频段，扩频之后不得不在强干扰背景下工作[588]。

由于扩频的编码序列具有较好的相关特性，因此常在短波通信中作为微探针（Mini-Probe）插入数据帧中，主要用于估计传输信道特性。例如，美军标准 MIL-STD-188-110B 中附录 C 的波形，其微探针共 31 个符号，由具有良好相关特性的 16 符号 FH（Frank-Heimiller）多相码重复生成，时长 6.7ms。该微探针在数据帧中每隔 256 个符号（1 个数据块）插入一段，也就是说，FH 码的脉冲重复周期为 120ms，对应的多普勒频率范围为 8.3Hz。通过比较可发现，这一参数与天波雷达对海探测的参数相当（见表 6.8）。

11.4.2.3 基于 OFDM 的一体化波形

1. 概述

OFDM 是一种多载波传输方案，于 20 世纪 70 年代提出[589]。在各类多载波波形中，它的带宽效率最高，计算复杂度最低[590]。OFDM 波形将原始的串行数据流调制（常用 PSK 或 QAM 调制样式）到多个相互正交的子载波上，然后综合各子载波信号实现传输。在接收端则通过一个逆过程，利用各子载波的正交关系分离出传输数据[591]。

OFDM 时域基带信号可以简单表示为

$$s(t)=\sum_{k=K_{\min}}^{K_{\max}} d_k \mathrm{e}^{\mathrm{j}2\pi\left(\frac{k}{T_s}\right)t}, \quad 0 \leqslant t \leqslant T_s \tag{11.1}$$

式中：$K_{\min}$ 为最小子载波序号；$K_{\max}$ 为最大子载波序号；k 为子载波序号；T_s 为 OFDM 波形的符号持续时间；d_k 为第 k 个子载波上的调制数据。

由式（11.1）可看出，OFDM 信号不同子载波之间在频域上保持均匀间隔，如图 11.17 所示。每个子载波频谱的最大值处，正好为其他所有子载波的零点，该位置采样子载波间将不存在相互干扰。基于 OFDM 信号波形的正交性，可利用 FFT 算法高效进行调制解调。

图 11.18 给出了 OFDM 信号系统的基本框图。

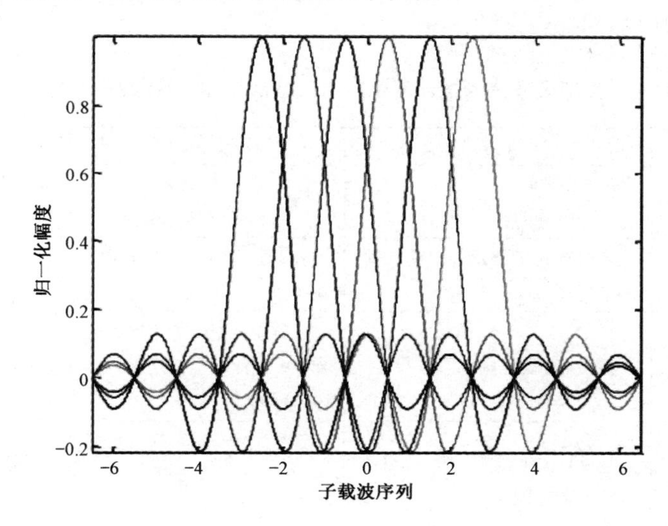

图 11.17 OFDM 信号频谱图

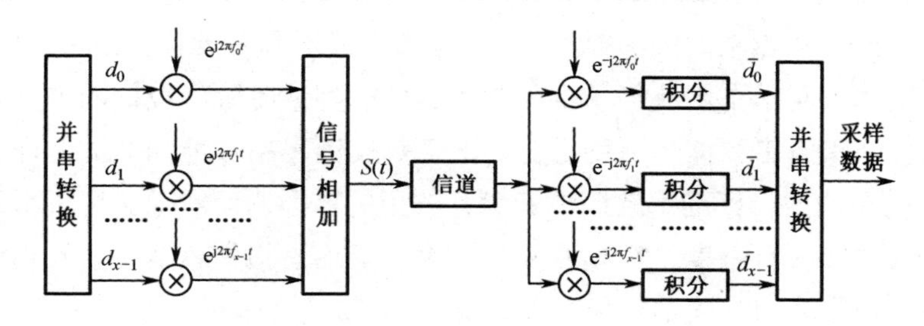

图 11.18 OFDM 信号系统基本框图

2. 在短波通信中的性能分析

天波信道多径传输导致接收端信号产生的时延扩展，通常长达数毫秒，其扩展程度随位置（纬度）、季节和时间等因素变化。这意味着短波通信信号会因此遭受相应数量级的符号间干扰（Inter-Symbol Interference，ISI）。

OFDM 波形通常采用比预期的多径时延扩展更长的符号时间来消除 ISI。在 OFDM 帧中包含一个保护时间，只要 ISI 的长度不超过保护时间，即可得到抑制。

在短波通信中应用 OFDM 波形最大的挑战来自天波信道的频率选择性衰落。这种衰落能够严重削弱 OFDM 子载波的信号强度，进而产生难以避免的误码。为解决这一问题，将码分多址技术引入 OFDM 波形中，提出了 OFDM-CDMA 波形。该波形相比经典 OFDM 波形具有一定的性能优势，特别是在解调过程中可应用多用户检测（Multi-User Detection，MUD）技术来提升系统容量，但需要付出接收机复杂度太高的代价[592]。

表 11.6 给出了典型天波信道条件下单音串行波形和多音并行波形（以 OFDM 波形为例）的性能对比[557, 593]。

表 11.6　典型天波信道条件下单音串行波形与 OFDM 波形的性能对比

性能项目	单音串行波形	OFDM 波形	对比结果
误码率 （BER）	2-PSK 调制 估计信道状态	2-PSK 调制 估计信道状态	性能相当 单音串行波形略优
功率和带宽效率	定时插入的均衡器训练帧影响了效率	长保护时间和插入导频影响了效率	相当
峰均比 （PAR）	滤波产生，可控	时域多载波叠加幅度随机起伏，对平均发射功率和信噪比影响大	单音串行波形 明显占优
抗窄带干扰性能	良好抗窄带干扰性能，尤其是在低速率场景下	干扰频谱扩散，对干扰突变敏感，难以分辨提取干扰，强干扰下子载波难恢复	单音串行波形 明显占优
计算复杂度	需要自适应均衡器，计算量大	基于 FFT 处理，计算量小	OFDM 波形明显占优

从表 11.6 对比结果中可以看出，单音串行波形和多音并行波形（OFDM 波形）各有优劣。对于军用通信场合，要求高性能、低时延、较低功率及在强干扰条件下工作，单音串行波形更为适合。这也是美国军用标准和北大西洋公约组织（NATO）的短波波形标准都选用单音串行波形的原因。而对于民用广播场合，通常具有较低的计算复杂度、较高的发射功率（峰均比损失有限）以及较低的抗干扰要求（广播频率通常固定分配且无干扰），非常适合多载波波形的应用。例如，近年来迅猛发展的数字无线电广播（Digital Radio Mondiale，DRM），就采用了编码 OFDM 调制样式[594]。

3. 在雷达探测中的性能分析

近年来，OFDM 波形在雷达领域获得了充分的重视和研究，特别是在探测通信一体化方面所展现出的良好兼容性。

OFDM 信号的模糊函数首先进行了分析，为其在目标探测方面的性能保证提供了理论支持[595–596]。OFDM 信号的模糊函数为“图钉状”，但通常具有较高旁瓣。

常规微波波段雷达发射前端放大器通常采用饱和放大器，当 OFDM 信号幅度超出放大范围后将被削峰限幅，从而导致信号失真。针对该问题，微波波段 OFDM 雷达的大量研究关注于峰均比 PAR 控制[597]、旁瓣抑制[598–599]以及恒幅度波形设计[600–601]等方面。从实际应用的角度，短波波段发射机通常采用线性放大或近饱和放大，OFDM 波形放大失真的影响较小。

在探测通信一体化中应用 OFDM 波形的另一个研究方向是分析评估通信帧中循环前缀（Cyclic Prefix，CP）、前导码和微探针等符号对雷达探测性能的影响，并加以抑制。因通信需要而插入的循环前缀和前导码，使得 OFDM 信号分别在模糊函数平面的时延和多普勒维产生栅瓣。栅瓣出现的位置和数量与插入的循环前缀长度、位置，以及前导码的类型和数量有关。栅瓣会形成虚假目标，而强杂波的栅瓣还可能淹没弱目标回波信号，因此需要通过预处理方法来抑制栅瓣。栅瓣抑制的核心思想是降低信号的相关性，通常的处理手段包括前导码或循环前缀置零、正交化前导码或对前导码相位随机化处理等。通过地波传输模式开展的试验结果表明：OFDM 波形是短波波段探测通信一体化波形的一种可用选择[602]。

11.4.2.4　基于 MIMO 的一体化波形

MIMO 体制最早在通信领域中被提出，进而在通信和雷达系统中得到了充分的研究和应用。基于数目众多的天线阵列单元，MIMO 体制在天波雷达领域获得了相当的重视，MIMO 系统、波形设计和处理都进行了大量研究，可参见 6.2.4 节和 6.4.3.3 节的相关讨论。但是，在短波通信领域，MIMO 技术的引入相对较迟，原因可能是短波通信系统较少使用多天线阵列架构。

1. MIMO 在短波通信中的应用

2009 年，首次系统性的短波 MIMO 体制验证试验在英国一条 255km 长的通信链路上进行。试验采用 4 发 8 收的异构天线阵列，各单元发射频率接近的连续波（CW）信号，通过测量接收信号幅度进行信道相关性分析[603]。为实现 MIMO 体制的容量，链路两端收发信号之间需要去相关，也就是说，希望短波信道的多径、衰落和漂移等效应能够使得同一发射信号到达不同接收天线单元时去相关。使用异构天线将有助于这种去相关，这一思想与 MIMO 雷达构建波形集来保证正交性的思路完全不同。

另一种基于循环移位的处理方法被运用至 MIL-STD-188-110C 附录 D 的 WBHF 波形中，形成 MIMO 波形集，并在近垂直入射天波（Nearly Vertical Incidence

Skywave，NVIS）传输模式下开展了信道模拟。模拟结果呈现出更高的可靠性和灵敏度，将数据率提高了100%以上，而SNR改善了15dB[604]。极化分集MIMO方法也被引入短波通信中。利用两个不同极化方式的天线发射互补圆极化信号，在接收端进行分集接收和处理。在一个长达850km的天波链路上，试验结果表明该方法能够获得显著的分集增益[605]。

上述的小规模MIMO阵列（一般不大于8×8）分集，主要关注点在于多径去相关后改善通信性能。而在大型短波天线阵列应用MIMO体制进行通信近两年才逐渐进入研究者的视野[575–576]。

2. MIMO一体化波形

基于MIMO体制的探测通信一体化波形设计，在波形分集的基础上，还需要充分考虑雷达应用中波束形成、旁瓣抑制和数据加载方式等因素。

近年来，双功能雷达通信系统（Dual-Function Radar Communications，DFRC）被提出并得到广泛研究。DFRC的主要技术途径是通过MIMO雷达正交波形集来携带通信信息，M个正交波形单次可嵌入一个M比特的信息序列；再通过旁瓣控制技术将通信方向的旁瓣控制为两个不同的电平，分别代表符号0和符号1。这样，在接收端接收到该旁瓣信号后，通过电平判决提取出比特信息。由于现代常规雷达系统的脉冲重复频率可达千赫兹，尽管每个脉冲嵌入的比特数较少，仍可实现每秒数千比特的总体传输速率。当MIMO单元数目众多时，嵌入的比特数M更多，从而获得更高的传输速率[606]。其原理示意图如图11.19所示。DFRC后续相关的研究还包括选择不同的信号策略[607]和天线[608]来携带通信信息，以及引入跳频波形[609]、QAM类波形[610]、相位调制波形[611]、OFDM波形[612]等。

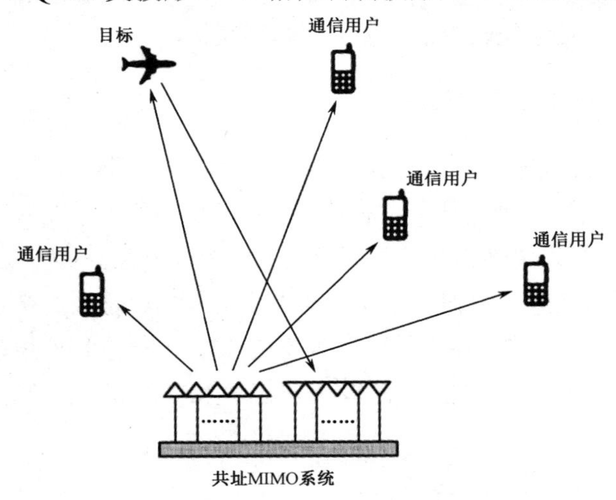

图11.19　DFRC系统架构原理示意图

在实际应用中，特别是在天波传输信道中 DFRC 应用面临的困难主要包括：MIMO 波形集带来的信噪比（相比相控阵体制）下降；利用难以精确控制的旁瓣通信所导致的信噪比起伏；信息传输质量控制（如纠错和自动重传协议等）实现困难；多径衰落信道引起的传输效率下降等。

从技术路径上来看，DFRC 在 MIMO 雷达正交波形集的基础上，通过波形和空间（主瓣和旁瓣）分集来携带通信信息，是基于雷达波形的一体化优化设计。当前，DFRC 仅考虑了通信信息的单向传输，即探测通信一体化，还难以与客户端进行实时交互。而与之对应的另一条技术路径，即在通信信号的基础上结合探测功能，也开展了大量研究工作。

11.4.2.5　基于 DRM 的一体化波形

1. 高频外辐射源雷达

短波广播历史悠久，技术成熟，全球大多数区域都能获得良好的信号覆盖。利用短波广播信号作为外辐射源，构建高频外辐射源雷达（也被称为高频无源雷达，High Frequency Passive Radar，HFPR）开展目标探测，无疑是极具吸引力的一个技术构想。外辐射源探测体制在 VHF 及更高频段已经获得了实际应用，取得了良好效果[613-614]。这也为 HFPR 的试验验证和工程化推进注入了信心。显然，HFPR 也可以看作从广播系统出发而开展的探测通信（探测广播）一体化尝试。

HFPR 探测原理示意图如图 11.20 所示，该原理与图 6.2 中的 PCL 系统原理相同。根据可用辐射源的类别，HFPR 可大致分为三类。第一类是基于典型雷达（包括高频天波雷达和地波雷达）信号的外辐射源探测，常用信号波形为线性调频连续波（FMCW）或线性调频断续波（FMICW）[285, 615]。在天波雷达中，这一类别归属于前置接收体制的多站架构，在 6.2.3 节中已有讨论，此处不再展开。第二类是基于最为广泛使用的 AM 广播信号，其被称为 HF-AM。第三类则是基于近年来提出并推广的数据调幅广播（DRM）信号，它可看作一种 OFDM 波形，这里将其称为 HF-DRM。下面对后两类外辐射源体制进行逐一介绍。

2. 基于 AM 信号的外辐射源探测

调幅信号（Amplitude Modulation，AM）是短波广播通信中最为常见的信号形式，可表示为

$$S(t) = A_0\left[1 + m(t)\right]\mathrm{e}^{\mathrm{j}2\pi f_0 t} \tag{11.2}$$

其中：A_0 为调幅信号的基准幅度；$m(t)$ 为调制信息；f_0 为载波频率。对 AM 信号的模糊函数进行分析，其模糊函数剖面图和俯视图如图 11.21 所示。从图中可以

看出，AM 信号整体上具有“图钉状”的模糊函数，但距离（时延）维旁瓣较高且扩展严重，主旁瓣比依据调制信息随机起伏；其瞬时带宽（距离分辨率）受调制信息影响，距离（时延）维信息估计困难。

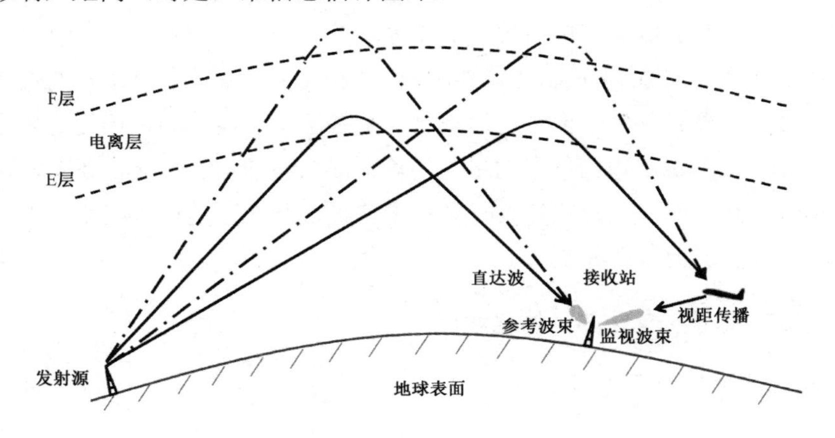

图 11.20　HFPR 探测原理示意图

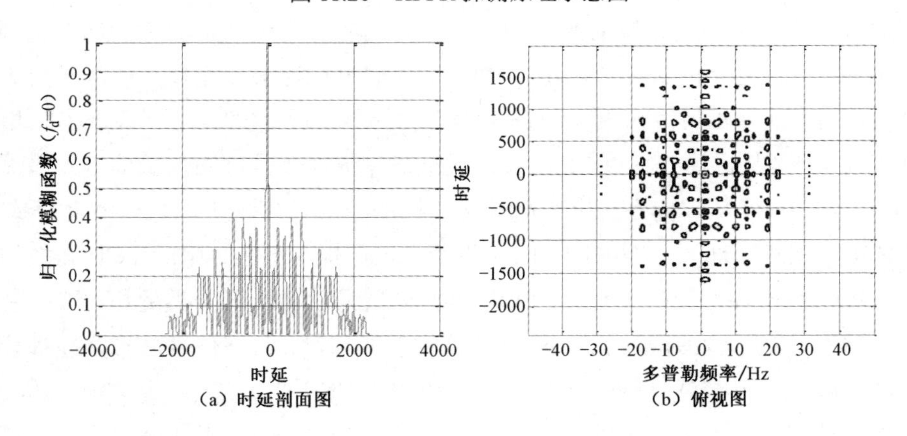

图 11.21　AM 信号模糊函数图

从目标探测所需的特性来看，AM 信号并不是一种理想的雷达波形。在双程天波传输模式下，对包括 AM 信号在内的多类通信信号与经典 LFM 波形进行对比，结果表明：AM 信号探测效能远低于 LFM 信号，也不如调频（Frequency Modulation，FM）信号[616]。

为规避 AM 信号在距离（时延）维上的缺点，一种基于多站 AM 广播信号的多普勒联合定位方法被提出，并进行了试验验证。6 个不同频率的 AM 广播信号作为外辐射源，对位于接收站视距内的民航目标进行探测和跟踪，构成一个天波发-直达波收的外辐射源探测体制。接收到的信号回波通过时间滑窗处理，相干处理时间为 5s，进而获得 0.2Hz 的理论多普勒分辨率，而滑窗的数据交叠率达到

80%（4s）。强杂波距离旁瓣会造成扩展，近零频的检测点虚警过高，均被抛弃。与 ADS-B 信息的对比验证了这一体制的可行性，在分钟量级的连续处理后将获得可接受的确认概率[617]。

随后，通过到达角估计（DOA）引入方位维信息以实现方位-多普勒二维联合处理[618–619]、引入检测前跟踪 TBD 思想[620]及扩展至多目标场景[621]等方法相继被提出。

3. 基于 DRM 信号的外辐射源探测

DRM 数字广播标准目前被国际电信联盟（ITU）确定为全球短波数字声音广播的唯一制式。自 2003 年 6 月起，国际上不少专业广播机构发射台开始以 DRM 方式投入运行。这些发射台主要分布在欧洲，包括 BBC（英国）、DW（德国）、VOR（俄罗斯）、RNW（荷兰）等。近年来，我国的 DRM 广播也得到了充分发展，每年都有一定时段和覆盖范围的 DRM 节目播出。DRM 广播台站的布设和节目的播出，为基于 DRM 信号的外辐射源探测技术研究奠定了基础。

DRM 广播信号采用正交频分复用（OFDM）调制技术，其标准中定义了五种不同的工作模式（模式 A 至模式 E），允许发射端根据不同的传输信道与服务质量动态地调整信号参数[594]。表 11.7 给出了 DRM 标准中五种模式参数及适用场景。显然，对于天波传输的外辐射源探测，模式 B 和模式 C 最为常用。

表 11.7　DRM 标准中五种模式参数及适用场景

<table>
<tr><th>模式</th><th>MSC QAM 选项</th><th>带宽/kHz</th><th>典型应用场景</th><th>发射频率</th></tr>
<tr><td>A</td><td>16/64</td><td>4.5/5/9/10/18/20</td><td>LF 和 MF 地波，26MHz 视距传输</td><td rowspan="5">30MHz 以下</td></tr>
<tr><td>B</td><td>16/64</td><td>4.5/5/9/10/18/20</td><td>HF 和 MF 天波传输</td></tr>
<tr><td>C</td><td>16/64</td><td>10/20</td><td>HF 天波恶劣信道</td></tr>
<tr><td>D</td><td>16/64</td><td>10/20</td><td>NVIS 天波信道（高多普勒频率及时延扩展）</td></tr>
<tr><td>E</td><td>4/16</td><td>100</td><td>VHF 频段的本地或区域发射，包括 FM 频段</td></tr>
</table>

DRM 广播信号传输以超级帧（Super Frame）为单位，其模式 A 至模式 D 的帧结构如图 11.22 所示。从图中可看到，传输超级帧时长 1200ms，包含 3 个传输帧。帧结构中还包括 3 种信道。其中，主业务信道（Main Service Channel，MSC）用于传输编码音频和广播数据业务；业务描述信道（Service Description Channel，SDC）包含帧的重要数据和信息，其中包括多路复用描述、备用频率信号、公告支持和切换、时间和日期信息、音频信息、快速接入信道参数、语言和国家信息

等；快速接入信道（Fast Access Channel，FAC）包含信道描述、业务以及循环冗余校验（Cyclic Redundancy Check，CRC）的参数。

每个传输帧包含多个 OFDM 符号，其基带信号形式如下式所示[622]：

$$s(t)=\sum_{r=0}^{\infty}\sum_{s=0}^{N_s-1}\sum_{k=K_{\min}}^{K_{\max}} c_{r,s,k}\cdot\psi_{r,s,k}(t) \tag{11.3}$$

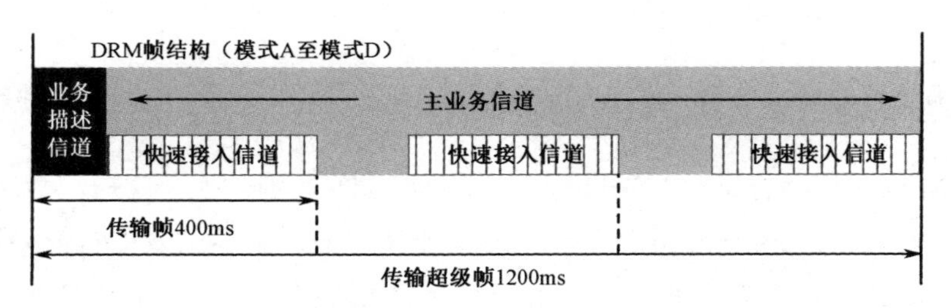

图 11.22　DRM 帧结构示意图（模式 A 至模式 D）

式中

$$\psi_{r,s,k}(t)=\begin{cases}\mathrm{e}^{\mathrm{j}2\pi\frac{k}{T_u}(t-T_g-sT_s-rN_sT_s)}, & (s+rN_s)T_s\leqslant t\leqslant(s+rN_s+1)T_s\\ 0, & 其他\end{cases} \tag{11.4}$$

式中：k 为子载波序号；$K_{\min}$ 和 $K_{\max}$ 分别为 k 的下限和上限；N_s 表示一个传输帧里 OFDM 符号的个数；s 为每帧符号的序号；r 为传输帧序号；$c_{r,s,k}$ 为第 r 帧中第 s 个符号的第 k 个子载波的复调制数据；T_u 表示 OFDM 符号的有效部分时长；T_g 表示 OFDM 符号循环前缀时长；T_s 表示一个完整 OFDM 符号时长。

由于与目标探测性能直接相关，DRM 信号的模糊函数首先获得关注。最初的分析利用模式 A（地波，26MHz）参数进行，初步验证了 DRM 信号具有“图钉状”的模糊函数，且距离分辨率与所播放的内容无关[623]。随后，澳大利亚研究学者建立了一个基于 DAB 信号和 DRM 信号的外辐射源试验系统，详细分析了 DRM 信号的模糊函数并提出采用数字对消方法来抑制旁瓣，最后给出了飞机目标的实际探测情况[624]。图 11.23 给出了数字对消前和对消后的典型 DRM 信号模糊函数图。

近年来，基于 DRM 信号的探测通信一体化研究主要瞄准参考信号重构[625]、旁瓣（副峰）抑制[626]、射频干扰抑制[627–628]以及传输信道估计[629]等方面。

最后，对探测通信一体化波形设计的各类方法及关系进行小结。根据基于天波雷达的探测通信一体化系统网络拓扑结构（见图 11.3），前面讨论的几类波形（包括基于 LFM、扩频多相码、OFDM 和 MIMO 波形）都立足于在基站（天波雷达站）实现探测通信一体化，即在天波雷达已有的探测功能基础上，实现与覆盖区内的客户端的通信。最后一类波形，基于 DRM 的外辐射源体制，则在客户端通过小型（甚至单天线）接收阵列和设备来实现通信探测一体化，即在客户端电台或短波设备已有的通信功能基础上，实现视距范围内的目标探测。这种基站和客户端双向同时的探测通信一体化，在系统架构构建和实际运用中具有重要而深远的意义。

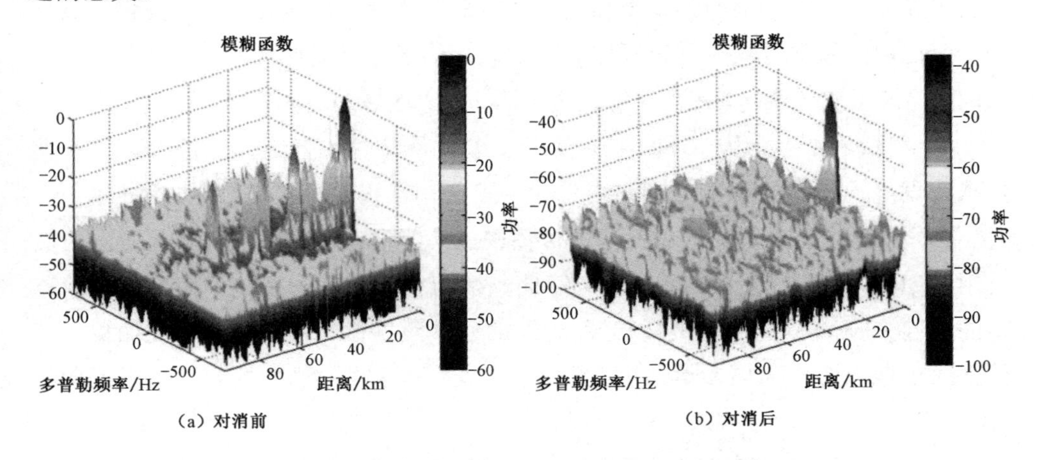

图 11.23　数字对消前和对消后的 DRM 信号模糊函数图[624]

11.4.3　一体化波形信号处理

对于一体化波形信号的接收端，波形同时包含雷达信号分量和通信信号分量，接收机接收到一体化波形信号后，首先要进行一体化波形信号分离，然后判别不同分量属于雷达信号还是通信信号，再对通信信号进行解调和恢复，对雷达回波信号进行相应特征提取，获取所需信息。

图 11.24 给出了探测通信一体化波形信号处理的流程框图。雷达信号和通信信号处理流程与所采用的一体化波形相关，主要技术难点在于信号分离及相互影响的去除。一旦实现有效的信号分离，后续可按照雷达信号和通信信号处理的经典方法进行，此处不再详述。

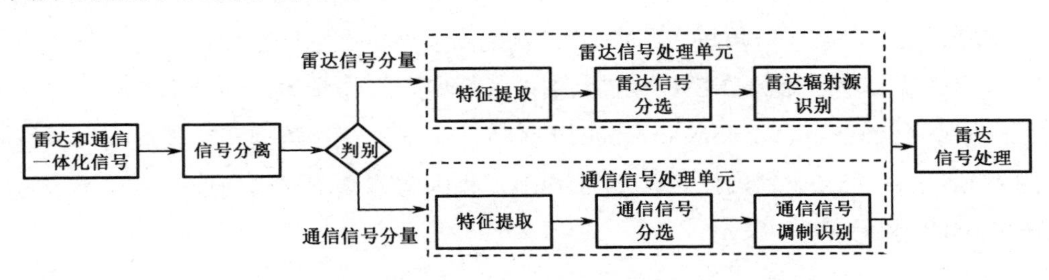

图 11.24　探测通信一体化波形信号处理流程框图

11.5 探测通信一体化频率管理

11.5.1 基于经验模型的频率管理

短波通信工作频率的选择是影响通信质量的关键。在通过天波信道传输过程中，若选用的频率过低，则电离层吸收增大，信噪比难以保证；若选用的频率过高，则电波可能穿透电离层，不能到达预期的覆盖区域，造成失联。

早期短波通信利用长短期频率预报技术或经验参数来选择工作频率。长期预报依据电离层特性参量的时空变化和太阳活动性指数的历史数据，推断出 1 个月、3 个月甚至更长时间之后短波的传播模式、接收点信号场强，继而得出最高可用频率（MUF）等参数的月中值。短期预报则利用电离层在短期内存在相对稳定的特性来预测 MUF 值，它以近段时间的积累数据作为依据，用 7 天加权值法预报给定地点的电离层参量，再运用内插法、外推法或预测图的方法预报近期的 MUF 值。

由于电离层的时变性和非平稳性，长期频率预报只能起到粗略估计可用频段的目的。将长期频率预报用到具体线路和特定时间时，往往会产生相当大的误差。而基于实际观测数据的 MUF 的短期预报指导意义更强，但这常常受限于观测站点的布设和数据的处理及发布。因此，在实际应用中，通常把中长期预测和实时探测有效结合，以有效改善链路的可通性。

基于经验模型和有限测量数据修正的频率管理方法通常遵循以下基本原则。

（1）不能高于最高可用频率 MUF。当通信距离一定时，可以被电离层反射回来的最高可用频率称为 MUF。相反，频率高于 MUF 的电波将穿透电离层，无法返回到地球表面，这将导致通信中断。因此，工作频率不能高于 MUF。

MUF 与电离层反射层的电子浓度有关，电子浓度越大，MUF 越高。电离层电子浓度随时间变化，故而 MUF 也随时间变化。对于一定的电离层反射高度，通信距离越远，电波入射角越大，MUF 也就越高。为防止电离层变化使得工作频率超出 MUF，通常在低于 MUF 一定范围内选择实际工作频率，该频率被称为最佳工作频率（Optimum Working Frequency，OWF）。基于统计数据和经验模型，OWF 约为 MUF 的 85%达到最佳。表 11.8 列出了我国南方夏季不同通信距离在不同时段的 MUF 和 OWF。

表 11.8 我国南方夏季不同通信距离在不同时段的 MUF 和 OWF

时段	频率类型	距离	
		500km	1000km
0 时	MUF	5.4MHz	7 MHz
	OWF	4.6 MHz	6 MHz
4 时	MUF	5.3 MHz	5.9 MHz
	OWF	4.5 MHz	5 MHz
8 时	MUF	8.3 MHz	11.8 MHz
	OWF	7 MHz	10 MHz
12 时	MUF	18.8 MHz	23 MHz
	OWF	16 MHz	20 MHz
16 时	MUF	16 MHz	21 MHz
	OWF	14 MHz	18 MHz
20 时	MUF	9.5 MHz	11.8 MHz
	OWF	8 MHz	10 MHz

（2）不能低于最低可用频率 MLF。在短波通信中，频率越低，电离层吸收越大。当低到一定程度以致不能保证通信所必需的信噪比时，通信质量严重下降，也会导致通信中断。能保证所需信噪比的最低可用频率被称为 LUF。

基于统计数据和经验模型，不同距离、不同时段的 LUF 一般比相应的 OWF 低 3～4MHz。此外，由于频率 1.4MHz 附近的电波可与电离层中自由电子谐振，产生较大的谐振吸收，因此天波通信工作频率不宜低于 2MHz。

（3）工作频率应适时调整。LUF 至 OWF 之间的频段是可用工作频段，这一频段在昼夜之间也是不断变化的。在实际工作中，在某段时间内只使用一个频率，一昼夜内需要改频 1～2 次，甚至更多，以适应电离层的变化。改频通常在电离层变化剧烈的黎明和黄昏时刻适时进行。

11.5.2 基于实时信道估计的频率管理

基于经验模型选出的工作频率难以跟踪电离层的时间变化，在实际应用中效能较差。为克服这些缺点，20 世纪 60 年代末，业界研发出了自适应选频技术，也被称为实时信道估计（Real-Time Channel Evaluation，RTCE）技术。

基于 RTCE 技术的频率自适应管理系统，根据功能的不同可分为两类，一类是通信与信道探测分离的独立系统，即分离式频率管理系统；另一类则是信道探测与通信共用的一体化系统，即一体化频率管理系统。

11.5.2.1 分离式频率管理系统

分离式频率管理系统是最早投入实用的实时选频系统，也称为自适应频率管理系统。它利用独立的电离层传输信道探测设备，组成一定区域内的频率管理网络，在短波波段范围对频率进行快速扫描探测，从而得到通信质量优劣的频率排序表；最后根据需要，将适当频率统一分配给本区域内的各个用户。这种实时选频系统其实只对区域内的用户提供实时频率预报，通信和探测由彼此独立的系统分别完成。

分离式频率管理系统的架构、手段和准则均与天波雷达配备的频率管理系统类似。主要监测项目为指定链路的电离层传输条件和短波波段的频谱占用情况，基于监测结果实时给出适合探测或通信的最佳工作频率。在通信信道质量评估中，多径时延、信噪比和误码率这三个指标最为核心，因此选频准则也依据这些指标制定。

RTCE 常用设备包括早期的脉冲式斜测仪和 Chirp 信号斜测仪。通过扫频获得收发站点链路直接的斜测电离图，即频率-斜距（时延）图。典型的斜测电离图可参见 9.5.3 节相关内容。

基于斜测电离图的通信选频准则通常包括：

（1）优先选用单模式传播频率；

（2）尽可能接近最高可用频率，但要留足保护区间；

（3）具有较高的接收信号电平，即路径传输损耗较小；

（4）具有较低的背景噪声电平。

11.5.2.2　一体化频率管理系统

一体化频率管理系统能够完成短波信道的探测、评估、选频及自身的通信功能，可自适应实现信道参数提取、频率选择、信道存储以及天线调谐。该系统具备指定信道的实时评估能力，可对短波信道进行初步探测，进行链路质量分析（Link Quality Analysis，LQA），并实现自动链路建立（ALE）。该系统实时选择出最佳短波信道开展通信，减小信道时变性、多径延时和噪声干扰等不利因素对通信质量的影响，并使频率随信道条件变化而自适应调整，确保通信始终在质量最佳的信道上进行。

自动链路建立的首要目标是在需要建链的各台站之间寻找到合适的工作频率，然后在该工作频率上建立链路。寻找最佳工作频率的过程也被称为自动信道选择（Automatic Channel Selection，ACS）。ACS 通常包括以下三个步骤[557]。

（1）信道扫描。接收机首先反复扫描和侦听 ALE 所预先分配的信道，以确定是否有建链请求发起。扫描速率取决于检测信道上 ALE 信号存在的时间，通常为 100～500ms。由于主叫台站并不知道接收台站的扫描时序，二者是异步的，因此为保证接收台站接收机扫描的成功率，需要保证一个较长的发射持续时间，通常由下式给出：

$$T_{\mathrm{ALE}} > 2N_{\mathrm{f}}T_{\mathrm{w}} \tag{11.5}$$

式中：T_{ALE} 为建链 ALE 信号的持续发射时间；N_{f} 为扫描的信道数目；T_{w} 为单一信道检测（驻留）所需的时间。实际的通信网络并不能保证式（11.5）所要求的驻留时间，因为这可能导致信道拥塞。

（2）信道探测。主叫台站将决定建链信号呼叫的信道数量，通常不会在所有信道上呼叫，因为通过传播预测程序可知某些信道显然不支持良好的信号传输。但一种更为有效的方法是，每个台站均存储其他台站传输链路上最近信道测量的数据库，参考该数据库中的数据来进行选择性呼叫。显然，这一数据库对经常性、位置固定的台站之间的建链效率将有极大的改善，数据库中的数据需要在空闲时段定期更新。

（3）链路质量分析。在某一信道上检测到信号的接收机将驻留在该信道上，并尝试进行同步以收取发送台站的信息。ALE 调制解调器同步可以进行链路质量的测量。其中，误码率可通过接收到的 ALE 字中的错误比特数来估计；信噪比则可通过调制解调器直接测量得到；而多径时延的测量相对复杂，很少会将资源投入到这一参量上。获得的信道质量评估结果纳入 LQA 数据库中，以供再次呼叫时调用或参考。

一体化频率管理与分离式频率管理的区别在于，它只能为收发两点间的通信链路提供最佳工作频率，而分离式频率管理系统能够为更广阔区域的更多用户提供频率，尽管这些频率不能保证是最优的。在短波通信网络中，特别是存在较早年代不具备自动 LQA 和 ALE 功能的电台时，还是需要分离式频率管理系统提供选频服务的。

11.5.2.3　短波通信网络频率管理

为适应电离层或通信环境的不确定变化，保持短波通信网络的整体可通性，通常需要采取以下三个层次的频率管理手段[630]。

1. 网络用频预先筹划

在一个通信网络内进行频率分配时要考虑到网络的拓扑结构以及设备性能等因素，网络用频预先筹划通过采用不同的优化算法来实现。在构建通信网络时通常会按照地理区域或具体任务进行划分。处在不同区域的台站被分为多个驻留组，每个驻留组会指定某个通信台站来专门负责组内信息的发送，这需要给每组预先分配频率。频率分配通常采用频率预测结合实测评估的方法。长期频率预报软件预测得到通信链路间的 LUF 和 MUF，即一个可通频段；之后再由 ALE 过程实时选择最终使用的频率并建链。

2. 动态频率管理

动态频率管理可以保持对通信链路的监测，跟踪链路状况的变化并相应地调整频率分配方案来适应这种变化。当某个台站在较大范围内进行位置移动，或台站的可用频率受到严重干扰，进而导致通信无法正常进行时，需要及时更新并切换当前工作频率。频率管理系统应能够及时获取目的位置，重新选择通信频率，并通过广播方式通知网络内各台站，保证通信正常进行。

3. 通信过程中的实时选频

第三代及更新型的短波通信系统都具有 LQA 和 ALE 功能，可不断累积多次通信连接情况来整体评估链路质量，并自动在最佳工作频率上建链。

在通信过程中，主叫台站首先在某一频率上发送协议数据单元（Protocol Data Unit，PDU），被叫台站收到该数据后分析信道质量并量化成具体分值，评估完成后被叫台站向主叫台站发送握手 PDU，同时将评估分值发送回主叫台站。与此过程类似，主叫台站收到握手 PDU 后再次对当前通信链路进行质量分析，自己同样可以得到一个评估分值。通常主叫台站将两次分值相加就可以得知当前信道的最终分值，以作为评估信道质量的标准。如果当前信道能满足业务需求，则使用该频率进行正常的业务通信；若达不到要求则重复上述过程，重新选择信道再次呼叫。

11.5.3 探测通信一体化系统的频率管理

最新一代的短波通信系统的频率管理，即 4G-ALE，为解决短波频谱利用率低和宽带通信的频率资源问题，引入了认知无线电（Cognitive Radio）概念。这一概念也是探测通信一体化系统频率管理的技术基础。

11.5.3.1 认知无线电

2002 年以来，业界对频谱使用情况的调查和实际测试发现：在无线电全频段的频谱中仅有部分频率被过度使用，而许多其他被分配的频率没有被使用，或者仅部分时间使用。对于无线电频谱这一紧缺资源来说，这意味着整体上较低的利用率。而对于具体频段，频谱接入或访问是比物理上的稀缺更为严重的问题。由于严格的分配和管控法规，频段仅被指定的实体和用户使用，未经授权的用户不得使用。这些研究促生了一个新的概念，即频谱空洞（Spectrum Holes）[631]。频谱空洞定义为分配给授权用户，但在特定时间和特定地理位置，这些授权用户并没有使用的频段。

于是新的构想被提出：这些频谱空洞能否被新的用户用于传输，尽管它们没有获得授权，这样可以有效提升频谱资源的利用率。为了做到这一点，必须赋予无线电系统新的能力，以便正确识别和使用频谱空洞进行传输，同时避免对授权用户的干扰。认知无线电（CR）成为上述问题的一种解决方案。自从 1999 年认知无线电的概念被首次提出，许多科学家和组织对其进行了研究和定义，明确认知无线电应当是一个具有以下能力的自主系统：智能化、自适应、自学习、高可靠、高效、环境感知及可重构[632–633]。其能力可用图 11.25 中的认知回路来展示。认知无线电系统在这个认知回路中与周边环境相互作用，不断观察环境、自我定位、制订计划、进行决策，然后采取行动。

从前面章节的描述可知，对于利用短波天波信道进行传输的无线电系统，无论是雷达还是通信应用，都天然地具有“认知”的需求和特征。首先，天波雷达或现代短波通信系统都具有独立和一体化的环境感知能力，不仅是对频谱占用度的评估，还包括对电离层传输信道甚至目标对象特性的评估。这种全面且实时的环境感知能力为后续的认知回路提供了充分的信息。其次，随着计算机和人工智能技术的发展和引入，在环境感知信息基础上的处理、分析和决策必然具有智能化特征。最后，这种感知-分析-决策的迭代过程是动态且自适应的，以应对天波信道随时间和空间的非平稳变化。

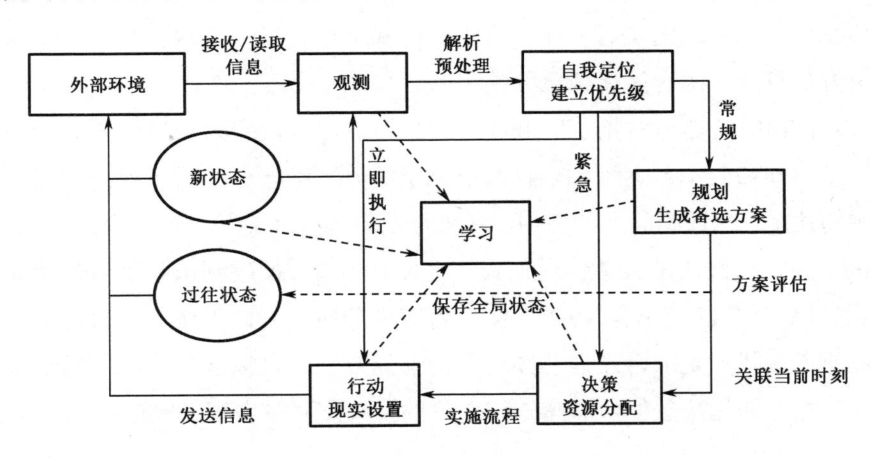

图 11.25　认知无线电的认知回路示意图

认知无线电被广泛应用于第四代短波通信系统中，主要解决自动建链和频率选择问题[634–636]。泰勒斯公司提出的 HF XL 系统是第四代短波通信系统的代表之一。它被认为是首部短波认知无线电系统，其对频谱占用情况和信道变化的动态适应，可在用户密集的短波环境中提供宽带通信解决方案。HF XL 系统能够在单个短波信道中提供超过 120kb/s 的数据传输速率，是当前短波系统的 8 倍以上，并向终端用户提供可靠的短波通信链路，具有高吞吐量，支持 IP 服务和视频传输等功能[637]。

HF XL 系统的频谱利用方案是利用多个（最多 15 个）非连续的信道进行传输，其符合当前的频率分配方案，并通过内置的认知引擎来适应信道变化[554]。其示意图如图 11.26 所示。在一个约 350km 的链路上开展的传输试验中，最高传输速率可达 138kb/s[638]。

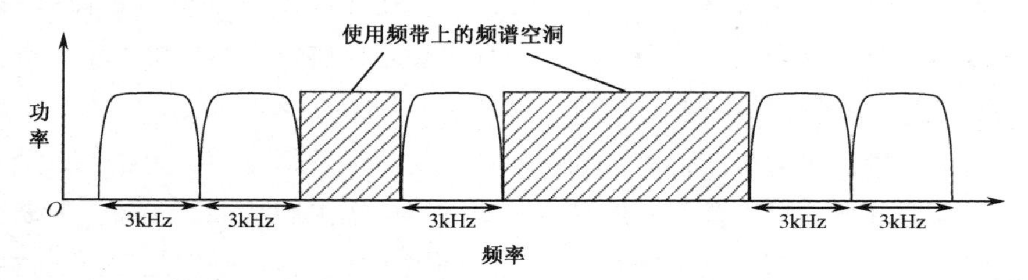

图 11.26　HF XL 系统非连续多载波频谱利用方案示意图[554]

认知超视距雷达（Cognitive Over-The-Horizon Radar，COTHR）的提出，完整体现了认知概念在天波雷达领域的应用。实际上，COTHR 应具有更为广义的外延和理解，高频认知信息系统（High-Frequency Cognitive Information System，HFCIS）或者是一个更为准确的名字。COTHR 或 HFCIS 定义为：一个工作在短波频段，能够根据任务和环境的实时变化，智能分配和调度资源，提取自身所需信息，并阻碍对方信息获取的智能无线电系统[571]。

COTHR 中还提出对指定区域和时间段内短波波段有限频谱资源的管控，而不仅仅是感知和利用。这种频谱控制能力意味着可动态分配设备资源，保证对频谱资源的使用，并遏制敌方的使用。这将是电磁频谱战（Electromagnetic Spectrum Warfare）在短波波段的具体体现形式。这种对频谱域的控制依赖于对传输介质电离层各类特性的准确感知，各类探测设备有序分布、协同工作，并通过持续交互达到最佳工作状态是取得最佳感知效果的前提条件。可以认为，环境感知是取得这种控制能力的先决条件，而感知和探测的持续交互是实现控制的必然过程。

11.5.3.2　基于认知无线电的频率管理

在探测通信一体化系统中，环境感知任务也应当是系统任务的一部分。它生成并发布对特定环境的感知信息，如指定位置的传输信道（天波、地波或直达波）特性、噪声电平、频谱占用情况、空间环境（对流层或电离层）模型、服务于特定应用环节的参量（如天波雷达中的坐标配准系数、微波超视距雷达中的大气折射系数等）。环境感知与探测及通信等任务享有同样的重要性和优先级，而不仅被看作一个辅助流程。

认知无线电回路中的任务规划和资源配置环节应将环境感知任务纳入处理。下面给出一种基于环境感知的频率管理流程[571]。探测通信一体化系统的信号传输过程可抽象表示为

$$S_{\mathrm{r}}(t)=F(t)*S_{\mathrm{t}}(t)*\sigma(t) \tag{11.6}$$

式中：$S_{\mathrm{t}}(t)$ 为发射信号；$S_{\mathrm{r}}(t)$ 为接收信号；$F(t)$ 为信道传输函数（雷达为双程，通信为单程）；$\sigma(t)$ 在雷达探测应用中为目标特性因子，而在通信应用中为常数值 1。

当发射信号和目标特性因子已知或者可估计得到时，此时执行的是环境感知任务。式（11.6）可转换为

$$\hat{F}(t)=S_{\mathrm{r}}(t)\left[S_{\mathrm{t}}(t)\hat{\sigma}(t-\tau_1)\right]^{-1} \tag{11.7}$$

式中：τ_1 为距离当前时刻 t 最近一次探测或通信任务的时间。

当发射信号和信道传输函数已知或者可估计得到后，此时方程变为目标探测或通信任务。式（11.6）可转换为

$$\hat{\sigma}(t)=S_{\mathrm{r}}(t)\left[S_{\mathrm{t}}(t)\hat{F}(t-\tau_1)\right]^{-1} \tag{11.8}$$

式中：τ_1 为距离当前时刻 t 最近一次环境感知任务的时间。

这样，基于环境感知（认知无线电）的探测或通信任务可表述为

$$\begin{aligned}\hat{\sigma}(t)&=S_{\mathrm{t}}^{-1}(t)\hat{F}^{-1}(t-\tau_1)S_{\mathrm{r}}(t)\\&=S_{\mathrm{t}}^{-1}(t)\left[S_{\mathrm{r}}(t-\tau_1)\hat{\sigma}^{-1}(t-\tau_1-\tau_2)S_{\mathrm{t}}^{-1}(t-\tau_1)\right]S_{\mathrm{r}}(t)\\&=\cdots\end{aligned} \tag{11.9}$$

式中：τ_i 为距离当前时刻 t 最近的第 i 次任务（包括探测、通信和环境感知任务）的时间。

上述过程在探测通信一体化系统的频率管理（频率选择和切换）中体现得尤为明显。探测通信一体化系统的可用工作频段首先由环境感知任务所提供（依据探测通信一体化系统认知分配的硬件、时间和频率资源实现），通过地海杂波的强度或通信帧中的微探针信息来评估不同频段或频率的电离层信道特性（如传输损耗）。此阶段为环境感知阶段，σ 表征雷达任务中的地海杂波特性，或在通信任务中可忽略。

当获得工作频段后，雷达或通信应用依据特定的选频准则（通常需要结合频谱

占用和噪声电平情况），在该频段内选取一个优选频率工作，进入探测或通信任务执行阶段。此阶段 σ 为雷达任务中需要探测确定的参量，或在通信任务中可忽略。

当雷达任务中目标通过检测门限并形成稳定航迹后，目标回波强度则又可以作为判断依据，来评估信道质量并监视环境变化。在通信任务中业务信道传输信号质量也可以作为信道变化的评估依据。此时 σ 在雷达任务又表征为目标回波特性。

基于认知无线电的探测通信一体化系统交互流程如图 11.27 所示，这一认知的循环过程保证频率管理任务始终能够跟踪外界环境的变化，而雷达和通信任务也处于一种动态的最佳或者近最佳状态。

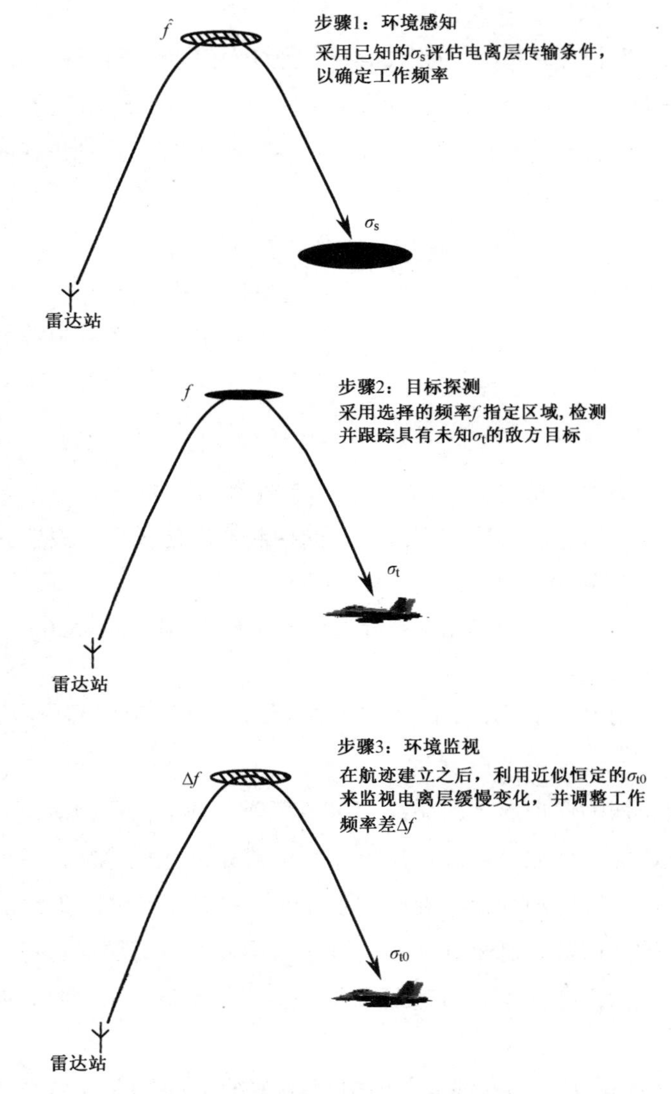

图 11.27 基于认知无线电的探测通信一体化系统交互流程示意图[571]

附录 A
ESBW 波形优化及信号处理方法

A.1 波形优化方法

下面推导在相似度约束下的波形设计算法[337]。令理想波形为$\boldsymbol{s}_0$，将相似度约束条件

$$\|\boldsymbol{s}-\boldsymbol{s}_0\|^2 \leqslant \varepsilon \tag{A.1}$$

与优化目标

$$\min_{s} \boldsymbol{s}^{\mathrm{H}} \hat{\boldsymbol{R}}_{\mathrm{I}} \boldsymbol{s}, \qquad \text{s.t.} \qquad \boldsymbol{s}^{\mathrm{H}} \boldsymbol{s}=1 \tag{A.2}$$

相结合，则约束下的优化问题可归为

$$\min_{s} \boldsymbol{s}^{\mathrm{H}} \hat{\boldsymbol{R}}_{\mathrm{I}} \boldsymbol{s}, \qquad \text{s.t.} \qquad \|\boldsymbol{s}\|^2=1\text{，}\ \|\boldsymbol{s}-\boldsymbol{s}_0\|^2 \leqslant \varepsilon \tag{A.3}$$

式中：$\boldsymbol{s}$为待优化波形；$\boldsymbol{s}_0$为参考的理想发射波形；ε表示人工设置的相似度约束参数；$\hat{\boldsymbol{R}}_{\mathrm{I}}$为先验/实测的干扰或色噪声协方差矩阵。显然目标函数的极值与$\hat{\boldsymbol{R}}_{\mathrm{I}}$的特征值有关。对$\hat{\boldsymbol{R}}_{\mathrm{I}}$进行特征分解，有

$$\hat{\boldsymbol{R}}_{\mathrm{I}}=\boldsymbol{U}\boldsymbol{\varLambda}\boldsymbol{U}^{\mathrm{H}} \tag{A.4}$$

式中：$\boldsymbol{U}$为酉矩阵，而

$$\boldsymbol{\varLambda}=\operatorname{diag}\{\varLambda_1,\varLambda_2,\cdots,\varLambda_M\}\text{，}\ \varLambda_1 \geqslant \varLambda_2 \geqslant \cdots \geqslant \varLambda_M \tag{A.5}$$

式中：$\varLambda_m$表示$\hat{\boldsymbol{R}}_{\mathrm{I}}$从大到小排列的第$m$个特征值，其对应的特征向量为矩阵$\boldsymbol{U}$中的第$m$列向量$\boldsymbol{u}_m$，$M$为单个脉冲周期的采样点数。显然，当$s=\boldsymbol{u}_M$时，$\boldsymbol{s}^{\mathrm{H}}\hat{\boldsymbol{R}}_{\mathrm{I}}\boldsymbol{s}$取得最小值，有

$$\boldsymbol{s}^{\mathrm{H}} \hat{\boldsymbol{R}}_{\mathrm{I}} \boldsymbol{s} \geqslant \boldsymbol{u}_M^{\mathrm{H}} \hat{\boldsymbol{R}}_{\mathrm{I}} \boldsymbol{u}_M=\varLambda_M \tag{A.6}$$

令$\boldsymbol{s}=\boldsymbol{u}_M$，可得式（A.2）的最优解。然而一般情况下，它作为雷达波形来说主瓣过宽且旁瓣过高。也就是说，$\boldsymbol{s}=\boldsymbol{u}_M$不能满足式（A.3）中的约束条件情况。该问题转换为一个双重约束下的优化问题，等价于

$$\min_{s} \boldsymbol{s}^{\mathrm{H}} \hat{\boldsymbol{R}}_{\mathrm{I}} \boldsymbol{s}, \qquad \text{s.t.} \qquad \boldsymbol{s}^{\mathrm{H}} \boldsymbol{s}=1\text{，}\ \boldsymbol{s}^{\mathrm{H}} \boldsymbol{s}_0+\boldsymbol{s}_0^{\mathrm{H}} \boldsymbol{s} \geqslant 2-\varepsilon \tag{A.7}$$

采用拉格朗日法求约束条件下的最优解，考虑代价函数

$$f_1(\boldsymbol{s},\lambda,\mu)=\boldsymbol{s}^{\mathrm{H}} \hat{\boldsymbol{R}}_{\mathrm{I}} \boldsymbol{s}+\lambda(\boldsymbol{s}^{\mathrm{H}} \boldsymbol{s}-1)+\mu(2-\varepsilon-\boldsymbol{s}_0^{\mathrm{H}} \boldsymbol{s}-\boldsymbol{s}^{\mathrm{H}} \boldsymbol{s}_0) \tag{A.8}$$

其中λ、μ为实数，$\mu>0$，故有

$$f_1(\boldsymbol{s},\lambda,\mu) \leqslant \boldsymbol{s}^{\mathrm{H}} \hat{\boldsymbol{R}}_{\mathrm{I}} \boldsymbol{s} \tag{A.9}$$

且λ满足

$$\hat{\boldsymbol{R}}_{\mathrm{I}}+\lambda \boldsymbol{E}>0 \tag{A.10}$$

意味着λ大于$\hat{\boldsymbol{R}}_{\mathrm{I}}$最小的特征值的相反数，矩阵$\hat{\boldsymbol{R}}_{\mathrm{I}}+\lambda\boldsymbol{E}$正定，其中$\boldsymbol{E}$表示阶数为$M$的单位矩阵。由此代价函数式（A.9）可写为

$$f_1(\boldsymbol{s},\lambda,\mu)=\left[\boldsymbol{s}-\mu(\hat{\boldsymbol{R}}_\mathrm{I}+\lambda\boldsymbol{E})^{-1}\boldsymbol{s}_0\right]^\mathrm{H}(\hat{\boldsymbol{R}}_\mathrm{I}+\lambda\boldsymbol{E})\left[\boldsymbol{s}-\mu(\hat{\boldsymbol{R}}_\mathrm{I}+\lambda\boldsymbol{E})^{-1}\boldsymbol{s}_0\right] -\mu^2\boldsymbol{s}_0^\mathrm{H}(\hat{\boldsymbol{R}}_\mathrm{I}+\lambda\boldsymbol{E})^{-1}\boldsymbol{s}_0-\lambda+\mu(2-\varepsilon) \tag{A.11}$$

对于给定的λ、μ，代价函数式（A.11）的最小值在

$$s_{\lambda\mu}=\mu(\hat{\boldsymbol{R}}_\mathrm{I}+\lambda\boldsymbol{E})^{-1}\boldsymbol{s}_0 \tag{A.12}$$

处取得。这样代价函数更新为

$$f_2(s_{\lambda\mu},\lambda,\mu)=-\mu^2\boldsymbol{s}_0^\mathrm{H}\left(\hat{\boldsymbol{R}}_\mathrm{I}+\lambda\boldsymbol{E}\right)^{-1}\boldsymbol{s}_0-\lambda+\mu(2-\varepsilon) \tag{A.13}$$

如果能找到满足条件的λ、μ，以及对应的$s_{\lambda\mu}$满足波形约束条件，那么就找到了准则下的最优波形。由于代价函数$f_2(s_{\lambda\mu},\lambda,\mu)$关于$(\lambda,\mu)$的 Hessian 矩阵是负定的，故有唯一的最大值，该最大值是$f_1(\boldsymbol{s},\lambda,\mu)$的下确界，在$\boldsymbol{s}=s_{\lambda\mu}$取得。现在，需要寻找$f_2(s_{\lambda\mu},\lambda,\mu)$取得最大值时的$(\lambda,\mu)$值。令$f_2(s_{\lambda\mu},\lambda,\mu)$对$\mu$的偏导为 0，可得

$$\mu=\frac{2-\varepsilon}{2\boldsymbol{s}_0^\mathrm{H}\left(\hat{\boldsymbol{R}}_\mathrm{I}+\lambda\boldsymbol{E}\right)^{-1}\boldsymbol{s}_0} \tag{A.14}$$

代入式（A.13）中的代价函数$f_2(s_{\lambda\mu},\lambda,\mu)$，可得

$$f_3(\lambda)=-\lambda+\frac{(2-\varepsilon)^2}{4\boldsymbol{s}_0^\mathrm{H}\left(\hat{\boldsymbol{R}}_\mathrm{I}+\lambda\boldsymbol{E}\right)^{-1}\boldsymbol{s}_0} \tag{A.15}$$

对λ求导，可得

$$\frac{\partial f_3(\lambda)}{\partial\lambda}=\left(1-\frac{\varepsilon}{2}\right)^2\frac{\boldsymbol{s}_0^\mathrm{H}\left(\hat{\boldsymbol{R}}_\mathrm{I}+\lambda\boldsymbol{E}\right)^{-2}\boldsymbol{s}_0}{\left[\boldsymbol{s}_0^\mathrm{H}\left(\hat{\boldsymbol{R}}_\mathrm{I}+\lambda\boldsymbol{E}\right)^{-1}\boldsymbol{s}_0\right]^2}-1\equiv g(\lambda) \tag{A.16}$$

令$g(\lambda)=0$，可求得λ的值。注意

$$\frac{\partial g(\lambda)}{\partial\lambda}=\left(1-\frac{\varepsilon}{2}\right)^2\left\{\frac{\left[\boldsymbol{s}_0^\mathrm{H}\left(\hat{\boldsymbol{R}}_\mathrm{I}+\lambda\boldsymbol{E}\right)^{-2}\boldsymbol{s}_0\right]^2-\left[\boldsymbol{s}_0^\mathrm{H}\left(\hat{\boldsymbol{R}}_\mathrm{I}+\lambda\boldsymbol{E}\right)^{-3}\boldsymbol{s}_0\right]\left[\boldsymbol{s}_0^\mathrm{H}\left(\hat{\boldsymbol{R}}_\mathrm{I}+\lambda\boldsymbol{E}\right)^{-1}\boldsymbol{s}_0\right]}{\left[\boldsymbol{s}_0^\mathrm{H}\left(\hat{\boldsymbol{R}}_\mathrm{I}+\lambda\boldsymbol{E}\right)^{-1}\boldsymbol{s}_0\right]^3}\right\} \tag{A.17}$$

利用柯西不等式，有

$$\frac{\partial g(\lambda)}{\partial\lambda}\leqslant 0 \tag{A.18}$$

故$g(\lambda)$是单减函数。显然，当$\lambda\to\infty$时，$g(\lambda)\to-1$。当$\lambda\to-\varLambda_M^+$时，有

$$g(\lambda)\to\frac{\left(1-\dfrac{\varepsilon}{2}\right)^2}{\left|\boldsymbol{u}_M^\mathrm{H}\boldsymbol{s}_0\right|^2}-1 \tag{A.19}$$

又由于 $\boldsymbol{s}=\boldsymbol{u}_M$ 时，不满足

$$\boldsymbol{s}^{\mathrm{H}}\boldsymbol{s}_0+\boldsymbol{s}_0^{\mathrm{H}}\boldsymbol{s}\geqslant 2-\varepsilon \tag{A.20}$$

故有

$$\mathrm{Re}\left\{\boldsymbol{u}_M^{\mathrm{H}}\boldsymbol{s}_0\right\}<1-\frac{\varepsilon}{2} \tag{A.21}$$

作为归一化的复数，$\boldsymbol{u}_M$ 初相可在 $[0,2\pi]$ 中任意取值，故其上确界也需要满足以下条件：

$$\left[\mathrm{Re}(\boldsymbol{u}_M^{\mathrm{H}}\boldsymbol{s}_0)\right]^2\leqslant\left|\boldsymbol{u}_M^{\mathrm{H}}\boldsymbol{s}_0\right|^2<\left(1-\frac{\varepsilon}{2}\right)^2 \tag{A.22}$$

可得 $g(-\varLambda_M^{+})>0$。因此 $g(\lambda)=0$ 有唯一解，可以通过数值方法求解方程 $g(\lambda)=0$。

不妨设 $\hat{\lambda}$ 为方程 $g(\lambda)=0$ 的解。则可令

$$z_0=\boldsymbol{U}^{\mathrm{H}}\boldsymbol{s}_0 \tag{A.23}$$

若用 z_m 表示 z_0 的第 m 个元素，有

$$\left(1-\frac{\varepsilon}{2}\right)^2\frac{\sum\limits_{m=1}^{M}\dfrac{|z_m|^2}{(\varLambda_m+\hat{\lambda})^2}}{\left[\sum\limits_{m=1}^{M}\dfrac{|z_m|^2}{(\varLambda_m+\hat{\lambda})^2}\right]^2}-1=0 \tag{A.24}$$

通过式（A.17）可计算导数 $\partial g(\lambda)/\partial\lambda$，可采用数值法获得 $\hat{\lambda}$ 的值。最后所得优化波形为

$$\boldsymbol{s}_E=\left(1-\frac{\varepsilon}{2}\right)\frac{\left(\hat{\boldsymbol{R}}_{\mathrm{I}}+\lambda\boldsymbol{E}\right)^{-1}\boldsymbol{s}_0}{\boldsymbol{s}_0^{\mathrm{H}}\left(\hat{\boldsymbol{R}}_{\mathrm{I}}+\lambda\boldsymbol{E}\right)^{-1}\boldsymbol{s}_0} \tag{A.25}$$

满足

$$\boldsymbol{s}_0^{\mathrm{H}}\boldsymbol{s}_E=1-\frac{\varepsilon}{2} \tag{A.26}$$

说明 $\boldsymbol{s}_E$ 正好处于约束条件范围的边界上，是有效解。此时，输出信干噪比为

$$\mathrm{SINR}=\frac{1}{\boldsymbol{s}_E^{\mathrm{H}}\hat{\boldsymbol{R}}_{\mathrm{I}}\boldsymbol{s}_E} \tag{A.27}$$

综上，约束下最优 SINR 的波形设计的步骤为：

（1）对 $\hat{\boldsymbol{R}}_{\mathrm{I}}$ 进行特征分解，如果最小特征值对应的特征向量 $\boldsymbol{u}_M$ 满足约束条件，则最优波形为 $\boldsymbol{s}_E=\boldsymbol{u}_M$，否则进行下一步。

（2）依据式（A.16）解方程 $g(\lambda)=0$，通过数值算法得到解 $\hat{\lambda}$，如内点法。导数 $\partial g(\lambda)/\partial\lambda$ 可通过式（A.17）计算得到，初始值选择 $-\lambda_M^{+}$ 可快速得到 $\hat{\lambda}$ 的值。

（3）将 $\hat{\lambda}$ 的值代入式（A.25）可得到设计波形 $\boldsymbol{s}_E$。

A.2　信号处理过程

若天波雷达发射系统采用 ESBW 波形，即优化得到的$\boldsymbol{s}_E$进行目标探测。接收机接收到回波信号，并解调至基带。设积累周期数为P，则相干积累时间内阵列接收数据排列为矩阵

$$\tilde{\boldsymbol{r}}(t_n)=\begin{bmatrix}\tilde{r}_{11} & \tilde{r}_{12} & \cdots & \tilde{r}_{1N}\\ \tilde{r}_{21} & \tilde{r}_{22} & \cdots & \tilde{r}_{2N}\\ \vdots & \vdots & \ddots & \vdots\\ \tilde{r}_{K1} & \tilde{r}_{K2} & \cdots & \tilde{r}_{KN}\end{bmatrix} \tag{A.28}$$

式中：$N=PM$ 为采样点总数；t_n为采样时刻；K 为接收通道数目。

采用w对接收数据矩阵$\tilde{\boldsymbol{r}}$进行波束形成，而采用$\boldsymbol{s}_E$进行滑动匹配滤波，各周期相干积累，则时延-多普勒单元的输出为

$$\tilde{y}(\tau',f_{\mathrm{d}}')=s_{FE}^{\mathrm{T}}(t,\tau',f_{\mathrm{d}}')\cdot\tilde{\boldsymbol{r}}(t_n)\cdot w \tag{A.29}$$

其中

$$s_{FE}(t,\tau',f_{\mathrm{d}}')=\left[\boldsymbol{s}_E^{\mathrm{H}}(t_n-\tau')\mathrm{e}^{-\mathrm{j}2\pi f_{\mathrm{d}}'\cdot 1\cdot T},\boldsymbol{s}_E^{\mathrm{H}}(t_n-\tau')\mathrm{e}^{-\mathrm{j}2\pi f_{\mathrm{d}}'\cdot 2\cdot T},\cdots,\boldsymbol{s}_E^{\mathrm{H}}(t_n-\tau')\mathrm{e}^{-\mathrm{j}2\pi f_{\mathrm{d}}'\cdot P\cdot T}\right]^{\mathrm{T}} \tag{A.30}$$

式中：$\boldsymbol{s}_E(t_n-\tau')$为$\boldsymbol{s}_E$经过时延$\tau'$后的波形。

接下来可参考经典处理流程，对各时延-多普勒单元运用检测算法（如恒虚警），对目标进行检测以及航迹形成等后续处理。

附录 B
机动目标的多项式相位推导过程

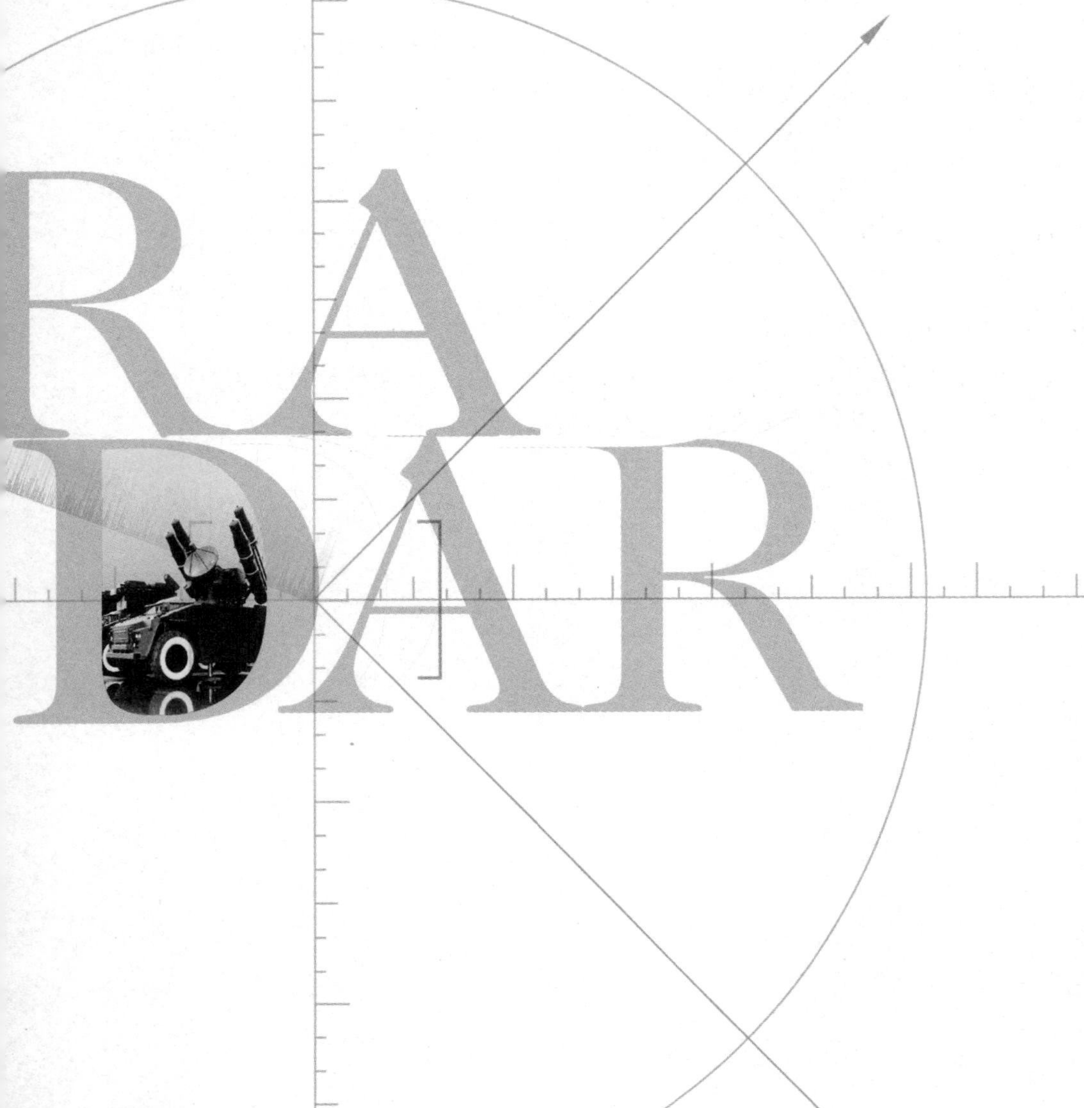

经过解调处理后，从传感器接收到的包含非匀速目标回波的 FMCW 信号可以表示为如下形式[400]：

$$y(t)=\sum_{n=0}^{N-1}\exp\left\{\mathrm{j}2\pi\left(f_0\tau-\frac{\alpha\tau^2}{2}+\alpha\tau(t-nT_{\mathrm{sw}})\right)\right\}\cdot\mathrm{rect}\left(\frac{t-T_{\mathrm{sw}}/2-nT_{\mathrm{sw}}}{T_{\mathrm{sw}}}\right)\cdot\mathrm{rect}\left(\frac{t-\tau-T_{\mathrm{sw}}/2-nT_{\mathrm{sw}}}{T_{\mathrm{sw}}}\right) \tag{B.1}$$

式中：N 为相干积累周期数目；f_0 为雷达工作频率；τ 为目标回波时延；α 为 FMCW 信号的调频斜率；T_{sw} 为脉冲重复周期（或脉冲宽度）。

简单起见，去除式（B.1）中的窗函数，可重写为

$$s_n(t)=\exp\left\{\mathrm{j}2\pi\left(f_0\tau-\frac{\alpha\tau^2}{2}+\alpha\tau(t-nT_{\mathrm{sw}})\right)\right\} \tag{B.2}$$

提取其中的相位项进行讨论，表示为

$$\varphi_n(t)=2\pi\left(f_0\tau-\frac{\alpha\tau^2}{2}+\alpha\tau(t-nT_{\mathrm{sw}})\right) \tag{B.3}$$

非匀速目标的回波时延可用一个多项式来描述，表示如下：

$$\tau=\frac{2}{c}\left(R_0+\sum_{k=1}^{K}\frac{v_k}{k!}t^k\right) \tag{B.4}$$

式中：c 为光速；R_0 为目标在当前脉冲周期起始时刻距离雷达站的斜距；v_k 为目标径向速度的第 k 阶分量；而 K 为所考虑的最高阶数。

将式（B.4）的 τ 代入式（B.3）中，可得

$$\varphi_n(t)=2\pi\left(f_0\tau+\frac{2f_0}{c}\sum_{k=1}^{K}\frac{v_k}{k!}t^k-\frac{\alpha}{2}\left(\tau_0+\frac{2}{c}\sum_{k=1}^{K}\frac{v_k}{k!}t^k\right)^2+\left(\alpha\tau_0+\frac{2\alpha}{c}\sum_{k=1}^{K}\frac{v_k}{k!}t^k\right)(t-nT_{\mathrm{sw}})\right) \tag{B.5}$$

其中 $\tau_0=2R_0/c$，根据以下属性：

$$x(n)=(x-a+a)^n=\sum_{i=0}^{n}\binom{n}{i}(x-a)^{n-i}a^i \tag{B.6}$$

因此有

$$t^k=\sum_{i=0}^{k}\binom{k}{i}(t-nT_{\mathrm{sw}})^{k-i}(nT_{\mathrm{sw}})^i \tag{B.7}$$

这样，相位项 $\varphi_n(t)$ 可以改写为

$$\varphi_n(t)=2\pi\left[f_0\tau_0+\frac{2f_0}{c}\sum_{k=1}^{K}\frac{v_k}{k!}\sum_{i=0}^{k}\binom{k}{i}(t-nT_{\mathrm{sw}})^{k-i}(nT_{\mathrm{sw}})^i+\left(\alpha\tau_0+\frac{2\alpha}{c}\sum_{k=1}^{K}\frac{v_k}{k!}t^k\right)^2(t-nT_{\mathrm{sw}})-\frac{\alpha}{2}\left(\tau_0+\frac{2}{c}\sum_{k=1}^{K}\frac{v_k}{k!}t^k\right)\right] \tag{B.8}$$

式（B.8）中的第二项可以展开为

$$\psi(t)=\frac{2f_0}{c}\sum_{k=1}^{K}\frac{v_k}{k!}\left(k(nT_{\text{sw}})^{k-1}(t-nT_{\text{sw}})+(nT_{\text{sw}})^k+\sum_{i=0}^{k-2}\binom{k}{i}(t-nT_{\text{sw}})^{k-i}(nT_{\text{sw}})^i\right) \tag{B.9}$$

式（B.8）可重写为

$$\varphi_n(t)=2\pi\left[\begin{array}{l}f_0\tau_0+\dfrac{2f_0}{c}\displaystyle\sum_{k=1}^{K}\frac{v_k}{k!}(nT_{\text{sw}})^k+\frac{2f_0}{c}\sum_{k=2}^{K}\sum_{i=0}^{k-2}\binom{k}{i}(t-nT_{\text{sw}})^{k-i}(nT_{\text{sw}})^i+\\(t-nT_{\text{sw}})\left(\alpha\tau_0+\dfrac{2\alpha}{c}\displaystyle\sum_{k=1}^{K}\frac{v_k}{k!}t^k+\frac{2f_0}{c}\sum_{k=1}^{K}\frac{v_k}{(k-1)!}(nT_{\text{sw}})^{k-1}\right)-\\\dfrac{\alpha}{2}\left(\tau_0+\dfrac{2}{c}\displaystyle\sum_{k=1}^{K}\frac{v_k}{k!}t^k\right)^2\end{array}\right] \tag{B.10}$$

选择合适的系统参数以满足：

$$R_0\gg\sum_{k=1}^{K}\sum\frac{v_{k\max}}{k!_{\text{c}}^{k}} \tag{B.11}$$

式中：$v_{k\max}$ 为 k 阶径向运动分量的可能最大值；T_{c} 为相干积累时间。这意味着在一个相干积累周期内的径向距离变化应该远小于机动目标的起始径向范围，即

$$\alpha\tau_0\gg\frac{2f_0}{c}\sum_{k=1}^{K}\frac{v_k}{k!}t^k+\frac{2f_0}{c}\sum_{k=1}^{K}\frac{v_k}{(k-1)!}(nT_{\text{sw}})^{k-1} \tag{B.12}$$

忽略式（B.12）中的右侧项，可以将相位项简化为

$$\varphi_n(t)=2\pi\left(\begin{array}{l}f_0\tau+\alpha\tau_0(t-nT_{\text{sw}})+\dfrac{2f_0}{c}\displaystyle\sum_{k=1}^{K}\frac{v_k}{k!}(nT_{\text{sw}})^k+\\\dfrac{2f_0}{c}\displaystyle\sum_{k=2}^{K}\frac{v_k}{k!}\left(\sum_{i=0}^{k-2}\binom{k}{i}(t-nT_{\text{sw}})^{n-i}(nT_{\text{sw}})^i\right)\end{array}\right) \tag{B.13}$$

式（B.13）中最后一项是一个 $k-2$ 阶多项式，使得距离处理的结果略有扩展，但与目标的距离（斜距）相对应的谱峰值位置不变。

这样在距离变换后，可以得到如下离散时间表达式：

$$\varphi_n(n)=\frac{4\pi f_0}{c}\sum_{k=0}^{K}\frac{v_k}{k!}(nT_{\text{sw}})^k \tag{B.14}$$

其中 $v_0=c\tau_0/2$。式（B.14）即为式（8.165）的相位项。

附录 C

MPDA 算法基本步骤

C.1 算法推导

假设目标动态模型为

$$\begin{cases}x(k+1)=F(k)x(k)+v(k)\\ y^m(k)=H^m(x(k))+w^m(k),\ m=1,2,\cdots,M^2\end{cases} \tag{C.1}$$

式中：m 为传播路径；M 为电离层层数；k 为离散时间；$y^m(k)$ 为在雷达坐标系下目标第 m 种传播路径的量测；$v(k)$ 和 $w^m(k)$ 为零均值的互不相关的高斯白噪声过程，协方差分别为 $Q(k)$、$R^m(k)$。

假设目标置信度为两状态模型，其中时刻 k 的状态如下：E_k 在所有传播模式下目标存在/可观测；$\bar{E}_k$ 在任何传播模式下目标不存在/不可观测。这些事件的先验概率可由一个离散马尔可夫链控制。

假设在时刻 k，雷达接收到的并落入确认波门内的检测共有 N_k 个，即确认量测集合为 $Y(k)=\left\{y_1(k),y_2(k),\cdots,y_{N_k}(k)\right\}$，其中包括 $m\in\{0,1,\cdots,M\}$ 个目标以主动传播模式传播产生的目标检测，和 M_k-m 个杂波量测。设 $\vartheta_{i,m}(k)$ 表示关联假设事件。$\vartheta_{i,m}(k)$ 的意义是 N_k 个有效检测（其中有 m 个是目标检测）与 M 个传播模式的第 i 种可能的关联。

定义全假设集合如下。

（1）$\bar{\psi}(k)=\vartheta_{0,0}(k)\cap\bar{E}_k$：目标不存在，所有落入波门内的检测 $Y(k)$ 都属于杂波量测；

（2）$\psi_{0,0}(k)=\vartheta_{0,0}(k)\cap E_k$：目标存在，且在所有模式下可观测，但所有落入波门内的检测 $Y(k)$ 都属于杂波；

（3）$\psi(k)(k)_{k_k}(m)_{i,m_{i,m}}$：目标存在，且在所有模式下可观测，目标量测和杂波量测在 $Y(k)$ 内的关联由 $\vartheta_{i,m}(k)$ 确定。

定义联合存在和关联事件的后验概率为

$$\bar{\beta}(k)=\Pr(\bar{\psi}(k)\left|Y^k\right.) \tag{C.2}$$

$$\beta_0(k)=\Pr(\bar{\psi}_{0,0}(k)\left|Y^k\right.) \tag{C.3}$$

$$\beta_{i,m}(k)=\Pr(\bar{\psi}_{i,m}(k)\left|Y^k\right.) \tag{C.4}$$

其中 $m=1,2,\cdots,\min(M_k,n_k)$，$i=1,2,\cdots,r_k(m)$，$r_k(m)$ 为当假设的多径检测数目为 m 时合理关联假设的数目。

计算事件关联概率：

$$\bar{\beta}(k)=\delta_k^{-1}\Pr(\bar{E}_k\left|Y^{k-1}\right.)\frac{\lambda^{M_k}}{M_k!}\exp\{-\lambda V_G(k)\} \tag{C.5}$$

$$\beta_0(k)=\delta_k^{-1}\Pr(\bar{E}_k\left|Y^{k-1}\right.)(1-P_DP_G)^{n_k}\frac{\lambda^{M_k}}{M_k!}\exp\{-\lambda V_G(k)\} \tag{C.6}$$

$$\beta_{i,m}=\delta_k^{-1}\Pr(\bar{E}_k\left|Y^{k-1}\right.)(P_D)^m(1-P_DP_G)^{n_k-m}\frac{1}{r_k(m)}\prod_{j\in T_k(\vartheta_{i,m})}(2\pi)^{-\frac{n_y}{2}} \left[\det S_q(k)\right]^{-\frac{1}{2}}\mathrm{e}^{-\frac{1}{2}d_{jq}}\cdot\delta(c_m) \tag{C.7}$$

式中

$$\delta(c_m)=\begin{cases}1, & c_m=0\\ \mathrm{e}^{-\lambda V_G(k)}\cdot\dfrac{\lambda^{M_k-m}}{(M_k-m)!}, & c_m>0\end{cases} \tag{C.8}$$

$$d_{jq}=(y_j(k)-\hat{y}_q(k\left|k-1\right.))'\cdot S_q(k)^{-1}\left(y_j(k)-\hat{y}_q(k\left|k-1\right.)\right) \tag{C.9}$$

其中对 $m=1,2,\cdots,\min(M_k,n_k),i=1,2,\cdots,r_k(m)$，$\delta_k$ 为时刻 k 用来归一化所有关联概率的因子，q 为时刻 k 在关联假设 $\vartheta_{i,m}(k)$ 下与量测 $y^m(k)$ 相关的传播模式；c_m 是杂波序号集合 $C_k(\vartheta_{i,m})$ 元素的数目；$T_k(\vartheta_{i,m})$ 为目标序号集合；$\hat{y}^m(k\left|k-1\right.)$ 为目标与传播模式 m 相关的量测预测值，$S^m(k)$ 为其协方差矩阵。

状态估计值的更新为

$$\hat{x}(k\left|k\right.)=\left\{\bar{\beta}(k)+\beta_0(k)\right\}\hat{x}(k\left|k-1\right.)+\sum_{m=1}^{\min\{N_k,M\}}\sum_{i=1}^{r_k(m)}\beta_{i,m}(k)\hat{x}_{i,m}(k\left|k\right.) \tag{C.10}$$

式中：$\bar{\beta}$、β_0 和 $\beta_{i,m}$ 为关联概率，参见式（C.2）～式（C.4）。状态估计误差协方差矩阵的更新方程为

$$P(k\left|k\right.)=\beta_0(k)P(k\left|k-1\right.)+\bar{\beta}(k)\bar{P}(k)+\left[\bar{\beta}(k)+\beta_0(k)\right]\hat{x}(k\left|k-1\right.)\hat{x}'(k\left|k\right.)- \hat{x}(k\left|k\right.)\hat{x}'(k\left|k\right.)+\sum_{m=1}^{\min\{N_k,M\}}\sum_{i=1}^{r_k(m)}\beta_{i,m}(k)\left[P_{i,m}(k\left|k\right.)+\hat{x}_{i,m}(k\left|k\right.)\hat{x}'_{i,m}(k\left|k\right.)\right] \tag{C.11}$$

其中，条件状态和协方差更新是

$$\hat{x}(k\left|k\right.)=\hat{x}(k\left|k-1\right.)+\sum_{j\in T_k(\vartheta_{i,m})}\sum_{l\in T_k(\vartheta_{i,m})}P(k\left|k-1\right.)\cdot J'_{qj}(k)\sum\nolimits_{jl}(k)\left\{y_j(k)-\hat{y}_{ql}(k\left|k-1\right.)\right\} \tag{C.12}$$

$$P_{i,m}(k\left|k\right.)=P(k\left|k-1\right.)-\sum_{j\in T_k(\vartheta_{i,m})}\sum_{l\in T_k(\vartheta_{i,m})}P(k\left|k-1\right.)\cdot J'_{qj}(k)\sum\nolimits_{jl}(k)J_{qj}(k)P(k\left|k-1\right.) \tag{C.13}$$

式中，$q_j=\vartheta_{i,m}^j(k)$。$\sum_{jl}(k)$ 是 $n_y\times n_y$ 的矩阵，是如下定义的分块矩阵逆的对应块：

$$S_{jl}(k)=J_{qj}(k)P(k\left|k-1\right.)J'_{qj}(k)+\delta_{jl}R_{qj}(k),\ j,l\in T_k(\vartheta_{i,m}) \tag{C.14}$$

$J_{qj}(k)$ 是由量测空间通过一定的传播模式转换到状态空间的雅可比矩阵，$\bar{P}(k)$ 是当目标不存在或者不可观测时与状态相关的协方差，$\hat{x}(k\left|k-1\right.)$ 为状态预测，$P(k\left|k-1\right.)$ 为状态预测协方差。

C.2 MPDA 算法流程

单点启动下的 MPDA 滤波器处理步骤如下。

（1）对扫描时刻k的每个备选量测，执行n_k个单点启动 MPDA 滤波器（有效传播模式的一种）。

（2）对每个初始化的 MPDA 滤波器，构造预测状态

$$\hat{x}(k+1|k)=F\hat{x}(k|k) \tag{C.15}$$

和预测量测

$$\hat{y}_i(k+1|k)=H_i(\hat{x}(k+1|k)) \tag{C.16}$$

以及预测协方差

$$P(k+1|k)=FP(k|k)F'+Q(k) \tag{C.17}$$

和每种有效模式$i=1,2,\cdots,n_{k+1}$对应的协方差

$$S_i(k+1)=J_i(k+1)P(k+1|k)J_i(k+1)'+R_i(k) \tag{C.18}$$

（3）建立确认波门

$$G_i(k)\triangleq\left\{y\in R^3:\left[y-\hat{y}_i(k+1|k)\right]'S_i^{-1}(k+1)\left[y-\hat{y}_i(k+1|k)\right]<\gamma_i\right\},i=1,2,\cdots,n_k \tag{C.19}$$

从$(k+1)$次扫描中的量测值决定验证的量测集。

（4）确定可行的关联/存在事件$\psi_{i,m}(k+1)$，以及每个$m=0,2,\cdots,n_{k+1}$的数量$r_{k+1}(m)$。

（5）构造预测目标的置信度

$$\begin{bmatrix}\Pr\left(E_k\middle|Y^{k-1}\right)\\ \Pr\left(\bar{E}_k\middle|Y^{k-1}\right)\end{bmatrix}=P'\begin{bmatrix}\Pr\left(E_{k-1}\middle|Y^{k-1}\right)\\ \Pr\left(\bar{E}_{k-1}\middle|Y^{k-1}\right)\end{bmatrix} \tag{C.20}$$

（6）当$m=0,2,\cdots,n_{k+1}$时，对于所有可行的事件$i=1,2,\cdots,r_{k+1}(m)$计算事件概率

$$\bar{\beta}(k)=\delta_k^{-1}\Pr\left(\bar{E}_k\middle|Y^{k-1}\right)\frac{\lambda^{M_k}}{M_k!}\exp\left[-\lambda V_G(k)\right] \tag{C.21}$$

$$\beta_0(k)=\delta_k^{-1}\Pr\left(E_k\middle|Y^{k-1}\right)(1-P_DP_G)^{n_k}\frac{\lambda^{M_k}}{M_k!}\exp\left[-\lambda V_G(k)\right] \tag{C.22}$$

$$\begin{aligned}\beta_{i,m}(k)=&\delta_k^{-1}\Pr\left(\bar{E}_k\middle|Y^{k-1}\right)(P_D)^m(1-P_DP_G)^{n_k-m}\frac{1}{r_k(m)}\\&\prod_{j\in T_k(\vartheta_{i,m})}(2\pi)^{-\frac{n_y}{2}}\left[\det S_q(k)\right]^{-\frac{1}{2}}\mathrm{e}^{-\frac{1}{2}d_{jq}}\times\delta(c_m)\end{aligned} \tag{C.23}$$

$$d_{jq}=\left[y_j(k)-\hat{y}_q(k|k-1)\right]' S_q^{-1}(k)\left[y_j(k)-\hat{y}_q(k|k-1)\right] \tag{C.24}$$

$$q=\vartheta_{i,m}^j(k) \tag{C.25}$$

（7）计算条件状态估计

$$\hat{x}_{i,m}(k|k)=\hat{x}(k|k-1)+\sum_{j\in T_k(\vartheta_{i,m})}\sum_{l\in T_k(\vartheta_{i,m})}P(k|k-1)\times J'_{qj}\sum\nolimits_{jl}(k)\left[y_j(k)-\hat{y}_{ql}(k|k-1)\right] \tag{C.26}$$

及协方差

$$P_{i,m}(k|k)=P(k|k-1)-\sum_{j\in T_k(\vartheta_{i,m})}\sum_{l\in T_k(\vartheta_{i,m})}P(k|k-1)\times J'_{qj}(k)\sum\nolimits_{jl}(k)J_{qj}(k)P(k|k-1) \tag{C.27}$$

（8）更新状态估计

$$\hat{x}(k|k)=\left[\bar{\beta}(k)+\beta_0(k)\right]\hat{x}(k|k-1)+\sum_{m=1}^{\min\{N_k,M\}}\sum_{i=1}^{r_k(m)}\beta_{i,m}(k)\hat{x}_{i,m}(k|k) \tag{C.28}$$

和误差协方差

$$\begin{aligned}P(k|k)=&\beta_0(k)P(k\mid k-1)+\bar{\beta}(k)\bar{P}(k)+\left[\bar{\beta}(k)+\beta_0(k)\right]\hat{x}(k\mid k-1)\hat{x}'(k\mid k)-\\&\hat{x}(k|k)\hat{x}'(k|k)+\sum_{m=1}^{\min\{N_k,M\}}\sum_{i=1}^{r_k(m)}\beta_{i,m}(k)\times\left[P_{i,m}(k|k)+\hat{x}_{i,m}(k|k)\hat{x}'_{i,m}(k|k)\right]\end{aligned} \tag{C.29}$$

（9）更新目标置信度

$$P_E(k)\triangleq\Pr\left(E_k\middle|Y^k\right)=1-\bar{\beta}(k)\Pr\left(\bar{E}\middle|Y^k\right)=1-P_E(k) \tag{C.30}$$

并形成其滑窗平均值 $\bar{P}_E(k+1)$。

（10）进行航迹置信度判决，若 $\bar{p}_E(k+1) < p_{\text{del}}$，则删除航迹；若 $\bar{p}_E(k+1) >$ p_{con}，则确认航迹；若 $p_{\text{del}} < \bar{p}_E(k+1) \leqslant p_{\text{con}}$，航迹保持暂定状态。

（11）扫描时刻 k 步进加 1，返回步骤（2）。

附录 D

MVDA 算法基本步骤

D.1 算法推导

设时刻k的确认量测集合是$Y(k)=\{y(k)\}_{i=1}^{n_k}$，其中$n_k$是确认区域内的量测数，量测的累积集合为$Y^k=\{Y(j)\}_{i=1}^{k}$。状态估计值集合为$X^k=\{X(j)\}_{j=1}^{k}$。传播模式集合为$M^k=\{M(j)\}_{j=1}^{k}$。

定义 1 时刻k的目标量测事件集为

$$\Theta(k)=\{\theta_i(k)\}_{i=-1}^{n_k} \tag{D.1}$$

当$i=-1$时，为时刻k“目标不存在”事件；

当$i=0$时，为时刻k“目标存在但不可观测”事件；

当$i\geqslant 1$时，为时刻k“第i个量测值y_i来自目标”事件。

定义 2 第j条架构路径时刻的最大似然函数为

$$\bar{d}_j(k)\triangleq \max P\left(\Theta_{j(k-1)},\theta_j(k),m,Y^k \middle| X^k\right) \tag{D.2}$$

其负对数为$d_j(k)\triangleq -\ln(\bar{d}_j(k))$。

定义 3 时刻$k-1$状态$\theta_i(k-1)$以模式m转移到时刻k状态$\theta_i(k)$的代价为

$$a_{i,m,j}\triangleq -\ln P(\theta_j(k),m,y_j(k)|\Theta_{i(k-1)},M_{i(k-1)}Y_i(k-1),X^k) \tag{D.3}$$

定义 4 时刻$k-1$状态$\theta_i(k-1)$以模式m转移到时刻k状态$\theta_i(k)$的发生概率为

$$\beta_j^m(k)\triangleq P(\theta_j(k),m|\Theta_{i(k-1)},Y^{k-1},X^k) \tag{D.4}$$

定理 1 式（D.2）的多路径 Viterbi 架构最优路径的最大似然估计可等价于

$$\min_{j=-1,0,1,\cdots,n_k}\{d_j(k)\}=\min_{m=1,2,\cdots,M^2}\left\{\min_{i=-1,0,1,\cdots,n_{k-1}}\left[a_{i,m,j}(k)+d_i(k-1)\right]\right\} \tag{D.5}$$

定理 2 多路径 Viterbi 架构中从状态$\theta_i(k-1)$以模式m转移到状态$\theta_i(k)$的转移代价为

$$a_{i,m,j}(k)=\begin{cases}-\ln\left(V_i^m(k)^{-N_{C_i}^m(k)}\beta_j^m(k)\right), & j=-1\\ -\ln\left(V_i^m(k)^{-N_{C_i}^m(k)}\beta_j^m(k)\right), & j=0\\ -\ln\left(V_i^m(k)^{-N_{C_i}^m(k)+1}\beta_j^m(k)P_g^{-1}N\left\{y_j(k),y_i^m(k|k-1),S_i^m(k|k-1)\right\}\right), & j\geqslant 1\end{cases} \tag{D.6}$$

式中

$$\beta_j^m(k)=\begin{cases}\mu\left(N_{C_i}^m(k)\right)\left(1-P_E(k|k-1)\right)\delta_i^m(k)^{-1}, & j=-1\\ \mu\left(N_{C_i}^m(k)\right)\left(1-P_d^m P_g\right)\left(P_E(k|k-1)\right)\delta_i^m(k)^{-1}, & j=0\\ \eta\left(N_{C_i}^m(k)\right)N_{C_i}^m(k)^{-1}P_d^m P_g P_E(k|k-1)\delta_i^m(k)^{-1}, & j\geqslant 1\end{cases} \tag{D.7}$$

归一化系数为

$$\begin{aligned}\delta_i^m(k)=&\mu\left(N_{C_i}^m(k)\right)(1-P_E(k|k-1))+\mu\left(N_{C_i}^m(k)\right)P_E(k|k-1)\left(1-P_d^mP_g\right)+\\&\eta\left(N_{C_i}^m(k)\right)P_d^mP_gP_E(k|k-1)\end{aligned}\tag{D.8}$$

$$P_E(k|k-1)=\Delta_0P_E(k-1|k-1)+\Delta_1\left(1-P_E(k-1|k-1)\right)\tag{D.9}$$

式中：$\eta\left(N_{C_i}^m\right)$为$j\geqslant 0$时以$y_i^m(k|k-1)$为中心的波门内的杂波数概率；$N_{C_i}^m(k)$为$j\geqslant 0$时以$y_i^m(k|k-1)$为中心的波门内的回波数；$V_i^m(k)$为以$y_i^m(k|k-1)$为中心的有效波门体积。

由于多种传播模式的波门间存在相互影响，因此需要计算波门内的杂波数概率和波门内的杂波数以建立精确的关联概率。但基于体积分的计算方法计算量较大，以下给出一种简化方法。

假设矩阵$\boldsymbol{\Phi}(k)=\left[\varphi_{ij}(k)\right]_{M^2\times M^2}$，其中，$\varphi_{ij}(k)$表示目标回波落入概率，即$j$种模式的回波落入第$i$种传播模式的预测波门内的概率。当$j\neq 1$时，可以由体积分$\int_{\Delta V_{ij}(k)}p_i(k)\mathrm{d}v$计算，其中，$p_i(k)$为模式$i$波门的概率密度，$\Delta V_{ij}(k)$为模式$i$波门仅与其他$j-1$种模式的波门相交的区域的交集；当$j=1$时，$\varphi_{ij}(k)=1-\sum\limits_{j\neq 1}\varphi_{ij}(k)$。滤波器稳定跟踪后，波门稳定，相对变化缓慢，因此可以考虑将$\varphi_{ij}(k)$取为常数。假设有M^2种模式的量测落入状态$\theta_i(k-1)$第m种路径模式的波门内，该波门内有$N_{C_i}^m(k)$个回波，则j种模式的波门完全包含于i状态的m种路径模式预测波门时，产生$N_{C_i}^m-b$个杂波的概率为

$$P(N_{C_i}^m-b)=C_j^bP_gP_d^b\left(1-P_d\right)^{j-b}\tag{D.10}$$

式中

$$C_j^b=j!(b!(j-b)!)^{-1}\tag{D.11}$$

则发生j种模式的波门与i状态的m种路径模式预测波门部分相交时，杂波数的概率为

$$P_{\varphi_{mj}}\left(N_{C_i}^m-b\right)=\varphi_{ij}(k)\left[\sum_{b=1}^{i}P(N_{C_i}^m-b)\right]^{-1}\cdot\sum_{b=1}^{i}P(N_{C_i}^m-b)\mu(N_{C_i}^m-b)\tag{D.12}$$

而时刻k的杂波数的概率为

$$\eta(N_{C_i}^m)=\left[\sum\nolimits_j\varphi_{ij}(k)\right]^{-1}\sum\nolimits_jP_{\varphi_{mj}}(N_{C_i}^m-b)\tag{D.13}$$

D.2 MVDA 算法流程

（1）采用一点起始，$k=0$，初始代价$d_j(0)=0(j=-1,0,1,\cdots,n_0)$，$n_0=1$时，初始状态和方差分别为$x(0|0)$、$P(0|0)$；

（2）当 $k \geqslant 1$ 时，由 $k-1$ 时刻架构中的各主节点计算一步预测状态 $\hat{x}_i = (k|k-1)$ 和预测协方差 $P_i(k|k-1)$，以及各传播模式下的预测量测值 $\hat{y}_i^m(k|k-1)$ 和相应的协方差 $S_i^m(k)$；

（3）建立确认波门 $G_i^m(k)$，计算各波门的体积 $V_i^m(k)$，并通过时刻 k 的量测来确定量测集合 $\left\{y_1(k), y_2(k), \cdots, y_{n_n}(k)\right\}$，然后确定量测事件集 $\{\theta_{-1}(k), \theta_0(k), \theta_1(k), \cdots, \theta_{n_k}(k)\}$，并将量测事件集分配至架构节点；

（4）从式（D.6）计算相应架构节点转移代价 $a_{i,m,j}(k)$；

（5）对每个主节点计算并存储：

$$\left[i_j^*(k) \quad m_j^*(k)\right] = \arg\left\{\min_{\substack{-1 \leqslant i \leqslant n_k - 1 \\ 1 \leqslant m \leqslant M^2}} \left[d_i(k-1) + a_{i,m,j}(k)\right]\right\} \tag{D.14}$$

$$d_j(k) = d_{i_j^*(k), m_j^*(k), j}(k) \tag{D.15}$$

（6）应用扩展卡尔曼滤波算法对各状态进行状态更新，计算条件状态估计值 $\hat{x}_j(k|k)$ 和协方差 $P_j(k|k)$；

（7）计算架构中各路径置信概率 $c_j(k|k)$ 和目标存在置信度 $P_E(k|k)$；

（8）扫描时刻 k 步进加 1，判断延时是否达到 τ 个采样周期，若未达到且未发生架构路径合并，则返回第（1）步，若达到 τ 个采样周期则合并架构路径，由 $\min\left\{d_j(k)\right\}$ 得到确认航迹。

参考资料

[1] Neale B T. CH: The first operational radar. GEC J. Res., 1985, 3(2): 73-83.
[2] 中华人民共和国工业和信息化部. 中华人民共和国无线电频率划分规定，2018.
[3] Skolnik M I. 雷达手册. 第 3 版. 北京：电子工业出版社，2010.
[4] Stimson G W. 机载雷达导论. 第 2 版. 北京：电子工业出版社，2005.
[5] 贲德，韦传安，林幼权. 机载雷达技术. 北京：电子工业出版社，2006.
[6] 常文胜，刘爱芳，胡学成. 平流层飞艇预警监视雷达系统发展趋势//第十一届全国雷达学术年会论文集，2010: 229-232.
[7] 胡文琳，丛力田. 平流层飞艇预警探测技术进展及应用展望. 现代雷达，2011, 33(1): 5-7. doi: 10.3969/j.issn.1004-7859.2011.01.002.
[8] 左群声，林幼权，王友林. 天基预警雷达探测系统的发展. 中国电子科学研究院学报，2004, 000(3): 20-22. doi: 10.3969/j.issn.1673-5692.2004.03.004.
[9] 林幼权，武楠. 天基预警雷达. 北京：国防工业出版社，2017.
[10] Sevgi L, Ponsford A, Chan H C. An integrated maritime surveillance system based on high-frequency surface-wave radars. 1. Theoretical background and numerical simulations. IEEE Antennas Propag. Mag., 2001, 43(4): 28-43. doi: 10.1109/74.951557.
[11] Ponsford A M, Sevgi L, Chan H C. An integrated maritime surveillance system based on high-frequency surface-wave radars. 2. Operational status and system performance. IEEE Antennas Propag. Mag., 2001, 43(5): 52-63. doi: 10.1109/74.979367.
[12] Liu Y, Xu R, Ning Z. Progress in HFSWR research at Harbin Institute of Technology// 2003 Proceedings of the International Conference on Radar, Adelaide, SA, Australia, 2003: 522-528. doi: 10.1109/RADAR.2003.1278796.
[13] 焦培南，张忠治. 雷达环境与电波传播特性. 北京：电子工业出版社，2007.
[14] 康士峰，张玉生，王红光. 对流层大气波导. 北京：科学出版社，2015.
[15] 440-L over-the-horizon forward scatter radar (OTH-F).
[16] Willis N J, Griffiths H D. Advances in Bistatic Radar. Raleigh, NC: SciTech Publishing, Inc, 2007. doi: 10.1049/SBRA001E.
[17] Laurie P. An eye on the enemy over the horizon. New Sci., 1974: 420-423.
[18] 罗群，周万幸，马林. 世界地面雷达手册. 北京：国防工业出版社，2005.
[19] McNally R. Jindalee operational radar network project. Australian National Audit Office, Canberra ACT, Audit Report No.28, 1996.

[20] Appleton E V, Barnett M. Local reflection of wireless waves from the upper atmosphere. Nature, 1925, 115(2888): 333-334. doi: 10.1038/115333a0.

[21] Watt R. Weather and Wireless. Q. J. R. Meteorol. Soc., 1929, 55(231): 273-301. doi: 10.1002/qj.49705523105.

[22] Silberstein R. The origin of the current nomenclature for the ionospheric layers. 1959, 13(3-4): 382. doi: 10.1016/0021-9169(59)90130-8.

[23] Chapman S. Some Phenomena of the Upper Atmosphere. Nature, 1931, 128(3228): 464-465. doi: 10.1038/128464b0.

[24] Riddolls R J. Auroral clutter observations with a three-dimensional over-the-horizon radar. Defence R&D Canada - Ottawa, DRDC Ottawa TM 2013-137, 2013.

[25] Dandekar B S, Buchau J, Whalen J A, et al. Physics of the ionosphere for OTH operation Chapter 3, OTH Handbook. Phillips Laboratory, PL-TR-95-2149, 1995.

[26] Monthly and smoothed sunspot number | SILSO.

[27] Werner J T. Assessment of the Impact of Various Ionospheric Models on High-Frequency Signal Raytracing. Master's Thesis, Air Force Institute of Technology, Wright-Patterson Air Force Base, Ohio, 2007.

[28] Barnum J R. Skywave polarization rotation in swept-frequency sea backscatter. Radio Sci., 1973, 8(5): 411-423. doi: 10.1029/rs008i005p00411.

[29] Epstein M R. The effects of polarization rotation and phase delay with frequency on ionospherically propagated signals. IEEE Trans. Antennas Propag., 1968, 16(5): 548-553. doi: 10.1109/TAP.1968.1139242.

[30] Papazoglou M, Krolik J L. Matched-field estimation of aircraft altitude from multiple over-the-horizon radar revisits. IEEE Trans. Signal Process., 1999, 47(4): 966-976. doi: 10.1109/78.752595.

[31] Anderson R H, Kraut S, Krolik J L. Robust altitude estimation for over-the-horizon radar using a state-space multipath fading model. IEEE Trans. Aerosp. Electron. Syst., 2003, 39(1): 192-201. doi: 10.1109/TAES.2003.1188903.

[32] Luo Z, He Z, Chen X, et al. Target location and height estimation via multipath signal and 2D array for sky-wave over-the-horizon radar. IEEE Trans. Aerosp. Electron. Syst., 2016, 52(2): 617-631. doi: 10.1109/taes.2015.140046.

[33] Pietrella M, Bianchi C. Occurrence of sporadic-E layer over the ionospheric station of Rome: Analysis of data for thirty-two years. Adv. Space Res., 2009,

44(1): 72-81. doi: 10.1016/j.asr.2009.03.006.

[34] Chen Z, Tang Q, Song X, et al. A Statistical analysis of sporadic E layer occurrence in the mid-latitude China region: Sporadic E layer occurrence. J. Geophys. Res. Space Phys., 2017, 122(A8): 3617-3631. doi: 10.1002/2016ja023135.

[35] Whitehead J D. Recent work on mid-latitude and equatorial sporadic-E. J. Atmospheric Terr. Phys., 1989, 51(5): 401-424. doi: 10.1016/0021-9169(89)90122-0.

[36] Mathews J D. Sporadic E: current views and recent progress. J. atmos. sol. terr. phys, 1998, 60(4): 413-435. doi: 10.1016/s1364-6826(97)00043-6.

[37] Earle G D, Kane T J, Pfaff R F, et al. Ion layer separation and equilibrium zonal winds in midlatitude sporadic E. Geophys. Res. Lett., 2000, 27(4): 461-464. doi: 10.1029/1999gl900572.

[38] Christakis N, Haldoupis C, Zhou Q, et al. Seasonal variability and descent of mid-latitude sporadic E layers at Arecibo. Ann. Geophys., 2009(27): 923-931. doi: 10.5194/angeo-27-923-2009.

[39] Abdu M A. The role of electric fields in sporadic E layer formation over low latitudes under quiet and magnetic storm conditions. J. Atmospheric Sol.-Terr. Phys., 2014, 115-116: 95-105. doi: 10.1016/j.jastp. 2013.12.003.

[40] Pancheva D, Haldoupis C, Meek C E, et al. Evidence of a role for modulated atmospheric tides in the dependence of sporadic E layers on planetary waves. J. Geophys. Res. Space Phys., 2003, 108(A5). doi: 10.1029/2002ja009788.

[41] Maksyutin S V, Sherstyukov O N. Dependence of E-sporadic layer response on solar and geomagnetic activity variations from its ion composition. Adv. Space Res., 2005, 35(8): 1496-1499. doi: 10.1016/j.asr.2005.05.062.

[42] Norman R J, Dyson P L, Bennett J A. Modelling and mapping sporadic E using backscatter radar, 2001.

[43] Szuszczewicz E P, Roble R G, Wilkinson P J, et al. Coupling mechanisms in the lower ionospheric-thermospheric system and manifestations in the formation and dynamics of intermediate and descending layers. J. Atmospheric Terr. Phys., 1995, 57(12): 1483-1496. doi: 10.1016/0021-9169(94)00145-e.

[44] Yeh W H, Huang C Y, Hsiao T Y, et al. Amplitude morphology of GPS radio occultation data for sporadic-E layers. J. Geophys. Res. Space Phys., 2012, 117(A11). doi: 10.1029/2012ja017875.

[45] Arras C, Wickert J, Beyerle G, et al. A global climatology of ionospheric irregularities derived from GPS radio occultation. Geophys. Res. Lett., 2008, 35: L14809. doi: 10.1029/2008gl034158.

[46] Fabrizio G. High frequency over-the-horizon radar: Fundamental principles, signal processing, and practical applications. New York: McGraw Hill, 2013.

[47] McNamara L F. The ionosphere: Communications, surveillance, and direction finding. Original edition. Malabar, Fla: Krieger Pub Co, 1991.

[48] Hunsucker R D. Auroral and polar-cap ionospheric effects on radio propagation. Antennas Propag. IEEE Trans. On, 1992, 40(7): 818-828. doi: 10/c8vcr5.

[49] Hocke K, Schlegel K. A review of atmospheric gravity waves and travelling ionospheric disturbances: 1982-1995. Ann. Geophys., 1996, 14(9): 917-940. doi: 10.1007/s00585-996-0917-6.

[50] Hunsucker. Atmospheric gravity waves and traveling ionospheric disturbances: Thirty years of research//Ionospheric Effects Symposium(IES-90). Washington DC, 1990.

[51] Howland P E, Cooper D C. Use of the Wigner-Ville distribution to compensate for ionospheric layer movement in high-frequency sky-wave radar systems. IEEE Proc.-F Radar Signal Process., 1993, 140(1): 29-36. doi: 10.1049/ip-f-2. 1993. 0004.

[52] Huang Chaosong, Kelley M C, Hysell D L. Nonlinear rayleigh-taylor instabilities, atmospheric gravity waves and equatorial spread F. J. Geophys. Res. Space Phys., 1993, 98(A9). doi: 10.1029/93ja00762.

[53] Hartnett M P, Clancy J T, Denton R J. Utilization of a nonrecurrent waveform to mitigate range-folded spread doppler clutter: Application to over-the-horizon radar. Radio Sci., 1998, 33(4): 1125-1133. doi: 10.1029/98rs01707.

[54] Hartnett M P, Denton R J. Nonrecurrent waveform to mitigate long-range spread doppler clutter application to over-the-horizon radar. Proc. SPIE - Int. Soc. Opt. Eng., 1998, 3395: 14-24. doi: 10.1117/12.319447.

[55] 韩彦明，徐国良，李宗强. 天波雷达中抑制距离多跳回波的波形设计方法. 现代雷达, 2007, 29(7): 9-11. doi: CNKI:SUN:XDLD.0.2007-07-003.

[56] 王兆祎，卢琨，石胜男，等. 基于序贯正交波形体制的天波 OTH 雷达多跳杂波抑制. 现代雷达, 2002, 42(7): 11-16.

[57] 管荣生，李钦. 高空核爆炸对无线电波传播的影响. 武汉大学学报（自然科

学版）, 1997, 43(3): 381-385. doi: CNKI:SUN:WHDY.0.1997-03-018.

[58] Barrios A A. High-frequency skywave communication system performance in a nuclear environment. IEEE Trans. Mil. Electron., 1965, 9(2):125-130. doi: 10.1109/tme.1965.4323194.

[59] Dandekar B S, Buchau J. Glossary for OTH radars chapter 6, OTH handbook. Phillips Laboratory, PL-TR-95-2127, 1995.

[60] Weinberger S. Atmospheric physics: Heating up the heavens. Nature, 2008, 452(7190): 930-932. doi: 10.1038/452930a.

[61] Bailey P G, Worthington N C. History and applications of HAARP technologies: The high frequency active auroral research program//IECEC-97 Proceedings of the Thirty-Second Intersociety Energy Conversion Engineering Conference (Cat. No.97CH6203), 1997, 2: 1317-1322. doi: 10.1109/IECEC.1997.661959.

[62] Gordon W E, Showen R, Carlson H C. Ionospheric heating at arecibo: First tests. J. Geophys. Res., 1971, 76(31): 7808-7813. doi: 10.1029/ja076i031p07808.

[63] Dias L, Gordon W E. Observation of electron cyclotron lines enhanced by HF radio waves. J. Geophys. Res., 1973, 78: 1730-1732. doi: 10.1029/ja078i010 p01730.

[64] Derblom H. Tromsø heating experiments: Stimulated emission at HF pump harmonic and subharmonic frequencies. J. Geophys. Res. Space Phys., 1989, 94(A8). doi: 10.1029/ja094ia08p10111.

[65] Rietveld M, Markkanen J, Westman A, et al. The EISCAT high power HF radar capability, 2011. doi: 10.1109/ursigass.2011.6123724.

[66] Andreeva E S, Frolov V L, P Ad Okhin A M, et al. HF ray tracing of the artificially disturbed ionosphere above sura heating facility//Xxxiind General Assembly & Scientific Symposium of the International Union of Radio Science, 2017: 1-3.

[67] Gurevich A V. The artificial ionospheric mirror. Sov. Phys. Uspekhi, 1975, 18(9): 746. doi: 10.1070/pu1975v018n09abeh005220.

[68] Short R D, Wallace T, Stewart C V, et al. Artificial ionospheric mirrors for radar applications. AGARD Ionos. Modif. Its Potential Enhance Degrade Perform. Mil. Syst. 12 P SEE N91-18506 10-46, 1990.

[69] Geophysical institute, university of Alaska Fairbanks. FAQ | HAARP-High-frequency Active Auroral Research Program.

[70] Barnum J R, Simpson E E. Over-the-horizon radar sensitivity enhancement by

impulsive noise excision//Proceedings of the 1997 IEEE National Radar Conference, 1997: 252-256. doi: 10.1109/nrc.1997.588315.

[71] International Radio Consultative Committee. Characteristics and applications of atmospheric radio noise data. Geneva: International Telecommunication Union, International Radio Consultative Committee, 1983.

[72] Spaulding A D, Washburn J S. Atmospheric radio noise: Worldwide levels and other characteristics. Institute for Telecommunication Sciences, Boulder, CO, NTIA Report 85-173, 1985.

[73] Lemmon J J. Wideband model of HF atmospheric radio noise. Radio Sci., 2001, 36(6): 1385-1391. doi: 10.1029/2000rs002364.

[74] Barnum J R. High-frequency backscatter from terrain with cement-block walls. Antennas Propag. IEEE Trans. On, 1971, 19(3): 343-347. doi: 10.1109/tap. 1971.1139934.

[75] Jao J K, Stevens W, Eisenman J. A wind farm interference model for Over-the-Horizon Radar//2015 IEEE Radar Conference (RadarCon), 2015: 0717-0722. doi: 10.1109/RADAR. 2015. 7131090.

[76] Coutts S, Eisenman J, Jao J, et al. Wind turbine measurements and scattering model validation in the high frequency band (3-30 MHz), 2018: 1284-1289. doi: 10. 1109/radar. 2018.8378748.

[77] Coutts S, Eisenman J, Jao J, et al. Wind turbine measurements and scattering model comparison in the high frequency band-part 2: Full farm measurements// 2019 IEEE Radar Conference (RadarConf), 2019: 1-6. doi: 10.1109/RADAR. 2019. 8835728.

[78] Barrick D E. Theory of HF and VHF propagation across the rough sea, 1, The effective surface impedance for a slightly rough highly conducting medium at grazing incidence. Radio Sci., 1971, 6(5): 517-526. doi: 10.1029/rs006i005p00517.

[79] Barrick D E. Theory of HF and VHF propagation across the rough sea, 2, Application to HF and VHF propagation above the sea. Radio Sci., 1971, 6(5): 527-533. doi: 10.1029/rs006i005p00527.

[80] Barrick D E. First-order theory and analysis of MF/HF/VHF scatter from the sea. IEEE Trans. Antennas Propag., 1972, 20(1): 2-10. doi: 10.1109/tap.1972. 1140123.

[81] Barnum J R, Simpson E E. Over-the-horizon radar target registration improvement by terrain feature localization. Radio Sci., 2016, 33(4): 1077-1093. doi: 10.1029/

98rs00831.

[82] Cuccoli F, Facheris L, Sermi F. Coordinate registration method based on sea/land transitions identification for over-the-horizon sky-wave radar: Numerical model and basic performance requirements. IEEE Trans. Aerosp. Electron. Syst., 2011, 47(4): 2974-2985. doi: 10.1109/taes.2011.6034678.

[83] Cervera M, Elford W. The meteor radar response function: Theory and application to narrow beam MST radar. Planet. Space Sci., 2004, 52(7): 591-602. doi: 10.1016/j.pss.2003.12.004.

[84] Thomas R M, Whitham P S, Elford W G. Response of high frequency radar to meteor backscatter. J. Atmospheric Terr. Phys., 1988, 50(8): 703-724. doi: 10.1016/0021-9169(88)90034-7.

[85] Thayaparan T. Strengths and limitations of HF radar for meteor backscatter detection, 2000: 578-583. doi: 10.1109/RADAR.2000.851898.

[86] Ravan M, Riddolls R J, Adve R S. Ionospheric and auroral clutter models for HF surface wave and over-the-horizon radar systems. Radio Sci., 2012, 47(3). doi: 10.1029/2011rs004944.

[87] Riddolls R J. Auroral clutter mitigation in an over-the horizon radar using joint transmit-receive adaptive beamforming. DRDC Ottawa TM 265, 2015.

[88] Krolik J, Mecca V, Kazanci O, et al. Multipath spread-Doppler clutter mitigation for over-the-horizon radar//IEEE Radar Conference, Rome, Italy, 2008: 1-5. doi: 10.1109/radar.2008.4720844.

[89] Adebisi B, Stott J, Honary B. Experimental study of the interference caused by PLC transmission on HF bands//2006 10th IET International Conference on Ionospheric Radio Systems and Techniques (IRST 2006), 2006: 326-330. doi: 10.1049/cp:20060295.

[90] Yun H J, Shim Y S, Lee I K, et al. The emission characteristics and interference analysis of power line telecommunication. Inf. Syst., 2015, 48: 301-307. doi: 10.1016/j.is.2014.06.007.

[91] International telecommunication union R. I.-R. Radio noise. International Telecommunication Union, RECOMMENDATION ITU-R P.372-8, 2003.

[92] Earl G F, Ward B D. The frequency management system of the Jindalee over-the-horizon backscatter HF radar. RADIO Sci., 1987. doi: 10.1029/rs022i002p00275.

[93] Earl G, Ward B. Frequency management support for remote sea-state sensing

using the JINDALEE skywave radar. IEEE J. Ocean. Eng., 1986, 11(2): 164-173. doi: 10.1109/joe.1986.1145165.

[94] 苏洪涛，保铮，张守宏. 天波超视距雷达工作频率点的自适应选择. 电子与信息学报, 2005, 27(2): 274-277. doi: CNKI:SUN:DZYX.0.2005-02-027.

[95] Capria A, Berizzi F, Soleti R, et al. A frequency selection method for HF-OTH skywave radar systems//2006 14th European Signal Processing Conference, Florence, Italy, 2006: 1-4.

[96] Saverino A L, Capria A, Berizzi F, et al. Frequency management in HF-OTH skywave radar: ionospheric propagation channel representation. Prog. Electromagn. Res. B, 2013, 50(50): 97-111. doi: 10.2528/pierb13022107.

[97] Fabrizio G A, Abramovich Y I, Anderson S J, et al. Adaptive cancellation of nonstationary interference in HF antenna arrays. Radar Sonar Navig. IEE Proc., 1998, 145(1): 19-24. doi: 10.1049/ip-rsn:19981779.

[98] 周万幸. 天波超视距雷达发展综述. 电子学报, 2011, 39(6): 1373-1378. doi: CNKI:SUN:DZXU.0.2011-06-026.

[99] Dandekar B S, Buchau J. The AN/FPS-118 OTH Radar Chapter 5, OTH Handbook. PHILLIPS LABORATORY, PL-TR-96-2023, 1996.

[100] Mosher D E. The grand plans [ballistic missile defense]. IEEE Spectr., 1997, 34(9): 28-39. doi: 10.1109/6.619378.

[101] Cameron A. The Jindalee operational radar network: its architecture and surveillance capability// Proceedings International Radar Conference, 1995: 692-697. doi: 10.1109/radar.1995.522633.

[102] Ciboci J W. Over-the-horizon radar surveillance of airfields for counterdrug applications. IEEE Aerosp. Electron. Syst. Mag., 1998, 13(1): 31-34. doi:10. 1109/62.653822.

[103] Ferraro E, Ganter D. Cold war to counter drug. Microw. J., 1998, 41(3): 82-89.

[104] Fabrizio G, Heitmann A. Single site geolocation method for a linear array, 2012. doi: 10.1109/radar.2012.6212262.

[105] Fabrizio G, Heitmann A. A multipath-driven approach to HF geolocation. Signal Process., 2013, 93(12): 3487-3503. doi: 10.1016/j.sigpro.2013.01.026.

[106] Breit G, Tuve M A. A Radio Method of Estimating the Height of the Conducting Layer. Nature, 1925, 116(2914). doi: 10.1038/116357a0.

[107] Chisham G. A decade of the Super Dual Auroral Radar Network (SuperDARN):

Scientific achievements, new techniques and future directions. Surv. Geophys., 2007, 28: 33-109. doi: 10.1007/s10712-007-9017-8.

[108] Bazin V. A general presentation about the OTH-Radar NOSTRADAMUS//2006 IEEE Conference on Radar, 2006: 9. doi: 10.1109/radar.2006.1631867.

[109] Benito L, Laurado E, Bourdillon A, et al. Inversion of OTH radar backscatter ionograms obtained by scanning in elevation, 2008: 1-5. doi: 10.1109/ radar. 2008.4720817.

[110] Riddolls R J. High-latitude application of three-dimensional over-the-horizon radar. IEEE Aerosp. Electron. Syst. Mag., 2017, 32(12): 36-43. doi: 10.1109/ maes.2017.170025.

[111] Barrick D, Headrick J, Bogle R, et al. Sea backscatter at HF: Interpretation and utilization of the echo. Proc IEEE, 1974, 62(6): 673-680. doi: 10.1109/proc. 1974.9507.

[112] Maresca J W, Carlson C T. High-frequency skywave radar measurements of hurricane ANITA. Science, 1980, 209(4462): 1189-1196. doi: 10.1126/ science. 209.4462.1189.

[113] Georges T M, Harlan J A, Meyer L R, et al. Tracking Hurricane Claudette with the U.S. Air Force Over-the-Horizon Radar. J. Atmospheric Ocean. Technol., 1993, 10(4): 441-451. doi: 10.1175/1520-0426(1993)010<0441:thcwtu>2.0.co;2.

[114] Harlan J A, Georges T M, Biggs D C. Comparison of over-the-horizon radar surface-current measurements in the Gulf of Mexico with simultaneous sea truth. Radio Sci., 1998, 33(4): 1241-1247. doi: 10.1029/98rs00747.

[115] Anderson S J. Remote sensing with the JINDALEE skywave radar. IEEE J. Ocean. Eng., 1986, 11(2): 158-163. doi: 10.1109/joe.1986.1145180.

[116] Gebhard L A. Evolution of naval radio-electronics and contributions of the naval research laboratory. Naval Research Laboratory, Washington, DC, NRL Report 8300, 1979.

[117] Gager F M. A Brief 50-year of over-the horizon H.F. radar effort of the naval research laboratory. Naval Research Laboratory, Washington, DC, NRL Memorandum Report 2624, 1973.

[118] Headrick J M, Skolnik M I. Over-the-Horizon radar in the HF band. Proc. IEEE, 1974, 62(6): 664-673. doi: 10.1109/proc.1974.9506.

[119] Trizna D B. Mapping ocean currents using over-the-horizon HF radar. Int. J.

Remote Sens., 1982, 3: 295-309. doi: 10.1080/01431168208948401.

[120] Bowser C A. Radar and telemetry observations for two saturn launch vehicles. ITT Electro-Physics Laboratory, AD-373294, 1966.

[121] Richelson J T. The Wizards Of Langley: Inside The Cia's Directorate Of Science And Technology, Reprint edition. Boulder, Colorado: Basic Books, 2001.

[122] History of the Central lntelligence Agency (CIA) Office of Research and Development. 1969.

[123] Cobra Mist (Orfordness).

[124] AN/FPS-95 COBRA MIST System 441a. globalsecurity. org.

[125] Klotz J, Goudie D. Foia documents on the COBRA MIST (AN/FPS-95) over-the-horizon radar. The Computer UFO Network.

[126] Boyd F E, Howe C M. Radar Transcriptions from AN/FPS-95 to Madre OTH Radar. Naval Research Laboratory, NRL Memorandum Report 2766, 1974.

[127] Barnum J. Ship detection with high-resolution HF skywave radar. IEEE J. Ocean. Eng., 1986, 11(2): 196-209. doi: 10.1109/joe.1986.1145176.

[128] SRI International. Over-the-horizon radar.

[129] Maresca J W, Carlson C T. High-Frequency Skywave Radar Track of Tropical Storm Debra. Mon. Weather Rev., 1981, 109(4): 871-877. doi: 10.1175/1520-0493(1981)109<0871:hfsrto>2.0.co;2.

[130] Barnum J R. OTH radar surveillance at WARF during the LRAPP CHURCH OPAL exercise. Stanford Research Institute, Menlo Park, California, ADC010483, 1976.

[131] Turk L A, Barnes A E, Solomon L P. CHURCH OPAL: Survailence of ships. Planning Systems Incorporated, McLean, Virginia, PSI-TR-036027, 1976.

[132] McGeogh J E, Thomason J F, Skaggs G A, et al. AN/FPS-112(XN-1) detailed test and evaluation plan. Naval Research Laboratory, Washington, DC, NRL Memorandum Report 2723, 1974.

[133] Thomason J F. Development of over-the-horizon radar in the United States// 2003 Proceedings of the International Conference on Radar (IEEE Cat. No.03EX695), 2003: 599-601. doi: 10.1109/radar.2003.1278809.

[134] AN/FPS-118 Over-the-horizon-backscatter (OTH-B) radar-United States nuclear forces.

[135] U. S. G. A. Office, over-the-horizon radar: Better justification needed for DOD

systems' expansion. GAO, GAO GAO/NSIAD91-61, 1991.
[136] Christmas valley air force station - fortWiki historic U.S. and Canadian forts.
[137] Electronic systems forecast. FPS-118 (OTH-B) - Archived 8/96. Forecast International, Newtown, CT, 1995.
[138] U.S. Air force air combat command. Environmental assessment for equipment removal at over-the-horizon backscatter radar - West coast facilities. U.S. Air Force Air Combat Command, 2005.
[139] Raytheon Company. Relocatable over-the-horizon radar (ROTHR) for homeland security. Raytheon Company, Tewksbury, MA, 2004.
[140] AN/TPS-71 ROTHR (Relocatable over-the-horizon radar) - United States Nuclear Forces.
[141] Strategic warning radars (Military Weapons).
[142] Electronic installations in the western pacific, relocatable over-the-horizon radar (GU, CM): environmental impact statement. Department of the Navy, Naval Space Command, 1990.
[143] Trafficking routes over time.
[144] Callan C. Advanced over-the-horizon radar. MITRE, McLean, Virginia, JSR-90-105, 1993.
[145] Davidson P S. U.S. Indo-pacific command before the senate armed services committee. U.S. INDO-PACIFIC COMMAND, 2021.
[146] All systems go: Radar in Palau moves ahead. Marianas Business Journal.
[147] Defense advanced research projects agency. Department of Defense Fiscal Year (FY) 2021 Budget Estimates. Department of Defense, U. S., 2020.
[148] Office of the secretary of defense. Department of Defense Fiscal Year (FY) 2022 Budget Estimates-Defense-Wide Justification Book Volume 3 of 5. Department of Defense, 2021.
[149] Russian Woodpecker. Wikimapia.
[150] 5N32 Duga. Globalsecurity.
[151] Volna over-the-horizon radar.
[152] ЗАГОРИЗОНТНАЯ РАДИОЛОКАЦИОННАЯ СТАНЦИЯ (ЗГРЛС) 29Б6 КОНТЕЙНЕР.
[153] Radiolocation technology information. Military and civil products catalogue-RTI. RTI, 2018.

[154] Sinnott D. The development of over-the-horizon radar in Australia. DSTO, 1989.

[155] Colegrove S B. Project jindalee: From bare bones to operational OTHR// Record of the IEEE 2000 International Radar Conference [Cat. No. 00CH37037], 2000: 825-830. doi: 10/bjngtq.

[156] Wikipedia. Jindalee Operational Radar Network.

[157] Earl G F. FMCW waveform generator requirements for ionospheric over-the-horizon radar. Radio Sci., 2016, 33(4): 1069-1076. doi: 10/bq59d4.

[158] Joint committee of public accounts and audit. Overview of the Jindalee Operational Radar Network Project. JCPA, Australia, 1996.

[159] Bradley P. Australia's Jindalee Radar System Gets Performance Boost. Aviat. Week Netw., 2014.

[160] Pyne C. Boon for Australian defence industry as our JORN gets an upgrade. pyneonline.com.au, (2018-3-5).

[161] Wise J C. Summary of recent Australian radar developments. IEEE Aerosp. Electron. Syst. Mag., 2004, 19(12): 8-10. doi: 10.1109/maes.2004.1374061.

[162] D S and T. Group. Our unique radar receiver swallows the entire spectrum. (2019-3-29).

[163] Jindalee over-the-horizon radar. Engineers Australia, 2016.

[164] Frazer G J. Forward-based Receiver Augmentation for OTHR// 2007 IEEE Radar Conference, 2007: 373-378. doi: 10.1109/RADAR.2007.374245.

[165] Frazer G J, Abramovich Y I, Johnson B A. HF skywave MIMO radar: The HILOW experimental program//2008 42nd Asilomar Conference on Signals, Systems and Computers, 2008: 639-643. doi: 10.1109/ACSSC.2008.5074484.

[166] Frazer G J, Abramovich Y I, Johnson B A. Multiple-input multiple-output over-the-horizon radar: experimental results. IET Radar Sonar Amp Navig., 2009, 3(4): 290-303. doi: 10/ck4f63.

[167] Frazer G J, Abramovich Y I, Johnson B A, et al. Recent results in MIMO over-the-horizon radar//2008 IEEE Radar Conference, 2008: 1-6. doi: 10.1109/RADAR.2008.4720867.

[168] Frazer G J, Abramovich Y I, Johnson B A. Spatially Waveform Diverse Radar: Perspectives for High Frequency OTHR//2007 IEEE Radar Conference, 2007: 385-390. doi: 10.1109/RADAR.2007.374247.

[169] Parent, Gaffard J C. Detection of meteorological fronts over the North Sea with

Valensole skywave radar. Ocean. Eng. IEEE J. of, 1986. doi: 10.1109/ joe.1986. 1145177.

[170] Washburn T W, Sweeney L E, Barnum J R, et al. Development of HF skywave radar for remote sensing applications. AGARD Spec Top. HF Propag., 1979, 32: 1-17.

[171] Six M, Parent J. A new multibeam receiving equipment for the Valensole skywave HF radar: Description and applications. IEEE Trans. Geosci. Remote Sens., 1996, 34(3): 708-719. doi: 10.1109/36.499750.

[172] Ruelle N, Gauthier F, Saout J Y L. Recent results obtained using the Losquet Island HF sky-wave backscatter radar//1991 Fifth International Conference on HF Radio Systems and Techniques, 1991: 66-69.

[173] Saout J, Bertel L. Antenna arrays of the CNET backscatter HF radar// 1988 Fourth International Conference on HF Radio Systems and Techniques, 1988: 280-284.

[174] Bazin V. Nostradamus: An OTH radar. IEEE Aerosp. Electron. Syst. Mag., 2006, 10(21): 3-11. doi: 10.1109/MAES.2006.275299.

[175] Georgiou G. British bases in cyprus and signals intelligence. Études Hell. Stud., 2011, 19(2): 121-130, 2011.

[176] All domain situational awareness (ADSA) S&T program. Canada Armed Forces, 2019.

[177] Mchale J. Over-the-horizon radar (OTHR) contracts won by D-TA systems. (2018-12-12).

[178] Henault S, Riddolls R J. Investigation of a 256-monopole transmit antenna array for over-the-horizon radar in Canada. Radio Sci., 2019, 54: 888-903. doi: 10.1029/2019rs006868.

[179] Henault S, Riddolls R J. Two-dimensional transmit arrays for polar over-the-horizon radar. IET Radar Sonar Navig., 2021, 15(10): 1165-1172. doi: 10.1049/ rsn2.12080.

[180] Riddolls R J, Henault S. Receive arrays for polar over-the-horizon radar//2020 IEEE International Radar Conference (RADAR), Washington, DC, USA, 2020: 442-447. doi: 10.1109/RADAR42522.2020.9114668.

[181] POTHR. Public Works and Government Services Canada, 2018.

[182] Berizzi F, Mese E D, Monorchio A, et al. On the design of a 2D array HF skywave radar//IEEE, Rome, Italy, 2008: 1-6. doi: 10.1109/radar.2008. 4720845.

[183] RaSS Lab. Appendix B: Projects LOTHAR and LOTHAR-fatt.

[184] Joachim M. Atlas of ionospheric characteristics. CCIR, CCIR REPORT 340, 1967.

[185] 孙宪儒. 亚大地区 F_2 电离层预测方法. 通信学报, 1987, 8(6): 153-156. doi: 10.1007/BF02032915.

[186] Bent R B. Bent ionospheric model (1972). Planet. Space Sci., 1992, 40: 545-545. doi: 10.1016/0032-0633(92)90176-o.

[187] Bilitza D, McKinnell L A, Reinisch B. The international reference ionosphere today and in the future. J. Geod., 2011, 85(12): 909-920. doi: 10.1007/s00190-010-0427-x.

[188] GJB 1925A—2021. 中国参考电离层. 国防科技工业委员会，1994.

[189] Bradley P A, Dudeney J R. A simple model of the vertical distribution of electron concentration in the ionosphere. J. Atmospheric Terr. Phys., 1973, 35(12): 2131-2146. doi: 10.1016/0021-9169(73)90132-3.

[190] Davies K. Ionospheric radio. P. Peregrinus on behalf of the Institution of Electrical Engineers, c1990.

[191] Wieder B. Some results of a sweep-frequency propagation experiment over an 1150-km east-west path. J. Geophys. Res., 1955, 60(4): 395-409. doi: 10.1029/jz060i004p00395.

[192] Basler R P, Scott T D. Ionospheric structure from oblique-backscatter soundings. Radio Sci., 1973, 8(5): 425-429. doi: 10.1029/RS008i005p00425.

[193] Landeau T, Gauthier F, Ruelle N. Further improvements to the inversion of elevation-scan backscatter sounding data. J. Atmospheric Sol.-Terr. Phys., 1997, 59: 125-138. doi: 10.1016/1364-6826(95)00167-0.

[194] Hunsucker R D. An atlas of oblique-incidence high-frequency backscatter ionograms of the mildlatitude ionosphere. Environmental Science Services Administration Research Laboratories, Washington, D.C., ESSA Tech. Rep. ERL 162-ITS 104, 1970.

[195] 姚永刚. 电离层探测编码脉冲压缩雷达体制研究. 武汉：武汉大学，2001.

[196] 焦培南，张秀菊. 高频返回散射回波频谱测量. 空间科学学报, 1985(3): 191-198. doi: CNKI:SUN:KJKB.0.1985-03-005.

[197] International Radio Consultative Committee. Second CCIR computer-based interim method for estimating sky-wave field strength and transmission loss at

frequencies between 2 and 30MHz. International Telecommunication Union, International Radio Consultative Committee, CCIR Rcommendation 252-2, 1970.

[198] Sutton G P, Biblarz O. Rocket Propulsion Elements. 9th Edition. Wiley, 2016.

[199] Lee R H C, Chang I S, Stewart G E. Studies of Plasma Properties in Rocket Plumes. Space Division Air Force Systems Command, Los Angels, CA, SD-TR-82-44, 1982.

[200] Martorella M, Soleti R, Berizzi F, et al. Plume Effect on Radar Cross Section of missiles at HF band, 2003. doi: 10.1109/radar.2003.1278820.

[201] Simmons F. Rocket exhaust plume phenomenology. Washington, DC: American Institute of Aeronautics and Astronautics, Inc., 2000. doi: 10.2514/4.989087.

[202] Tozawa Y. Design of low-distortion HF transmitter with power MOSFETs//1991 Fifth International Conference on HF Radio Systems and Techniques, 1991: 316-320.

[203] Wang G, Xia X G, Root B T, et al. Manoeuvring target detection in over-the-horizon radar using adaptive clutter rejection and adaptive chirplet transform. IEEE Proc. Radar Sonar Navig., 2003, 150(4): 292-298. doi: 10.1049/ip-rsn: 20030700.

[204] Lu K, Liu X. Enhanced visibility of maneuvering targets for high-frequency over-the-horizon radar. IEEE Trans. Antennas Propag., 2005, 53(1): 404-411. doi: 10.1109/TAP.2004.838780.

[205] Parent J, Bourdillon A. A method to correct HF skywave backscattered signals for ionospheric frequency modulation. IEEE Trans. Antennas Propag., 1988, 36(1): 127-135. doi: 10.1109/8.1083.

[206] Gauthier F, Bourdillon A, Parent J. On the estimation of quasi-instantaneous frequency modulation of HF signals propagated through the ionosphere. IEEE Trans. Antennas Propag., 1990, 38(3): 405-411. doi: 10.1109/8.52250.

[207] Lu K, Liu X Z. Use of piecewise polynomial phase modeling to compensate ionospheric phase contamination in skywave radar systems. 系统工程与电子技术（英文版）, 2005, 16(1): 78-83.

[208] Netherway D J, Carson C T. Impedance and scattering matrices of a wideband HF phased Array. J. Electron. Eng. Aust., 1986, 6: 29-39.

[209] Dandekar B S. Assessment of the AN/FPS-118 ionospheric model and proposed improvements. Philips Laboratory, PL-TR-94-2084, 1994.

[210] Root B T, Headrick J M. Comparison of RADARC High-Frequency Radar

Performance Prediction Model and ROTHR Amchitka Data, 1993.

[211] Headrick J M, Root B T, Thomason J F. RADARC model comparisons with Amchitka radar data. Radio Sci., 1995, 30(3): 729-737. doi: 10.1029/ 94RS03184.

[212] Jindalee Operational Radar Network-Wikipedia. WordDisk.

[213] 张光义，赵玉洁. 相控阵雷达技术. 北京：电子工业出版社，2006.

[214] 康蓬，韩蕴洁，卢琨，等. 波束倾斜修正在天波超视距雷达中的应用. 电波科学学报, 2009, 24(6): 4.

[215] Maresca J W, Barnum J R. Theoretical limitation of the sea on the detection of low doppler targets by over-the-horizon radar. IEEE Trans. Antennas Propag., 1982, 30(5): 837-845. doi: 10.1109/tap.1982.1142910.

[216] Coleman C J. A ray tracing formulation and its application to some problems in over-the-horizon radar. Radio Sci., 1998, 33(4): 1187-1197. doi:10.1029/98rs01523.

[217] Rogers N C. Evaluation of Modern HF Ray Tracing. DERA/CIS/ClS1/CR990854, 1999.

[218] Dyson P L, Bennett J A. Exact ray path calculations using realistic ionospheres. Microw. Antennas Propag. IEEE Proc. H, 1992, 139(5): 407-413. doi: 10.1049/ ip-h-2.1992.0072.

[219] Argo P E, Delapp D, Sutherland C D, et al. Tracker: A three-dimensional raytracing program for ionospheric radio propagation. Los Alamos National Laboratory, Los Alamos, NM, LA-UR-94-3706, 1994.

[220] Jones R, Stephenson J. A versatile three-dimensional ray tracing computer program for radio waves in the ionosphere. NASA STIRecon Tech. Rep. N, 1975, 76: 25476.

[221] 周晨. 天波超视距雷达坐标配准与多径数据处理研究. 武汉：武汉大学，2009.

[222] Pulford G W, Evans R J. A multipath data association tracker for over-the-horizon radar. IEEE Trans. Aerosp. Electron. Syst., 1998, 34(4): 1165-1183. doi: 10.1109/ 7.722704.

[223] Pulford G W. Multipath Data Association Tracker with uncertain coordinate registration. CSSIP, 1998.

[224] Lan H, Wang Z, Bai X, et al. Measurement-Level Target Tracking Fusion for Over-the-Horizon Radar Network Using Message Passing. IEEE Trans. Aerosp. Electron. Syst., 2021, 57(3): 1600-1623. doi: 10.1109/taes.2020. 3044109.

[225] Ferraro E J, Bucknam J N. Improved over-the-horizon radar accuracy for the counter drug mission using coordinate registration enhancements//Proceedings of the 1997 IEEE National Radar Conference, 1997: 132. doi: 10.1109/NRC.1997.588234.

[226] 陈志坚，王永诚. 利用外部参考源改善 OTHR 的数据处理. 现代雷达，2005，27(6): 4. doi: 10.3969/j.issn.1004-7859.2005.06.007.

[227] Torrez W C, Yssel W J. Associating microwave radar tracks with relocatable over-the-horizon radar (ROTHR) tracks using the advanced tactical workstation//Conference Record of Thirty-Second Asilomar Conference on Signals, Systems and Computers (Cat. No.98CH36284), 1998, 1: 618-622. doi: 10.1109/ACSSC.1998.750937.

[228] White K, Dall I W, Shellshear A J. Association of over-the-horizon radar tracks with tracks from microwave radar and other sources. Proc. SPIE -Int. Soc. Opt. Eng., 1996, 2755: 335-346. doi: 10.1117/12.243175.

[229] Danu D, Sinha A, Kirubarajan T, et al. Fusion of over-the-horizon radar and automatic identification systems for overall maritime picture//2007 10th International Conference on Information Fusion, 2007: 1-8. doi: 10.1109/ ICIF.2007.4408147.

[230] Weijers B, Choi D S. OTH-B coordinate registration experiment using an HF beacon//Proceedings International Radar Conference, 1995: 49-52. doi: 10.1109/RADAR.1995.522518.

[231] Fabrizio G, Zadoyanchuk A, Francis D, et al. Using emitters of opportunity to enhance track geo-registration in HF over-the-horizon radar//2016 IEEE Radar Conference (Radar Conf), 2016: 1-5. doi: 10.1109/RADAR.2016. 7485264.

[232] Zollo A O, Anderson S J. Accurate skywave radar coordinate registration based on morphological processing of ground clutter maps//Proc. International Symposium on Signal Processing and its Applications, 1992: 459-462.

[233] Li C, Wang Z, Zhang Z, et al. Sea/Land clutter recognition for over-the-horizon radar via deep CNN//2019 International Conference on Control, Automation and Information Sciences (ICCAIS), Chengdu, China, 2019: 1-5. doi: 10.1109/ICCAIS46528.2019.9074545.

[234] Holdsworth D A. Skywave over-the-horizon radar track registration using earth surface and infrastructure backscatter//2017 IEEE Radar Conference (Radar

Conf), 2017: 0986-0991. doi: 10.1109/RADAR.2017.7944347.

[235] Anderson S. Limits to the extraction of information from multi-hop skywave radar signals//2003 Proceedings of the International Conference on Radar (IEEE Cat. No.03EX695), 2003: 497-503. doi: 10.1109/RADAR.2003.1278792.

[236] Kewley D J, Dall I W. Performance assessment criteria for OTH radar//1992 International Conference on Radar, 1992: 1-4.

[237] Fenster W. The application, design, and performance of over-the-horizon radars. Radar-77, 1977: 36-40.

[238] Fante R L, Dhar S. A model for target detection with over-the-horizon radar. IEEE Trans. Aerosp. Electron. Syst., 1990, 26(1): 68-83. doi: 10.1109/7.53414.

[239] Friedman R L, Gnadt W P. ROTHR mode-linking using neural networks. AFRL, AFRL-SN-RS-TR-2002-56, 2002.

[240] Rutten M G, Percival D J. Joint ionospheric and target state estimation for multipath OTHR track fusion. Proc. SPIE - Int. Soc. Opt. Eng., 2001, 4473: 118-129. doi: 10.1117/12.492797.

[241] Lu K, Zhou W. Beacon-assisted quick determination of skywave propagation modes//IET International Conference on Ionospheric Radio Systems & Techniques, 2006: 235-239. doi: 10.1049/cp:20060274.

[242] 焦培南. 短波超视距雷达的可用度. 电波科学学报，1986, 1(3): 23-28. doi: CNKI:SUN:DBKX.0.1986-03-002.

[243] 李宗强，柳文. 低纬地区天波雷达系统时间可用度研究. 电波科学学报，2002, 17(3): 5. doi: 10.3969/j.issn.1005-0388.2002.03.012.

[244] International telecommunication Union R. I.-R. Method for the prediction of the performance of HF circuits. International Telecommunication Union, RECOM MENDATION ITU-R P.533-14, 2019.

[245] 桑建华. 飞行器隐身技术. 北京：航空工业出版社，2013.

[246] 黄培康，殷红成，许小剑，雷达目标特性. 北京：电子工业出版社，2005.

[247] Liepa V V, Senior T. Modification to the scattering behavior of a sphere by reactive loading. Proc. IEEE, 1965, 53(8): 1004-1011. doi: 10.1109/proc.1965.4080.

[248] 庄钊文，莫锦军. 等离子体隐身技术. 北京：科学出版社，2005.

[249] Singh H, Antony S, Jha R M. Plasma-based Radar Cross Section Reduction. Singapore: Springer, 2016. doi: 10.1007/978-981-287-760-4_1.

[250] Gregoire D J, Santoru J, Schumacher R W. Electromagnetic-wave propagation in unmagnetized plasmas. Hughes Research Laboratory, Malibu, CA, AD-A250710, 1992.

[251] Roth J R. Interaction of electromagnetic fields with magnetized plasmas. Plasma Science Laboratory, Knoxville, TN, 1994.

[252] Kang W L, Rader M, Alexeff I. A conceptual study of stealth plasma antenna// IEEE Conference Record - Abstracts. 1996 IEEE International Conference on Plasma Science, 1996: 261-. doi: 10.1109/PLASMA.1996.551505.

[253] Alexeff I, et al. A plasma stealth antenna for the US Navy// 25th Anniversary, IEEE Conference Record - Abstracts. 1998 IEEE International Conference on Plasma Science (Cat. No.98CH36221), 1998: 277-. doi: 10/fsnr3w.

[254] 王晶，李晓波. 等离子体产生方法及隐身技术分析. 飞机设计, 2011, 31(2): 25-29.

[255] Harrington R F. Field Computation by Moment Methods. Reprint edition. Piscataway, N J: Wiley-IEEE Press, 1993.

[256] Yee K. Numerical solution of initial boundary value problems involving maxwell's equations in isotropic media. IEEE Trans. Antennas Propag., 1966, 14(3): 302-307. doi: 10.1109/tap.1966.1138693.

[257] Wang S, Teixeira F L. A three-dimensional angle-optimized finite-difference time-domain algorithm. IEEE Trans. Microw. Theory Tech., 2003. doi: 10.1109/tmtt.2003.808615.

[258] Namiki T. 3-D ADI-FDTD method-unconditionally stable time-domain algorithm for solving full vector maxwell's equations. IEEE Trans. Microw. Theory Tech., 2000, 48(10): 1743-1748. doi: 10.1109/22.873904.

[259] Zheng F, Chen Z, Zhang J. Toward the Development of a Three-Dimensional Unconditionally Stable Finite-Difference Time-Domain Method. IEEE Trans. Microw. Theory Tech., 2000, 48(9): 1550-1558. doi: 10.1109/22.869007.

[260] Kondylis G D, De Flaviis F, Pottie G J, et al. A memory-efficient formulation of the finite-difference time-domain method for the solution of Maxwell equations. IEEE Trans. Microw. Theory Tech., 2001, 49(7): 1310-1320. doi: 10.1109/22.932252.

[261] Yee K S, Chen J S. The finite-difference time-domain (FDTD) and the finite-volume time-domain (FVTD) methods in solving Maxwell's equations. IEEE Trans. Antennas Propag., 1997, 45(3): 354-363. doi: 10.1109/8.558651.

[262] Burke G J, Poggio A J, Logan J C, et al. Numerical Electromagnetic Code (NEC)// 1979 IEEE International Symposium on Electromagnetic Compatibility, 1979: 1-3. doi: 10.1109/isemc.1979.7568787.

[263] Bogle R W, Trizna D B. Small boat HF radar cross sections. Naval Research Laboratory, NRL/MR/3322, 1976.

[264] 冯国彬，陈绪元，卢琨. 天波超视距雷达目标 RCS 模拟新方法. 现代雷达，2008，10: 10-13.

[265] Leong H, Wilson H. An estimation and verification of vessel radar cross sections for high-frequency surface-wave radar. IEEE Antennas Propag. Mag., 2006, 48(2): 11-16. doi: 10.1109/map.2006.1650812.

[266] Bullard B D, Dowdy P C. Pulse Doppler signature of a rotary-wing aircraft. IEEE Aerosp. Electron. Syst. Mag., 1991, 6(5): 28-30. doi: 10.1109/62.79675.

[267] Chen V C, Li F, Ho S S, et al. Micro-Doppler effect in radar: phenomenon, model, and simulation study. IEEE Trans. Aerosp. Electron. Syst., 2006, 42(1): 2-21. doi: 10.1109/TAES.2006.1603402.

[268] Chen V C. The micro-doppler effect in radar. 2nd Edition. Norwood, MA: Artech House, 2019.

[269] Utley F H, Headrick W C, Rohlfs D C, et al. Utility of helicopter rotor reflections at HF. NRL Report 7500, 1972.

[270] Jackson J E, Whalen J A, Bauer S J. Local ionospheric disturbance created by a burning rocket. J. Geophys. Res., 1962, 67(5): 2059-2060. doi: 10.1029/ JZ067i005 p02059.

[271] Dolan P J. Phenomena affecting electromagnetic propagation//Capabilities of Nuclear Weapons, 1981.

[272] 焦培南. 利用高频返回散射技术探测远地核爆炸电离层效应. 地球物理学报, 1986, (05): 5-11.

[273] Huba J D, Ganguli G. Small scale electron density fluctuations in a disturbed ionospheric environment. Proc. SPIE - Int. Soc. Opt. Eng., 1988, 874: 300-306. doi: 10.1117/12.951749.

[274] 赵炼，李钦，管荣生. 核爆炸产生的声重波在地球大气中的传播. 武汉大学学报（自然科学版), 1993, 4: 109-112.

[275] Jiao P, Fan J, Liu W, et al. Some new experimental research of HF backscatter propagation in CRIRP, 2004: K13-K16. doi: 10.1109/APRASC.2004.1422370.

[276] 吴海鹏，焦培南，凡俊梅. 高频海洋回波谱电离层污染及实验研究. 电波科学学报，2004，19(5): 4. doi: 10.3969/j.issn.1005-0388.2004.05.002.

[277] Marple S L. Digital spectral analysis: With applications. Englewood Cliffs, N J: Prentice Hall, 1987.

[278] Phillips O M. The dynamics of the upper ocean. Cambridge: Cambridge University Press, 1967.

[279] Lipa B J, Barrick D E. Extraction of sea state from HF radar sea echo: Mathematical theory and modeling. Radio Sci., 1986, 21(1): 81-100. doi: 10.1029/RS021i001p00081.

[280] Thomas R M, Elford W G. Meteor observations with an HF backscatter radar. 1985. (2022-1-10).

[281] Riddolls R J. Auroral clutter observations with a three-dimensional over-the-horizon radar//2014 IEEE Radar Conference, 2014: 0387-0390. doi: 10.1109/RADAR.2014.6875620.

[282] 卢琨，康蓬，李国成，等. 天波超视距雷达抗蓄意干扰措施研究// 第十届全国雷达学术年会，2008: 302-305.

[283] 张旭辉，姜春华，刘桐辛，等. 电离层虚高对超视距雷达多站联合定位精度的影响. 电波科学学报, 2021, 37: 1-8. doi: 10.12265/j.cjors.2021236.

[284] International telecommunication union R. I.-R. World atlas of ground conductivities. International Telecommunication Union, Recommendation ITU-R P.832-4, 2015.

[285] Fabrizio G, Colone F, Lombardo P, et al. Passive radar in the high frequency band//2008 IEEE Radar Conference, 2008: 1-6. doi: 10.1109/RADAR.2008.4720869.

[286] Li J, Stoica P. MIMO radar signal processing. Hoboken, N J: Wiley-IEEE Press, 2008.

[287] Wicks M C, Mokole E L, Blunt S D, et al. Principles of waveform diversity and design. Raleigh, NC: Scitech Publishing, 2011.

[288] Fishler E, Haimovich A, Blum R S, et al. Spatial diversity in radars-models and detection performance. IEEE Trans. Signal Process., 2006, 54(3): 823-838. doi: 10.1109/tsp.2005.862813.

[289] Migliore M. Some physical limitations in the performance of statistical multiple-input multiple-output RADARs. Microw. Antennas Propag. IET, 2008, 2(7): 650-658. doi: 10.1049/iet-map:20070197.

[290] Frankford M T, Johnson J T, Ertin E. Including spatial correlations in the statistical MIMO radar target model. IEEE Signal Process. Lett., 2010, 17(6): 575-578. doi: 10.1109/LSP.2010.2048138.

[291] Naghsh M M, Modarres-Hashemi M. Exact theoretical performance analysis of optimum detector in statistical multi-input multi-output radars. Radar Sonar Navig. Iet, 2012, 6(2): 99-111. doi: 10.1049/iet-rsn.2011.0051.

[292] Willis N J. Bistatic Radar. 2nd edition. Edison, NJ: Scitech Publishing, 2004.

[293] Cherniakov M. Bistatic Radar: Principles and Practice. Chichester: Wiley, 2007.

[294] Chernyak V S. Fundamentals of Multisite Radar Systems: Multistatic Radars and Multistatic Radar Systems. Routledge, 2018.

[295] Godrich H, Haimovich A M, Blum R S. Target localization accuracy gain in MIMO radar-based systems. IEEE Trans. Inf. Theory, 2010, 56(6): 2783-2803. doi: 10.1109/TIT.2010.2046246.

[296] Malik H, Burki J, Ali M S, et al. Experimental results for angular resolution improvement in slow-time phase-coded FMCW MIMO radars//2021 International Bhurban Conference on Applied Sciences and Technologies (IBCAST), 2021: 1011-1016. doi: 10.1109/ibcast51254.2021.9393245.

[297] Daum F, Huang J. MIMO radar: Snake oil or good idea? IEEE Aerosp. Electron. Syst. Mag., 2009, 24(5): 8-12. doi: 10.1109/MAES.2009.5109947.

[298] Brookner E. MIMO radar: Demystified. Microw. J., 2013, 56(1): 22-44.

[299] Brookner E. MIMO radar demystified and where it makes sense to use//2014 IEEE Radar Conference, 2014: 0411-0416. doi: 10.1109/RADAR.2014. 7060413.

[300] Frazer G. Application of MIMO radar techniques to over-the-horizon radar, 2016: 1-3. doi: 10.1109/array.2016.7832537.

[301] Frazer G J, Gordon J. Experimental results for MIMO methods applied in over-the-horizon radar. IEEE Aerosp. Electron. Syst. Mag., 2017, 32(12): 52-69, 2017. doi: 10.1109/MAES.2017.170057.

[302] 宋培茗，卢琨，郑园园，等. MIMO 体制在天波雷达中的试验研究. 现代雷达, 2011, 43(4): 9-14.

[303] Baker P. Spatial correlation measurements on one-hop HF radio waves. IEEE Trans. Antennas Propag., 1971, 19(6): 793-794. doi: 10.1109/TAP.1971. 1140047.

[304] Abramovich Y I. Noncausal adaptive spatial clutter mitigation in monostatic MIMO radar: Fundamental limitations. IEEE J. Sel. Top. Signal Process., 2010,

4(1): 40-54. doi: 10.1109/JSTSP.2009.2038966.

[305] Frazer G, Abramovich Y, Johnson B. Use of adaptive non-causal transmit beamforming in OTHR: Experimental results//2008 International Conference on Radar, 2008: 311-316. doi: 10.1109/RADAR.2008.4653938.

[306] Yu J, Krolik J. MIMO adaptive beamforming for nonseparable multipath clutter mitigation. IEEE Trans. Aerosp. Electron. Syst., 2014, 50(4): 2604-2618. doi: 10.1109/TAES.2014.130451.

[307] Riddolls R, Ravan M, Adve R. Canadian HF over-the-horizon radar experiments using MIMO techniques to control auroral clutter//2010 IEEE Radar Conference, 2010: 718-723. doi: 10.1109/RADAR.2010.5494530.

[308] 薄超，顾红，苏卫民. 基于 MIMO 体制的天波雷达多普勒扩展杂波抑制算法. 中国科技论文, 2013, 8(7): 5. doi: 10.3969/j.issn.2095-2783.2013.07.006.

[309] 卢琨. 分布式天波超视距雷达体制研究. 现代雷达，2011，33(6): 16-19.

[310] Roesener A, Gerber J. Analyzing potential over-the-horizon radar site locations. Aerosp. Electron. Syst. Mag. IEEE, 2015, 30: 14-22. doi: 10.1109/MAES.2015.140145.

[311] 环境保护部，国家质量监督检验检疫总局. 电磁环境控制限值，2014.

[312] 国家质量监督检验检疫总局，中国国家标准化管理委员会. 高压交流架空输电线路无线电干扰限值，2017.

[313] Harris T J, Quinn A D, Pederick L H. The DST group ionospheric sounder replacement for JORN. Radio Sci., 2016, 51(6): 563-572. doi: 10.1002/2015RS005881.

[314] Riddolls R. Comparison of linear and planar arrays for auroral clutter control in an over-the-horizon radar// 2017 IEEE Radar Conference (Radar Conf), 2017: 1153-1158. doi: 10.1109/RADAR.2017.7944378.

[315] Henault S. Improving auroral clutter rejection robustness in over-the-horizon radar. 2018: 1-2. doi: 10.1109/antem.2018.8573001.

[316] Johnson B A, Abramovich Y I. Elevation filtering in wide-aperture HF skywave radar// 2007 IEEE Radar Conference, 2007: 367-372. doi: 10.1109/ RADAR.2007.374244.

[317] Saillant S, Auffray G, Dorey P. Exploitation of elevation angle control for a 2-D HF skywave radar//2003 Proceedings of the International Conference on Radar (IEEE Cat. No.03EX695), 2003: 662-666. doi: 10.1109/RADAR.2003. 1278821.

[318] Frazer G, Williams C. Electromagnetic modelling of a 2D transmit array for polar

over-the-horizon radar//2019 International Radar Conference (RADAR), 2019: 1-4. doi: 10.1109/RADAR41533.2019.171313.

[319] Painchault E, Joisel A. Mutual coupling and phase control on large HF arrays// 1988 Fourth International Conference on HF Radio Systems and Techniques, 1988: 137-140.

[320] Anderson S J, Abramovich Y I. Recent developments in HF skywave radar polarimetry//IGARSS 2000. IEEE 2000 International Geoscience and Remote Sensing Symposium. Taking the Pulse of the Planet: The Role of Remote Sensing in Managing the Environment. Proceedings (Cat. No.00CH37120), 2000, 3: 1319-1322. doi: 10.1109/IGARSS.2000.858106.

[321] Anderson S. Channel characterization for polarimetrie HF skywave radar// 2016 IEEE Radar Conference (Radar Conf), 2016: 1-6. doi: 10.1109/radar. 2016. 7485075.

[322] Leong H. Adaptive nulling of skywave interference using horizontal dipole antennas in a coastal surveillance HF surface wave radar system// Radar 97 (Conf. Publ. No. 449), 1997: 26-30. doi: 10.1049/cp:19971625.

[323] Mao X P, Deng W B, Liu Y T. Null phase-shift polarization filter for high frequency radar radio interference suppressing// 2008 IEEE Radar Conference, 2008: 1-6. doi: 10.1109/RADAR.2008.4721051.

[324] Anderson S J, Abramovich Y I. A unified approach to detection, classification, and correction of ionospheric distortion in HF sky wave radar systems. Radio Sci., 1998, 33(4): 1055-1067. doi: 10.1029/98RS00877.

[325] Anderson S, Abramovich Y. Measuring polarisation dynamics of the generalised HF skywave channel transfer function, 2000, 2: 553-556.

[326] Richards M A. Fundamentals of radar signal processing. New York: McGraw-Hill, 2005.

[327] Haykin S. Cognitive radar: A way of the future. IEEE Signal Process. Mag., 2006, 23(1): 30-40. doi: 10.1109/MSP.2006.1593335.

[328] Haykin S. Cognition is the key to the next generation of radar systems//2009 IEEE 13th Digital Signal Processing Workshop and 5th IEEE Signal Processing Education Workshop, 2009: 463-467. doi: 10.1109/dsp.2009. 4785968.

[329] Frazer G J, Johnson B A, Abramovich Y I. Orthogonal waveform support in MIMO HF OTH radars// 2007 International Waveform Diversity and Design Conference, 2007: 423-427. doi: 10.1109/wddc.2007.4339454.

[330] Rihaczek A W. Radar Waveform Selection-A Simplified Approach. IEEE Trans. Aerosp. Electron. Syst., 1971, AES-7(6): 1078-1086. doi: 10.1109/ TAES.1971. 310208.

[331] Barrick D E. FM/CW radar signals and digital processing. NOAA, NOAA Tech. Rep. ERL 283-WPL 26, 1973.

[332] Musa M, Salous S. Ambiguity elimination in HF FMCW radar systems. IEEE Proc. - Radar Sonar Navig., 2000, 147(4): 182-188. doi: 10.1049/ip-rsn: 20000316.

[333] Ferrari A, Berenguer C, Alengrin G. Doppler ambiguity resolution using multiple PRF. IEEE Trans. Aerosp. Electron. Syst., 1997, 33(3): 738-751. doi: 10.1109/ 7.599236.

[334] Clancy J T, Bascom H F, Hartnett M P. Mitigation of range folded clutter by a nonrecurrent waveform// Proceedings of the 1999 IEEE Radar Conference. Radar into the Next Millennium (Cat. No.99CH36249), 1999: 79-83. doi: 10.1109/ nrc.1999.767279.

[335] Luo Z, Lu K, Chen X, et al. Wideband signal design for over-the-horizon radar in cochannel interference. Eurasip J. Adv. Signal Process., 2014. doi: 10.1186/ 1687-6180-2014-159.

[336] Luo Z, He Z, Li J, et al. Waveform design based on environmental sensing for sky-wave over-the-horizon radar// 2015 IEEE Radar Conference (Radar Con), 2015: 0533-0538. doi: 10.1109/RADAR.2015.7131056.

[337] 罗忠涛. 新体制天波超视距雷达信号处理研究. 成都：电子科技大学，2016.

[338] 赵志国，陈建文，杨敏，等. MIMO 天波雷达波形综合分析与改进. 现代雷达, 2012, 34(5): 6. doi: 10.3969/j.issn.1004-7859.2012.05.003.

[339] Zhou S, Yang Q, Deng W. MCPC signal applied in MIMO HF radar// 2009 IET International Radar Conference, 2009: 1-4. doi: 10.1049/cp.2009.0249.

[340] 刘波. MIMO 雷达正交波形设计及信号处理研究. 成都：电子科技大学，2009.

[341] Lu K, Zhen Y, Song P, et al. A method to evaluate performance of MIMO waveforms for over-the-horizon radar// 2019 IEEE Radar Conference (Radar Conf), 2019: 1-4. doi: 10.1109/radar.2019.8835511.

[342] Pearce T H. Calibration of a large receiving array for HF radar// Seventh International Conference on HF Radio Systems and Techniques, 1997: 260-264. doi: 10.1049/cp:19970801.

[343] Rockah Y, Schultheiss P. Array shape calibration using sources in unknown locations-Part I: Far-field sources. IEEE Trans. Acoust. Speech Signal Process., 1987, 35(3): 286-299. doi: 10.1109/TASSP.1987.1165144.

[344] Rockah Y, Schultheiss P M. Array shape calibration using sources in unknown locations-Part II: Near-field sources and estimator implementation. IEEE Trans. Acoust. Speech Signal Process., 1987, 35(6): 724-735. doi: 10.1109/TASSP. 1987.1165222.

[345] Solomon I S D, Gray D A, Abramovich Y I, et al. Receiver array calibration using disparate sources. IEEE Trans. Antennas Propag., 1999, 47(3): 496-505. doi: 10.1109/8.768785.

[346] Fabrizio G A, Gray D A, Turley M D. Using sources of opportunity to compensate for receiver mismatch in HF arrays. IEEE Trans. Aerosp. Electron. Syst., 2001, 37(1): 310-316. doi: 10.1109/7.913693.

[347] Breakall J K, Young J S, Hagn G H, et al. The modeling and measurement of HF antenna skywave radiation patterns in irregular terrain. IEEE Trans. Antennas Propag., 1994, 42(7): 936-945. doi: 10.1109/8.299595.

[348] 韩彦明，陈国祥，卢琨. 利用远场信标源测试 OTHR 方位波束宽度的方法. 现代雷达, 2008(11): 10-12.

[349] Henault S. Antenna measurement drone for over-the-horizon radar// 2021 15th European Conference on Antennas and Propagation (EuCAP), Dusseldorf, Germany, 2021: 1-5. doi: 10.23919/EuCAP51087.2021.9411049.

[350] Herbette Q, Saillant S, Menelle M, et al. HF radar antenna near field assessment using a UAV// 2019 International Radar Conference (RADAR), 2019: 1-4. doi: 10.1109/RADAR41533.2019.171336.

[351] Topliss R J, Maclean A B, Wade S H, et al. Reduction of interference by high power HF radar transmitters// Seventh International Conference on HF Radio Systems and Techniques, 1997: 251-255. doi: 10.1049/cp:19970799.

[352] Earl G F, Whitington M J. HF radar ADC dynamic range requirements// 1999 Third International Conference on Advanced A/D and D/A Conversion Techniques and their Applications (Conf. Publ. No. 466), 1999: 101-105. doi: 10.1049/ cp:19990474.

[353] Boswell J, Lingenauber G. An advanced HF receiver design// 1994 Sixth International Conference on HF Radio Systems and Techniques, 1994: 41-48. doi:

10.1049/cp:19940462.

[354] Oscarsson C. Digital HF receiver// 1995 Sixth International Conference on Radio Receivers and Associated Systems, 1995: 47-51. doi: 10.1049/cp: 19951115.

[355] Earl G F. The influence of receiver cross-modulation on attainable HF radar dynamic range. IEEE Trans. Instrum. Meas., 1987, IM-36(3): 776-782. doi: 10.1109/TIM.1987.6312788.

[356] Earl G F. HF radar receiving system image rejection requirements// 1995 Sixth International Conference on Radio Receivers and Associated Systems, 1995: 128-132. doi: 10.1049/cp:19951132.

[357] Pearce T H. The application of digital receiver technology to HF radar// 1991 Fifth International Conference on HF Radio Systems and Techniques, 1991: 304-309.

[358] Harris F J. On the use of windows for harmonic analysis with the discrete Fourier transform. Proc. IEEE, 1978, 66(1): 51-83. doi: 10.1109/PROC.1978. 10837.

[359] 张贤达. 现代信号处理. 第 3 版. 北京：清华大学出版社，2015.

[360] Anderson S J, Mahoney A R, Turley M D E. Applications of superresolution techniques to HF radar sea echo analysis//Proc. Pacific Ocean Remote Sensing Conference PORSEC' 94, Melbourne, Australia, 1994.

[361] Olkin J A, Nowlin W C, Barnum J R. Detection of ships using OTH radar with short integration times//Proceedings of the 1997 IEEE National Radar Conference, 1997: 1-6. doi: 10.1109/NRC.1997.588081.

[362] Netherway D J, Ewing G E, Anderson S J. Reduction of some environmental effects that degrade the performance of HF skywave radars. Adelaide, Australia, 1989: 288-292.

[363] 邢孟道，保铮，强勇. 天波超视距雷达瞬态干扰抑制. 电子学报, 2002, 030(006): 823-826, 2002.

[364] Turley M. Impulsive noise rejection in HF radar using a linear prediction technique// 2003 Proceedings of the International Conference on Radar (IEEE Cat. No.03EX695), 2003: 358-362. doi: 10.1109/RADAR.2003.1278767.

[365] 李茂，何子述. 基于矩阵补全的天波雷达瞬态干扰抑制算法. 电子与信息学报, 2015, 37(005): 1031-1037，2015.

[366] 徐兴安，吴雄斌，陈骁锋，等. 一种基于 S 变换的高频地波雷达瞬态干扰抑制方法. 电子学报, 2014, 42(3): 5.

[367] 刘子威，苏洪涛，胡勤振. 天波超视距雷达中瞬态干扰定位方法研究. 电子

与信息学报, 2016, 38(10): 2482-2487.

[368] Luo Z, Song T, He Z, et al. Approach for transient interference detection based on straight line extraction for high-frequency sky-wave radar. Electron. Lett., 2017, 53(9): 618-620. doi: 10.1049/el.2016.4125.

[369] Games R A, Townes S A, Williams R T. Experimental results for adaptive sidelobe cancellation techniques applied to an HF array// [1991] Conference Record of the Twenty-Fifth Asilomar Conference on Signals, Systems Computers, 1991, 1: 153-159. doi: 10.1109/ACSSC.1991.186432.

[370] Praschifka J. Investigation of spread clutter mitigation for OTH radar using an adaptive noise canceller// IEEE Seventh SP Workshop on Statistical Signal and Array Processing, 1994: 453-456. doi: 10.1109/SSAP.1994.572541.

[371] 强勇，侯彪，焦李成，等. 天波超视距雷达抑制流星余迹干扰方法的研究. 电波科学学报, 2003, 18(1): 23-27.

[372] Godfrey S E. The removal of transients from OTH radar signals via wavelets// Proceedings of 1994 28th Asilomar Conference on Signals, Systems and Computers, 1994, 2: 1080-1084. doi: 10.1109/ACSSC.1994.471625.

[373] 权太范，李健巍. 高频雷达抗瞬时干扰研究. 现代雷达，1999，21(2): 1-6.

[374] 权太范，李健巍，于长军，等. 高频雷达抑制冲击干扰的研究与实验. 电子学报，1999，27(12): 23-25.

[375] Anderson S J, Godfrey S E. Time-frequency signatures of transient phenomena observed with HF skywave radar// International Conference" Modern Radar, 1994, 94: 10-18.

[376] Xin G, Sun H, Yeo T S. Transient interference excision in over-the-horizon radar using adaptive time-frequency analysis. IEEE Trans. Geosci. Remote Sens., 2005, 43(4): 722-735. doi: 10.1109/TGRS.2005.844291.

[377] 罗忠涛，夏杭，卢琨，等. 超视距雷达中距离-多普勒图的瞬态干扰自动识别方法. 电子学报, 2021, 49(7): 1279.

[378] Washburn T, Sweeney L. An on-line adaptive beamforming capability for HF backscatter radar. IEEE Trans. Antennas Propag., 1976, 24(5): 721-732. doi: 10.1109/TAP.1976.1141410.

[379] Griffiths L J. Time-domain adaptive beamforming of HF backscatter radar signals. IEEE Trans. Antennas Propag., 1976, 24: 707-720. doi: 10.1109/TAP.1976.1141409.

[380] Su H, Liu H, Shui P, et al. Adaptive beamforming for nonstationary HF interference cancellation in skywave over-the-horizon radar. IEEE Trans. Aerosp. Electron. Syst., 2013, 49(1): 312-324. doi: 10.1109/TAES.2013. 6404105.

[381] Capon J. High-resolution frequency-wavenumber spectrum analysis. Proc. IEEE, 1969, 57(8): 1408-1418. doi: 10.1109/PROC.1969.7278.

[382] Reed I S, Mallett J D, Brennan L E. Rapid convergence rate in adaptive arrays. IEEE Trans. Aerosp. Electron. Syst., 1974, AES-10(6): 853-863. doi: 10.1109/TAES.1974.307893.

[383] Fante R L, Torres J A. Cancellation of diffuse jammer multipath by an airborne adaptive radar. IEEE Trans. Aerosp. Electron. Syst., 1995, 2(31): 805-820. doi: 10.1109/7.381927.

[384] Abramovich Y I, Anderson S J, Spencer N K. Unsupervised training in stochastically constrained STAP for nonstationary hot-clutter mitigation// Proceedings of the 1999 IEEE Radar Conference. Radar into the Next Millennium (Cat. No.99CH36249), 1999: 273-278. doi: 10.1109/NRC.1999. 767342.

[385] Abramovich Y I, Spencer N K, Anderson S J, et al. Stochastic-constraints method in nonstationary hot-clutter cancellation. I. Fundamentals and supervised training applications. IEEE Trans. Aerosp. Electron. Syst., 1998, 34(4): 1271-1292. doi: 10.1109/7.722714.

[386] Abramovich Y I, Spencer N K, Anderson S J. Stochastic-constraints method in nonstationary hot-clutter cancellation. Ⅱ. Unsupervised training applications. IEEE Trans. Aerosp. Electron. Syst., 2000, 36(1): 132-150. doi: 10.1109/7.826317.

[387] Watterson C, Juroshek J, Bensema W. Experimental confirmation of an HF channel model. IEEE Trans. Commun. Technol., 1970, 6(18): 792-803. doi: 10.1109/TCOM.1970.1090438.

[388] 罗忠涛，吴太锋. 基于图像分割的高频雷达射频干扰提取算法. 系统工程与电子技术, 2018, 40(4): 776-781. doi: 10.3969/j.issn.1001-506X.2018.04.10.

[389] 罗忠涛，郭人铭，郭杰，等. OTH 雷达图像的粗糙度指标及用于射频干扰自适应抑制. 自动化学报, 2022, 48(3): 887-895. doi: 10.16383/j.aas.c190286.

[390] Anderson S, Mahoney A, Zollo A, et al. Applications of higher-order statistical signal processing to radar. High.-Order Stat. Signal Process., 1995: 405-446.

[391] Zhou H, Wen B, Shicai W, et al. Radio frequency interference suppression in HF radars. Electron. Lett., 2003, 39: 925-927. doi: 10.1049/el:20030572.

[392] Zhou H, Wen B, Wu S. Dense radio frequency interference suppression in HF radars. IEEE Signal Process. Lett., 2005, 12(5): 361-364. doi: 10.1109/LSP.2005.845603.

[393] Basler R P, Price G H, Tsunoda R T, et al. Ionospheric distortion of HF signals. Radio Sci., 1988, 23(4): 569-579. doi: 10.1029/RS023i004p00569.

[394] Bourdillon A, Delloue J, Parent J. Effects of geomagnetic pulsations on the Doppler shift of HF backscatter radar echoes. Radio Sci., 1989, 24(2): 183-195. doi: 10.1029/RS024i002p00183.

[395] Anderson S J, Lees M L. High-resolution synoptic scale measurement of ionospheric motions with the Jindalee sky wave radar. Radio Sci., 1988, 23(3): 265-272. doi: 10.1029/RS023i003p00265.

[396] Guo X, Ni J L, Liu G S. Ship detection with short coherent integration time in over-the-horizon radar// 2003 Proceedings of the International Conference on Radar (IEEE Cat. No.03EX695), 2003: 667-671. doi: 10.1109/RADAR.2003.1278822.

[397] 崔炳宇，陈建文. 一种改进的天波雷达短时舰船目标检测方案. 空军预警学院学报, 2020(6): 391-396.

[398] Root B T. HF-over-the-horizon radar ship detection with short dwells using clutter cancelation. Radio Sci., 1998, 33(4): 1095-1111. doi: 10.1029/98RS01313.

[399] 郭欣，倪晋麟，刘国岁. 短相干积累条件下天波超视距雷达的舰船检测. 电子与信息学报, 2004, 26(4): 613-618.

[400] 卢琨. 高频天波超视距雷达信号处理算法研究. 上海：上海交通大学，2004.

[401] 李雪. 电离层相位污染及多模传播抑制方法研究. 哈尔滨：哈尔滨工业大学，2012.

[402] Bourdillon A, Gauthier F, Parent J. Use of maximum entropy spectral analysis to improve ship detection by over-the-horizon radar. Radio Sci., 1987, 22: 313-320. doi: 10.1029/RS022i002p00313.

[403] Ulrych T J, Bishop T N. Maximum entropy spectral analysis and autoregressive decomposition. Rev. Geophys., 1975, 13(1): 183-200. doi: 10.1029/RG013i001p00183.

[404] Akaike H. Autoregressive model fitting for control. Ann. Inst. Stat. Math., 1971, 23(1): 163-180. doi: 10.1007/BF02479221.

[405] Akaike H. Fitting autoregressive models for prediction. Ann. Inst. Stat. Math.,

1969, 21(1): 243-247. doi: 10.1007/BF02532251.

[406] Akaike H. Statistical predictor identification. Ann. Inst. Stat. Math., 1970, 22(1): 203-217. doi: 10.1007/BF02506337.

[407] Anderson S, Mahoney A, Godfrey S, et al. Ionospheric phase distortion of HF skywave radar signals-problems and solutions//Proceedings of Ionospheric Effects Symposium, 1993.

[408] Marple L. A new autoregressive spectrum analysis algorithm. IEEE Trans. Acoust. Speech Signal Process., 1980, 28(4): 441-454. doi: 10.1109/TASSP.1980.1163429.

[409] 邢孟道，保铮. 电离层电波传播相位污染校正. 电波科学学报, 2002, 17(2): 129-133.

[410] 罗欢，陈建文，鲍拯. 一种天波超视距雷达电离层相位污染联合校正方法. 电子与信息学报, 2013, 35(12): 2829-2835.

[411] 于文启，陈建文，李雪. 天波超视距雷达电离层相位污染时频校正方法综合性能评估. 电子与信息学报, 2018, 40(4): 992-1001.

[412] 鲁转侠，凡俊梅，柳文，等. 基于高分辨时频分析解电离层相位污染研究. 中国电子科学研究院学报, 2016, 11(1): 88-93.

[413] Lu K, Liu X, Liu Y. A multiple-sweep-frequencies scheme based on eigen-decomposition to compensate ionospheric phase contamination//2003 Proceedings of the International Conference on Radar (IEEE Cat. No.03EX695), 2003: 706-710. doi: 10.1109/RADAR.2003.1278829.

[414] Lu K, Liu X, Liu Y. Ionospheric decontamination and sea clutter suppression for HF skywave Radars. IEEE J. Ocean. Eng., 2005, 30(2): 455-462. doi: 10.1109/JOE.2004.839936.

[415] Wei Y, He Z, Wang S. Ionospheric decontamination for skywave OTH radar based on complex energy detector. EURASIP J. Adv. Signal Process., 2012, 2012(1): 1-8. doi: 10.1186/1687-6180-2012-246.

[416] Dimonte C L, Arun K S. Tracking the frequencies of superimposed time-varying harmonics// International Conference on Acoustics, Speech, and Signal Processing, 1990, 5: 2539-2542. doi: 10.1109/ICASSP.1990.116119.

[417] Boashash B. Estimating and interpreting the instantaneous frequency of a signal. I. Fundamentals. Proc. IEEE, 1992, 80(4): 520-538. doi: 10.1109/ 5.135376.

[418] Boashash B. Estimating and interpreting the instantaneous frequency of a signal.

Ⅱ. Algorithms and applications. Proc. IEEE, 1992, 80(4): 540-568. doi: 10.1109/5.135378.

[419] Phillips G M. Interpolation and Approximation by Polynomials. 3rd Edition. New York: Springer, 2003.

[420] Peleg S, Friedlander B. The discrete polynomial-phase transform. IEEE Trans. Signal Process., 1995, 43(8): 1901-1914. doi: 10.1109/78.403349.

[421] Barbarossa S, Scaglione A, Giannakis G B. Product high-order ambiguity function for multicomponent polynomial-phase signal modeling. IEEE Trans. Signal Process., 1998, 46(3): 691-708. doi: 10.1109/78.661336.

[422] Barbarossa S, Petrone V. Analysis of polynomial-phase signals by the integrated generalized ambiguity function. IEEE Trans. Signal Process., 1997, 45(2): 316-327. doi: 10.1109/78.554297.

[423] Lu K, Wang J, Liu X. A piecewise parametric method based on polynomial phase model to compensate ionospheric phase contamination// 2003 IEEE International Conference on Acoustics, Speech, and Signal Processing, 2003. Proceedings. (ICASSP' 03)., 2003, 2: II-405. doi: 10.1109/ICASSP.2003. 1202384.

[424] 刘颜回，聂在平，赵志钦. 改进的分段多项式建模的电离层相位去污染新方法. 电波科学学报, 2008, 23(3): 476-483.

[425] 李雪，邓维波，焦培南，等. 多项式建模解电离层相位污染阶数选择新方法. 电波科学学报, 2009, 24(6): 1094-1098.

[426] 胡进峰，薛长飘，李会勇，等. 基于最大似然法的天波超视距雷达相位解污染算法. 电子与信息学报, 2016, 38(12): 3197-3204.

[427] Poon M W Y, Khan R H. A singular value decomposition (SVD) based method for suppressing ocean clutter in high frequency radar. IEEE Trans. Signal Process., 1993, 41(3): 1421-1425. doi: 10.1109/78.205747.

[428] 陈俊斌，卢琨，刘兴钊. 天波雷达短驻留时间下海杂波抑制的改进算法. 上海交通大学学报, 2004, (1): 95-99.

[429] Zhi G Z, Chen J, Zheng B. A method to estimate subspace via doppler for ocean clutter suppression in skywave radars// Proceedings of 2011 IEEE CIE International Conference on Radar, 2011, 1: 145-148. doi: 10.1109/CIE-Radar.2011.6159496.

[430] 赵志国，陈建文，鲍拯，等. OTHR 海杂波抑制典型方法综合性能评估. 武汉理工大学学报：交通科学与工程版, 2012, 36(6): 1270-1274.

[431] 曹健，王兆祎，胡进峰，等. 基于知识辅助的天波雷达海杂波抑制方法. 系统工程与电子技术, 2018, 40(3): 533-537.

[432] Wang Z, Shi S, He Z, et al. An ocean clutter suppression method for OTHR by combining optimal filter and dictionary learning// 2018 IEEE Radar Conference (RadarConf18), 2018: 1499-1503. doi: 10.1109/RADAR.2018. 8378788.

[433] Riddolls R. Detection of aircraft by high frequency sky wave radar under auroral clutter-limited conditions. DRDC, Ottawa, Canada, DRDC Ottawa TM 2008-336, 2022.

[434] Abramovich Y I, Frazer G J, Johnson B A. Principles of Mode-Selective MIMO OTHR. IEEE Trans. Aerosp. Electron. Syst., 2013, 49(3): 1839-1868. doi: 10.1109/TAES.2013.6558024.

[435] Frazer G J, Abramovich Y I, Johnson B A. Mode-selective OTH radar: Experimental results for one-way transmission via the ionosphere// 2011 IEEE RadarCon (RADAR), 2011: 397-402. doi: 10.1109/RADAR.2011.5960568.

[436] Frazer G J, Heitmann A J, Abramovich Y I. Initial results from an experimental skew-fire Mode-Selective over-the-horizon-radar// 2014 IEEE Radar Conference, 2014: 0350-0353. doi: 10.1109/RADAR.2014.6875613.

[437] Lu K, Liu X. A novel spread clutter suppression algorithm based on multiple-dimension matched field processing technique [over-the-horizon radar]// 2004 IEEE International Conference on Acoustics, Speech, and Signal Processing, 2004, 5: V-273. doi: 10.1109/ICASSP.2004.1327100.

[438] 卢琨，刘兴钊. 基于多维匹配场处理技术的扩展杂波抑制算法. 现代雷达, 2004, 26(7): 33-36.

[439] Harmanci K, Krolik J. Adaptive temporal processing for equatorial spread Doppler clutter suppression// 2000 IEEE International Conference on Acoustics, Speech, and Signal Processing. Proceedings (Cat. No.00CH37100), 2000, 5: 3041-3044. doi: 10.1109/ICASSP.2000.861176.

[440] Kazanci O, Bilik I, Krolik J. Wavefront adaptive raymode processing for over-the-horizon HF radar clutter mitigation// 2007 Conference Record of the Forty-First Asilomar Conference on Signals, Systems and Computers, 2007: 2191-2194. doi: 10.1109/ACSSC.2007.4487629.

[441] Kraut S, Harmanci K, Krolik J. Space-time adaptive processing for over-the-horizon spread-Doppler clutter mitigation// Proceedings of the 2000 IEEE Sensor

Array and Multichannel Signal Processing Workshop. SAM 2000 (Cat. No.00EX410), 2000: 245-249. doi: 10.1109/SAM.2000.878007.

[442] Harmanci K, Krolik J. Matched window processing for mitigating over-the-horizon radar spread doppler clutter// Proceedings of the Acoustics, Speech, and Signal Processing, 1999. on 1999 IEEE International Conference - Volume 05, USA, 1999: 2789-2792. doi: 10.1109/ICASSP.1999.761325.

[443] Sarma A, Tufts D W. Robust adaptive threshold for control of false alarms. IEEE Signal Process. Lett., 2001, 8(9): 261-263. doi: 10.1109/97.948451.

[444] Neyman J, Pearson E S. On the Problem of the Most Efficient Tests of Statistical Hypotheses. Philos. Trans. R. Soc. Lond. Ser. A, 1933, 231: 289-337. doi: 10.1098/rsta.1933.0009.

[445] 倪菁. 天波超视距雷达信号处理检测方法研究. 南京：南京理工大学，2008.

[446] Turley M D E. Hybrid CFAR techniques for HF radar// Radar 97 (Conf. Publ. No. 449), 1997: 36-40. doi: 10.1049/cp:19971627.

[447] Rohling H. Radar CFAR thresholding in clutter and multiple target situations. IEEE Trans. Aerosp. Electron. Syst., 1983, AES-19(4): 608-621. doi: 10.1109/TAES.1983.309350.

[448] 周海峰. 天波超视距雷达机动目标检测. 南京：南京理工大学，2009.

[449] 雷志勇，黄银河，周海峰，等. 改进的通道补偿法检测高频雷达机动目标. 系统工程与电子技术, 2009, 31(4): 822-825.

[450] 苏洪涛，刘宏伟，保铮，等. 天波超视距雷达机动目标检测方法. 系统工程与电子技术, 2004, 26(3): 283-287.

[451] Frazer G J, Anderson S J. Wigner-ville analysis of HF radar measurement of an accelerating target// ISSPA' 99. Proceedings of the Fifth International Symposium on Signal Processing and its Applications (IEEE Cat. No.99EX359), 1999, 1: 317-320. doi: 10.1109/ISSPA.1999.818176.

[452] Thayaparan T, Kennedy S. Detection of a manoeuvring air target in sea-clutter using joint time-frequency analysis techniques. IEEE Proc. - Radar Sonar Navig., 2004, 151(1): 19-30. doi: 10.1049/ip-rsn:20040158.

[453] Wang G, Xia X G, Root B T, et al. Moving target detection in over-the-horizon radar using adaptive chirplet transform. Radio Sci., 2003, 38(4): 1-24. doi: 10.1029/2002RS002621.

[454] Zhang Y D, Zhang J J, Amin M G, et al. Instantaneous altitude estimation of

maneuvering target in over-the-horizon radar exploiting multipath doppler signatures. EURASIP J. Adv. Signal Process., 2013, (1): 1-13. doi: 10.1186/ 1687-6180-2013-100.

[455] Zhang Y, Amin M, Frazer G. High-resolution time-frequency distributions for manoeuvring target detection in over-the-horizon radars. IEEE Proc. - Radar Sonar Navig., 2003, 150(4): 299-304. doi: 10.1049/ip-rsn:20030672.

[456] 王增福，潘泉，梁彦，等. 天波超视距雷达数据处理算法综述. 中国电子科学研究院学报, 2011, 6(5): 477-484.

[457] 梁彦，杨峰，兰华，等. 天波超视距雷达数据处理. 北京：国防工业出版社，2017.

[458] Bar-Shalom Y, Tse E. Tracking in a cluttered environment with probabilistic data association. Automatica, 1975, 11(5): 451-460. doi: 10.1016/0005-1098 (75) 90021-7.

[459] Kirubarajan T, Bar-Shalom Y. Probabilistic data association techniques for target tracking in clutter. Proc. IEEE, 2004, 92(3): 536-557. doi: 10.1109/ JPROC. 2003.823149.

[460] Pulford G W. OTHR multipath tracking with uncertain coordinate registration. IEEE Trans. Aerosp. Electron. Syst., 2004, 40(1): 38-56. doi: 10.1109/TAES. 2004. 1292141.

[461] Colegrove S B, Davey S J. PDAF with multiple clutter regions and target models. IEEE Trans. Aerosp. Electron. Syst., 2003, 39(1): 110-124. doi: 10. 1109/TAES. 2003.1188897.

[462] Davey S J, Colegrove S B. A unified joint probabilistic data association filter with multiple models. DSTO, DSTO-TR-1184, 2001.

[463] Bourgeois D, Morisseau C, Flécheux M. New version of a MCMC data association algorithm for non-linear observation model-application to the tracking problem with French OTH radar Nostradamus// 2004 12th European Signal Processing Conference, 2004: 2135-2138.

[464] Bourgeois D, Morisseau C, Flécheux M. MCMC data association algorithm applied to the French over-the-horizon radar nostradamus// Proceedings of the Seventh International Conference on Information Fusion. 2004., 2004: 1245-1250.

[465] Forney G D. The viterbi algorithm. Proc. IEEE, 1973, 61(3): 268-278. doi:

10.1109/PROC.1973.9030.

[466] Pulford G, Scala B L. Over-the-horizon radar tracking using the viterbi algorithm-second report to HFRD. DSTO, 1995.

[467] Pulford G, Scala B L. Over-the-horizon radar tracking using the viterbi algorithm-third report to HFRD. 1995.

[468] Scala B L, Pulford G. Viterbi data association tracking for over-the-horizon radar// International Radar Symposium, 1998, 3: 1155-1164.

[469] 刘慧霞，梁彦，潘泉，等. 天波超视距雷达多路径 Viterbi 数据关联跟踪算法. 电子学报, 2006, 34(9): 1640-1644.

[470] 刘慧霞，王增福，张媚，等. 天波超视距雷达多路径数据关联跟踪算法对比研究. 弹箭与制导学报, 2007, 27(5): 193-196.

[471] Streit R, Luginbuhl T. Maximum likelihood method for probabilistic multihypothesis tracking. Proc. SPIE - Int. Soc. Opt. Eng., 1994, 2235. doi: 10. 1117/12.179066.

[472] 张全都，刘慧霞，潘广林，等. 天波超视距雷达的 PMHT 跟踪算法仿真研究. 中国电子科学研究院学报, 2006, 1(2): 123-129.

[473] Colegrove S B, Davey S J, Cheung B. PDAF versus PMHT performance on OTHR data// 2003 Proceedings of the International Conference on Radar (IEEE Cat. No.03EX695), 2003: 560-565. doi: 10.1109/RADAR.2003.1278802.

[474] Davey S J, Gray D, Colegrove S B. A Markov model for initiating tracks with the probabilistic multi-hypothesis tracker, 2002, 1: 735-742. doi: 10.1109/ICIF. 2002.1021228.

[475] Pulford G W, Logothetis A. An expectation-maximisation tracker for multiple observations of a single target in clutter// Proceedings of the 36th IEEE Conference on Decision and Control, 1997, 5: 4997-5003. doi: 10.1109/CDC. 1997.649846.

[476] Lan H, Liang Y, Pan Q, et al. An EM Algorithm for Multipath State Estimation in OTHR Target Tracking. IEEE Trans. Signal Process., 2014, 62(11): 2814-2826. doi: 10.1109/TSP.2014.2318134.

[477] 金术玲，梁彦，王增福，等. 两级 Hough 变换航迹起始算法. 电子学报, 2008, 36(3): 590-593.

[478] Percival D J, White K A B. Multipath track fusion for over-the-horizon radar// Signal and Data Processing of Small Targets 1997, 1997, 3163: 363-374. doi: 10.1117/12.279529.

[479] Percival D J, White K A B. Multihypothesis fusion of multipath over-the-horizon radar tracks// Signal and Data Processing of Small Targets 1998, 1998, 3373: 440-451. doi: 10.1117/12.324637.

[480] Sarunic P W, White K A, Rutten M G. Over-the-horizon radar multipath and multisensor track fusion algorithm development. DSTO, DSTO-RR-0223, 2001.

[481] Sarunic P W, Rutten M G. Over-the-horizon radar multipath track fusion incorporating track history// Proceedings of the Third International Conference on Information Fusion, 2000, 1: TUC1/13-TUC1/19vol.1. doi: 10.1109/IFIC.2000.862678.

[482] Rutten M G, Maskell S, Briers M, et al. Multipath track association for over-the-horizon radar using Lagrangian relaxation// Signal and Data Processing of Small Targets 2004, 2004, 5428: 452-463. doi: 10.1117/12.541276.

[483] Bogner R E, Bouzerdoum A, Pope K J, et al. Association of tracks from over the horizon radar. IEEE Aerosp. Electron. Syst. Mag., 1998, 13(9): 31-35. doi: 10.1109/62.715537.

[484] Mohandes M, Bogner R E, Bouzerdoum A, et al. A neural network approach towards multiradar track fusion// Proceedings of International Conference on Neural Networks (ICNN'96), 1996, 3: 1616-1621. doi: 10.1109/ICNN.1996.549142.

[485] Zhu J, Bogner R E, Bouzerdoum A, et al. Application of neural networks to track association in over the horizon radar// Sensor Fusion and Aerospace Applications Ⅱ, 1994, 2233: 224-235. doi: 10.1117/12.179042.

[486] Habtemariam B, Tharmarasa R, Thayaparan T, et al. A multiple-detection joint probabilistic data association filter. IEEE J. Sel. Top. Signal Process., 2013, 7: 461-471. doi: 10.1109/JSTSP.2013.2256772.

[487] Huang Y, Song T L, Lee J H. Joint integrated track splitting for multi-path multi-target tracking using OTHR detections. EURASIP J. Adv. Signal Process., 2018, (1): 60. doi: 10.1186/s13634-018-0582-4.

[488] Sathyan T, Chin T J, Arulampalam S, et al. A multiple hypothesis tracker for multitarget tracking with multiple simultaneous measurements. IEEE J. Sel. Top. Signal Process., 2013, 7(3): 448-460. doi: 10.1109/JSTSP.2013.2258322.

[489] Tang X, Chen X, McDonald M, et al. A multiple-detection probability hypothesis density filter. IEEE Trans. Signal Process., 2015, 63(8): 2007-2019. doi: 10.1109/

TSP.2015.2407322.

[490] Qin Y, Ma H, Chen J, et al. Gaussian mixture probability hypothesis density filter for multipath multitarget tracking in over-the-horizon radar. EURASIP J. Adv. Signal Process., 2015, (1): 108. doi: 10.1186/s13634-015-0294-y.

[491] Chen J, Ma H, Liang C, et al. OTHR multipath tracking using the bernoulli filter. IEEE Trans. Aerosp. Electron. Syst., 2014, 50(3): 1974-1990. doi: 10.1109/TAES.2013.120659.

[492] Qin Y, Ma H, Cheng L, et al. Cardinality balanced multitarget multi-bernoulli filter for multipath multitarget tracking in over-the-horizon radar. IET Radar Sonar Navig., 2016, 10(3): 535-545. doi: 10.1049/iet-rsn.2015.0284.

[493] Huang Y, Shi Y, Song T L. An efficient multi-path multitarget tracking algorithm for over-the-horizon radar. Sensors, 2019, 19(6). doi: 10.3390/ s19061384.

[494] Huang Y, Song T L, Kim D S. Linear multitarget integrated probabilistic data association for multiple detection target tracking. IET Radar Sonar Navig., 2018, 12(9): 945-953. doi: 10.1049/iet-rsn.2017.0481.

[495] Guo L, Lan J, Li X R. Multitarget tracking using over-the-horizon radar//2018 21st International Conference on Information Fusion (FUSION), 2018: 24-31. doi: 10.23919/ICIF.2018.8455415.

[496] Geng H, Liang Y, Yang F, et al. Joint estimation of target state and ionospheric height bias in over-the-horizon radar target tracking. IET Radar Sonar Navig., 2016, 10(7): 1153-1167. doi: 10.1049/iet-rsn.2015.0318.

[497] Geng H, Liang Y, Cheng Y. Target state and markovian jump ionospheric height bias estimation for OTHR tracking systems. IEEE Trans. Syst. Man Cybern. Syst., 2018, 50(7): 2599-2611. doi: 10.1109/TSMC.2018.2822819.

[498] Guo Z, Wang Z, Lan H, et al. OTHR multitarget tracking with a GMRF model of ionospheric parameters. Signal Process., 2020, 182: 107940. doi: 10.1016/j.sigpro.2020.107940.

[499] Lan H, Liang Y, Wang Z, et al. Distributed ECM algorithm for OTHR multipath target tracking with unknown ionospheric heights. IEEE J. Sel. Top. Signal Process., 2018, 12(1): 61-75. doi: 10.1109/JSTSP.2017.2787488.

[500] Anderson R H, Krolik J L. Track association for over-the-horizon radar with a statistical ionospheric model. IEEE Trans. Signal Process., 2002, 50(11): 2632-2643. doi: 10.1109/TSP.2002.804099.

[501] Bourgeois D, Morisseau C, Flecheux M. Quasi-parabolic ionosphere modeling to track with over-the-horizon radar// IEEE/SP 13th Workshop on Statistical Signal Processing, 2005, 2005: 962-965. doi: 10.1109/SSP.2005.1628733.

[502] Bourgeois D, Morisseau C, Flécheux M. Over-the-horizon radar target tracking using multi-quasi-parabolic ionospheric modelling. IEEE Proc. - Radar Sonar Navig., 2006, 153(5): 409-416. doi: 10.1049/ip-rsn:20050100.

[503] 朱锐. 天波超视距雷达弱目标检测前跟踪算法研究. 哈尔滨：哈尔滨工业大学，2017.

[504] Su H T, Wu T P, Liu H W, et al. Rao-blackwellised particle filter based trackbefore-detect algorithm. IET Signal Process., 2008, 2(2): 169-176. doi: 10.1049/iet-spr:20070075.

[505] Su H, Shui P, Liu H, et al. Particle filter based track-before-detect algorithm for over-the-horizon radar target detection and tracking. Chin J Electron, 2009, 18: 59-64.

[506] 范晓彦，王俊，何兵哲. 基于检测前跟踪的超视距雷达微弱目标检测方法.飞行器测控学报, 2007, 26(1): 56-60.

[507] Lan H, Sun S, Wang Z, et al. Joint target detection and tracking in multipath environment: A variational bayesian approach. IEEE Trans. Aerosp. Electron. Syst., 2020, 56(3): 2136-2156. doi: 10.1109/TAES.2019.2942706.

[508] Davey S J, Fabrizio G A, Rutten M G. Detection and tracking of multipath targets in over-the-horizon radar. IEEE Trans. Aerosp. Electron. Syst., 2019, 55(5): 2277-2295. doi: 10.1109/TAES.2018.2884185.

[509] 冯静，齐东玉，李雪，等. 返回散射电离图传播模式的自动识别方法. 电波科学学报, 2014, 29(1): 188-194.

[510] Abramovich Y I, Frazer G J, Johnson B A. Transmit and receive antenna array geometries for mode selective HF OTH MIMO radar// 2010 18th European Signal Processing Conference, 2010: 1244-1248.

[511] Frazer G J, Meehan D H, Abramovich Y I, et al. Mode-selective OTHR: A new cost-effective sensor for maritime domain awareness// 2010 IEEE Radar Conference, 2010: 935-940. doi: 10.1109/RADAR.2010.5494485.

[512] 刘慧霞，梁彦，程咏梅，等. 天波超视距雷达的坐标变换. 计算机仿真, 2006, 23(3): 70-73.

[513] 孔敏，王国宏，王永诚. 基于球面模型的天波超视距雷达坐标配准法. 现代

雷达, 2006, 28(5): 37-41.

[514] 孔祥元. 大地测量学基础. 第 2 版. 武汉：武汉大学出版社，2010.

[515] Reinisch B W. Ionospheric sounding in support of over-the-horizon radar. Radio Sci., 1997, 32(4): 1681-1694. doi: 10.1029/97RS00841.

[516] 屈小川. GNSS 无线电掩星的电离层误差特性及改正方法研究. 武汉：武汉大学，2014.

[517] Kliore A, Cain D L, Levy G S, et al. Occultation experiment: Results of the first direct measurement of mars's atmosphere and ionosphere. Science, 1965, 149(3689): 1243-1248. doi: 10.1126/science.149.3689.1243.

[518] 曾桢，胡雄，张训械，等. 电离层 GPS 掩星观测反演技术. 地球物理学报, 2004, 47(4): 578-583.

[519] Kuo Y. Inversion and error estimation of GPS radio occultation data. J. Meteorol. Soc. Jpn., 2004, 82: 507-531. doi: 10.2151/jmsj.2004.507.

[520] Rocken C. Analysis and validation of GPS/MET data in the neutral atmosphere. J. Geophys. Res. Atmospheres, 1997, 102(D25): 29849-29866. doi: 10.1029/97JD02400.

[521] Rius A, Ruffini G, Romeo A. Analysis of ionospheric electron density distribution from GPS/MET occultations. IEEE Trans. Geosci. Remote Sens., 1998, 36(2): 383-394. doi: 10.1109/36.662724.

[522] Hajj G A, Romans L J. Ionospheric electron density profiles obtained with the global positioning system: Results from the GPS/MET experiment. Radio Sci., 1998, 33(1): 175-190. doi: 10.1029/97RS03183.

[523] Checcacci P, Lombardi C, Scheggi A. A method for the determination of ionospheric vertical profiles through beacon satellite measurements. IEEE Trans. Antennas Propag., 1975, 23(1): 129-132. doi: 10.1109/TAP.1975. 1141012.

[524] Kursinski E R, Hajj G A, Schofield J T, et al. Observing Earth's atmosphere with radio occultation measurements using the global positioning system. J. Geophys. Res. Atmospheres, 1997, 102(D19): 23429-23465. doi: 10.1029/97JD01569.

[525] 曾桢. 地球大气无线电掩星观测技术研究. 武汉：中国科学院研究生院（武汉物理与数学研究所），2003.

[526] Gordon W E. Incoherent Scattering of radio waves by free electrons with applications to space exploration by radar. Proc. IRE, 1958, 46(11): 1824-1829.

doi: 10.1109/JRPROC.1958.286852.

[527] Bowles K L. Observation of vertical-incidence scatter from the ionosphere at 41 Mc/sec. Phys. Rev. Lett., 1958, 1(12): 454-455. doi: 10.1103/physrevlett.1. 454.

[528] Bowles K L. Incoherent scattering by free electrons as a technique for studying the ionosphere and exosphere: Some observations and theoretical considerations. Up. Atmosphere F2-Maximum, 1961, 65D(1): 223. doi: 10. 6028/jres.065d.003.

[529] Farley D T. Incoherent scattering at radio frequencies. J. Atmospheric Terr. Phys., 1970, 32(4): 693-704. doi: 10.1016/0021-9169(70)90215-1.

[530] Evans J V. Theory and practice of ionosphere study by thomson scatter radar. Proc. IEEE, 1969, 57(4): 496-530. doi: 10.1109/PROC.1969.7005.

[531] Kudeki E, Milla M A. Incoherent scatter spectral theories-part Ⅰ: A general framework and results for small magnetic aspect angles. IEEE Trans. Geosci. Remote Sens., 2011, 49(1): 315-328. doi: 10.1109/TGRS.2010.2057252.

[532] Cohen M H. Genesis of the 1000-foot arecibo dish. J. Astron. Hist. Herit., 2009, 12: 141-152.

[533] Valentic T. AMISR the advanced modular incoherent scatter radar// 2013 IEEE International Symposium on Phased Array Systems and Technology, 2013: 659-663. doi: 10.1109/array.2013.6731908.

[534] J Röttger, Wannberg U G, Eyken A P V. The EISCAT scientific association and the EISCAT svalbard radar project. J. Geomagn. Geoelectr., 1995, 47(8): 669-679. doi: 10.5636/jgg.47.669.

[535] McCrea I. The science case for the EISCAT_3D radar. Prog. Earth Planet. Sci., 2015, 2(1): 1-63. doi: 10.1186/s40645-015-0051-8.

[536] Fukao S, Sato T, Tsuda T, et al. The MU radar with an active phased array system: 1. Antenna and power amplifiers. Radio Sci., 1985, 20(6): 1155-1168. doi: 10.1029/rs020i006p01155.

[537] Fukao S, Tsuda T, Sato T, et al. The MU radar with an active phased array system: 2. In-house equipment. Radio Sci., 1985, 20(6): 1169-1176. doi: 10. 1029/ rs020i006p01169.

[538] Ding Z, Wu J, Xu Z, et al. The Qujing incoherent scatter radar: System description and preliminary measurements. Earth Planets Space, 2018, 70(1): 1-13. doi: 10.1186/s40623-018-0859-8.

[539] Yue X, Wan W X, Xiao H, et al. Preliminary experimental results by the prototype

of Sanya Incoherent Scatter Radar. Earth Planet. Phys., 2020, 4(6): 1-9. doi: 10.26464/epp2020063.

[540] 焦培南，凡俊梅，吴海鹏，等. 高频天波返回散射回波谱实验研究. 电波科学学报, 2004, 19(6): 643-648.

[541] 孙广俊，齐东玉，李铁成. 利用返回散射系统监测海洋回波. 电子学报, 2005, 33(7): 1334-1337.

[542] Bibl K, Reinisch W B. The universal digital ionosonde. Radio Sci., 1978, 13(3): 519-530. doi: 10.1029/RS013i003p00519.

[543] 王世凯，焦培南，柳文，等. 利用人工神经网络重构区域电离层临界频率分布. 电波科学学报, 2004, 19(6): 742-747.

[544] 王世凯，焦培南，柳文. 改进的 Kriging 技术实时重构区域电离层 foF_2 的分布. 电波科学学报, 2006, 21(2): 166-171.

[545] 乐新安. 中低纬电离层模拟与数据同化研究. 武汉：中国科学院研究生院（武汉物理与数学研究所），2008.

[546] Kim I S. Large scale data assimilation with application to the ionosphere-thermosphere. Doctoral Dissertation, Michigan University, 2008.

[547] 焦培南，朱其光. 高频返回散射传播最小时延的地面距离计算新方法. 武汉大学学报（自然科学版）, 1985, (4): 65-72.

[548] 焦培南，杜军虎. 高频返回散射电离图中的离散源回波的地面距离的确定. 空间科学学报, 1987, 7(1): 59-64.

[549] 杜军虎，焦培南. 利用返回散射技术确定运动目标地面径向轨迹. 空间科学学报, 1987, 7(3): 229-233. doi: CNKI:SUN:KJKB.0.1987-03-009.

[550] 中华人民共和国中央军事委员会和中华人民共和国国务院. 中华人民共和国无线电管理条例, 2016.

[551] International Telecommunication Union. Radio Regulations. International Telecommunication Union, Geneva, 2020.

[552] Turley M D. FMCW radar waveforms in the HF band. ITU-R JRG 1A-1C-8B Meeting, 2006.

[553] Warner D I, Bantseev S, Serinken N. Spectral occupancy of fixed and mobile allocations within the high frequency band// 12th IET International Conference on Ionospheric Radio Systems and Techniques (IRST 2012), 2012: 1-6. doi: 10.1049/cp.2012.0364.

[554] Lamy B C, Chantelouve J B, Bernier J Y, et al. HF XL: Adaptive wideband HF

transmissions//Nordic HF 2013 Conference, 2013.

[555] Mcneal G D. Characteristics of high-frequency signals, noise, availability, and duration of bandwidths based on ROTHR amchitka spectrum measurements. NRL, NRL/FR/5324-93-9536, 1993.

[556] 胡中豫. 现代短波通信. 北京：国防工业出版社，2003.

[557] Johnson E E, Koski E, Furman W N. Third-generation and wideband HF radio communications. Artech House, 2013.

[558] Johnson E E. Performance envelope of broadband HF data waveforms// MILCOM 2009-2009 IEEE Military Communications Conference, 2009: 1-7. doi: 10.1109/ MILCOM.2009.5379871.

[559] Jorgenson M B, Johnson R W, Blocksome R, et al. Implementation and on-air testing of a 64 kbps wideband HF data waveform// 2010-Milcom 2010 Military Communications Conference. 2010: 2131-2136. doi: 10. 1109/Milcom.2010. 5680480.

[560] 鞠茂光，刘尚麟. 美国空军短波全球通信系统技术分析. 通信技术, 2013 (7): 96-98.

[561] Milcom monitoring post: Joint chiefs of staff HFGCS network-update. Milcom Monitoring Post. (2009-6-21).

[562] Asenstorfer P, Scholz J B. 〈LongFish〉 -a HF radio network testbed// Seventh International Conference on HF Radio Systems and Techniques, 1997: 198-200. doi: 10.1049/cp:19970789.

[563] Mew G R. MHFCS-constraints on operational frequencies//IEEE Colloquium on Frequency Selection and Management Techniques for HF Communications, 1999: 21/1-21/6. doi: 10.1049/ic:19990088.

[564] Vyden B, Wilson A R. Modernising Australia's military high frequency communication system// Seventh International Conference on HF Radio Systems and Techniques, 1997: 169-173. doi: 10.1049/cp:19970783.

[565] Mitola J I. Software radios: Survey, critical evaluation and future directions. Aerosp. Electron. Syst. Mag. IEEE, 1992, 8(4): 13/15-13/23. doi:10.1109/ NTC.1992.267870.

[566] Hoffmeyer J. Definitions and concepts for dynamic spectrum access: Terminology relating to emerging wireless networks, system functionality, and spectrum management. 2008.

[567] Buracchini E. The software radio concept. IEEE Commun. Mag., 2000, 38(9):

138-143. doi: 10.1109/35.868153.
[568] 时雨，赵正予. 基于软件无线电技术的雷达系统接收通道设计. 现代雷达, 2005, 27(9): 59-63.
[569] 李莉，彭隽. 基于软件无线电的短波通信系统设计. 舰船电子工程, 2013, 33(8): 76-78.
[570] 卢琨，余陈钢，吴振雄，等. 雷达操作系统架构设计. 现代雷达, 2018, 40(5): 13-16, 2018.
[571] Lu K, Chen X. Cognitive over-the-horizon radar// Proceedings of 2011 IEEE CIE International Conference on Radar, 2011, 2: 993-996. doi: 10.1109/CIE-Radar.2011.6159718.
[572] Gunashekar S D, Warrington E M, Feeney S M, et al. MIMO communications within the HF band using compact antenna arrays. Radio Sci., 2010, 45(6): 1-16. doi: 10.1029/2010RS004416.
[573] Ndao P M, Erhel Y, Lemur D, et al. Development and test of a trans-horizon communication system based on a MIMO architecture. EURASIP J. Wirel. Commun. Netw., 2013(1): 167. doi: 10.1186/1687-1499-2013-167.
[574] 尹亚兰，邓捷坤. 短波相控阵天线通信系统的设计. 电子工程师, 2007, 33(9): 31-33.
[575] Yu X, Lu A A, Gao X, et al. HF Skywave massive MIMO communication. IEEE Trans. Wirel. Commun., 2022, 21(4): 2769-2785. doi: 10.1109/TWC. 2021.3115820.
[576] Yu X, Lu A A, Gao X, et al. Massive MIMO communication over HF skywave channels//2021 IEEE Global Communications Conference (GLOBECOM), 2021: 1-6. doi: 10.1109/GLOBECOM46510.2021.9686031.
[577] Tierney J, Rader C, Gold B. A digital frequency synthesizer. IEEE Trans. Audio Electroacoustics, 1971, 19(1): 48-57. doi: 10.1109/TAU.1971.1162151.
[578] Govorkov S, Ivanov B I, E Il'Ichev, et al. A compact, multichannel, and low noise arbitrary waveform generator. Rev. Sci. Instrum., 2014, 85(5): 175. doi: 10.1063/1.4873198.
[579] Baig M T, Johanning M, Wiese A, et al. A scalable, fast, and multichannel arbitrary waveform generator. Rev. Sci. Instrum., 2013, 84(12): 4091-387. doi: 10.1063/1.4832042.
[580] 陆庆五，卢琨，刘兴钊. 天波超视距雷达信号处理的并行化. 上海交通大学学报, 2004, 38(2): 236-239.

[581] Evyl S. High Data Rate Communications over HF Channels// Proceedings of the Nordic Shortwave Conference, Faro, Sweden, 1998: 11-13.

[582] Department of Defense. Interoperability and performance standards for data modems, 2017.

[583] Sturm C, Wiesbeck W. Waveform design and signal processing aspects for fusion of wireless communications and radar sensing. Proc. IEEE, 2011, 99(7): 1236-1259. doi: 10.1109/JPROC.2011.2131110.

[584] 李晓柏，杨瑞娟，程伟. 基于频率调制的多载波 Chirp 信号雷达通信一体化研究. 电子与信息学报, 2013, 35(2): 406-412.

[585] Sarwate D V, Pursley M B. Crosscorrelation properties of pseudorandom and related sequences. Proc. IEEE, 1980, 68(5): 593-619. doi: 10.1109/PROC.1980.11697.

[586] Jamil M, Zepernick H J, Pettersson M I. Performance assessment of polyphase pulse compression codes// 2008 IEEE 10th International Symposium on Spread Spectrum Techniques and Applications, 2008: 166-172. doi: 10.1109/ ISSSTA.2008.37.

[587] Perry B. A new wideband HF technique for MHz-bandwidth spread-spectrum radio communications. IEEE Commun. Mag., 1983, 21(6): 28-36. doi: 10.1109/MCOM.1983.1091437.

[588] Ivanov D, Ivanov V, Ryabova N, et al. Adaptive equalization for frequency dispersion correction and interference whitening in wideband hf radio channels// 2019 8th Asia-Pacific Conference on Antennas and Propagation (APCAP), 2019: 112-115. doi: 10.1109/APCAP47827.2019.9471949.

[589] Chang R W. Orthogonal frequency multiplex data transmission system. 3488445, 1970.

[590] Malvar H S. Signal processing with lapped transforms. Boston: Artech House, 1992.

[591] Proakis J, Salehi M. Digital communications. 5th Edition. Boston: McGraw-Hill Education, 2007.

[592] Nieto J. Performance comparison of uncoded and coded OFDM and OFDM-CDMA waveforms on HF multipath/fading channels// Digital Wireless Communications VII and Space Communication Technologies, 2005, 5819: 77-88. doi: 10.1117/12.604570.

[593] Nieto J. Does modem performance really matter on HF channels? An investigation of serial-tone and parallel-tone waveforms// Proc. 6th Nordic Shortwave Conf., HF, 2001, 1: 3-4.

[594] Laflin N, Cornell L, Zink A. DRM Handbook-an introduction and implementation guide. DRM consortium, Geneva, Switzerland, 2020.

[595] 张卫，唐希源，顾红，等. OFDM 雷达信号模糊函数分析. 南京理工大学学报（自然科学版), 2011, 35(4): 513-518.

[596] Franken G E A, Nikookar H, Genderen P V. Doppler tolerance of OFDM-coded radar signals// 2006 European Radar Conference, 2006: 108-111. doi: 10.1109/EURAD.2006.280285.

[597] Huang T, Zhao T. Low PMEPR OFDM radar waveform design using the iterative least squares algorithm. IEEE Signal Process. Lett., 2015, 22(11): 1975-1979. doi: 10.1109/LSP.2015.2449305.

[598] Levanon N. Multifrequency complementary phase-coded radar signal. IEEE Proc.-Radar Sonar Navig., 2000, 147(6): 276-284. doi: 10.1049/ip-rsn: 20000734.

[599] Sebt M A, Norouzi Y, Sheikhi A, et al. OFDM radar signal design with optimized ambiguity function// 2008 IEEE Radar Conference, 2008: 1-5. doi: 10.1109/RADAR.2008.4720801.

[600] Sen S, Nehorai A. Adaptive OFDM radar for target detection in multipath scenarios. IEEE Trans. Signal Process., 2011, 59(1): 78-90. doi: 10.1109/TSP.2010.2086448.

[601] Dida M A, Hao H, Wang X, et al. Constant envelope chirped OFDM for power-efficient radar communication// 2016 IEEE Information Technology, Networking, Electronic and Automation Control Conference, 2016: 298-301. doi: 10.1109/ITNEC.2016.7560369.

[602] 邵启红，万显荣，张德磊，等. 基于 OFDM 波形的短波通信与超视距雷达集成实验研究. 雷达学报, 2012, 1(4): 370-379.

[603] Gunashekar S D. Investigations into the feasibility of multiple input multiple output techniques within the HF band: Preliminary results. Radio Sci., 2009, 44(01): 1-15. doi: 10.1029/2008RS004075.

[604] Daniels R C, Peters S W. A new MIMO HF data link: Designing for high data rates and backwards compatibility// Milcom 2013 - 2013 IEEE Military Communications Conference, 2013: 1256-1261. doi: 10.1109/MILCOM. 2013.214.

[605] Erhel Y, Lemur D, Oger M, et al. Evaluation of ionospheric HF MIMO channels: Two complementary circular polarizations reduce correlation. IEEE Antennas Propag. Mag., 2016, 58(6): 38-48. doi: 10.1109/MAP.2016.2609799.

[606] Hassanien A, Amin M, Zhang Y, et al. Dual-function radar-communications: Information embedding using sidelobe control and waveform diversity. IEEE Trans. Signal Process., 2015, 64(8): 2168-2181. doi: 10.1109/TSP.2015. 2505667.

[607] Hassanien A, Amin M G, Zhang Y D, et al. Signaling strategies for dual-function radar communications: An overview. IEEE Aerosp. Electron. Syst. Mag., 2016, 31(10): 36-45. doi: 10.1109/MAES.2016.150225.

[608] Ahmed A, Zhang S, Zhang Y D. Antenna selection strategy for transmit beamforming-based joint radar-communication system. Digit. Signal Process., 2020, 105: 102768. doi: 10.1016/j.dsp.2020.102768.

[609] Hassanien A, Himed B, Rigling B D. A dual-function MIMO radar-communications system using frequency-hopping waveforms// 2017 IEEE Radar Conference (RadarConf), 2017: 1721-1725. doi: 10.1109/RADAR. 2017.7944485.

[610] Ahmed A, Zhang Y D, Gu Y. Dual-function radar-communications using QAM-based sidelobe modulation. Digit. Signal Process., 2018, 82: 166-174. doi: 10.1016/j.dsp.2018.06.018.

[611] Hassanien A, Amin M G, Zhang Y D, et al. Phase-modulation based dual-function radar-communications. IET Radar Sonar Navig., 2016, 10(8): 1411-1421. doi: 10.1049/iet-rsn.2015.0484.

[612] Ahmed A, Zhang Y D, Hassanien A. Joint radar-communications exploiting optimized OFDM waveforms. Remote Sens., 2021, 13(21): 4376. doi: 10. 3390/rs13214376.

[613] Griffiths D H, Long N R. Television-based bistatic radar. Commun. Radar Signal Process. IEEE Proc. F, 1986. doi: 10.1049/ip-f-1:19860104.

[614] Howland P E, Maksimiuk D, Reitsma G. FM radio based bistatic radar. IEEE Proc. - Radar Sonar Navig., 2005, 152(3): 107-115. doi: 10.1049/ip-rsn: 20045077.

[615] 孟玮，王俊. 基于 OTHR 的无源雷达系统及其关键技术. 雷达科学与技术, 2007, 5(6): 401-404. doi: 10.3969/j.issn.1672-2337.2007.06.001.

[616] 钟利冬，卢琨，陈绪元. 基于外辐射源的高频天波雷达信号分析与选择. 电子测量技术, 2015(1): 126-134.

[617] Yu D. Method and field experiment of target tracking via multi-static doppler

shifts in high-frequency passive radar. IET Radar Sonar Navig., 2016, 10(7): 1201-1212. doi: 10.1049/iet-rsn.2015.0472.

[618] Li Y, Ma H, Wu Y, et al. DOA estimation for echo signals and experimental results in the AM radio-based passive radar. IEEE Access, 2018, 6: 73316-73327. doi: 10.1109/ACCESS.2018.2882304.

[619] Shen J, Yi J, Wan X, et al. DOA estimation considering effect of adaptive clutter rejection in passive radar. IEEE Trans. Geosci. Remote Sens., 2022, 60: 1-13. doi: 10.1109/TGRS.2022.3141219.

[620] Li Y, Ma H, Wu Y, et al. Track-before-detect procedures in AM radio-based passive radar. Int. J. Antennas Propag., 2021, 3911956. doi: 10.1155/2021/3911956.

[621] Zhou X, Ma H, Xu H. An experimental multi-target tracking of AM radio-based passive bistatic radar system via multi-static doppler shifts. Sensors, 2021, 21(18). doi: 10.3390/s21186196.

[622] 万显荣，赵志欣，柯亨玉，等. 基于 DRM 数字调幅广播的高频外辐射源雷达实验研究. 雷达学报, 2012, 1(1): 11-18.

[623] Thomas J M, Griffiths H D, Baker C J. Ambiguity function analysis of digital radio mondiale signals for HF passive bistatic radar. Electron. Lett., 2006, 42(25): 1482-1483. doi: 10.1049/el:20062896.

[624] Coleman C J, Watson R A, Yardley H. A practical bistatic passive radar system for use with DAB and DRM illuminators// 2008 IEEE Radar Conference, 2008: 1-6. doi: 10.1109/RADAR.2008.4721007.

[625] 万显荣，张德磊，柯亨玉，等. 全球性数字广播高频外辐射源雷达参考信号重构. 系统工程与电子技术, 2012, 34(11): 2231-2236.

[626] 张德磊，沈健，白雪杨，等. 数字调幅广播外辐射源雷达信号性能研究. 雷达科学与技术, 2013, 11(4): 395-400.

[627] Zhao Z, Chen X, Wang Y, et al. Range-doppler spectrograms-based graph-relational mapping for clutter rejection in HF passive radar. IEEE Geosci. Remote Sens. Lett., 2020, 19(99): 1-5. doi: 10.1109/LGRS.2020.3040316.

[628] Zhao Z, Wan X, Yi J, et al. Radio frequency interference mitigation in OFDM based passive bistatic radar. AEU - Int. J. Electron. Commun., 2016, 70(1): 70-76. doi: 10.1016/j.aeue.2015.10.004.

[629] 苏重阳，李雪，蔚娜，等. DRM 信号用于短波探通一体化的试验研究. 电波

科学学报, 2018, 33(6): 677-681.

[630] 徐世兴. 短波通信自动选频技术研究. 西安：西安电子科技大学，2014.

[631] Hossain E, Niyato D, Han Z. Dynamic spectrum access and management in cognitive radio networks. Cambridge University Press, 2009. doi: 10.1017/CBO9780511609909.

[632] Haykin S. Cognitive radio: Brain-empowered wireless communications. IEEE J. Sel. Areas Commun., 2004, 23(2): 201-220. doi: 10.1109/JSAC.2004. 839380.

[633] Mitola J, Maguire G Q. Cognitive radio: Making software radios more personal. IEEE Pers. Commun., 1999, 6(4): 13-18. doi: 10.1109/98.788210.

[634] Melian-Gutierrez L B. Cognitive radio in HF communications: Selective transmission and broadband acquisition, 2016. doi: 10.13140/RG.2.1.1192. 2804.

[635] Vanninen T, Linden T, Raustia M, et al. Cognitive HF-New perspectives to use the high frequency band// 2014 9th International Conference on Cognitive Radio Oriented Wireless Networks and Communications (CROWNCOM), 2014: 108-113.

[636] Koski E, Furman W N. Applying cognitive radio concepts to HF communications// The Institution of Engineering and Technology 11th International Conference on Ionospheric radio Systems and Techniques (IRST 2009), 2009: 1-6. doi: 10.1049/cp.2009.0060.

[637] HF Wideband. Thales Group.

[638] Lamy-Bergot C, Herry S, Bernier J Y, et al. On-air tests results for HF XL wideband modem. Nord. HF, 2013.

反侵权盗版声明